완전합격

맞춤형화장품 조제관리사

★ 단원별 평가문제 및 실전모의고사 500문제 수록!!

★ 맞춤형화장품조제관리사 시험 최단기완성 대비 최고의 선택!!

이영주

연세대학교 생물학과 졸업
연세대학교 교육대학원 과학(생물학)교육전공 교육학 석사
성신여대 대학원 식품영양학과(미용건강학 전공)이학박사
(現) 휴엔미뷰티건강연구소 대표
(사)월드뷰티아트협회 부회장
성신여대 뷰티융합대학원 외래교수
한성대학교 디자인아트교육원 외래교수
맞춤형화장품 조제관리사국가자격증 특강교육
(前) 동국대학교 문화예술대학원 외래교수
대전대학교 평생교육원 피부미용과 외래교수
미용사(피부)국가자격시험감독위원
식품의약품안전청 고시 화장품 제조판매관리자 교육 수료

이명심

성신여대 뷰티융합대학원 피부비만관리학 이학석사
성신여대 대학원 식품영양학과(미용건강학 전공)이학박사
(現) 보니따미용건강연구소 대표
(사)월드뷰티아트협회 교육이사
성신여대 뷰티융합대학원 겸임교수
안산대 의료미용과 외래교수
재능대학교 뷰티케어과 겸임교수
화장품코칭전문가과정 교육강사
미용사(피부)국가자격시험감독위원
맞춤형화장품 조제관리사국가자격증
맞춤형화장품 조제관리사

이 책을 펴내며

화장품 산업의 발달로 소비자의 욕구와 삶의 질이 높아지면서 다양한 화장품에 대한 관심도 높아지고 있다. 또한 사회적 · 환경적 변화에 따른 피부에 대한 안전성도 관심이 많아지면서 다양한 소비자의 요구를 충족할 만한 맞춤형화장품의 사용이 선호되어지고 있는 추세이다.

이에 식품의약품안전처는 소비자가 안전하게 구매할 수 있도록 국민 건강권 보호와 법 규제를 확보하기 위해 품질과 안전관리에 필요한 최소한의 규정이 필요하다고 판단하여 맞춤형화장품판매업을 신설하게 되었다.

맞춤형이란 개인의 특성을 고려한 것이고, 화장품은 고객의 특성을 잘 알고 조제해야하는 것이다. 따라서 화장품에 대한 전문인 양성은 매우 바람직한 것으로 생각되며 "맞춤형화장품 조제관리사"가 해야 할 업무는 매우 중요하다.

화장품은 화학에 근거한 원료들을 이용한 물질의 배합이므로 화학의 기초이론을 잘 알고 제품을 이용하거나 혼합 · 소분하는 일을 하는 것이 중요하다고 생각하는 바이다. 따라서 본서는 대학교재를 비롯한 화장품 · 미용분야에 종사하는 누구나 화장품에 대한 교육을 하는데 필독서가 되길 바라며, 화학(특히, 유기화학)의 기초와 더불어 국가시험 표준내용을 연계시켜 충실히 집필하고자 노력 하였다. 그리고 본 교재의 특성은 앞으로 화장품과 관련된 모든 업종의 종사자들이 체계적으로 알찬 지식을 습득하고, "맞춤형화장품 조제관리사" 국가자격시험에 응시할 수 있도록 각 분야(제1장~제4장)의 내용들을 쉽게 이해할 수 있게 정리하면서 별도의 부록은 최소화하고, 문제풀이와 더불어 이해력을 높이고자 해설을 충실하게 담았다. 기출시험내용의 깊이가 더해지면서 연관된 법문해석을 심층적으로 보완하였으며, 기출복원문제에서 연관된 법문해석을 추가하고 원료의 종류도 추가하여 많은 내용을 다루고자 하였다. 이론내용에 기존 시험에서 반복하여 나온 내용들을 추가 정리하여 한권으로 시험대비 총정리를 할 수 있도록 최선을 다 하였다.

본 교재의 구성은 식품의약품안전처에서 발표한 시험과목 제1장 화장품법의 이해, 제2장 화장품 제조 및 품질관리, 제3장 유통화장품 안전관리, 제4장 맞춤형화장품의 이해, 부록, 예상문제 등으로 구성하여 체계적이고 전문적인 학습 내용으로 수험자들에게 도움을 주려고 노력하였다.

본 교재를 집필할 수 있도록 도와주신 크라운 출판사 사장님 이하 직원 여러분들의 노고에 감사드리며, 맞춤형화장품 조제관리사 시험을 준비하고 있는 수험생들과 화장품에 관심 있는 모든 이들에게 필요한 국가자격증 전문교재로 활용되길 바란다.

저자 일동

시험소개

✪ 시험소개

맞춤형화장품 조제관리사 자격시험은 화장품법 제3조 4항에 따라 맞춤형화장품의 혼합, 소분 업무에 종사하고자 하는 자를 양성하기 위해 실시하는 시험입니다.

✪ 시험정보

- 자격명 : 맞춤형화장품 조제관리사
- 관련 부처 : 식품의약품안전처
- 시행 기관 : 한국생산성본부
- 시험명 : 맞춤형화장품 조제관리사 자격시험
- 시행 일정 : 연 1회 이상 (별도 시행공고를 통해 시행 일정 공고)

✪ 응시자격

응시 자격과 인원에 제한이 없습니다.

✪ 시험 영역

시험 영역		주요 내용	세부 내용
1	화장품법의 이해	화장품법	• 화장품법의 입법취지 • 화장품의 정의 및 유형 • 화장품의 유형별 특성 • 화장품법에 따른 영업의 종류 • 화장품의 품질 요소(안전성, 안정성, 유효성) • 화장품의 사후관리 기준
		개인정보 보호법	• 고객 관리 프로그램 운용 • 개인정보보호법에 근거한 고객정보 입력 • 개인정보보호법에 근거한 고객정보 관리 • 개인정보보호법에 근거한 고객 상담
2	화장품 제조 및 품질관리	화장품 원료의 종류와 특성	• 화장품 원료의 종류 • 화장품에 사용된 성분의 특성 • 원료 및 제품의 성분 정보
		화장품의 기능과 품질	• 화장품의 효과 • 판매 가능한 맞춤형화장품 구성 • 내용물 및 원료의 품질성적서 구비
		화장품 사용제한 원료	• 화장품에 사용되는 사용제한 원료의 종류 및 사용한도 • 착향제(향료) 성분 중 알레르기 유발 물질

		화장품 관리	• 화장품의 취급방법 • 화장품의 보관방법 • 화장품의 사용방법 • 화장품의 사용상 주의사항
		위해사례 판단 및 보고	• 위해여부 판단 • 위해사례 보고
3	유통 화장품 안전관리	작업장 위생관리	• 작업장의 위생 기준 • 작업장의 위생 상태 • 작업장의 위생 유지관리 활동 • 작업장 위생 유지를 위한 세제의 종류와 사용법 • 작업장 소독을 위한 소독제의 종류와 사용법
		작업자 위생관리	• 작업장 내 직원의 위생 기준 설정 • 작업장 내 직원의 위생 상태 판정 • 혼합 · 소분 시 위생관리 규정 • 작업자 위생 유지를 위한 세제의 종류와 사용법 • 작업자 소독을 위한 소독제의 종류와 사용법 • 작업자 위생 관리를 위한 복장 청결상태 판단
		설비 및 기구 관리	• 설비 · 기구의 위생 기준 설정 • 설비 · 기구의 위생 상태 판정 • 오염물질 제거 및 소독 방법 • 설비 · 기구의 구성 재질 구분 • 설비 · 기구의 폐기 기준
		내용물 및 원료 관리	• 내용물 및 원료의 입고 기준 • 유통화장품의 안전관리 기준 • 입고된 원료 및 내용물 관리기준 • 보관중인 원료 및 내용물 출고기준 • 내용물 및 원료의 폐기 기준 • 내용물 및 원료의 사용기한 확인 · 판정 • 내용물 및 원료의 개봉 후 사용기한 확인 · 판정 • 내용물 및 원료의 변질 상태(변색, 변취 등) 확인 • 내용물 및 원료의 폐기 절차
		포장재의 관리	• 포장재의 입고 기준 • 입고된 포장재 관리기준 • 보관중인 포장재 출고기준 • 포장재의 폐기 기준 • 포장재의 사용기한 확인 · 판정 • 포장재의 개봉 후 사용기한 확인 · 판정 • 포장재의 변질 상태 확인 • 포장재의 폐기 절차

4	맞춤형 화장품의 이해	맞춤형화장품 개요	• 맞춤형화장품 정의 • 맞춤형화장품 주요 규정 • 맞춤형화장품의 안전성 • 맞춤형화장품의 유효성 • 맞춤형화장품의 안정성
		피부 및 모발 생리구조	• 피부의 생리 구조 • 모발의 생리 구조 • 피부 모발 상태 분석
		관능평가 방법과 절차	• 관능평가 방법과 절차
		제품 상담	• 맞춤형 화장품의 효과 • 맞춤형 화장품의 부작용의 종류와 현상 • 배합금지 사항 확인 · 배합 • 내용물 및 원료의 사용제한 사항
		제품 안내	• 맞춤형 화장품 표시 사항 • 맞춤형 화장품 안전기준의 주요사항 • 맞춤형 화장품의 특징 • 맞춤형 화장품의 사용법
		혼합 및 소분	• 원료 및 제형의 물리적 특성 • 화장품 배합한도 및 금지원료 • 원료 및 내용물의 유효성 • 원료 및 내용물의 규격(pH, 점도, 색상, 냄새 등) • 혼합 소분에 필요한 도구 · 기기 리스트 선택 • 혼합 소분에 필요한 기구 사용 • 맞춤형화장품 판매업 준수사항에 맞는 혼합 · 소분 활동
		충진 및 포장	• 제품에 맞는 충진 방법 • 제품에 적합한 포장 방법 • 용기 기재사항
		재고관리	• 원료 및 내용물의 재고 파악 • 적정 재고를 유지하기 위한 발주

✪ 합격자 기준

전 과목 총점(1,000점)의 60%(600점) 이상을 득점하고, 각 과목 만점의 40% 이상을 득점한 자

✪ 응시 수수료

응시 수수료 : 100,000원

✪ 시험방법 및 문항유형

시험과목	문항유형	과목별 총점	시험방법
화장품법의 이해	• 선다형 7문항 • 단답형 3문항	100점	필기시험
화장품 제조 및 품질관리	• 선다형 20문항 • 단답형 50문항	250점	
유통화장품의 안전관리	• 선다형 25문항	250점	
맞춤형화장품의 이해	• 선다형 28문항 • 단답형 12문항	400점	

✪ 시험시간

시험과목	입실완료	시험시간
① 화장품법의 이해 ② 화장품 제조 및 품질관리 ③ 유통화장품의 안전관리 ④ 맞춤형화장품의 이해	09:00까지	09:30~11:30 (120분)

목차

Part 1 화장품법의 이해

Part 2 화장품 제조 및 품질관리

Part 3 유통화장품 안전관리

목차

Part 4 맞춤형화장품의 이해

목차

Part 1

화장품법의 이해

01 화장품법의 이해

Chapter 1 화장품법

1 화장품법의 입법취지

(1) 맞춤형화장품판매업 도입 배경

맞춤형화장품은 판매장에서 소비자의 특성과 요구에 따라 내용물 및 원료를 혼합 · 소분하여 제공하는 화장품으로 기존에 금지되었던 사항을 합법화하여 맞춤형화장품 조제관리사 자격증을 신설하고 신고된 맞춤형화장품판매업자에 한하여 소분 행위를 일부 허용, 규제를 완화하였다.

또한 소비자가 안전하게 맞춤형화장품을 구매할 수 있도록 국민 건강권 보호와 법 규제를 확보하기 위해 품질과 안전관리에 필요한 최소한의 규정이 필요하다고 판단하여 맞춤형화장품판매업을 신설하게 되었다. 맞춤형화장품판매는 우리나라 국민의 다양한 소비 욕구에 대한 충족과 더불어 관련업계가 창의적으로 사업영역을 확대하고 다양한 제품을 개발할 수 있도록 지원하여 화장품 산업 발전에 적극적인 활성화 계기가 될 것이다.

(2) 화장품법의 구성과 체계

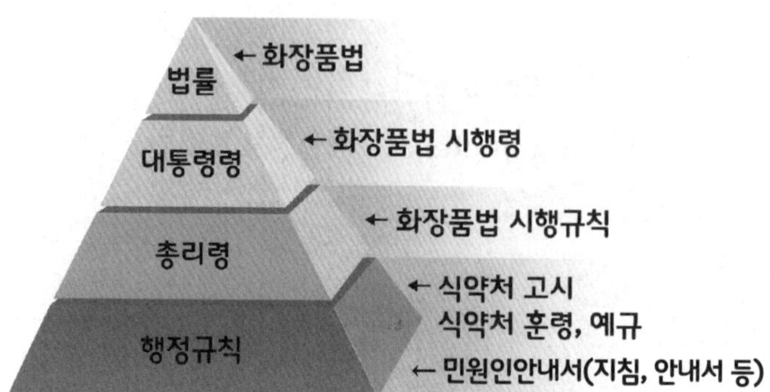

1) 목적

화장품의 제조 · 수입 · 판매 및 수출 등에 관한 사항을 규정함으로써 국민보건향상과 화장품 산업의 발전에 기여함을 목적으로 한다.

- 약사법에서 분리 (2000.7.1. 시행)
  - 의약품과 동등하거나 유사한 규제는 외국 화장품과 동등한 경쟁여건 확보를 위한 시의적절한 대응 한계 요인
  - 화장품 특성에 부합되는 적절한 관리와 화장품 산업의 경쟁력 배양을 위한제도 도입 필요
  - 식약처 신설로 소관부처 변경(복지부 → 식약처, 2013.3.23.)

2 화장품의 정의 및 유형

(1) 화장품의 정의 (화장품법 제2조제1항)

'화장품'이란 인체를 청결 · 미화하여 매력을 더하고 용모를 밝게 변화시키거나 피부 · 모발의 건강을 유지 또는 증진하기 위하여 인체에 바르고 문지르거나 뿌리는 등 이와 유사한 방법으로 사용되는 물품으로서 인체에 대한 작용이 경미한 것을 말한다. 다만「약사법」제2조제4호의 의약품에 해당하는 물품은 제외한다.

1) 기능성화장품 (총리령으로 정하는 화장품)

① 피부의 미백에 도움을 주는 제품
② 피부의 주름개선에 도움을 주는 제품
③ 피부를 곱게 태워주거나 자외선으로부터 피부를 보호하는 데에 도움을 주는 제품
④ 모발의 색상 변화 · 제거 또는 영양공급에 도움을 주는 제품
⑤ 피부나 모발의 기능 약화로 인한 건조함, 갈라짐, 빠짐, 각질화 등을 방지하거나 개선하는데 도움을 주는 제품

2) 천연화장품

동식물 및 그 유래 원료 등을 함유한 화장품으로서 식품의약품안전처장이 정하는 기준에 맞는 화장품을 말한다.

3) 유기농화장품

유기농 원료, 동식물 및 그 유래 원료 등을 함유한 화장품으로서 식품의약품안전처장이 정하는 기준에 맞는 화장품을 말한다.

4) 맞춤형화장품

① 제조 또는 수입된 화장품의 내용물에 다른 화장품의 내용물이나 식품의약품안전처장이 정하는 원료를 추가하여 혼합한 화장품을 말한다.
② 제조 또는 수입된 화장품의 내용물을 소분(小分)한 화장품을 말한다.
③ 맞춤형화장품의 제외대상 : 화장비누 (화장품법 시행규칙 제2조의2)
※ '고형(固形) 비누 등 총리령으로 정하는 화장품'이란 (별표 3 제1호다목3에 따른) 화장비누(고체 형태의 세안용 비누)를 말한다.

(2) 화장품의 유형

1) 일반 화장품

기능성 화장품을 제외한 나머지 모든 화장품

2) 기능성 화장품

① 기능성화장품의 범위 (화장품법 시행규칙 제2조, 2020.8.5. 일부 개정)

㉠ 피부에 멜라닌색소가 침착하는 것을 방지하여 기미 · 주근깨 등의 생성을 억제함으로써 피부의 미백에 도움을 주는 기능을 가진 화장품

㉡ 피부에 침착된 멜라닌색소의 색을 엷게 하여 피부의 미백에 도움을 주는 기능을 가진 화장품

㉢ 피부에 탄력을 주어 피부의 주름을 완화 또는 개선하는 기능을 가진 화장품

㉣ 강한 햇볕을 방지하여 피부를 곱게 태워주는 기능을 가진 화장품

㉤ 자외선을 차단 또는 산란시켜 자외선으로부터 피부를 보호하는 기능을 가진 화장품

㉥ 모발의 색상을 변화[탈염(脫染) · 탈색(脫色)을 포함한다]시키는 기능을 가진 화장품. 다만, 일시적으로 모발의 색상을 변화시키는 제품은 제외한다.

㉦ 체모를 제거하는 기능을 가진 화장품. 다만, 물리적으로 체모를 제거하는 제품은 제외한다.

㉧ 탈모 증상의 완화에 도움을 주는 화장품. 다만, 코팅 등 물리적으로 모발을 굵게 보이게 하는 제품은 제외한다.

㉨ 여드름성 피부를 완화하는 데 도움을 주는 화장품. 다만, 인체세정용 제품류로 한정한다.

㉩ 피부장벽(피부의 가장 바깥쪽에 존재하는 각질층의 표피를 말한다)의 기능을 회복하여 가려움 등의 개선에 도움을 주는 화장품 (2020.8.5. 개정)

㉪ 튼살로 인한 붉은 선을 엷게 하는 데 도움을 주는 화장품

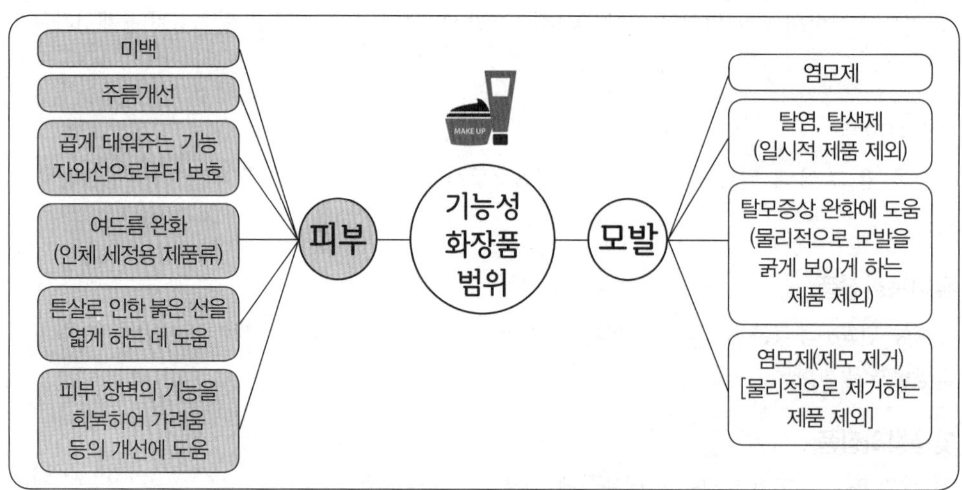

② 기능성화장품의 심사 (화장품법 제4조, 시행규칙 제9조)

㉠ 기능성화장품으로 인정받아 판매 등을 하려는 화장품제조업자, 화장품책임판매업자 또는 총리령으로 정하는 대학 · 연구소 등은 품목별로 안전성 및 유효성에 관하여 식품의약품안전처장의 심사를 받거나 식품의약품안전처장에게 보고서를 제출하여야 한다. 제출한 보고서나 심사받은 사항을 변경할 때에도 또한 같다.

㉡ 유효성에 관한 심사는 규정된 효능 · 효과에 한하여 실시한다.

㉢ 심사를 받으려는 자는 총리령으로 정하는 바에 따라 그 심사에 필요한 자료를 식품의약품안전처장에게 제출하여야 한다.

㉣ 심사 또는 보고서 제출의 대상과 절차 등에 관하여 필요한 사항은 총리령으로 정한다.

③ 기능성화장품의 심사에서 제출자료 범위(화장품법 시행규칙 제4조)

기능성화장품으로 인정받아 판매 등을 하려는 화장품제조업자, 화장품책임판매업자 또는 총리령으로 정하는 대학, 연구기관, 연구소 등은 안전성 및 유효성 품목별로 별지 제7호 서식의 기능성화장품 심사의뢰서(전자문서로 된 심사의뢰서를 포함한다)에 다음 각 호의 서류(전자문서를 포함한다)를 첨부하여 식품의약품안전평가원장의 심사를 받아야 한다. 다만, 식품의약품안전처장이 제품의 효능, 효과를 나타내는 성분, 함량을 고시한 품목의 경우에는 가부터 라까지의 자료 제출을, 기준 및 시험방법을 고시한 품목의 경우에는 기준 및 시험방법에 관한 자료[검체(檢體) 포함] 제출을 각각 생략할 수 있다.

1. **안전성, 유효성 또는 기능을 입증하는 자료**
   가. 기원(起源) 및 개발 경위에 관한 자료
   나. 안전성에 관한 자료
      ㉠ 단회 투여 독성시험 자료
      ㉡ 1차 피부 자극시험 자료
      ㉢ 안(眼)점막 자극 또는 그 밖의 점막 자극시험 자료
      ㉣ 피부 감작성시험(感作性試驗) 자료
      ㉤ 광독성(光毒性) 및 광감작성 시험 자료
      ㉥ 인체 첩포시험(貼布試驗) 자료
   다. 유효성 또는 기능에 관한 자료
      ㉠ 효력시험 자료
      ㉡ 인체 적용시험 자료
      ㉢ 염모효력시험자료(화장품법 시행규칙 제2조제6호의 화장품에 한함)
   라. 자외선 차단지수(SPF), 내수성 자외선차단지수(SPF, 내수성 또는 지속내수성) 및 자외선 A 차단등급(PA) 설정의 근거자료(자외선을 차단 또는 산란시켜 자외선으로부터 피부를 보호하는 기능을 가진 화장품의 경우만 해당한다)
2. **기준 및 시험방법에 관한 자료[검체(檢體) 포함]**
   ※ 기능성화장품 심사에 관한 규정 기타 내용 참조

제5조(제출자료의 요건) 제4조에 따른 기능성화장품의 심사 자료의 요건은 다음 각 호와 같다.

1. **안전성, 유효성 또는 기능을 입증하는 자료**
   가. 기원 및 개발경위에 관한 자료
      당해 기능성화장품에 대한 판단에 도움을 줄 수 있도록 명료하게 기재된 자료
   나. 안전성에 관한 자료
      1) 일반사항
      「비임상시험관리기준」(식품의약품안전처 고시)에 따라 시험한 자료. 다만, 인체첩포시험 및 인체누적첩포시험은 국내 · 외 대학 또는 전문 연구기관에서 실시하여야 하며, 관련분야 전문의사, 연구소 또는 병원 기타 관련기관에서 5년 이상 해당 시험 경력을 가진 자의 지도 및 감독 하에 수행 · 평가되어야 함

2) 시험방법

(가) [별표 1] 독성시험법에 따르는 것을 원칙으로 하며 기타 독성시험법에 대해서는 「의약품등의 독성시험기준」(식품의약품안전처 고시)을 따를 것

(나) 다만 시험방법 및 평가기준 등이 과학적 · 합리적으로 타당성이 인정되거나 경제협력개발기구(Organization for Economic Cooperation and Development) 또는 식품의약품안전처가 인정하는 동물대체시험법인 경우에는 규정된 시험법을 적용하지 아니할 수 있음

다. 유효성 또는 기능에 관한 자료

1) 효력시험에 관한 자료

심사대상 효능을 뒷받침하는 성분의 효력에 대한 비임상시험자료로서 효과발현의 작용기전이 포함되어야 하며, 다음 중 어느 하나에 해당할 것

(가) 국내 · 외 대학 또는 전문 연구기관에서 시험한 것으로서 당해 기관의 장이 발급한 자료(시험시설 개요, 주요설비, 연구인력의 구성, 시험자의 연구경력에 관한 사항이 포함될 것)

(나) 당해 기능성화장품이 개발국 정부에 제출되어 평가된 모든 효력시험자료로서 개발국 정부(허가 또는 등록기관)가 제출받았거나 승인하였음을 확인한 것 또는 이를 증명한 자료

(다) 과학논문인용색인(Science Citation Index 또는 Science Citation Index Expanded)에 등재된 전문학회지에 게재된 자료

2) 인체적용시험자료

사람에게 적용 시 효능 · 효과 등 기능을 입증할 수 있는 자료로서, 관련분야 전문의사, 연구소 또는 병원 기타 관련기관에서 5년 이상 해당 시험경력을 가진 자의 지도 및 감독 하에 수행 · 평가되고, 같은 호 다목1) (가) 및 (나)에 해당할 것. 다만, 「화장품법 시행규칙」제2조제10호에 해당하는 기능성화장품의 경우에는 「의약품 등의 안전에 관한 규칙」제30조제2항에 따라 식품의약품안전처장이 지정한 임상시험실시기관 또는 식품의약품안전처장이 현지실사 결과 「의약품 등의 안전에 관한 규칙」 별표 4 의약품 임상시험 관리기준과 동등 이상의 수준으로 관리된다고 판단되는 외국의 임상시험실시기관에서 수행 · 평가된 자료에 해당할 것

3) 염모효력시험자료

인체모발을 대상으로 효능 · 효과에서 표시한 색상을 입증하는 자료

라. 자외선차단지수(SPF), 내수성자외선차단지수(SPF), 자외선A차단등급(PA)설정의 근거자료

1) 자외선차단지수(SPF) 설정 근거자료

[별표3] 자외선 차단효과 측정방법 및 기준 · 일본(JCIA) · 미국(FDA) · 유럽(Cosmetics Europe) 또는 호주/뉴질랜드(AS/NZS) 등의 자외선차단지수 측정방법에 의한 자료

2) 내수성자외선차단지수(SPF) 설정 근거자료

[별표3] 자외선 차단효과 측정방법 및 기준 · 미국(FDA) · 유럽(Cosmetics Europe) 또는 호주/뉴질랜드(AS/NZS) 등의 내수성자외선차단지수 측정방법에 의한 자료

3) 자외선A차단등급(PA) 설정 근거자료

[별표3] 자외선 차단효과 측정방법 및 기준 또는 일본(JCIA) 등의 자외선A 차단효과 측정방법에 의한 자료

2. 기준 및 시험방법에 관한 자료

품질관리에 적정을 기할 수 있는 시험항목과 각 시험항목에 대한 시험방법의 밸리데이션, 기준치 설정의 근거가 되는 자료. 이 경우 시험방법은 공정서, 국제표준화기구(ISO) 등의 공인된 방법에 의해 검증되어야 한다.

④ 기능성화장품의 심사에서 제출자료의 면제

기능성화장품 심사에 관한 규정 기타 내용 참조

제6조(제출자료의 면제 등)

① 「기능성화장품 기준 및 시험방법」(식품의약품안전처 고시), 국제화장품원료집(ICID), 「식품의 기준 및 규격」(식품의약품안전처 고시) 및 「식품첨가물의 기준 및 규격」(식품의약품안전처 고시)(Ⅱ. 화학적합성품, 천연첨가물 및 혼합제제류 중 제3. 품목별 성분규격 및 보존기준의 나. 천연첨가물에 한한다)에서 정하는 원료로 제조되거나 제조되어 수입된 기능성화장품의 경우 제4조제1호나목(안전성에 관한자료)의 자료 제출을 면제한다. 다만, 유효성 또는 기능 입증자료 중 인체적용시험자료에서 피부이상반응 발생 등 안전성 문제가 우려된다고 식품의약품안전처장이 인정하는 경우에는 그러하지 아니하다.

② 제4조제1호다목에서 정하는 유효성 또는 기능에 관한 자료 중 인체적용시험자료를 제출하는 경우 효력시험자료 제출을 면제할 수 있다. 다만, 이 경우에는 효력시험자료의 제출을 면제받은 성분에 대해서는 효능 · 효과를 기재 · 표시할 수 없다.

③ [별표 4] 자료 제출이 생략되는 기능성화장품의 종류에서 성분 · 함량을 고시한 품목의 경우에는 제4조제1호가목부터 다목까지의 자료 제출을 면제한다.

④ 이미 심사를 받은 기능성화장품[제조판매업자가 같거나 제조업자(제조업자가 제품을 설계 · 개발 · 생산하는 방식으로 제조한 경우만 해당한다)가 같은 기능성화장품만 해당한다]과 그 효능 · 효과를 나타내게 하는 원료의 종류, 규격 및 분량(액상인 경우 농도), 용법 · 용량이 동일하고, 각 호 어느 하나에 해당하는 경우 제4조제1호의 자료 제출을 면제한다.

1. 효능 · 효과를 나타나게 하는 성분을 제외한 대조군과의 비교실험으로서 효능을 입증한 경우
2. 착색제, 착향제, 현탁화제, 유화제, 용해보조제, 안정제, 등장제, pH 조절제, 점도조절제, 용제만 다른 품목의 경우. 다만, 「화장품법 시행규칙」 제2조제10호 및 제11호에 해당하는 기능성화장품은 착향제, 보존제만 다른 경우에 한한다.

⑤ 자외선차단지수(SPF) 10 이하 제품의 경우에는 제4조제1호라목(자외선 차단지수(SPF)등) 의 자료 제출을 면제한다.

⑥ 자외선을 차단 또는 산란시켜 자외선으로부터 피부를 보호하는 기능을 가진 제품의 경우 이미 심사를 받은 기능성화장품[제조판매업자가 같거나 제조업자(제조업자가 제품을 설계 · 개발 · 생산하는 방식으로 제조한 경우만 해당한다)가 같은 기능성화장품만 해당한다]과 그 효능 · 효과를 나타내게 하는 원료의 종류, 규격 및 분량(액상의 경우 농도), 용법 · 용량 및 제형이 동일한 경우에는 제4조제1호의 자료 제출을 면제한다. 다만, 내수성 제품은 이미 심사를 받은 기능성화장품[제조판매업자가 같거나 제조업자(제조업자가 제품을 설계 · 개발 · 생산하는 방식으로 제조한 경우만 해당한다)가 같은 기능성화장품만 해당한다]과 착향제, 보존제를 제외한 모든 원료의 종류, 규격 및 분량, 용법 · 용량 및 제형이 동일한 경우에 제4조제1호의 자료 제출을 면제한다.

⑦ 삭제

⑧ 별표 4 제4호의 2제형 산화염모제에 해당하나 제1제를 두 가지로 분리하여 제1제 두 가지를 각각 2제와 섞어 순차적으로 사용하거나, 또는 제1제를 먼저 혼합한 후 제2제를 섞는 것으로 용법 · 용량을 신청하는 품목(단, 용법 · 용량 이외의 사항은 별표 4 제4호에 적합하여야 한다)은 제4조제1호의 자료 제출을 면제한다.

⑤ 기능성 화장품의 효능 · 효과

기능성화장품 심사에 관한 규정 기타 내용 참조

제13조(효능 · 효과)

① 기능성화장품의 효능 · 효과는「화장품법」제2조제2호 각 목에 적합하여야 한다.

② 자외선으로부터 피부를 보호하는데 도움을 주는 제품에 자외선차단지수(SPF) 또는 자외선A차단등급(PA)을 표시하는 때에는 다음 각 호의 기준에 따라 표시한다.

1. 자외선차단지수(SPF)는 측정결과에 근거하여 평균값(소수점이하 절사)으로부터 −20% 이하 범위 내 정수(SPF평균값이 '23'일 경우 19~23 범위정수)로 표시하되, SPF 50 이상은 'SPF50+'로 표시한다.
2. 자외선A차단등급(PA)은 측정결과에 근거하여 [별표 3] 자외선 차단효과 측정방법 및 기준에 따라 표시한다.

화장품 관련 용어 정리 (화장품법 제2조)

① 안전용기 · 포장 : 만 5세 미만의 어린이가 개봉하기 어렵게 설계 · 고안된 용기나 포장을 말한다.

② 사용기한 : 화장품의 제조된 날부터 적절한 보관 상태에서 제품이 고유의 특성을 간직한 채 소비자가 안정적으로 사용할 수 있는 최소한의 기한을 말한다.

③ 1차 포장 : 화장품 제조 시 내용물과 직접 접촉하는 포장용기를 말한다.

④ 2차 포장 : 1차 포장을 수용하는 1개 또는 그 이상의 포장과 보호재 및 표시의 목적으로 한 포장(첨부 문서 등을 포함)을 말한다.

⑤ 표시 : 화장품의 용기 · 포장에 기재하는 문자 · 숫자 또는 도형을 말한다.

⑥ 광고 : 라디오 · 텔레비전 · 신문 · 잡지 · 음성 · 음향 · 영상 · 인터넷 · 인쇄물 · 간판, 그 밖의 방법에 의하여 화장품에 대한 정보를 나타내거나 알리는 행위를 말한다.

⑦ 화장품제조업 : 화장품의 전부 또는 일부를 제조(2차 포장 또는 표시만의 공정은 제외한다)하는 영업을 말한다.

⑧ 화장품책임판매업 : 취급하는 화장품의 품질 및 안전 등을 관리하면서 이를 유통 · 판매하거나 수입대행형 거래를 목적으로 알선 · 수여하는 영업을 말한다.

⑨ 맞춤형화장품판매업 : 맞춤형화장품을 판매하는 영업을 말한다.

3 화장품의 유형별 특성 [화장품법 시행규칙 별표3 제19조제3항]

(1) 영·유아용(만 3세 이하의 어린이용) 제품류

1) 영 · 유아용(만 3세 이하의 어린이용) 화장품의 관리 [화장품법 제4조의 2]

① 화장품책임판매업자는 영 · 유아 또는 어린이가 사용할 수 있는 화장품을 표시 · 광고하려는 경우에는 제품별로 안전과 품질을 입증할 수 있는 다음 자료(제품별 안전성 자료)를 작성 및 보관하여야 한다.

㉠ 제품 및 제조방법에 대한 설명 자료

㉡ 화장품의 안전성 평가 자료 (★★기출)

㉢ 제품의 효능, 효과에 대한 증명 자료

② 식품의약품안전처장은 화장품에 대하여 제품별 안전성 자료, 소비자 사용실태, 사용 후 이상사례 등에 대하여 주기적으로 실태조사를 실시하고 위해요소의 저감화를 위한 계획을 수립하여야 한다.

③ 식품의약품안전처장은 소비자가 화장품을 안전하게 사용할 수 있도록 교육 및 홍보를 할 수 있다.

④ 영유아 또는 어린이의 연령 및 표시 · 광고의 범위, 제품별 안전성 자료의 작성 범위 및 보관기간 등과 실태조사 및 계획 수립의 범위, 시기, 절차 등에 필요한 사항은 총리령으로 정한다.

(2) 화장품의 13가지 유형별 분류

화장품은 다음과 같이 영 · 유아용 제품류, 목욕용 제품류, 인체 세정용 제품류, 눈 화장용 제품류 등 총 13가지 유형으로 나눌 수 있다.

화장품의 유형		화장품의 종류
1	영 · 유아용(만 3세 이하의 어린이용을 말함) 제품류	• 영 · 유아용 샴푸, 린스 • 영 · 유아용 로션, 크림 • 영 · 유아용 오일 • 영 · 유아 인체 세정용 제품 • 영 · 유아 목욕용 제품
2	목욕용 제품류	• 목욕용 오일 · 정제 · 캡슐 • 목욕용 소금류 • 버블 배스(bubble baths) • 그 밖의 목욕용 제품류
3	인체 세정용 제품류 (다만, 「품질경영 및 공산품안전관리법」 제2조제10호에 따른 안전 · 품질표시대상공산품 중 화장비누는 제외함)	• 폼 클렌저(foam cleanser) • 바디 클렌저(body cleanser) • 액체 비누(liquid soaps) 및 화장비누(고체형태의 세안용 비누) • 외음부 세정제 • 물휴지(다만, 식품접객업의 영업소에서 손을 닦는 용도 등으로 사용할 수 있도록 포장된 것) • 물티슈와 장례식장 또는 의료기관 등에서 시체(屍體)를 닦는 용도로 사용되는 물휴지는 제외) • 그 밖의 인체 세정용 제품류
4	눈 화장용 제품류	• 아이브로 펜슬(eyebrow pencil) • 아이 라이너(eye liner) • 아이 섀도우(eye shadow) • 마스카라(mascara) • 아이 메이크업 리무버(eye make-up remover) • 그 밖의 눈 화장용 제품류
5	방향용 제품류	• 향수 • 분말향 • 향낭(香囊) • 콜롱(cologne) • 그 밖의 방향용 제품류
6	두발 염색용 제품류	• 헤어 틴트(hair tints) • 헤어 컬러스프레이(hair color sprays) • 염모제 • 탈염 · 탈색용 제품 • 그 밖의 두발 염색용 제품류

7	색조 화장용 제품류	• 볼연지 • 페이스 파우더(face powder), 페이스 • 케이크(face cakes) • 리퀴드(liquid) · 크림 · 케이크 • 파운데이션(foundation) • 메이크업 베이스(make-up bases) • 메이크업 픽서티브(make-up fixatives) • 립스틱, 립라이너(lip liner) • 립글로스(lip gloss), 립밤(lip balm) • 바디페인팅(body painting), • 페이스페인팅(facd painting), 분장용 제품 • 그 밖의 색조 화장용 제품류
8	두발용 제품류	• 헤어 컨디셔너(hair conditioners) • 헤어 토닉(hair tonics) • 헤어 그루밍 에이드(hair grooming aids) • 헤어 크림 · 로션 • 헤어 오일 • 포마드(pomade) • 헤어 스프레이 · 무스 · 왁스 · 젤 • 샴푸, 린스 • 퍼머넌트 웨이브(permanent wave) • 헤어 스트레이트너(hair straightner), 흑채 • 그 밖의 두발용 제품류
9	손발톱용 제품류	• 베이스코트(basecoats) • 언더코트(undercoats) • 네일폴리시(nail polish), • 네일에나멜(nail enamel) • 탑코트(topcoats) • 네일 크림 · 로션 · 에센스 • 네일폴리시 · 네일에나멜 리무버 • 그 밖의 손발톱용 제품류
10	면도용 제품류	• 애프터셰이브 로션(aftershave lotions) • 남성용 탤컴(talcum) • 프리셰이브 로션(preshave lotions) • 셰이빙 크림(shaving cream) • 셰이빙 폼(shaving foam) • 그 밖의 면도용 제품류

11	기초화장용 제품류	• 수렴 · 유연 · 영양 화장수(face lotions) • 마사지 크림 • 에센스, 오일 • 파우더 • 바디 제품 • 팩, 마스크 • 눈 주위 제품 • 로션, 크림 • 손 · 발의 피부연화 제품 • 클렌징 워터, 클렌징 오일, 클렌징 로션, 클렌징 크림 등 메이크업 리무버 • 그 밖의 기초화장용 제품류
12	체취 방지용 제품류	• 데오도런트 • 그 밖의 체취 방지용 제품류
13	체모 제거용 제품류	• 제모제, 제모왁스 • 그 밖의 체모 제거용 제품류

※ 각 화장품의 유형에 따른 사용 시 주의사항은 「화장품법 시행규칙」 별표3 제2호에서 확인 가능
(⇒ 2장 화장품 제조 및 품질관리에서 화장품 사용 시 주의사항 설명)

4 화장품법에 따른 영업의 종류

(1) 화장

✪ 화장품법 제2조-2 (영업의 종류)

✪ 화장품법 시행령 제2조(영업의 세부 종류와 범위)
: 영업의 세부 종류와 그 범위는 대통령령으로 정한다.

✪ 화장품법 시행규칙 제3조~제5조

화장품제조업	• 화장품을 직접 제조하는 영업 • 화장품제조를 위탁받아 제조하는 영업 • 화장품의 포장(1차 포장만 해당)을 하는 영업
화장품책임판매업	• 화장품제조업자가 화장품을 직접 제조하여 유통 · 판매하는 영업 • 화장품제조업자에게 위탁하여 제조된 화장품을 유통 · 판매하는 영업 • 수입된 화장품을 유통 · 판매하는 영업 • 수입대행형 거래(전자상거래만 해당)를 목적으로 화장품을 알선 · 수여하는 영업
맞춤형화장품판매업	• 제조 또는 수입된 화장품의 내용물에 다른 화장품의 내용물이나 식품의약품안전처장이 정하여 고시하는 원료를 추가하여 혼합한 화장품을 판매하는 영업 • 제조 또는 수입된 화장품의 내용물을 소분한 화장품을 판매하는 영업

(1) 화장품제조업

1) 영업의 세부 종류

① 화장품을 직접 제조하는 영업

② 화장품 제조를 위탁받아 제조하는 영업

③ 화장품의 포장(1차 포장만 해당한다)을 하는 영업

2) 영업의 등록

① 화장품제조업을 하려는 자는 각각 총리령으로 정하는 바에 따라 식품의약품안전처장에게 등록하여야 한다.

② 화장품제조업을 등록하려는 자는 총리령으로 정하는 시설기준을 갖추어야 한다.

3) 변경등록

① 변경 사유가 발생한 날부터 30일(행정구역 개편에 따른 소재지 변경의 경우에는 90일) 이내에 화장품제조업 변경등록 신청서(전자문서로 된 신청서를 포함한다)에 화장품제조업 등록필증 다음 각 호의 구분에 따라 해당 서류(전자문서를 포함한다)를 첨부하여 지방식품의약품안전청장에게 제출하여야 한다.

㉠ 변경등록신청서

㉡ 정신질환자 및 마약류 중독자가 아님을 증명하는 의사 진단서

㉢ 시설 명세서

㉣ 상속의 경우에는 가족관계증명서

② 등록 관청을 달리하는 화장품제조소의 소재지 변경의 경우에는 새로운 소재지를 관할하는 지방식품의약품안전청장에게 제출하여야 한다.

4) 화장품제조업자의 준수사항

① 품질관리기준에 따른 화장품책임판매업자의 지도, 감독 및 요청에 따를 것

② 제조관리기준서, 제품표준서, 제조관리기록서 및 품질관리기록서(전자문서 형식을 포함한다)를 작성, 보관할 것

③ 보건위생상 위해(危害)가 없도록 제조소, 시설 및 기구를 위생적으로 관리하고 오염되지 아니하도록 할 것

④ 화장품의 제조에 필요한 시설 및 기구에 대하여 정기적으로 점검하여 작업에 지장이 없도록 관리, 유지할 것

5) 결격사유 (화장품법 제3조의3)

① 정신질환자(다만, 전문의가 화장품제조업자로서 적합하다고 인정하는 사람은 제외한다.)

② 마약류의 중독자

③ 피성년후견인 또는 파산선고를 받고 복권되지 아니한 자

④ 금고 이상의 형을 선고받고 그 집행이 끝나지 아니하거나 그 집행을 받지 아니하기로 확정되지 아니한 자

⑤ 등록이 취소되거나 영업소가 폐쇄된 날부터 1년이 지나지 아니한 자

(2) 화장품책임판매업

1) 영업의 세부종류

① 화장품제조업자가 화장품을 직접 제조하여 유통, 판매하는 영업

② 화장품제조업자에게 위탁하여 제조된 화장품을 유통, 판매하는 영업

③ 수입된 화장품을 유통, 판매하는 영업

④ 수입대행형 거래(전자상거래 등에서의 소비자보호에 관한 법률 제2조제1호에 다른 전자상 거래만 해당한다)를 목적으로 화장품을 알선. 수여하는 영업

2) 영업의 등록

① 화장품책임판매업을 하려는 자는 각각 총리령으로 정하는 바에 따라 식품의약품안전처장에게 등록하여야 한다.

② 화장품책임판매업을 등록하려는 자는 총리령으로 정하는 화장품의 품질관리 및 책임판매 후 안전관리에 관한 기준을 갖추어야 하며, 이를 관리할 수 있는 관리자(이하 '책임판매관리자'라 한다)를 두어야 한다.

3) 변경등록

① 변경 사유가 발생한 날부터 30일(행정구역 개편에 따른 소재지 변경의 경우에는 90일) 이내에 화장품책임판매업 변경등록 신청서(전자문서로 된 신청서를 포함한다)에 화장품책임판매업 등록필증과 다음 각 호의 구분에 따라 해당 서류(전자문서를 포함한다)를 첨부하여 지방식품의약품안전청장에게 제출하여야 한다.

㉠ 화장품책임판매업자의 변경(법인인 경우에는 대표자의 변경)

㉡ 화장품책임판매업자의 상호 변경(법인인 경우에는 법인의 명칭 변경)

㉢ 화장품책임판매업소의 소재지 변경

㉣ 책임판매관리자의 변경(책임판재관리자의 자격을 확인하는 서류)

㉤ 책임판매 유형 변경

② 등록 관청을 달리하는 화장품제조소의 소재지 변경의 경우에는 새로운 소재지를 관할하는 지방식품의약품안전청장에게 제출하여야 한다.

4) 책임판매관리자의 자격기준 (화장품법 시행규칙 제8조)

① 「의료법」에 따른 의사 또는 「약사법」에 따른 약사

② 학사 이상의 학위를 취득한 사람으로서 이공계학과 또는 향장학, 화장품과학, 한의학, 한약학과 등을 전공한 사람,

③ 간호학과, 간호과학과, 건강간호학과를 전공하고 화학, 생물학, 생명과학, 유전학, 유전공학, 향장학, 화장품과학, 의학, 약학 등 관련 과목을 20학점 이상 이수한 사람

④ 전문대학 졸업자로서 화학, 생물학, 화학공학, 생물공학, 미생물학, 생화학, 생명과학, 생명공학, 유전공학, 향장학, 화장품과학, 한의학과, 한약학과 등 화장품 관련 분야를 전공한 후 화장품 제조 또는 품질관리 업무에 1년 이상 종사한 경력이 있는 사람

⑤ 전문대학을 졸업한 사람으로서 간호학과, 간호과학과, 건강간호학과를 전공하고 화학, 생물학, 생명과학, 유전학, 유전공학, 향장학, 화장품과학, 의학, 약학 등 관련 과목을 20학점 이상 이수한 후 화장품 제조나 품질관리 업무에 1년 이상 종사한 경력이 있는 사람

⑥ 식품의약품안전처장이 정하여 고시하는 전문 교육과정을 이수한 사람
⑦ 그 밖에 화장품 제조 또는 품질관리 업무에 2년 이상 종사한 경력이 있는 사람

5) 책임판매관리자의 직무

① 품질관리기준에 따른 품질관리 업무
② 책임판매 후 안전관리기준에 따른 안전확보 업무
③ 원료 및 자재의 입고(入庫)부터 완제품의 출고에 이르기까지 필요한 시험, 검사 또는 검정에 대하여 제조업자를 관리, 감독하는 업무

6) 상시근로자수가 10명 이하인 화장품책임판매업을 경영하는 화장품책임판매업자가 책임판매관리자의 직무를 수행할 수 있다. 이 경우 책임판매관리자를 둔 것으로 본다.

7) 화장품책임판매업자의 준수사항

화장품책임판매업자는 화장품의 품질관리기준, 책임판매 후 안전관리기준, 품질 검사 방법 및 실시 의무, 안전성 · 유효성 관련 정보사항 등의 보고 및 안전대책 마련 의무 등에 관하여 총리령으로 정하는 사항을 준수하여야 한다.

① 품질관리기준을 준수할 것
② 책임판매 후 안전관리기준을 준수할 것
③ 제조업자로부터 받은 제품표준서 및 품질관리기록서(전자문서 형식을 포함한다)를 보관할 것
④ 다음 각 목의 어느 하나에 해당하는 성분을 0.5퍼센트 이상 함유하는 제품의 경우에는 해당 품목의 안정성시험 자료를 최종 제조된 제품의 사용기한이 만료되는 날부터 1년간 보존할 것
  ㉠ 레티놀(비타민A) 및 그 유도체
  ㉡ 아스코빅애시드(비타민 C) 및 그 유도체
  ㉢ 토코페롤(비타민E)
  ㉣ 과산화화합물
  ㉤ 효소

8) 결격사유

① 피성년후견인 또는 파산선고를 받고 복권되지 아니한 자
② 금고 이상의 형을 선고받고 그 집행이 끝나지 아니하거나 그 집행을 받지 아니하기로 확정되지 아니한 자
③ 등록이 취소되거나 영업소가 폐쇄된 날부터 1년이 지나지 아니한 자

(3) 맞춤형화장품판매업

1) 영업의 세부종류

① 제조 또는 수입된 화장품의 내용물에 다른 화장품의 내용물이나 식품의약품안전처장이 정하여 고시하는 원료를 추가하여 혼합한 화장품을 판매하는 영업
② 제조 또는 수입된 화장품의 내용물을 소분(小分)한 화장품을 판매하는 영업

2) 맞춤형화장품판매업의 신고

① 맞춤형화장품판매업을 하려는 자는 총리령으로 정하는 바에 따라 식품의약품안전처장에게 신고하여야 한다. 신고한 사항 중 총리령으로 정하는 사항을 변경할 때에도 또한 같다.

② 맞춤형화장품판매업을 신고한 자(이하 '맞춤형화장품판매업자'라 한다는 총리령으로 정하는 바에 따라 맞춤형화장품의 혼합, 소분 업무에 종사하는 자(이하 '맞춤형화장품 조제관리사'라 한다)를 두어야 한다.

③ 맞춤형화장품판매업의 신고를 하려는 자는 맞춤형화장품판매업 신고서(전자문서로 된 신고서를 포함한다)에 맞춤형화장품 조제관리사(이하 '맞춤형화장품 조제관리사'라 한다)의 자격증 사본을 첨부하여 맞춤형화장품판매업소의 소재지를 관할하는 지방식품의약품안전청장에게 제출해야 한다.

④ 지방식품의약품안전청장은 신고를 받은 경우에는 「전자정부법」 따른 행정정보의 공동이용을 통해 법인 등기사항증명서(법인인 경우만 해당한다)를 확인해야 한다.

⑤ 지방식품의약품안전청장은 신고가 그 요건을 갖춘 경우에는 맞춤형화장품판매업 신고대장에 다음 각 호의 사항을 적고, 맞춤형화장품판매업 신고필증을 발급해야 한다.

㉠ 신고 번호 및 신고 연월일

㉡ 맞춤형화장품판매업을 신고한 자(이하 '맞춤형화장품판매업자'라 한다)의 성명 및 생년월일(법인인 경우에는 대표자의 성명 및 생년월일)

㉢ 맞춤형화장품판매업자의 상호 및 소재지

㉣ 맞춤형화장품판매업소의 상호 및 소재지

㉤ 맞춤형화장품 조제관리사의 성명, 생년월일 및 자격증 번호

3) 맞춤형화장품판매업의 변경신고

① 맞춤형화장품판매업자가 변경신고를 해야 하는 경우

㉠ 맞춤형화장품판매업자를 변경하는 경우

㉡ 맞춤형화장품판매업소의 상호 또는 소재지를 변경하는 경우

㉢ 맞춤형화장품 조제관리사를 변경하는 경우

② 맞춤형화장품판매업자가 변경신고를 하려면 맞춤형화장품판매업 변경신고서(전자문서로 된 신고서를 포함한다)에 맞춤형화장품판매업 신고필증과 그 변경을 증명하는 서류(전자문서를 포함한다)를 첨부하여 맞춤형화장품판매업소의 소재지를 관할하는 지방식품의약품안전청장에게 제출해야 한다. 이 경우 소재지를 변경하는 때에는 새로운 소재지를 관할하는 지방식품의약품안전청장에게 제출해야 한다.

③ 지방식품의약품안전청장은 맞춤형화장품판매업 변경신고를 받은 경우에는 「전자정부법」 행정정보의 공동이용을 통해 법인 등기사항증명서(법인인 경우만 해당한다)를 확인해야 한다.

④ 지방식품의약품안전청장은 변경신고가 그 요건을 갖춘 때에는 맞춤형화장품판매업 신고대장과 맞춤형화장품판매업 신고필증의 뒷면에 각각의 변경사항을 적어야 한다. 이 경우 맞춤형화장품판매업 신고필증은 신고인에게 다시 내주어야 한다.

4) 맞춤형화장품 조제관리사 자격

① 맞춤형화장품 조제관리사가 되려는 사람은 화장품과 원료 등에 대하여 식품의약품안전처장이 실시하는 자격시험에 합격하여야 한다.

② 식품의약품안전처장은 맞춤형화장품 조제관리사가 거짓이나 그 밖의 부정한 방법으로 시험에 합격한 경우에는 자격을 취소하여야 하며, 자격이 취소된 사람은 취소된 날부터 3년간 자격시험에 응시할 수 없다.

5) 맞춤형화장품 조제관리사 자격시험

① 식품의약품안전처장은 매년 1회 이상 맞춤형화장품 조제관리사 자격시험(이하 '자격시험'이라 한다)을 실시해야 한다.

② 식품의약품안전처장은 자격시험을 실시하려는 경우에는 시험일시, 시험장소, 시험과목, 응시방법 등이 포함된 자격시험 시행계획을 시험 실시 90일전까지 식품의약품안전처 인터넷 홈페이지에 공고해야 한다.

③ 자격시험은 필기시험으로 실시하며, 그 시험과목은 다음 각 호의 구분에 따른다.

㉠ 제1과목 : 화장품 관련 법령 및 제도 등에 관한 사항

㉡ 제2과목 : 화장품의 제조 및 품질관리와 원료의 사용기준 등에 관한 사항

㉢ 제3과목 : 화장품의 유통 및 안전관리 등에 관한 사항

㉣ 제4과목 : 맞춤형화장품의 특성 · 내용 및 관리 등에 관한 사항

④ 자격시험은 전 과목 총점의 60퍼센트 이상의 점수와 매 과목 만점의 40퍼센트 이상의 점수를 모두 득점한 사람을 합격자로 한다.

⑤ 자격시험에서 부정행위를 한 사람에 대해서는 그 시험을 정지시키거나 그 합격을 무효로 한다.

⑥ 식품의약품안전처장은 자격시험을 실시할 때마다 시험과목에 대한 전문 지식을 갖추거나 화장품에 관한 업무 경험이 풍부한 사람 중에서 시험 위원을 위촉한다. 이 경우 해당 위원에 대해서는 예산의 범위에서 수당 및 여비 등을 지급할 수 있다.

⑦ 규정한 사항 외에 자격시험의 실시 방법 및 절차 등에 필요한 세부 사항은 식품의약품안전처장이 정하여 고시한다.

6) 맞춤형화장품 조제관리사 자격증의 발급 신청

① 자격시험에 합격하여 자격증을 발급받으려는 사람은 맞춤형화장품 조제관리사 자격증 발급 신청서(전자문서로 된 신청서를 포함한다)를 식품의약품안전처장에게 제출해야 한다.

② 식품의약품안전처장은 발급 신청이 그 요건을 갖춘 경우에는 맞춤형화장품 조제관리사 자격증을 발급해야 한다.

③ 자격증을 잃어버리거나 못 쓰게 된 경우에는 맞춤형화장품 조제관리사 자격증 재발급 신청서(전자문서로 된 신청서를 포함한다)에 서류(전자문서를 포함한다)를 첨부하여 식품의약품안전처장에게 제출해야 한다.

㉠ 자격증을 잃어버린 경우 : 분실 사유서

㉡ 자격증을 못 쓰게 된 경우 : 자격증 원본

7) 시험운영기관의 지정

식품의약품안전처장은 시험운영기관을 지정하거나 시험운영기관에 자격시험 업무를 위탁한 경우에는 그 내용을 식품의약품안전처 인터넷 홈페이지에 게재해야 한다.

8) 맞춤형화장품판매업자의 준수사항

① 맞춤형화장품 판매장 시설 · 기구를 정기적으로 점검하여 보건위생상 위해가 없도록 관리할 것

② 혼합 · 소분 안전관리기준

㉠ 혼합 · 소분 전에 혼합 · 소분에 사용되는 내용물 또는 원료에 대한 품질성적서를 확인할 것

㉡ 혼합 · 소분 전에 손을 소독하거나 세정할 것. 다만, 혼합 · 소분 시 일회용 장갑을 착용하는 경우에는

그렇지 않다.

㉢ 혼합 · 소분 전에 혼합 · 소분된 제품을 담을 포장용기의 오염 여부를 확인할 것

㉣ 혼합 · 소분에 사용되는 장비 또는 기구 등은 사용 전에 그 위생 상태를 점검하고, 사용 후에는 오염이 없도록 세척할 것

㉤ 그 밖에 '㉠'부터 '㉣'까지의 사항과 유사한 것으로서 혼합 · 소분의 안전을 위해 식품의약품안전처장이 정하여 고시하는 사항을 준수할 것

③ 맞춤형화장품 판매내역서(전자문서로 된 판매내역서를 포함한다)를 작성 · 보관할 것

㉠ 제조번호

㉡ 사용기한 또는 개봉 후 사용기간

㉢ 판매일자 및 판매량

④ 맞춤형화장품 판매 시 다음 각 사항을 소비자에게 설명할 것

㉠ 혼합 · 소분에 사용된 내용물 · 원료의 내용 및 특성

㉡ 맞춤형화장품 사용 시의 주의사항

⑤ 맞춤형화장품 사용과 관련된 부작용 발생사례에 대해서는 지체 없이 식품의약품안전처장에게 보고할 것

※ 맞춤형화장품판매업자의 준수사항에 관한 규정

[시행 2020. 10. 29.] [식품의약품안전처고시 제2020-106호, 2020. 10. 29. 제정]

제1조(목적) 이 고시는 「화장품법 시행규칙」 제12조의2제2호에 따라 맞춤형화장품 혼합 · 소분의 안전을 위해 맞춤형화장품판매업자가 준수해야 하는 사항을 규정함을 목적으로 한다.

제2조(혼합 · 소분 안전관리기준) 「화장품법 시행규칙」제12조의2제2호마목에 따른 '혼합 · 소분의 안전을 위해 식품의약품안전처장이 정하여 고시하는 사항'이란 다음 각 호와 같다.

1. 맞춤형화장품판매업자는 맞춤형화장품 조제에 사용하는 내용물 또는 원료의 혼합 · 소분의 범위에 대해 사전에 검토하여 최종 제품의 품질 및 안전성을 확보할 것. 다만, 화장품책임판매업자가 혼합 또는 소분의 범위를 미리 정하고 있는 경우에는 그 범위 내에서 혼합 또는 소분 할 것
2. 혼합 · 소분에 사용되는 내용물 또는 원료가 「화장품법」제8조의 화장품 안전기준 등에 적합한 것인지 여부를 확인하고 사용할 것
3. 혼합 · 소분 전에 내용물 또는 원료의 사용기한 또는 개봉 후 사용기간을 확인하고, 사용기한 또는 개봉 후 사용기간이 지난 것은 사용하지 말 것
4. 혼합 · 소분에 사용되는 내용물 또는 원료의 사용기한 또는 개봉 후 사용기간을 초과하여 맞춤형화 장품의 사용기한 또는 개봉 후 사용기간을 정하지 말 것. 다만 과학적 근거를 통하여 맞춤형화 장품의 안정성이 확보되는 사용기한 또는 개봉 후 사용기간을 설정한 경우에는 예외로 한다.
5. 맞춤형화장품 조제에 사용하고 남은 내용물 또는 원료는 밀폐가 되는 용기에 담는 등 비의도적인 오염을 방지 할 것
6. 소비자의 피부 유형이나 선호도 등을 확인하지 아니하고 맞춤형화장품을 미리 혼합 · 소분하여 보관하지 말 것

9) 결격사유

① 피성년후견인 또는 파산선고를 받고 복권되지 아니한 자
② 금고 이상의 형을 선고받고 그 집행이 끝나지 아니하거나 그 집행을 받지 아니하기로 확정되지 아니한 자
③ 등록이 취소되거나 영업소가 폐쇄된 날부터 1년이 지나지 아니한 자

(4) 화장품의 생산실적 보고 (화장품법 시행규칙 제13조)

① 화장품책임판매업자는 총리령으로 정하는 바에 따라 화장품의 생산실적 또는 수입실적을 식품의약품안전처장에게 보고하여야 한다. 이 경우 원료의 목록에 관한 보고는 화장품의 유통 · 판매 전에 하여야 한다.
② 지난해의 생산실적 또는 수입실적과 화장품의 제조과정에 사용된 원료의 목록 등을 식품의약품안전처장이 정하는 바에 따라 매년 2월 말까지 식품의약품안전처장이 정하여 고시하는 바에 따라 대한화장품협회 화장품업 단체(「약사법」 제67조에 따라 조직된 약업단체를 포함한다)를 통하여 식품의약품안전처장에게 보고하여야 한다.

(5) 화장품책임판매업자 등의 교육 (화장품법 시행규칙 제14조)

① 화장품제조업자, 화장품책임판매업자 및 맞춤형화장품판매업자에게 국민 건강상 위해를 방지하기 위하여 화장품관련 법령 및 제도(화장품의 안전성 확보 및 품질관리에 관한 내용)에 관한 교육
㉠ 책임판매관리자
㉡ 맞춤형화장품 조제관리사
㉢ 품질관리기준에 따라 품질관리 업무에 종사하는 종업원
② 교육 유예 대상자 : 식품의약품안전처장은 교육명령 대상자가 천재지변, 질병, 임신, 출산, 사고 및 출장 등의 사유로 교육을 받을 수 없는 경우
③ 교육 유예 입증서류제출 : 지방식품의약품안전청장에게 제출 → 교육유예확인서를 발급
④ 교육의 실시기관은 화장품과 관련된 기관 · 단체 및 식품의약품안전처장이 지정
⑤ 교육실시기관은 매년 교육의 대상, 내용 및 시간을 포함한 교육계획을 수립하여 교육을 시행할 해의 전년도 11월 30일까지 식품의약품안전처장에게 제출
⑥ 교육시간은 매년 4시간 이상, 8시간 이하로 한다.
⑦ 교육 내용은 화장품 관련 법령 및 제도에 관한 사항, 화장품의 안전성 확보 및 품질관리에 관한 사항 등으로 하며, 교육 내용에 관한 세부 사항은 식품의약품안전처장의 승인
⑧ 교육실시기관은 교육을 수료한 사람에게 수료증을 발급하고 매년 1월 31일까지 전년도 교육 실적을 식품의약품안전처장에게 보고하며, 교육 실시기간, 교육대상자 명부, 교육 내용 등 교육에 관한 기록을 작성하여 이를 증명할 수 있는 자료와 함께 2년간 보관

(6) 위해화장품의 회수 (화장품법 제5조의2, 시행규칙 제14조2)

① 영업자는 국민보건에 위해(危害)를 끼치거나 끼칠 우려가 있는 화장품이 유통 중인 사실을 알게 된 경우에는 지체 없이 해당 화장품을 회수하거나 회수하는 데에 필요한 조치를 하여야 한다.
② 화장품을 회수하거나 회수하는 데에 필요한 조치를 하려는 영업자는 회수계획을 식품의약품안전처장에게 미리 보고하여야 한다.

③ 식품의약품안전처장은 회수 또는 회수에 필요한 조치를 성실하게 이행한 영업자가 해당 화장품으로 인하여 받게 되는 제24조에. 따른 행정처분을 총리령으로 정하는 바에 따라 감경 또는 면제할 수 있다.
④ 회수 대상 화장품, 해당 화장품의 회수에 필요한 위해성 등급 및 그 분류기준, 회수계획 보고 및 회수절차 등에 필요한 사항은 총리령으로 정한다.

(7) 행정처분의 감경 또는 면제 (화장품법 시행규칙 제14조4)

① 회수계획에 따른 회수계획량의 5분의 4 이상을 회수한 경우 : 그 위반행위에 대한 행정처분을 면제
② 회수계획량 중 일부를 회수한 경우 : 다음 어느 하나에 해당하는 기준에 따라 행정처분을 경감
㉠ 회수계획량의 3분의 1 이상을 회수한 경우
- 행정처분 기준이 등록취소인 경우에는 업무정지 2개월 이상 6개월 이하의 범위에서 처분
- 행정처분기준이 업무정지 또는 품목의 제조, 수입, 판매 업무정지인 경우에는 정지처분기 간의 3분의2 이하의 범위에서 경감

㉡ 회수계획량의 4분의1 이상 3분의1 미만을 회수한 경우
- 행정처분기준이 등록취소인 경우에는 업무정지 3개월 이상 6개월 이하의 범위에서 처분
- 행정처분기준이 업무정지 또는 품목의 제조 · 수입 · 판매 업무정지인 경우에는 정지처분 기간의 2분의1 이하의 범위에서 경감

(8) 폐업 등의 신고 (화장품법 시행규칙 제15조)

화장품 영업자가 폐업 또는 휴업하거나 휴업 후 그 업을 재개하려는 경우에는 그 폐업, 휴업, 재개한 날부터 20일 이내에 화장품책임판매업 등록필증, 화장품제조업 등록필증 및 맞춤형화장품판매업 신고필증을 첨부하여 신고서(전자문서로 된 신고서를 포함한다)를 지방식품의약품안전청장에게 제출하여야 한다.

5 화장품의 품질 요소(안전성, 안정성, 유효성)

화장품의 품질 특성이란 화장품을 만들어 판매하는 경우 기본적으로 소홀히 해서는 안 될 중요한 특성을 말한다.

안전성	모든 사람들을 대상으로 장기간 지속적으로 사용해야 하는 물품이므로 피부 자극이나 알러지 반응, 경구독성, 이물질 혼입 파손 등 독성이 없을 것
안정성	• 사용기간 중에 변질, 변색, 변취, 미생물오염 등이 없을 것 • 시간 경과 시 제품에 대해서 분리되는 변화가 없을 것
사용성	• 사용감 (피부친화성, 촉촉함, 부드러움 등) • 사용편리성 (형상, 크기, 중량, 기구, 기능성, 휴대성 등) • 사용자의 기호성 (향, 색, 디자인 등)
유효성	각각의 화장품의 사용목적에 적합한 기능을 충분히 나타내어 피부에 적절한 보습, 자외선 차단, 세정, 미백, 노화억제, 색채 등의 효과를 부여할 것

(1) 화장품의 안전성

① 화장품은 의약품처럼 용법, 용량이 지정되어 있지 않고 개인이 자유롭게 선택하여 사용하는 것으로써 마음에 드는 화장품은 장기간 사용되기 때문에 안전하게 사용 가능하여야 함이 전제가 되어야 한다.
② 안전성이란 제품사용에 따른 자극 및 알레르기 등의 발생을 미리 예방하려는 노력뿐만 아니라 제조 및 보관 중 미생물 오염과 번식을 방지하고, 화장품 그 자체 본질을 유지하는 것이 최우선 가치임에 틀림없다.
③ 화장품은 피부를 청결하게 보호하며, 건강을 유지하기 위해 사용되고 있으나, 피부에 반복적으로 장기간 사용함으로써 부작용에 대한 인체의 안전성 확보가 중요하며 지속적인 모니터링이 필요하다.
④ 화장품의 안전성 확보란 화장품원료 입고부터 제조 전과정, 제품 출하 후 유통 중 소비자에게 전달되어 사용되는 때까지 모든 과정이라 말 할 수 있다.

1) 안전성 확보를 위한 시험

화장품 성분이 생체에 미치는 영향으로 안전함을 뒷받침하는 객관적인 근거가 필요하므로 독성이나 피부자극, 알레르기와 같은 작용에 대응하는 다양한 예측 평가법이 있다.

2) 안전성 시험 항목과 평가방법

① 단회투여독성시험
- 독성증상의 종류, 정도, 발현, 추이 및 가역성을 관찰하고 기록
- 관찰기간은 일반적으로 14일로 한다.
- 관찰기간 중 생존례 및 관찰기간 종료 시 사망례는 전부 부검하고, 기관과 조직에 대하여도 필요에 따라 병리조직학적 검사를 행한다.

② 1차 피부자극시험
피부 1차 자극성을 적절하게 평가하는 것이다.

③ 안점막자극 또는 기타점막자극시험
눈 주위 제품(주름방지 등), 두발 세정료 등의 안점막(각막, 홍채, 결막 손상)에 안전성

④ 피부감작성시험
생체에 반복적인 접촉으로 일어날 가능성이 있는 피부장해로서 알레르기 같은 반응이 있다.

⑤ 광독성시험(자외선 흡수가 없음을 입증하는 흡광도 시험자료를 제출하는 경우에는 면제함)
피부상의 피험물질이 자외선에 의해 생기는 자극성을 검출하기 위해 UV램프를 조사하여 시험 한다.

⑥ 광감작성시험
피부상의 피험물질이 자외선에 노출되었을 때 생기는 접촉감작성을 검출하는 방법으로 감 작성 시험에 광조사가 가해지는 것이다.

⑦ 인체사용시험(인체적용시험자료에서 피부이상반응 발생 등 안전성 문제가 우려된다고 판단되는 경우에 한함)
- 인체 첩포 시험은 첩부 부위 사람의 상등부(정중선의 부분은 제외) 또는 전완부등 인체사용시험을 평가하기에 적정한 부위를 폐쇄 첩포한다.
- 홍반, 부종 등의 정도를 피부과 전문의 또는 이와 동등한 자가 판정하고 평가한다.

3) 제품별 안전성 자료의 작성 및 보관 (화장품법 시행규칙 제10조의3)

① 법 제4조의2제1항 및 이 규칙 제10조의2 제2항에 따라 화장품의 표시 · 광고를 하려는 화장품책임판매업자는 법 제4조의2제1항제1호부터 제3호까지의 규정에 따른 제품별 안전성 자료 모두를 미리 작성해야 한다.

② 제품별 안전성 자료의 보관기간은 다음 각 호의 구분에 따른다.

㉠ 화장품의 1차 포장에 사용기한을 표시하는 경우 : 영유아 또는 어린이가 사용할 수 있는 화장품임을 표시 · 광고한 날부터 마지막으로 제조 · 수입된 제품의 사용기한 만료일 이후 1년까지의 기간. 이 경우 제조는 화장품의 제조번호에 따른 제조일자를 기준으로 하며, 수입은 통관일자를 기준으로 한다.

㉡ 화장품의 1차 포장에 개봉 후 사용기간을 표시하는 경우 : 영유아 또는 어린이가 사용할 수 있는 화장품임을 표시 · 광고한 날부터 마지막으로 제조 · 수입된 제품의 제조연월일 이후 3년까지의 기간. 이 경우 제조는 화장품의 제조번호에 따른 제조일자를 기준으로 하며, 수입은 통관일자를 기준으로 한다.

③ 제1항 및 제2항에서 규정한 사항 외에 제품별 안전성 자료의 작성 · 보관의 방법 및 절차 등에 필요한 세부 사항은 식품의약품안전처장이 정하여 고시한다.

(2) 화장품의 안정성

품질 안정성의 중요성은 화장품의 품질에 대하여 제조 직후부터 고객이 제품을 다 사용할 때까지 기능성, 사용성, 안정성이 변질되지 않고 유지되는 것이다. 그러므로 화장품의 안정성이란 제품 그 자체가 형상의 변화, 변질 및 기능의 저하에 있어서 수명을 예측하기 위한 시험 이라고 할 수 있다.

1) 화장품의 안정성 시험법

① 시험의 목적

㉠ 화장품 안정성 시험은 화장품의 저장방법 및 사용기한을 설정하기 위하여 경시변화에 따른 품질의 안정성을 평가하는 시험이다.

㉡ 화장품을 제조된 날부터 적절한 보관조건에서 성상 · 품질의 변화 없이 최적의 품질로 이를 사용할 수 있는 최소한의 기한과 저장방법을 설정하기 위한 기준을 정하는데 있으며, 나아가 이를 통하여 시중 유통 중에 있는 화장품의 안정성을 확보하여 안전하고 우수한 제품을 공급하는데 도움을 주고자 하는데 있다.

② 일반적 사항

㉠ 화장품의 안정성시험은 적절한 보관, 운반, 사용 조건에서 화장품의 물리적, 화학적, 미생물학적 안정성 및 내용물과 용기사이의 적합성을 보증할 수 있는 조건에서 시험을 실시한다.

㉡ 시험기준 및 시험방법은 승인된 규격이 있는 경우 그 규격을, 그 이외에는 각 제조업체의 경험에 근거하여 제제별로 시험방법과 관련 기준을 추가로 선정하고 한 가지 이상의 온도 조건에서 안정성 시험을 수행한다. 즉, 시험기준 및 시험방법은 평가 대상 제품의 예상 또는 실제 안정성을 추정할 수 있어야 한다.

㉢ 과학적 원칙과 경험에 근거하여 합리적이라고 판단되는 경우 시험항목 및 시험조건은 적절히 조절할 수 있다.

2) 안정성 시험의 종류

① 장기보존시험

화장품의 저장조건에서 사용기한을 설정하기 위하여 장기간에 걸쳐 물리 · 화학적, 미생물학 적 안정성 및 용기 적합성을 확인하는 시험을 말한다.

② 가속시험

장기보존시험의 저장조건을 벗어난 단기간의 가속조건이 물리 · 화학적, 미생물학적 안정성 및 용기 적합성에 미치는 영향을 평가하기 위한 시험을 말한다.

③ 가혹시험

가혹조건에서 화장품의 분해과정 및 분해산물 등을 확인하기 위한 시험을 말한다.

일반적으로 개별 화장품의 취약성, 예상되는 운반, 보관, 진열 및 사용 과정에서 뜻하지 않 게 일어나는 가능성 있는 가혹한 조건에서 품질변화를 검토하기 위해 이와 같은 시험을 수행한다.

㉠ 온도 편차 및 극한 조건

㉡ 기계, 물리적 시험

㉢ 광안정성

④ 개봉 후 안정성시험

화장품 사용 시에 일어날 수 있는 오염 등을 고려한 사용기한을 설정하기 위하여 장기간에 걸쳐 물리 · 화학적, 미생물학적 안정성 및 용기 적합성을 확인하는 시험을 말한다.

3) 안정성시험별 시험 항목

① 장기보존시험 및 가속시험

㉠ 일반시험 : 균등성, 향취 및 색상, 사용감, 액상, 유화형, 내온성 시험을 수행한다.

㉡ 물리 · 화학적 시험 : 성상, 향, 사용감, 점도, 질량변화, 분리도, 유화상태, 경도 및 pH 등 제제의 물리 · 화학적 성질을 평가한다.

각 시험의 예는 다음과 같다.

- 물리적 시험 : 비중, 융점, 경도, pH, 유화상태, 점도 등
- 화학적 시험 : 시험물가용성성분, 에테르불용 및 에탄올가용성성분, 에테르 및 에탄올 가 용성 불검화물, 에테르 및 에탄올 가용성 검화물, 에테르 가용 및 에탄올 불용성 불검화물, 에테르 가용 및 에탄올 불용성 검화물, 증발잔류물, 에탄올 등

㉢ 미생물학적 시험 : 정상적으로 제품 사용 시 미생물 증식을 억제하는 능력이 있음을 증명하는 미생물학적 시험 및 필요 시 기타 특이적 시험을 통해 미생물에 대한 안정성을 평가한다.

㉣ 용기적합성 시험 : 제품과 용기 사이의 상호작용 (용기의 제품 흡수, 부식, 화학적 반응 등)에 대한 적합성을 평가한다.

② 가혹시험

본 시험의 시험항목은 보존 기간 중 제품의 안전성이나 기능성에 영향을 확인할 수 있는 품질관리상 중요한 항목 및 분해산물의 생성유무를 확인한다.

③ 개봉 후 안정성시험

개봉 전 시험항목과 미생물한도시험, 살균보존제, 유효성성분시험을 수행한다. 다만, 개봉할 수 없는 용기로 되어 있는 제품 (스프레이등), 일회용제품등은 개봉 후 안정성시험을 수행할 필요가 없다.

(3) 화장품의 유효성

화장품에 다양한 유효성이 요구되는 시대로 변화하면서 제품별의 유효성이 중시되었다. 목적에 따른 충분한 기능을 갖추어야 하며 그 기능을 실감할 수 있는 것이 요구되고 있다.

화장품산업의 과학화, 국제화가 급속하게 추진되고 있어 기능성화장품과 관련한 과학적이고 효율적인 평가 방법에 대한 가이드라인이 요구되고 있다.

기능성 화장품은 유효성(효능, 효과)을 식품의약품안전처에 인정을 받아 효능, 효과에 대한 광고를 할 수 있는 제품이다.

1) 화장품의 유효성 범위

① 미백

㉠ 피부에 멜라닌색소가 침착하는 것을 방지하여 기미 · 주근깨 등의 생성을 억제함으로써 피부의 미백에 도움을 주는 기능을 가진 화장품

㉡ 피부에 침착된 멜라닌색소의 색을 엷게 하여 피부의 미백에 도움을 주는 기능을 가진 화 장품

② 피부에 탄력을 주어 피부의 주름을 완화 또는 개선하는 기능을 가진 화장품

③ 강한 햇볕을 방지하여 피부를 곱게 태워주는 기능을 가진 화장품

④ 자외선을 차단 또는 산란시켜 자외선으로부터 피부를 보호하는 기능을 가진 화장품

⑤ 모발의 색상을 변화[탈염(脫鹽) · 탈색(脫色)을 포함한다]시키는 기능을 가진 화장품, 다만, 일시적으로 모발의 색상을 변화시키는 제품은 제외한다.

⑥ 체모를 제거하는 기능을 가진 화장품. 다만, 물리적으로 체모를 제거하는 제품은 제외한다.

⑦ 탈모 증상의 완화에 도움을 주는 화장품. 다만, 코팅 등 물리적으로 모발을 굵게 보이게 하는 제품은 제외한다.

⑧ 여드름성 피부를 완화하는 데 도움을 주는 화장품. 다만, 인체세정용 제품류로 한정한다.

⑨ 건조함 등을 완화하는 데 도움을 주는 화장품

⑩ 튼살로 인한 붉은 선을 엷게 하는 데 도움을 주는 화장품

2) 화장품의 유효성 평가

화장품법 제4조제1항에 따라 기능성화장품을 제조 또는 수입하여 판매하려는 제조판매업자는 품목별로 안전성 및 유효성에 관하여 식품의약품안전처장의 심사를 받아야 한다.

① 효력시험에 관한 자료

심사대상 효능을 포함한 효력을 뒷받침하는 비임상시험자료로서 효과 발현의 작용기전이 포함되어야 하며, 다음 중 어느 하나에 해당하여야 한다.

㉠ 국내 · 외 대학 또는 전문 연구기관에서 시험한 것으로서 당해 기관의 장이 발급한 자료(시험시설 개요, 주요설비, 연구인력의 구성, 시험자의연구경력에 관한 사항이 포함될 것)

㉡ 당해 기능성화장품이 개발국 정부에 제출되어 평가된 모든 효력시험자료로서 개발국 정부(허가 또는 등록기관)가 제출받았거나 승인하였음을 확인한 것 또는 이를 증명한 자료

㉢ 과학논문인용색인(Science Citation Index 또는 Science Citation Index Expanded)에 등재된 전문학회지에 게재된 자료

② 인체적용시험자료

사람에게 적용 시 효능 · 효과 등 기능을 입증할 수 있는 자료로서, 관련분야 전문의사, 연구소 또는 병원 기타 관련기관에서 5년 이상 해당 시험경력을 가진 자의 지도 및 감독 하에 수행 · 평가되고, 다음 중 어느 것 하나에 해당해야 한다.

㉠ 국내 · 외 대학 또는 전문 연구기관에서 시험한 것으로서 당해 기관의 장이 발급한 자료(시험시설 개요, 주요설비, 연구인력의 구성, 시험자의연구경력에 관한 사항이 포함될 것)

㉡ 당해 기능성화장품이 개발국 정부에 제출되어 평가된 모든 효력시험자료로서 개발국 정부(허가 또는 등록기관)가 제출받았거나 승인하였음을 확인한 것 또는 이를 증명한 자료

6 화장품의 사후관리 기준

(1) 화장품 안전기준 (화장품법 제8조, 시행규칙 제17조2)

① 식품의약품안전처장은 화장품의 제조 등에 사용할 수 없는 원료를 지정하여 고시하여야 한다.

② 식품의약품안전처장은 보존제, 색소, 자외선차단제 등과 같이 특별히 사용상의 제한이 필요한 원료에 대하여는 그 사용기준을 지정하여 고시하여야 하며, 사용기준이 지정 · 고시된 원료 외의 보존제, 색소, 자외선차단제 등은 사용할 수 없다.

③ 식품의약품안전처장은 국내외에서 유해물질이 포함되어 있는 것으로 알려지는 등 국민보건상 위해 우려가 제기되는 화장품 원료 등의 경우에는 총리령으로 정하는 바에 따라 위해요소를 신속히 평가하여 그 위해 여부를 결정하여야 한다.

④ 식품의약품안전처장은 위해평가가 완료된 경우에는 해당 화장품 원료 등을 화장품의 제조에 사용할 수 없는 원료로 지정하거나 그 사용기준을 지정하여야 한다.

⑤ 식품의약품안전처장은 지정 · 고시된 원료의 사용기준의 안전성을 정기적으로 검토하여야 하고, 그 결과에 따라 지정 · 고시된 원료의 사용기준을 변경할 수 있다. 이 경우 안전성 검토의 주기 및 절차 등에 관한 사항은 총리령으로 정한다.

㉠ 고시된 원료의 사용기준의 안전성 검토 주기는 5년으로 한다.

㉡ 식품의약품안전처장은 지정 · 고시된 원료의 사용기준의 안전성을 검토할 때에는 사전에 안전성 검토 대상을 선정하여 실시해야 한다.

⑥ 영업자 또는 대학연구소 등 총리령으로 정하는 자는 지정 · 고시되지 아니한 원료의 사용기준을 지정고시하거나 지정 · 고시된 원료의 사용기준을 변경하여 줄 것을 총리령으로 정하는 바에 따라 식품의약품안전처장에게 신청할 수 있다.

⑦ 식품의약품안전처장은 신청을 받은 경우에는 신청된 내용의 타당성을 검토하여야 하고, 그 타당성이 인정되는 경우에는 원료의 사용기준을 지정 · 고시하거나 변경하여야 한다. 이 경우 신청인에게 검토 결과를 서면으로 알려야 한다.

⑧ 식품의약품안전처장은 그 밖에 유통화장품 안전관리 기준을 정하여 고시할 수 있다.

(2) 안전용기 · 포장 (화장품법 제9조, 시행규칙 제18조)★

1) 영업자는 화장품을 판매할 때에는 어린이가 화장품을 잘못 사용하여 인체에 위해를 끼치는 사고가 발생하지 아니하도록 안전용기 · 포장을 사용하여야 한다.

2) 안전용기 포장을 사용하여야 할 품목 및 용기포장의 기준 등에 관하여는 총리령으로 정한다.

① 안전용기, 포장 대상 품목 및 기준 〈일회용 제품, 용기 입구 부분이 펌프 또는 방아쇠로 작동되는 분무용기 제품, 압축 분무용기 제품(에어로졸 제품 등은 제외〉

㉠ 아세톤을 함유하는 네일 에나멜 리무버 및 네일 폴리시 리무버

㉡ 어린이용 오일 등 개별포장 당 탄화수소류를 10퍼센트 이상 함유하고 운동점도가 21센 티스톡스(섭씨 40도 기준) 이하인 비에멀젼 타입의 액체상태의 제품

㉢ 개별포장당 메틸 살리실레이트를 5퍼센트 이상 함유하는 액체상태의 제품) 안전용기 · 포장은 성인이 개봉하기는 어렵지 아니하나 만 5세 미만의 어린이가 개봉하기는 어렵 게 된 것이어야 한다. 이 경우 개봉하기 어려운 정도의 구체적인 기준 및 시험방법은 산업통상자원부장관이 정하여 고시하는 바에 따른다.

(3) 화장품의 표시, 광고, 취급사항 (화장품법 제10조, 화장품법 시행규칙 19조)

1) 화장품의 기재사항

화장품의 1차 포장 또는 2차 포장에는 총리령으로 정하는 바에 따라 다음 각 호의 사항을 기재 · 표시하여야 한다. 다만, 내용량이 소량인 화장품의 포장 등 총리령으로 정하는 포장에는 화장품의 명칭, 화장품책임판매업자 또는 맞춤형화장품판매업자의 상호, 가격, 제조번호와 사용기한 또는 개봉 후 사용기간(개봉 후 사용기간을 기재할 경우에는 제조연월일을 병행 표기하여야 한다. 이하 이 조에서 같다)만을 기재 · 표시할 수 있다.

① 화장품의 명칭

② 영업자의 상호 및 주소

③ 해당 화장품 제조에 사용된 모든 성분(인체에 무해한 소량 함유 성분 등 총리령으로 정하 는 성분은 제외한다)

④ 내용물의 용량 또는 중량

⑤ 제조번호

⑥ 사용기한 또는 개봉 후 사용기간

⑦ 가격

⑧ 기능성화장품의 경우 '기능성화장품'이라는 글자 또는 기능성화장품을 나타내는 도안으로 서 식품의약품안전처장이 정하는 도안

⑨ 사용할 때의 주의사항

⑩ 그 밖에 총리령으로 정하는 사항

2) 화장품 포장의 기재, 표시

① 1차 포장에 표시할 항목 : 화장품의 명칭, 영업자의 상호, 제조번호, 사용기한 또는 개봉 후 사용기간

② 기능성화장품의 경우에는 '질병의 예방 및 치료를 위한 의약품이 아님'이라는 문구 표시

③ 해당 화장품의 제조에 사용된 성분의 기재 · 표시를 생략하려는 경우에는 다음 각 호의 어느 하나에 해당하는 방법으로 생략된 성분을 확인할 수 있도록 하여야 한다.
   ㉠ 소비자가 모든 성분을 즉시 확인할 수 있도록 포장에 전화번호나 홈페이지주소를 적을 것
   ㉡ 모든 성분이 적힌 책자 등의 인쇄물을 판매업소에 항상 갖추어 둘 것

3) 화장품의 가격표시

① 가격은 소비자에게 화장품을 직접 판매하는 자가 판매하려는 가격을 표시하여야 한다.
② 표시방법과 그 밖에 필요한 사항은 총리령으로 정한다.

4) 기재 표시상의 주의사항

① 한글로 읽기 쉽도록 기재 · 표시할 것. 다만, 한자 또는 외국어를 함께 적을 수 있고, 수출용 제품 등의 경우에는 그 수출 대상국의 언어로 적을 수 있다.
② 화장품의 성분을 표시하는 경우에는 표준화된 일반명을 사용할 것

5) 부당한 표시 · 광고 행위 등의 금지

① 영업자 또는 판매자는 다음 각 호의 어느 하나에 해당하는 표시 또는 광고를 하여서는 아니 된다.
   ㉠ 의약품으로 잘못 인식할 우려가 있는 표시 또는 광고
   ㉡ 기능성화장품이 아닌 화장품을 기능성화장품으로 잘못 인식할 우려가 있거나 기능성화장품의 안전성 · 유효성에 관한 심사결과와 다른 내용의 표시 또는 광고
   ㉢ 천연화장품 또는 유기농화장품이 아닌 화장품을 천연화장품 또는 유기농화장품으로 잘못 인식할 우려가 있는 표시 또는 광고
   ㉣ 그 밖에 사실과 다르게 소비자를 속이거나 소비자가 잘못 인식하도록 할 우려가 있는 표시 또는 광고
② 표시 · 광고의 범위와 그 밖에 필요한 사항은 총리령으로 정한다.

6) 표시 · 광고 내용의 실증

① 영업자 또는 판매자는 자기가 행한 표시 · 광고 중 사실과 관련한 사항에 대하여는 이를 실증할 수 있어야 한다.
② 식품의약품안전처장은 영업자 또는 판매자가 행한 표시 · 광고가 실증이 필요하다고 인정하는 경우에는 그 내용을 구체적으로 명시하여 해당 영업자 또는 판매자에게 관련 자료의 제출을 요청할 수 있다.
③ 실증자료의 제출을 요청받은 영업자 또는 판매자는 요청받은 날부터 15일 이내에 그 실증자료를 식품의약품안전처장에게 제출하여야 한다. 다만, 식품의약품안전처장은 정당한 사유가 있다고 인정하는 경우에는 그 제출기간을 연장할 수 있다.
④ 영업자 또는 판매자가 제출하여야 하는 실증자료의 범위 및 요건
   ㉠ 시험 결과 : 인체 적용시험 자료, 인체 외 시험 자료 또는 같은 수준 이상의 조사 자료일 것
   ㉡ 조사 결과 : 표본설정, 질문사항, 질문방법이 그 조사의 목적이나 통계상의 방법과 일치할 것
   ㉢ 실증방법 : 실증에 사용되는 시험 또는 조사의 방법은 학술적으로 널리 알려져 있거나 관련 산업 분야에서 일반적으로 인정된 방법 등으로서 과학적이고 객관적인 방법일 것
⑤ 실증자료를 제출할 때에는 다음 각 목의 사항을 적고 이를 증명할 수 있는 자료를 첨부하여 식품의약품안전처장에게 제출하여야 한다.

㉠ 실증방법
㉡ 시험 · 조사기관의 명칭, 대표자의 성명, 주소 및 전화번호
㉢ 실증 내용 및 실증결과
㉣ 실증자료 중 영업상 비밀에 해당되어 공개를 원하지 않는 경우에는 그 내용 및 사유

⑥ 규정한 사항 외에 표시 · 광고 실증에 필요한 사항은 식품의약품안전처장이 정하여 고시한다.

화장품법 시행규칙 제10조의2 (영유아 또는 어린이 사용 화장품의 표시 · 광고) [기출내용★★★]
[시행 2020. 10. 29.] [식품의약품안전처고시 제2020-106호, 2020. 10. 29. 제정]

① 법 제4조의2제1항에 따른 영유아 또는 어린이의 연령 기준은 다음 각 호의 구분에 따른다.
㉠ 영유아 : 만 3세 이하
㉡ 어린이 : 만 4세 이상부터 만 13세 이하까지

② 화장품책임판매업자가 법 제4조의2제1항 각 호에 따른 자료(이하 '제품별 안전성 자료'라 한다) 를 작성 · 보관해야 하는 표시 · 광고의 범위는 다음 각 호의 구분에 따른다.
㉠ 표시의 경우 : 화장품의 1차 포장 또는 2차 포장에 영유아 또는 어린이가 사용할 수 있는 화장품임을 특정하여 표시하는 경우(화장품의 명칭에 영유아 또는 어린이에 관한 표현이 표시되는 경우를 포함한다)
㉡ 광고의 경우 : 별표 5 제1호가목부터 바목까지(어린이 사용 화장품의 경우에는 바목을 제외한다)의 규정에 따른 매체 · 수단 또는

해당 매체 · 수단과 유사하다고 식품의약품안전처장이 정하여 고시하는 매체 · 수단에 영유아 또는 어린이가 사용할 수 있는 화장품임을 특정하여 광고하는 경우
[본조신설 2020. 1. 22.]

(4) 천연화장품 및 유기농화장품에 대한 인증

① 식품의약품안전처장은 천연화장품 및 유기농화장품의 품질제고를 유도하고 소비자에게 보 다 정확한 제품정보가 제공될 수 있도록 식품의약품안전처장이 정하는 기준에 적합한 천연 화장품 및 유기농화장품에 대하여 인증할 수 있다.

② 인증을 받으려는 화장품제조업자, 화장품책임판매업자 또는 총리령으로 정하는 대학 · 연구소 등은 식품의약품안전처장에게 인증을 신청하여야 한다.

③ 식품의약품안전처장은 인증을 받은 화장품이 다음 어느 하나에 해당하는 경우에는 그 인증을 취소하여야 한다.
㉠ 거짓이나 그 밖의 부정한 방법으로 인증을 받은 경우
㉡ 인증기준에 적합하지 아니하게 된 경우

1) 인증의 유효기간

① 인증의 유효기간은 인증을 받은 날부터 3년으로 한다.

② 인증의 유효기간을 연장 받으려는 자는 유효기간 만료 90일 전에 총리령으로 정하는 바에 따라 연장신청을 하여야 한다.

2) 인증의 표시

① 인증을 받은 화장품에 대해서는 총리령으로 정하는 인증표시를 할 수 있다.

② 누구든지 인증을 받지 아니한 화장품에 대하여 인증표시나 이와 유사한 표시를 하여서는 아니 된다.

(5) 화장품의 제조, 수입, 판매 등의 금지사항 (화장품법 제15조, 제16조)

1) 영업 금지

누구든지 다음 각 호의 어느 하나에 해당하는 화장품을 판매(수입 대행형 거래를 목적으로 하는 알선 · 수여를 포함)하거나 판매할 목적으로 제조 · 수입 · 보관 또는 진열하여서는 아니 된다.

① 심사를 받지 아니하거나 보고서를 제출하지 아니한 기능성화장품
② 전부 또는 일부가 변패(變敗)된 화장품
③ 병원미생물에 오염된 화장품
④ 이물이 혼입되었거나 부착된 것
⑤ 화장품에 사용할 수 없는 원료를 사용하였거나 같은 조 제8항에 따른 유통화장품 안전관리 기준에 적합하지 아니한 화장품
(※제8항 : 사용할 수 없는 원료 고시, 지정고시원료외의 보존제, 색소, 자외선차단제는 사용할 수 없음)
⑥ 코뿔소 뿔 또는 호랑이 뼈와 그 추출물을 사용한 화장품
⑦ 보건위생상 위해가 발생할 우려가 있는 비위생적인 조건에서 제조되었거나 시설기준에 적합하지 아니한 시설에서 제조된 것
⑧ 용기나 포장이 불량하여 해당 화장품이 보건위생상 위해를 발생할 우려가 있는 것
⑨ 사용기한 또는 개봉 후 사용기간(병행 표기된 제조년월일을 포함)을 위조 · 변조한 화장품

2) 판매 금지

① 누구든지 '㉠'에서 '㉣'의 화장품을 판매하거나 판매할 목적으로 보관 또는 진열하여서는 아니 된다. 다만, '㉢'의 경우에는 소비자에게 판매하는 화장품에 한한다.
㉠ 등록을 하지 아니한 자가 제조한 화장품 또는 제조 · 수입하여 유통 · 판매한 화장품
㉡ 신고를 하지 아니한 자가 판매한 맞춤형화장품
㉢ 맞춤형화장품 조제관리사를 두지 아니하고 판매한 맞춤형화장품
㉣ 화장품 또는 의약품으로 잘못 인식할 우려가 있게 기재 · 표시된 화장품
㉤ 판매의 목적이 아닌 제품의 홍보 · 판매촉진 등을 위하여 미리 소비자가 시험 · 사용하도 록 제조 또는 수입된 화장품
㉥ 화장품의 포장 및 기재 · 표시 사항을 훼손(맞춤형화장품 판매를 위하여 필요한 경우는 제외) 또는 위조 · 변조한 것

② 누구든지(맞춤형화장품 조제관리사를 통하여 판매하는 맞춤형화장품판매업자 및 제2조제3호의2 나목 단서에 해당하는 화장품 중 소분 판매를 목적으로 제조된 화장품의 판매자는 제외한다) 화장품의 용기에 담은 내용물을 나누어 판매하여서는 아니 된다. 〈개정 2018. 3. 13., 2020. 4. 7.〉

(6) 감독 (화장품법 제18조의2)

1) 소비자화장품안전관리감시원의 자격 등

① 소비자화장품안전관리감시원(이하 '소비자화장품감시원'이라 한다)으로 위촉될 수 있는 사람은 다음 '㉠'에서 '㉣'의 어느 하나에 해당하는 사람으로 한다.
  ㉠ 설립된 단체의 임직원 중 해당 단체의 장이 추천한 사람
  ㉡ 「소비자기본법」따라 등록한 소비자단체의 임직원 중 해당 단체의 장이 추천한 사람
  ㉢ 화장품법 시행규칙 제8호 제1항 각호의 어느 하나에 해당하는 사람
  ㉣ 식품의약품안전처장이 정하여 교육과정을 마친 사람

(7) 벌칙 (화장품법 제36조제37조, 제38조, 제40조)

1) 3년 이하의 징역 또는 3천만 원 이하의 벌금

① 화장품제조업 또는 화장품책임판매업을 하려는자가 등록 안한 경우
② 맞춤형화장품판매업을 하려는자가 신고 안한 경우
③ 맞춤형화장품 조제관리사를 두지 않은 경우
④ 화장품제조업자, 화장품책임판매업자로 등록하지 아니하고 기능성화장품을 판매 하려는 자
⑤ 천연화장품, 유기농화장품을 거짓이나 부정한 방법으로 인증받은 자
⑥ 인증을 받지 아니한 화장품에 대하여 인증표시나 이와 유사한 표시를 한 자
⑦ 영업 금지에 관한 사항
  ㉠ 기능성화장품 심사를 받지 아니하거나 보고서를 제출하지 아니한 기능성화장품
  ㉡ 전부 또는 일부가 변패(變敗)된 화장품
  ㉢ 병원미생물에 오염된 화장품
  ㉣ 이물이 혼입되었거나 부착된 것
  ㉤ 화장품에 사용할 수 없는 원료를 사용하였거나 유통화장품 안전관리 기준에 적합하지 아니한 화장품
  ㉥ 코뿔소 뿔 또는 호랑이 뼈와 그 추출물을 사용한 화장품
  ㉦ 보건위생상 위해가 발생할 우려가 있는 비위생적인 조건에서 제조되었거나 시설기준에 적합하지 아니한 시설에서 제조된 것
  ㉧ 용기나 포장이 불량하여 해당 화장품이 보건위생상 위해를 발생할 우려가 있는 것
  ㉨ 사용기한 또는 개봉 후 사용기간을 위조 · 변조한 화장품
⑧ 화장품제조업 또는 화장품책임판매업
  ㉠ 등록을 하지 아니한 자가 제조한 화장품 제조, 수입하여 유통, 판매한 화장품 신고를 하지 아니한 자가 판매한 맞춤형화장품
  ㉡ 맞춤형화장품 조제관리사를 두지 아니하고 판매한 맞춤형화장품
  ㉢ 화장품의 포장 및 기재, 표시 사항을 훼손 또는 위조, 변조한 것

2) 1년 이하의 징역 또는 1천만 원 이하의 벌금

① 안전용기, 포장 미사용한 경우
② 부당한 표시, 광고 행위 등의 금지
  ㉠ 의약품으로 잘못 인식할 우려가 있는 표시 또는 광고
  ㉡ 기능성화장품이 아닌 화장품을 기능성화장품으로 잘못 인식할 우려가 있거나 기능성화장품의 안전성, 유효성에 관한 심사결과와 다른 내용의 표시 또는 광고

㉢ 천연화장품이나 유기농화장품이 아닌 화장품을 천연화장품 또는 유기농화장품으로 잘못 인식할 우려가 있는 표시 또는 광고

㉣ 그 밖에 사실과 다르게 소비자를 속이거나 소비자가 잘못 인식하도록 할 우려가 있는 표시 또는 광고

㉤ 화장품 또는 의약품으로 잘못 인식할 우려가 있게 기재, 표시된 화장품

③ 판매의 목적이 아닌 제품의 홍보 · 판매촉진 등을 위하여 미리 소비자가 시험 · 사용하도록 제조 또는 수입된 화장품을 판매하는 경우

④ 누구든지 화장품의 용기에 담은 내용물을 나누어 판매하는 경우

⑤ 실증자료의 제출을 요청받고도 제출기간 내에 이를 제출하지 아니한 채 계속하여 표시 · 광고를 하는 때에는 실증자료를 제출할 때까지 그 표시 · 광고 행위의 중지명령에 따르지 아니한 자

3) 200만 원 이하의 벌금

① 영업자의 준수사항을 위반한 자
화장품제조업자, 화장품책임판매업자, 맞춤형화장품판매업자가 갖추어야 할 여러 가지 기준 등

② (화장품 기재사항) 화장품의 1차 포장 또는 2차 포장에는 총리령으로 정하는 바에 따라 기재, 표시를 위반한 자

③ 화장품의 가격표시를 위반한 자

④ 인증의 유효기간이 경과한 화장품에 대하여 제14조4제1항에 따른 인증표시를 한 자

⑤ 보고와 검사 등, 시정명령, 검사명령, 개수명령, 회수, 폐기명령 등에 따른 명령을 위반하거나 관계 공무원의 검사, 수거 또는 처분을 거부, 방해하거나 기피한 자

4) 100만 원 과태료

① 기능성화장품의 심사를 위반하여 변경심사를 받지 아니한 자

② 화장품 안전기준에 따른 명령을 위반하여 보고를 하지 아니한 자(영업, 판매, 화장품 업무상 필요한 보고)

③ 동물실험을 실시한 화장품 또는 동물실험을 실시한 화장품 원료를 사용하여 제조 또는 수입한 화장품을 유통, 판매한 자

5) 50만 원 과태료

① 화장품의 생산실적 또는 화장품 원료의 목록 등을 보고하지 아니한 자

② 책임판매관리자 및 맞춤형화장품 조제관리사가 화장품의 안전성 확보 및 품질관리에 관한 교육을 매년 받지 않은 경우

③ 폐업 등의 신고를 하지 아니한 자

④ 화장품의 판매 가격을 표시하지 않은 경우(소비자에게 화장품을 직접 판매하는 자가 판매하려는 가격을 표시하여야한다).

Chapter 2 개인정보 보호법

1 고객 관리 프로그램 운용

(1) 개인정보 보호법의 목적과 개념

개인정보의 처리 및 보호에 관한 사항을 정함으로써 개인의 자유와 권리를 보호하고, 나아가 개인의 존엄과 가치를 구현함을 목적으로 한다.

※ 개인정보보호법의 주요 용어의 정의

① 개인정보
- ㉠ 살아 있는 개인에 관한 정보로서 성명, 주소, 연락처, 학력, 직업, 주민등록번호, 지문, 영상 등을 통하여 개인을 알아볼 수 있는 정보를 말한다.
- ㉡ 다른 정보와 쉽게 결합하여 특정 개인을 식별할 수 있는 정보(이름+전화번호, 이름+주소, 이름+주소+전화번호)

② 정보주체
처리되는 정보에 의하여 알아볼 수 있는 사람으로서 그 정보의 주체가 되는 사람을 말한다.

③ 개인정보처리자
업무를 목적으로 개인정보파일을 운용하기 위하여 스스로 또는 다른 사람을 통하여 개인정보를 저리하는 공공기관, 법인, 단체 및 개인 등을 말한다.

④ 개인정보보호책임자
개인정보 처리에 관한 업무를 총괄해서 책임지거나 업무처리를 최종으로 결정하는 자로 개인정보의 처리에 관한 업무를 총괄하는 책임자를 말한다.

⑤ 개인정보취급자
개인정보처리자의 지휘, 감독을 받아 개인정보를 처리하는 임직원, 파견근로자, 시간제 근로자 등을 말한다.

⑥ 민감정보
사상, 신념, 노동조합, 정당의 가입, 탈퇴, 정치적 견해, 건강, 성생활 유전정보 등에 관한 정보, 그 밖의 정보주체의 사생활을 현저히 침해할 우려가 있는 개인정보 등을 말한다.

⑦ 고유식별정보
개인을 고유하게 구별하기 위하여 부여된 식별정보(주민등록번호, 운전면허번호, 여권번호, 외국인등록번호)

(2) 개인정보 보호 원칙

① 개인정보처리자는 개인정보의 처리 목적을 명확하게 하여야 하고 그 목적에 필요한 범위에서 최소한의 개인정보만을 적법하고 정당하게 수집하여야 한다.

② 개인정보처리자는 개인정보의 처리 목적에 필요한 범위에서 적합하게 개인정보를 처리하여야 하며, 그 목적 외의 용도로 활용하여서는 아니 된다.

③ 개인정보처리자는 개인정보의 처리 목적에 필요한 범위에서 개인정보의 정확성, 완전성 및 최신성이 보장되도록 하여야 한다.

④ 개인정보처리자는 개인정보의 처리 방법 및 종류 등에 따라 정보주체의 권리가 침해받을 가능성과 그 위험 정도를 고려하여 개인정보를 안전하게 관리하여야 한다.
⑤ 개인정보처리자는 개인정보 처리방침 등 개인정보의 처리에 관한 사항을 공개하여야 하며, 열람청구권 등 정보주체의 권리를 보장하여야 한다.
⑥ 개인정보처리자는 정보주체의 사생활 침해를 최소화하는 방법으로 개인정보를 처리하여야 한다.
⑦ 개인정보처리자는 개인정보를 익명 또는 가명으로 처리하여도 개인정보 수집목적을 달성할 수 있는 경우 익명처리가 가능한 경우에는 익명에 의하여, 익명처리로 목적을 달성할 수 없는 경우에는 가명에 의하여 처리될 수 있도록 하여야 한다.
⑧ 개인정보처리자는 이 법 및 관계 법령에서 규정하고 있는 책임과 의무를 준수하고 실천함으로써 정보주체의 신뢰를 얻기 위하여 노력하여야 한다.

(3) 정보주체의 권리

① 개인정보의 처리에 관한 정보를 제공받을 권리
② 개인정보의 처리에 관한 동의 여부, 동의 범위 등을 선택하고 결정할 권리
③ 개인정보의 처리 여부를 확인하고 개인정보에 대하여 열람(사본의 발급을 포함한다. 이하 같다)을 요구할 권리
④ 개인정보의 처리 정지, 정정, 삭제 및 파기를 요구할 권리
⑤ 개인정보의 처리로 인하여 발생한 피해를 신속하고 공정한 절차에 따라 구제받을 권리

2 개인정보보호법에 근거한 고객정보 입력

(1) 고객정보 수집 · 이용

1) 고객정보 수집 목적의 범위

① 정보주체의 동의를 받은 경우
② 법률에 특별한 규정이 있거나 법령상 의무를 준수하기 위하여 불가피한 경우
③ 공공기관이 법령 등에서 정하는 소관 업무의 수행을 위하여 불가피한 경우
④ 정보주체와의 계약의 체결 및 이행을 위하여 불가피하게 필요한 경우
⑤ 정보주체 또는 그 법정대리인이 의사표시를 할 수 없는 상태에 있거나 주소불명 등으로 사전 동의를 받을 수 없는 경우로서 명백히 정보주체 또는 제3자의 급박한 생명, 신체, 재산의 이익을 위하여 필요하다고 인정되는 경우
⑥ 개인정보처리자의 정당한 이익을 달성하기 위하여 필요한 경우로서 명백하게 정보주체의 권리보다 우선하는 경우, 이는 개인정보처리자의 정당한 이익과 상당한 관련이 있고 합리적인 범위를 초과하지 아니하는 경우에 한한다.

2) 고객정보처리자의 정보주체에게 알릴 사항

① 개인정보의 수집 · 이용 목적
② 수집하려는 개인정보의 항목

③ 개인정보의 보유 및 이용 기간
④ 동의를 거부할 권리가 있다는 사실 및 동의 거부에 따른 불이익이 있는 경우에는 그 불이익의 내용

(2) 고객정보의 수집 제한

① 고객정보처리자는 목적에 필요한 최소한의 고객정보를 수집하여야 한다. 이 경우 최소한의 고객정보 수집이라는 입증책임은 고객정보처리자가 부담한다.
② 고객정보처리자는 정보주체의 동의를 받아 고객정보를 수집하는 경우 필요한 최소한의 정보 외의 개인정보 수집에는 동의하지 아니할 수 있다는 사실을 구체적으로 알리고 고객정보를 수집하여야 한다.

(3) 동의를 받는 방법

① 고객정보처리자는 이 법에 따른 개인정보의 처리에 대하여 정보주체의 동의를 받을 때에는 각각의 동의사항을 구분하여 정보주체가 이를 명확하게 인지할 수 있도록 알리고 각각 동의를 받아야 한다.
② 고객정보처리자는 동의를 서면으로 받을 때에는 개인정보의 수집 · 이용 목적, 수집 · 이용하려는 개인정보의 항목 등 명확히 표시하여 알아보기 쉽게 하여야 한다.
③ 고객정보처리자는 개인정보의 처리에 대하여 정보주체의 동의를 받을 때에는 정보주체와의 계약 체결 등을 위하여 정보주체의 동의 없이 처리할 수 있는 개인정보와 정보주체의 동의가 필요한 개인정보를 구분하여야 한다. 이 경우 동의 없이 처리할 수 있는 개인정보라는 입증책임은 고객정보처리자가 부담한다.
④ 고객정보처리자는 정보주체에게 재화나 서비스를 홍보하거나 판매를 권유하기 위하여 개인정보의 처리에 대한 동의를 받으려는 때에는 정보주체가 이를 명확하게 인지할 수 있도록 알리고 동의를 받아야 한다.

3 개인정보보호법에 근거한 고객정보 관리

(1) 고객정보의 안전관리

고객정보처리자는 고객정보가 분실 · 도난 · 유출 · 위조 · 변조 또는 훼손되지 아니하도록 내부 관리계획 수립, 접속기록 보관 등 대통령령으로 정하는 바에 따라 안전성 확보에 필요한 기술적 · 관리적 및 물리적 조치를 하여야 한다.

(2) 개인정보의 목적외 이용 · 제공 제한

① 고객정보처리자는 고객정보를 목적 외의 용도로 이용하거나 이를 제3자에게 제공하는 경우에는 그 이용 또는 제공의 법적 근거, 목적 및 범위 등에 관하여 필요한 사항을 보호위원회가 고시로 정하는 바에 따라 관보 또는 인터넷 홈페이지 등에 게재하여야 한다.
② 고객정보처리자는 고객정보를 목적 외의 용도로 제3자에게 제공하는 경우에는 개인정보를 제공받는 자에게 이용 목적, 이용 방법, 그 밖에 필요한 사항에 대하여 제한을 하거나, 개인정보의 안전성 확보를 위하여 필요한 조치를 마련하도록 요청하여야 한다. 이 경우 요청을 받은 자는 개인정보의 안전성 확보를 위하여 필요한 조치를 하여야 한다.
③ 고객정보처리자로부터 고객정보를 제공받은 자는 개인정보를 제공받은 목적 외의 용도로 이용하거나 이를 제3자에게 제공하여서는 아니 된다.

(3) 정보주체 이외로부터 수집한 고객정보의 수집 출처 등 고지

고객정보처리자가 정보주체 이외로부터 수집한 개인정보를 처리하는 때에는 정보주체의 요구가 있으면 즉시 다음 사항을 정보주체에게 알려야 한다.

① 개인정보의 수집 출처
② 개인정보의 처리 목적
③ 개인정보 처리의 정지를 요구할 권리가 있다는 사실

(4) 개인정보의 파기

① 고객정보처리자는 보유기간의 경과, 고객정보의 처리 목적 달성 등 그 고객정보가 불필요하게 되었을 때에는 지체 없이 그 고객정보를 파기하여야 한다. 다만, 다른 법령에 따라 보존하여야 하는 경우에는 그러하지 아니하다.
② 고객정보처리자가 제1항에 따라 고객정보를 파기할 때에는 복구 또는 재생되지 아니하도록 조치하여야 한다.
③ 고객정보처리자가 제1항 단서에 따라 고객정보를 파기하지 아니하고 보존하여야 하는 경우에는 해당 고객정보 또는 고객정보파일을 다른 고객정보와 분리하여서 저장 · 관리하여야 한다.

(5) 고객정보취급자에 대한 감독

① 고객정보처리자는 고객정보를 처리함에 있어서 고객정보가 안전하게 관리될 수 있도록 임직원, 파견근로자, 시간제근로자 등 고객정보처리자의 지휘 · 감독을 받아 고객정보를 처리하는 자(이하 '개인정보취급자'라 한다)에 대하여 적절한 관리 · 감독을 행하여야 한다.
② 고객정보처리자는 고객정보의 적정한 취급을 보장하기 위하여 고객정보취급자에게 정기적으로 필요한 교육을 실시하여야 한다.

4 개인정보보호법에 근거한 고객 상담

(1) 고객 개인 정보의 보호

① 맞춤형화장품판매장에서 수집된 고객의 개인정보는 개인정보보호법령에 따라 적법하게 관리할 것
② 맞춤형화장품판매장에서 판매내역서 작성 등 판매관리 등의 목적으로 고객 개인의 정보를 수집할 경우 개인정보보호법에 따라 개인 정보 수집 및 이용목적, 수집 항목 등에 관한 사항을 안내하고 동의를 받아야 한다.

> ☞ 소비자 피부진단 데이터 등을 활용하여 연구 · 개발 등 목적으로 사용하고자 하는 경우, 소비자에게 별도의 사전 안내 및 동의를 받아야 한다.

③ 수집된 고객의 개인정보는 개인정보보호법에 따라 분실, 도난, 유출, 위조, 변조 또는 훼손되지 않도록 취급하여야한다. 아울러 이를 당해 정보주체의 동의 없이 타 기관 또는 제3자에게 정보를 공개하여서는 아니 된다.

(2) 고객정보의 관리

고객관리 프로그램을 PC에 설치하거나 웹 서비스에 접속하여 고객정보를 관리하는 경우 또는 고객정보를 PC의 워드, 엑셀, 한글 등 문서프로그램으로 저장, 관리하는 경우 고객정보 책임자를 지정하여 고객정보 보호수칙을 지키도록 한다.

(개인정보보호법 시행령 제41조제2항)

개인정보의 열람 절차 등

개인정보처리자는 정보주체의 자신의 개인정보에 대한 열람 요구 방법과 절차를 마련하는 경우 해당 개인정보의 수집방법과 절차에 대하여 어렵지 아니하도록 다음의 사항을 준수하여야 한다.

- 서면, 전화, 전자우편, 인터넷 등 정보주체가 쉽게 활용할 수 있는 방법으로 제공할 것
- 개인정보를 수집한 창구의 지속적 운영이 곤란한 경우 등 정당한 사유가 있는 경우를 제외하고는 최소한 개인정보를 수집한 창구 또는 방법과 동일하게 개인정보의 열람을 요구할 수 있도록 할 것
- 인터넷 홈페이지를 운영하는 개인정보처리자는 홈페이지에 열람 요구 방법과 절차를 공개할 것

(개인정보보호법 시행령 제41조제2항)

(개인정보보호법 제35조제4항)

개인정보 열람 제한 · 거절 사유

- 법률에 따라 열람이 금지되거나 제한되는 경우
- 다른 사람의 생명 · 신체를 해할 우려가 있거나 다른 사람의 재산과 그 밖의 이익을 부당하게 침해할 우려가 있는 경우
- 공공기관이 다음의 어느 하나에 해당하는 업무를 수행할 때 중대한 지장을 초래하는 경우
  - 조세의 부과 · 징수 또는 환급에 관한 업무
  - 초 · 중등교육법 및 고등교육법에 따른 각급 학교, 평생교육법에 다른 평생교육시설, 그 밖의 다른 법률에 따라 설치된 고등교육기관에서의 성적 평가 도는 입학자 선발에 관한 업무
  - 학력 · 기능 및 채용에 관한 시험, 자격 심사에 관한 업무
  - 보상금 · 급부금 산정 등에 대하여 진행 중인 평가 또는 판단에 관한 업무
  - 다른 법률에 따라 진행 중인 감사 및 조사에 관한 업무

(개인정보보호법 제30조)

개인정보 처리방침을 작성할 때에는 다음의 사항을 모두 포함하여야 한다.

- 개인정보의 처리 목적
- 개인정보의 처리 및 보유 기간
- 개인정보의 제3자 제공에 관한 사항(해당되는 경우에만 정한다)
- 개인정보처리의 위탁에 관한 사항(해당되는 경우에만 정한다)
- 정보주체와 법정대리인의 권리 · 의무 및 그 행사방법에 관한 사항
- 개인정보 보호책임자의 성명 또는 개인정보 보호업무 및 관련 고충사항을 처리하는 부서의 명칭과 전화번호 등 연락처
- 인터넷 접속정보파일 등 개인정보를 자동으로 수집하는 장치의 설치 · 운영 및 그 거부에 관한 사항(해당하는 경우에만 정한다)
- 그 밖에 개인정보의 처리에 관하여 대통령령으로 정한 사항
  - 처리하는 개인정보의 항목
  - 개인정보의 파기에 관한 사항
  - 개인정보의 안전성 확보조치에 관한 사항

(개인정보보호법 제34조제1항)

개인정보처리자는 개인정보가 유출되었음을 알게 되었을 때에는 지체 없이 해당 정보주체에게 다음의 사실을 알려야 한다.

- 유출된 개인정보의 항목
- 유출된 시점과 그 경위
- 유출로 인하여 발생할 수 있는 피해를 최소화하기 위하여 정보주체가 할 수 잇는 방법 등에 관한 정보
- 개인정보처리자의 대응조치 및 피해 구제절차
- 정보주체에게 피해가 발생한 경우 신고 등을 접수할 수 있는 담당부서 및 연락처

(개인정보보호법 시행령 제24조)

안내판의 설치

법 제25조제1항 각 호에 따라 영상정보처리기기를 설치 · 운영하는 자(이하 '영상정보처리기기운영자'라 한다)는 영상정보처리기기가 설치 · 운영되고 있음을 정보주체가 쉽게 알아볼 수 있도록 같은 조제4항 각 호의 사항이 포함된 안내판을 설치하여야 한다. 다만, 건물 안에 여러 개의 영상정보처리기기를 설치하는 경우에는 출입구 등 잘 보이는 곳에 해당 시설 또는 장소 전체가 영상정보처리기기 설치지역임을 표시하는 안내판을 설치할 수 있다.

(개인정보보호법 시행령 제25조제1항)

영상정보처리기기 운영 · 관리 방침

영상정보처리기기운영자는 다음의 사항이 포함된 영상정보처리기기 운영 · 관리 방침을 마련하여야 한다.

- 영상정보처리기기의 설치 대수, 설치 위치 및 촬영 범위
- 관리책임자, 담당 부서 및 영상정보에 대한 접근 권한이 있는 사람
- 영상정보의 촬영시간, 보관기간, 보관장소 및 처리방법
- 영상정보처리기기운영자의 영상정보 확인 방법 및 장소
- 정보주체의 영상정보 열람 등 요구에 대한 조치
- 영상정보 보호를 위한 기술적 · 관리적 및 물리적 조치
- 그 밖에 영상정보처리기기의 설치 · 운영 및 관리에 필요한 사항

(개인정보보호법 제25조제4항) **2회 기출문제**

영상정보처리기기운영자는 정보주체가 쉽게 인식할 수 있도록 다음의 사항이 포함된 안내판을 설치하는 등 필요한 조치를 하여야 한다.

- 설치목적 및 장소
- 촬영범위 및 시간
- 관리책임자의 성명 및 연락처
- 그 밖에 대통령령으로 정하는 사항

(개인정보보호법 시행령 제29조)

영업양도 등에 따른 개인정보 이전의 통지

개인정보를 이전하려는 자가 과실 없이 서면 등의 방법으로 법 제27조(영업양도 등에 따른 개인정보의 이전 제한) 제1항 각 호의 사항을 정보주체에게 알릴 수 없는 경우에는 해당 사항을 인터넷 홈페이지에 30일 이상 게재하여야 한다. 다만, 인터넷 홈페이지를 운영하지 아니하는 영업양도자 등의 경우에는 사업장 등의 보기 쉬운 장소에 30일 이상 게시하여야 한다.

(3) 고객정보 수집 이용 동의서 (예시 참조)

개인정보 수집 · 이용 · 제공 동의서(예시)

본인은 개인정보 보호법에 제15조에 의거하여 개인정보를 제공할 것을 동의합니다.

⊙ 개인정보 수집 항목
개인식별정보 : 성명, 생년월일, 이메일주소, 전화번호(휴대폰, 전화번호), 주소 등
피부유형/ 건강정보 : 피부의 특징, 화장품 특정 성분 부작용, 피부 알레르기 유무 등

⊙ 개인정보의 수집 목적
고지사항 전달, 불만 처리 등을 위한 원활한 의사소통 경로 확보 등의 안내
맞춤형화장품의 사후관리, 서비스 동의 및 홍보문자 발송

⊙ 개인정보 보유기간
개인정보보호법에 의거 법률로 정한 목적 이외의 다른 어떠한 목적으로도 사용되지 않으며 내부 규정에 의해 일정 기간 저장된 후 파기

⊙ 동의하지 않을 경우의 처리
이용자는 개인정보 수집 동의에 거부할 수 있으며 이 경우 원활한 서비스 제공에 제한을 받을 수 있습니다.

위와 같이 개인정보 수집 및 이용에 동의합니다. □ 개인정보 수집 및 이용에 동의하지 않습니다. □

본인의『개인정보의 수집 · 이용 · 제공 동의서』내용을 읽고 명확히 이해하였으며 이에 동의합니다.

20 년 월 일

성 명 : (인 또는 서명)

○○○판매업소 귀하

■ 화장품법 시행규칙 [별표 7] 〈개정 2020. 3. 13.〉

행정처분의 기준(제29조제1항 관련)

1. 일반기준

가. 위반행위가 둘 이상인 경우로서 그에 해당하는 각각의 처분기준이 다른 경우에는 그 중 무거운 처분기준에 따른다. 다만, 둘 이상의 처분기준이 업무정지인 경우에는 무거운 처분의 업무정지 기간에 가벼운 처분의 업무정지 기간의 2분의 1까지 더하여 처분할 수 있으며, 이 경우 그 최대기간은 12개월로 한다.

나. 위반행위가 둘 이상인 경우로서 처분기준이 업무정지와 품목업무정지에 해당하는 경우에는 그 업무정지 기간이 품목정지 기간보다 길거나 같을 때에는 업무정지처분을 하고, 업무정지 기간이 품목정지 기간보다 짧을 때에는 업무정지처분과 품목업무정지처분을 병과(倂科)한다.

다. 위반행위의 횟수에 따른 행정처분의 기준은 최근 1년간(이 표 제2호의 개별기준 파목에 해당하는 경우에는 2년간) 같은 위반행위로 행정처분을 받은 경우에 적용한다. 이 경우 기준의 적용일은 최근에 실제 행정처분의 효력이 발생한 날(업무정지처분을 갈음하여 과징금을 부과하는 경우에는 최근에 과징금처분을 통보한 날)과 다시 같은 위반행위를 적발한 날을 기준으로 한다. 다만, 품목업무정지의 경우 품목이 다를 때에는 이 기준을 적용하지 않는다.

라. 행정처분을 하기 위한 절차가 진행되는 기간 중에 반복하여 같은 위반행위를 한 경우에는 행정처분을 하기 위하여 진행 중인 사항의 행정처분기준의 2분의 1씩을 더하여 처분한다. 이 경우 그 최대기간은 12개월로 한다.

마. 같은 위반행위의 횟수가 3차 이상인 경우에는 과징금 부과대상에서 제외한다.

바. 화장품제조업자가 등록한 소재지에 그 시설이 전혀 없는 경우에는 등록을 취소한다.

사. 영 제2조제2호라목의 책임판매업을 등록한 자에 대하여 제2호의 개별기준을 적용하는 경우 '판매금지'는 '수입대행금지'로, '판매업무정지'는 '수입대행업무정지'로 본다.

아. 다음 각 목의 어느 하나에 해당하는 경우에는 그 처분을 2분의 1까지 감경하거나 면제할 수 있다.

1) 처분을 2분의 1까지 감경하거나 면제할 수 있는 경우

가) 국민보건, 수요 · 공급, 그 밖에 공익상 필요하다고 인정된 경우

나) 해당 위반사항에 관하여 검사로부터 기소유예의 처분을 받거나 법원으로부터 선고유예의 판결을 받은 경우

다) 광고주의 의사와 관계없이 광고회사 또는 광고매체에서 무단 광고한 경우

2) 처분을 2분의 1까지 감경할 수 있는 경우

가) 기능성화장품으로서 그 효능 · 효과를 나타내는 원료의 함량 미달의 원인이 유통 중 보관상태 불량 등으로 인한 성분의 변화 때문이라고 인정된 경우

나) 비병원성 일반세균에 오염된 경우로서 인체에 직접적인 위해가 없으며, 유통 중 보관상태 불량에 의한 오염으로 인정된 경우

2. 개별기준

위반 내용	관련 법조문	처분기준			
		1차 위반	2차 위반	3차 위반	4차 이상 위반
가. 법 제3조제1항 후단에 따른 화장품제조업 또는 화장품책임판매업의 다음의 변경 사항 등록을 하지 않은 경우	법 제24조 제1항제1호				
1) 화장품제조업자 · 화장품책임판매업자(법인인 경우 대표자)의 변경 또는 그 상호(법인인 경우 법인의 명칭)의 변경		시정명령	제조 또는 판매업무정지 5일	제조 또는 판매업무정지 15일	제조 또는 판매업무정지 1개월
2) 제조소의 소재지 변경		제조업무 정지 1개월	제조업무 정지 3개월	제조업무 정지 6개월	등록취소
3) 화장품책임판매업소의 소재지 변경		판매업무정지 1개월	판매업무정지 3개월	판매업무정지 6개월	등록취소
4) 책임판매관리자의 변경		시정명령	판매업무정지 7일	판매업무정지 15일	판매업무정지 1개월
5) 제조 유형 변경		제조업무 정지 1개월	제조업무 정지 2개월	제조업무 정지 3개월	제조업무 정지 6개월
6) 영 제2조2호가목부터 다목까지의 화장품책임판매업을 등록한 자의 책임판매 유형 변경		경고	판매업무정지 15일	판매업무정지 1개월	판매업무정지 3개월
7) 영 제2조제2호라목의 화장품책임판매업을 등록한 자의 책임판매 유형 변경		수입대행 업무정지 1개월	수입대행 업무정지 2개월	수입대행 업무정지 3개월	수입대행 업무정지 6개월
나. 법 제3조제2항(※맞춤형화장품판매업의 신고)에 따른 시설을 갖추지 않은 경우	법 제24조 제1항제2호				
1) 제6조제1항에 따른 제조 또는 품질검사에 필요한 시설 및 기구의 전부가 없는 경우		제조업무 정지 3개월	제조업무 정지 6개월	등록취소	
2) 제6조제1항에 따른 작업소, 보관소 또는 시험실 중 어느 하나가 없는 경우		개수명령	제조업무 정지 1개월	제조업무 정지 2개월	제조업무 정지 4개월
3) 제6조제1항에 따른 해당 품목의 제조 또는 품질검사에 필요한 시설 및 기구 중 일부가 없는 경우		개수명령	해당 품목 제조업무 정지 1개월	해당 품목 제조업무 정지 2개월	해당 품목 제조업무 정지 4개월

위반 내용	관련 법조문	처분기준			
		1차 위반	2차 위반	3차 위반	4차 이상 위반
4) 제6조제1항제1호에 따른 화장품을 제조하기 위한 작업소의 기준을 위반한 경우					
가) 제6조제1항제1호가목을 위반한 경우		시정명령	제조업무 정지 1개월	제조업무 정지 2개월	제조업무 정지 4개월
나) 제6조제1항제1호나목 또는 다목을 위반한 경우		개수명령	해당 품목 제조업무 정지 1개월	해당 품목 제조업무 정지 2개월	해당 품목 제조업무정지 4개월
다. 법 제3조의2제1항 후단에 따른 맞춤형화장품판매업의 변경신고를 하지 않은 경우	법 제24조제1항 제2호의2				
1) 맞춤형화장품판매업자의 변경신고를 하지 않은 경우		시정명령	판매업무정지 5일	판매업무정지 15일	판매업무정지 1개월
2) 맞춤형화장품판매업소 상호의 변경신고를 하지 않은 경우		시정명령	판매업무정지 5일	판매업무정지 15일	판매업무정지 1개월
3) 맞춤형화장품판매업소 소재지의 변경신고를 하지 않은 경우		판매업무정지 1개월	판매업무정지 2개월	판매업무정지 3개월	판매업무정지 4개월
4) 맞춤형화장품 조제관리사의 변경신고를 하지 않은 경우		시정명령	판매업무정지 5일	판매업무정지 15일	판매업무정지 1개월
라. 법 제3조의3(※결격사유 참조) 각 호의 어느 하나에 해당하는 경우	법 제24조제1항 제3호	등록취소			
마. 국민보건에 위해를 끼쳤거나 끼칠 우려가 있는 화장품을 제조 · 수입한 경우	법 제24조제1항 제4호	제조 또는 판매업무 정지 1개월	제조 또는 판매업무 정지 3개월	제조 또는 판매업무 정지 6개월	등록취소
바. 법 제4조제1항(※기능성화장품 심사 등)을 위반하여 심사를 받지 않거나 보고서를 제출하지 않은 기능성화장품을 판매한 경우	법 제24조제1항 제5호				
1) 심사를 받지 않거나 거짓으로 보고하고 기능성화장품을 판매한 경우		판매업무정지 6개월	판매업무정지 12개월	등록취소	

위반 내용	관련 법조문	처분기준			
		1차 위반	2차 위반	3차 위반	4차 이상 위반
2) 보고하지 않은 기능성화장품을 판매한 경우		판매업무정지 3개월	판매업무정지 6개월	판매업무정지 9개월	판매업무정지 12개월
사. 법 제4조의2(※영유아 또는 어린이 사용 화장품의 관리)제1항에 따른 제품별 안전성 자료를 작성 또는 보관하지 않은 경우	법 제24조제1항 제5호의2	판매 또는 해당 품목판매 업무정지 1개월	판매 또는 해당 품목판매 업무정지 3개월	판매 또는 해당 품목판매 업무정지 6개월	판매 또는 해당 품목판매 업무정지 12개월
아. 법 제5조를 위반하여 영업자의 준수사항을 이행하지 않은 경우	법 제24조제1항 제6호				
1) 제11조제1항제1호의 준수사항을 이행하지 않은 경우		시정명령	제조 또는 해당품목 제조업무 정지 15일	제조 또는 해당품목 제조업무 정지 1개월	제조 또는 해당품목 제조업무 정지 3개월
2) 제11조제1항제2호의 준수사항을 이행하지 않은 경우					
가) 제조관리기준서, 제품표준서, 제조관리기록서 및 품질관리기록서를 갖추어 두지 않거나 이를 거짓으로 작성한 경우		제조 또는 해당품목 제조업무 정지 1개월	제조 또는 해당품목 제조업무 정지 3개월	제조 또는 해당품목 제조업무 정지 6개월	제조 또는 해당품목 제조업무 정지 9개월
나) 작성된 제조관리기준서의 내용을 준수하지 않은 경우		제조 또는 해당 품목 제조업무 정지 15일	제조 또는 해당 품목 제조업무 정지 1개월	제조 또는 해당 품목 제조업무 정지 3개월	제조 또는 해당 품목 제조업무 정지 6개월
3) 제11조제1항제3호부터 제5호까지의 준수사항을 이행하지 않은 경우		제조 또는 해당 품목 제조업무 정지 15일	제조 또는 해당 품목 제조업무 정지 1개월	제조 또는 해당 품목 제조업무 정지 3개월	제조 또는 해당 품목 제조업무 정지 6개월
4) 제11조제1항제6호부터 제8호까지의 준수사항을 이행하지 않은 경우		제조 또는 해당 품목 제조업무 정지 15일	제조 또는 해당 품목 제조업무 정지 1개월	제조 또는 해당 품목 제조업무 정지 3개월	제조 또는 해당 품목 제조업무 정지 6개월
5) 제12조제1호의 준수사항을 이행하지 않은 경우					

위반 내용	관련 법조문	처분기준			
		1차 위반	2차 위반	3차 위반	4차 이상 위반
가) 별표 1에 따라 책임판매관리자를 두지 않은 경우		판매 또는 해당 품목 판매업무정지 1개월	판매 또는 해당 품목 판매업무정지 3개월	판매 또는 해당 품목 판매업무정지 6개월	판매 또는 해당 품목 판매업무정지 12개월
나) 별표 1에 따른 품질관리 업무 절차서를 작성하지 않거나 거짓으로 작성한 경우		판매업무 정지 3개월	판매업무정지 6개월	판매업무 정지 12개월	등록취소
다) 별표 1에 따라 작성된 품질관리 업무 절차서의 내용을 준수하지 않은 경우		판매 또는 해당 품목 판매업무정지 1개월	판매 또는 해당 품목 판매업무정지 3개월	판매 또는 해당 품목 판매업무정지 6개월	판매 또는 해당 품목 판매업무정지 12개월
라) 그 밖에 별표 1에 따른 품질관리기준을 준수하지 않은 경우		시정명령	판매 또는 해당 품목 판매업무정지 7일	판매 또는 해당 품목 판매업무정지 15일	판매 또는 해당 품목 판매업무정지 1개월
6) 제12조제2호의 준수사항을 이행하지 않은 경우					
가) 별표 2에 따라 책임판매관리자를 두지 않은 경우		판매 또는 해당 품목 판매업무정지 1개월	판매 또는 해당 품목 판매업무정지 3개월	판매 또는 해당 품목 판매업무정지 6개월	판매 또는 해당 품목 판매업무정지 12개월
나) 별표 2에 따른 안전관리 정보를 검토하지 않거나 안전확보 조치를 하지 않은 경우		판매 또는 해당 품목 판매업무정지 1개월	판매 또는 해당 품목 판매업무정지 3개월	판매 또는 해당 품목 판매업무정지 6개월	판매 또는 해당 품목 판매업무정지 12개월
다) 그 밖에 별표 2에 따른 책임판매 후 안전관리기준을 준수하지 않은 경우		경고	판매 또는 해당 품목 판매업무정지 1개월	판매 또는 해당 품목 판매업무정지 3개월	판매 또는 해당 품목 판매업무정지 6개월
7) 그 밖에 제12조제3호부터 제11호까지의 규정에 따른 준수사항을 이행하지 않은 경우		시정명령	판매 또는 해당 품목 판매업무정지 1개월	판매 또는 해당 품목 판매업무정지 3개월	판매 또는 해당 품목 판매업무정지 6개월

위반 내용	관련 법조문	처분기준			
		1차 위반	2차 위반	3차 위반	4차 이상 위반
8) 제12조의2제1호 및 제2호의 준수사항을 이행하지 않은 경우		판매 또는 해당 품목 판매업무정지 15일	판매 또는 해당 품목 판매업무정지 1개월	판매 또는 해당 품목 판매업무정지 3개월	판매 또는 해당 품목 판매업무정지 6개월
9) 제12조의2제3호의 준수사항을 이행하지 않은 경우		시정명령	판매 또는 해당 품목 판매업무정지 1개월	판매 또는 해당 품목 판매업무정지 3개월	판매 또는 해당 품목 판매업무정지 6개월
10) 제12조의2제4호의 준수사항을 이행하지 않은 경우		시정명령	판매 또는 해당 품목 판매업무정지 7일	판매 또는 해당 품목 판매업무정지 15일	판매 또는 해당 품목 판매업무정지 1개월
11) 제12조의2제5호의 준수사항을 이행하지 않은 경우		시정명령	판매 또는 해당 품목 판매업무정지 1개월	판매 또는 해당 품목 판매업무정지 3개월	판매 또는 해당 품목 판매업무정지 6개월
자. 법 제5조의2제1항을 위반하여 회수 대상 화장품을 회수하지 않거나 회수하는 데에 필요한 조치를 하지 않은 경우	법 제24조제1항 제6호의2	판매 또는 제조업무 정지 1개월	판매 또는 제조업무 정지 3개월	판매 또는 제조업무 정지 6개월	등록취소
차. 법 제5조의2제2항을 위반하여 회수계획을 보고하지 않거나 거짓으로 보고한 경우	법 제24조제1항 제6호의3	판매 또는 제조업무 정지 1개월	판매 또는 제조업무 정지 3개월	판매 또는 제조업무 정지 6개월	등록취소
카. 화장품책임판매업자가 법 제9조에 따른 화장품의 안전용기 · 포장에 관한 기준을 위반한 경우	법 제24조제1항 제8호	해당 품목 판매업무정지 3개월	해당 품목 판매업무정지 6개월	해당 품목 판매업무정지 12개월	
타. 화장품책임판매업자가 법 제10조 및 이 규칙 제19조에 따른 화장품의 1차 포장 또는 2차 포장의 기재 · 표시사항을 위반한 경우	법 제24조제1항 제9호				
1) 법 제10조제1항 및 제2항의 기재사항(가격은 제외한다)의 전부를 기재하지 않은 경우		해당 품목 판매업무정지 3개월	해당 품목 판매업무정지 6개월	해당 품목 판매업무정지 12개월	

위반 내용	관련 법조문	처분기준			
		1차 위반	2차 위반	3차 위반	4차 이상 위반
2) 법 제10조제1항 및 제2항의 기재사항(가격은 제외한다)을 거짓으로 기재한 경우		해당 품목 판매업무정지 1개월	해당 품목 판매업무 정지 3개월	해당 품목 판매업무정지 6개월	해당 품목 판매업무정지 12개월
3) 법 제10조제1항 및 제2항의 기재사항(가격은 제외한다)의 일부를 기재하지 않은 경우		해당 품목 판매업무정지 15일	해당 품목 판매업무 정지 1개월	해당 품목 판매업무정지 3개월	해당 품목 판매업무정지 6개월
파. 화장품책임판매업자가 법 제10조, 이 규칙 제19조제6항 및 별표 4에 따른 화장품 포장의 표시기준 및 표시방법을 위반한 경우	법 제24조 제1항 제9호	해당 품목 판매업무정지 15일	해당 품목 판매업무정지 1개월	해당 품목 판매업무정지 3개월	해당 품목 판매업무정지 6개월
하. 화장품책임판매업자가 법 제12조 및 이 규칙 제21조에 따른 화장품 포장의 기재·표시상의 주의사항을 위반한 경우	법 제24조제1항 제9호	해당 품목 판매업무정지 15일	해당 품목 판매업무 정지 1개월	해당 품목 판매업무정지 3개월	해당 품목 판매업무정지 6개월
거. 화장품제조업자 또는 화장품책임판매업자가 법 제13조를 위반하여 화장품을 표시·광고한 경우	법 제24조 제1항 제10호				
1) 별표 5 제2호가목·나목 및 카목에 따른 화장품의 표시·광고 시 준수사항을 위반한 경우		해당 품목 판매업무 정지 3개월 (표시위반) 또는 해당 품목광고 업무정지 3개월 (광고위반)	해당 품목 판매업무정지6개월 (표시위반) 또는 해당 품목 광고업무 정지6개월 (광고위반)	해당 품목 판매업무정지 9개월(표시위반) 또는 해당 품목 광고업무 정지9개월 (광고위반)	
2) 별표 5 제2호다목부터 차목까지의 규정에 따른 화장품의 표시·광고 시 준수사항을 위반한 경우		해당 품목 판매업무정지 2개월 (표시위반) 또는 해당 품목 광고업무 정지2개월 (광고위반)	해당 품목 판매업무정지 4개월(표시위반) 또는 해당 품목 광고업무 정지4개월 (광고위반)	해당 품목 판매업무정지 6개월 (표시위반) 또는 해당 품목 광고업무 정지6개월 (광고위반)	해당 품목 판매업무정지 12개월 (표시위반) 또는 해당 품목 광고업무정지 12개월 (광고위반)

위반 내용	관련 법조문	처분기준			
		1차 위반	2차 위반	3차 위반	4차 이상 위반
너. 법 제14조제4항에 따른 중지명령을 위반하여 화장품을 표시 · 광고를 한 경우	법 제24조제1항 제10호	해당 품목 판매업무 정지 3개월	해당 품목 판매업무 정지 6개월	해당 품목 판매업무 정지 12개월	
더. 화장품제조업자 또는 화장품책임판매업자가 법 제15조를 위반하여 다음의 화장품을 판매하거나 판매의 목적으로 제조 · 수입 · 보관 또는 진열한 경우	법 제24조제1항 제11호				
1) 전부 또는 일부가 변패(變敗)되거나 이물질이 혼입 또는 부착된 화장품		해당 품목 제조 또는 판매업무 정지 1개월	해당 품목 제조 또는 판매 업무 정지 3개월	해당 품목 제조 또는 판매업무 정지 6개월	해당 품목 제조 또는 판매업무 정지 12개월
2) 병원미생물에 오염된 화장품		해당 품목 제조 또는 판매업무 정지 3개월	해당품목 제조 또는 판매업무 정지 6개월	해당품목 제조 또는 판매업무 정지 9개월	해당품목제조 또는 판매업무 정지 12개월
3) 법 제8조제1항에 따라 식품의약품안전처장이 고시한 화장품의 제조 등에 사용할 수 없는 원료를 사용한 화장품		제조 또는 판매업무 정지 3개월	제조 또는 판매업무 정지 6개월	제조 또는 판매업무 정지 12개월	등록취소
4) 법 제8조제2항에 따라 사용상의 제한이 필요한 원료에 대하여 식품의약품안전처장이 고시한 사용기준을 위반한 화장품		해당 품목 제조 또는 판매업무 정지 3개월	해당 품목 제조 또는 판매업무 정지 6개월	해당 품목 제조 또는 판매업무 정지 9개월	해당 품목 제조 또는 판매업무 정지 12개월
5) 법 제8조제5항에 따라 식품의약품안전처장이 고시한 유통화장품 안전관리기준에 적합하지 않은 화장품					
가) 실제 내용량이 표시된 내용량의 97퍼센트 미만인 화장품					
1) 실제 내용량이 표시된 내용량의 90퍼센트 이상 97퍼센트 미만인 화장품		시정명령	해당 품목 제조 또는 판매업무 정지 15일	해당 품목 제조 또는 판매업무 정지 1개월	해당 품목 제조 또는 판매업무 정지 2개월

위반 내용	관련 법조문	처분기준			
		1차 위반	2차 위반	3차 위반	4차 이상 위반
2) 실제 내용량이 표시된 내용량의 80퍼센트 이상 90퍼센트 미만인 화장품		해당 품목 제조 또는 판매업무 정지 1개월	해당 품목 제조 또는 판매업무 정지 2개월	해당 품목 제조 또는 판매업무 정지 3개월	해당 품목 제조 또는 판매업무 정지 4개월
3) 실제 내용량이 표시된 내용량의 80퍼센트 미만인 화장품		해당 품목 제조 또는 판매업무 정지 2개월	해당 품목 제조 또는 판매업무 정지 3개월	해당 품목 제조 또는 판매업무 정지 4개월	해당 품목 제조 또는 판매업무 정지 6개월
나) 기능성화장품에서 기능성을 나타나게 하는 주원료의 함량이 기준치보다 부족한 경우					
1) 주원료의 함량이 기준치보다 10퍼센트 미만 부족한 경우		해당 품목 제조 또는 판매업무 정지 15일	해당 품목 제조 또는 판매업무 정지 1개월	해당 품목 제조 또는 판매업무정지 3개월	해당 품목 제조 또는 판매업무정지 6개월
2) 주원료의 함량이 기준치보다 10퍼센트 이상 부족한 경우		해당 품목 제조 또는 판매업무 정지 1개월	해당 품목 제조 또는 판매업무 정지 3개월	해당 품목 제조 또는 판매업무정지 6개월	해당 품목 제조 또는 판매업무정지 12개월
다) 그 밖의 기준에 적합하지 않은 화장품		해당 품목 제조 또는 판매업무 정지 1개월	해당 품목 제조 또는 판매업무 정지 3개월	해당 품목 제조 또는 판매업무 정지 6개월	해당 품목 제조 또는 판매업무 정지 12개월
6) 사용기한 또는 개봉 후 사용기간(병행 표기된 제조연월일을 포함한다)을 위조 · 변조한 화장품		해당 품목 제조 또는 판매업무 정지 3개월	해당 품목 제조 또는 판매업무 정지 6개월	해당 품목 제조 또는 판매업무 정지 12개월	
7) 그 밖에 법 제15조 각 호에 해당하는 화장품		해당 품목 제조 또는 판매업무정지 1개월	해당 품목 제조 또는 판매업무정지 3개월	해당 품목 제조 또는 판매업무 정지 6개월	해당 품목 제조 또는 판매업무 정지 12개월

위반 내용	관련 법조문	처분기준			
		1차 위반	2차 위반	3차 위반	4차 이상 위반
러. 법 제18조제1항 · 제2항에 따른 검사 · 질문 · 수거 등을 거부하거나 방해한 경우	법 제24조 제1항 제12호	판매 또는 제조업무 정지 1개월	판매 또는 제조업무 정지 3개월	판매 또는 제조업무 정지 6개월	등록취소
머. 법 제19조, 제20조, 제22조, 제23조 제1항 · 제2항 또는 제23조의2에 따른 시정명령 · 검사명령 · 개수명령 · 회수명령 · 폐기명령 또는 공표명령 등을 이행하지 않은 경우	법 제24조 제1항 제13호	판매 또는 제조업무 정지 1개월	판매 또는 제조업무 정지 3개월	판매 또는 제조업무 정지 6개월	등록취소
버. 법 제23조제3항에 따른 회수계획을 보고하지 않거나 거짓으로 보고한 경우	법 제24조 제1항 제13호의2	판매 또는 제조업무 정지 1개월	판매 또는 제조업무 정지 3개월	판매 또는 제조업무 정지 6개월	등록취소
서. 업무정지기간 중에 업무를 한 경우로서	법 제24조제1항 제14호				
1) 업무정지기간 중에 해당 업무를 한 경우(광고 업무에 한정하여 정지를 명한 경우는 제외한다)		등록취소			
2) 광고의 업무정지기간 중에 광고 업무를 한 경우		시정명령	판매업무정지 3개월		

PART 01 단원평가문제

1 화장품법상 등록이 아닌 신고가 필요한 영업의 형태로 옳은 것은? [맞춤형화장품 조제관리사 자격 시험 예시문항]

① 화장품 제조업
② 화장품 수입업
③ 화장품 책임판매업
④ 화장품 수입대행업
⑤ 맞춤형화장품 판매업

해설

신고제 – 맞춤형화장품 판매업

2 화장품 안전기준에 옳은 것은?

① 보건복지부장관은 화장품의 제조 등에 사용할 수 없는 원료를 지정하여 고시하여야 한다.
② 식품의약품안전처장은 보존제, 색소, 자외선차단제 등과 같이 특별히 사용상의 제한이 필요한 원료에 대하여는 그 사용기준을 지정하여 고시하여야 하며, 사용기준이 지정 · 고시된 원료 외의 보존제, 색소, 자외선차단제 등은 사용할 수 없다.
③ 식품의약품안전처장은 국내외에서 유해물질이 포함되어 있는 것으로 알려지는 등 국민보건상 위해 우려가 제기되는 화장품 원료 등의 경우에는 대통령령으로 정하는 바에 따라 위해요소를 신속히 평가하여 그 위해 여부를 결정하여야 한다.
④ 보건복지부장관은 위해평가가 완료된 경우에는 해당 화장품원료 등을 화장품의 제조에 사용할 수 없는 원료로 지정하거나 그 사용기준을 지정하여야 한다.
⑤ 식품의약품안전처장은 지정 · 고시된 원료의 사용기준의 안전성을 매주 주기적으로 검토하여야 하고, 그 결과에 따라 지정 · 고시된 원료의 사용기준을 변경할 수 있다.

해설

① 식품의약품안전처장은 화장품의 제조 등에 사용할 수 없는 원료를 지정하여 고시하여야 한다.
③ 식품의약품안전처장은 국내외에서 유해물질이 포함되어 있는 것으로 알려지는 등 국민보건상 위해 우려가 제기되는 화장품 원료 등의 경우에는 총리령으로 정하는 바에 따라 위해요소를 신속히 평가하여 그 위해 여부를 결정하여야 한다.
④ 식품의약품안전처장은 위해평가가 완료된 경우에는 해당 화장품원료 등을 화장품의 제조에 사용할 수 없는 원료로 지정하거나 그 사용기준을 지정하여야 한다.
⑤ 식품의약품안전처장은 지정 · 고시된 원료의 사용기준의 안전성을 정기적으로 검토하여야 하고, 그 결과에 따라 지정 · 고시된 원료의 사용기준을 변경할 수 있다.

3 화장품을 판매를 하거나 판매할 목적으로 제조 · 수입 · 보관 또는 진열하여서는 안 되는 것으로 옳지 않은 것은?

① 심사를 받지 아니하거나 보고서를 제출하지 아니한 기능성화장품
② 맞춤형화장품에 사용 가능한 원료로 혼합한 화장품
③ 병원미생물에 오염된 화장품
④ 이물이 혼입되었거나 부착된 것
⑤ 전부 또는 일부가 변패(變敗)된 화장품

정답 1 ⑤ 2 ② 3 ②

해설

※ 영업 금지 조항

누구든지 다음 각 호의 어느 하나에 해당하는 화장품을 판매(수입대행형 거래를 목적으로 하는 알선 · 수여를 포함)하거나 판매할 목적으로 제조 · 수입 · 보관 또는 진열하여서는 아니 된다.

① 심사를 받지 아니하거나 보고서를 제출하지 아니한 기능성화장품
② 전부 또는 일부가 변패(變敗)된 화장품
③ 병원미생물에 오염된 화장품
④ 이물이 혼입되었거나 부착된 것
⑤ 화장품에 사용할 수 없는 원료를 사용하였거나 같은 조 제8항에 따른 유통화장품 안전관리 기준에 적합하지 아니한 화장품
⑥ 코뿔소 뿔 또는 호랑이 뼈와 그 추출물을 사용한 화장품
⑦ 보건위생상 위해가 발생할 우려가 있는 비위생적인 조건에서 제조되었거나 시설기준에 적합하지 아니한 시설에서 제조된 것
⑧ 용기나 포장이 불량하여 해당 화장품이 보건위생상 위해를 발생할 우려가 있는 것
⑨ 사용기한 또는 개봉 후 사용기간(병행 표기된 제조 년월일을 포함)을 위조 · 변조한 화장품

4　책임판매관리자의 자격기준으로 옳지 않은 것은?

① 「의료법」에 따른 의사 또는 「약사법」에 따른 약사
② 학사 이상의 학위를 취득한 사람으로서 이공계학과 또는 향장학, 화장품과학, 한의학, 한약학과 등을 전공한 사람
③ 전문대학 졸업자로서 화학, 생물학, 화학공학, 생물공학, 미생물학, 생화학, 생명과학, 생명공학, 유전공학, 향장학, 화장품과학, 한의학과, 한약학과 등 화장품 관련 과목을 20학점 이상 이수한 사람
④ 전문대학을 졸업한 사람으로서 간호학과, 간호과학과, 건강간호학과를 전공하고 화학, 생물학, 생명과학, 유전학, 유전공학, 향장학, 화장품과학, 의학, 약학 등 관련 과목을 20학점 이상 이수한 후 화장품 제조나 품질관리 업무에 1년 이상 종사한 경력이 있는 사람
⑤ 식품의약품안전처장이 정하여 고시하는 전문 교육과정을 이수한 사람

해설

※ 책임판매관리자의 자격기준

- 간호학과, 간호과학과, 건강간호학과를 전공하고 화학, 생물학, 생명과학, 유전학, 유전공학, 향장학, 화장품과학, 의학, 약학 등 관련 과목을 20학점 이상 이수한 사람
- 전문대학 졸업자로서 화학, 생물학, 화학공학, 생물공학, 미생물학, 생화학, 생명과학, 생명공학, 유전공학, 향장학, 화장품과학, 한의학과, 한약학과 등 화장품 관련 분야를 전공한 후 화장품 제조 또는 품질관리 업무에 1년 이상 종사한 경력이 있는 사람
- 그 밖에 화장품 제조 또는 품질관리 업무에 2년 이상 종사한 경력이 있는 사람

5　맞춤형화장품판매영업의 내용으로 옳은 것은?

① 제조 또는 수입된 화장품의 내용물에 다른 화장품의 내용물이나 식품의약품안전처장이 정하여 고시하는 원료를 추가하여 혼합한 화장품을 판매하는 영업
② 화장품제조업자에게 위탁하여 제조된 화장품을 유통, 판매하는 영업
③ 수입된 화장품을 유통, 판매하는 영업
④ 화장품의 포장(1차 포장만 해당한다)을 하는 영업
⑤ 화장품제조업자가 화장품을 직접 제조하여 유통, 판매하는 영업

해설

- 화장품제조업 – 화장품의 포장(1차 포장만 해당한다)을 하는 영업
- 화장품책임판매업 – 화장품제조업자에게 위탁하여 제조된 화장품을 유통, 판매하는 영업, 수입된 화장품을 유통, 판매하는 영업, 화장품제조업자가 화장품을 직접 제조하여 유통, 판매하는 영업

정답　4 ③　5 ①

6 **다음 중 화장품법을 위반한 내용으로 과태료부과 기준이 다른 것은?**

① 화장품의 생산실적 또는 화장품 원료의 목록 등을 보고하지 아니한 자
② 책임판매관리자 및 맞춤형화장품 조제관리사가 화장품의 안전성 확보 및 품질관리에 관한 교육을 매년 받지 않은 경우
③ 폐업 등의 신고를 하지 아니한 자
④ 화장품의 판매 가격을 표시하지 않은 경우
⑤ 화장품 안전기준에 따른 명령을 위반하여 보고를 하지 아니한 자

해설

화장품 안전기준에 따른 명령을 위반하여 보고를 하지 아니한 자(영업, 판매, 화장품 업무상 필요한 보고)는 100만 원 과태료부과 / ①~④는 50만 원 과태료부과

7 **고객 상담 시 개인정보 중 민감정보에 해당 되는 것으로 옳은 것은?** [맞춤형화장품 조제관리사 자격시험 예시문항]

① 여권법에 따른 여권번호
② 주민등록법에 따른 주민등록번호
③ 유전자검사 등의 결과로 얻어진 유전 정보
④ 도로교통법에 따른 운전면허의 면허번호
⑤ 출입국관리법에 따른 외국인등록번호

해설

①, ②, ④, ⑤ : 고유식별정보

8 **맞춤형화장품 판매업소에서 제조 · 수입된 화장품의 내용물에 다른 화장품의 내용물이나 식품의약품안전처장이 정하는 원료를 추가하여 혼합하거나 제조 또는 수입된 화장품의 내용물을 소분(小分)하는 업무에 종사하는 자를 (　　)(이)라고 한다.** [맞춤형화장품 조제관리사 자격시험 예시문항]

9 **실증자료의 제출을 요청받은 영업자 또는 판매자는 요청받은 날부터 (　　)에 그 실증자료를 식품의약품안전처장에게 제출하여야 한다. 다만, 식품의약품안전처장은 정당한 사유가 있다고 인정하는 경우에는 그 제출기간을 연장할 수 있다.**

해설

화장품법 제 14조 제2항 (표시, 광고 내용의 실증 등)

10 **다음 〈보기〉는 화장품법 시행규칙 제18조 1항에 따른 안전용기 · 포장을 사용하여야 할 품목에 대한 설명이다. 괄호에 들어갈 알맞은 성분의 종류를 작성하시오.** [맞춤형화장품 조제관리사 자격시험 예시문항]

〈보기〉

㉠ 아세톤을 함유하는 네일 에나멜 리무버 및 네일 폴리시 리무버
㉡ 개별 포장당 메틸 살리실레이트를 5% 이상 함유하는 액체상태의 제품
㉢ 어린이용 오일 등 개별포장당 (　　)류를 10% 이상 함유하고 운동점도가 21 센티스톡스(섭씨 40도 기준) 이하인 비에멀젼 타입의 액체상태의 제품

정답 6 ⑤　7 ③　8 맞춤형화장품 조제관리사　9 15일 이내　10 탄화수소

Part 2

화장품 제조 및 품질관리

02 화장품 제조 및 품질관리

Chapter 1 기초화학(chemistry)의 이해

화장품의 성분 및 원료를 이해하기 위해서는 화학의 기초원론을 알아야 이해력이 높아진다. 따라서 물질의 개념, 물질의 결합, 천연의 물질구성에 대해 정리한 내용은 직접적인 문제풀이에 앞선 상식을 높이기 위한 과정으로 꼭 필요한 부분만 요약정리 해 학습능력을 높여본다.

1 일반화학

(1) 물질(Matter) : 공간을 점유하는 모든 것을 의미

① 물체(Body) : 일정한 공간을 차지하고 무게와 형태를 가진 것을 말함 책상, 의자, 얼음 등

② 물질(Substance) : 물체를 구성하고 있는 본질 (재료) 나무, 쇠, 플라스틱, 물 등

(2) 물질의 특성

① 물리적 성질 : 물질의 상태(기체, 액체, 고체), 색깔, 용해도, 전기의 전도성 등 → 물질 고유의 성질을 갖고 있음

- 물질의 물리적 변화 : 물질 고유의 성질을 잃지 않음

  예 물 ⇄ 얼음, 소금 + 물 ⇄ 소금물

② 화학적 성질 : 반응성이 있으며 물질의 형태, 본질의 변화가 일어남

- 물질의 화학적 변화 : 반응을 통해 물질 고유의 성질을 잃음

  예 철(Fe) → 산화 (못의 녹이 난 상태 : Fe_2O_3)

(3) 물질의 상태 : 기체(Gas), 액체(Liquid), 고체 (Solid)

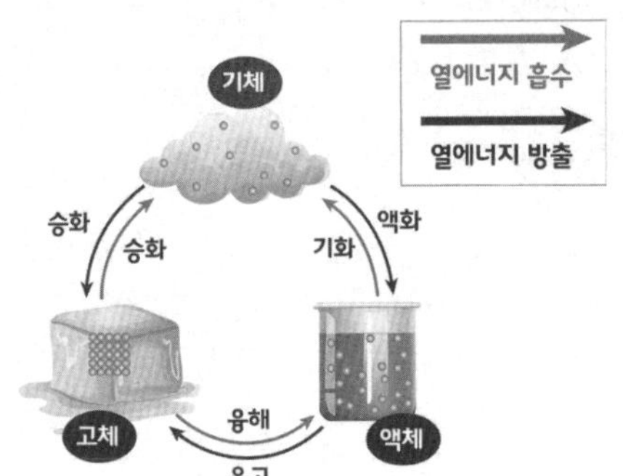

① 기체 : 부피가 없고, 밀도가 없고, 형태가 없다.

② 액체 : 부피가 있고, 밀도가 있고, 형태는 담는 용기에 따라 달라진다.

③ 고체 : 부피가 있고, 밀도가 있고, 형태가 있다.

※ 용어정의

① 혼합물 : 물리적 방법으로 몇 가지 물질로 분리 가능하다. 즉, 물질 고유의 성질을 잃지 않는다.

② 화합물 : 원소 고유의 성질을 잃고 반응한다. 즉, 물질고유의 성질을 잃는다.

③ 원소(Element) : 단체나 화합물을 구성하는 기본적인 성분 예 탄소(C), 황(S), 수소(H) 등

④ 원자(Atom) : 원소를 이루는 기본적인 단위입자이다. 즉, 모든 물질을 구성하는 아주 작은 입자로 화학변화에 있어 더 이상 나눌 수 없는 기본적인 입자이다.

⑤ 분자(Molecule) : 순물질로서 물질의 특성을 지니는 가장 작은 입자이다. 분자는 원자 1개 또는 2개 이상의 결합으로 각각 고유의 크기와 모양을 지닌다.

⑥ 이온(Ion) : 전하를 띄는 입자이다. 원자는 같은수의 음전하(−)를 띄는 전자와 양전하(+)를 띠는 양성자로 구성되어 있어 전하를 띄지 않는 중성입자이다. 그러나 이들이 반응하여 전하는 띄게 되는 경우 양이온(+Ion) 과 음이온(−Ion)으로 나누어진다.

(4) 원자의 구조와 주기율

1) 원자(Atom)의 구조 : 핵과 그 주위를 도는 전자로 구성

① 원자핵은 양전하(+)를 띄고 있는 양성자(Proton)와 전하를 띄지 않는 중성자로 구성

② 핵주위를 돌고 있는 전자는 음전하(−)를 띄고 있는 입자

③ 양성자수와 전자수는 같다. 그러므로 원자는 중성입자를 띈다. 〈이유 :(+)수 = (−)수〉

④ 질량(원자량) = 양성자 + 중성자

⑤ 주기율표에서 원자번호는 그 원자가 갖고 있는 양성자와 같음(즉, 원자번호 = 양성자수 = 전자수)

참조 예시

	$_{1}H$	$_{6}C$	$_{8}O$	$_{11}Na$	$_{13}Al$	$_{15}P$	$_{16}S$	$_{17}Cl$
양성자수	1	6	8	11	13	15	16	17
중성자수	0	6	7	11	17	17	16	18
전자수	1	6	8	11	13	15	16	18
질량(원자량)	1	12	15	22	30	32	32	35

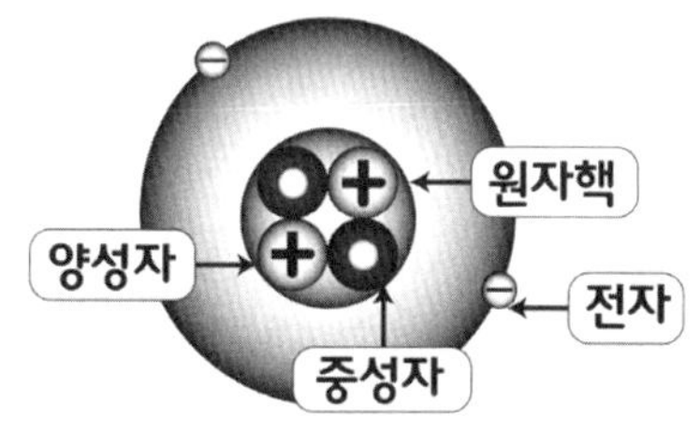

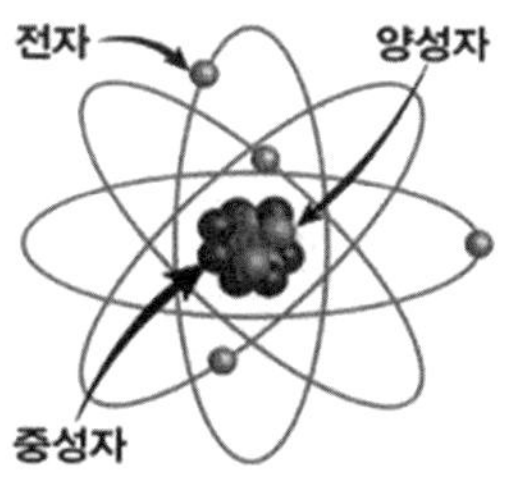

〈원자의 구조〉

(5) 전자궤도

에너지 (Energy) 준위가 낮은 것부터 전자가 채워짐. 전자가 다니는 길 (참조 : 원자핵 주위를 돌 때 채워지는 전자의 수 = 2, 8, 8,….의 순서)

① 전자는 핵 주위를 맹렬히 돌고(구심력으로) 있으므로 다른 원자가 들어올 수 없다.

② 원자의 화학적 성질은 그 원자의 최외각 전자수에 의해 지배된다.

③ 각 전자껍질(=전자궤도)마다 최대 안정된 전자수가 정해져 있다.

④ 주기율표에서 세로줄은 최외각 전자수에 따라 (족)으로 분류

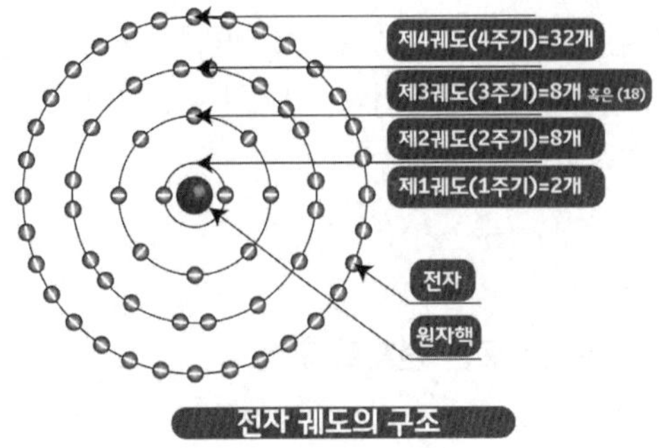

전자 궤도의 구조

가로줄은 전자 껍질의 수에 따라 (주기)로 분류

참조 주기율표란? 원소를 구분하기 쉽게 성질에 따라 배열한 표

[단주기율표]

	1족	2족	3족	4족	5족	6족	7족	8족
	금속							비금속
1주기	$_1$H 수소							$_2$He 헬륨
2주기	$_3$Li 리튬	$_4$Be 벨륨	$_5$B 붕소	$_6$C 탄소	$_7$N 질소	$_8$O 산소	$_9$F 플루오루	$_{10}$Ne 네온
3주기	$_{11}$Na 나트륨	$_{12}$Mg 마그네슘	$_{13}$Al 알루미늄	$_{14}$Si 규소	$_{15}$P 인	$_{16}$S 황	$_{17}$Cl 염소	$_{18}$Ar 아르곤
4주기	$_{19}$K 칼륨	$_{20}$Ca 칼슘	$_{21}$Ga 갈륨	$_{22}$Ge 저마늄	$_{23}$As 비소	$_{24}$Se 셀레늄	$_{25}$Br 브롬	$_{26}$Kr 크롬

⑤ 주기율표에서 3족,2족,1족으로 갈수록 금속성이 강하여 금속원소가 되고, 5족, 6족, 7족으로 갈수록 비금속성이 강하여 비금속원소가 된다.

⑥ 동위원소(Isotope) : 원자번호는 같으나 중성자수가 다른 원소들 주기율표상 같은 곳에 위치하며 화학적 성질은 같다.

예 H의 동위원소 : ${}^{1}_{1}H$, ${}^{2}_{1}H$, ${}^{3}_{1}H$

O의 동위원소 : ${}^{15}_{8}O$, ${}^{16}_{8}O$, ${}^{17}_{8}O$

⑦ 동소체(Allotrope) : 같은 원소로 이루어졌으나 성질이 다른 단체. 성질이 다른 이유는 분자나 원자의 배열 상태가 다르기 때문

예 C의 동소체 : 숯, 흑연, 다이아몬드

O의 동소체 : 산소(O_2), 오존(O_3)

탄소(흑연)

탄소(다이아몬드)

(6) 전기 음성도(EN : Electronegativity)

원자는 항상 전자의 수가 8개일 때 만족상태를 이루므로 원자가 자신에게로 채워 넣을 전자를 끌어들이는 힘의 크기를 말한다.(즉, '전자의 친화성'이라고도 함)

① 비활성기체인 8족의 원소는 전자배열이 절대적으로 안정된 상태이다. 그러므로 모든 원소 들은 최외각의 전자수가 8개가 되도록 전자를 끌어들이거나 버린다.

이때 발생되는 힘을 '전기음성도(EN)'라 한다.

* 금속 원소의 EN = 작다. 양이온(+)발생 전자를 잃음 예 1족 원소 : 11Na

* 비금속 원소의 EN = 크다. 음이온(-) 전자를 얻음 예 7족 원소 : 17Cl

주요 예시

㉠ 4족 원소 : 최외각 전자수가 4개이므로 4개를 잃거나 얻음

특히 탄소 (C) : (전자를 잃거나 얻음) - 유기화합물에서 가장 중요한 원소★★

예 6C 전자를 얻는 경우 : C^{4-}

전자를 잃는 경우 : C^{4+}

㉡ 8족 원소 : 전자를 잃거나 얻을 필요가 없음.(∴0족 원소라고도 함)

예 ${}_{2}He$ ${}_{10}Ne$

(7) 결합

- 3종류의 결합이 있다.(이온 결합, 공유 결합, 금속 결합)
- 서로 다른 원자나 같은 원자들 사이에서 결합이 이루어진다.
- 원자의 최외각 전자가 상호 작용함으로써 결합이 이루어진다.

	금속원소	비금속원소
최외각전자수	적다	많다
전자	잃음	얻음
전기음성도	작다	크다
이온 발생	(+)ion	(−)ion

1) 이온 결합(Ionic Bond) : 금속 원소와 비금속 원소의 결합

① 이온결합 원소들의 특성

- 금속원소 : 최외각 전자를 잃고, 양이온 발생
- 비금속원소 : 최외각 전자를 얻어 음이온 발생

이와 같이 서로 다른 이온의 발생으로 전기적 인력이 작용하여 이루어진 결합을 '이온 결합'이라 한다. 즉, '양이온과 음이온의 결합'이라고도 함

*** 이온(Ion) ; 전기를 띄고 있는 입자**

원자는 같은 수의 양성자 (양전하)와 전자 (음전하)를 갖고 있으므로
실제로 원자는 전하를 띄지 않는 '중성 입자'이다.
그러나 원자가 전자를 잃거나 얻음으로 해서 전하를 띄게 되어, 이온을 형성함.

② 이온 결합의 종류

예 $NaCl \rightarrow Na^{+}+Cl^{-}$　　$MgCl_2 \rightarrow Mg^{2+}+Cl^{-}$

$MgO \rightarrow Mg^{2+}+O^{2-}$　　$Na_2O \rightarrow Na^{+}+O^{2-}$

③ 이온물질의 특성 : 양이온과 음이온의 입자 배열이 일정하게 이루어져 전기적 인력에 의해 결합되어진 결정체 즉, '이온 결정'을 이룸.

〈특성〉 ㉠ 단단하지만 부서지기 쉽다.
㉡ 녹는점, 끓는점이 높다.
㉢ 물에 녹으면 전기를 띈다.(전해질)

④ 전해질 : 물 또는 다른 물질에 녹아서 그 용액 속에서 이온을 만들고, 그 이온들이 이동하여 전기를 통하는 물질

예 물, 소금물, 염산

참조 비전해질 : 설탕물

2) 공유 결합(Covalent Bond) : 비금속원소와 비금속원소의 결합

〈정의〉

전기 음성도가 크거나 비슷한 비금속 원소들 사이의 결합으로 최외각 전자가 8개가 되기까지 서로 전자를 내놓고, 공통의 전자쌍을 만들며 이루어진 결합. (∴ 매우 강한 결합을 하고 있음)

〈공유결합의 종류〉

① 같은 원소들끼리의 결합

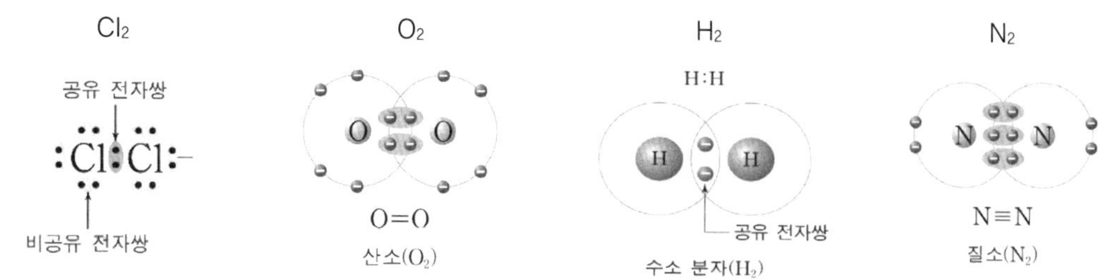

② 다른 원소들끼리의 결합

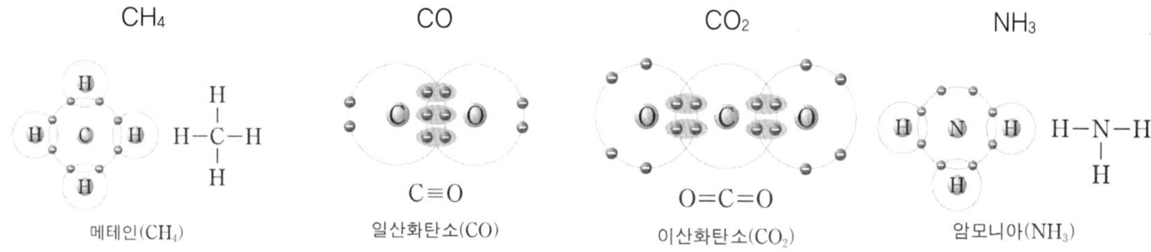

〈공유 결합의 특성〉

전기음성도의 차이가 0.5 이상인 비금속 원소들 사이의 결합에서 전기음성도가 큰 원자가 전자를 자기에게로 끌어들여 극(Dipol)을 형성 함.

① 극성 공유 결합 ; 공유 결합에서 전하가 균형을 이루지 못할 때 나타남. 이들 분자는 극성을 띄게 되므로 '극성 공유 결합'이라 함.

예 HCl : H−Cl NH_3 H−N−H (N 아래 H)

〈H_2O 구조 및 특성〉

※ 물분자(H_2O)의 특성 : 원자와 원자의 결합, 이온성을 띄는 극성 공유결합

① 물은 물분자끼리의 2차적인 수소 결합(Hydrogen Bond)에 의해 표면장력이 형성되어 '물방울'을 만듬.

② 수소 결합(Hydrogen Bond) : 분자의 극성에 의한 전기적 인력으로 발생 .
즉, 수소를 포함한 극성 분자 사이에 전기적 인력으로 발생하는 결합

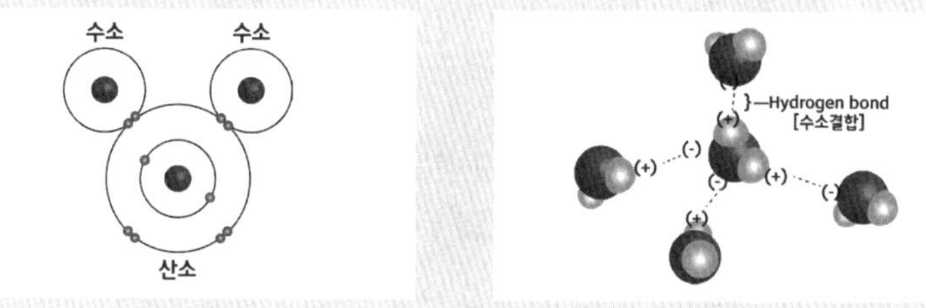

② 비극성 공유 결합 ; 전자쌍이 똑같이 공유되어 전하가 분자 전체에 균일하게 분포되어 극성을 갖지 않음. 그러므로 이를 '비극성(혹은 무극성) 공유 결합'이라 함

예 CH_4 (메테인), C_2H_6 (에테인), CO_2 (이산화탄소)

3) 금속 결합 (Metalic Bond) : 금속원자와 금속원자의 결합

〈정의〉 전기음성도가 작은 금속 원소들의 결합으로 최외각의 전자를 버리고, 비활성 기체의 전자 배열과 같이 된다. 이때 버려진 전자는 '자유전자'가 되어 양이온을 띈 금속 원자 사이를 고르게 공유하고 있는 상태를 말한다.

〈특성〉 자유 전자의 존재로 열 혹은 전기를 통하는 도체가 된다.

〈금속결정〉 두드려도 부서지지 않고, 형태만 변형된다.

① 연성 : 금속선을 뽑을 수 있다. 예 철사, 전선

② 전성 : 금속판을 형성 예 철판, 구리판

(8) 용액(solution) : 용매와 용질의 만남

1) 용액

① 용매 : 녹이는 물질 – 액체 예 물, 알코올, 벤젠, 휘발유, 에테르 등

② 용질 : 녹여지는 물질

- 기체 예 HCl, NH_3, CO_2 등
- 액체 예 황산, 염산, 알코올 등
- 고체 예 설탕, 소금, 질산염 등

③ 용해의 일반 원칙 : 비극성 공유결합 용매에는 비극성 물질이 잘 녹고, 극성 공유 결합 용매에는 극성 공유결합 물질과 이온결합 물질이 잘 녹는다.

2) 용액의 종류

① 포화용액 : 어떤 온도에서 용질이 더 이상 용해되지 않는 상태에 이른 용액

② 불포화용액 : 용질이 포화상태보다 적게 용해되어 용질이 더 녹을 수 있는 용액

③ 과포화용액 : 용질이 포화상태보다 많이 용해되어 과포화 상태가 된 용액

3) 용질 입자의 크기에 따른 분류

① 진용액 : 용질, 용매, 용액(입자크기 〉 10^{-7}~10^{-9}㎝) 분자나 원자 혹은 이온상태의 용액. 맑고 투명하다.
예 소금물, 설탕물

② 콜로이드액 : 분산질, 분산매, 분산액(입자크기 〉 10^{-5}~10^{-6}㎝). 다수 집합 분자나 거대 분자의 분산액(콜로이드 입자의 분산액) 액체의 색깔이 있음. 예 쥬스, 먹물, 우유 등

③ 현탁액(Suspension) : 물질의 침전현상(입자크기 〉 10^{-2}~10^{-4}㎝) 예 밀가루 + 물, 흙탕물

4) Sol과 Gel

① Sol : 액체 상태의 콜로이드 입자가 분산된 용액 예 비눗물, 먹물, 잉크 등

② Gel : 반고체 상태(냉각시)를 이룬 콜로이드 용액 예 두부, 묵, 젤리 등

5) 반투막과 삼투현상

① 반투막 : 용매 분자는 자유롭게 통과하나 용질 분자는 통과하지 못한다.
∴ '선택적 투과성막'이라고도 함
예 셀로판종이, 동물의 방광막, 원형질막(=세포막)

② 삼투현상 : 반투막을 사이에 두고 농도가 서로 다른 용액을 넣어두면 저농도에서 고농도의 한쪽방향으로만 용매의 이동이 진행되는 확산작용을 말한다.
이때 물분자(H_2O)는 저농도에서 고농도로 자유롭게 반투막을 통과하며 두 용액의 농도가 같아질 때 삼투현상은 멈춘다. (예 배추절임)

(9) 산, 염기, 염

1) 산 (acid) : 수소(H+)이온과 비금속과의 화합물

① 수용액에서 이온화하여 수소 양이온(H+)과 음이온으로 나뉘어지는 물질
② 원자단을 가지고 있다. (산기;Radical) 예 PO_4^{-7}, NO_3^-, SO_4^{-2}, CO_3^{-9}
③ 염을 가지고 산 (acid) 만들기
④ 산성반응
㉠ 푸른색 리트머스 종이 붉게 변한다.
㉡ 신맛을 낸다.
㉢ '전해질'이며, 염기와 만나면 '중화반응'을 한다.
㉣ 강산은 강한 탈수와 부식작용이 있다.
⑤ 산의 염기도 : 이온화할 수 있는 수소수를 말함
㉠ 일염기산(일가의 산) : 수소이온의 수가 1개인 산 예 HCl, HNO_3, CH_3COOH
㉡ 이염기산(이가의 산) : 수소이온의 수가 2개인 산 예 H_2SO_4, H_2CO_3, H_2S
㉢ 삼염기산(삼가의 산) : 수소이온의 수가 3개인 산 예 H_3PO_4
⑥ 산의종류
㉠ 강산 : 물에 녹아 수소이온(H+)을 많이 내는 산
예 염산(HCl), 질산(HNO_3), 황산(H_2SO_4), $HClO_4$
㉡ 약산 : 물에 녹아 수소이온(H^+)을 적게 내는 산
예 H_2CO_3, CH_3COOH, H_3BO_4

2) 염기(alkali) : '알칼리'

① 수산기(OH^-)와 금속과의 화합물
② 수용액에서 이온화하여 수산이온(OH^-)과 양이온으로 나뉘어지는 물질
③ 염을 알칼리로 만들기
예 $KCl + KOH \rightarrow K_2Cl^+ + OH^-$
$NaBr + NaOH \rightarrow Na_2Br^+ + OH^-$
$K_2S + KOH \rightarrow K_3S^+ + OH^-$
④ 알칼리성 반응 :
㉠ 붉은 리트머스종이가 푸른색으로 변함
㉡ 쓴맛을 내며, 수용액에서 미끌거린다.
㉢ 전해질이며, 강산과 만나면 '중화반응'
㉣ 강염기는 부식작용이 강하다.
㉤ 면포를 녹여준다.(세정효과)

⑤ 염기의 산도에 의한 분류

㉠ 일산염기 (1가염기) : 수산이온의 수가 1개 예 $NaOH$, KOH, NH_4OH

㉡ 이산염기 (2가염기) : 수산이온의 수가 2개 예 $Ca(OH)_2$, $Ba(OH)_2$

㉢ 삼산염기 (3가염기) : 수산이온의 수가 3개 예 $Fe(OH)_3$, $Al(OH)_3$

⑥ 염기의 종류

㉠ 강염기 : 물에 녹아 수산이온(OH^-)을 많이 내는 산

예 $NaOH$, KOH, $Ca(OH)_2$

㉡ 약염기 : 물에 녹아 수산이온(OH^-)을 적게 내는 산

예 NH_4OH

3) 염(salt) : 산과 염기의 중화 반응시 물과 함께 생기는 물질

$$NaOH + HCl \rightarrow NaCl + H_2O$$

① 양이온(금속)과 음이온(비금속)의 화합물

② 중화반응에서 얻어진 물질

③ 염의 분류

㉠ 정염(중성염) : $NaCl$, $(NH_4)_2SO_4$

㉡ 산성염 : $NaHSO_4$, $NaHCO_3$

㉢ 염기성염 : $Mg(OH)Cl$, $Ca(OH)Cl$

(10) 완충용액(buffer solution)

완충작용을 가지는 용액을 말한다.

- 일반적으로 어떤 용액에 산이나 염기를 가해도 그 용액에 약산이나 약염기, 염들이 존재하여 수소이온농도(pH)가 크게 변하지 않고 일정하게 유지시키는 용액을 말한다.
- 완충용액의 예 아세트산(CH_3COOH)과 아세트산나트륨(CH_3COONa) 용액

(11) pH(수소이온농도지수)

① 정의 : 수소이온농도[H^+]의 역수의 상용 로그값을 '수소이온농도지수'라고 하고 pH로 표시한다.

$$pH = \log\frac{1}{H^+} = -\log[H^+]$$

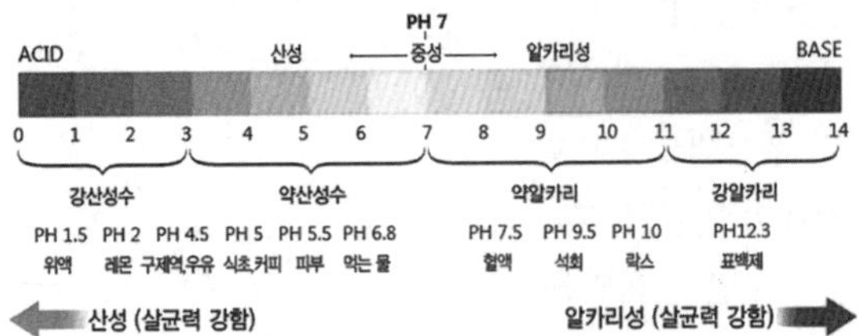

참조 http://www.sesak.co.kr

예시

문제1 물의 pH 구하기 ; 1L 당 $[H^+]$가 10^{-7}이면

$$pH = -\log[H^+] = \log\frac{1}{H^+} = \log\frac{1}{10^{-7}} = -\log 10^{-7},\ pH = 7$$

문제2 용액의 $[H^+]$가 10^{-3} 이면 ...... pH = 3

※ 수용액의 액성은 수소이온농도[H+]와 수산화이온농도[OH−]에 따라 달라진다.

① 산성 용액 = 수소이온농도$[H^+]$ 〉 수산화이온농도$[OH^-]$ pH 〈 7

② 염기성 용액 = 수소이온농도$[H^+]$ 〈 수산화이온농도$[OH^-]$ pH 〉 7

③ 중성용액 = 수소이온농도$[H^+]$ = 수산화이온농도$[OH^-]$ pH = 7 예 물

② pH의 시험법

액성을 산성, 알칼리성 또는 중성으로 나타낸 것은 따로 규정이 없는 한 리트머스지를 써서 검사한다. 액성을 구체적으로 표시할 때에는 pH값을 쓴다. 또한, 미산성, 약산성, 강산성, 미알칼리성, 약알칼리성, 강알칼리성등으로 기재한 것은 산성 또는 알칼리성의 정도의 개략(槪略)을 뜻하는 것으로 pH의 범위는 다음과 같다.

※ pH의 범위 : 1~14

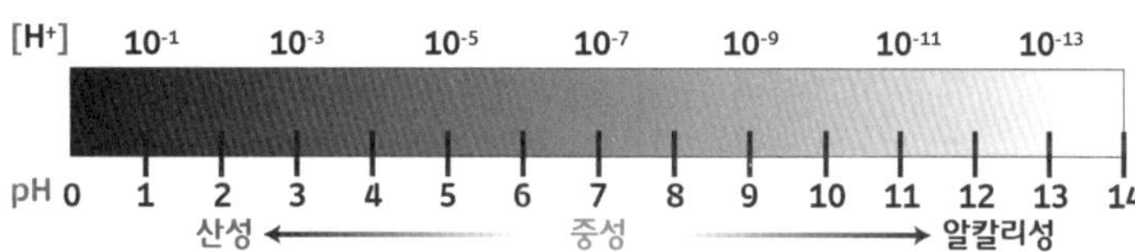

※ pH의 범위에 따른 분류명칭 (★★기출)

분류명	pH의 범위	분류명	pH의 범위
미산성	약 5~약 6.5	미알칼리성	약 7.5~약 9
약산성	약 3~약 5	약알칼리성	약 9~약 11
강산성	약 3 이하	강알칼리성	약 11 이상

예시 **문제1** 락틱애씨드 용액의 몰농도가 몰/L일 때 pH 값은?

① 4.0 ② 4.1 ③ 4.2 ④ 4.3

해설

$pH = \log\frac{1}{[H^+]} = -\log[H^+]$, $pOH = \log\frac{1}{[OH^+]} = -\log[OH^+]$ 답

락틱애시드 용액는 산의 농도이므로 pH=−log[10−4] = −(−4) =4 ∴pH=4.0

정답

①

(12) 몰농도

① 용액 1L에 녹아있는 용질의 몰(mole, M)수를 말한다.
(즉, 용액이 '묽다'거나 '진하다'를 표시하는 화학적인 단위)

> **몰농도** ※ 몰(M)은 분자나 원자의 묶음단위
>
> • 용액이 묽다 ~ 농도가 작다.
> • 용액이 진하다 ~ 농도가 크다.

② 1M의 용액 : 용액 1L에 1M의 용질이 들어 있는 용액을 의미한다.
예 0.5M의 NaOH 용액 → 용액1L에 0.5M의 수산화이온 (OH−)이 들어 있다는 의미
예 0.7M의 HCl 용액 → 용액1L에 0.7M의 수소이온(H+)이 들어 있다는 의미

예시 **문제1** 500㎖ 용량에서 농도 0.4M NaCl을 만들기 위해 필요한 NaCl의 양은?

해설
1000㎖에 0.4M의 NaCl이 있을 경우가 0.4M이다.
그러므로 1,000 : 0.4 = 500 : x
1,000x = 200, x = 0.2

정답 0.2M의 NaCl

2 유기화학

(1) 유기화합물의 정의 (='탄화수소화합물'이라고도 함)

하나 이상의 탄소(C)와 수소, 산소, 질소 등의 원자와 공유결합한 화합물을 탄소화합물이라 말한다. 원래는 살아있는 유기체에서 얻어지는 물질이라 하여 유기 화합물(예 탄수화물, 단백질, 지방 등)이라 하였으나 오늘날에 탄소를 포함하는 화합물을 유기화합물로 총칭한다.

(2) 유기화합물의 특성

탄소와 수소의 결합으로 이루어진 탄화수소 화합물은 사슬모양의 지방족 탄화수소 화합물과 고리모양의 방향족 탄화수소 화합물로 나누어진다.

① 탄화수소란?
탄소(C)와 수소(H)로만으로 이루어진 공유결합 화합물을 말한다. 대표적인 탄화수소 화합물로 석유, 석탄, 천연가스 등이 있다.

② 유기화합물 중 가장 간단한 분자구조 : 메탄 (CH_4, 탄소 1개에 수소 4개 구조물)

> **탄소가 유기화합물의 뼈대가 된 이유**
>
> 탄소(C)의 특성은 주기율표상에서 원자번호가 6이므로 전자가 6개이며 안쪽 껍질에는 2개, 최외각의 전자껍질에는 4개로 배치되면서 불안정한 상태가 된다. 따라서 탄소는 안정한 상태로 되려면 전자4개를 얻거나 전자 4개를 잃어야하는데 쉽게 이루어지기 어려우므로 탄소(C)끼리 전자쌍을 공유하면서 안정된 공유결합 화합물을 형성하게 된다(예 다이아몬드, 흑연, 숯).
> 그러나 탄소끼리만 결합하는 것이 아니고 다른 원자와도 공유결합하여 전자쌍을 공유하며 다양한 유기화합물을 생성한다(예 탄수화물, 단백질, 지방 등).

(3) 유기화합물(= 탄화수소 화합물)의 분류

① 지방족 탄화수소 : 알칸, 알켄, 알킨계를 포함
(포화탄화수소와 사슬모양의 불포화탄화수소 포함)
- 포화탄화수소 화합물 : 단일결합의 탄화수소(알칸, alkane)
- 불포화탄화수소 화합물 : 이중 혹은 삼중결합이 있는 탄화수소(알켄 Alkene, 알킨 Alkyne)

② 방향족 탄화수소 : 벤젠과 같은 방향족고리를 가진 탄화수소화합물
예 벤젠(Benzen, ⌬) 톨루엔, 타르(Tar)

(4) 유기화합물(=탄화수소화합물) 중에서 지방족 탄화수소의 분류

① 알칸(혹은 알케인, Alkane)계 : 단일결합, 포화탄화수소 C−C
② 알켄(Alkene)계 : 이중결합 1개 포함, 불포화탄화수소 C=C
③ 알킨(Alkyne)계 : 삼중결합 1개 포함, 불포화탄화수소 C≡C

1) 알칸(혹은 알케인, alkane) : 단일결합, 포화탄화수소 C−C

① 구조식 C_nH_{2n+2}
② 고리가 없는 사슬형 포화탄화수소의 일반명칭
③ 탄소(C)와 수소(H)원자들의 공유결합으로 형성
(탄소원자의 수에 따라 수소의 수가 달라짐)
예 CH_4, C_2H_6, C_3H_8, C_4H_{10} ....
④ 대부분 반응성이 작고 무색무취이다.
⑤ 생물학적 활성도가 작다.
⑥ 반응성이 있는 작용기의 형태(=알킬기(R구조))로 화학반응에 참여한다.
⑦ 주로 연료, 용매, 윤활유 등으로 사용(예 천연가스, 석유 등)한다.

A. 알칸(alkane) 물질의 종류 : 탄소의 수에 따라 명명

탄소의 수 : C_1~C_4는 기체 상태
C_5~C_{17}는 액체 상태 (보통 화장품의 원료들은 C_8 이상부터 사용)
C_{18} 이상은 고체 상태

① 메탄(CH_4) : 메테인, Methane − 탄소 1개
- 메탄가스는 이산화탄소, 오존과 함께 지구 온난화의 주범이다.
- 무색무취의 탄소화합물, 천연가스의 주성분으로 천연원료로 대체 가능성 제시

② 에탄(C_2H_6) : 에테인, Ethane − 탄소 2개
- 천연가스에서 추출한 무색무취의 기체
- 에틸렌의 원료, 석유화학제품제조에 쓰임

③ 프로판(C_3H_8) : 프로페인, Propane − 탄소 3개
- 상온에서 무색무취의 기체상태, 독성은 없으나 폭발성이 있음
- 천연가스 혹은 석유정제시 석유가스에 포함됨
- 적절한 압력을 가하면 액화 (습성의 천연가스 성분)

숫자에 따른 표기방식

	1	2	3	4	5	6	7	8	9	10
수	mono	di	tri	terta	penta	hexa	hepta	octa	nona	deca
물질명	metha	etha	propa	buta	penta	hexa	hepta	octa	nona	deca

※ 보통 분자식 구조에서 탄소(C)수에 따라 물질명 표기함. (화장품 원료들의 물질명을 외우는데 도움이 됩니다)

[표] 알칸계(알케인계) 물질의 주요 분류

탄소수	화학식	대한화학회 명명법	옛이름	영어표기	구 조	밀도[$g \cdot cm^{-3}$] (20 ℃)
1	CH_4 H H—C—H H	메테인	메탄	methane		기체
2	C_2H_6 H H H—C—C—H H H	에테인	에탄	ethane		기체
3	C_3H_8 H H H H—C—C—C—H H H H	프로페인	프로판	propane		기체
4	C_4H_{10} H H H H H—C—C—C—C—H H H H H	n-뷰테인	부탄	butane		기체
5	C_5H_{12} H H H H H —C—C—C—C—C— H H H H H	n-펜테인	펜탄	pentane		0.626(액체)
6	C_6H_{14} H H H H H H H—C—C—C—C—C—C—H H H H H H H	n-헥세인	헥산	hexane		0.659(액체)

1, 2-헥산디올의 특징

분자구조에서 첫번째와 두번째 탄소부분에 하이드록시(-OH)가 있는 1,2 글리콜의 복합물질

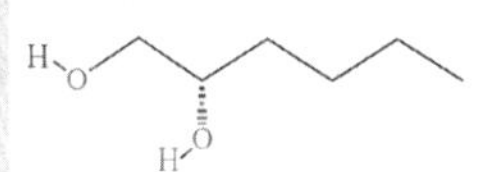

- 방부제는 아니지만 방부효과가 있어 대체 원료로 지정된 원료임.
- 1,2-헥산디올은 물과 알코올에 잘 섞이며, 보습력과 향균성이 우수한 물질
- 파라벤의 유해성이 나타나면서 부각된 유해한 보존제들의 대체물질로 개발됨.
- 우수한 향균력에 비하여 자극이 거의 없어 화장품이나 천연추출물의 보존제와 용제로 널리 사용되고 있음

B. 탄소와 결합하는 작용기에 따른 물질의 분류

앞에 정리한 알칸물질이 탄소와 수소의 순수 결합이라면 이들을 알킬그룹(R기)라 명하고, 분자구조에서 수소(H) 하나가 빠지고 작용기가 붙음에 따라 알코올, 카복실산, 에스테르 등의 물질이 형성된다.

① 탄화수소의 기초물질

CH_4(메탄, Methane)

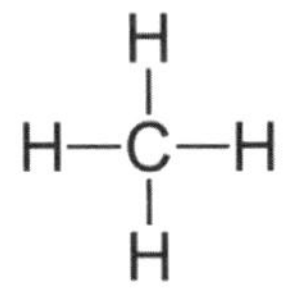

C_2H_5(에탄, Ethane)

```
   H   H
   |   |
H—C—C—H
   |   |
   H   H
```

② 작용기의 결합 R-OH(알코올)

예 CH_3OH(메탄올)

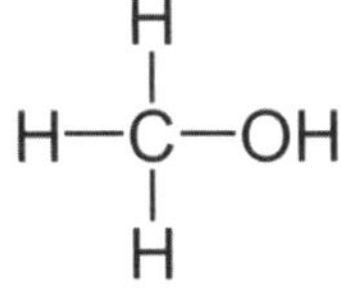

C_2H_5OH(에탄올)

```
   H   H
   |   |
H-C-C-O-H
   |   |
   H   H
```

R-COOH(카복실산)

예 CH_3COOH(아세트산)

```
   H   O
   |  //
H—C—C
   |   \
   H    O—H
```

작용기의 종류에 따른 물질

작용기(R기)	이름	일반식	일반명	물질 예시	물질명
-OH	하이드록시기	R-OH	알코올	C_2H_5OH	에틸알코올
-CHO	포르말기	R-CHO	알데히드	HCHO	포름알데하이드
-CO-	카보닐기	R-CO-R'	케톤	CH_3COCH_3	아세톤
-COOH	카복실기	R-COOH	카복시산	CH_3COOH	아세트산
-COO-	에스테르기	R-COO-R'	에스테르	$CH_3COOC_2H_5$	아세트산에틸
-O-	에테르기	R-O-R'	에테르	CH_3OCH_3	디메틸에테르

탄회수소 화합물(R그룹)에 작용기 결합

R기 : 알킬그룹(alkyl group)이라 함
물질명 : 알칸계에서 수소(H)원자 1개가 빠지고 작용기가 붙은 것을 분류함

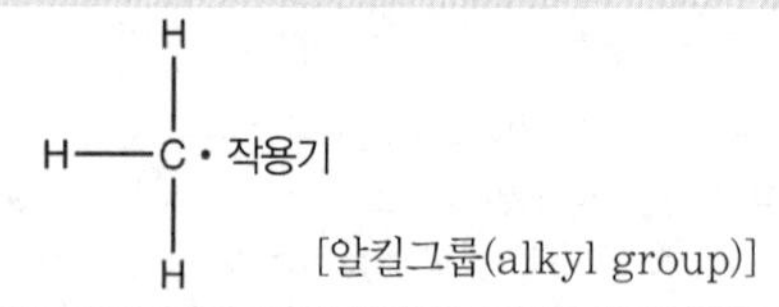

C. 대표적인 알칸계 화합물의 특성

가. Alcohol (알코올) : R–OH, C_nH_{2n+1} – OH

〈주요성질〉

① 단순한 사슬형태의 구조식 : $C_nH_{2n+1}OH$(예 CH_3OH, C_2H_5OH, C_3H_7OH)

② 연료 혹은 술, 유기용매의 주성분

③ 탄소수에 따라 저급의 알코올(C 6개 이하, 액체상태) 과 고급의 알코올(C6개 이상, 고체상태)로 분류

〈알코올의 종류〉

① 탄소(C)수에 따른 알코올의 종류 : 10개 이상은 친유성이며 고급의 알코올이다.

종류	탄소수	분자식	구 조	특성
메탄올 Methanol (메틸알코올)	1개	CH_3OH	H H—C—OH H	– 가장 간단한 알코올구조 – 가연성, 휘발성 – 무색, 유독성 액체 – 목정(木精)의 원료, – 공업용 알코올
에탄올 Ethanol (에틸알코올)	2개	C_2H_5OH	H H H–C–C–O–H H H	– 주정(酒精)의 원료 – 무색의 가연성액체, 무독성 – 살균, 소독용(70% 이상) – 인체무해, 화장품의 용매제 – 연료, 유기용매제
프로판놀 Propanol (프로필알코올)	3개	C_3H_7OH	$CH_3CH_2CH_2OH$	– 기포방지제, 착향제, 용제, 점도감소제
쎄틸 알코올 Cetyl alcohol	16개	$C_{16}H_{33}OH$	$CH_3(CH_2)_{15}OH$	– 유화안정제, 향료, 불투명화제, 계면활성제 – 거품형성제, 점증제 – 비수용성
스테아릴알코올 Stearyl alcohol	18개	$C_{18}H_{37}OH$	$CH_3(CH_2)_{17}OH$	– 유화안정제, 향료 – 유화제, 계면활성제 – 거품형성제, 점증제 – 비수용성

② 작용기 (−OH)수에 따른 분류

분류	−OH수	종류		
1가 알코올	1개	메탄올 Methanol (메틸알코올)	에탄올 Ethanol (에틸알코올)	프로판놀 Propanol (프로필알코올)
2가 알코올	2개	에틸렌 글리콜 Ethylene glycole $C_2H_4(OH)_2$	프로필렌 글리콜 Propylene glycole $C_3H_6(OH)_2$	
		• 글리세린 대용 • 무색투명, 화장품용매용, 점성액체 • 강한흡습성	• 유연제, 보습제에 사용 • 에몰리엔트 효과 • 독성 낮음 • 무색투명, 거의무향	
다가 알코올	3개 이상	글리세린 − 보습제 Glycerin(=glycerol)	솔비톨 − 보습제 Sorbitol	

나. Carboxylic acid (카복실산=유기산) : R−COOH, C_nH_{2n}+1COOH

$$\mathrm{R{-}COOH} \leftrightarrow \mathrm{R{-}COO^-} + \boxed{\mathrm{H^+}}$$

해리 안 된 상태 해리된 상태

〈주요성질〉

① 산성을 지닌 유기화합물(=탄소화합물)을 말한다.
② 카복실 그룹(carboxyl group, −COOH)을 갖고 있다.
③ 동 · 식물계에서 얻는다.
④ 생체 내에서 아미노산, 탄수화물, 지방산의 대사과정에서 생성되는 중간산물이다.
⑤ 알코올과 반응하여 에스테르(ester)물질을 만든다.
⑥ 알칼리와 반응하여 비누를 만든다.(비누화 반응)
⑦ 물에 대체로 잘 녹는 액체로 산성을 나타낸다.

〈종류〉 개미산, 초산, 젖산, 호박산, 사과산, 주석산, 구연산 등

참조 벤조익 안식향산, 살리실릭산 (salicylic acid), 아스콜빅산 (ascorbic acid)
이들은 유기산의 종류 중 고리모양을 갖고 있는 방향족 탄화수소 이다.

Benzoic acid 안식향산 salicylic acid 살리실릭산

① HCOOH (개미산) : 포름산(formic acid)이라고도 하며, 벌, 개미, 모기에 있다.
자극적인 냄새, 무색액체, 방부제용으로 사용

② CH_3COOH(초산) : 아세트산(acetic acid)이라고도 함.
부식제, 수렴작용, 무색, 자극성 냄새

- 빙초산 : 순수초산으로 실온에서도 잘 언다. (식초에 3~4% 함유), 무색의 자극성 냄새. 파란불꽃을 내며 불에 탄다.

③ 지방산 (Fatty acid) : 유기산 중 탄소가 많아 탄소사슬이 긴 것
지방산의 종류는 포화지방산과 불포화지방산이 있다.

㉠ 포화지방산 – 탄화수소기의 부분이 단일결합을 하고 있는 지방산
- 라우린산(Lauric acid) – 야자유에 함유. 유화제용(세제용)
- 미리스틴산(Myristic acid) – 야자유에 함유. 추출 유화제용(세제용)
- 팔미틴산(Palmitic acid) – 야자지방에 함유. 저지방비누용
- 스테아린산(Stearic acid) – 유화제용. 예 크림,비누, 파우더,콜드크림 등에 이용

㉡ 불포화지방산 – 탄화수소기의 부분이 2중 결합, 3중 결합을 포함하고 있는 지방산 (일명 'Vitamin. F'라고도 함)
예 리놀산, 리놀렌산, 아라키돈산, DHA
- 성질은 포화지방산보다 묽고 반응이 잘 되고, 몸에서 빨리 분해된다.
- 대부분 식물성 기름에 포함되어 있으며, 건성유 성분으로 표면이 건조가 잘 된다.
- 결핍 시 피부습진, 인설, 피부염증, 탈모현상, 피부색이 나빠지고, 주름형성
- 각화의 정상화, 피지구성의 정상화
- 박테리아나 열에 의해 쉽게 산화되므로 화장품 제조시 방부제가 필요
- 종류 : 밀배아유, 해바라기유, 콩기름, 아몬드유, 복숭아씨유, 아마인유 등

다. 에스테르 (R–COO–R')

- 에스터(ester)또는 '에스테르'라고 하는 유기화합물의 한 종류이다.
- 무색액체
- 유지(fat)는 고급지방산과 글리세린의 에스테르 물질이다.

$$R-\overset{\displaystyle O}{\overset{\|}{C}}-O-R'$$

〈주요 특성〉

① 유기산과 알코올의 반응에서 에스테르를 생성

[에스테르화 반응]

$$\underset{\text{카르복시산}}{R-C(=O)-OH} + \underset{\text{알코올}}{H-O-R'} \xrightarrow{\text{(에스테르화 반응)}} \underset{\text{에스테르}}{R-C(=O)-O-R'} + \underset{\text{물}}{H_2O}$$

② 에스테르는 염기(KOH 혹은 NaOH)에 의해 가수분해되어 산과 알코올이 된다. 이때 카르보닐산과 알칼리를 생성하는 가수분해를 비누화과정이라 한다.

[에스테르의 비누화 반응 : 가역반응]

알코올 (R-OH) + **카르복시산** (R′-COOH) ⇌ (에스테르화(+H) / 가수분해) **에스테르** (R′-COO-R) + **물** (H_2O)

예) $C_2H_5OH + CH_3COOH \rightleftharpoons CH_3COOC_2H_5 + H_2O$

R_1 —COO—CH_2
R_2 —COO—CH + 3NaOH ⟶ R_1 —COO—Na^+ + CH_2—OH
R_3 —COO—CH_2 / R_1 —COO—Na^+ / CH_2—OH
R_1 —COO—Na^+ / CH_2—OH

동물기름(에스테르) + 강염기 ⟶ 비누 + 글리세롤

〈종류〉 카르본산 에스테르, 설폰산 에스테르, 무기산 에스테르

2) 알켄(Alkene)계 : 단일 또는 이중의 공유결합 포함　　C=C

① 일반식 : C_nH_{2n}
② 탄소와 탄소의 결합에서 1개 이상의 이중 결합을 갖는 탄화수소 화합물
③ 종류 : 에텐(ethene) 혹은 에틸렌 (C_2H_4)

3) 알킨(Alkyne, 알카인)계 : 단일 또는 삼중의 공유결합 포함　　C≡C

① 일반식 : C_nH_{2n-2}
② 탄소와 탄소의 결합에서 1개 이상의 삼중 결합을 갖는 탄화수소 화합물
③ 종류 : 에틴(ethyne, 에타인) 또는 아세틸렌(C_2H_2)(acetylene)이라 부름
→ 높은 온도의 불꽃(용접에 이용)
프로핀(propyne, 프로파인)

H—C≡C—H
ethyne(에틴; 에타인)

H—C≡C—CH_3
propyne(프로파인; 프로핀)

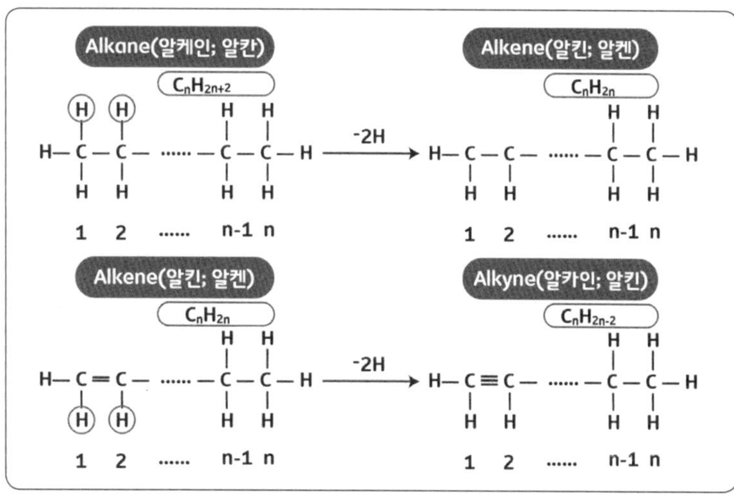

[유기화합물 중 지방족 탄화수소 총정리]

Chapter 2 화장품 원료의 종류와 특성

※ 안전한 화장품의 원료기준

① 식품의약품안전처고시『 화장품 안전기준 등에 관한 규정』 별표1 『사용할 수 없는 원료』를 제외한 원료들을 인정하고 있다.
② 화장품의 안전한 관리를 위해 별표2의『사용상의 제한 원료』를 규정하여 화장품의 안전한 관리에 최선을 다하고 있다.
③ 대한약전 및 별표1의 화장품 원료기준에 등재되어 있는 규격기준의 원료
④ 대한민국화장품원료집(KCID)에 등재되어 있는 원료
⑤ 국제화장품원료집(International Cosmetic Ingredient Dictionary, ICID) 에 등재되어 있는 원료
⑥ EU화장품원료집에 등재되어 있는 원료
⑦ 식품공전 및 식품첨가물공전(천연첨가물에 한함)에 등재되어 있는 원료
⑧『 화장품법』 규정에 의한 안정성, 안전성 등의 심사를 받은 원료

※ 안전하지 않은 화장품의 원료기준

① 수은, 중금속, 비소 등이 함유된 화장품
  - 일시적으로 피부에 미백효과를 주지만 피부의 세포를 죽게 만들어 결국은 피부를 썩게 만드는 독성성분
② 빛, 온도 및 습도 등에 반응 · 변질되어 독성이 있는 물질로 변하는 성분을 함유한 화장품 – 광독성 물질 등
③ 여드름 등 면포를 일으키는 성분을 함유한 화장품
④ 피부에 붉은 반점, 부어오름, 가려움증 및 자극 등을 일으키는 화장품

※ 안전하지 못한 배합금지 원료★

- 2-나프톨
- 바륨염(색소레이크희석제로 사용한 바륨염은 제외)
- 방사성물질
- 비타민 L_1, L_2, 셀렌 및 그 화합물 (셀레늄아스파테이트는 제외)
- 수은 및 그 화합물
- 스테로이드 구조를 갖는 안티안드로겐
- 스트론튬화합물
- 4-아미노벤조익애씨드의 에스텔
- 4-아미노살리실릭애씨드 및 그 염류
- 요오드
- 안티몬 및 그 화합물
- 안드로겐효과를 가진 물질
- 에르고칼시페롤 및 칼시페롤(비타민D2와 D3)
- 에스트로겐
- 납 및 그 화합물
- 니코틴 및 그 염류
- 벤젠
- 붕산
- 브롬
- 비소 및 그 화합물
- 중추신경계에 작용하는 교감신경 흥분성아민
- 지르코늄 및 그 산의 염류
- 치오우레아 및 그 유도체
- 카드뮴 및 그 화합물
- 카본블랙
- 항생물질
- 항히스타민제(아미노에텔형은 제외)
- 히드로퀴논, 히드로퀴논모노벤질에텔

1 화장품 원료의 종류

(1) 화장품 원료

- 각 원료의 성분은 화학적 반응에 의해 제조되는 화장품의 사용목적에 따라 분류
- 유화상태의 에멀젼, 용액상태의 액제, 분말상태의 산제, 포마드와 같은 유제, 헤어스프레이 와 같은 에어졸 상태로 각각의 제형이 다르다.

(2) 원료의 종류 및 정의

- 수성원료 : 물(정제수), 에탄올(=에틸알코올), 보습제
- 유성원료 : 식물성 유지, 동물성 유지, 왁스(Wax)류, 에스테르류, 탄화수소류 등
- 계면활성제 : 유성과 수성을 잘 혼합시키는 원료
- 방부제,살균제 : 각종 세균으로부터 방부 및 살균효과를 통해 안정성 역할
- 산화방지제 : 공기, 열, 빛에 의해 쉽게 산화될 수 있으므로 이를 방지하기 위해 첨가
- 고분자 화합물 : 점증제, 피막제, 기타
- 색소 : 타르색소
- 자외선차단제, 자외선흡수제 : 자외선을 산란 또는 흡수시켜 보호막 형성
- 기능성 원료 : 주름완화, 미백, 자외선차단제, 염모제, 여드름 완화
- 향료 원료 : 제품에 향을 추가 시 사용

2 화장품에 사용된 성분의 특성

(1) 수성 원료의 특성

기초 용매제 역할, 소독기능 및 수분공급으로 촉촉함 유지기능, 화장품 원료배합의 용매제 역할

1) 물(Water) : 화장품의 원료가 되는 물은 가장 중요한 용매제 성분이다.

- 표적인 수상원료인 물은 뛰어난 용매로 화장수, 크림, 유액 등 유성 원료와 함께 에멀젼을 만드는 주요 원료이다.
- 정제수 사용 필수
  - 세균과 이온을 걸러낸 후 오염원 제거
  - 금속이온 함유시 품질저하 요인 → 제품 분리되거나 점도변화발생

    (※정제수 : 상수를 이온교환수지 통을 통과시키거나 증류, 역삼투 처리를 해서 제조)

2) 에탄올(Ethanol, Ethyl Alchol, C_2H_5OH, C_2H_6O, CH_3CH_2OH)

화장품 조제 시 중요한 유기용매 원료 (화장수, 토닉 등 액상제품)

- 알코올의 한 종류. 종류에 따라 성상이 다르다.
- 70% 이상에서 소독작용을 한다.
- 무색투명의 액체, 물과 유기용매에 모두 잘 섞인다.
- 휘발성이 높아 피부는 기화열을 뺏겨 시원하고, 가벼운 수렴 효과 있다.

• 분자 중에 포함된 탄소(C)수에 의해 다음과 같이 분류한다.

※ 탄소(C)의수가 적으면 저급 알코올 – C 1~5개

탄소(C)의수가 많으면 고급 알코올 – C 6개 이상

예 에탄올 (=에틸알코올) : 저급의 알코올 C(탄소)수 2개

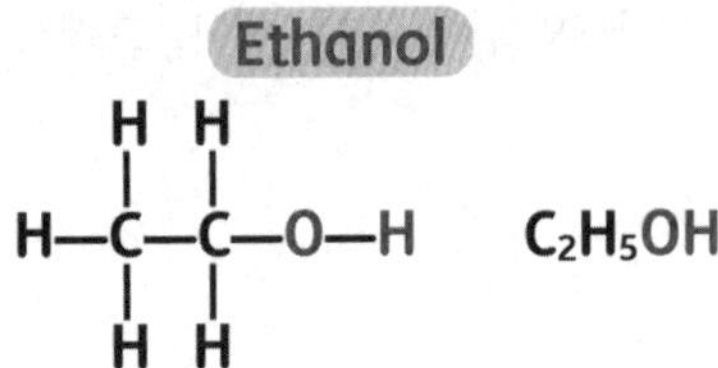

(2) 유성 원료의 특성

액상(유지류)과 고체상(왁스류)으로 분류

1) 유성 원료의 분류 및 특성

물에 녹지 않고 기름에 녹는 물질. 수분증발억제, 유연성 향상

	사용목적
유지류 (Oils, Fats)	• 피부표면에 소수성 피막 형성 • 외부침입 유해물질 방어 • 피부(모발)의 유연성 (윤활성) • 피부표면의 수분증발억제, 모발광택 • 특수 성분(자외선흡수제, 색소, 비타민류 등)의 용매로 작용
왁스류 (Waxs)	• 고형제로 제품의 안정성 및 점성도 기능 향상 • 변화 성질을 이용한 사용감 개선 • 광택 부여 • 상품가치 향상 • 분자내의 소수성탄화수소사슬에 의한 소수성피막형성 • 성형성 개선으로 작업성향상
유지 및 왁스 유도체	• 고급 알코올 : 유화보조제, 완화제,유분감억제제, 점경도부여제(크림,스틱등) • 용매효과(특수성분들) • 지방산 :유화효과, 용매효과,·에몰리엔트제 • 에스테르류 : 혼화제, 용제, 윤활제, 통기성부여제, 가소제, 향료보류제 • 인지질 : 계면활성제 (유화제, 분산제, 습윤제), 과지방제 • 금속석검 : 윤활제, 유화안정제, 메이크업제품의 번들거림 제거효과, • 안료의 분산제, 부착성 향상, 제품 사용 시 내수성 향상, 겔화제

2) 유지류 (Oils, Fats)의 종류

오일(Oil)의 분류 : 천연오일, 합성오일

• 구조 : 트리글리세라이드(Triglyceride)

• 명칭 : 액상의 경우 ~ 오일(Oil), 고체상의 경우 ~ 지방(Fat)

① 천연오일 : 천연에서 추출한 식물성 오일, 동물성 오일, 광물성 오일이 있다.

※ 식물성 오일, 동물성 오일, 광물성 오일의 특성

천연오일	식물성 오일	동물성 오일	광물성(미네랄) 오일
장점	피부에 친화성 우수	피부에 친화성 우수	포화결합상태로 변질문제 없음
단점	불포화 결합상태가 많아 쉽게 변질	불포화 결합상태가 많아 쉽게 변질	• 지나치게 유분이 많음 • 피부표면을 막아 피부호흡방해 • 피부트러블의 요인
종류	올리브유, 동백유, 야자유, 피마자유, 아보카도유, 마카다미아넛트유, 팜유, 밀배아유, 로즈힙 오일	밍크 오일	유동 파라핀 미네랄 오일

② 합성오일 : 저급의 알코올, 고급지방산과 에스테르 결합을 통해 만들어진다.

	합성오일 (또는 합성에스테르유)
장점	천연오일에 비해 안정성 좋다. 피부호흡 방해하지 않아 사용성이 좋다.
종류	이소프로필 미리스테이트 (Isopropyl Myristate : IPM) 실리콘 오일, 세틸팔미테이트 (Cetyl Palmitate) 이소프로필 팔미테이트 (Isopropyl Palmitate : IPP) 세틸에칠헥사노이에이트 (Cetyl Ethylhexanoate)

㉠ 합성 오일 (또는 합성 에스테르유)의 종류 및 특성

ⓐ 미리스틴산 이소프로필 (Isopropyl myristate, IPM)

- 고급지방산 (미리스틴산)과 저급알코올(이소프로필 알코올)의 에스테르 결합물 합성 에스테르류라고 함
- 광물성 오일에 비해 유성감 낮음, 가벼운 감촉, 용해성 우수
- 용도 : 색소, 향료의 용제 및 에몰리엔트제

ⓑ 실리콘 오일 (Si-O-Si) **

- 화합적으로 합성. 무색, 무취, 투명
- 끈적임이 거의 없음. 가벼운 발림성. 광택 좋음
- 매끄럽고 내수성 우수
- 용도 : 에몰리엔트제

3) 왁스류 (Waxs)

① 왁스의 특징 : 에스테르 (지방산과 1가 알코올의 화합물) 물질이다.

- 고형의 유성성분으로 화장품의 굳기 증가에 이용
- 용도 : 립스틱, 털제거용 탈모왁스에 사용

② 왁스의 분류

왁스 분류	종 류
식물성 왁스	열대식물의 잎이나 열매에서 추출 • 칸델리라 왁스 (Candelila wax) • 카나우바 왁스 (Canauba wax)
동물성 왁스	• 밀납 (Bees wax) – 벌집에서 추출 • 라놀린 (Lanolin) – 양모에서 추출

4) 합성에스테르 (Ester) (R'-Coo-R)

① 합성에스테르의 구성 : 고급지방산과 알코올의 탈수반응에 의해 축합하여 생긴 화합물 · 산(Acid) – 지방산, 다염기산, 유기산, 무기산 등이 있음.

- 알코올(Alchol) – 저급 알코올, 고급 알코올, 다가 알코올 등

② 합성에스테르의 특성

- 피부에 유연성을 주고 유분감을 주지 않으며, 제품에 윤활 효과
- 화장품용 유성원료와 용해성, 호환성이 좋음
- 정제하여 고품질을 얻을 수 있다.
- 장기간에도 안정성 좋으며 피부호흡 방해적음

③ 합성에스테르의 종류

㉠ 이소프로필 미리스테이트 (Isopropyl Myristate : Ipm) : 무색투명액체

- 고급지방산인 미리스트산에 저급 알코올인 이소프로필 알코올이 에스테르 결합된 것
- 다른 오일과 상용성, 용해성 우수
- 광물성에 비해 유분감 낮음

㉡ 이소프로필 팔미테이트 (Isopropyl Palmitate : Ipp)

- 팔미트산과 이소프로필 알코올을 에스테르화
- 용도 : 유성 · 수성의 혼화제, 색소, 향료의 용제, 샴푸, 린스

㉢ 세틸에칠헥사노이에이트 (Cetyl Ethylhexanoate)

- 이 원료는 세틸알코올과 2-에틸헥사노익애씨드의 에스터
- 피부컨디셔닝제(유연제), 용제

㉣ 세틸팔미테이트 (Cetyl Palmitate)

- 이 원료는 주로 세틸알코올과 팔미틱애씨드의 에스터
- 향료, 수분증발차단제

5) 탄화수소류 (Hydrocarbones)

화장품 원료 C_{15} 이상의 포화탄화수소

- 석유등 광물질에서 주로 채취, 정제가 불충분하여 피부에 문제성 유발 가능성 있다.
- 탄화수소류의 주요특성 : 비극성, 파라핀계 탄화수소, 불활성이며 변질, 산패의 우려가 없고 가격이 저렴하나 유분감 강하다.

탄화수소류	성분 / 특성 / 효능 / 용도
유동 파라핀 (Liquid paraffin) = 미네랄 오일 (Mineral oil)	• 석유원유에서 300℃ 이상으로 분류 증류 고형 파라핀 제거 • 상온에서 액상(C_{15}~C_{30})의 파라핀계(C_nH_{2n+2})및 나프텐계(C_nH_{2n})의 포화탄화수소 혼합물
	• 피부에 내수성 피막 형성하여 수분증발억제, 사용감 증대, 불건성, 윤활성 • 정제가 쉽고, 무색무취. 불활성으로 변질 없고, 유화가 쉬워 유성원료로 많이 사용 • 용도 : 베이스오일, 클렌징크림, 콜드크림, 쉐이빙 크림, 베이비 오일, 헤어 크림, 향유 등에 사용되는 유성원료, 연고제 등
파라핀 (Paraffin)	• 석유원료 증류 후 최종으로 남은 부분을 진공증류하여 얻은 고형의 탄화수소류 • 왁스형태로 양초의 원료 (C_nH_{2n+2}) • C_{16}~C_{40}의 파라핀 혼합물로 C_{20}~C_{35}가 많다. • 2~3%의 이소파라핀(W/O형 마스카라, 아이라이너 베이스로 이용)
	• 특성 : 기타 광물성 원료처럼 불활성, 변질과 변취가 없고 유화가 쉽다. • 융점 : 50~70℃ • 용도 : 바셀린, 립스틱, 동식물성 왁스와 합성에스테르 원료
바셀린 (Vaserin ; Petrolatum)	• 석유에서 얻어지는 반죽상의 탄화수소류 혼합물. • 파라핀 왁스가 리퀴드 파라핀에 반죽상태로 혼합되어 있는 물질 • 포화탄화수소 C_nH_{2n+2}(주성분 $C_{24}H_{50}$, $C_{31}H_{64}$, $C_{34}H_{70}$)의 혼합물
	• 상온에서 비결정체 (참조 유동파라핀-액체, 파라핀-고체) • 융점 : 38~60℃ • 바세린은 콜로이드로 존재 / 무취, 불활성 • 용도 : 각종 크림, 메이크업 제품 (크림루즈, 립스틱), 절발료의유성원료
스쿠알렌 (Squalene)	• 1906년 흑자상어의 간유 중에서 발견 • 돔발상어과(squalidae)중에 가장 많이 함유되어 명칭이 '스쿠알렌'이라 불림 1916년 C_{30}~C_{50} • 인체의 피지중 약5% 함유 • 장시간 노출시 산패 • 심해상어, 올리브유, 인체피지, 면실류 등에 존재하며, 수소첨가하여 얻음
	• 안정성 높고 화학적으로 불활성 원료 • 유화하기 쉬운 화장품의 유상원료 • 피부침투성이 좋음 • 광물성에 비해 유분감 적음 • 피부윤활성, 침투성라놀린이나라드(lard)에비해 우수 • 용도 : 각종 크림, 유액, 립스틱, 마스카라, 헤어크림, 아이크림, 베이비오일, 파운데이션 크림

6) 고급 지방산 : 사슬모양의 포화 또는 불포화 카르복시산 – C 6개 이상

① 지방산 (fatty acid) : 천연의 왁스 에스터(ester)의 형태로 존재하는 것에서 추출

② 용도 : 유화제, 보조 유화제

③ 종류

- 포화지방산 : 팔미틱애씨드(palmitic acid), 스테아린산 (stearic acid), 라우린산(lauric acid), 밀스틴산 (myristic acid),
- 불포화지방산 이소스테아린산(isostearic acid), 올레인산 (oleic acid) 등

7) 고급 알코올 : 탄소수가 6개 이상의 지방족 알코올. 1가 알코올의 총칭

① 분류 : 천연유지를 원료로 하는 것, 석유화학으로 합성한 것

② 용도 : 크림 및 로션류의 경도 및 점도 조절. 유화안정에 사용

③ 종류 : 세틸알코올(Cetyl Alcohol), 스테아릴알코올 (Stearyl Alcohol), 이소스테아릴알코올(Isostearyl Alcohol) 등

(3) 보습제

1) 보습제(Moisturizer)

① 피부에 적절한 수분함량을 유지하는 작용으로 화장품 품질을 결정하는 주요한 요소이다. ~ '습윤제'라고도 한다.

② 보습제의 특성 : 시간 변화에 따른 화장품 자체의 건조를 막는데 필요한 성분이다.
~보습제가 함유된 화장품을 피부에 바르면 피부의 각질층에 수분이 공급되어 부드럽고 투명해진다.

③ 보습제의 종류 : 글리세린, 프로필렌글리콜, 1,3 부틸렌글리콜, 히아루론산나트륨 등

보습제의 종류	특성
글리세린 (Glycerin) : $C_3h_5(Oh)_3$	• 가장 널리 사용되는 보습제이다. • 사용감은 끈적임이 있다.
프로필렌글리콜 (Propylene Glycol)	• 글리세린에 비해 보습은 떨어지나 사용감은 좋다. • 피부에 자극이 있어 사용량이 감소되고 있다.
1.3 부틸글리콜 (1.3 Butylene Glycol)	• 피부자극성과 보습력은 글리세린과 프로필렌 글리콜의 중간정도이다. • 다양하게 사용되고 있으나 가격이 조금 비싸다. • 각종 크림, 유액, 에어로졸 제품등에 사용
히아루론산 나트륨 (Sodium Hyaluronate)	• 가장 많이 사용되는 물질로 고분자 물질의 보습제이다. • 이물질은 포유동물의 결합조직내 분포되어 있다. • 최근 미생물로부터 생산이 가능하여 비교적 저렴한 가격으로 공급되어 화장품에 사용된다. • 자기무게의 80배 수분흡수, 뮤코다당류의 일종
에틸렌 글리콜 (Ethylene Glycol)	• 보습제 • 화장품에는 독성냄새 때문에 많이 사용 안 함
디에틸렌 글리콜 (Diethylene Glycol)	• 방향족 탄화수소 • 두발용 제품에 사용
트리에틸렌 글리콜 (Triethylene Glycol)	• 유연제, 보습제에 사용 • 샴푸, 린스에 사용
에틸렌글리콜 모노에틸 에테르 (Ethylene Glycol Monoethyl Ether)	• 용제, 네일 에나멜, 에나멜 제거액, 두발용 화장품에 사용
폴리에틸렌 글리콜 (Polyethylene Glycol)	• 수용성으로 물에 잘 녹지 않는 물질 분산가능 • 유액, 크림, 샴푸, 린스, 두발용제품에 사용

솔비톨(Sorbitol)	• 사과 등 과일에 즙에 함유된 당알코올 • 식물계에 많이 분포 • 보습제, 계면활성제의 원료 • 크림, 로션제에 사용
젖산 나트륨 (Sodium Lactate)	• 다가 알코올에 비해 보습력이 높다.
2-피톨리돈-5-카르본산 나트륨 (Sodium2-Pyrroridone-5-Carboxylate)	• 보습력이 뛰어남

2) 보습기능에 따른 분류

① 모이스쳐라이져(Moisturizer) : 보습제. 성분자체가 수분을 다량 함유하며, 자신이 갖고 있는 수분을 피부에 공급함으로써 피부의 보습유지

② 에몰리엔트(Emollient) : 피부표면의 수분증발 차단막을 형성하여 피부표면에서 수분이 빠져나가지 못하게 함으로써 피부의 보습 유지하는 역할

③ 휴멕턴트(Humectant) : 습윤제, 피부에 사용 시 외부에서 수분을 끌어당기는 효과
예 글리세린, 솔비톨(Sorbitol), 콜라겐(Collagen) 등

3) 보습제의 분류 및 주요성분

① 다가알코올 : -Oh(하이드록시기)가 3개 이상인 알코올
〈종류〉 글리세린(Glycerin), 글루코오스(Glucose), 말티톨 (Maltitol), 솔비톨(Sorbitol), 자이리톨(Xylirol), 프로필렌글리콜(Propylene Glycol), 디프로필렌글리콜 (Dipropylene Glycol)

② 천연보습인자 (Natural Moisturizer Factor) : 피부각질층에 존재하는 친수성 보습인자
대기중의 수분을 각질층에서 흡수하는 동시에 수분의 손실을 막아주는 조절기능

※ 천연보습인자의 성분
아미노산류(40%), 젖산염, 피로리돈카루본산염, 요소, 암모니아, 구연산염, 소듐피씨에이(Sodium PCA), 소듐락테이트 (Sodium lactate)

③ 기타 보습제 원료 : 소듐콘드로이틴설페이트 (Sodium Chondroitin Sulfate), 소듐하이알루로네이트 (Sodium Hyaluronate), 수용성 콜라겐(Soluble Collagen)

4) 보습제의 조건 : 다음과 같은 특징으로 각종 크림, 유액 등에 사용한다.

① 점도가 적당하며 사용감 우수하여 피부표면에 중요한 역할
② 무색, 무취, 무미일 것
③ 피부 친화성 좋은 물질
④ 흡습력이 좋아 지속적인 보습 효과
⑤ 적절한 보습 능력 보유
⑥ 안전성이 높을 것
⑦ 환경변화에 영향이 적은 물질

⑧ 다른 성분과 상용성이 좋을 것

⑨ 가능한 저휘발성일 것

(4) 계면활성제 (Surfactants, Emulsifier) : 서로 잘 섞이게 하는 활성물질

1) 계면활성제 정의

물과 기름의 경계면을 활성화시켜 유화시키므로 계면의 성질을 바꾸는 물질로 계면활성제는 유화제라고 하며 '에멀션' 상태를 만든다.

① 동 · 식물의 세포 및 조직에 존재하며, 화학제품의 일종
(유화, 가용화, 침투, 습윤, 분산, 세정, 살균, 윤활, 정전기방지 등에 쓰임)

에멀션

에멀션(Emulsion)이란? : 물과 기름이 섞여있는 상태로 모든 화장품은 에멀션이라 한다.

1) 물과 기름이 골고루 섞이지 않는 이유
① 물과 기름은 분자가 서로 다르기 때문에 잘 섞이지 않는다.
② 기름분자들은 전기적 인력이 거의 없고(비극성), 물분자들끼리는 비교적 강한 적기적 인력(극성)이 작용하고 있다.
③ 물의 비중이 기름의 비중보다 크므로 물위에 기름이 따로 뜬다.

2) 에멀션(Emulsion) 만들기
방법 1. 유화제를 사용하지 않은 일시적인 에멀션
두 가지 액체를 물리적으로 격렬하게 섞어주거나 가열하기
(물은 물과 결합하고 기름은 기름과 결합하려는 성질 때문에 분리됨)
예 유화제를 사용하지 않은 흔들어서 쓰는 메이크업 포인트 세정제 또는 스킨, 음식으로는 사골국, 곰탕(물 + 기름)
방법 2. 유화제를 사용한 에멀션
물과 기름 두 액체를 섞어주는 매개체 역할을 하는 유화제는 계면을 활성시켜 에멀션 용액상태 유지
예 화장수, 유액, 크림

3) 에멀션의 3가지 조건
① 수상(Water Phase)
② 유상(Oil Phase)
③ 계면활성제(=유화제, Emulgator, Emulsifer)

4) 에멀션의 유형
① 수중유형(Oil In Water) – O/W Type 에멀션(예 로션류, 수분크림 등) Hlb=8~14
② 유중수형(Water In Oil) – W/O Type 에멀션(예 영양크림류 등) HLB=1~7

② 계면활성제 구조는 친유성기(Lipophilic Group)와 친수성기(Hydrophilic Group)가 존재

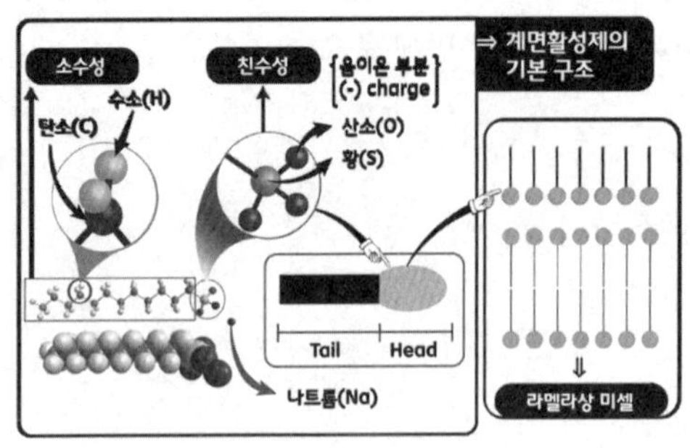

③ 계면활성제의 활동

- 물 속에서는 미셀을 형성하여 물의 표면장력을 약화시킨다.
- 계면활성제가 물에 녹으면 물의 표면에서 볼 때 친수기는 물의 내부를 향하고
- 친유기(소수성)는 공기 중으로 향한다. (그림참조)

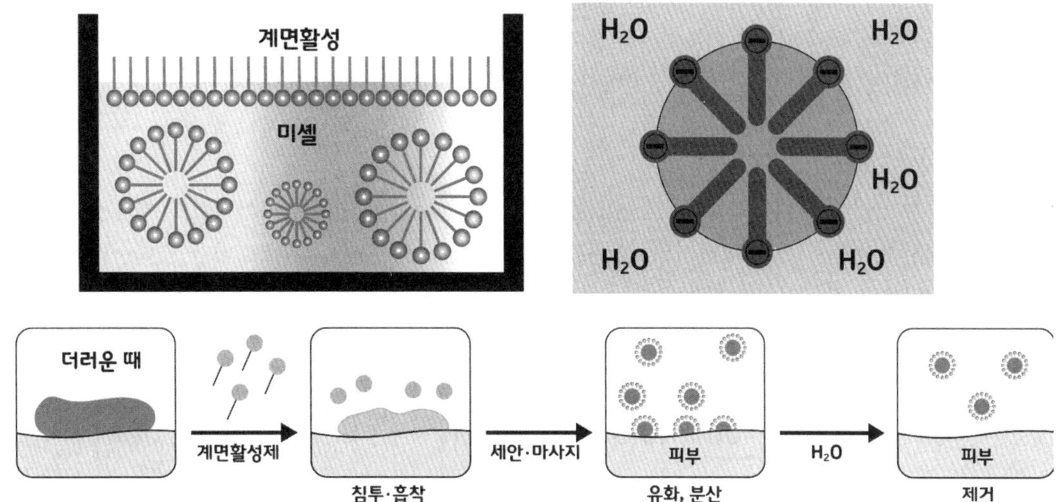

2) 계면활성제 용도에 따른 분류

① 유화제 : 일반적으로 화장품(로션, 크림 등)의 에멀젼 조제에 쓰임

② 세정제 (Detergent) : 세제 , 비누, 샴푸, 클렌저에 쓰임

③ 가용화제 (Solubiliser) : 투명한 스킨 로션이나 향수의 원료에 쓰임
물에 녹지 않는 물질인 식물의 에센스, 지용성 비티민 등을 용해시 사용

④ 기포형성제, 발포제 (Foaming) : 거품 형성에 쓰임(예 폼클렌징, 면도시 사용하는 거품세정제)

⑤ 현탁제 (Suspending Agent) : 현탁 물질의 분산으로 메이크업 파우더 제품에 쓰이고, 립스틱에 색소가 골고루 섞이게 하는데 쓰임

3) 계면활성제의 이온생성 여부에 따른 분류

계면활성을 나타내는 부분의 이온 종류에 따라 비이온성 계면활성제, 음이온성 계면활성제, 양이온성 계면활성제, 양쪽성계면활성제로 분류된다.

① 비이온 계면활성제(Nonionic Surfactant)

② 음이온 계면활성제(Anionic Surfactant)

③ 양이온 계면활성제(Cation Surfactant)

④ 양쪽성이온 계면활성제(Amphoteric Surfactant)

친수부 친유부
비이온
음이온
양이온
양쪽성

계면활성제에서 꼭 알고가기

- 화장품용 계면활성제는 음이온 및 비이온성 계면활성제가 많이 쓰임
- 피부에 **안전성**이 높은 순서부터 정리 : 비이온성 계면활성제>양쪽성 계면활성제>음이온성 계면활성제>양이온성 계면활성제
- **세정력**이 좋은 순서로 정리: 음이온성 계면활성제>양쪽성 계면활성제>양이온성 계면활성제>비이온성 계면활성제

가. 비이온 계면활성제(Nonionic Surfactant)

① 분자 중에 이온으로 해리되는 작용기를 가지고 있지 않다.

② 친수기, 친유기 발란스(Hlb, Hydrophile-Lipophile Balance)의 차이에 따라 습윤, 침투, 유화, 가용화력 등의 성질이 달라진다.

③ 친수기인 POE 사슬 또는 수산기(-OH)를 갖는 화합물이다.

④ 피부자극이 적기 때문에 기초화장품 분야에 많이 사용한다.

⑤ 일반적으로 고급알코올이나 고급지방산에 에틸렌옥사이드를 부가반응하여 제조한다.

⑥ 용도 : 유화제, 분산제, 가용화제 ,독성이 적어서 식품 의약품의 유화제로 쓰인다.

예 샴푸, 바디샴푸

⑦ 종류 : 글라이콜 디스테아레이트(Glycol Distearate), 글라이콜스테아레이트(Glycol Stearate), 글리세릴하이드록시스테아레이트(Glyceryl Hydroxystearate), 소르비탄 스테아레이트(Sorbitan Stearate), 슈크로오스올리에이트(Sucrose Oleate), 올레스-N 포스페이트(Oleth-N Phosphate)

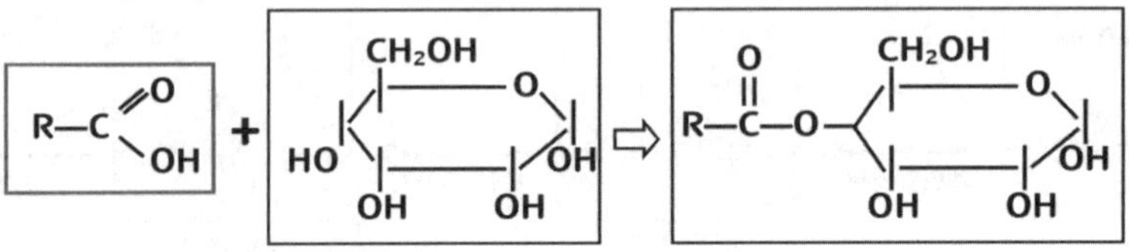

R—C(=O)OH + [CH_2OH, HO, OH, OH, OH 당 고리] ⇨ R—C(=O)—O—[CH_2OH, OH, OH, OH 당 고리]

나. 음이온 계면활성제(Anionic Surfactant)

① 물에 용해될 때 친수기가 음이온으로 해리된다.

② 친수부 : 나트륨염, 칼륨염, 트리에탄올아민염 등

③ 친유부 : 알킬기, 이소 알킬기 등

④ 세정작용과 기포형성 작용 우수

⑤ 탈지력이 너무 강하여 피부가 거칠어지는 원인이 되는 결점이 있다.

⑥ 용도 : 비누, 샴푸, 클렌징폼, 면도용 거품크림, 치약 등 사용

⑦ 종류 : 고급지방산 석검, 알킬황산에스테르염, 폴리옥시에틸렌알킬에테르염, 아실N-메틸타우린염, 알킬에테르인산에스테르염, 소듐 라우릴설페이트(Sodium Lauryl Sulfate), 징크스테아레이트(Zinc Stearate), 티이에이-라우레스설페이트(Tea-Laureth Sulfate)

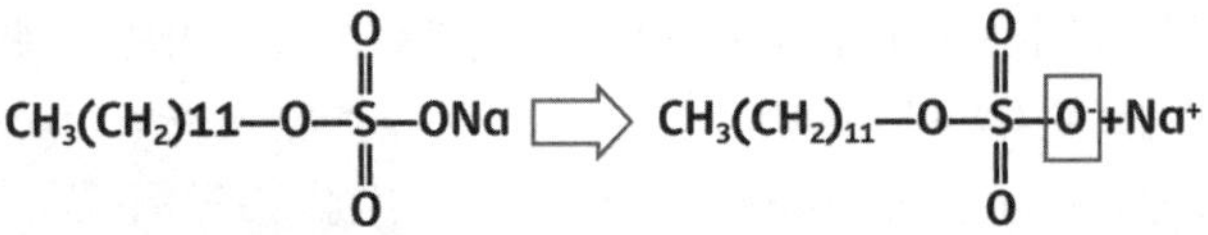

$CH_3(CH_2)11—O—S(=O)_2—ONa$ ⇨ $CH_3(CH_2)_{11}—O—S(=O)_2—O^- + Na^+$

다. 양이온 계면활성제(Cation Surfactant)

① 물에 용해될 때 친수기 부분이 양이온으로 해리된다.

② 음이온 계면활성제(지방산비누)와 반대의 이온성 구조를 갖고 있어서 역성 비누라고도 한다.

③ 모발에 흡착하여 유연효과나 대전방지효과를 나타내기 때문에 헤어린스에 이용된다.

④ 피부자극이 강하므로 두피에 닿지 않게 사용해야 한다.

⑤ 용도 : 세정, 유화, 가용화 등 계면활성 효과, 살균 소독작용

예 헤어린스, 헤어트리트먼트

⑥ 종류 : 염화알킬트리메틸암모늄 , 염화디알킬디메틸암모늄, 염화벤잘코코늄, 베헨알코늄클로라이드(Beachenalconium Chloride), 쿼터늄-18(Quaternium-18), 세트리모늄클로라이드(Cetrimonium Chloride)

$$CH_3(CH_2)_{15}-\overset{\displaystyle CH_3}{\underset{\displaystyle CH_3}{N}}-CH_3Br \Rightarrow CH_3(CH_2)_{15}-\overset{\displaystyle CH_3}{\underset{\displaystyle CH_3}{\boxed{N^+}}}-CH_3 + Br$$

라. 양쪽성이온 계면활성제(Amphoteric Surfactant)

① 한 분자내 음이온과 양이온을 동시에 갖는 양쪽성 관능기이다.
② 알칼리성에서 음이온, 산성에서 양이온으로 해리된다.
③ 피부자극에 독성이 낮다
④ 세정력, 살균력, 기포력, 유연효과가 있다.
⑤ 기포형성능력, 세정작용이 음이온성 계면활성제보다 떨어진다.
⑥ 용도 : 저자극성 샴푸, 베이비 제품, 클렌져 제품에 주로 사용
⑦ 종류 : 아미노산형, 베타인형, 아미다졸린유효체의 합성원료가 있다.
레시틴(Lecithin), 소듐에칠라우로일타우레이트(Sodium Methyl Lauroyl Taurate), 하이드로제네이티드레시틴(Hydrogenated Lecithin), 디소듐코코암포디아세테이트(Dysodium Cocoamphodiaceate), 라우라마이드디이에이(Lauramide Dea)

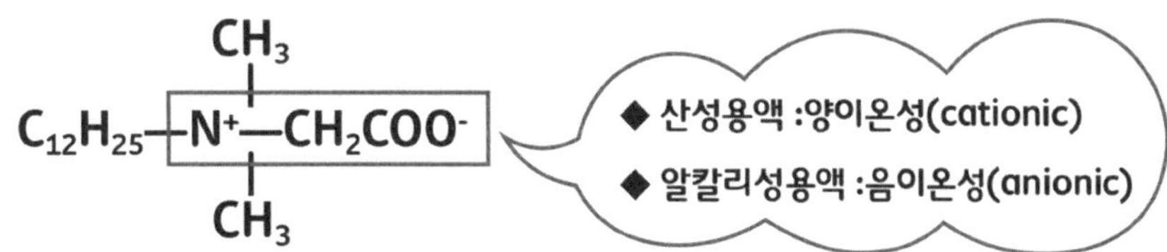

4) 계면활성제의 친수성-친유성 밸런스척도

Hlb값(Hydrophile-Lipophile Balance) : 친수성-친유성 밸런스척도

- 1954년 윌리엄 그리핀이 처음 만든 값이다.
- Hlb 값이 20이면 완전한 친수성/소유성 분자임을 의미한다

HLB값 10 이하	지용성	HLB값 10 이상	수용성(지질불용성)
1~3	소포제	13~16	세정제
3~6	유중수형(W/O), 유화제	16~18	가용화제 혹은 향수성 물질
7~9	습윤과 확산제		
8~16	수중유형(O/W),유화제		

(5) 보존제(=방부제, Preservative)

1) 보존제의 정의

화장품의 미생물에 대한 오염과 부패를 막기 위한 것으로 방부제, 살균제, 항균제라고도 한다.

2) 보존제의 성질

물과 영양분의 함량이 높을수록 미생물의 유입이 증가하여 변질이 쉽다.

보존제 단독으로보다는 2~3개를 혼용하여 함유시킬 경우 더 좋은 효과를 보인다.

① 파라벤 (Paraben)

- 화장품에서 사용되고 있는 대표방부제로 '안식향산'이라 한다.
- 메틸파라벤, 에틸파라벤, 프로필파라벤, 뷰틸파라벤 등

② 페녹시에탄올 (Phenoxyethanol) : 사용제한 1.0%, 착향제, 보존제

- 방향족의 에텔알코올
- 페놀과 에틸렌 글리콜의 에테르 결합
- 파라벤과 함께 많이 사용되는 방부제 1.0%이내 배합
- 피부자극 유발(알러지), 체내 흡수시 마취작용

③ 1,2 헥산 디올(1,2-Hexanediol)

- 유기화합물로 항균력 및 산화방지 효과가 있다.
- 2% 함유시 6개월, 3% 함유시 1년 미만의 보존력 갖는다.
- 파라벤, 페녹시에탄올 등과 같이 유해성이 부각된 보존제들의 대체물질로 많이 사용됨

파라벤 (Paraben)	페녹시에탄올 (Phenoxyethanol)	1,2 헥산 디올 (1,2-Hexanediol)
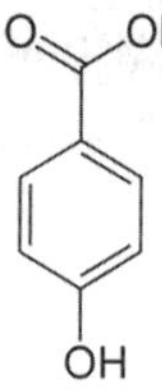 O, OR, OH	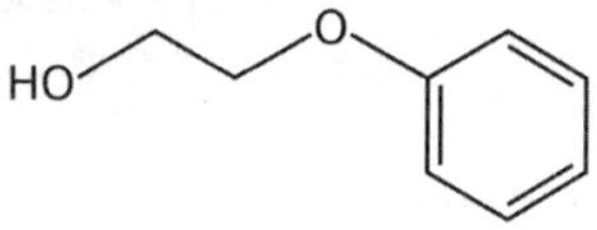 HO, O	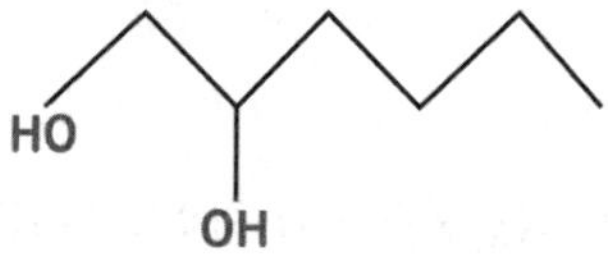 HO, OH

3) 보존제 성분의 사용제한 강화

가. 벤질 알코올(Benzyl Alcohol) 사용제한 1.0%(★기출)

① 보존제, 착향제, 용제, 점도 감소제

② 두발 염색용 제품류에 용제로 사용할 경우에는 10%

나. 소르빅애씨드(Sorbic Acid) : 0.6% 이하(★기출)

① 향료 및 살균보존제, 저자극성

② 세균, 곰팡이 등 미생물의 생육 억제효과가 있어 모든 화장품에 방부제로 주로사용

③ 블루베리같은 베리류에도 존재하는 성분으로 식품에도 허용

④ 고농도 사용 시 알러지 유발로 농도 제한

⑤ 장미과 식물(르완나무)에서 자연적으로 발생하는 성분

다. 디엠디엠하이단토인(Dmdm Hydantoin) : 사용제한 0.6%(★기출)

① 살균보존제

② 포름알데하이드 방출 성분

③ 접촉성 피부염 유발

라. 소듐아이오데이트(Sodium Iodate)(★기출)

① 산화제, 방부제

② 사용제한 : 사용후 씻어내는 제품에만 0.1% , 기타사용금지

마. '아이오도프로피닐부틸카바메이트(아이피비씨, Ipbc)'

① 사용 후 씻어내는 제품 0.02%

② 사용 후 씻어내지 않는 제품 0.01%(단, 데오드란트 배합의 경우, 0.0075%)

③ 입술에 사용하는 제품, 에어로졸(스프레이), 바디로션 및 크림엔 사용금지

④ 영유아용 제품류 또는 만13세 이하 어린이가 사용할 수 있음을 표기하는 제품에는 사용금지(목욕용품, 샴푸 등)★★★

바. 만13세 이하의 영 · 유아 및 어린이 제품에 사용금지인 보존제(사용제한 강화) ★★★

• 살리실릭애씨드 및 그 염류, 아이오도프로피닐부틸카바메이트(아이피비씨, Ipbc)

사. '메칠이소치아졸리논' 등 5종 : 사용제한 강화 ★★★

(식품의약품안전평가원의 위해평가결과 현재 안전성 확보 안됨)

① 메칠이소치아졸리논 : 사용 후 씻어내는 제품에 0.01% → 0.0015%

② 디메칠옥사졸리딘 : 0.1% → 0.05%

③ P-클로로-M-크레졸 : 0.2% → 0.04%

④ 클로로펜 : 0.2% → 0.05%

⑤ 프로피오닉애씨드 및 그 염류 : 2% → 0.9%

화장품 사용범위 : '사용 후 씻어내는 제품' 의 범위

식품의약품안전처에서는 「화장품 안전기준에 관한 규정」(식약처 고시)에 따라 화장품에 사용할 수 없는 원료 및 사용상의 제한이 필요한 원료를 지정 · 관리

※ 사용상의 제한이 필요한 원료 중 피부감작성 등의 우려가 있는 성분
'사용 후 씻어내는 제품'에만 사용하도록 지정 · 관리. 기타사용금지, 그 성분은 다음과 같다.

• 메칠이소치아졸리논
• 메칠클로로이소치아졸리논과 메칠이소치아졸리논 혼합물
• 벤질헤미포름알데하이드
• 5-브로모-5-나이트로-1,3-디옥산
• 소듐라우로일사코시네이트
• 헥세티딘
• 소듐아이오데이트
• 운데실레닉애씨드 및 그 염류 및 모노 에탄올아마이드
• 징크피리치온
• 페녹시이소프로판올(1-페녹시프로판-2-올) 등

※ 징크피리치온 (Zinc Pyrithione) : 보존제
사용 후 씻어내는 제품에만 사용제한 0.5%, 기타 제품에는 사용금지

① 용도 : 모발컨디셔닝제, 보존제
  • 지루성 피부염 치료에 사용, 비듬치료에 사용되는 대표적인 성분(1.0%제한)

② 특징 :곰팡이 방지 및 정균 특성

※ 염산2,4-디아미노페녹시에탄올 2,4-Diaminophenoxyethanol HCL

① 사용제한 산화염모제 0.5%, 기타제품 사용금지

② 염모제 , 방향족 아민

(6) 고분자 화합물(Polymer Compound)

1) 정의 : 겔(Gel)형성, 점도증가, 피막형성, 분산, 기포 형성, 유화안정의 목적으로 사용

검(Gum)-천연유래로 점성을 갖는 성분

2) 천연 고분자 화합물의 종류

• 구아검(Cyamopsis Tetragonoloba(Guar Gum)
• 덱스트린(Dextrin)
• 베타-글루칸(Beta-Glucan)
• 벤토나이트(Bentonite)
• 셀룰로오스검(Cellulose Gum)

3) 합성 고분자화합물의 종류

• 폴리머(Polymer)
• 나이트로셀룰로오스(Nitro Celluose)
• 디메치콘/비닐디메치콘크로스폴리머(Dimethicone/Vinyl-Dimetch-Concrospolymer)
• 브이피/에이코센코폴리머(Vp/Eicosine Copolymer)
• 카보머(Carbomer) = Carbopolymer

(7) 산화방지제

1) 사용성의 특징

① 기초화장품 및 모발 화장품 대부분 유성 성분이 혼합되어 있다.
② 메이크업 화장품 유성 성분에 색소(안료)가 분산된 것이 많다. 이들 유성성분 중 일부는 공기, 열, 빛에 의해 쉽게 산화 된다. → 따라서 산화 방지를 위해 산화방지제 사용(제품에 수성원료만 사용 시 안 들어감)

2) 산화방지제의 종류

가. 천연 산화방지제

① 토코페롤(비타민 E) : 사용농도 0.03% ~1%
 • 과산화지질생성 억제, 햇빛에 탄 피부 상처회복
 • 함유식품 : 계란, 식물성 기름, 쌀배아, 꿀
② 자몽씨 추출물(Grapeseed Extract , Ges) : 2% 사용가능

나. 합성 산화방지제

① BHT(Bibutyl Hydroxyl Toluene)
② BHA(Butyl Hydroxyl Anisole)
③ 에리소빅애씨드(Erisobic Acid)
④ 프로필갈레이트(Propyl Gallate)
⑤ 아스커빌글루코사이드(Askerville Glucoseide)

(8) 금속이온 봉쇄제

1) 특성 : 수용액에 함유된 칼슘, 마그네슘, 알루미늄, 철 이온 등 봉쇄 제품의 안정도 증가

★ 제품에 사용된 물(수성원료)속에 금속이 녹아있는 경우 변질의 원인이 되므로 금속이온 봉쇄제 사용하여 안정화

① 세정제 : 기포형성을 도움. 피부와 점막에 자극을 주고 알러지 유발

② 종류 : 에칠렌디아민 테트라 아세트산(Edta, 금속이온제거 역할)의 나트륨염, 인산, 구연산, 아스코르빅애씨드, 폴리인산나트륨, 매타인산나트륨 등

(9) 유기산 및 그 염류

1) 특성

제품의 pH를 일정하게 유지하기 위한 안정제로서의 역할과 피부의 pH를 조정하는 기능
특히 화장수는 완충제 또는 중화제의 역할이 중요함

① 글라이콜릭애씨드(Glycolic Acid)
② 타타릭애씨드(Tataric Acid)
③ 락틱 애씨드(Lactic Acid)
④ 살리실릭애씨드(Salicylic Acid)
⑤ 소듐시트레이트(Sodium Citrate)

알아두기

1. 인체 조직의 산성도 범위 = pH 4.9~7.4
   ① 피부심층(=혈장과 같음) pH 7.2~7.35
   ② 전신 외피 pH 4.5~6.5
   ③ 얼굴의 외피 pH 5.2~5.8
2. 유기산(=지방산)의 주요 성질
   ① 알코올과 반응하여 에스테르(ester)물질을 만든다.
   ② 알칼리와 반응하여 비누를 만든다.
   ③ 물에 대체로 잘 녹는 액체로 산성을 나타낸다.
3. 염류
   양이온염 : 소듐, 칼슘, 포타슘, 마그네슘, 암모늄, 에탄올아민
   음이온염 : 크로라이드, 브로마이드, 아세테이트, 설페이트, 베타인

(10) 자외선차단제

자외선으로부터 피부를 보호하는 제품으로 자외선을 효율적으로 흡수하는 자외선 흡수제와 자외선을 반사 또는 산란시키는 자외선 산란제가 있다.

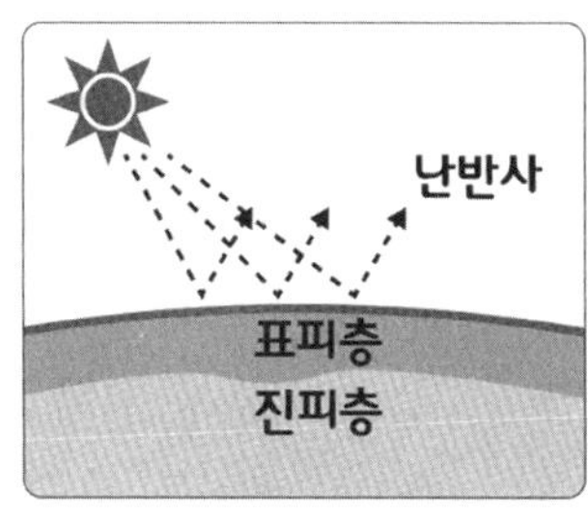

물리적 차단제

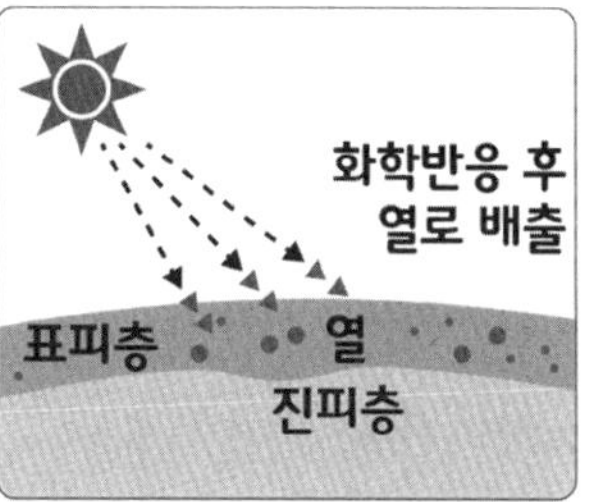

화학적 차단제

1) 화학적 작용(기출 ★★★)

자외선 흡수제(피부에서 자외선을 흡수하여 자외선의 에너지를 열에너지로 변화시켜 방출)

- 주요특성 → 유기자차 성분으로 피부에 민감하고, 눈시림이 있을 수 있다.
  시간이 지나야 효과 있고, 백탁 현상 없으며, 흡수가 좋아서 산뜻하다.

① 자외선흡수제의 종류

벤조페논 유도체, 파라아미노안식향산 유도체, 메톡시계피산 유도체, 살리실산 유도체 등으로 분류할 수 있다.

예 아보벤존, 에칠헥실메톡시신나메이트, 에칠헥실살리실레이트, 옥틸메톡시신나메이트
벤조페논-3(Benzophenone-3, 옥시벤존), 벤조페논-8
부틸메톡시디벤조일메탄(Butyl Methoxydibenzoylmethane)

자외선 흡수제	화 학 명
벤조페논 유도체	2-하이드록시-4-메톡시벤조페논, 2-하이드록시-4-메톡시벤조페논-5-설폰산, 2-하이드록시-4-메톡시벤조페논-5-설폰산나트륨 디하이드록시 디메톡시벤조페논 2,4-디하이드록시 벤조페논, 테트라디하이드록시 벤조페논
메톡시계피산유도체	파라메톡시계피산에틸, 파라메톡시계피산옥틸, 파라메톡시계피산-2-에톡시에틸, 파라메톡시계피산나트륨
파라아미노안식향산유도체	파라아미노안식향산(PABA), 파라아미노안식향산에틸 파라아미노안식향산글리세릴, 파라디메틸아미노안식향산옥틸
살리실산 유도체	살리실산옥틸, 살리실산페닐, 살리실산디프로필렌글리콜 살리실산에틸렌글리콜, 살리실산메틸

2) 물리적 작용(★★기출)

자외선 차단제(=자외선 산란제, 피부에서 빛을 산란시켜 차단)

- 주요특성 → 무기자차 성분이며, 반사작용으로 백탁현상이 있어 발림성이 좋지 않다.
  유분감이 있고, 밀착력이 좋아서 클렌징을 잘 해야 한다.
  바른 직후 자외선차단효과가 있고, 피부에 저자극성이다.

예 신나메이트, 살리실레이트, 벤조페논, 안트라닐레이트, 부틸메톡시디벤조일메탄, 옥틸트리아존, 4-메칠벤질리덴캠퍼

★ 징크옥사이드(Zink Oxide, ZnO) : '산화아연' 혹은 '아연화'라고도 한다.
- 백색의 미세분말, 자외선차단제에 사용 시 사용제한 25%

★ 티타늄디옥사이드(Titanium Dioxide, TiO_2) : 이산화티탄 혹은 이산화티타늄 이라함
- 백색의 미세분말, 피복성 좋음. 자외선차단제에 사용 시 사용제한 25%

3) 자외선(Ultra Violet)의 종류 및 유해성(★★★기출문제 다양)

가. 자외선(Ultra Violet)의 종류

① UV A(320~400nm) : 장파장

- 가장 긴파장으로 피부 진피층까지 침투
- 콜라겐과 엘라스틴 파괴로 피부의 탄력저하, 주름형성, 피부노화 촉진

② UV B(290~320nm) : 중파장
- 피부 표피층에 작용, 하루 중 가장 많은 양이 조사
- 생활 자외선 일광화상의 원인, DNA 손상 , 홍반, 피부암 유발, 기미의 원인

③ UV C(200~280nm) : 단파장
- 피부암의 주요원인 , 살균효과 있음
- 지구온난화 → 오존층의 파괴 → 지표면으로의 도달률 상승 → 암발생 원인

알아두기

- 자외선(Ultra Violet) : 태양광선 중 사람 피부에 가장 큰 영향
- 주요 용어 : SPF , PA
  - UV B 차단효과 : 자외선차단지수 SPF(Sun Protect Factor)로 표시
    SPF15, 30, 35 ~ 숫자로 표시

$$\text{자외선 차단 수치(SPF)} = \frac{\text{자외선 차단제를 도포한 피부의 최소홍반 MED}}{\text{자외선 차단제를 도포하지 않은 피부의 최소홍반 MED}}$$

  - UV A 차단효과 : 자외선 A 차단 등급(PA) +++, ++, +로 표시

나. 자외선(Ultra Violet)의 유익성

① 살균효과

② 인체의 내에서 만들어진 프로비타민 D(비타민 D 전구체)는 자외선과 반응하여 비타민 D 로 전환하여 몸안에 흡수된다. → 흡수된 비타민D는 칼슘흡수 촉진하여 뼈를 튼튼하게 하며, 암발생 위험률 감소

예 프로비타민 D의 종류(기출★★)

→ 프로비타민 D_2는 에르고스테롤이고, 프로비타민 D_3는 7-디하이드로콜레스테롤이다.

㉠ 에르고칼시페롤(비타민 D_2 및 칼시페롤) : 식품에서 발견되는 비타민 D의 일종 (표고버섯, 효모, 맥각등에 존재함)

- 균류와 원생동물의 세포막에서 발견되는 '에르고스테롤'이 비타민 D_2의 프로비타민 형태로 존재하다가 자외선에 노출시 비타민 D_2 생성된다.

㉡ 콜레칼시페롤(비타민 D_3) : 피부의 표피층 중에서도 기저층과 유극층에서 프로비타민 D_3로 알려진 '7-디하이드로 콜레스테롤'의 농도가 가장 높으며, 자외선 B 조사량과 질에 따라 비타민 D_3 생성된다.

- 7-디하이드로 콜레스테롤 : 혈장에서는 콜레스테롤의 전구체로 기능하며, 피부에서는 비타민 D_3로 전환하여 프로비타민 D_3로 알려져 있다.

4) 사용제한 원료인 자외선차단제의 성분 30종

참조 [별표2] 사용상의 제한 원료 내용

피부를 곱게 태워주거나 자외선으로부터 피부를 보호하는데 도움을 주는 제품의 성분 및 함량 -자료제출이 생략되는 기능성화장품의 종류(제6조제3항 관련)

자외선 차단 성분

연번	자외선 차단제 성분명	최대함량
1	4-메칠벤질리덴캠퍼	4%
2	드로메트리졸	1.0%
3	드로메트리졸트리실록산	15%
4	디갈로일트리올리에이트	5%
5	디소듐페닐디벤즈이미다졸테트라설포네이트	산으로 10%
6	디에칠아미노하이드록시벤조일헥실벤조에이트	10%
7	디에칠헥실부타미도트리아존	10%
8	로우손과 디하이드록시아세톤의 혼합물	로우손 0.25%, 디하이드록시아세톤3%
9	메칠렌비스-벤조트리아졸릴테트라메칠부틸페놀	10%
10	멘틸안트라닐레이트	5%
11	벤조페논-3 (옥시벤존)	5%
12	벤조페논-4	5%
13	벤조페논-8 (디옥시벤존)	3%
14	부틸메톡시디벤조일메탄	5%
15	비스-에칠헥실옥시페놀메톡시페닐트리아진	10%
16	시녹세이트	5%
17	에칠헥실디메칠파바	8%
18	에칠헥실메톡시신나메이트	7.5%
19	에칠헥실살리실레이트	5%
20	에칠헥실트리아존	5%
21	에칠디하이드록시프로필파바	5%
22	옥토크릴렌	10%
23	이소아밀p-메톡시신나메이트	10%
24	징크옥사이드	25%
25	티이에이-살리실레이트	12%
26	테레프탈릴리덴디캠퍼설포닉애씨드 및 그 염류	산으로서 10%
27	티타늄디옥사이드	25%
28	페닐벤즈이미다졸설포닉애씨드	4%
29	폴리실리콘-15(디메치코디에칠벤잘말로네이트)	10%
30	호모살레이트	10%

• 다만, 제품의 변색방지를 목적으로 그 사용농도가 0.5% 미만인 것은 자외선 차단 제품으로 인정하지 아니한다.
• 염류 : 양이온염으로 소듐, 포타슘, 칼슘, 마그네슘, 암모늄 및 에탄올아민, 음이온염으로 클로라이드, 브로마이드, 설페이트, 아세테이트

5) 기능성 화장품의 심사 (화장품법 시행규칙 제9조)에서 자외선차단제 관련 규정 ★★기출

① 자외선 차단지수 및 자외선A 차단등급 설정의 근거자료(자외선을 차단 또는 산란시켜 자외선으로부터 피부를 보호하는 기능을 가진 화장품의 경우만 해당한다) 제출
- 단, 식품의약품안전처장이 제품의 효능 · 효과를 나타내는 성분 · 함량을 고시한 품목의 경우에는 자료 제출 생략

② 자외선 차단제의 효능 · 효과는 (제2조제4호 및 제5호에 따른 효능 · 효과의 경우) 자외선 차단지수의 측정값이 −20% 이하의 범위에 있는 경우에는 같은 효능 · 효과 로 본다.

참조 화장품법 시행규칙 제2조제4호 및 제5호 내용

※ 자외선 차단제에 대한 내용만 정리

제2조(기능성화장품의 범위)

1~3. 생략

4. 강한 햇볕을 방지하여 피부를 곱게 태워주는 기능을 가진 화장품

5. 자외선을 차단 또는 산란시켜 자외선으로부터 피부를 보호하는 기능을 가진 화장품

기능성화장품 심사에 관한 규정

제13조(효능 · 효과)

① 기능성화장품의 효능 · 효과는 「화장품법」 제2조제2호 각 목에 적합하여야 한다.

② 자외선으로부터 피부를 보호하는데 도움을 주는 제품에 자외선차단지수(SPF) 또는 자외선A차단등급(PA)을 표시하는 때에는 다음 각 호의 기준에 따라 표시한다.

1. 자외선차단지수(SPF)는 측정결과에 근거하여 평균값(소수점이하 절사)으로부터 −20%이하 범위 내 정수(예 SPF평균값이 '23'일 경우 19~23 범위정수)로 표시하되, SPF 50 이상은 'SPF50+'로 표시한다.
2. 자외선A차단등급(PA)은 측정결과에 근거하여 [별표 3] 자외선 차단효과 측정방법 및 기준에 따라 표시한다.

③ 기능성화장품의 심사에 관한 규정에서 제출하여야 하는 자외선차단제의 심사자료
자외선차단지수(SPF), 내수성자외선차단지수(SPF, 내수성 또는 지속내수성) 및 자외선A차단등급(PA) 설정의 근거자료 (화장품법 시행규칙 제2조제4호 및 제5호의 화장품에 한함)

④ 자외선차단지수(SPF) 10 이하 제품의 경우에는 기능성화장품 심사에 관한 규정 제4조제1호라목의 자료 제출을 면제한다.

제4조제1호 라목 내용

라. 자외선차단지수(SPF), 내수성자외선차단지수(SPF, 내수성 또는 지속내수성) 및 자외선A차단등급(PA) 설정의 근거자료(화장품법 시행규칙 제2조제4호 및 제5호의 화장품에 한함)

⑤ 자외선을 차단 또는 산란시켜 자외선으로부터 피부를 보호하는 기능을 가진 제품의 경우 이미 심사를 받은 기능성화장품[제조판매업자가 같거나 제조업자(제조업자가 제품을 설계 · 개발 · 생산하는 방식으로 제조한 경우만 해당한다)가 같은 기능성화장품만 해당한다]과 그 효능 · 효과를 나타내게 하는 원료의 종류, 규격 및 분량(액상의 경우 농도), 용법 · 용량 및 제형이 동일한 경우에는 제4조제1호의 자료 제출을 면제한다.

참조 기능성화장품 심사에 관한 규정[제4조제1호의 자료 중 자외선차단제]

제4조(제출자료의 범위) 기능성화장품의 심사를 위하여 제출하여야 하는 자료의 종류는 다음 각 호와 같다. 다만, 제6조에 따라 자료가 면제되는 경우에는 그러하지 아니하다.

라. 자외선차단지수(SPF), 내수성자외선차단지수(SPF, 내수성 또는 지속내수성) 및 자외선A차단등급(PA) 설정의 근거자료(화장품법 시행규칙 제2조제4호 및 제5호의 화장품에 한함)

(11) 착색제 : 염료, 안료

[별첨] 화장품의 색소 종류와 기준 및 시험방법

[시행 2020. 3. 1.] [식품의약품안전처고시 제2019-73호, 2019. 8. 29., 일부개정.]

1) 법의 목적 : 식품의약품안전처장은 보존제, 색소, 자외선 차단제 등과 같이 특별히 사용상의 제한이 필요한 원료에 대하여는 그 사용기준을 지정하여 고시하고, 그 원료 이외에 대한 사용은 금지하고 있어 화장품에 사용할 수 있는 색소의 종류와 기준 및 시험 방법을 정함을 목적으로 한다.

2) 용어 정의

용어		정의
1	색소	화장품이나 피부에 색을 띄게 하는 것을 주요 목적으로 하는 성분
2	타르색소	제1호의 색소 중 콜타르, 그 중간생성물에서 유래되었거나 유기합성하여 얻은 색소 및 그 레이크, 염, 희석제와의 혼합물
3	순색소	중간체, 희석제, 기질 등을 포함하지 아니한 순수한 색소
4	레이크	타르색소를 기질에 흡착, 공침 또는 단순한 혼합이 아닌 화학적 결합에 의하여 확산시킨 색소
5	기질	레이크 제조 시 순색소를 확산시키는 목적으로 사용되는 물질을 말하며 알루미나, 브랭크휙스, 크레이, 이산화티탄, 산화아연, 탤크, 로진, 벤조산알루미늄, 탄산칼슘 등의 단일 또는 혼합물을 사용한다.
6	희석제	색소를 용이하게 사용하기 위하여 혼합되는 성분을 말하며, 「화장품 안전기준 등에 관한 규정」(식품의약품안전처 고시) 별표 1의 원료는 사용할 수 없다.
7	눈주위	눈썹, 눈썹 아래쪽 피부, 눈꺼풀, 속눈썹 및 눈(안구, 결막낭, 윤문상 조직을 포함한 다)을 둘러싼 뼈의 능선 주위를 말한다.

1) 염 료

물이나 다른 용매에 녹는 색소를 말한다.

① 사용목적 : 염료가 많이 배합된 제품은 피부나 모발의 착색을 위한 것이다.

2) 안 료

백색의 안료인 분말원료는 물이나 용매제 어느 것에도 녹지 않는 것을 말한다.

① 사용목적 : 백분류가 주성분으로써 착색이 목적(커버력) 예 백색안료
부착성, 피복성, 흡수성을 높이고, 자외선 방어기능을 추구한다.

① 사용목적 : 착색 및 카버력

- 백색안료 : 백분류가 주성분으로써 착색(카버력)이 좋다.

② 안료의 종류

㉠ 체질안료 : 사용감과 관련 있는 안료

- 탈크 : 활석, 백색분말, 매끄러운 사용감, 피부의 투명성
- 카올린 : 차이나 클레이, 친수성으로 땀이나 피지 흡착력 우수
- 칼슘카보네이트 : 진주광택, 화사한 성질
- 실리카 : 부드러운 사용감

㉡ 착색안료 : 색상과 관련 있는 안료

- 레이크 : 염료의 특성이 착색인 것을 보완하여 착색이 안 되는 안료처럼 쓸 수 있도록 만든 색소이다.

③ 천연원료와 합성원료 분류

㉠ 천연원료

- 탈크(Talc) : 천연의 활석(滑石) 에서 생산된 분말
  〈특성〉 백색의 미세분말, 퍼짐성이 좋고, 광택이 우수하다.
  〈용도〉 분백분, 화운데이션
- 카올린(Kaolin) : 점토의 일종, 백색분말
  〈특성〉 흡습성이 뛰어나 땀이나 피지 등 잘 흡수한다.
  물에 용해되지 않고, 흡수제로 우수하다, 부착성이 좋다.
  〈용도〉 팩제로 이용

㉡ 합성원료

- 산화아연(Zno, Zinc Oxide) : '아연화'라고도 한다.
  〈특성〉 백색의 미세분말, 냄새와 맛이 없다.
  수렴제이므로 건조한 피부에 사용하지 않는다.
  〈용도〉 화운데이션, 칼라민로션(아연화40% 배합), 분백분, 연고 등
- 이산화티타늄(TiO_2, Titanium Oxide)
  〈특성〉 피복성이 좋고, 착색력이 우수하다.
  〈용도〉 파운데이션, 기타 메이크업 제품 등

3) 화장품 색소의 종류

화장품의 색소의 종류, 사용부위 및 사용한도는 별표 1과 같으며, 레이크는 4) 레이크의 종류에서 정하는 바에 따른다. 다만, 특별한 경우에 한하여 그 사용을 제한할 수 있다.

4) 레이크의 종류

화장품 색소의 종류에 따른 레이크는 별표 1 중 타르색소의 나트륨, 칼륨, 알루미늄, 바륨, 칼슘, 스트론튬 또는 지르코늄염(염이 아닌 것은 염으로 하여)을 기질에 확산시켜서 만든 레이크로 한다.

※ 타르색소 – 사용제한 원료 127종

화장품 내용량이 소량(10㎖ 초과 50㎖ 이하, 10g 초과 50g 이하)이라 하더라도 포장에 반드시 기재해야하는 성분

1. 정의 : 석탄타르에 들어 있는 벤젠, 톨루엔, 니프탈렌 등 다양한 방향족 탄화수소를 조합하여 만든 인공 착색제 – 석유 증류물로 만들어진다.
2. 타르색소 각 호수별 분류 [별표 1] 및 사용제한 확인

[별표 1] 화장품의 색소(제3조 관련) 주)

연번	색 소	사용제한	비고
1	녹색 204 호(피라닌콘크, Pyranine Conc)* CI 59040 8-히드록시-1, 3, 6-피렌트리설폰산의 트리나트륨염 ◎ 사용한도 0.01%	눈 주위 및 입술에 사용할 수 없음	타르 색소
2	녹색 401 호(나프톨그린 B, Naphthol Green B)* CI 10020 5-이소니트로소-6-옥소-5, 6-디히드로-2-나프탈렌설폰산의 철염	눈 주위 및 입술에 사용할 수 없음	타르 색소
3	등색 206 호(디요오드플루오레세인, Diiodofluorescein)* CI 45425 :1 4′, 5′-디요오드-3′, 6′-디히드록시스피로[이소벤조푸란-1(3H), 9′-[9H]크산텐]-3-온	눈 주위 및 입술에 사용할 수 없음	타르 색소
4	등색 207 호(에리트로신 옐로위쉬 NA, Erythrosine Yellowish NA)* CI 45425 9-(2-카르복시페닐)-6-히드록시-4, 5-디요오드-3H-크산텐-3-온의 디나트륨염	눈 주위 및 입술에 사용할 수 없음	타르 색소
5	자색 401 호(알리주롤퍼플, Alizurol Purple)* CI 60730 1-히드록시-4-(2-설포-p-톨루이노)-안트라퀴논의 모노나트륨염	눈 주위 및 입술에 사용할 수 없음	타르 색소
6	적색 205 호(리톨레드, Lithol Red)* CI 15630 2-(2-히드록시-1-나프틸아조)-1-나프탈렌설폰산의 모노나트륨염 ◎ 사용한도 3%	눈 주위 및 입술에 사용할 수 없음	타르 색소
7	적색 206 호(리톨레드 CA, Lithol Red CA)* CI 15630 :2 2-(2-히드록시-1-나프틸아조)-1-나프탈렌설폰산의 칼슘염 ◎ 사용한도 3%	눈 주위 및 입술에 사용할 수 없음	타르 색소
8	적색 207 호(리톨레드 BA, Lithol Red BA) CI 15630 :1 2-(2-히드록시-1-나프틸아조)-1-나프탈렌설폰산의 바륨염 ◎ 사용한도 3%	눈 주위 및 입술에 사용할 수 없음	타르 색소
9	적색 208 호(리톨레드 SR, Lithol Red SR) CI 15630 :3 2-(2-히드록시-1-나프틸아조)-1-나프탈렌설폰산의 스트론튬염 ◎ 사용한도 3%	눈 주위 및 입술에 사용할 수 없음	타르 색소
10	적색 219 호(브릴리안트레이크레드 R, Brilliant Lake Red R)* CI 15800 3-히드록시-4-페닐아조-2-나프토에산의 칼슘염	눈 주위 및 입술에 사용할 수 없음	타르 색소
11	적색 225 호(수단 Ⅲ, Sudan III)* CI 26100 1-[4-(페닐아조)페닐아조]-2-나프톨	눈 주위 및 입술에 사용할 수 없음	타르 색소
12	적색 405 호(퍼머넌트레드 F5R, Permanent Red F5R) CI 15865 :2 4-(5-클로로-2-설포-p-톨릴아조)-3-히드록시-2-나프토에산의 칼슘염	눈 주위 및 입술에 사용할 수 없음	타르 색소
13	적색 504 호(폰소 SX, Ponceau SX)* CI 14700 2-(5-설포-2, 4-키실릴아조)-1-나프톨-4-설폰산의 디나트륨염	눈 주위 및 입술에 사용할 수 없음	타르 색소
14	청색 404 호(프탈로시아닌블루, Phthalocyanine Blue)* CI 74160 프탈로시아닌의 구리착염	눈 주위 및 입술에 사용할 수 없음	타르 색소

연번	색 소	사용제한	비고
15	황색 202 호의 2(우라닌 K, Uranine K)* CI 45350 9-올소-카르복시페닐-6-히드록시-3-이소크산톤의 디칼륨염 ◎ 사용한도 6%	눈 주위 및 입술에 사용할 수 없음	타르 색소
16	황색 204 호(퀴놀린옐로우 SS, Quinoline Yellow SS)* CI 47000 2-(2-퀴놀릴)-1, 3-인단디온	눈 주위 및 입술에 사용할 수 없음	타르 색소
17	황색 401 호(한자옐로우, Hanza Yellow)* CI 11680 N-페닐-2-(니트로-p-톨릴아조)-3-옥소부탄아미드	눈 주위 및 입술에 사용할 수 없음	타르 색소
18	황색 403 호의 1(나프톨옐로우 S, Naphthol Yellow S) CI 10316 2, 4-디니트로-1-나프톨-7-설폰산의 디나트륨염	눈 주위 및 입술에 사용할 수 없음	타르 색소
19	등색 205 호(오렌지II , Orange II) CI 15510 1-(4-설포페닐아조)-2-나프톨의 모노나트륨염	눈 주위에 사용할 수 없음	타르 색소
20	황색 203 호(퀴놀린옐로우 WS, Quinoline Yellow WS) CI 47005 2-(1, 3-디옥소인단-2-일)퀴놀린 모노설폰산 및 디설폰산의 나트륨염	눈 주위에 사용할 수 없음	타르 색소
21	녹색 3 호(패스트그린 FCF, Fast Green FCF) CI 42053 2-[α-[4-(N-에틸-3-설포벤질이미니오)-2, 5-시클로헥사디에닐덴]-4-(N 에틸-3-설포벤질아미노)벤질]-5-히드록시벤젠설포네이트의 디나트륨염	-	타르 색소
22	녹색 201 호(알리자린시아닌그린 F, Alizarine Cyanine Green F)* CI 61570 1, 4-비스-(2-설포-p-톨루이디노)-안트라퀴논의 디나트륨염	-	타르 색소
23	녹색 202 호(퀴니자린그린 SS, Quinizarine Green SS)* CI 61565 1, 4-비스(p-톨루이디노)안트라퀴논	-	타르 색소
24	등색 201 호(디브로모플루오레세인, Dibromofluorescein) CI 45370 :1 4′, 5′-디브로모-3′, 6′-디히드로시스피로[이소벤조푸란-1(3H),9-[9H]크산텐-3-온	눈 주위에 사용할 수 없음	타르 색소
25	자색 201 호(알리주린퍼플 SS, Alizurine Purple SS)* CI 60725 1-히드록시-4-(p-톨루이디노)안트라퀴논	-	타르 색소
26	적색 2 호(아마란트, Amaranth) CI 16185 3-히드록시-4-(4-설포나프틸아조)-2, 7-나프탈렌디설폰산의 트리나트륨염	영유아용 제품류 또는 만 13세 이하 어린이가 사용할 수 있음을 특정하여 표시하는 제품에 사용할 수 없음	타르 색소
27	적색 40 호(알루라레드 AC, Allura Red AC) CI 16035 6-히드록시-5-[(2-메톡시-5-메틸-4-설포페닐)아조]-2-나프탈렌설폰산의 디나트륨염	-	타르 색소
28	적색 102 호(뉴콕신, New Coccine) CI 16255 1-(4-설포-1-나프틸아조)-2-나프톨-6, 8-디설폰산의 트리나트륨염의 1.5 수화물	영유아용 제품류 또는 만 13세 이하 어린이가 사용할 수 있음을 특정하여 표시하는 제품에 사용할 수 없음	타르 색소

연번	색 소	사용제한	비고
29	적색 103 호의 1)(에오신 YS, Eosine YS) CI 45380 9-(2-카르복시페닐)-6-히드록시-2, 4, 5, 7-테트라브로모-3H-크산텐-3-온의 디나트륨염	눈 주위에 사용할 수 없음	타르 색소
30	적색 104 호의 1(플록신 B, Phloxine B) CI 45410 9-(3, 4, 5, 6-테트라클로로-2-카르복시페닐)-6-히드록시-2, 4, 5, 7-테트라브로모-3H-크산텐-3-온의 디나트륨염	눈 주위에 사용할 수 없음	타르 색소
31	적색 104 호의 2(플록신 BK, Phloxine BK) CI 45410 9-(3, 4, 5, 6-테트라클로로-2-카르복시페닐)-6-히드록시-2, 4, 5, 7-테트라브로모-3H-크산텐-3-온의 디칼륨염	눈 주위에 사용할 수 없음	타르 색소
32	적색 201 호(리톨루빈 B, Lithol Rubine B) CI 15850 4-(2-설포-p-톨릴아조)-3-히드록시-2-나프토에산의 디나트륨염	-	타르 색소
33	적색 202 호(리톨루빈 BCA, Lithol Rubine BCA) CI 15850 :1 4-(2-설포-p-톨릴아조)-3-히드록시-2-나프토에산의 칼슘염	-	타르 색소
34	적색 218 호(테트라클로로테트라브로모플루오레세인, Tetrachlorotetrabromofluorescein) CI 45410 :1 2′, 4′, 5′, 7′-테트라브로모-4, 5, 6, 7-테트라클로로-3′, 6′-디히드록시피로[이소벤조푸란-1(3H),9′-[9H] 크산텐]-3-온	눈 주위에 사용할 수 없음	타르 색소
35	적색 220 호(디프마룬, Deep Maroon)* CI 15880 :1 4-(1-설포-2-나프틸아조)-3-히드록시-2-나프토에산의 칼슘염	-	타르 색소
36	적색 223 호(테트라브로모플루오레세인, Tetrabromofluorescein) CI 45380 :2 2′, 4′, 5′, 7′-테트라브로모-3′, 6′-디히드록시스피로[이소벤조푸란-1(3H),9′-[9H]크산텐]-3-온	눈 주위에 사용할 수 없음	타르 색소
37	적색 226 호(헬린돈핑크 CN, Helindone Pink CN)* CI 73360 6, 6′-디클로로-4, 4′-디메틸-티오인디고	-	타르 색소
38	적색 227 호(패스트애시드마겐타, Fast Acid Magenta)* CI 17200 8-아미노-2-페닐아조-1-나프톨-3, 6-디설폰산의 디나트륨염 ◎ 입술에 적용을 목적으로 하는 화장품의 경우만 사용한도 3%	-	타르 색소
39	적색 228 호(퍼마톤레드, Permaton Red) CI 12085 1-(2-클로로-4-니트로페닐아조)-2-나프톨 ◎ 사용한도 3%	-	타르 색소
40	적색 230 호의 2)(에오신 YSK, Eosine YSK) CI 45380 9-(2-카르복시페닐)-6-히드록시-2, 4, 5, 7-테트라브로모-3H-크산텐-3-온의 디칼륨염	-	타르 색소
41	청색 1 호(브릴리안트블루 FCF, Brilliant Blue FCF) CI 42090 2-[α-[4-(N-에틸-3-설포벤질이미니오)-2, 5-시클로헥사디에닐리덴]-4-(N-에틸-3-설포벤질아미노)벤질]벤젠설포네이트의 디나트륨염	-	타르 색소

연번	색 소	사용제한	비고
42	청색 2 호(인디고카르민, Indigo Carmine) CI 73015 5, 5′-인디고틴디설폰산의 디나트륨염	-	타르 색소
43	청색 201 호(인디고, Indigo)* CI 73000 인디고틴	-	타르 색소
44	청색 204 호(카르반트렌블루, Carbanthrene Blue)* CI 69825 3, 3′-디클로로인단스렌	-	타르 색소
45	청색 205 호(알파주린 FG, Alphazurine FG)* CI 42090 2-[α-[4-(N-에틸-3-설포벤질이미니오)-2, 5-시클로헥산디에닐리덴]-4-(N-에틸-3-설포벤질아미노)벤질]벤젠설포네이트의 디암모늄염	-	타르 색소
46	황색 4 호(타르트라진, Tartrazine) CI 19140 5-히드록시-1-(4-설포페닐)-4-(4-설포페닐아조)-1H-피라졸-3-카르본산의 트리나트륨염	-	타르 색소
47	황색 5 호(선셋옐로우 FCF, Sunset Yellow FCF) CI 15985 6-히드록시-5-(4-설포페닐아조)-2-나프탈렌설폰산의 디나트륨염	-	타르 색소
48	황색 201 호(플루오레세인, Fluorescein)* CI 45350 :1 3′, 6′-디히드록시스피로[이소벤조푸란-1(3H), 9′-[9H]크산텐]-3-온 ◎ 사용한도 6%	-	타르 색소
49	황색 202 호의 1)(우라닌, Uranine)* CI 45350 9-(2-카르복시페닐)-6-히드록시-3H-크산텐-3-온의 디나트륨염 ◎ 사용한도 6%	-	타르 색소
50	등색 204 호(벤지딘오렌지 G, Benzidine Orange G)* CI 21110 4, 4′-[(3, 3′-디클로로-1, 1′-비페닐)-4, 4′-디일비스(아조)]비스[3-메틸-1-페닐-5-피라졸론]	적용 후 바로 씻어 내는 제품 및 염모용 화장품에만 사용	타르 색소
51	적색 106 호(애시드레드, Acid Red)* CI 45100 2-[[N, N-디에틸-6-(디에틸아미노)-3H-크산텐-3-이미니오]-9-일]-5-설포벤젠설포네이트의 모노나트륨염	적용 후 바로 씻어 내는 제품 및 염모용 화장품에만 사용	타르 색소
52	적색 221 호(톨루이딘레드, Toluidine Red)* CI 12120 1-(2-니트로-p-톨릴아조)-2-나프톨	적용 후 바로 씻어 내는 제품 및 염모용 화장품에만 사용	타르 색소
53	적색 401 호(비올라민 R, Violamine R) CI 45190 9-(2-카르복시페닐)-6-(4-설포-올소-톨루이디노)-N-(올소-톨릴)-3H-크산텐-3-이민의 디나트륨염	적용 후 바로 씻어 내는 제품 및 염모용 화장품에만 사용	타르 색소

연번	색 소	사용제한	비고
54	적색 506 호(패스트레드 S, Fast Red S)* CI 15620 4-(2-히드록시-1-나프틸아조)-1-나프탈렌설폰산의 모노나트륨염	적용 후 바로 씻어 내는 제품 및 염모용 화장품에만 사용	타르 색소
55	황색 407 호(패스트라이트옐로우 3G, Fast Light Yellow 3G)* CI 18820 3-메틸-4-페닐아조-1-(4-설포페닐)-5-피라졸론의 모노나트륨염	적용 후 바로 씻어 내는 제품 및 염모용 화장품에만 사용	타르 색소
56	흑색 401 호(나프톨블루블랙, Naphthol Blue Black)* CI 20470 8-아미노-7-(4-니트로페닐아조)-2-(페닐아조)-1-나프톨-3, 6-디설폰산의 디나트륨염	적용 후 바로 씻어 내는 제품 및 염모용 화장품에만 사용	타르 색소
57	등색 401 호(오렌지 401, Orange no. 401)* CI 11725	점막에 사용할 수 없음	타르 색소
58	안나토(Annatto) CI 75120	–	
59	라이코펜(Lycopene) CI 75125	–	
60	베타카로틴(Beta-Carotene) CI 75130	–	
61	구아닌(2-아미노-1,7-디하이드로-6H-퓨린-6-온, Guanine, 2-Amino-1,7-dihydro-6H- purin-6-one) CI 75170	–	
62	커큐민(Curcumin) CI 75300	–	
63	카민류(Carmines) CI 75470	–	
64	클로로필류(Chlorophylls) CI 75810	–	
65	알루미늄(Aluminum) CI 77000	–	
66	벤토나이트(Bentonite) CI 77004	–	
67	울트라마린(Ultramarines) CI 77007	–	
68	바륨설페이트(Barium Sulfate) CI 77120	–	
69	비스머스옥시클로라이드(Bismuth Oxychloride) CI 77163	–	
70	칼슘카보네이트(Calcium Carbonate) CI 77220	–	
71	칼슘설페이트(Calcium Sulfate) CI 77231	–	
72	카본블랙(Carbon black) CI 77266	–	
73	본블랙, 본차콜(본차콜, Bone black, Bone Charcoal) CI 77267	–	
74	베지터블카본(코크블랙, Vegetable Carbon, Coke Black) CI 77268 :1	–	
75	크로뮴옥사이드그린(크롬(III) 옥사이드, Chromium Oxide Greens) CI 77288	–	

연번	색 소	사용제한	비고
76	크로뮴하이드로사이드그린(크롬(III) 하이드록사이드, Chromium Hydroxide Green) CI 77289	–	
77	코발트알루미늄옥사이드(Cobalt Aluminum Oxide) CI 77346	–	
78	구리(카퍼, Copper) CI 77400	–	
79	금(Gold) CI 77480	–	
80	페러스옥사이드(Ferrous oxide, Iron Oxide) CI 77489	–	
81	적색산화철(아이런옥사이드레드, Iron Oxide Red, Ferric Oxide) CI 77491	–	
82	황색산화철(아이런옥사이드옐로우, Iron Oxide Yellow, Hydrated Ferric Oxide) CI 77492	–	
83	흑색산화철(아이런옥사이드블랙, Iron Oxide Black, Ferrous-Ferric Oxide) CI 77499	–	
84	페릭암모늄페로시아나이드(Ferric Ammonium Ferrocyanide) CI 77510	–	
85	페릭페로시아나이드(Ferric Ferrocyanide) CI 77510	–	
86	마그네슘카보네이트(Magnesium Carbonate) CI 77713	–	
87	망가니즈바이올렛(암모늄망가니즈(3+) 디포스페이트, Manganese Violet, Ammonium Manganese(3+) Diphosphate) CI 77742	–	
88	실버(Silver) CI 77820	–	
89	티타늄디옥사이드(Titanium Dioxide) CI 77891	–	
90	징크옥사이드(Zinc Oxide) CI 77947	–	
91	리보플라빈(락토플라빈, Riboflavin, Lactoflavin)	–	
92	카라멜(Caramel)	–	
93	파프리카추출물, 캡산틴/캡소루빈(Paprika Extract Capsanthin/ Capsorubin)	–	
94	비트루트레드(Beetroot Red)	–	
95	안토시아닌류(시아니딘, 페오니딘, 말비딘, 델피니딘, 페투니딘, 페라고니딘, Anthocyanins)	–	
96	알루미늄스테아레이트/징크스테아레이트/마그네슘스테아레이트/칼슘스테아레이트(Aluminum Stearate/Zinc Stearate/Magnesium Stearate/ Calcium Stearate)	–	
97	디소듐이디티에이-카퍼(Disodium EDTA-copper)	–	
98	디하이드록시아세톤(Dihydroxyacetone)	–	
99	구아이아줄렌(Guaiazulene)	–	
100	피로필라이트(Pyrophyllite)	–	
101	마이카(Mica) CI 77019	–	

연번	색 소	사용제한	비고
102	청동(Bronze)	–	
103	염기성갈색 16 호(Basic Brown 16) CI 12250	염모용 화장품에만 사용	타르 색소
104	염기성청색 99 호(Basic Blue 99) CI 56059	염모용 화장품에만 사용	타르 색소
105	염기성적색 76 호(Basic Red 76) CI 12245 ◎ 사용한도 2%	염모용 화장품에만 사용	타르 색소
106	염기성갈색 17 호(Basic Brown 17) CI 12251 ◎ 사용한도 2%	염모용 화장품에만 사용	타르 색소
107	염기성황색 87 호(Basic Yellow 87) ◎ 사용한도 1%	염모용 화장품에만 사용	타르 색소
108	염기성황색 57 호(Basic Yellow 57) CI 12719 ◎ 사용한도 2%	염모용 화장품에만 사용	타르 색소
109	염기성적색 51 호(Basic Red 51) ◎ 사용한도 1%	염모용 화장품에만 사용	타르 색소
110	염기성등색 31 호(Basic Orange 31) ◎ 사용한도 1%	염모용 화장품에만 사용	타르 색소
111	에치씨청색 15 호(HC Blue No. 15) ◎ 사용한도 0.2%	염모용 화장품에만 사용	타르 색소
112	에치씨청색 16 호(HC Blue No. 16) ◎ 사용한도 3%	염모용 화장품에만 사용	타르 색소
113	분산자색 1 호(Disperse Violet 1) CI 61100 1,4-디아미노안트라퀴논 ◎ 사용한도 0.5%	염모용 화장품에만 사용	타르 색소
114	에치씨적색 1 호(HC Red No. 1) 4-아미노-2-니트로디페닐아민 ◎ 사용한도 1%	염모용 화장품에만 사용	타르 색소
115	2-아미노-6-클로로-4-니트로페놀 ◎ 사용한도 2%	염모용 화장품에만 사용	타르 색소
116	4-하이드록시프로필 아미노-3-니트로페놀 ◎ 사용한도 2.6%	염모용 화장품에만 사용	타르 색소
117	염기성자색 2 호(Basic Violet 2) CI 42520 ◎ 사용한도 0.5%	염모용 화장품에만 사용	타르 색소
118	분산흑색 9 호(Disperse Black 9) ◎ 사용한도 0.3%	염모용 화장품에만 사용	타르 색소

연번	색 소	사용제한	비고
119	에치씨황색 7 호(HC Yellow No. 7) ◎ 사용한도 0.25%	염모용 화장품에만 사용	타르 색소
120	산성적색 52 호(Acid Red 52) CI 45100 ◎ 사용한도 0.6%	염모용 화장품에만 사용	타르 색소
121	산성적색 92 호(Acid Red 92) ◎ 사용한도 0.4%	염모용 화장품에만 사용	타르 색소
122	에치씨청색 17 호(HC Blue 17) ◎ 사용한도 2%	염모용 화장품에만 사용	타르 색소
123	에치씨등색 1 호(HC Orange No. 1) ◎ 사용한도 1%	염모용 화장품에만 사용	타르 색소
124	분산청색 377 호(Disperse Blue 377) ◎ 사용한도 2%	염모용 화장품에만 사용	타르 색소
125	에치씨청색 12 호(HC Blue No. 12) ◎ 사용한도 1.5%	염모용 화장품에만 사용	타르 색소
126	에치씨황색 17 호(HC Yellow No. 17) ◎ 사용한도 0.5%	염모용 화장품에만 사용	타르 색소
127	피그먼트 적색 5호(Pigment Red 5)* CI 12490 엔-(5-클로로-2,4-디메톡시페닐)-4-[[5-[(디에칠아미노)설포닐]-2-메톡시페닐]아조]-3-하이드록시나프탈렌-2-카복사마이드	화장 비누에만 사용	타르 색소
128	피그먼트 자색 23호(Pigment Violet 23) CI 51319	화장 비누에만 사용	타르 색소
129	피그먼트 녹색 7호(Pigment Green 7) CI74260	화장 비누에만 사용	타르 색소

* 표시는 해당 색소의 바륨, 스트론튬, 지르코늄레이크는 사용할 수 없다.

(12) 미백성분 : 기능성 원료

1) 미백 원리로 살펴본 성분

	미백 원리	성분
1	티로시나아제의 활성 억제 및 저해	알부틴, 감초 추출물, 닥나무 추출물, 상백피 추출물
2	멜라닌 환원	비타민 C 및 유도체, 글루타치온, 태반추출물 등
3	각질 박리 촉진	AHA, 살리실산, 각질분해효소

2) 피부의 미백에 도움을 주는 제품의 성분 및 함량

-자료제출이 생략되는 기능성화장품의 종류(제6조제3항 관련)

(제형은 로션제, 액제, 크림제 및 침적 마스크에 한하며, 제품의 효능 · 효과는 '피부의 미백에 도움을 준다.'로, 용법 · 용량은 '본품 적당량을 취해 피부에 골고루 펴 바른다. 또는 본품을 피부에 붙이고 10~20분 후 지지체를 제거한 다음 남은 제품을 골고루 펴 바른다(침적 마스크에 한함)'로 제한함)

연번	미백 성분명	함량
1	닥나무추출물	2%
2	알부틴	2~5%
3	에칠아스코빌에텔	1~2%
4	유용성감초추출물	0.05%
5	아스코빌글루코사이드	2%
6	마그네슘아스코빌포스페이트	3%
7	나이아신아마이드	2~5%
8	알파-비사보롤	0.5%
9	아스코빌테트라이소팔미테이트	2%

(13) 주름개선 성분 : 기능성 원료

1) 주름 개선 성분의 종류

① 레티놀(Retinol) : 비타민 A의 활성분자인 레티노익액씨드(Retinoic Acid)로 변형

② 레티닐팔미테이트(Retinyl Palmitate)

③ 아데노신(Adenosine)

④ 폴리에톡실레이티드레틴아마이드(Polyethoxylated Retinamide)

2) 피부의 주름개선에 도움을 주는 제품의 성분 및 함량

-자료제출이 생략되는 기능성화장품의 종류(제6조제3항 관련)

(제형은 로션제, 액제, 크림제 및 침적 마스크에 한하며, 제품의 효능 · 효과는 '피부의 주름개선에 도움을 준다'로, 용법 · 용량은 '본품 적당량을 취해 피부에 골고루 펴 바른다. 또는 본품을 피부에 붙이고 10~20분 후 지지체를 제거한 다음 남은 제품을 골고루 펴 바른다(침적 마스크에 한함)'로 제한함)

연번	주름개선 성분명	함량
1	레티놀	2,500IU/g
2	레티닐팔미테이트	10,000IU/g
3	아데노신	0.04%
4	폴리에톡실레이티드레틴아마이드(메디민A)	0.05~0.2%

(14) 여드름 완화성분

1) 여드름성 피부를 완화하는데 도움을 주는 제품의 성분 및 함량

–자료제출이 생략되는 기능성화장품의 종류(제6조제3항 관련)

연번	여드름 완화 성분명	함량
1	살리실릭애씨드	0.5%

(제형은 액제, 로션제, 크림제에 한함(부직포 등에 침적된 상태는 제외함) 제품의 효능 · 효과는 '여드름성 피부를 완화하는 데 도움을 준다'로, 용법 · 용량은 '본품 적당량을 취해 피부에 사용한 후 물로 바로 깨끗이 씻어낸다'로 제한함)

(15) 착향제 성분

천연향료와 합성향료가 적당하게 혼합된 조합향료사용

1) 향료의 목적

① 화장품 원료 자체에서 나는 불쾌한 냄새 억제
② 향기를 통해 소비자에게 후각적 만족감 유도

2) 향료의 분류

	합성 향료	천연 향료
특성	알레르기 유발 물질	알레르기 유발 안하는 물질
1	제라니올(Gerniol)	라벤더 오일
2	리날룰(Linalool)	일랑일랑 오일
3	리날릴아세테이트	유칼립투스 오일
4	제나릴아세테이트	자스민 오일
5	티몰(Thymol)	캠퍼
6	4–티피네올(4–Terpineol)	맨톨
7	하이드록시시트로넬알(hydroxyl cythronelal)	티트리 오일

※ 주의 사항 : 향료는 알레르기 유발성분 있음

「착향제 구성 성분 중 기재 · 표시 권장 성분」

- 착향제는 '향료'로 표시하되, 화장품 착향제 구성 성분 중 알레르기 유발 물질(식약처 고시)의 경우 해당 성분의 명칭을 표시하여야 함
- 사용 후 씻어내는 제품에는 0.01% 초과, 사용 후 씻어내지 않는 제품에는 0.001% 초과 함유하는 경우에 한함 (★★기출)

3 원료 및 제품의 성분 정보 - 전성분 표시지침

(1) 원료의 용어 정의

① 유기농 원료 : 유기농수산물 또는 이를 고시에서 허용하는 물리적공정에서 가공한 것

② 식물성원료 : 식물(해조류와 같은 해양식물, 버섯과 같은 균사체 포함) 자체를 가공하지 않거나 고시에서 허용하는 물리적 공정에 따라 가공한 것

③ 동물성 원료 : 동물에서 생산된 원료, 동물 그자체(세포, 조직, 장기) 제외, 동물로부터 자연적으로 생산되는 것으로서 가공하지 않거나 동물로부터 자연적으로 생산되는 것을 갖고 이 고시에서 허용하는 물리적 공정에 따라 가공한 것(예 계란, 우유, 우유단백질 등의 화장품 원료)

④ 미네랄 원료 : 지질학적 작용에 의해 자연적으로 생성된 물질을 가지고 이 고시에서 허용하는 물리적 공정에 따라 가공한 화장품 원료(단, 화석원료로부터 기원한 물질은 제외)

⑤ 유기농 유래 원료 : 유기농 원료를 이 고시에서 허용하는 화학적 또는 생물학적 공정에 따라 가공한 화장품 원료

⑥ 식물성유래, 동물성 유래원료 : 앞에 ②번 ③번의 원료를 가지고 이 고시에서 허용하는 화학적 또는 생물학적 공정에 따라 가공한 별표 1의 원료

⑦ 미네랄 유래 원료 : ④번의 원료를 가지고 이 고시에서 허용하는 화학적 또는 생물학적 공정에 따라 가공한 화장품 원료

⑧ 천연원료 : ①번부터 ④번까지의 원료

⑨ 천연유래원료 : ⑤번부터 ⑦번까지의 원료

> **참조** 식품의약품안전처고시『화장품 안전기준 등에 관한 규정』
> 별표1. 화장품에 사용할 수 없는 원료
> 별표2. 화장품에 사용상의 제한이 필요한 원료 및 그 사용기준
> 별표3. 인체 세포 · 조직 배양액 안전기준

(2) 제품의 성분정보

① 천연화장품 및 유기농화장품의 제조에 사용할 수 있는 원료 :(별표2의 오염물질에 의해 오염되어서는 안 됨)
–천연원료, 천연유래원료, 물, 기타 별표3 및 별표4에서 정하는 원료

② 합성원료 : 천연화장품 및 유기농화장품의 제조에 사용할 수 없다.
단, 천연화장품 또는 유기농화장품의 품질과 안전을 위해 필요시 자연에서 대체하기
곤란한 제1항 4호의 원료는 5%이내 사용가능하다.
이때 석유화학 부분은 2% 초과할 수 없다.

③ 천연화장품 : 천연 함량이 전체제품에서 95% 이상으로 구성

④ 유기농화장품 : 유기농함량이 전체 제품에서 10% 이상
유기농함량을 포함한 천연함량이 전체 제품에서 95% 이상

〈별첨자료〉 화장품법 제14조의2(천연화장품 및 유기농화장품에 대한 인증)

천연화장품 및 유기농화장품의 기준에 관한 규정
[시행 2019. 7. 29.] [식품의약품안전처고시 제2019-66호, 2019. 7. 29., 일부개정]
제2장 천연화장품 및 유기농화장품의 기준
제3조(사용할 수 있는 원료)

① 천연화장품 및 유기농화장품의 제조에 사용할 수 있는 원료는 다음 각 호와 같다. 다만, 제조에 사용하는 원료는 별표 2의 오염물질에 의해 오염되어서는 아니 된다.
  ㉠ 천연 원료
  ㉡ 천연유래 원료
  ㉢ 물
  ㉣ 기타 별표 3 및 별표 4에서 정하는 원료

② 합성원료는 천연화장품 및 유기농화장품의 제조에 사용할 수 없다. 다만, 천연화장품 또는 유기농화장품의 품질 또는 안전을 위해 필요하나 따로 자연에서 대체하기 곤란한 제1항 제4호의 원료는 5% 이내에서 사용할 수 있다. 이 경우에도 석유화학 부분(petrochemical moiety의 합)은 2%를 초과할 수 없다.

[별표 2] 오염물질

- 중금속(Heavy metals)
- 농약(Pesticides)
- 방사능(Radioactivity)
- 곰팡이 독소(Mycotoxins)
- 질산염(Nitrates)
- 방향족 탄화수소(Aromatic hydrocarbons)
- 다이옥신 및 폴리염화비페닐(Dioxins & PCBs)
- 유전자변형 생물체(GMO)
- 의약 잔류물(Medicinal residues)
- 니트로사민(Nitrosamines)

상기 오염물질은 자연적으로 존재하는 것보다 많은 양이 제품에서 존재해서는 아니 된다.

[별표 3] 허용 기타원료

다음의 원료는 천연 원료에서 석유화학 용제를 이용하여 추출할 수 있다.

원료	제한
베타인(Betaine)	
카라기난(Carrageenan)	
레시틴 및 그 유도체(Lecithin and Lecithin derivatives)	
토코페롤, 토코트리에놀(Tocopherol/ Tocotrienol)	
오리자놀(Oryzanol)	
안나토(Annatto)	
카로티노이드/잔토필(Carotenoids/Xanthophylls)	
앱솔루트, 콘크리트, 레지노이드(Absolutes, Concretes, Resinoids)	천연화장품에만 허용
라놀린(Lanolin)	
피토스테롤(Phytosterol)	
글라이코스핑고리피드 및 글라이코리피드(Glycosphingolipids and Glycolipids)	
잔탄검	
알킬베타인	

석유화학 용제의 사용 시 반드시 최종적으로 모두 회수되거나 제거되어야 하며, 방향족, 알콕실레이트화, 할로겐화, 니트로젠 또는 황(DMSO 예외) 유래 용제는 사용이 불가하다.

[별표 4] 허용 합성원료

1. 합성 보존제 및 변성제

원료	제한
벤조익애씨드 및 그 염류(Benzoic Acid and its salts)	
벤질알코올(Benzyl Alcohol)	
살리실릭애씨드 및 그 염류(Salicylic Acid and its salts)	
소르빅애씨드 및 그 염류(Sorbic Acid and its salts)	
데하이드로아세틱애씨드 및 그 염류(Dehydroacetic Acid and its salts)	
데나토늄벤조에이트, 3급부틸알코올, 기타 변성제(프탈레이트류 제외) (Denatonium Benzoate and Tertiary Butyl Alcohol and other denaturing agents for alcohol (excluding phthalates))	(관련 법령에 따라) 에탄올에 변성제로 사용된 경우에 한함
이소프로필알코올(Isopropylalcohol)	
테트라소듐글루타메이트디아세테이트(Tetrasodium Glutamate Diacetate)	천연화장품에만 허용

2. 천연 유래와 석유화학 부분을 모두 포함하고 있는 원료

분류	사용 제한
디알킬카보네이트(Dialkyl Carbonate)	
알킬아미도프로필베타인(Alkylamidopropylbetaine)	
알킬메칠글루카미드(Alkyl Methyl Glucamide)	
알킬암포아세테이트/디아세테이트(Alkylamphoacetate/Diacetate)	
알킬글루코사이드카르복실레이트(Alkylglucosidecarboxylate)	
카르복시메칠 – 식물 폴리머(Carboxy Methyl – Vegetal polymer)	
식물성 폴리머 – 하이드록시프로필트리모늄클로라이드(Vegetal polymer – Hydroxypropyl Trimonium Chloride)	두발/수염에 사용하는 제품에 한함
디알킬디모늄클로라이드(Dialkyl Dimonium Chloride)	두발/수염에 사용하는 제품에 한함
알킬디모늄하이드록시프로필하이드로라이즈드식물성단백질(Alkyldimonium Hydroxypropyl Hydrolyzed Vegetal protein)	두발/수염에 사용하는 제품에 한함

석유화학 부분(petrochemical moiety의 합)은 전체 제품에서 2%를 초과할 수 없다.
석유화학 부분은 다음과 같이 계산한다.
• 석유화학 부분(%) = 석유화학 유래 부분 몰중량 / 전체 분자량 × 100
이 원료들은 유기농이 될 수 없다.

[별표 7] 천연 및 유기농 함량 계산 방법

1. 천연 함량 계산 방법
   ※ 천연 함량 비율(%) = 물 비율 + 천연 원료 비율 + 천연유래 원료 비율
2. 유기농 함량 계산 방법
   유기농 함량 비율은 유기농 원료 및 유기농유래 원료에서 유기농 부분에 해당되는 함량 비율로 계산한다.
   가. 유기농 인증 원료의 경우 해당 원료의 유기농 함량으로 계산한다.
   나. 유기농 함량 확인이 불가능한 경우 유기농 함량 비율 계산 방법은 다음과 같다.
      1) 물, 미네랄 또는 미네랄유래 원료는 유기농 함량 비율 계산에 포함하지 않는다.
         물은 제품에 직접 함유되거나 혼합 원료의 구성요소일 수 있다.
      2) 유기농 원물만 사용하거나, 유기농 용매를 사용하여 유기농 원물을 추출한 경우 해당 원료의 유기농 함량 비율은 100%로 계산한다.
      3) 수용성 및 비수용성 추출물 원료의 유기농 함량 비율 계산 방법은 다음과 같다. 단, 용매는 최종 추출물에 존재하는 양으로 계산하며 물은 용매로 계산하지 않고, 동일한 식물의 유기농과 비유기농이 혼합되어 있는 경우 이 혼합물은 유기농으로 간주하지 않는다.

Chapter 3 화장품의 기능과 품질

1 화장품의 효과

① 화장품의 정의

- 인체를 청결, 미화하여 매력을 더하고 용모를 밝게 변화시키기 위해 사용
- 피부,모발의 건강을 유지 증진하기 위해 사용
- 인체에 바르고 문지르거나 뿌리는 등에 사용되는 물품
- 인체에 대한 작용이 경미할 것

② 화장품의 효과 : 참조 화장품과 의약품의 안전성 확보 차이 비교

구분	화장품	의약품
사용목적	아름다움 추구	질환의 치료 및 예방
사용자	정상적인 피부(불특정인)	피부질환이 있는 피부 (특정 환자)
사용방법	매일, 장기적	일시적
효과와 안전성	안전성 우선	효과 우선(경미한 부작용은 무방함)

(1) 화장품의 품질

① 화장품의 품질을 좌우하는 요인 : 소비자 만족도가 가장 중요함

소비자가 만족하는 화장품은 엄격한 품질관리가 필요하며, 부작용 없는 안전성확보 필수이다

※ 화장품 품질 요소 : 안전성, 안정성, 사용성, 유효성 (1장 화장품법 내용 참조)

※ 화장품의 안정성 확인요소 (★★★기출문제)

변화 특징에 따른 분류	현상
1. 물리적 변화	분리, 침전, 응집, 발한, 겔화, 증발, 고화, 연화
2. 화학적 변화	변색, 퇴색, 변취, 오염, 결정

② 화장품의 종류

기능성화장품	유기농화장품 / 맞춤형화장품
• 피부의 미백에 도움 • 피부의 주름개선 도움 • 피부를 곱게 태워주거나 자외선으로부터 피부 보호하는 기능 • 모발의 색상변화 또는 제거 또는 영양공급에 도움 • 피부나 모발의 기능약화로 인한 건조함, 갈라짐, 머리카락 빠짐, 각질화 등을 방지하거나 개선하는데 도움 • 탈모 증상 완화	**유기농화장품** • 유기농화장품의 기준에 관한 규정 • 유기농 원료(10% 이상), 동식물 및 그 유래 원료 등을 함유한 화장품 • 유래원료95% 이상 사용.(합성원료 5% 이내 사용) **맞춤형화장품** • 제조 또는 수입된 화장품의 내용물에 다른 화장품의 내용물이나 식품의약품안전처장이 정하는 원료를 추가하여 혼합한 화장품 • 제조 또는 수입된 화장품의 내용물을 소분(小分)한 화장품
총리령으로 정하는 화장품	식품의약품안전처장이 정하는 기준에 맞는 화장품

③ 화장품의 13가지 유형별 분류

화장품은 영 · 유아용 제품류 / 목욕용 제품류 /인체 세정용 제품류 / 눈 화장용 제품류/ 방향용 제품류 / 두발 염색용 제품류 /색조 화장용 제품류 / 두발용 제품류 / 손발톱용 제품류 / 면도용 제품류 / 기초화장용 제품류 / 체취방지용 제품류 / 체모 제거용 제품류 총 13가지 유형으로 나눌 수 있다.

참조 「화장품법 시행규칙」 별표3 제1호 – '1장 화장품법의 이해'에서 세부내용 확인

※ 각 화장품의 유형에 따른 사용 시 주의사항은「화장품법 시행규칙」별표 3제2호에서 확인가능

2 판매 가능한 맞춤형화장품의 구성

(1) 화장품의 구성 : 사용목적, 사용부위, 사용대상에 따라 분류

분류		사용목적	주요제품	기능
1	기초 화장품	피부 세안용	클렌징 라인 제품(액상세정제, 화장 비누) 폼 클린징 클렌징 오일 클렌징 로션, 젤 클렌징 크림 등	얼굴 청정에 사용 – 메이크업 제거 – 각질제거 – 기타 노폐물제거
		피부 정돈용	화장수	수분공급, 세안 후 pH 발란스, 피부정돈
			팩(크림팩, 마스크팩, 석고팩, 모델링팩)	피부청정, 영양성분공급 보습, 유연효과, 각질제거
			마사지 크림	혈액순환, 적당한 영양공급,
		피부 보호용	로션	피부에 유 · 수분 공급
			영양크림	피지막 보호, 유분공급 외부환경으로부터 보호
			에센스	고농축의 수분 · 영양공급
2	기능성 화장품	주름개선, 미백, 자외선 차단제, 염모제	에센스, 크림 등 썬크림 등	기능성의 영양공급 자외선으로부터 보호기능
3	메이크업 화장품	베이스 메이크업 포인트 메이크업	메이크업 베이스, 파운데이션, 파우더 립그로스, 아이섀도우 등	피부색 정돈 땀이나 피지분비 흡수 인공 피지막 형성으로 보호 색채를 통한 미적 감각상승
		네일 메이크업	네일 에나멜, 네일 리무버	손톱 발톱의 정돈 및 색채를 통한 미적 감각추구, 영양, 보호기능 추가
4	바디 화장품	신체의 보호 및 미화용	비누, 바디 클렌저, 바디 오일 등	몸의 노폐물 제거효과 각질제거

5	모발 화장품	세정	샴푸	모발 및 두피의 노폐물제거, 각질제거
		영양, 정발	헤어린스, 트리트먼트, 에센스 등	두피 및 모발에 영양, 정전기 방지, 윤기
		웨이브형성	헤어스프레이, 헤어 무스, 헤어젤 등 퍼머넌트 웨이브로션	헤어 스타일 고정
		염모 및 탈색	제1,2제 헤어브리지,헤어칼러 등	모발의 색상변화
		발모 및 양모	헤어토닉, 발모제, 양모제	모발 및 두피에 영양공급
6	방향 화장품	액취방지, 향취부여	데오드란트, 채취 방취제, 향수, 샤워코롱	냄새제거 향기부여
7	구강용 화장품	구강청량제, 치마제	마우스 워셔, 치약 (의약외품으로 변경됨)	

(2) 혼합(=조제)

원료 이용 배합 (다음 *각호의 원료를 제외한 원료는 맞춤형화장품에 사용할 수 있다.)

- 별표1의 화장품에 사용할 수 없는 원료
- 별표2의 화장품에 사용상의 제한이 필요한 원료
- 식품의약품안전처장이 고시한 기능성화장품의 효능 · 효과를 나타내는 원료

(3) 소분

책임판매업자가 기능성화장품으로 심사 또는 보고를 완료한 제품을 소분한다.
(단, 맞춤형화장품판매업자에게 원료를 공급하는 화장품책임판매업자가 〈화장품법〉제4조에 따라 해당원료를 포함하여 기능성 화장품에 대한 심사를 받거나 보고서를 제출한 경우는 제외한다).

판매 가능한 맞춤형화장품	• 제조 또는 수입된 화장품의 내용물에 다른 화장품의 내용물을 추가한 화장품 • 제조 또는 수입된 화장품의 내용물에 식품의약품안전처장이 정하는 원료를 추가한 화장품 • 제조 또는 수입된 화장품의 내용물을 소분(小分)한 화장품 **맞춤형 화장품 판매시 화장품 판매업 신고 필수**

3 내용물 및 원료의 품질성적서 구비

[목적] 품질관리 및 제조관리를 적정하고 원활하게 실시하기 위함
품질에 영향을 미칠 우려가 있는 제조방법, 시험검사방법 등 확인하기 위함
※ 품질성적서 : 맞춤형화장품의 내용물 및 원료에 대한 품질검사결과 내용을 확인해 볼 수 있는 서류

(1) 원료 품질 검사 성적서 인정 기준에 포함되는 서류

① 제조업체의 원료에 대한 자가품질검사 또는 공인검사기관 성적서
② 책임판매업체의 원료에 대한 자가품질검사 또는 공인검사기관 성적서
③ 원료 업체의 원료에 대한 공인검사기관 성적서
④ 원료 업체의 원료에 대한 자가품질검사 시험성적서 중 대한화장품협회의 '원료공급자의 검사 결과 신뢰기준 자율규약 기준에 적합한 것'이어야 한다.

(2) 서류에 기입해야하는 내용

① 원료품질관리 여부확인 : 제조번호, 사용기한 확인 ★★

② 내용물 품질관리 여부확인 : 제조번호, 사용기한 (개봉 후 사용기한), 제조일자, 시험결과 확인
이들은 맞춤형화장품에 기재할 식별번호, 맞춤형화장품 사용기한에 영향을 준다.

Chapter 4 화장품 사용제한 원료

이 고시는 『화장품법』 제2조제3호의 2에 따라 맞춤형화장품에 사용할 수 있는 원료를 지정하는 한편 같은 법 제8조에 따라 화장품에 사용할 수 없는 원료 및 사용상의 제한이 필요한 원료에 대해 사용기준을 지정하고 유통화장품 안전관리기준에 관한 사항을 정함으로써 화장품의 제조 또는 수입 및 안전관리에 적정을 기한다.

[제3장] 맞춤형화장품에 사용할 수 있는 원료 : 다음 각 호의 원료를 제외한 원료

1. 『 화장품 안전기준 등에 관한 규정』 별표1의 화장품에 사용할 수 없는 원료
2. 『 화장품 안전기준 등에 관한 규정』 별표2의 화장품에 사용상의 제한이 필요한 원료
3. 식품의약품안전처장이 고시한 기능성화장품의 효능 · 효과를 나타내는 원료
   (단, 맞춤형화장품판매업자에게 원료를 공급하는 화장품책임판매업자가 『화장품법』 제4조에 따라 해당 원료를 포함하여 기능성화장품에 대한 심사를 받거나 보고서를 제출한 경우는 제외한다

화장품법 시행규칙

제9조(기능성화장품의 심사)

① 법 제4조제1항에 따라 기능성화장품(제10조에 따라 보고서를 제출해야 하는 기능성화장품은 제외한다. 이하 이 조에서 같다)으로 인정받아 판매 등을 하려는 화장품제조업자, 화장품책임판매업자 또는 「기초연구진흥 및 기술개발지원에 관한 법률」 제6조제1항 및 제14조의2에 따른 대학 · 연구기관 · 연구소(이하 '연구기관 등'이라 한다)는 품목별로 별지 제7호서식의 기능성화장품 심사의뢰서(전자문서로 된 심사의뢰서를 포함한다)에 다음 각 호의 서류(전자문서를 포함한다)를 첨부하여 식품의약품안전평가원장의 심사를 받아야 한다. 다만, 식품의약품안전처장이 제품의 효능 · 효과를 나타내는 성분 · 함량을 고시한 품목의 경우에는 제1호부터 제4호까지의 자료 제출을, 기준 및 시험방법을 고시한 품목의 경우에는 제5호의 자료 제출을 각각 생략할 수 있다.

〈개정 2013. 3. 23., 2013. 12. 6., 2019. 3. 14.〉

1. 기원(起源) 및 개발 경위에 관한 자료
2. 안전성에 관한 자료
   가. 단회 투여 독성시험 자료
   나. 1차 피부 자극시험 자료
   다. 안(眼)점막 자극 또는 그 밖의 점막 자극시험 자료
   라. 피부 감작성시험(感作性試驗) 자료
   마. 광독성(光毒性) 및 광감작성 시험 자료
   바. 인체 첩포시험(貼布試驗) 자료
3. 유효성 또는 기능에 관한 자료
   가. 효력시험 자료
   나. 인체 적용시험 자료
4. 자외선 차단지수 및 자외선A 차단등급 설정의 근거자료(자외선을 차단 또는 산란시켜 자외선으로부터 피부를 보호하는 기능을 가진 화장품의 경우만 해당한다)
5. 기준 및 시험방법에 관한 자료[검체(檢體)를 포함한다]

[화장품 안전기준 등에 관한 규정] 식약처 고시 (시행 2020.4.18)

1 화장품에 사용되는 사용제한 원료의 종류 및 사용한도

① 사용할 수 없는 원료 – 매우 방대한 자료이므로 화장품법 [별표1] 법제처 자료 참조

※ [종류가 광범위함으로 일부 발췌 – 주요 요약] ★★

- 방사성 물질, 항생물질, 글루코콜티코이드, 벤젠, 하이드로퀴논 등
- 카탈라아제, 백신, 독소 또는 혈청, 미세플라스틱 5mm크기 이하
- 발암제 예 피그먼트 옐로우 12, 황색 406호, 납 및 그 화합물
- 메톡시에탄올, 부톡시에탄올, 브롬, 붕산, 메탄올, 나프탈렌, 콜타르
- 형광증백제 367, 푸로쿠마린류, 리도카인, 디옥산, 디메칠설페이트
- 포름알데하이드 및 p-포름알데하이드, 페닐파라벤, 페닐살리실레이트
- 천수국 꽃 추출물 또는 오일
- 사람태반(Human Placenta) 유래 물질, 에스트로겐, 에틸렌옥사이드
- 인체 세포 · 조직 및 그 배양액, 핵산

② 사용상 제한이 필요한 원료에 대한 사용기준 ; 화장품법 [별표2] 다음 페이지 참조

※ [종류가 광범위함으로 일부 발췌 주요 요약] 내용 중 주요자료정리 ★★

- 살균제(=보존제) : 페녹시에탄올 사용한도 1%
- 자외선 차단제 : 산화아연 (징크옥사이드) 사용한도 25%
  이산화티타늄(티타늄디옥사이드) 사용한도 25%
  벤조페논-3(옥시벤존) 사용한도 5%
- 제모제 : 치오글리콜산 80%
- 여드름 완화제 : 살리실릭애시드 0.5%
- 기타 : 비타민 E, 사용한도 20%

〈주요〉 살균제(보존제),자외선차단성분,색소 등은 고시되어 있는 성분외에는 사용할 수 없다.

③ 사용상의 제한이 필요한 원료 중 '피부감작성' 등의 우려가 있는 성분

'사용 후 씻어내는 제품' 관련 화장품 사용 범위

식품의약품안전처에서는 「화장품 안전기준에 관한 규정」(식약처 고시)에 따라 화장품에 사용할 수 없는 원료 및 사용상의 제한이 필요한 원료를 지정 · 관리

※ '피부감작성' 등의 우려가 있는 성분 (사용제한 원료에서 일부 발췌)

「화장품 안전기준에 관한 규정」(식약처 고시)

- 메칠이소치아졸리논, 메칠클로로이소치아졸리논과 메칠이소치아졸리논 혼합물
- 벤질헤미포름알, 5-브로모-5-나이트로-1,3-디옥산
- 소듐라우로일사코시네이트, 소듐아이오데이트
- 운데실레닉애씨드 및 그 염류 및 모노 에탄올아마이드
- 징크피리치온, 페녹시이소프로판올(1-페녹시프로판-2-올), 헥세티딘 등

⊙ 화장품법 화장품 안전기준 등에 관한 규정 [제2020-12호, 고시, 2020.2.25.]

[별표 2] 사용상의 제한이 필요한 원료 (보존제, 자외선차단제, 색소 등)

원료명	사용한도	비고
글루타랄(펜탄-1,5-디알)	0.1%	에어로졸(스프레이에 한함) 제품에는 사용금지
데하이드로아세틱애씨드(3-아세틸-6-메칠피란-2,4(3H)-디온) 및 그 염류	데하이드로아세틱애씨드로서 0.6%	에어로졸(스프레이에 한함) 제품에는 사용금지
4,4-디메칠-1,3-옥사졸리딘(디메칠옥사졸리딘)	0.05% (다만, 제품의 pH는 6을 넘어야 함)	
디브로모헥사미딘 및 그 염류 (이세치오네이트 포함)	디브로모헥사미딘으로서 0.1%	
디아졸리디닐우레아 (N-(히드록시메칠)-N-(디히드록시메칠-1,3-디옥소-2,5-이미다졸리디닐-4)-N'-(히드록시메칠)우레아)	0.5%	
디엠디엠하이단토인 (1,3-비스(히드록시메칠)-5,5-디메칠이미다졸리딘-2,4-디온)	0.6%	
2, 4-디클로로벤질알코올	0.15%	
3, 4-디클로로벤질알코올	0.15%	
메칠이소치아졸리논	사용 후 씻어내는 제품에 0.0015% (단, 메칠클로로이소치아졸리논과 메칠이소치아졸리논 혼합물과 병행 사용 금지)	기타 제품에는 사용금지
메칠클로로이소치아졸리논과 메칠이소치아졸리논 혼합물(염화마그네슘과 질산마그네슘 포함)	사용 후 씻어내는 제품에 0.0015% (메칠클로로이소치아졸리논 :메칠이소치아졸리논=(3 :1)혼합물로서)	기타 제품에는 사용금지
메텐아민(헥사메칠렌테트라아민)	0.15%	
무기설파이트 및 하이드로젠설파이트류	유리 SO2로 0.2%	
벤잘코늄클로라이드, 브로마이드 및 사카리네이트	· 사용 후 씻어내는 제품에 벤잘코늄클로라이드로서 0.1% · 기타 제품에 벤잘코늄클로라이드로서 0.05%	
벤제토늄클로라이드	0.1%	점막에 사용되는 제품에는 사용금지
벤조익애씨드, 그 염류 및 에스텔류	산으로서 0.5% (다만, 벤조익애씨드 및 그 소듐염은 사용 후 씻어내는 제품에는 산으로서 2.5%)	

원료명	사용한도	비고
벤질알코올	1.0% (다만, 두발 염색용 제품류에 용제로 사용할 경우에는 10%)	
벤질헤미포름알	사용 후 씻어내는 제품에 0.15%	기타 제품에는 사용금지
보레이트류(소듐보레이트, 테트라보레이트)	밀납, 백납의 유화의 목적으로 사용 시 0.76% (이 경우, 밀납 · 백납 배합량의 1/2을 초과할 수 없다)	기타 목적에는 사용금지
5-브로모-5-나이트로-1,3-디옥산	사용 후 씻어내는 제품에 0.1% (다만, 아민류나 아마이드류를 함유하고 있는 제품에는 사용금지)	기타 제품에는 사용금지
2-브로모-2-나이트로프로판-1,3-디올(브로노폴)	0.1%	아민류나 아마이드류를 함유하고 있는 제품에는 사용금지
브로모클로로펜(6,6-디브로모-4,4-디클로로-2,2'-메칠렌-디페놀)	0.1%	
비페닐-2-올(o-페닐페놀) 및 그 염류	페놀로서 0.15%	
살리실릭애씨드 및 그 염류	살리실릭애씨드로서 0.5%	영유아용 제품류 또는 만 13세 이하 어린이가 사용할 수 있음을 특정하여 표시하는 제품에는 사용금지(다만, 샴푸는 제외)
세틸피리디늄클로라이드	0.08%	
소듐라우로일사코시네이트	사용 후 씻어내는 제품에 허용	기타 제품에는 사용금지
소듐아이오데이트	사용 후 씻어내는 제품에 0.1%	기타 제품에는 사용금지
소듐하이드록시메칠아미노아세테이트 (소듐하이드록시메칠글리시네이트)	0.5%	
소르빅애씨드(헥사-2,4-디에노익 애씨드) 및 그 염류	소르빅애씨드로서 0.6%	
아이오도프로피닐부틸카바메이트(아이피비씨)	· 사용 후 씻어내는 제품에 0.02% · 사용 후 씻어내지 않는 제품에 0.01% · 다만, 데오드란트에 배합할 경우에는 0.0075%	· 입술에 사용되는 제품, 에어로졸(스프레이에 한함) 제품, 바디로션 및 바디크림에는 사용금지 · 영유아용 제품류 또는 만 13세 이하 어린이가 사용할 수 있음을 특정하여 표시하는 제품에는 사용금지(목욕용제품, 샤워젤류 및 샴푸류는 제외)

원료명	사용한도	비고
알킬이소퀴놀리늄브로마이드	사용 후 씻어내지 않는 제품에 0.05%	
알킬(C12-C22)트리메칠암모늄 브로마이드 및 클로라이드(브롬화세트리모늄 포함)	두발용 제품류를 제외한 화장품에 0.1%	
에칠라우로일알지네이트 하이드로클로라이드	0.4%	입술에 사용되는 제품 및 에어로졸(스프레이에 한함) 제품에는 사용금지
엠디엠하이단토인	0.2%	
알킬디아미노에칠글라이신하이드로클로라이드용액(30%)	0.3%	
운데실레닉애씨드 및 그 염류 및 모노에탄올아마이드	사용 후 씻어내는 제품에 산으로서 0.2%	기타 제품에는 사용금지
이미다졸리디닐우레아(3,3'-비스(1-하이드록시메칠-2,5-디옥소이미다졸리딘-4-일)-1,1'메칠렌디우레아)	0.6%	
이소프로필메칠페놀(이소프로필크레졸, o-시멘-5-올)	0.1%	
징크피리치온	사용 후 씻어내는 제품에 0.5%	기타 제품에는 사용금지
쿼터늄-15 (메텐아민 3-클로로알릴클로라이드)	0.2%	
클로로부탄올	0.5%	에어로졸(스프레이에 한함) 제품에는 사용금지
〈삭제〉	〈삭제〉	
클로로자이레놀	0.5%	
p-클로로-m-크레졸	0.04%	점막에 사용되는 제품에는 사용금지
클로로펜(2-벤질-4-클로로페놀)	0.05%	
클로페네신(3-(p-클로로페녹시)-프로판-1,2-디올)	0.3%	
클로헥시딘, 그 디글루코네이트, 디아세테이트 및 디하이드로클로라이드	· 점막에 사용하지 않고 씻어내는 제품에 클로헥시딘으로서 0.1%, · 기타 제품에 클로헥시딘으로서 0.05%	
클림바졸[1-(4-클로로페녹시)-1-(1H-이미다졸릴)-3, 3-디메칠-2-부타논]	두발용 제품에 0.5%	기타 제품에는 사용금지
테트라브로모-o-크레졸	0.3%	

원료명	사용한도	비고
트리클로산	사용 후 씻어내는 인체세정용 제품류, 데오도런트(스프레이 제품 제외), 페이스파우더, 피부결점을 감추기 위해 국소적으로 사용하는 파운데이션(예 : 블레미쉬컨실러)에 0.3%	기타 제품에는 사용금지
트리클로카반(트리클로카바닐리드)	0.2% (다만, 원료 중 3,3',4,4'-테트라클로로아조벤젠 1ppm 미만, 3,3',4,4'-테트라클로로아족시벤젠 1ppm 미만 함유하여야 함)	
페녹시에탄올	1.0%	
페녹시이소프로판올(1-페녹시프로판-2-올)	사용 후 씻어내는 제품에 1.0%	기타 제품에는 사용금지
〈삭제〉	〈삭제〉	
포믹애씨드 및 소듐포메이트	포믹애씨드로서 0.5%	
폴리(1-헥사메칠렌바이구아니드)에이치씨엘	0.05%	에어로졸(스프레이에 한함) 제품에는 사용금지
프로피오닉애씨드 및 그 염류	프로피오닉애씨드로서 0.9%	
피록톤올아민(1-하이드록시-4-메칠-6(2,4,4-트리메칠펜틸)2-피리돈 및 그 모노에탄올아민염)	사용 후 씻어내는 제품에 1.0%, 기타 제품에 0.5%	
피리딘-2-올 1-옥사이드	0.5%	
p-하이드록시벤조익애씨드, 그 염류 및 에스텔류(다만, 에스텔류 중 페닐은 제외)	· 단일성분일 경우 0.4%(산으로서) · 혼합사용의 경우 0.8%(산으로서)	
헥세티딘	사용 후 씻어내는 제품에 0.1%	기타 제품에는 사용금지
헥사미딘(1,6-디(4-아미디노페녹시)-n-헥산) 및 그 염류(이세치오네이트 및 p-하이드록시벤조에이트)	헥사미딘으로서 0.1%	

- 염류의 예 : 소듐, 포타슘, 칼슘, 마그네슘, 암모늄, 에탄올아민, 클로라이드, 브로마이드, 설페이트, 아세테이트, 베타인 등 (기출문제)★
- 에스텔류 : 메칠, 에칠, 프로필, 이소프로필, 부틸, 이소부틸, 페닐
- 자외선 차단성분 : 제한 함량 (2-10) 자외선 차단제의 내용에서 참조)

• 염모제 성분

원료명	사용할 때 농도 상한(%)	비고
p-니트로-o-페닐렌디아민	산화염모제에 1.5%	기타 제품에는 사용금지
니트로-p-페닐렌디아민	산화염모제에 3.0%	기타 제품에는 사용금지
2-메칠-5-히드록시에칠아미노페놀	산화염모제에 0.5%	기타 제품에는 사용금지
2-아미노-4-니트로페놀	산화염모제에 2.5%	기타 제품에는 사용금지
2-아미노-5-니트로페놀	산화염모제에 1.5%	기타 제품에는 사용금지
2-아미노-3-히드록시피리딘	산화염모제에 1.0%	기타 제품에는 사용금지
4-아미노-m-크레솔	산화염모제에 1.5%	기타 제품에는 사용금지
5-아미노-o-크레솔	산화염모제에 1.0%	기타 제품에는 사용금지
5-아미노-6-클로로-o-크레솔	· 산화염모제에 1.0% · 비산화염모제에 0.5%	기타 제품에는 사용금지
m-아미노페놀	산화염모제에 2.0%	기타 제품에는 사용금지
o-아미노페놀	산화염모제에 3.0%	기타 제품에는 사용금지
p-아미노페놀	산화염모제에 0.9%	기타 제품에는 사용금지
염산 2,4-디아미노페녹시에탄올	산화염모제에 0.5%	기타 제품에는 사용금지
염산 톨루엔-2,5-디아민	산화염모제에 3.2%	기타 제품에는 사용금지
염산 m-페닐렌디아민	산화염모제에 0.5%	기타 제품에는 사용금지
염산 p-페닐렌디아민	산화염모제에 3.3%	기타 제품에는 사용금지
염산 히드록시프로필비스 (N-히드록시에칠-p-페닐렌디아민)	산화염모제에 0.4%	기타 제품에는 사용금지
톨루엔-2,5-디아민	산화염모제에 2.0%	기타 제품에는 사용금지
m-페닐렌디아민	산화염모제에 1.0%	기타 제품에는 사용금지
p-페닐렌디아민	산화염모제에 2.0%	기타 제품에는 사용금지
N-페닐-p-페닐렌디아민 및 그 염류	산화염모제에 N-페닐-p-페닐렌디아민으로서 2.0%	기타 제품에는 사용금지
피크라민산	산화염모제에 0.6%	기타 제품에는 사용금지
황산 p-니트로-o-페닐렌디아민	산화염모제에 2.0%	기타 제품에는 사용금지
p-메칠아미노페놀 및 그 염류	산화염모제에 황산염으로서 0.68%	기타 제품에는 사용금지
황산 5-아미노-o-크레솔	산화염모제에 4.5%	기타 제품에는 사용금지
황산 m-아미노페놀	산화염모제에 2.0%	기타 제품에는 사용금지
황산 o-아미노페놀	산화염모제에 3.0%	기타 제품에는 사용금지

원료명	사용할 때 농도 상한(%)	비고
황산 p-아미노페놀	산화염모제에 1.3%	기타 제품에는 사용금지
황산 톨루엔-2,5-디아민	산화염모제에 3.6%	기타 제품에는 사용금지
황산 m-페닐렌디아민	산화염모제에 3.0%	기타 제품에는 사용금지
황산 p-페닐렌디아민	산화염모제에 3.8%	기타 제품에는 사용금지
황산 N,N-비스(2-히드록시에칠)-p-페닐렌디아민	산화염모제에 2.9%	기타 제품에는 사용금지
2,6-디아미노피리딘	산화염모제에 0.15%	기타 제품에는 사용금지
염산 2,4-디아미노페놀	산화염모제에 0.5%	기타 제품에는 사용금지
1,5-디히드록시나프탈렌	산화염모제에 0.5%	기타 제품에는 사용금지
피크라민산 나트륨	산화염모제에 0.6%	기타 제품에는 사용금지
황산 2-아미노-5-니트로페놀	산화염모제에 1.5%	기타 제품에는 사용금지
황산 o-클로로-p-페닐렌디아민	산화염모제에 1.5%	기타 제품에는 사용금지
황산 1-히드록시에칠-4,5-디아미노피라졸	산화염모제에 3.0%	기타 제품에는 사용금지
히드록시벤조모르포린	산화염모제에 1.0%	기타 제품에는 사용금지
6-히드록시인돌	산화염모제에 0.5%	기타 제품에는 사용금지
1-나프톨(α-나프톨)	산화염모제에 2.0%	기타 제품에는 사용금지
레조시놀	산화염모제에 2.0%	
2-메칠레조시놀	산화염모제에 0.5%	기타 제품에는 사용금지
몰식자산	산화염모제에 4.0%	
카테콜(피로카테콜)	산화염모제에 1.5%	기타 제품에는 사용금지
피로갈롤	염모제에 2.0%	기타 제품에는 사용금지
과붕산나트륨 과붕산나트륨일수화물 과산화수소수 과탄산나트륨	염모제(탈염 · 탈색 포함)에서 과산화수소로서 12.0%	

참조 [별표2] 사용상 제한이 필요한 원료
화장품 안전기준 등에 관한 규정 [제2020-12호, 고시, 2020.2.25.]

• 기타

원료명	사용한도	비고
과산화수소 및 과산화수소 생성물질	• 두발용 제품류에 과산화수소로서 3% • 손톱경화용 제품에 과산화수소로서 2%	기타 제품에는 사용금지
땅콩오일, 추출물 및 유도체		원료 중 땅콩단백질의 최대 농도는 0.5ppm을 초과하지 않아야 함
레조시놀	• 산화염모제에 용법 · 용량에 따른 혼합물의 염모성분으로서 2.0% • 기타제품에 0.1%	
로즈 케톤-3	0.02%	
만수국꽃 추출물 또는 오일	• 사용 후 씻어내는 제품에 0.1% • 사용 후 씻어내지 않는 제품에 0.01%	• 원료 중 알파 테르티에닐(테르티오펜) 0.35% 이하 • 자외선 차단제품 또는 자외선을 이용한 태닝(천연 또는 인공)을 목적으로 하는 제품에는 사용금지 • 만수국아재비꽃 추출물 또는 오일과 혼합 사용 시 '사용 후 씻어내는 제품'에 0.1%, '사용 후 씻어내지 않는 제품'에 0.01%를 초과하지 않아야 함
머스크케톤	• 향수류 향료원액을 8% 초과하여 함유하는 제품 1.4%, 향료원액을 8% 이하로 함유하는 제품 0.56% • 기타 제품에 0.042%	
메칠옥틴카보네이트(메칠논-2-이노에이트)	0.002% (메칠 2-옥티노에이트와 병용 시 최종제품에서 두 성분의 합이 0.01%)	
비타민E(토코페롤)	20%	
살리실릭애씨드 및 그 염류	• 인체세정용 제품류에 살리실릭애씨드로서 2% • 사용 후 씻어내는 두발용 제품류에 살리실릭애씨드로서 3%	• 영유아용 제품류 또는 만 13세 이하 어린이가 사용할 수 있음을 특정하여 표시하는 제품에는 사용금지(다만, 샴푸는 제외) • 기능성화장품의 유효성분으로 사용하는 경우에 한하며 기타 제품에는 사용금지

※ 염류의 예 : 소듐, 포타슘, 칼슘, 마그네슘, 암모늄, 에탄올아민, 클로라이드, 브로마이드, 설페이트, 아세테이트, 베타인 등
※ 에스텔류 : 메칠, 에칠, 프로필, 이소프로필, 부틸, 이소부틸, 페닐

• 제모제의 원료

체모를 제거하는 기능을 가진 제품의 성분 및 함량

(제형은 액제, 크림제, 로션제, 에어로졸제에 한하며, 제품의 효능 · 효과는 '제모(체모의 제거)'로, 용법 · 용량은 '사용 전 제모할 부위를 씻고 건조시킨 후 이 제품을 제모할 부위의 털이 완전히 덮이도록 충분히 바른다. 문지르지 말고 5~10분간 그대로 두었다가 일부분을 손가락으로 문질러 보아 털이 쉽게 제거되면 젖은 수건[(제품에 따라서는) 또는 동봉된 부직포 등]으로 닦아 내거나 물로 씻어낸다. 면도한 부위의 짧고 거친 털을 완전히 제거하기 위해서는 한 번 이상(수일 간격) 사용하는 것이 좋다'로 제한함)

연번	제모제 성분명	함량
1	치오글리콜산 80%	치오글리콜산으로서 3.0~4.5%

※ pH 범위는 7.0 이상 12.7 미만이어야 한다.

※ 기타 : 자료제출이 생략되는 기능성화장품의 종류(제6조제3항 관련)

2 착향제(향료) 성분 중 알레르기 유발 물질

(1) 화장품 사용 시 주의사항 표시에 관한 규정 개정 [식약처 고시 제3조]

① 화장품 사용 시 주의사항 표시에 관한 규정 변경

→ 화장품 사용 시의 주의사항 및 알레르기 유발성분 표시에 관한 규정

② 안전 정보에 따른 사용 시 주의사항에 관한 변경내용

→ 안전 정보에 따른 사용 시 주의사항 및 알레르기 유발성분의 종류와 성분명을 기재 · 표시하여야 하는 것으로 규정

(2) 착향제의 구성분 중 기재 표시해야하는 알레르기 유발성분의 종류

※ 단, 사용 후 씻어내는 제품 0.01% 초과 / 사용 후 씻어내지 않는 제품 0.001% 초과 함유하는 경우에만 표시

※ 착향제(향료) 성분 중 알레르기 유발물질

향료 성분	향료 성분	향료 성분	향료성분
벤질살리실레이트	리모넨	시트로넬롤	메칠 2-옥티노에이트
벤질알코올	리날롤	시트랄	유제놀,
벤질벤조에이트	나무이끼추출물	신남알, 아밀신남알	이소 유제놀
벤질신나메이트	신나밀알코올	아밀신나밀알코올	알파이소메칠이오논
제라니올	부틸페닐메칠프로피오날	하이드록시시트로넬알	파네솔
참나무이끼추출물	쿠마린	아니스에탄아올	헥실신남알

※ 주요정리1 : 자체 위해평가 결과 등 반영, 화장품 보존제 성분 사용제한 강화(별표2)

<table>
<tr><th>화장품 보존제 성분</th><th>농도</th><th>규제</th><th>비고</th></tr>
<tr><td>메칠이소치아졸리논</td><td>사용후 씻어내는 제품
0.001% → 0.0015%</td><td>사용제한 강화</td><td></td></tr>
<tr><td>디메칠옥사졸리딘</td><td>0.1% → 0.05%</td><td>사용제한 강화</td><td></td></tr>
<tr><td>P-클로로-m-크레졸</td><td>0.2% → 0.04%</td><td>사용제한 강화</td><td></td></tr>
<tr><td>클로로펜</td><td>0.2% → 0.05%</td><td>사용제한 강화</td><td></td></tr>
<tr><td>프로피오닉애씨드 및 그 염류</td><td>2% → 0.9%</td><td>사용제한 강화</td><td></td></tr>
<tr><th colspan="2">3세이하 사용금지 보존제2종</th><th>어린이까지 사용금지 확대</th><th></th></tr>
<tr><td colspan="2">• 살리실릭애씨드</td><td rowspan="2">어린이용 표시 대상
제품류에 사용금지조치</td><td></td></tr>
<tr><td colspan="2">• 아이오도프로피닐부틸카바메이트</td><td></td></tr>
</table>

※ 주요정리2 : 고시 제/개정 내용 : 자체 위해평가 결과 화장품 사용금지(제한) 원료추가

	화장품 사용금지 원료	제한 사유	해외규제동향	농도
1	천수국꽃추출물 오일 또는 향료	광독성 우려	유럽(EU)사용금지	
2	만수국꽃추출물 오일 또는 향료	광독성 우려	유럽(EU)사용제한	씻어내는제품 :0.1% 씻어내지않는제품 :0.01%
3	만수국아재비꽃 추출물 오일 또는 향료	광독성 우려	유럽(EU)사용제한	씻어내는제품 :0.1% 씻어내지않는제품 : 0.01%
4	땅콩 오일,추출물 및 유도체, 보습제 용매	피부알레르기 (감작) 우려	유럽(EU)사용제한	땅콩단백질 최대 농도 0.5PPM
5	하이드롤라이즈드 - 단백질, 계면활성제 등	피부알레르기 (감작) 우려	유럽(EU)사용제한	펩타이드최대평균 분자량 3.5kDa

※ 위의 정리 1, 2 내용 변경사항에 대한 입법 효과

- 소비자가 안전하게 맞춤형화장품을 사용할 수 있는 환경 조성 소비자 불안해소, 국민보건 향상기여
- 화장품 제조 시 위해 가능한 원료를 금지 또는 제한하여 화장품의 안전성 확보, 국민건강 보호
- 어린이 화장품에 대한 관리 강화 미래의 주인인 어린이가 안전하게 살 수 있는 환경조성

※ 주요정리3★★(매회 기출) : 비타민에 대한 정리

1. 비타민 (Vitamin)의 정의 : 단백질, 지질, 탄수화물, 무기염류 이외에 미량으로 존재
   - 미량으로 생리작용을 원활하게 하는 유기화합물의 무리
2. 비타민의 종류 : 수용성과 지용성으로 분류

① 수용성비타민

종류	분류	특징
비타민 B_1★★ (티아민류)	수용성비타민	• 항노화 작용, 항피부염, 변비예방 • 함유식품 : 밀배아, 현미, 호도, 땅콩, 우유, 감자, 채소
비타민 B_2★★ (리보플라빈, Rivoflavin)	수용성비타민	• 성장 및 피부, 눈, 손톱, 발톱에 필수요소 • 동맥경화 예방 치료효과 • 함유식품 : 우유, 치즈, 시금치, 토마토, 당근
비타민 B_3★★ (니아신, Niacin)	수용성비타민	• 순환과 신경계의 건강에 도움 • 단백질과 탄수화물 대상에 관여하여 피부건강 유지 • 함유식품 : 해바라기, 현미
비타민 B_5 (판토텐산, Pantothenic Acid)	수용성비타민	• 인체 모든 기능에 관여 • 노화방지, 항스트레스 작용, 만성피로 해소 • 함유식품 : 꿀, 녹색채소, 완두콩, 계란노른자, 건조효모, 콩
비타민 B_6★★ (피리독신, Pyridoxin)	수용성비타민	• 음식물의흡수와 단백질 및 지방 대사 도움 • 항염증작용, 부종제거 • 결핍시 : 입술병, 불면증, 편두통 • 함유식품 : 콩류, 시금치, 당근, 아보카도, 견과류, 바나나, 옥수수
비타민 B9 (엽산,Folic Acid)	수용성비타민	• 비타민 B_{12}와 함께 적혈구생성에 필수 비타민 • DNA, RNA 생산 • 항체생성, 성장에 도움 • 피부와 모발대사에 관여 • 함유식품 : 녹색채소, 호두, 잣, 아스파라거스
비타민 B_{12} (코밸러민, cobalamin)	수용성비타민	• DNA, RNA, 혈액생성, 세포분열에 관여 • 악성빈혈에 개선에 유효 • 함유식품 :육류, 난류, 우유 및 유제품, 어류, 바나나, 땅콩,포도
비타민 C★★ (아스코르빈산, Ascorbic acid)	수용성비타민	• 생체내 L-아스코르빈산(L-Ascorbic acid)으로 존재 • 결합조직, 뼈, 연골등의 콜라겐, 뮤코다당체 형성에 관여 • 색소 형성 억제 (기미, 주근깨 등 예방), 갑상선기능 저하예방 • 함유식품 : 과일, 채소, 양배추, 토마토, 귤
비타민 H (비오틴, Biotin)	수용성비타민	• 단백질과 지방대사 작용 • 탈모방지에 관여 • 습진, 지루성 피부염 방어 • 함유식품 : 현미, 간

② 지용성 비타민

종류	분류	특징
비타민 A 군 (레티놀, 레티날, 레티노익액시드)	지용성비타민	• 체내에서 전구체로 존재하는 프로비타민 A 예 카로티노이드 (carotynoid) • 피부정상화 작용(노화방지), 여드름치료효과, 지방대사에 관여, 발육촉진, 눈병예방 • 과다 섭취 시 독성 주의 • 함유식품 : 당근, 케일, 토마토, 달걀, 우유
비타민 D★★ (에르고칼시페롤, 칼시페롤)	지용성비타민	• 인체 내에서 전구체로 존재하는 프로비타민 D의 전환 예 표피의 기저층에 프로비타민 D_3(7-디하이드로콜레스테롤) 존재 예 버섯에 프로비타민 D_2(에르고스테롤) 존재 • 햇빛에 피부 노출 시 자외선에 의해 인체 내에서 형성 • 소화기관에서 칼슘, 인 등의 미네랄 흡수 조절 (뼈,치아 형성) • 알레르기성 피부, 습진, 건선 치료 개선 • 함유식품 : 물고기 간유, 난황, 우유, 버터
비타민 E (토코페롤, Tocopherol)	지용성비타민	• 과산화지질 생성 억제, 산화방지제 역할 • 햇빛에 타는 피부상처 방어 • 피부노화방지 • 식물성 식용유, 꿀, 계란, 콩, 쌀배아
비타민 K	지용성비타민	• 간기능에 중요한 역할 • 혈액응고에 관여 • 신경조직에 에너지 생산에 기여 • 함유식품 : 뿌리채소, 시금치, 해조류, 계란, 우유, 귤껍질

Chapter 4 화장품 관리

주요 용어 정의

※ 품질관리기준 (화장품법 시행규칙 [별표1] (★★ 기출문제)

가. '품질관리'란 화장품의 책임판매 시 필요한 제품의 품질을 확보하기 위해서 실시하는 것으로서, 화장품제조업자 및 제조에 관계된 업무(시험 · 검사 등의 업무를 포함한다) 에 대한 관리 · 감독 및 화장품의 시장 출하에 관한 관리, 그 밖에 제품의 품질의 관리에 필요 한 업무를 말한다.

나. '시장출하'란 화장품책임판매업자가 그 제조 등(타인에게 위탁 제조 또는 검사하는 경우를 포함하고 타인으로부터 수탁 제조 또는 검사하는 경우는 포함하지 않는다. 이하 같다)을 하거나 수입한 화장품의 판매를 위해 출하하는 것을 말한다.

※ 영유아 또는 어린이 사용 화장품의 관리 [화장품법 제4조의2] (★★ 기출문제)

(영유아 : 만 3세 이하 / 어린이 : 만 4세 이상부터 만 13세 이하까지)

가. 화장품책임판매업자는 영유아 또는 어린이가 사용할 수 있는 화장품임을 표시 · 광고하려는 경우에는 제품별로 안전과 품질을 입증할 수 있는 다음자료 (이하 '제품별 안전성 자료'라 한다)를 작성 및 보관한다.

1. 제품 및 제조방법에 대한 설명 자료
2. 화장품의 안전성 평가 자료
3. 제품의 효능 · 효과에 대한 증명 자료

1 화장품의 취급방법 [화장품법 제3장 화장품의 취급, 제1절 기준 제8조]

※ 총리령으로 정하는 것 : 원료의 사용기준 지정 · 고시 혹은 지정 · 고시된 원료의 사용기준 변경, 안전성 검토의 주기 및 절차 등에 관한 사항

① 식품의약품안전처장이 지정 고시한 화장품의 제조 등에 사용할 수 없는 원료를 취급 할 수 없다.

② 식품의약품안전처장은 보존제, 색소, 자외선차단제 등과 같이 특별히 사용상의 제한이 필요한 원료에 대하여는 그 사용기준을 지정하여 고시하여야 하며, 사용기준이 지정 고시된 원료 외의 보존제, 색소, 자외선차단제 등은 사용할 수 없다.

③ 식품의약품안전처장은 국내외에서 유해물질이 포함되어 있는 것으로 알려지는 등 국민 보건상 위해우려가 제기되는 화장품 원료 등의 경우에는 총리령으로 정하는 바에 따라 위해요소를 신속히 평가하여 그 위해 여부를 결정하여야 한다.

④ 식품의약품안전처장은 제3항에 따라 위해평가가 완료된 경우에는 해당 화장품 원료 등을 화장품의 제조에 사용할 수 없는 원료로 지정하거나 그 사용기준을 지정하여야 한다.

※ 화장품의 기재사항 및 부당 표시 · 광고등 : 4장 맞춤형화장품의 이해에서 자세하게 공부
[화장품법 제3장 화장품의 취급 제2절 표시 · 광고 · 취급 제 10조~제14조]

2 화장품의 보관방법

(1) 화장품의 보관장소

① 완제품 보관소 : 지정된 장소에 해당제품을 보관

② 부적합한 완제품 보관소 : 반품 및 품질검사 결과 부적합판정이 된 제품을 보관

(2) 보관방법

① 선입 선출 : 제품별, 제조번호별, 입고순서대로 지정된 장소에 제품 보관

② 창고바닥 및 벽면으로부터 10㎝ 이상 간격을 유지하여 보관함으로써 통풍이 잘 되도록 한다.

③ 적재 시 상부의 적재중량으로 인한 변형이 되지 않도록 유의하여 보관한다.

④ 방서 · 방충 시설을 갖추어 해충이나 쥐 등에 의해 피해를 입지 않도록 한다.

(3) 화장품의 용기

화장품 내용물 보관을 위한 안전용기 · 포장의 경우

① 성인이 개봉하기 어렵지 않거나 만5세미만의 어린이가 개봉하기 어렵게 한다.

② 용기는 개봉하기 어려운 정도의 구체적인 기준 및 시험방법은 산업통상자원부장관이 고시하는 바에 따른다.

(주요Tip. 화장품 내용물은 식품의약품안전처 관할)

(4) 보관 및 취급상의 주의사항

① 혼합한 제품을 밀폐된 용기에 보존하지 말 것

② 혼합한 제품의 잔액은 효과가 없으니 버릴 것

③ 용기를 버릴 때에는 반드시 뚜껑을 열어서 버릴 것

④ 직사광선을 피하고 공기와의 접촉을 피하여 서늘한 곳에 보관할 것

1) 화장품의 취급 및 보관방법 ※ 화장품 원료, 포장재, 반제품, 벌크제품의 취급 및 보관방법

참조 우수화장품 제조 및 품질관리(CGMP Cosmeric Good Manulfacturing Practical)

[식약처 고시 제13조 보관관리]

제13조 [보관관리]

① 원자재, 반제품 및 벌크제품은 품질에 나쁜 영향을 미치지 아니하는 조건에서 보관하고 보관기한을 설정한다.

② 원자재, 반제품 및 벌크제품은 바닥과 벽에 닿지 않도록 보관하고 선입선출에 의해 출고할 수 있도록 보관한다.

③ 원자재, 시험 중인 제품 및 부적합품은 각각 구획된 장소에서 보관하여야 한다.
단, 서로 혼동을 일으킬 우려가 없는 시스템에 의하여 보관되는 경우는 그러하지 아니한다.

④ 설정된 보관기한이 지나면 사용의 적절성을 결정하기 위해 재평가시스템 확립해야하며 동일한 시스템을 통해 보관기관이 경과한 경우 사용하지 않도록 한다.

① 화장품의 1차 포장 또는 2차 포장에는 총리령으로 정하는 바에 따라 기재 · 표시 : 제10조(화장품의 기재사항) 명칭, 주소, 성분, 내용량, 제조번호, 사용기한, 가격, 사용 시 주의사항, 기능성 화장품인 경우 식품의약품안전처장이 정하는 도안, 그 밖의 총리령으로 정하는 사항

1차 포장 기재사항

1. 화장품의 명칭 2. 영업자의 상호 3. 제조번호 4. 사용기한 또는 개봉 후 사용기간

② 내용량이 소량인 화장품의 포장 등 총리령으로 정하는 포장

총리령으로 정하는 포장

1. 화장품의 명칭
2. 화장품책임판매업자 및 맞춤형화장품판매업자의 상호
3. 가격
4. 제조번호와 사용기한 또는 개봉 후 사용기간(개봉 후 사용기간을 기재할 경우에는 제조연월일을 병행 표기하여야 한다. 이하 이 조에서 같다)만을 기재 · 표시

2) 품질관리

가. 시험업무

① 품질관리를 위한 시험업무에 대해 문서화된 절차를 수립하고 유지하여야 한다.
② 원자재, 반제품 및 완제품에 대한 적합 기준을 마련하고 제조번호별로 시험 기록을 작성 · 유지하여야 한다.
③ 시험결과 적합 또는 부적합인지 분명히 기록하여야 한다.
④ 원자재, 반제품 및 완제품은 적합판정이 된 것만을 사용하거나 출고하여야 한다.
⑤ 정해진 보관 기간이 경과된 원자재 및 반제품은 재평가하여 품질기준에 적합한 경우 제조에 사용할 수 있다.
⑥ 모든 시험이 적절하게 이루어졌는지 시험기록은 검토한 후 적합, 부적합, 보류를 판정하여야 한다.
⑦ 기준일탈이 된 경우는 규정에 따라 책임자에게 보고한 후 조사하여야 한다. 조사결과는 책임자에 의해 일탈, 부적합, 보류를 명확히 판정하여야 한다.
⑧ 표준품과 주요시약의 용기에는 다음 사항을 기재하여야 한다.
ⓐ 명칭 ⓑ 개봉일
ⓒ 보관조건 ⓓ 사용기한
ⓔ 역가, 제조자의 성명 또는 서명(직접 제조한 경우에 한함)

참조 제23조 위탁계약 [우수화장품 제조 및 품질관리기준]

① 화장품 제조 및 품질관리에 있어 공정 또는 시험의 일부를 위탁하고자 할 때에는 문서화된 절차 를 수립 · 유지하여야 한다.
② 제조업무를 위탁하고자 하는 자는 제30조에 따라 식품의약품안전처장으로부터 우수화장품 제조 및 품질관리기준 적합판정을 받은 업소에 위탁제조하는 것을 권장한다.
③ 위탁업체는 수탁업체의 계약 수행능력을 평가하고 그 업체가 계약을 수행하는데 필요한 시설 등 을 갖추고 있는지 확인해야 한다.
④ 위탁업체는 수탁업체와 문서로 계약을 체결해야 하며 정확한 작업이 이루어질 수 있도록 수탁업 체에 관련 정보를 전달해야 한다.
⑤ 위탁업체는 수탁업체에 대해 계약에서 규정한 감사를 실시해야 하며 수탁업체는 이를 수용하여야 한다.
⑥ 수탁업체에서 생성한 위 · 수탁 관련 자료는 유지되어 위탁업체에서 이용 가능해야 한다.

나. 책임판매업자는 품질관리업무절차서에 따라 다음의 업무를 수행해야 한다.

① 제조업자가 화장품을 적정하고 원활하게 제조한 것임을 확인하고 기록할 것

② 제품의 품질 등에 관한 정보를 얻었을 때에는 해당정보가 인체에 영향을 미치는 경우 그 원인을 밝히고, 개선이 필요한 경우 적정한 조치를 하고 기록할 것

③ 제조판매한 제품의 품질이 불량하거나 품질이 불량할 우려가 있는 경우 회수 등 신속한 조치를 하고 기록할 것

④ 시장출하에 관하여 기록할 것

⑤ 제조번호별 품질검사를 철저히 한 후 그 결과를 기록할 것 다만 제조업자와 책임판매업자가 같은 경우 제조업자 또는『식품 의약품분야 시험 검사 등에 관한 법률』제6조에 따른 식품의약품안전처장이 지정한 화장품 시험 검사기관에 품질검사를 위탁하여 제조번호 별품질검사 결과가 있는 경우에는 품질검사를 하지 않을 수 있다.

⑥ 그 밖에 품질관리에 관한 업무

다. 책임판매업자는 책임판매관리자가 품질관리 업무를 적정하고 원활하게 수행하기 위하여 업무를 수행하는 장소에는 품질관리 업무절차서 원본을 보관하고 그 외의 장소에는 원본과 대조를 마친 사본을 보관해야 한다.

※ 품질관리 업무절차서

① 적정한 제조관리 및 품질관리 확보에 관한 절차

② 품질 등에 관한 정보 및 품질 불량 등의 처리 절차

③ 회수처리절차

④ 교육 훈련에 관한 절차

⑤ 문서 및 기록의 관리 절차

⑥ 시장출하에 관한 기록절차

⑦ 그 밖에 품질관리 업무에 필요한 절차

※ 회수처리

책임판매업자는 품질관리업무 절차서에 따라 책임판매관리자에게 다음과 같이 회수업무를 수행하도록 해야 한다.

1. 회수한 화장품은 구분하여 일정기간 보관한 후 폐기 등 적정한 방법으로 처리할 것
2. 회수 내용을 적은 기록을 작성하고 책임판매업자에게 문서로 보관할 것

※ 교육 · 훈련

책임판매업자는 책임판매관리자에게 교육, 훈련 계획서를 작성하게 하고, 품질관리 업무절차서 및 교육 훈련계획서에 따라 담당 업무를 수행하도록 한다.

1. 품질관리업무에 종사하는 사람들에게 품질관리 업무에 관한 교육 훈련을 정기적으로 실시하고, 그 기록을 작성 보관한다.
2. 책임판매관리자 외의 사람이 교육 훈련 업무를 실시하는 경우에는 교육 훈련 실시 상황을 책임판매업자에게 문서로 보고한다.

3 화장품의 사용방법

화장품은 사용기간을 준수하며, 사용상의 주의사항을 잘 이해하고 사용해야 한다.

1) 화장품 개봉 후 사용기간

제품을 개봉 후 사용할 수 있는 최대기간으로 개봉 후 안정성 시험을 통해 얻은 결과를 근거로 개봉 후 사용기간을 설정한다.

예 기초화장품 : 개봉 후 사용기간 12개월, 향수 : 개봉 후 사용기간 36개월

2) 화장품 개봉 후 사용기간 표시 (참조 제4장 맞춤형화장품의 이해에서 자세한 내용정리)

'개봉 후 사용기간'이라는 문자와 ○월 또는 ○개월을 조합하여 기재 · 표시 하거나 개봉 후 사용기간을 나타내는 심벌과 기간을 포장용기에 기재 표시한다.

4 화장품의 사용상 주의사항 [화장품 시행규칙 별표 3 제2호 참조] ★★ 기출

(1) 공통사항 : 모든 화장품에 적용

1) 화장품 사용 시 또는 사용 후 직사광선에 의하여 사용부위가 붉은 반점, 부어오름 또는 가려움증 등의 이상 증상이나 부작용이 있는 경우 전문의 등과 상담할 것

2) 상처가 있는 부위 등에는 사용을 자제할 것

3) 보관 및 취급 시의 주의사항

① 어린이의 손이 닿지 않는 곳에 보관할 것
② 직사광선을 피해서 보관할 것

(2) 개별사항 : 각 제품별 내용정리

1) 미세한 알갱이가 함유되어 있는 스크럽 세안제

알갱이가 눈에 들어갔을 때에는 물로 씻어내고, 이상이 있는 경우에는 전문의와 상담할 것

2) 팩

눈 주위를 피하여 사용할 것

3) 두발용, 두발염색용 및 눈 화장용 제품류

눈에 들어갔을 때에는 즉시 씻어낼 것

4) 모발용 샴푸

① 눈에 들어갔을 때에는 즉시 씻어낼 것
② 사용 후 물로 씻어내지 않으면 탈모 또는 탈색의 원인이 될 수 있으므로 주의할 것

5) 퍼머넌트 웨이브 제품 및 헤어스트레이트너 제품

① 두피 · 얼굴 · 눈 · 목 · 손 등에 약액이 묻지 않도록 유의하고, 얼굴 등에 약액이 묻었을 때에는 즉시 물로 씻어낼 것

② 특이체질, 생리 또는 출산 전후이거나 질환이 있는 사람 등은 사용을 피할 것
③ 머리카락의 손상 등을 피하기 위하여 용법 · 용량을 지켜야 하며, 가능하면 일부에 시험적으로 사용하여 볼 것
④ 섭씨 15도 이하의 어두운 장소에 보존하고, 색이 변하거나 침전된 경우에는 사용하지 말 것
⑤ 개봉한 제품은 7일 이내에 사용할 것(에어로졸 제품이나 사용 중 공기유입이 차단되는 용기는 표시하지 아니한다)
⑥ 제2단계 퍼머액 중 그 주성분이 과산화수소인 제품은 검은 머리카락이 갈색으로 변할 수 있으므로 유의하여 사용할 것

6) 외음부 세정제

① 정해진 용법과 용량을 잘 지켜 사용할 것
② 만 3세 이하의 영유아에게는 사용하지 말 것
③ 임신 중에는 사용하지 않는 것이 바람직하며, 분만 직전의 외음부 주위에는 사용하지 말 것
④ 프로필렌 글리콜(Propylene glycol)을 함유하고 있으므로 이 성분에 과민하거나 알레르기 병력이 있는 사람은 신중히 사용할 것(프로필렌 글리콜 함유제품만 표시한다)

7) 손 · 발의 피부연화 제품(요소제제의 핸드크림 및 풋크림)

① 눈, 코 또는 입 등에 닿지 않도록 주의하여 사용할 것
② 프로필렌 글리콜(Propylene glycol)을 함유하고 있으므로 이 성분에 과민하거나 알레르기 병력이 있는 사람은 신중히 사용할 것(프로필렌 글리콜 함유제품만 표시한다)

8) 체취 방지용 제품 : 털을 제거한 직후에는 사용하지 말 것

9) 고압가스를 사용하는 에어로졸 제품[무스의 경우 가)부터 라)까지의 사항은 제외한다]

① 같은 부위에 연속해서 3초 이상 분사하지 말 것
② 가능하면 인체에서 20센티미터 이상 떨어져서 사용할 것
③ 눈 주위 또는 점막 등에 분사하지 말 것. 다만, 자외선 차단제의 경우 얼굴에 직접 분사하지 말고 손에 덜어 얼굴에 바를 것
④ 분사가스는 직접 흡입하지 않도록 주의할 것
⑤ 보관 및 취급상의 주의사항
　㉠ 불꽃길이시험에 의한 화염이 인지되지 않는 것으로서 가연성 가스를 사용하지 않는 제품
　　ⓐ 섭씨 40도 이상의 장소 또는 밀폐된 장소에 보관하지 말 것
　　ⓑ 사용 후 남은 가스가 없도록 하고 불 속에 버리지 말 것
　㉡ 가연성 가스를 사용하는 제품
　　ⓐ 불꽃을 향하여 사용하지 말 것
　　ⓑ 난로, 풍로 등 화기 부근 또는 화기를 사용하고 있는 실내에서 사용하지 말 것
　　ⓒ 섭씨 40도 이상의 장소 또는 밀폐된 장소에서 보관하지 말 것
　　ⓓ 밀폐된 실내에서 사용한 후에는 반드시 환기를 할 것
　　ⓔ 불 속에 버리지 말 것

10) 고압가스를 사용하지 않는 분무형 자외선 차단제 : 얼굴에 직접 분사하지 말고 손에 덜어 얼굴에 바를 것

11) 알파-하이드록시애시드(α-hydroxyacid, AHA)(이하 'AHA'라 한다) 함유제품(0.5% 이하의 AHA가 함유된 제품은 제외한다)

① 햇빛에 대한 피부의 감수성을 증가시킬 수 있으므로 자외선 차단제를 함께 사용할 것(씻어내는 제품 및 두발용 제품은 제외한다)

② 일부에 시험 사용하여 피부이상을 확인할 것

③ 고농도의 AHA 성분이 들어 있어 부작용이 발생할 우려가 있으므로 전문의 등에게 상담할 것(AHA 성분이 10%를 초과하여 함유되어 있거나 산도가 3.5 미만인 제품만 표시한다)

12) 염모제(산화염모제와 비산화염모제)

① 다음 분들은 사용하지 마십시오. 사용 후 피부나 신체가 과민상태로 되거나 피부이상반응(부종, 염증 등)이 일어나거나, 현재의 증상이 악화될 가능성이 있다.

㉠ 지금까지 이 제품에 배합되어 있는 '과황산염'이 함유된 탈색제로 몸이 부은 경험이 있는 경우, 사용 중 또는 사용 직후에 구역, 구토 등 속이 좋지 않았던 분(이 내용은 '과황산염'이 배합된 염모제에만 표시한다)

㉡ 지금까지 염모제를 사용할 때 피부이상반응(부종, 염증 등)이 있었거나, 염색 중 또는 염색 직후에 발진, 발적, 가려움 등이 있거나 구역, 구토 등 속이 좋지 않았던 경험이 있었던 분

㉢ 피부시험(패취테스트, patch test)의 결과, 이상이 발생한 경험이 있는 분

㉣ 두피, 얼굴, 목덜미에 부스럼, 상처, 피부병이 있는 분

㉤ 생리 중, 임신 중 또는 임신할 가능성이 있는 분

㉥ 출산 후, 병중, 병후의 회복 중인 분, 그 밖의 신체에 이상이 있는 분

㉦ 특이체질, 신장질환, 혈액질환이 있는 분

㉧ 미열, 권태감, 두근거림, 호흡곤란의 증상이 지속되거나 코피 등의 출혈이 잦고 생리, 그 밖에 출혈이 멈추기 어려운 증상이 있는 분

㉨ 이 제품에 첨가제로 함유된 프로필렌글리콜에 의하여 알레르기를 일으킬 수 있으므로 이 성분에 과민하거나 알레르기 반응을 보였던 적이 있는 분은 사용 전에 의사 또는 약사와 상의하여 주십시오(프로필렌글리콜 함유 제제에만 표시한다)

② 염모제 사용 전의 주의

㉠ 염색 전 2일전(48시간 전)에는 다음의 순서에 따라 매회 반드시 패취테스트(patch test)를 실시하여 주십시오. 패취테스트는 염모제에 부작용이 있는 체질인지 아닌지를 조사하는 테스트입니다. 과거에 아무 이상이 없이 염색한 경우에도 체질의 변화에 따라 알레르기 등 부작용이 발생할 수 있으므로 매회 반드시 실시하여 주십시오. (패취테스트의 순서 ①~④를 그림 등을 사용하여 알기 쉽게 표시하며, 필요 시 사용상의 주의사항에 '별첨'으로 첨부할 수 있음)

ⓐ 먼저 팔의 안쪽 또는 귀 뒤쪽 머리카락이 난 주변의 피부를 비눗물로 잘 씻고 탈지면으로 가볍게 닦습니다.

ⓑ 다음에 이 제품 소량을 취해 정해진 용법대로 혼합하여 실험액을 준비합니다.

ⓒ 실험액을 앞서 세척한 부위에 동전 크기로 바르고 자연건조시킨 후 그대로 48시간 방치합니다.(시간을 잘 지킵니다)

ⓓ 테스트 부위의 관찰은 테스트액을 바른 후 30분 그리고 48시간 후 총 2회를 반드시 행하여 주십시오. 그 때 도포 부위에 발진, 발적, 가려움, 수포, 자극 등의 피부 등의 이상이 있는 경우에는 손 등으로 만지지 말고 바로 씻어내고 염모는 하지 말아 주십시오. 테스트 도중, 48시간 이전이라도 위와 같은 피부이상을 느낀 경우에는 바로 테스트를 중지하고 테스트액을 씻어내고 염모는 하지 말아 주십시오.

ⓔ 48시간 이내에 이상이 발생하지 않는다면 바로 염모하여 주십시오.

㉡ 눈썹, 속눈썹 등은 위험하므로 사용하지 마십시오. 염모액이 눈에 들어갈 염려가 있습니다. 그 밖에 두발 이외에는 염색하지 말아 주십시오.

㉢ 면도 직후에는 염색하지 말아 주십시오.

㉣ 염모 전후 1주간은 파마 · 웨이브(퍼머넨트웨이브)를 하지 말아 주십시오.

③ 염모 시의 주의

㉠ 염모액 또는 머리를 감는 동안 그 액이 눈에 들어가지 않도록 하여 주십시오.
눈에 들어가면 심한 통증을 발생시키거나 경우에 따라서 눈에 손상(각막의 염증)을 입을 수 있습니다. 만일, 눈에 들어갔을 때는 절대로 손으로 비비지 말고 바로 물 또는 미지근한 물로 15분 이상 잘 씻어 주시고 곧바로 안과 전문의의 진찰을 받으십시오. 임의로 안약 등을 사용하지 마십시오.

㉡ 염색 중에는 목욕을 하거나 염색 전에 머리를 적시거나 감지 말아 주십시오. 땀이나 물방울 등을 통해 염모액이 눈에 들어갈 염려가 있습니다.

㉢ 염모 중에 발진, 발적, 부어오름, 가려움, 강한 자극감 등의 피부이상이나 구역, 구토 등의 이상을 느꼈을 때는 즉시 염색을 중지하고 염모액을 잘 씻어내 주십시오. 그대로 방치하면 증상이 악화될 수 있습니다.

㉣ 염모액이 피부에 묻었을 때는 곧바로 물 등으로 씻어내 주십시오. 손가락이나 손톱을 보호하기 위하여 장갑을 끼고 염색하여 주십시오.

㉤ 환기가 잘 되는 곳에서 염모하여 주십시오.

④ 염모 후의 주의

㉠ 머리, 얼굴, 목덜미 등에 발진, 발적, 가려움, 수포, 자극 등 피부의 이상반응이 발생한 경우, 그 부위를 손으로 긁거나 문지르지 말고 바로 피부과 전문의의 진찰을 받으십시오. 임의로 의약품 등을 사용하는 것은 삼가 주십시오.

㉡ 염모 중 또는 염모 후에 속이 안 좋아 지는 등 신체이상을 느끼는 분은 의사에게 상담하십시오.

⑤ 보관 및 취급상의 주의

㉠ 혼합한 염모액을 밀폐된 용기에 보존하지 말아 주십시오. 혼합한 액으로부터 발생하는 가스의 압력으로 용기가 파손될 염려가 있어 위험합니다. 또한 혼합한 염모액이 위로 튀어 오르거나 주변을 오염시키고 지워지지 않게 됩니다. 혼합한 액의 잔액은 효과가 없으므로 잔액은 반드시 바로 버려 주십시오.

㉡ 용기를 버릴 때는 반드시 뚜껑을 열어서 버려 주십시오.

㉢ 사용 후 혼합하지 않은 액은 직사광선을 피하고 공기와 접촉을 피하여 서늘한 곳에 보관하여 주십시오.

13) 탈염 · 탈색제

① 다음 분들은 사용하지 마십시오. 사용 후 피부나 신체가 과민상태로 되거나 피부이상반응을 보이거나, 현재의 증상이 악화될 가능성이 있습니다.

㉠ 두피, 얼굴, 목덜미에 부스럼, 상처, 피부병이 있는 분

㉡ 생리 중, 임신 중 또는 임신할 가능성이 있는 분

㉢ 출산 후, 병중이거나 또는 회복 중에 있는 분, 그 밖에 신체에 이상이 있는 분

② 다음 분들은 신중히 사용하십시오.

㉠ 특이체질, 신장질환, 혈액질환 등의 병력이 있는 분은 피부과 전문의와 상의하여 사용하십시오.

㉡ 이 제품에 첨가제로 함유된 프로필렌글리콜에 의하여 알레르기를 일으킬 수 있으므로 이 성분에 과민하거나 알레르기 반응을 보였던 적이 있는 분은 사용 전에 의사 또는 약사와 상의하여 주십시오.

③ 사용 전의 주의

㉠ 눈썹, 속눈썹에는 위험하므로 사용하지 마십시오. 제품이 눈에 들어갈 염려가 있습니다. 또한, 두발 이외의 부분(손발의 털 등)에는 사용하지 말아 주십시오. 피부에 부작용(피부이상반응, 염증 등)이 나타날 수 있습니다.

㉡ 면도 직후에는 사용하지 말아 주십시오.

㉢ 사용을 전후하여 1주일 사이에는 퍼머넌트웨이브 제품 및 헤어스트레이트너 제품을 사용하지 말아 주십시오.

④ 사용 시의 주의

㉠ 제품 또는 머리 감는 동안 제품이 눈에 들어가지 않도록 하여 주십시오. 만일 눈에 들어갔을 때는 절대로 손으로 비비지 말고 바로 물이나 미지근한 물로 15분 이상 씻어 흘려 내시고 곧바로 안과 전문의의 진찰을 받으십시오. 임의로 안약을 사용하는 것은 삼가 주십시오.

㉡ 사용 중에 목욕을 하거나 사용 전에 머리를 적시거나 감지 말아 주십시오. 땀이나 물방울 등을 통해 제품이 눈에 들어갈 염려가 있습니다.

㉢ 사용 중에 발진, 발적, 부어오름, 가려움, 강한 자극감 등 피부의 이상을 느끼면 즉시 사용을 중지하고 잘 씻어내 주십시오.

㉣ 제품이 피부에 묻었을 때는 곧바로 물 등으로 씻어내 주십시오. 손가락이나 손톱을 보호하기 위하여 장갑을 끼고 사용하십시오.

㉤ 환기가 잘 되는 곳에서 사용하여 주십시오.

⑤ 사용 후 주의

㉠ 두피, 얼굴, 목덜미 등에 발진, 발적, 가려움, 수포, 자극 등 피부이상반응이 발생한 때에는 그 부위를 손 등으로 긁거나 문지르지 말고 바로 피부과 전문의의 진찰을 받아 주십시오. 임의로 의약품 등을 사용하는 것은 삼가 주십시오.

㉡ 사용 중 또는 사용 후에 구역, 구토 등 신체에 이상을 느끼시는 분은 의사에게 상담하십시오.

⑥ 보관 및 취급상의 주의

㉠ 혼합한 제품을 밀폐된 용기에 보존하지 말아 주십시오. 혼합한 제품으로부터 발생하는 가스의 압력으로 용기가 파열될 염려가 있어 위험합니다. 또한, 혼합한 제품이 위로 튀어 오르거나 주변을 오염시키고 지워지지 않게 됩니다. 혼합한 제품의 잔액은 효과가 없으므로 반드시 바로 버려 주십시오.

㉡ 용기를 버릴 때는 뚜껑을 열어서 버려 주십시오.

14) 제모제(치오글라이콜릭애씨드 함유 제품에만 표시함)

① 다음과 같은 사람(부위)에는 사용하지 마십시오.

㉠ 생리 전후, 산전, 산후, 병후의 환자

㉡ 얼굴, 상처, 부스럼, 습진, 짓무름, 기타의 염증, 반점 또는 자극이 있는 피부

㉢ 유사 제품에 부작용이 나타난 적이 있는 피부

㉣ 약한 피부 또는 남성의 수염부위

② 이 제품을 사용하는 동안 다음의 약이나 화장품을 사용하지 마십시오.

㉠ 땀 발생 억제제(Antiperspirant), 향수, 수렴로션(Astringent Lotion)은 이 제품 사용 후 24시간 후에 사용하십시오.

③ 부종, 홍반, 가려움, 피부염(발진, 알레르기), 광과민반응, 중증의 화상 및 수포 등의 증상이 나타날 수 있으므로 이러한 경우 이 제품의 사용을 즉각 중지하고 의사 또는 약사와 상의하십시오.

④ 그 밖의 사용 시 주의사항

㉠ 사용 중 따가운 느낌, 불쾌감, 자극이 발생할 경우 즉시 닦아내어 제거하고 찬물로 씻으며, 불쾌감이나 자극이 지속될 경우 의사 또는 약사와 상의하십시오.

㉡ 자극감이 나타날 수 있으므로 매일 사용하지 마십시오.

㉢ 이 제품의 사용전 · 후에 비누류를 사용하면 자극감이 나타날 수 있으므로 주의하시오.

㉣ 이 제품은 외용으로만 사용하십시오.

㉤ 눈에 들어가지 않도록 하며 눈 또는 점막에 닿았을 경우 미지근한 물로 씻어내고 붕산수(농도 약 2%)로 헹구어 내십시오.

㉥ 이 제품을 10분 이상 피부에 방치하거나 피부에서 건조시키지 마십시오.

㉦ 제모에 필요한 시간은 모질(毛質)에 따라 차이가 있을 수 있으므로 정해진 시간 내에 제모가 깨끗이 제거되지 않은 경우 2~3일의 간격을 두고 사용하십시오.

15) 그 밖에 화장품의 안전정보와 관련하여 기재 · 표시하도록 식품의약품안전처장이 정하여 고시하는 사용 시의 주의사항

Chapter 5 위해사례 판단 및 보고

주요 용어 정의

1. 유해사례(Adverse Event/Adverse Experience, AE)
   화장품의 사용 중 발생한 바람직하지 않고 의도되지 아니한 징후, 증상 또는 질병을 말한다. (당해 화장품과 반드시 인과관계를 가져야하는 것은 아님)

2. 중대한 유해사례(Serious AE)
   ① 사망을 초래하거나 생명을 위협하는 경우
   ② 입원 또는 입원기간의 연장이 필요한 경우
   ③ 지속적 또는 중대한 불구나 기능저하를 초래하는 경우
   ④ 선천적 기형 또는 이상을 초래하는 경우
   ⑤ 기타 의학적으로 중요한 상황발생의 경우

3. 실마리 정보(Signal)
   위해사례와 화장품간의 인과관계 가능성이 있다고 보고된 정보로서 그 인과관계가 알려지지 않았거나 입증자료가 불충분한 것을 말한다.

4. 안전성 정보
   화장품과 관련하여 국민보건에 직접 영향을 미칠 수 있는 안전성, 유효성에 관한 새로운 자료, 유해사례 정보 등을 말한다.

5. 유해성
   사람의 건강이나 환경에 악영향을 미치는 화학물질들의 고유성질

6. 위해성
   유해성의 화학물질이 노출되어 사람의 건강이나 환경에 피해를 주는 정도

※ 유해 물질이란 유해성이 있는 화학물질을 말한다.

유해성의 종류

① 피부자극 –홍반, 부종, 염증 등 발생
② 항원성 – 항원으로 인지하여 알레르기 반응
③ 유전독성 – 인체의 유전자(염색체)에 영향미침
④ 전신독성 – 체내 장기조직에 손상 유발
⑤ 발암성 – 장기 사용 시 암발생의 원인제공
⑥ 생식 및 발생에 미치는 독성 – 선천적 기형 또는 이상을 초래

1 위해여부 판단

국민보건에 위해(危害)를 끼치거나 끼칠 우려가 있는 화장품이 유통 중인 사실을 알게 된 경우에는 지체 없이 해당 화장품을 회수하거나 회수하는 데에 필요한 조치를 하여야 한다.

(1) 화장품 원료 등의 위해 평가 : 화장품 성분의 안전성 확보를 위해 필요한 사항

다음과 같이 확인, 결과, 평가 등의 과정을 실시한다.

※ 화장품의 위해요소 : 화장품제조에 사용된 성분, 화학적 요인, 물리적 요인, 미생물적 요인

① 화장품원료에 대한 위해요소의 위해평가 (★★ 기출)

화장품법 시행규칙 제17조(화장품 원료 등의 위해평가)

평가과정	평가 내용	평가 방법
1. 위험성 확인	인체 내 독성 확인	위해요소 노출로 발생되는 독성의 정도와 영향의 종류 등 파악
2. 위험성 결정	인체노출 허용량을 산출	동물실험과 동물대체 실험결과 등의 불확실성 등을 보정하여 인체 노출허용량 결정
3. 노출평가	인체에 노출된 양을 산출	화장품 사용을 통해 노출되는 위해요소의 양 또는 수준을 정량적 또는 정성적으로 산출
4. 위해도 결정	위의 1,2,3의 결과를 종합하여 인체에 미치는 위해영향을 판단하는 '위해도 결정과정'을 거친다.	위해요소 및 이를 함유한 화장품의 사용에 따른 건강상 영향 및 인체노출허용량 또는 화장품 이외의 환경 등에 의하여 노출되는 위해요소의 양을 고려하여 사람에게 미칠 수 있는 위해의 정도와 발생빈도 등을 정량적 또는 정성적으로 예측

② 위해성평가의 수행

③ 위해화장품의 공표 – 화장품 시행규칙 제28조(위해화장품의 공표)

㉠ 1개 이상의 일반일간신문[당일 인쇄 · 보급되는 해당 신문의 전체 판(版)을 말한다] 및 해당 영업자의 인터넷 홈페이지에 게재하고, 식품의약품안전처의 인터넷 홈페이지에 게재를 요청

㉡ 공표 결과를 지체 없이 지방식품의약품안전청장에게 통보하여야 한다.

④ 회수 : 화장품을 회수하거나 회수하는 데에 필요한 조치〈개정 2019.3.14., 2020. 3.13.〉

㉠ 화장품제조업자 또는 화장품책임판매업자(이하 '회수의무자'라 한다)는 해당 화장품에 대하여 즉시 판매중지 등의 필요한 조치를 해야 한다.

㉡ 회수의무자는 회수대상화장품이라는 사실을 안 날부터 5일 이내에 회수계획서에 다음 각 호의 서류를 첨부하여 지방식품의약품안전청장에게 제출하여야 한다.

ⓐ 해당 품목의 제조 · 수입기록서 사본

ⓑ 판매처별 판매량 · 판매일 등의 기록

ⓒ 회수 사유를 적은 서류

(2) 회수 대상 화장품의 기준 - 제14조의2(회수 대상 화장품의 기준 및 위해성 등급 등)★★★

회수 대상 화장품이란? 유통 중인 화장품 중에서 다음에 해당하는 화장품

① 안전용기 · 포장 등에 위반되는 화장품 (법 제9조 안전용기 포장)
화장품책임판매업자 및 맞춤형화장품판매업자는 화장품을 판매할 때 어린이가 화장품을 잘못 사용하여 인체에 위해를 끼치는 사고가 발생하지 아니하도록 안전용기 · 포장을 사용해야함을 위반함

② 전부 또는 일부가 변패(變敗)된 화장품

③ 병원미생물에 오염된 화장품

④ 이물이 혼입되었거나 부착된 것 중에 보건위생상 위해를 발생할 우려가 있는 화장품

⑤ 사용할 수 없는 원료를 사용한 화장품

⑥ 식품의약품안전처장이 고시한 유통화장품 안전관리 기준에 적합하지 아니한 화장품(내용량의 기준에 관한 부분은 제외한다)

⑦ 사용기한 또는 개봉 후 사용기간(병행 표기된 제조연월일을 포함한다)을 위조 · 변조한 화장품

⑧ 판매 금지 등(법 제 16조제1항)에 위반되는 화장품

- 의약품으로 잘못 인식할 우려가 있게 기재 · 표시된 화장품
- 화장품제조업 혹은 화장품책임판매업 등록을 하지 아니한 자가 제조한 화장품 또는 제조 · 수입하여 유통 · 판매한 화장품
- 맞춤형화장품 판매업 신고를 하지 아니한 자가 판매한 맞춤형화장품
- 맞춤형화장품 판매업자가 맞춤형화장품 조제관리사를 두지 아니하고 판매한 맞춤형화장품
- 판매의 목적이 아닌 제품의 홍보 · 판매촉진 등을 위하여 미리 소비자가 시험 · 사용하도록 제조 또는 수입된 화장품
- 화장품의 포장 및 기재 · 표시 사항을 훼손(맞춤형화장품 판매를 위하여 필요한 경우는 제외 한다) 또는 위조 · 변조한 화장품

⑨ 그 밖에 영업자 스스로 국민보건에 위해를 끼칠 우려가 있어 회수가 필요하다고 판단한 화장품

> **참조** 위해사례보고 제14조의3 (위해화장품의 회수계획 및 회수절차 등)
> 1. 위해성 등급이 **가등급**인 화장품 : 회수를 시작한 날부터 15일 이내 보고
> 2. 위해성 등급이 **나등급** 또는 **다등급**인 화장품 : 회수를 시작한 날부터 30일 이내 보고

(3) 회수대상화장품의 위해성 등급 ★★★

그 위해성이 높은 순서에 따라 가등급, 나등급 및 다등급으로 구분하며, 해당 위해성 등급의 분류기준
- 다음 각 호의 구분에 따른다. 〈신설 2019.12.12〉

① 위해성 등급이 **가등급**인 화장품 :

- 식품의약품안전처장이 지정 고시한 화장품에 사용할 수 없는 원료 또는 사용상의 제한을 필요로 하는 특별한 원료(예. 보존제, 색소, 자외선 차단제 등)를 사용한 화장품

② 위해성 등급이 **나등급**인 화장품 :

- 어린이가 화장품을 잘못 사용하여 인체에 위해를 끼치는 사고가 발생하지 아니하도록 안전용기 · 포장을 사용해야함을 위반한 화장품

• 식품의약품안전처장이 고시한 유통화장품 안전관리 기준(기능성화장품의 기능성을 나타나게 하는 주원료 함량이 기준치에 부적합한 경우는 제외한다)에 적합하지 아니한 화장품

※ 화장품 안전기준등에 관한 규정 제4장 유통화장품 안전관리 기준 제6조 참조

(본서 3장 유통화장품 안전관리 내용에 설명)

③ 위해성 등급이 **다등급**인 화장품

• 전부 또는 일부가 변패(變敗)된 화장품 또는 병원미생물에 오염된 화장품

• 이물이 혼입되었거나 부착된 것 중에 보건위생상 위해를 발생할 우려가 있는 화장품

• 식품의약품안전처장이 고시한 유통화장품 안전관리 기준에 적합하지 아니한 화장품 (기능성화장품의 기능성을 나타나게 하는 주원료 함량이 기준치에 부적합한 경우만 해당한다)

• 사용기한 또는 개봉 후 사용기간(병행 표기된 제조연월일을 포함한다)을 위조 · 변조한 화장품

• 그 밖에 영업자 스스로 국민보건에 위해를 끼칠 우려가 있어 회수가 필요하다고 판단한 화장품

• 화장품제조업 혹은 화장품책임판매업 등록을 하지 아니한 자가 제조한 화장품 또는 제조 · 수입 하여 유통 · 판매한 화장품

• 맞춤형화장품 판매업 신고를 하지 아니한 자가 판매한 맞춤형화장품

• 맞춤형화장품 판매업자가 맞춤형화장품 조제관리사를 두지 아니하고 판매한 맞춤형화장품

• 의약품으로 잘못 인식할 우려가 있게 기재 · 표시된 화장품

• 판매의 목적이 아닌 제품의 홍보 · 판매촉진 등을 위하여 미리 소비자가 시험 · 사용하도록 제조 또는 수입된 화장품

• 화장품의 포장 및 기재 · 표시 사항을 훼손(맞춤형화장품 판매를 위하여 필요한 경우는 제외 한다) 또는 위조 · 변조한 화장품

2 위해사례 보고

※ 위해사례 보고 시기 → 신속보고 15일 이내 / 정기보고 매년 2회 보고 (1월, 7월)

※ 회수의무자는 회수대상화장품의 회수를 완료한 경우 회수종료신고서에 다음 각 호의 서류를 첨부하여 지방식품의약품안전청장에게 제출하여야 한다.(서류는 2년간 보관)

1. 회수확인서 사본
2. 폐기확인서 사본(폐기한 경우에만 해당한다)
3. 평가보고서 사본

① 안전성 정보의 보고

• 의사, 약사, 간호사, 판매자, 소비자 또는 관련단체 등의 장은 화장품의 사용 중 발생하였거나 알게 된 유해사례 등 안정성 정보에 대하여 식품의약품안전처장 또는 화장품책임판매업자에게 보고 할 수 있다.

• 식약처 홈페이지를 통해 보고하거나 전화, 우편, 팩스, 정보통신망 등의 방법으로 보고한다.

② 안전성 정보의 **신속보고**

화장품책임판매업자는 중대한 유해사례의 화장품 안전성 정보를 알게 된 때에는 그 날로부터 15일 이내에 식품의약품안전처장에게 신속히 보고해야 한다.

③ 안전성 정보의 **정기보고**

화장품책임판매업자는 신속보고 되지 아니한 화장품의 안전성 정보를 매 반기 종료 후 1개월이내(1월, 7월)에 식품의약품안전처장에게 보고해야 한다.

(1) 화장품 안전성 정보 보고 의무대상 및 분류

	보고 의무자	유해사례 보고내용 분류	보고대상
1	화장품책임판매업자	1. 화장품 안전성 정보의 신속보고(15일 이내) • 중대한 유해사례인 것 • 중대한 유해사례인 것과 관련하여 식품 의약품안전처장이 보고를 지시한 것 • 판매중지 혹은 회수에 중하는 외국정부의 조치 또는 이완 관련하여 식품의약품안전처장이 보고를 지시한 것 2. 화장품 안전성 정보의 정기보고(1월,7월) • 중대한 유해사례가 아닌 것으로 화장품 사용 후 증상 또는 질병으로 인한 안전성문제	식품의약품안전처장
2	의사, 약사, 간호사, 판매자, 소비자 또는 관련단체 등의 장	화장품의 사용 중 발생하였거나 알게 된 유해사례 등의 안정성 정보 보고	식품의약품안전처장 화장품책임판매업자

PART 02 단원평가문제

1 화장품의 13가지 유형별 분류에 속하지 않는 것은?

① 기초화장용 화장품
② 색조화장용 화장품
③ 어린이용 화장품
④ 눈 화장용 화장품
⑤ 채취방지용 화장품

해설

화장품의 유형별 분류 (13가지) : 영유아용 제품류, 목욕용제품류, 인체세정용제품류, 눈화장용 제품류, 방향용 제품류(향수), 두발 염색용, 색조화장용, 두발용, 손톱발톱용, 면도용, 기초화장용(화장수,에센스,로션, 크림), 채취방지용, 제모제거용

2 화장품에서 피부의 수분공급 또는 수분유지를 위해 이용되는 성분으로 특성이 다른 것은?

① 히아루론산
② 글리세린
③ 솔비톨
④ 프로필렌 글리콜
⑤ 달맞이꽃 종자유

해설

- ①~④ : 수분과 친화력이 있어 수분과 결합하여 수분증발억제
- ⑤ : 오일의 특성으로 피부표면에 유성막을 형성하여 수분증발 억제

3 다음 중 자외선으로부터 피부를 보호하거나 피부를 곱게 태워주는데 도움을 주는 제품의 성분이 아닌 것은?

① 벤조페논-4
② 이산화티타늄
③ 아데노신
④ 티타늄옥사이드
⑤ 옥토크릴렌

해설

아데노신은 주름개선을 도움을 주는 제품

4 다음 중에서 모발의 탈염, 탈색 등 색상 변화에 도움을 주는 제품의 성분이 아닌 것은?

① p-니트로-o-페닐렌디아민
② 알파-비사보롤
③ 2-아미노-4-니트로페놀
④ 황산-p-아미노페놀
⑤ 니트로-p-페닐렌디아민

해설

알파-비사보롤은 미백에 도움을 주는 성분

5 다음은 보존제의 성분과 사용한도를 설명하고 있다. 틀린 것은?

① 폴리에이치씨엘 : 0.05%
② 벤질 알코올 : 1%
③ 벤조익애씨드, 그 염류 및 에스텔류 : 0.5%
④ 벤조페논-4 : 5%
⑤ 페녹시에탄올 : 1.0%

해설

벤조페논-4는 자외선 차단제이다.

정답 1 ③ 2 ⑤ 3 ③ 4 ② 5 ④

6 알파-하이드록시애씨드(α-hydroxy acid, AHA) 0.5% 이상 함유제품의 사용상 주의사항이 아닌 것은?

① 저농도의 AHA성분이라도 부작용 발생의 우려가 있으므로 전문의 등의 상담을 받을 것
② 햇빛에 대한 피부의 감수성이 증가될 수 있으므로 자외선 차단제를 함께 사용할 것
③ 씻어내는 제품이거나 두발용 제품에 AHA 사용 가능
④ 피부 일부에 사용하여 피부이상여부를 확인 할 것
⑤ 고농도의 AHA성분이 들어있는 경우 부작용 발생 가능성 주의 할 것

해설

화장품 사용 시 주의 사항 참조

7 화장품의 수성원료인 물의 품질에 대한 내용으로 아닌 것은?

① 물의 품질 적합기준은 사용 목적에 맞게 규정하여야 한다.
② 물의 품질은 정기적으로 검사해야하고 필요시 미생물학적 검사를 실시하여야 한다.
③ 설비는 물의 정체와 오염을 피할 수 있도록 설치되어야 한다.
④ 물의 품질은 제품에 영향을 줄 수 있어야 한다.
⑤ 살균처리를 해야 한다.

해설

※ 우수화장품 제조 및 품질관리 기준 제14조 (시설)
• 물의 품질은 제품에 영향을 주면 안 된다.

8 화장품의 보관 및 취급 방법으로 바르게 서술한 것은?

① 햇빛이 잘 드는 곳에 보관 한다.
② 용기를 버릴 때는 반드시 뚜껑을 열어서 버린다.
③ 화장품의 보관은 누구나 손쉽게 닿는 곳에 보관한다.
④ 상처가 있는 부위가 작으면 사용해도 무방하다.
⑤ 직사광선이 내리쬐어도 통풍이 잘되는 곳에 보관은 안전하다.

해설

화장품 사용 시 주의 사항 참조 (제19조 제3항)

9 화장품에 중금속이온을 제거하기 위해 사용하는 원료는?

① 역성비누
② 금속이온봉쇄제
③ 자외선 차단제
④ 요오드
⑤ 산화방지제

해설

금속이온봉쇄제 : 원료 중에 혼입되어 있는 이온을 제거할 목적으로 사용

10 자외선(Utraviolet, UV)의 특성에 대한 설명으로 옳은 것은? ★★

① UV A와 UV B로만 분류한다.
② 자외선의 파장은 290~ 400nm로 분류한다.
③ UV B는 하루 중 가장 많이 조사되는 파장으로 일광 화상 및 홍반, 기미의 원인이다.
④ UV B는 320~400nm로 가장 긴 파장이다.
⑤ 자외선은 태양광선 중 유해성만 있다.

정답 6 ① 7 ④ 8 ② 9 ② 10 ③

해설

- ①~④ 자외선 파장 UV A(400~320nm) : 피부노화, 탄력저하, 주름형성 / UV B(290~320nm) : 생활자외선, 홍반, 기미, DNA손상, 피부암 유발 / UV C(200~280nm) : 피부암 주원인, 살균 소독
- ⑤ 자외선의 유익성 : 비타민 D 생성 → 암 발생 위험 감소

11 자외선 차단제의 성분이 아닌 것은?

① 산화아연
② 이산화티타늄
③ 징크옥사이드
④ 티타늄옥사이드
⑤ 아데노신

해설

주름개선 성분 : 아데노신, 레티놀, 레티닐팔미테이트, 폴리에톡실레이티드레틴아마이드

12 계면활성제 중에서 자극성이 가장 없어 화장품에 주로 사용되는 것은?

① 양쪽성이온 계면활성제
② 음이온성 계면활성제
③ 비이온성 계면활성제
④ 양이온성 계면활성제
⑤ 수소이온성 계면활성제

해설

자극성의 강도순서 : 비이온성 계면활성제 < 양쪽성이온 계면활성제 < 음이온성 계면활성제 < 양이온성 계면활성제

13 화장품의 종류를 분류할 때 특성이 다른 것은?

① 맞춤형화장품
② 기능성화장품
③ 유기농화장품
④ 천연화장품
⑤ 기초화장품

해설

화장품의 유형 (4가지) : 기능성화장품, 천연화장품, 유기농화장품, 맞춤형화장품

14 보습제의 종류로 틀린 것은?

① 글리세린
② 히아루론산 나트륨
③ 1,2 - 핵산 디올
④ 프로필렌글리콜
⑤ 1,3 부틸글리콜

해설

- 합성보존제 : 파라벤, 페녹시파라벤
- 천연보존제 : 1,2 핵산 디올

15 미백 기능성 원료에 해당하지 않는 것은?

① 닥나무 추출물
② 알파-비사보롤
③ 유용한 감초 추출물
④ 알부틴
⑤ 레티놀

해설

레티놀 - 주름개선 성분

16 다음 중 기능성 원료로 주름개선에 유용한 것은?

① 아스코빌 글루코사이드
② 알파-비사보롤
③ 레티닐 팔미테이트
④ 알부틴
⑤ 나이아신아마이드

해설

미백 성분 원료 : 닥나무 추출물, 알파-비사보롤, 알부틴, 나이아신아마이드, 아스코빌 글루코사이드, 비타민 C 유도체, 글루타치온 등

정답 11 ⑤ 12 ③ 13 ⑤ 14 ③ 15 ⑤ 16 ③

17 **계면활성제에서 친수성부위에 따라 분류한 것 중 기포발생이 좋고 세정력이 우수하여 세정제로 주로 쓰이는 것은?**

① 양쪽이온성 계면활성제
② 음이온성 계면활성제
③ 양이온성 계면활성제
④ 비이온성 계면활성제
⑤ 친유성 계면활성제

해설

세정력이 우수한 순서 : 음이온성 계면활성제 〉 양쪽성이온 계면활성제 〉 양이온성 계면활성제 〉 비이온성 계면활성제

18 **화장품에 사용되는 원료의 특성을 설명 한 것으로 옳은 것은?** [맞춤형화장품 조제관리사 자격시험 예시문항]

① 금속이온봉쇄제는 주로 점도증가, 피막형성 등의 목적으로 사용된다.
② 계면활성제는 계면에 흡착하여 계면의 성질을 현저히 변화시키는 물질이다.
③ 고분자화합물은 원료 중에 혼입되어 있는 이온을 제거할 목적으로 사용된다.
④ 산화방지제는 수분의 증발을 억제하고 사용감촉을 향상시키는 등의 목적으로 사용된다.
⑤ 유성원료는 산화되기 쉬운 성분을 함유한 물질에 첨가하여 산패를 막을 목적으로 사용된다.

해설

① 금속이온봉쇄제 : 원료 중에 혼입되어 있는 이온을 제거할 목적으로 사용
③ 고분자화합물 : 주로 점도증가, 피막형성 등의 목적으로 사용
④ 산화방지제 : 산화되기 쉬운 성분을 함유한 물질에 첨가하여 산패를 막을 목적으로 사용
⑤ 유성원료 : 수분의 증발을 억제하고 사용감촉을 향상시키는 등의 목적으로 사용

19 **맞춤형화장품의 내용물 및 원료에 대한 품질검사결과를 확인해 볼 수 있는 서류로 옳은 것은?** [맞춤형화장품 조제관리사 자격시험 예시문항]

① 품질규격서　② 품질성적서
③ 제조공정도　④ 포장지시서
⑤ 칭량지시서

20 **맞춤형화장품 매장에 근무하는 조제관리사에게 향료 알레르기가 있는 고객이 제품에 대해 문의를 해왔다. 조제관리사가 제품에 부착된 〈보기〉의 설명서를 참조하여 고객에게 안내해야 할 말로 가장 적절한 것은?** [맞춤형화장품 조제관리사 자격시험 예시문항]

〈보기〉

- 제품명 : 유기농 모이스춰로션
- 제품의 유형 : 액상 에멀젼류
- 내용량 : 50g
- 전성분 : 정제수, 1,3부틸렌글리콜, 글리세린, 스쿠알란, 호호바유, 모노스테아린산글리세린, 피이지 소르비탄지방산에스터, 1,2 헥산디올, 녹차추출물, 황금추출물, 참나무이끼추출물, 토코페롤, 잔탄검, 구연산나트륨, 수산화칼륨, 벤질알코올, 유제놀, 리모넨

① 이 제품은 유기농 화장품으로 알레르기 반응을 일으키지 않습니다.
② 이 제품은 알레르기는 면역성이 있어 반복해서 사용하면 완화될 수 있습니다.
③ 이 제품은 조제관리사가 조제한 제품이어서 알레르기 반응을 일으키지 않습니다.
④ 이 제품은 알레르기 완화 물질이 첨가되어 있어 알레르기 체질 개선에 효과가 있습니다.
⑤ 이 제품은 알레르기를 유발할 수 있는 성분이 포함되어 있어 사용 시 주의를 요합니다.

해설

알레르기 유발 물질 : 참나무이끼추출물, 유제놀, 리모넨

정답 17 ② 18 ② 19 ② 20 ⑤

21 다음 〈보기〉에서 ㉠에 적합한 용어를 작성하시오. [맞춤형화장품 조제관리사 자격시험 예시문항]

〈보기〉
(㉠)(이)란 화장품의 사용 중 발생한 바람직하지 않고 의도되지 아니한 징후, 증상 또는 질병을 말하며, 해당 화장품과 반드시 인과관계를 가져야 하는 것은 아니다.

22 다음 〈보기〉에서 ㉠에 적합한 용어를 작성하시오. [맞춤형화장품 조제관리사 자격시험 예시문항]

〈보기〉
계면활성제의 종류 중 모발에 흡착하여 유연효과나 대전 방지 효과, 모발의 정전기 방지, 린스, 살균제, 손 소독제 등에 사용되는 것은 (㉠) 계면활성제이다.

23 다음 〈보기〉 중 맞춤형화장품 조제관리사가 올바르게 업무를 진행한 경우를 모두 고르시오. [맞춤형화장품 조제관리사 자격시험 예시문항]

〈보기〉
㉠ 고객으로부터 선택된 맞춤형화장품을 조제관리사가 매장 조제실에서 직접 조제하여 전달하였다.
㉡ 조제관리사는 썬크림을 조제하기 위하여 에틸헥실메톡시신나메이트를 10%로 배합, 조제하여 판매하였다.
㉢ 책임판매업자가 기능성화장품으로 심사 또는 보고를 완료한 제품을 맞춤형화장품 조제관리사가 소분하여 판매하였다.
㉣ 맞춤형화장품 구매를 위하여 인터넷 주문을 진행한 고객에게 조제관리사는 전자상거래 담당자에게 직접 조제하여 제품을 배송까지 진행하도록 지시하였다.

24 화장품과 관련하여 국민보건에 직접 영향을 미칠 수 있는 안전성, 유효성에 관한 새로운 자료, 유해사례 정보 등을 (㉠)라고 말한다. 유해사례 발생 시 신속보고는 (㉡)일 이내에 정기보고는 매년 반기 종료 후 (㉢) 이내에 한다.

25 유해사례와 화장품간의 인과관계 가능성이 있다고 보고된 정보로서 그 인과관계가 알려지지 아니하거나 입증자료가 불충분한 것을 (㉠)라 한다. [1회 기출문제]

정답 21 유해사례 22 양이온 23 ㉠, ㉢ 24 ㉠ 안전성 정보 ㉡ 15 ㉢ 1 25 실마리정보

MEMO

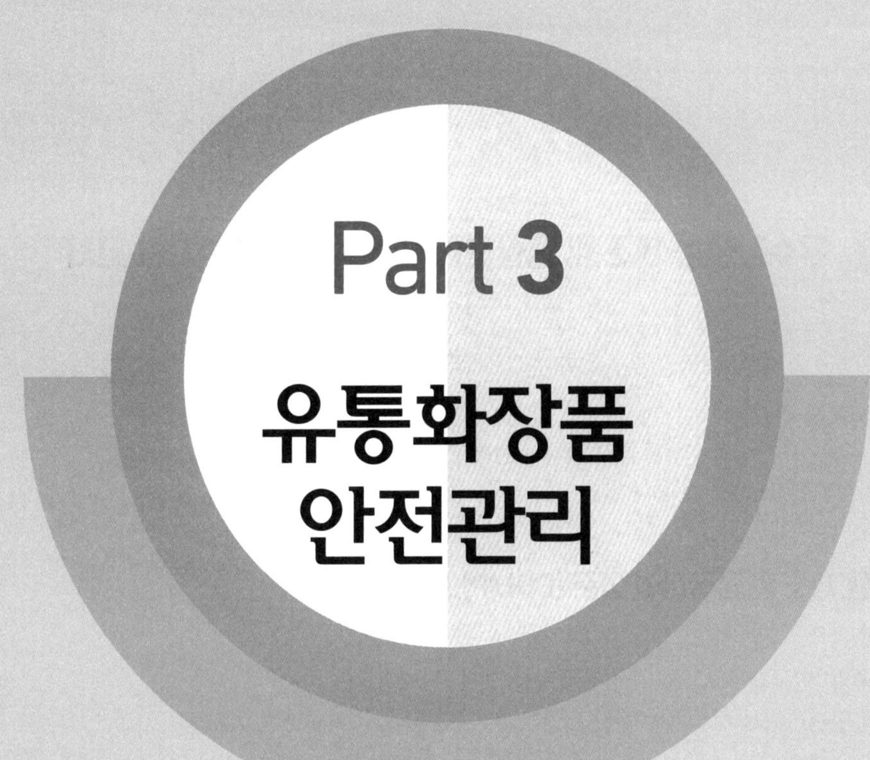
Part 3
유통화장품
안전관리

03 유통화장품 안전관리

Chapter 1 우수화장품 제조 및 품질관리기준에 관한 세부사항 고시

1. 목적 : 우수한 화장품을 제조 · 공급하여 소비자보호 및 국민 보건 향상에 기여함을 목적으로 한다.
2. 우수화장품 제조 및 품질관리 기준(Cosmetic Good Manufacturing Practice, CGMP)
   우수한 화장품을 제조 공급하기 위한 제조 및 품질관리에 관한 기준으로 직원, 시설, 장비 및 원자재, 반제품, 완제품 등의 취급 및 실시방법을 정한 것이다.

1 우수화장품 제조 및 품질관리 기준 (CGMP)의 3대 요소

① 인위적인 과오의 최소화

② 미생물 오염 및 교차오염으로 인한 품질저하 방지

③ 고도의 품질관리체계

2 우수화장품 제조 및 품질관리 기준에 따른 용어 정의

	용어	정의 (화장품법 시행규칙 : 우수화장품 제조 및 품질관리기준)
1	제조	원료 물질의 칭량부터 혼합, 충전(1차포장), 2차포장 및 표시 등의 일련의 작업을 말한다.
2	품질보증	제품이 적합 판정 기준에 충족될 것이라는 신뢰를 제공하는데 필수적인 모든 계획되고 체계적인 활동을 말한다.
3	일탈	제조 또는 품질관리 활동 등의 미리 정하여진 기준을 벗어나 이루어진 행위를 말한다.
4	기준일탈 (out-of-specification)	규정된 합격 판정 기준에 일치하지 않는 검사, 측정 또는 시험결과를 말한다.
5	원료	벌크 제품의 제조에 투입하거나 포함되는 물질을 말한다.
6	원자재	화장품 원료 및 자재를 말한다.
7	불만	제품이 규정된 적합판정기준을 충족시키지 못한다고 주장하는 외부 정보를 말한다.
8	회수	판매한 제품 가운데 품질 결함이나 안전성 문제 등으로 나타난 제조번호의 제품(필요 시 여타 제조번호 포함)을 제조소로 거두어들이는 활동을 말한다.
9	오염	제품에서 화학적, 물리적, 미생물학적 문제 또는 이들이 조합되어 나타내는 바람직하지 않은 문제의 발생을 말한다.

	용어	정의 (화장품법 시행규칙 : 우수화장품 제조 및 품질관리기준)
10	청소	화학적인 방법, 기계적인 방법, 온도, 적용시간과 이러한 복합된 요인에 의해 청정도를 유지하고 일반적으로 표면에서 눈에 보이는 먼지를 분리, 제거하여 외관을 유지하는 모든 작업을 말한다.
11	유지관리	적절한 작업 환경에서 건물과 설비가 유지되도록 정기적 · 비정기적인 지원 및 검증 작업을 말한다.
12	주요설비	제조 및 품질 관련 문서에 명기된 설비로 제품의 품질에 영향을 미치는 필수적인 설비를 말한다.
13	교정	규정된 조건 하에서 측정기기나 측정 시스템에 의해 표시되는 값과 표준기기의 참값을 비교하여 이들의 오차가 허용범위 내에 있음을 확인하고, 허용범위를 벗어나는 경우 허용범위 내에 들도록 조정하는 것을 말한다.
14	제조번호 (=뱃치번호)	일정한 제조단위분에 대하여 제조관리 및 출하에 관한 모든 사항을 확인할 수 있도록 표시된 번호로서 숫자 · 문자 · 기호 또는 이들의 특정적인 조합을 말한다.
15	반제품	제조공정 단계에 있는 것으로서 필요한 제조공정을 더 거쳐야 벌크 제품이 되는 것을 말한다.
16	벌크제품	충전(1차포장) 이전의 제조 단계까지 끝낸 제품을 말한다.
17	제조단위(=뱃치)	하나의 공정이나 일련의 공정으로 제조되어 균질성을 갖는 화장품의 일정한 분량을 말한다.
18	완제품	출하를 위해 제품의 포장 및 첨부 문서에 표시공정 등을 포함한 모든 제조공정이 완료된 화장품을 말한다.
19	재작업	적합 판정기준을 벗어난 완제품, 벌크제품 또는 반제품을 재처리하여 품질이 적합한 범위에 들어오도록 하는 작업을 말한다.
20	수탁자	직원, 회사 또는 조직을 대신하여 작업을 수행하는 사람, 회사 또는 외부 조직을 말한다.
21	공정관리	제조공정 중 적합판정기준의 충족을 보증하기 위하여 공정을 모니터링하거나 조정하는 모든 작업을 말한다.
22	감사	제조 및 품질과 관련한 결과가 계획된 사항과 일치하는지의 여부와 제조 및 품질관리가 효과적으로 실행되고 목적 달성에 적합한지 여부를 결정하기 위한 체계적이고 독립적인 조사를 말한다.
23	변경관리	모든 제조, 관리 및 보관된 제품이 규정된 적합판정기준에 일치하도록 보장하기 위하여 우수 화장품 제조 및 품질관리기준이 적용되는 모든 활동을 내부 조직의 책임하에 계획하여 변경하는 것을 말한다.
24	내부감사	제조 및 품질과 관련한 결과가 계획된 사항과 일치하는지의 여부와 제조 및 품질관리가 효과적으로 실행되고 목적 달성에 적합한지 여부를 결정하기 위한 회사 내 자격이 있는 직원에 의해 행해지는 체계적이고 독립적인 조사를 말한다.
25	포장재	화장품의 포장에 사용되는 모든 재료를 말하며 운송을 위해 사용되는 외부 포장재는 제외한 것이다. 제품과 직접적으로 접촉하는지 여부에 따라 1차 또는 2차 포장재라고 말한다.
26	적합판정기준	시험 결과의 적합 판정을 위한 수적인 제한, 범위 또는 기타 적절한 측정법을 말한다.
27	소모품	청소, 위생 처리 또는 유지 작업 동안에 사용되는 물품(세척제, 윤활제 등)을 말한다.
28	관리	적합 판정 기준을 충족시키는 검증을 말한다.

	용어	정의 (화장품법 시행규칙 : 우수화장품 제조 및 품질관리기준)
29	제조소	화장품을 제조하기 위한 장소를 말한다.
30	건물	제품, 원료 및 포장재의 수령, 보관, 제조, 관리 및 출하를 위해 사용되는 물리적 장소, 건축물 및 보조 건축물을 말한다.
31	위생관리	대상물의 표면에 있는 바람직하지 못한 미생물 등 오염물을 감소시키기 위해 시행되는 작업을 말한다.
32	출하	주문 준비와 관련된 일련의 작업과 운송 수단에 적재하는 활동으로 제조소 외로 제품을 운반하는 것을 말한다.

3 우수화장품 제조 및 품질관리기준 따른 인적자원 및 교육

참조 제2장 인적자원 [※화장품법 시행규칙 : 우수화장품 제조 및 품질관리기준]

제3조(조직의 구성)

1. 제조소별로 독립된 제조부서와 품질보증부서를 두어야 한다.
2. 조직구조는 조직과 직원의 업무가 원활히 이해될 수 있도록 규정되어야 하며, 회사의 규모와 제품의 다양성에 맞추어 적절하여야 한다.
3. 제조소에는 제조 및 품질관리 업무를 적절히 수행할 수 있는 충분한 인원을 배치하여야 한다.

제4조(직원의 책임)

1. 모든 작업원은 다음 각 호를 이행해야 할 책임이 있다.
   ① 조직 내에서 맡은 지위 및 역할을 인지해야 할 의무
   ② 문서접근 제한 및 개인위생 규정을 준수해야 할 의무
   ③ 자신의 업무범위 내에서 기준을 벗어난 행위나 부적합 발생 등에 대해 보고해야 할 의무
   ④ 정해진 책임과 활동을 위한 교육훈련을 이수할 의무
2. 품질보증 책임자는 화장품의 품질보증을 담당하는 부서의 책임자로서 다음 각 호의 사항을 이행하여야 한다.
   ① 품질에 관련된 모든 문서와 절차의 검토 및 승인
   ② 품질 검사가 규정된 절차에 따라 진행되는지의 확인
   ③ 일탈이 있는 경우 이의 조사 및 기록
   ④ 적합 판정한 원자재 및 제품의 출고 여부 결정
   ⑤ 부적합품이 규정된 절차대로 처리되고 있는지의 확인
   ⑥ 불만처리와 제품회수에 관한 사항의 주관

제5조(교육훈련)

1. 제조 및 품질관리 업무와 관련 있는 모든 직원들에게 각자의 직무와 책임에 적합한 교육훈련이 제공될 수 있도록 연간계획을 수립하고 정기적으로 교육을 실시하여야 한다.
2. 교육담당자를 지정하고 교육훈련의 내용 및 평가가 포함된 교육훈련 규정을 작성하여야 하되, 필 요한 경우에는 외부 전문기관에 교육을 의뢰할 수 있다.
3. 교육 종료 후에는 교육결과를 평가하고, 일정한 수준에 미달할 경우에는 재교육을 받아야 한다.
4. 새로 채용된 직원은 업무를 적절히 수행할 수 있도록 기본 교육훈련 외에 추가 교육훈련을 받아 야 하며 이와 관련한 문서화된 절차를 마련하여야 한다.

4 우수화장품 제조 및 품질관리기준 따른 시설기준

참조 화장품법 제6조(시설기준 등)

1. 법 제3조제2항 본문에 따라 화장품제조업을 등록하려는 자가 갖추어야 하는 시설은 다음 각 호와 같다. 〈개정 2019. 3. 14.〉
   ① 제조 작업을 하는 다음 각 목의 시설을 갖춘 작업소
      가. 쥐 · 해충 및 먼지 등을 막을 수 있는 시설
      나. 작업대 등 제조에 필요한 시설 및 기구
      다. 가루가 날리는 작업실은 가루를 제거하는 시설
   ② 원료 · 자재 및 제품을 보관하는 보관소
   ③ 원료 · 자재 및 제품의 품질검사를 위하여 필요한 시험실
   ④ 품질검사에 필요한 시설 및 기구

참조 [※화장품법 시행규칙 : 우수화장품 제조 및 품질관리기준]

제3장 제조 제1절 시설기준

제7조(건물)

1. 건물은 다음과 같이 위치, 설계, 건축 및 이용되어야 한다.
   ① 제품이 보호되도록 할 것
   ② 청소가 용이하도록 하고 필요한 경우 위생관리 및 유지관리가 가능하도록 할 것
   ③ 제품, 원료 및 포장재 등의 혼동이 없도록 할 것
2. 건물은 제품의 제형, 현재 상황 및 청소 등을 고려하여 설계하여야 한다.

Chapter 2 작업장 위생관리

1 작업장의 위생 기준

참조 제3장 제조_제1절 시설기준_제8조(시설) [※우수화장품 제조 및 품질관리기준]

1. 작업소는 다음 각 호에 적합하여야 한다.
   ① 제조하는 화장품의 종류 · 제형에 따라 적절히 구획 · 구분되어 있어 교차오염 우려가 없을 것
   ② 바닥, 벽, 천장은 가능한 청소하기 쉽게 매끄러운 표면을 지니고 소독제 등의 부식성에 저항력이 있을 것
   ③ 환기가 잘 되고 청결할 것
   ④ 외부와 연결된 창문은 가능한 열리지 않도록 할 것
   ⑤ 작업소 내의 외관 표면은 가능한 매끄럽게 설계하고, 청소, 소독제의 부식성에 저항력이 있을 것
   ⑥ 수세실과 화장실은 접근이 쉬워야 하나 생산구역과 분리되어 있을 것
   ⑦ 작업소 전체에 적절한 조명을 설치하고, 조명이 파손될 경우를 대비한 제품을 보호할 수 있는 처리절차를 마련할 것
   ⑧ 제품의 오염을 방지하고 적절한 온도 및 습도를 유지할 수 있는 공기조화시설 등 적절한 환기시설을 갖출 것
   ⑨ 각 제조구역별 청소 및 위생관리 절차에 따라 효능이 입증된 세척제 및 소독제를 사용할 것
   ⑩ 제품의 품질에 영향을 주지 않는 소모품을 사용할 것

2. 제조 및 품질관리에 필요한 설비 등은 다음 각 호에 적합하여야 한다.
   ① 사용목적에 적합하고, 청소가 가능하며, 필요한 경우 위생 · 유지관리가 가능하여야 한다. 자동화시스템을 도입한 경우도 또한 같다.
   ② 사용하지 않는 연결 호스와 부속품은 청소 등 위생관리를 하며, 건조한 상태로 유지하고 먼지, 얼룩 또는 다른 오염으로부터 보호할 것
   ③ 설비 등은 제품의 오염을 방지하고 배수가 용이하도록 설계, 설치하며, 제품 및 청소 소독제와 화학반응을 일으키지 않을 것
   ④ 설비 등의 위치는 원자재나 직원의 이동으로 인하여 제품의 품질에 영향을 주지 않도록 할 것
   ⑤ 용기는 먼지나 수분으로부터 내용물을 보호할 수 있을 것
   ⑥ 제품과 설비가 오염되지 않도록 배관 및 배수관을 설치하며, 배수관은 역류되지 않아야 하고, 청결을 유지할 것
   ⑦ 천정 주위의 대들보, 파이프, 덕트 등은 가급적 노출되지 않도록 설계하고, 파이프는 받침대 등으로 고정하고 벽에 닿지 않게 하여 청소가 용이하도록 설계할 것
   ⑧ 시설 및 기구에 사용되는 소모품은 제품의 품질에 영향을 주지 않도록 할 것

※ 공기조화시설 – 청정등급 유지에 필수, 주기적 점검 · 기록

	1	2	3	4
4대요소	청정도	실내온도	습도	기류
대응설비	공기정화기	열교환기	가습기	송풍기

※ **작업장의 청정도기준** (기출 ★★★)

청정도 등급	대상시설	작업실 분류	청정기 순환	관리기준	작업복장
1	청정도 엄격관리	Clean Bench	20회/hr 이상 (혹은 차압관리)	낙하균 10개/hr 또는 부유균 20개/㎥	작업복 작업모 작업화
2	화장품 내용물이 노출되는 작업실	제조실 성형실 충전실 내용물보관소 (원료칭량실) 미생물시험실	10회/hr 이상 (혹은 차압관리)	낙하균 30개/hr 또는 부유균 200개/㎥	작업복 작업모 작업화
3	화장품 내용물이 노출 안 되는 곳	포장실	차압관리	갱의, 포장재의 외부청 소 후 반입	작업복 작업모 작업화
4	일반 작업실	포장재보관소 완제품보관소 관리품보관소 원료보관소 갱의실 일반실험실	환기장치	–	–

※ **차압이란?**

공기조절, 작업장의 실압관리. 외부의 먼지가 작업장으로 유입되지 않도록 설계

1) 모든 작업소의 조건

불결한 곳으로부터 분리, 구획, 구분되어 위생적인 상태 유지해야 한다.

① 분리 : 별개의 건물이거나 동일한 건물일 경우, 별도의 장소로 구분되어 공기조화 장치가 따로 되어 있는 상태

② 구획 : 벽, 칸막이, Air Curtain에 의해 나누어져 있으며, 교차오염이나 혼입이 방지될 수 있는 상태

③ 구분 : 선 또는 간격을 두어 혼동이 되지 않도록 구별하여 관리할 수 있는 상태

2 작업장의 위생 상태

※ 우수화장품 제조 및 품질관리기준 시행규칙 제9조(작업소의 위생)

1) 곤충, 해충이나 쥐를 막을 수 있는 대책을 세우고 정기적으로 점검 확인한다.

※ 곤충, 해충, 쥐를 막을 수 있는 대책

① 벌레가 좋아하는 것을 제거한다.

② 빛이 밖으로 새나가지 않도록 한다.

③ 조사 및 구제 실시한다.

④ 폐수구에 트랩을 설치한다.

⑤ 골판지, 나무 부스러기 등을 방치하지 않는다.(벌레의 모임방지)

2) 제조, 관리 및 보관 구역의 바닥, 천장, 벽 및 창문을 항상 청결하게 유지한다.

① 창문은 틈이 없도록 하고, 개방형으로 만들지 않으며, 야간에 빛의 노출방지

② 벽, 천장, 창문 파이프구멍이 없게 한다.

③ 실내압을 외부(실외)보다 높게 한다.

④ 청소 와 정리 정돈

⑤ 배기구, 흡입구에 필터를 설치

3) 제조시설이나 설비의 세척에 사용되는 세제 또는 소독제는 효능이 입증된 것을 사용하고 잔류하거나 적용하는 표면에 이상을 초래하지 아니하여야 한다.

4) 제조시설이나 설비는 적절한 방법으로 청소하여야 하며, 필요한 경우 위생관리 프로그램을 운영하여야 한다.

3 작업장의 위생 유지관리 활동

참조 제10조(유지관리) 우수화장품 제조 및 품질관리기준 시행규칙

① 건물, 시설 및 주요 설비는 정기적으로 점검하여 화장품의 제조 및 품질관리에 지장이 없도록 유지 · 관리 · 기록하여야 한다.

② 결함 발생 및 정비 중인 설비는 적절한 방법으로 표시하고, 고장 등 사용이 불가할 경우 표시 하여야 한다.

③ 세척한 설비는 다음 사용 시까지 오염되지 아니하도록 관리하여야 한다.

④ 모든 제조 관련 설비는 승인된 자만이 접근 · 사용하여야 한다.

⑤ 제품의 품질에 영향을 줄 수 있는 검사 · 측정 · 시험장비 및 자동화장치는 계획을 수립하여 정기적으로 교정 및 성능 점검을 하고 기록해야 한다.

⑥ 유지관리 작업이 제품의 품질에 영향을 주어서는 안 된다.

(1) 작업소 위생 점검

작업소 위생관리 점검표 작성(※ 작업소 위생관리 점검표 비치 및 기록 후 해당 부서장에게 보고함)

① 점검 방법 : 작업장별로 담당자를 두고 청소 및 위생 상태를 주기적으로 점검한다.

• 점검방법 : 작업소별로 요구되는 청정도에 맞추어 육안검사

② 점검시기 : 수시점검과 정기점검이 있다.

• 수시점검 : 작업장별 특성에 따라 작업하며 수시점검

• 정기점검 : 일정간격으로 규칙적으로 점검

(작업소별로 특성에 따라 정함 : 일별, 주별, 월별 점검)

(2) 청소 도구 및 소독제의 구분 관리

1) 청소용수 : 청소시 사용하는 물

참조 제14조(물의 품질) 우수화장품 제조 및 품질관리기준 시행규칙

① 물의 품질 적합기준은 사용 목적에 맞게 규정하여야 한다.

② 물의 품질은 정기적으로 검사해야 하고 필요시 미생물학적 검사를 실시하여야 한다.

③ 물 공급 설비는 다음 각 호의 기준을 충족해야 한다.

㉠ 물의 정체와 오염을 피할 수 있도록 설치될 것

㉡ 물의 품질에 영향이 없을 것

㉢ 살균처리가 가능할 것

① 사용하는 물의 품질 적합기준을 사용목적별로 분류

㉠ 제조설비 세척용 : 정제수, 상수

㉡ 손세정 : 상수

㉢ 제품용수 : 화장품 제조시 적합한 정제수

② 물의 소독(Sterilization)

㉠ 제조용수의 미생물관리는 소독이 기본이며, 자외선조사, 열을 가하는 방법 등을 이용

③ 물의 품질검사

㉠ 정제수에 대한 품질검사(제조 작업 실시전에 실시함이 원칙)

㉡ 사용수의 품질을 주기별로 시험항목을 설정하여 시험

※ 〈품질검사 시기 및 시험항목〉

- 매질 작업 전 : 성상(향취 및 외관상태), pH, 총유기체탄소, 전도도 등
- 주간 : 순도시험 (염화물, 황산염, 질산성산소 등), 미생물 검사

2) 청소도구

① 세척솔 : 바닥의 이물질, 먼지 등 제거에 사용

② 진공청소기 : 작업장의 바닥, 작업대, 기계들의 먼지를 제거하는데 사용

③ 브러쉬 : 기계나 시설기구 등에 붙은 이물질을 제거하는데 사용

④ 위생수건(부직포 등) : 작업소에 비치되어 있는 구조물이나 설비, 물품 등에 묻어 있는 먼지나 물기 등을 제거하는데 사용

⑤ 물끌개 : 물기나 이물질 등을 제거하는데 사용

⑥ 걸레 : 작업장 바닥 및 기타 시설들의 이물질들을 제거하는데 사용

3) 소독액 : 70% 에탄올, 이소프로필 알코올

4) 청소 도구의 관리

① 진공청소기는 별도의 보관함에 관리, 소독액은 필요장소에 별도 비치

② 청소 도구함 설치 : 청소도구, 소독액 및 세제 등 보관관리

③ 청소 도구의 세척 및 소독 : 청소 도구가 오염원이 되지 않도록 관리할 것
(필요 시 수시로 소독 및 건조 실시)

4 작업장 위생 유지를 위한 세제의 종류와 사용법

각 제조 구역별 청소 및 위생관리 절차에 따라 효능이 입증된 세척제를 사용할 것

※ 주로 사용되는 세제

- 연성세제 또는 일반 주방세제 0.5%
- 사용방법 : 세척 후 물기가 남지 않도록 깨끗하게 닦아내거나 건조시킨다.

참조 [별표 6] 세척제에 사용가능한 원료

- 과산화수소(Hydrogen peroxide/their stabilizing agents)
- 과초산(Peracetic acid)
- 락틱애씨드(Lactic acid)
- 알코올(이소프로판올 및 에탄올)
- 계면활성제(Surfactant)
  - 재생가능
  - EC50 or IC50 or LC50 〉 10 mg/l
  - 혐기성 및 호기성 조건하에서 쉽고 빠르게 생분해 될 것(OECD 301 〉 70% in 28 days)
  - 에톡실화 계면활성제는 상기 조건에 추가하여 다음 조건을 만족하여야 함(전체 계면활성제의 50% 이하일 것, 에톡실화가 8번 이하일 것, 유기농 화장품에 혼합되지 않을 것)
- 석회장석유(Lime feldspar-milk)
- 소듐카보네이트(Sodium carbonate)
- 소듐하이드록사이드(Sodium hydroxide)
- 시트릭애씨드(Citric acid)
- 식물성 비누(Vegetable soap)
- 아세틱애씨드(Acetic acid)
- 열수와 증기(Hot water and Steam)
- 정유(Plant essential oil)
- 포타슘하이드록사이드(Potassium hydroxide)
- 무기산과 알칼리(Mineral acids and alkalis)

5 작업장 소독을 위한 소독제의 종류와 사용법

각 제조 구역별 청소 및 위생관리 절차에 따라 효능이 입증된 소독제를 사용할 것

※ 청소 후 소독시 주로 사용되는 소독제

- 락스 이용 : 오염물 제거
  알코올(70% 에탄올) 소독액 이용 : 70% 에탄올, 가연성이므로 사용 시 화기에 주의
- 사용방법
  ① 소독하고자하는 설비 또는 기구에 70% 에탄올을 스프레이로 뿌리거나 10분 가량 담가둔다.
  ② 에어로 건조시키거나, UV처리한 수건이나 부직포로 닦아낸다.

세척의 원칙

- 위험성이 없는 용제로 세척 (물이 가장 안정)
- 가능한 한 세제를 사용하지 않음
- 증기세척이 좋은 방법
- 브러시 등으로 문질러 지우는 것을 고려
- 분해할 수 있는 설비는 분해해서 세척
- 세척 후 반드시 '판정'
- 판정 후 설비는 건조 · 밀폐하여 보존
- 세척의 유효기간 설정

(1) 작업소 청소 및 소독 방법

1) 작업소 청소 및 소독 주기

① 청소 및 소독은 매일 실시함을 원칙으로 한다.

- 연속 2일 이상 휴무한 경우 : 작업 전 먼지제거와 청소를 간단히 실시 후 확인 점검하고 작업을 시작한다.
- 작업소 및 보관소는 작업 종류 후 즉시 청소를 하며 필요 시 소독 병행
- 작업소 및 보관소는 월 1회 이상 전체 소독실시
- 제조설비의 반출입 혹은 수리를 한 경우에는 바로 청소하고 필요 시 소독하여 오염예방

② 청소 및 소독은 작업소별로 실시한다.
(소독시에는 '소독 중'이라는 표지판을 해당 작업실 출입구에 부착)

※ 공통 작업

① 필요시 연성세제 또는 락스 이용하여 오염물 제거
② 알코올(70% 에탄올) 소독액 이용하여 배수로 및 세척실 내부 소독
③ 물청소 시 반드시 물기 제거
④ 청소 후 작업실 내 물기 완전 제거하고 배수구 뚜껑을 꼭 닫는다.
⑤ 작업실 내 설치되어있는 배수로, 배수구는 월1회 락스 소독
(소독 후 내용 잔류물 기타 이물을 완전히 제거하여 깨끗이 청소)
⑥ 일반용수를 이용하여 세제성분이 잔존하지 않도록 깨끗이 세척한 이후 물기 완전 제거
(물끌개, 자외선 소독기에 소독한 걸레(부직포) 등 이용)
⑦ 작업종류 또는 일과종료 후 바닥, 작업대, 벽, 창틀 등에 묻은 이물질, 작업 잔류물 등은 위생수건 이나 걸레 등을 이용하여 제거

2) 작업소별 청소 및 소독 방법

① 제조실 : 물품을 만드는 장소로 환경균 측정결과 부적합할 때와 기타 필요시 소독 실시
- 소독 시 기계류, 기구류 등을 완전히 밀봉 · 밀폐하여 외부 이물질에 오염되지 않게 한다.

② 칭량실 : 원료 칭량 후 수시 청소(부직포, 걸레 등을 이용하여 청소)
- 작업 종료 후 작업대, 바닥, 원료용기, 칭량기기, 벽 등 이물질이나 먼지 제거
- 해당 작업원 이외의 출입통제

③ 반제품 보관소 : 내용물의 저장용기는 완전 밀봉유지 (오염원 방지)
- 저장 반제품의 품질저하를 방지하기 위해 실내 적정(18~28℃)온도유지
- 수시점검, 이상발생시 해당부서장에 보고품질관리부로 통보 조치
- 해당 작업원 외의 출입 통제

④ 충전, 포장실 :
- 제조공정 중이거나 제조공정 간의 오염 방지를 위해 바닥, 작업대 등은 수시 혹은 정기적 으로 청소 실시
- 설비 혹은 생산중인 제품에 오염방지를 위해 작업 중 자재, 내용물 저장통, 완제품 등의 이동시 먼지, 이물질 제거

⑤ 원료보관소
- 입고 장소 및 각 저장통은 작업 후 걸레로 닦아내고, 오염물 유출시 물걸레로 제거
- 바닥, 벽면, 보관용 적재대, 원료저장통 주변 청소를 하고 물걸레로 오염물 제거

⑦ 원자재 보관소 : 작업 후 걸레로 청소한 후 바닥, 벽면 등의 먼지 및 이물 제거

⑧ 화장실
- 바닥에 잔존하는 이물질, 세제 잔여물 완전히 제거 후 소독제로 바닥 세척
- 청소, 배수 후에는 바닥의 물기가 없도록 완전히 제거

(2) 청소 및 소독 시 유의사항

1) 구석구석 안 보이는 곳까지 세밀하게 청소, 소독하고, 물청소 후는 물기 완전히 제거 한다.

2) 소독시 기계류, 기구류, 내용물 등에는 절대 오염이 안 되도록 한다.

3) 청소 후 상태 점검 재확인하여 이상이 없도록 한다.

4) 청소도구는 오염원이 되지 않도록 사용 후 세척 건조하며 필요시 소독한다.

Chapter 3 작업자 위생관리

참조 화장품법 시행규칙 제12조 2항 우수화장품 제조 및 품질관리기준

제6조(직원의 위생)

① 적절한 위생관리 기준 및 절차를 마련하고 제조소 내의 모든 직원은 이를 준수해야 한다.

② 작업소 및 보관소 내의 모든 직원은 화장품의 오염을 방지하기 위해 규정된 작업복을 착용해야 하고 음식물 등을 반입해서는 아니 된다.

③ 피부에 외상이 있거나 질병에 걸린 직원은 건강이 양호해지거나 화장품의 품질에 영향을 주지 않는다는 의사의 소견이 있기 전까지는 화장품과 직접적으로 접촉되지 않도록 격리되어야 한다.

④ 제조구역별 접근 권한이 있는 작업원 및 방문객은 가급적 제조, 관리 및 보관구역 내에 들어가 지 않도록 하고, 불가피한 경우 사전에 직원 위생에 대한 교육 및 복장 규정에 따르도록 하고 감독하여야 한다.

1 작업장 내 직원의 위생 기준 설정

1) 적절한 위생관리 기준 및 절차 마련 모든 직원 준수

① 직원 교육 : 위생교육 실시, 정기적인 교육 실기

② 직원의 위생관리 기준 및 절차

- 직원의 작업시 복장
- 직원의 건강상태
- 직원에 의한 제품의 오염방지에 관한 사항
- 직원의 손 씻는 방법
- 직원의 작업 중 주의 사항
- 방문객 및 교육훈련을 받지 않은 직원의 위생관리 포함

2) 화장품의 오염 방지를 위해 규정된 작업복 착용하고 음식물의 반입 금지

(직원은 작업위생에 적절한 작업복 및 모자 신발 착용, 필요한 경우 마스크, 장갑 착용)

① 작업복 : 작업 목적과 오염도에 따라 세탁하며, 필요시 소독

② 작업 전에 복장 점검 : 부적합한 경우 시정

③ 직원은 작업장 별도의 구역에 의약품 및 개인적 물품 보관

④ 음식, 음료수 섭취 및 흡연 등은 제조 및 보관 지역과 분리된 지역에서만 가능

3) 피부에 외상이 있거나 질병에 걸린 직원상태가 양호해지거나 화장품 품질에 영향을 주지 않는다는 의사의 소견이 있을 때까지는 화장품과 직접적인 접촉이 없도록 격리

① 제품 품질 및 안전성에 악영향을 미칠 것 같은 건강 조건을 가진 직원 : 원료, 포장, 제품 또는 제품 표면에 직접 접촉을 금지 한다.

② 명확한 질병 또는 노출된 피부에 상처가 있는 직원 : 병증상이 회복되었거나 의사의 진단이 제품 품질에 악영향을 끼치지 않을 것이라는 판단이 있을 때까지는 제품과의 직접적인 접촉을 금지한다.

4) **제조 구역별 접근권한이 있는 작업원 및 방문객은 가급적이면 제조, 관리 및 보관구역 내에 들어가지 않도록 한다.**

→ 부득이한 경우 사전에 직원 위생에 대한 교육 및 복장규정에 따르도록 감독

① 방문객이나 안전위생 교육을 받지 않은 직원의 경우

- 화장품 제조, 관리, 보관을 하고 있는 구역으로의 출입 금지

② 영업상의 이유, 신입사원 교육 등을 위해 안전 위생 교육을 받지 않은 사람들이 제조, 관리, 보관구역으로 출입하는 경우

※ 안전위생의 교육훈련 자료를 미리 작성해 비치하고 출입전에 교육훈련 실시

- 교육훈련의 내용 : 직원용 안전대책, 작업위생규칙, 작업복 등의 착용, 손 씻는 절차 등

③ 방문객과 훈련받지 않은 직원이 제조, 관리, 보관구역으로 들어갈 경우

- 안내자와 반드시 동행
- 방문객은 적절한 지시에 따라야 하며, 필요한 보호 설비를 갖춘다.
- 방문객과 훈련받지 않은 직원이 혼자 돌아다니거나 설비등을 만지는 일이 없도록 한다.
- 방문객과 훈련받지 않은 직원이 제조, 관리, 보관구역으로 들어간 것을 반드시 기록

※ 기록서 작성 내용 : 소속, 성명, 방문목적, 입퇴장 시간 및 자사 동행자의 이름

2 작업장 내 직원의 위생 상태 판정

1) 개인 위생관리 및 점검

모든 작업원은 작업 중 개인위생을 철저히 지키며 다음 사항을 준수 한다.

① 사람은 감염병 및 미생물의 매개체임을 인지하고 항상 청결에 신경 쓴다.

② 사람의 머리, 피부, 옷, 머리카락, 손톱, 신발 등에는 먼지와 때가 있어 수많은 미생물 및 분진의 원인이 되므로 항상 청결에 신경 쓴다.

③ 개인위생 준수 사항

- 자주 목욕하고, 손톱은 항상 청결하게 한다.
- 방진복, 방진모, 방진마스크, 방진화, 장갑을 착용하여 피부에 직접 제품에 닿지 않도록 한다.
- 작업모는 머리카락이 빠져 나오지 않도록 한다.
- 작업 복장은 항상 깨끗하게 잘 세척한다.

2) 작업원의 위생

① 작업원의 손 세척 및 소독

- 작업 전 손 세척 및 분무식 소독기 사용 소독 실시
- 운동 등과 같은 활동 후 오염원, 땀, 먼지 등의 제거 필수 : 입실 전 세정 설비가 되어 있는 장소에서 세정 후 입실하고 작업
- 화장실을 이용한 후 작업원은 반드시 손세척하고 작업실에 입실

② 작업 중 준수 사항

- 개인비품은 반드시 개인 사물함에 보관하며 작업장내로 반입하지 않는다.
- 작업장에서 제조와 관계없는 행위는 금지한다.(예 음식물 섭취, 흡연, 잡담, 낮잠, 개인적인일 등)
- 화장금지, 아세서리 및 휴대용품 착용 휴대 금지

- 작업시작 전 작업원은 반드시 손세척 → 손세정 후 에어타올 사용 (헝겊수건사용 금지)
- 필요 시 깨끗한 장갑, 앞치마 등을 착용하며 제조 작업이외 용도로 사용하면 안 된다.

3) 교육

① 정기교육

- 작업 전반적인 내용에 대한 위생관리 교육
- 교육 훈련 규정에 의해 실시

② 수시교육

- 교육이 필요하다고 판단 시 수시로 실시한다.
- 작업담당자 또는 공정 담당자는 작업개시 직전 수시로 교육실시

3 혼합·소분 시 위생관리 규정

① 시험 시설 및 시험 기구의 점검

② 제품을 혼합 혹은 소분할 용기는 물기가 없도록 하고 70%에탄올로 소독해 둔다.

③ 작업하기 전에 위생복장을 입고, 손 소독을 한다.

④ 혼합 및 소분 시 사용하는 도구를 알코올로 소독하거나 UV자외선 소독기에 넣어두었다가 사용한다.

4 작업자 위생 유지를 위한 세제의 종류와 사용법

작업복 세탁은 주2회를 원칙으로 한다. 필요시에는 수시로 세탁한다.

* 세탁방법 : 일반 중성 세제 이용 → 이물질 제거 → 청결하게 건조

5 작업자 소독을 위한 소독제의 종류와 사용법

① 70% 에탄올로 작업하기 전에 손 소독을 꼭 하도록 한다.

② 작업자는 작업장 출입 시 에어워셔를 이용하여 소독한다.

6 작업자 위생 관리를 위한 복장 청결상태 판단

1) 작업복의 기준

① 땀의 흡수나 방출이 잘 되고 가벼워야 한다.

② 내구성이 좋아야 한다.

③ 보온성이 좋고 작업에 불편하지 말아야 한다.

④ 작업환경에 적합하고 청결 유지가 잘 되어야 한다.

⑤ 작업 시 먼지의 부착성이 적으며 세탁이 잘되는 재질이어야 한다.

⑥ 작업복 착용 시 속옷이 노출되지 말아야 한다.

2) 작업모의 기준

① 모자 착용시 머리카락 전체를 감싸 주어야 한다.

② 착용이 쉽고, 가벼우며, 착용감이 편안해야 한다.
③ 공기의 유통이 원활하여 두피에 땀이 차지 말아야 한다.
④ 작업이 끝난 후 머리카락에서 분진이나 기타 이물질이 안 나와야 한다.

3) 작업화의 기준

① 착화감이 가볍고, 땀의 흡수 및 방출이 잘 이루어져야 한다.
② 제조실 근무자는 고무나 우레탄같은 비전도체 재질로 코팅이 되어있는 신발을 착용하도록 한다. (예 고무장화, 신발 바닥이 등산화 재질의 안전화)

4) 작업 복장의 착용 시기

① 작업실의 상주 작업자 입실절차
→ 작업실 입실 전에 탈의실(=강의실)에서 작업에 필요한 작업복을 착용 후 입실한다.
② 작업실의 상주 작업자 외출 시 절차
→ 제조소이외의 구역으로 이동 혹은 외출 시 탈의실에서 작업복을 탈의 후 외출한다.
③ 임시 작업자 및 방문객의 입실절차
→ 작업실로 입실시 탈의실에서 해당 작업복을 착용 후 입실한다.

5) 작업 복장의 착용 방법

① 작업장으로 출입하는 모든 작업자는 작업현장에 들어가기 전에 개인 사물함에 의복을 탈의하여 보관 후 Clean Locker에서 작업복을 꺼낸다.
② 작업장 입실시 작업장 전용 실내화로 갈아 신는다.
③ 작업장 내로 출입한 작업자는 머리카락이 나오지 않도록 비치된 위생모자를 착용한다.
④ 청정2등급 작업실의 상주 작업자는 위생모자를 쓴 후 방진복을 착용하고 작업장으로 들어간다.
⑤ 제조실 작업자는 공기청정실(Air Shower Room)에 들어가 양팔을 들고 천천히 몸을 1~2회 회전시켜 깨끗한 공기로 Air Shower를 한다.

6) 작업복의 관리

① 작업복은 작업장의 특성에 맞는 것으로 1인 2벌 지급한다.
② 작업복 세탁은 주2회를 원칙으로 하며, 필요시 수시로 세탁 한다.
③ 작업복의 청결 상태는 매일 작업 전에 생산부서 관리자가 체크한다.

7) 작업소별 작업복장의 착용 기준

① 제조실, 칭량실실 : 방진복, 위생모, 작업화(필요시 추가 : 마스크, 보호안경)
② 충진실 : 방진복, 위생모, 작업화(필요시 추가 : 마스크)
③ 포장실 : 작업복, 위생모, 작업화
④ 실험실 : 상의 흰색가운, 하의평상복, 슬리퍼(품질관리직원)
⑤ 사무실 : 상의 및 하의 평상복, 슬리퍼(관리자)
⑥ 기타 : 견학 혹은 방문자의 경우 각 출입하고자하는 작업소 규정에 따라 착용

Chapter 4 설비 및 기구 관리

1 설비·기구의 위생 기준 설정

① 설비 및 기구는 사용목적에 적합하며 위생 유지가 가능하고 청소가 가능해야한다. (자동화기기도 동일조건)

② 설비 및 기구는 제품의 오염 방지 및 배수가 용이하도록 설계되어 설치해야 한다.(제품 및 청소시 세제, 소독제와 화학적 반응을 일으키지 않아야 한다.)

③ 설비등의 위치는 원자재나 직원의 이동으로 인해 제품의 품질에 영향을 주지 않도록 한다.

④ 사용하지 않은 부속품과 연결 호스들도 청소하며 위생관리를 위해 건조상태를 유지한다. (먼지, 얼룩 또는 다른 오염으로부터 보호)

⑤ 제품과 설비가 오염되지 않도록 청결을 유지해야하며 이를 위해 배관 및 배수관을 설치하 고, 배수관은 역류 되지 않도록 한다.

⑥ 작업소 천정 주위의 대들보, 덕트, 파이프 등은 노출이 되지 않도록 설계하고, 청소하기 용 이 하도록 파이프는 고정하여 벽에 닿지 않게 한다.

⑦ 용기는 먼지나 수분으로부터 내용물을 보호할 수 있어야 한다.

⑧ 시설 및 기구에 사용하는 소모품은 제품의 품질에 영향을 주지 않아야 한다.

2 설비·기구의 위생 상태 판정

세척 대상 및 세척 방법 확인을 위한 판단 기준	
1. 세척대상물질	① 불용성 물질, 가용성물질 ② 검출이 곤란한 물질, 쉽게 검출할 수 있는 물질 ③ 세척이 쉬운 물질, 세척이 곤란한 물질 ④ 쉽게 분해되는 물질, 안정된 물질 ⑤ 동일제품, 이종제품 ⑥ 화학물질(원료, 혼합물), 미립자, 미생물
2. 세척대상설비	① 세척이 곤란한 설비, 세척이 용이한 설비 ② 단단한 표면(용기내부), 부드러운 표면(호스) ③ 큰 설비, 작은 설비 ④ 설비, 배관, 용기, 호스, 부속품
3. 세척확인 방법	① 눈으로(육안) 확인 ② 천으로 문질러 부착물 확인 ③ 린스액의 화학분석

(1) 위생 상태 판정법 (기출 ★★)

① 육안 확인 : 육안판정 장소는 미리 정해 놓고 판정결과를 기록서에 기재

② 닦아내기 : 천으로 문질러 보고 부착물 확인

- 흰 천이나 검은 천으로 설비 내부의 표면을 닦아내 본다.
- 천 표면의 잔류물 유무로 세척 결과 판정

③ 린스 정량 실시 : 린스액의 화학분석 ★★

- 화학적분석이 상대적으로 복잡한 방법이나 수치로 결과 확인 가능
- 호스나 틈새기의 세척판정에 적합

★ 화학분석 예) HPLC법, 박층크로마토그래피(TLC), TOC측정기(총유기탄소), 자외선(UV)

3 오염물질 제거 및 소독 방법

(1) 설비 세척의 원칙

① 가능하면 세제를 사용하지 않는다.(세제 사용 시 적합한 세제로 세척)

② 가능하면 증기 세척이 더 좋은 방법이다.

③ 위험성이 없는 용제로 물세척이 최적이다.

④ 브러시 등으로 문질러 지우는 방법을 고려한다.

⑤ 분해할 수 있는 설비는 분해해서 세밀하게 세척한다.

⑥ 세척 후에는 미리 정한 규칙에 따라 반드시 세정결과를 '판정'한다.

⑦ 세척판정 후의 설비는 건조, 밀폐하여 보존한다.

⑧ 세척의 유효기간을 정하고 유효기간 만료시 규칙적으로 재세척 한다.(필요시 소독)

(2) 세정제의 조건

① 법적으로 효능 인가 받은 제품

② 안전성이 우수해야 한다.

③ 세정력 우수해야 한다.

④ 사용한 세제의 헹굼이 간편해야 한다.

⑤ 기구 및 장치의 재질에 미치는 영향(=부식성)이 없어야 한다.

⑥ 경제성 고려된 저렴한 가격

(3) 소독제 조건

1) 바람직한 소독제의 조건

① 소독 후 일정기간 동안 활성 유지

② 사용이 쉬울 것

③ 사용 시 인체에 무독성

④ 제품이나 설비와의 반응성이 없을 것

⑤ 소독 후 불쾌한 냄새가 남지 않을 것
⑥ 광범위한 항균력을 갖고 있을 것
⑦ 5분정도의 짧은 처리에도 효과가 있을 것
⑧ 소독 전에 존재하던 미생물이 최소한 99.9%이상 사멸시킬 것
⑨ 경제성 고려된 저렴한 가격

(4) 청소 및 세척 과정

1) 용어정의

① 청소 : 주위의 청소와 정리 정돈을 포함한 시설, 설비의 청정화 작업
② 세척 : 설비 및 작업소 내부 세정 작업

2) 청소 및 세척 시 진행과정

절차서 작성, 판정기준 제시, 세제사용 시 사용기록 남김, 청소기록을 남김, 청소결과 표시

① 절차서 작성
- 책임을 명확하게 한다.
- 사용기구를 정해 놓는다.
- 구체적인 절차를 정한다
  (예시. 쓰레기 먼저제거 후 장소이동 동선은 동쪽에서 서쪽으로, 위에서 아래로
- 천으로 닦는 경우 3번 닦으면 천을 교환 등)
- 심한 오염에 대한 대처 방법을 제시하고 기재한다.

② 판정기준 제시
- 구체적인 육안 판정 기준안을 제시한다.

③ 세제 사용 시 주요사항으로 사용세제 기록을 남긴다.
- 사용하는 세제명을 정한다. → 사용하는 세제명을 기록한다.
- 가급적 계면활성제가 포함된 세제는 권장하지 않는다. → 고압증기세척 권장

※ 주요 이유
- 세제가 설비 내벽에 남기 쉬움
- 세제가 잔존할 경우 제품에 나쁜 영향을 미침
- 세제 잔존량 유무 판정을 위해 고도의 화학분석이 필요하다.

④ 청소기록을 남긴다.
- 사용한 기구와 세제, 청소날짜와 시간, 담당자명 등 기록

⑤ '청소 결과' 표시

4 설비·기구의 구성 재질 구분

(1) 제조설비 및 설비별 관리방법

1) 탱크(Tanks)

- 제품 공정 단계에서 공정완료(=벌크제품) 혹은 공정 중 제품 보관용 원료를 저장하는 용기

- 가열, 냉각, 압력, 진공 조작을 할 수 있도록 만들고, 고정 혹은 이동가능하게 설계
- 적절한 커버가 있어야하고 청소와 유지관리가 쉬워야 한다.

① 구성 재질 : 스테인레스 스틸(유형번호 304,316), 강화유리섬유 폴리에스터, 플라스틱

② 구성 재질의 요건
- 내용물이 완전히 빠지도록 설계되어야 한다.
- 온도 압력 범위가 조작 전반과 모든 공정 단계에 적합해야 한다.
- 제품에 해로운 영향을 미쳐서는 안 된다.
- 제품과의 반응으로 부식되거나 분해를 초래하는 반응이 있으면 안 된다.
- 제품 또는 제품제조과정, 설비세척, 유지관리에 사용되는 다른 물질이 스며들어서는 안 된다.
- 세제 및 소독제와 반응하면 안 된다.

③ 세척과 위생처리(Cleaning & Sanitization)
- 탱크는 세척하기 쉽게 고안되어야 한다.
- 제품에 접촉하는 모든 표면은 검사와 기계적 세척이 가능해야 한다.
- 세척을 위해 부속품 해체가 가능해야 한다.
- 최초 사용전 모든 설비는 세척하고 사용목적에 따라 소독이 되어야 한다.
- 반응할 수 있는 제품의 경우 : 표면 비활성을 위해 패시베이션(passivation) 추천

2) 펌프(Pumps)

- 다양한 점도의 액체를 다른 곳으로 이동하기 위해 사용된다.
- 제품들을 혼합(재순환 및 균질화)하기 위해 사용된다.
- 다양한 설계로 용도에 따른 분류

  : 원심력을 이용하는 것과 양극적 이동 (Positive displacement)하는 것

  ◎ 원심력을 이용하는 것으로 낮은 점도의 액체 사용

  : 열린 날개차(impeller), 닫힌 날개차 (예 물, 청소용제)

  ◎ 양극적 이동 (Positive displacement)원리로 점성이 있는 액체 사용

  : 2중돌출부(Duo lobe), 기어, 피스톤 (예 미네랄 오일, 에멀젼)

① 구성재질 : 펌프는 많이 움직이는 젖은 부품들로 구성, 모든 온도 범위에서 제품과의 적합성에 대해 평가된 것이어야 한다.

하우징(Housing)과 날개치(Impeller)는 마모되는 특성 때문에 다른 재질로 만들어져야 한다.

펌핑된 제품으로 젖게 되는 개스킷(gasket), 패킹(packing), 윤활제

② 세척과 위생처리(Cleaning & Sanitization)
- 펌프는 일상적인 청소와 유지관리를 위해 허용된 작업범위 라벨 확인이 필수
- 효과적인 청소와 소독을 위해 펌프디자인 검증필요

3) 혼합과 교반장치(Mixing and Agitation Equipment) :

혼합 또는 교반 장치는 제품의 균일성을 얻기 위해 또는 희망하는 물리적 성상을 얻기 위해 사용한다. 혼합기는 제품에 영향을 미치며 특히 제품의 안정성에 영향을 미친다.

그러므로 의도적으로 안정된 결과를 생산하는 믹서를 고르는 것이 중요하다.

- 장치 설계 : 제분기(mill), 균질화기(Homogenizer) 기출★

① 구성 재질 (Material of Construction)
- 전기화학적인 반응을 피하기 위해서 믹서의 재질이 믹서를 설치할 모든 젖은 부분 및 탱크와의 공존이 가능한지 확인한다.
- 대부분의 믹서는 봉인(seal)과 개스킷에 의해 제품과의 접촉으로부터 분리되어있는 내부 패킹과 윤활제 사용한다.
- 온도, pH압력 같은 작동 조건의 영향성도 검토해야 한다.

② 구성 재질 요건
과도한 악화를 야기하지 않기 위해 온도, pH, 압력과 같은 작동 조건의 영향확인

③ 세척과 위생처리(Cleaning & Sanitization)
- 혼합기와 구성설비의 빈번한 청소가 요구될 시에 쉽게 제거될 수 있어야 한다.
- 주요 부속품 예시 : 풋베어링, 조절장치 받침, 주요진로, 고정나사 등

4) 호스 (Hoses)

중요한 설비 중의 하나로 화장품 생산 작업에 훌륭한 유연성 제공
- 한 위치에서 다른 위치로 제품의 전달을 위해 광범위하게 사용
- 유형과 구성 제재는 매우 다양하다.

① 구성 재질 : 호스의 일반 건조 제재
- 강화된 식품등급의 고무 혹은 네오프렌
- TYGON 또는 강화된 TYGON
- 폴리에틸렌, 폴리프로필렌
- 나일론

② 구성 재질 요건
작동의 전반적인 범위의 온도와 압력 적합, 제품에 적합한 제재로 건조 되어야 함

③ 세척과 위생처리(Cleaning & Sanitization)
- 호스와 부속품의 안쪽과 바깥쪽 표면은 모두 제품과 직접 접하기 때문에 청소가 용이하게 설계되어야 한다.
- 투명재질 : 청결상태 검사에 용이
- 부속품 해체와 청소가 쉽도록 설계
- 짧은 길이 호스 : 청소, 건조, 취급이 쉽고 제품 축적이 되지 않아서 선호
- 세척제(예 스팀, 세제, 소독제, 기타용매)들이 호스와 부속품재재에 적합한지 검토

④ 보관위치 : 사용하지 않을 때 - 세척한 호스는 비위생적인 표면과의 접촉을 막을 수 있는 캐빗닛, 선반, 벽걸이 등 지정된 위치에 보관 혹은 호스의 끝은 뚜겅을 덮거나 비닐로 싸서 배출구오염 방지

5) 필터, 여과기, 체(Filters, Strainers, Sieves)

〈사용 용도〉
- 화장품 원료와 완제품에서 원하는 입자크기, 덩어리 모양을 깨뜨리기 위해 사용
- 불순물을 제거하기 위해 사용
- 현탁액에서 초과물질을 제거하기 위해 사용

① 구성 재질 : 스테인레스스틸, 비반응성 섬유, 제품 제조에 선호되는 것은 스테인레스 316L

6) 이송 파이프(Transport piping)

제품을 한 위치에서 다른 위치로 운반하기 위한 장치

- 파이프시스템에서 밸브와 부속품은 흐름의 전환, 조작, 조절과 정지를 위해 사용된다.
- 파이프시스템의 기본부품 : 펌프, 필터, 파이프, 부속품(엘보우, 리듀서. T's), 밸브, 배출기
  - 교차오염 최소화
  - 역류 방지 설계

① 구성 재질 : 유리, 스테인레스 스틸#304 또는 #316, 구리, 알루미늄 등

② 청소와 위생 : 청소와 정규검사가 쉽도록 해체가 용이하게 고안, 가동 시 이동과 비가동시 배출이 원활하도록 고안

7) 칭량 장치 (Weighing Device) : 계량용의 칭량장치 고려

- 원료, 제조과정 재료 그리고 완제품을 요구되는 성분표 양과 기준을 만족하는지를 보증하기 위해 중량적으로 측정하기 위해 사용
- 정확성과 정밀성의 유지관리를 확인하기 위해 조사되고 검정되어야 한다.
- 칭량장치의 유형 :기계식, 광선타입, 전자타입, 전자식

① 구성 재질 : 계량적 눈금이 노출된 부분들은 칭량 작업에 간섭하지 않는다면 보호적인 피복제로 칠해질 수 있다.

② 청소와 위생 : 칭량장치의 기능 손상이 없도록 주의

③ 위치 : 제재의 칭량이 쉽게 이루어지고, 교차오염의 가능성이 최소화된 위치에 설치

8) 게이지와 미터(Gauges and Meters) :

온도, 압력, 흐름, pH, 점도, 속도, 부피 그리고 다른 화장품의 특성을 측정 또는 기록하기 위해 사용되는 기구
종류 : 표준 pH 미터, 비수은 온도계

① 구성 재질
- 제품과 직접 접하는 게이지와 미터의 적절한 기능에 영향을 주지 않아야 한다.
- 대부분의 제조자들은 기구들과 제품과 원료가 직접 접하지 않도록 분리장치를 제공한다.

② 청소와 위생 : 설계시 제품과 접하는 부분의 청소가 쉽도록 만들어져야 한다.

③ 위치 : 인라인 게이지와 미터는 읽기 쉽고 보호되는 위치에 있어야 하고 유지관리와 정규 표준화에 적절해야 한다.

(2) 포장재 설비

1) 제품이 닿는 포장설비 (Product Contact Packaging Equipment)

- 1차 포장에 사용

① 제품 충전기 (Product Filler)
- 제품을 1차 용기에 넣기 위해 사용
- 제품의 물리적 및 심미적인 성질이 충전기에 의해 영향을 미칠 수 있으니 선택 시 고려
- 구성 재질 : 가장 널리 사용되는 제품과 접촉되는 표면물질은 300시리즈 스테인리스 스틸 (Type #304, Type #316 스테인리스 스틸이 가장 많이 사용됨)

② 뚜껑을 덮는 장치/봉인장치/Plugger/펌프주입기 : 제품용기를 플라스틱튜브로 봉인하는 직접적인 봉인 또는 뚜껑, 밸브, 플러그, 펌프와 같은 봉인장치
③ 용기공급장치 : 제품용기를 고정하거나 관리하고 다음 조작을 위해 배치
④ 용기세척기 : 충전될 용기 내부로부터 유리된 물질제거, 수집 장치는 쉽고 자주 비울 수 있어야 한다.
⑤ 기타 장치 : 컨베이어벨트, 버킷, 컨베이어, 축적장치 등과 같은 다른 포장장친는 세척이 편하게 설계되어야 한다.

2) 제품이 닿지 않는 포장설비 (Non-Product Contact Packaging Equipment)

- 2차 포장에 사용

① 코드화 기기 : 라벨, 용기, 출하상자에 읽을 수 있는 영구적인 코드 표시가 목적
특히 제품유출가능성이 있는 부위에서는 코드화 기기가 쉽게 청소가능 물질로 만들어져 마감되어야 한다.
② 라벨기기 : 용기 또는 다른 종류의 포장에 라벨 또는 포장의 손상 없이 라벨을 붙이는데 이용된다. 청소가 쉽도록 설계되어야 한다.
③ 케이스 조립 및 케이스 포장기/봉인 : 완제품을 보호하여 소비자에게 배달하기 위해 정해진 외부포장을 만들고 봉인하는데 쓰인다. 접착제의 청소가 쉽게 설계되어야 한다.

5 설비·기구의 폐기 기준

※ 설비의 유지 관리 시 주의 사항

설비의 개선은 적극적으로 실시하며, 좋은 설비로 제조 가능하도록 한다.

ㅇ 유지관리 원칙 - 예방적 실시
ㅇ 설비마다 절차서 작성
ㅇ 계획적으로 실시
ㅇ 책임내용 명확하게 기재
ㅇ 유지기준은 절차서에 기재
ㅇ 점검체크는 점검표를 이용하면 편리
ㅇ 점검항목 - 외관검사, 작동검사, 기능측정, 청소, 부품교환, 개선 등

(1) 시험시설 및 시험기구

① 점검 및 보정(수리)
- 설비 점검의 주기 및 방법은 규정된 기기점검 방법에 따라 실시한다.
- 점검 시 이상이 있을 경우에는 '점검 중'을 표시하고 즉시 품질보증팀장에게 보고하고, 기기의 제조사 또는 관련회사에 문의하여 보정 또는 점검을 실시한다.

② 기기 점검 기록
- 작업장의 모든 설비 기구는 점검일지를 작성하여 정기적으로 점검
- 기기점검 일지에는 기기명, 점검항목, 점검주기, 점검일자, 확인자 등의 사항 기록

③ 고장 시 조치사항
- 시험 시설 및 기구 고장시 기기관리팀장은 품질관리팀장에게 즉시 보고하고, 기기 정상가동이 지연되지 않도록 신속하게 조치한다.

– 사용가능할 때까지 '고장 또는 사용제한' 스티커를 붙인다.

– 수리가 불가능할 때, 기기 관리 책임자는 전문업체에 신속히 정비를 의뢰한다.

(2) 정기점검 후 조치사항

① 점검 시 적합인 경우

– 국가공인기관 또는 외부기관으로부터 발행된 교정 필증을 해당 기계에 부착하여 식별이 잘 되도록 한다.

– 국가 공인기관 또는 외부기관으로부터 된 교정성적서는 시험설비 이력카드에 함께 보관 한다.

② 점검 시 부적합인 경우

– 수리가 가능할 경우 해당 계기를 수리하고 수리가 불가능할 경우 신규 계기로 대체한다.

– 대체 계기가 동일 사양일 경우에는 기존설비번호를 그대로 사용한다.

– 대체 계기가 동일 사양이 아닐 경우에는 변경 관리 절차에 따라 처리한다.

③ 교정담당자는 계기가 불량인 상태에서 측정된 제품에 대한 이상 유무를 확인하고 조치 한 다

(3) 설비기구의 폐기

– 설비점검이 정기적으로 이루어져야 하며, 점검시 오작동하는 경우 '점검 중' 표시부착

– 설비 점검 후 작동 불가한 경우 폐기하기 전까지 '유휴설비'라고 표시부착

Chapter 5 내용물 및 원료관리

참조 제2절 원자재의 관리 [우수화장품 제조 및 품질관리기준] 기출 ★★★

제11조(입고관리)

① 제조업자는 원자재 공급자에 대한 관리감독을 적절히 수행하여 입고관리가 철저히 이루어지도록 하여야 한다.
② 원자재의 입고 시 구매 요구서, 원자재 공급업체 성적서 및 현품이 서로 일치하여야 한다. 필요한 경우 운송 관련 자료를 추가적으로 확인할 수 있다.
③ 원자재 용기에 제조번호가 없는 경우에는 관리번호를 부여하여 보관하여야 한다.
④ 원자재 입고절차 중 육안확인 시 물품에 결함이 있을 경우 입고를 보류하고 격리보관 및 폐기하 거나 원자재 공급업자에게 반송하여야 한다.
⑤ 입고된 원자재는 '적합', '부적합', '검사 중' 등으로 상태를 표시하여야 한다. 다만, 동일 수준의 보증이 가능한 다른 시스템이 있다면 대체할 수 있다.
⑥ 원자재 용기 및 시험기록서의 필수적인 기재 사항은 다음 각 호와 같다.
1. 원자재 공급자가 정한 제품명
2. 원자재 공급자명
3. 수령일자
4. 공급자가 부여한 제조번호 또는 관리번호

제12조(출고관리)

원자재는 시험결과 적합판정된 것만을 선입선출방식으로 출고해야 하고 이를 확인할 수 있는 체계가 확립되어 있어야 한다.

제13조(보관관리)

① 원자재, 반제품 및 벌크 제품은 품질에 나쁜 영향을 미치지 아니하는 조건에서 보관하여야 하며 보관기한을 설정하여야 한다.
② 원자재, 반제품 및 벌크 제품은 바닥과 벽에 닿지 아니하도록 보관하고, 선입선출에 의하여 출고 할 수 있도록 보관하여야 한다.
③ 원자재, 시험 중인 제품 및 부적합품은 각각 구획된 장소에서 보관하여야 한다. 다만, 서로 혼동 을 일으킬 우려가 없는 시스템에 의하여 보관되는 경우에는 그러하지 아니한다.
④ 설정된 보관기한이 지나면 사용의 적절성을 결정하기 위해 재평가시스템을 확립하여야 하며, 동 시스템을 통해 보관기한이 경과한 경우 사용하지 않도록 규정하여야 한다.

1 내용물 및 원료의 입고 기준

(1) 원료 입고

① 원료 담당자는 원료 입고시 입고된 원료의 구매요구서(발주서) 및 거래명세표에 원료명, 규격, 수량, 납품처 등이 일치하는지 확인한다.
② 원료 용기 및 봉합의 파손 여부, 물에 젖었거나 침적된 흔적 여부, 해충이나 쥐 등의 침 해 흔적 여부, 표시사항의 이상여부 및 청결 여부 등 확인

③ 용기에 표시된 양을 거래명세표와 대조하고 필요시 칭량무게 확인
④ 무게 확인 후 이상이 없으면 용기 및 외부포장을 청소한 후 원료대기 보관소로 이동
⑤ 원료담당자는 입고 정보를 전산에 등록한 후 업체의 시험성적서를 지참하여 품질 부서에 검사 의뢰
⑥ 품질보증팀 담당자는 시험실시 후 원료 기록서에 작성하여 품질보증팀장의 승인을 득함

시험결과 〉〉〉

㉠ 적합일 경우 해당원료에 적합이라 라벨 부착하고, 전산에 적 · 부 여부 등록

㉡ 부적합일 경우 해당 원료에 부적합라벨 부착하고, 해당부서에 기준일탈조치표 작성하여 통보

⑦ 구매부서는 부적합 원료에 대한 기준일탈조치 관련내용기록 품질보증팀에 회신

(2) 반제품(내용물) 입고

① 제조 담당자는 제조 완료 후 품질보증팀으로부터 적합판정을 통보 받으면 지정된 저장통에 반제품 배출
② 반제품은 품질이 변하지 않도록 적당한 용기에 넣어 지정된 장소에 보관해야 하며 용기에 다음 사항 표시

- 명칭 또는 확인 코드
- 제조번호
- 제조일자
- 필요한 경우에는 보관 조건

(3) 시험관리

참조 제4장 품질관리 [우수화장품 제조 및 품질관리기준]

제20조(시험관리)

① 품질관리를 위한 시험업무에 대해 문서화된 절차를 수립하고 유지하여야 한다.
② 원자재, 반제품 및 완제품에 대한 적합 기준을 마련하고 제조번호별로 시험 기록을 작성 · 유지하여 야 한다.
③ 시험결과 적합 또는 부적합인지 분명히 기록하여야 한다.
④ 원자재, 반제품 및 완제품은 적합판정이 된 것만을 사용하거나 출고하여야 한다.
⑤ 정해진 보관 기간이 경과된 원자재 및 반제품은 재평가하여 품질기준에 적합한 경우 제조에 사용 할 수 있다.
⑥ 모든 시험이 적절하게 이루어졌는지 시험기록은 검토한 후 적합, 부적합, 보류를 판정하여야 한 다.
⑦ 기준일탈이 된 경우는 규정에 따라 책임자에게 보고한 후 조사하여야 한다. 조사결과는 책임자에 의해 일탈, 부적합, 보류를 명확히 판정하여야 한다.
⑧ 표준품과 주요시약의 용기에는 다음 사항을 기재하여야 한다.

1. 명칭	2. 개봉일	3. 보관조건
4. 사용기한	5. 역가, 제조자의 성명 또는 서명(직접 제조한 경우에 한함)	

① 시험 의뢰 및 시험

- 원료 및 자재보관 담당자는 원료 및 자재에 대하여 품질부서에 시험의뢰
- 반제품 제조 담당자는 제조된 반제품에 대하여 품질부서에 시험의뢰
- 품질부서 담당자는 의뢰된 품목에 대하여 검체를 채취하여 품질 검사

② 시험 지시 및 기록서의 작성 (기재사항)
 - 제품명(원자재명)
 - 제조번호
 - 제조일 또는 입고일
 - 시험지시번호, 지시자 및 지시연월일
 - 시험항목 및 기준
 - 시험일, 검사자, 시험결과, 판정결과
 - 기타 필요한 사항

③ 시험결과의 판정
 - 검사 담당자는 시험 성적서를 작성한 후 품질보증팀장에게 보고
 - 품질보증팀장은 시험결과 기준과 대조하여 확인 후 적/부 판정을 최종 승인

④ 시험 적/부 판정 적용범위
 - 적합 판정 : 시험결과가 모든 기준에 적합할 경우 '적합'으로 함
 - 부적합 판정 : 시험결과가 기준에 벗어나는 것으로 완제품의 품질에 직접적인 관련이 있다고 판단되는 시험 항목인 경우 '부적합'

⑤ 시험결과의 전달
 - 품질부서는 원자재의 시험결과를 의뢰부서에 통보하고, 적합 또는 부적합 라벨을 부착 하여 식별표시
 - 라벨에 표시내용 제품명, 제조번호 또는 제조일자, 판정결과, 판정일

⑥ 부적합 판정에 대한 사후관리
 - '부적합' 판정된 품목 지정된 보관장소에 보관 원료 및 자재는 즉시 반품 또는 폐기조치

⑦ 기준일탈 제품 지정
 - 원료와 포장재, 벌크제품과 완제품이 적합판정기준을 만족시키지 못할 경우
 - 기준일탈 제품이 발생시 미리 정한 절차를 따라 확실한 처리를 하고 실시한 내용을 기록하고 문서화한다.

참조 기준일탈 제품이 발생시처리 절차 (★★ 1회기출문제)

① 시험, 검사, 측정에서 기준 일탈 결과 나옴
② 기준일탈 조사
③ 시험, 검사, 측정이 틀림없음 확인
④ 기준일탈처리
⑤ 기준일탈 제품에 불합격 라벨 첨부
⑥ 격리 보관
⑦ 폐기처분 또는 재작업 또는 반품

2 유통화장품의 안전관리 기준 [화장품 안전기준 등에 관한 규정 제6조]

화장품 안전기준 등에 관한 규정의 목적 : 화장품에 사용할 수 없는 원료 및 사용상의 제한이 필요한 원료에 대하여 그 사용기준을 지정하고, 유통화장품 안전관리 기준에 관한 사항을 정함으로써 화장품의 제조 또는 수입 및 안전관리에 적정을 기함을 목적으로 한다.

※ 내용참조 : 제2장 화장품 제조 및 품질관리
별표1. 화장품에 사용할 수 없는 원료
별표2. 화장품에 사용상의 제한 원료 별표 2의 원료 외의 보존제, 자외선 차단제 등은 사용할 수 없다.

(1) 유통화장품의 안전관리 기준 [화장품 안전기준 등에 관한 규정 제1장 제6조 참조]★★

① 화장품을 제조하면서 다음 각 호의 물질을 인위적으로 첨가하지 않았으나, 제조 또는 보관 과정 중 포장재로부터 이행되는 등 비의도적으로 유래된 사실이 객관적인 자료로 확인되고 기술적으로 완전한 제거가 불가능한 경우 해당 물질의 검출 허용 한도는 다음 각 호와 같다.

1. 납 : 점토를 원료로 사용한 분말제품은 50㎍/g 이하, 그 밖의 제품은 20㎍/g 이하
2. 니켈 : 눈 화장용 제품은 35㎍/g 이하, 색조 화장용 제품은 30㎍/g 이하, 그 밖의 제품은 10㎍/g 이하
3. 비소 : 10㎍/g 이하
4. 수은 : 1㎍/g 이하
5. 안티몬 : 10㎍/g 이하
6. 카드뮴 : 5㎍/g 이하
7. 디옥산 : 100㎍/g 이하
8. 메탄올 : 0.2(v/v)% 이하, 물휴지는 0.002%(v/v) 이하
9. 포름알데하이드 : 2000㎍/g 이하, 물 휴지는 20㎍/g 이하
10. 프탈레이트류(디부틸프탈레이트(DBP), 부틸벤질프탈레이트(BBP) 및 디에칠헥실프탈레이트(DEHP)에 한함) : 총 합으로서 100㎍/g 이하

알고 가면 좋은 Tip : ★★★ 기출내용

위의 1~10번 물질에 대한 '유통화장품 안전관리 시험방법' 요약정리
- 세부내용 부록 [별표 4] 참조-
① 디티존법 : 납
② 원자흡광도법(ASS) : 납, 니켈, 비소, 안티몬, 카드뮴 정량
③ 기체(가스)크로마토그래피법 : 디옥산, 메탄올, 프탈레이트류(디부틸프탈레이트, 부틸벤질프탈레이트 및 디에칠헥실프탈레이트)
④ 유도결합 플라즈마 분광기법(ICP) : 납, 니켈, 비소, 안티몬, 카드뮴
⑤ 유도결합 플라즈마 질량분석기 (ICP-MS) : 납, 니켈, 비소, 안티몬, 카드뮴
⑥ 수은 분해장치, 수은분석기이용법 : 수은
⑦ 총 호기성 생균수 시험법, 한천평판도말법, 한천평판희석법, 특정세균시험법 등 : 미생물 한도 측정
⑧ 액체 크로마토그래피법 : 포름알데하이드

② 미생물한도는 다음 각 호와 같다. ★★

1. 총호기성생균수는 영 · 유아용 제품류 및 눈화장용 제품류의 경우 500개/g(㎖) 이하
2. 물휴지의 경우 세균 및 진균수는 각각 100개/g(㎖) 이하
3. 기타 화장품의 경우 1,000개/g(㎖) 이하
4. 대장균(Escherichia Coli), 녹농균(Pseudomonas aeruginosa), 황색포도상구균(Staphylococcus aureus)은 불검출

③ 내용량의 기준은 다음 각 호와 같다.
  1. 제품 3개를 가지고 시험할 때 그 평균 내용량이 표기량에 대하여 97% 이상
    (다만, 화장 비누의 경우 : 건조중량을 내용량으로 한다)
  2. 제1호의 기준치를 벗어날 경우 : 6개를 더 취하여 시험할 때 9개의 평균 내용량이 제1호의 기준치 이상
  3. 그 밖의 특수한 제품 : 「대한민국약전」(식품의약품안전처 고시)을 따를 것

④ pH 기준이 3.0~9.0 이어야 하는 제품
- 영 · 유아용 제품류(영 · 유아용 샴푸, 영 · 유아용 린스, 영 · 유아 인체 세정용 제품, 영 · 유아 목욕용 제품 제외)
- 눈 화장용 제품류
- 색조 화장용 제품류
- 두발용 제품류(샴푸, 린스 제외)
- 면도용 제품류(셰이빙 크림, 셰이빙 폼 제외)
- 기초화장용 제품류(클렌징 워터, 클렌징 오일, 클렌징 로션, 클렌징 크림 등 메이크업 리무버 제품 제외) 중 액, 로션, 크림 및 이와 유사한 제형의 액상제품. 다만, 물을 포함하지 않는 제품과 사용한 후 곧바로 물로 씻어 내는 제품은 제외한다.

⑤ 기능성화장품은 기능성을 나타나게 하는 주원료의 함량이 「화장품법」제4조 및 같은 법 시행규칙 제9조 또는 제10조에 따라 심사 또는 보고한 기준에 적합하여야 한다.

⑥ 퍼머넌트웨이브용 및 헤어스트레이트너 제품은 다음 각 호의 기준에 적합하여야 한다.
  1. 치오글라이콜릭애씨드 또는 그 염류를 주성분으로 하는 냉2욕식 퍼머넌트웨이브용 제품 : 이 제품은 실온에서 사용하는 것으로서 치오글라이콜릭애씨드 또는 그 염류를 주성분으로 하는 제1제 및 산화제를 함유하는 제2제로 구성된다.
    가. 제1제 : 이 제품은 치오글라이콜릭애씨드 또는 그 염류를 주성분으로 하고, 불휘발성 무기알칼리의 총량이 치오글라이콜릭애씨드의 대응량 이하인 액제이다. 단, 산성에서 끓인 후의 환원성물질의 함량이 7.0%를 초과하는 경우에는 초과분에 대하여 디치오디글라이콜릭애씨드 또는 그 염류를 디치오디글라이콜릭애씨드로서 같은량 이상 배합하여야 한다. 이 제품에는 품질을 유지하거나 유용성을 높이기 위하여 적당한 알칼리제, 침투제, 습윤제, 착색제, 유화제, 향료 등을 첨가할 수 있다.
      1) pH : 4.5 ~ 9.6 ★★ (1회 문제 출제)
      2) 알칼리 : 0.1N염산의 소비량은 검체 1㎖ 에 대하여 7.0㎖ 이하
      3) 산성에서 끓인 후의 환원성 물질(치오글라이콜릭애씨드) : 산성에서 끓인 후의 환원성 물질의 함량(치오글라이콜릭애씨드로서)이 2.0~11.0%
      4) 산성에서 끓인 후의 환원성 물질이외의 환원성 물질(아황산염, 황화물 등) : 검체 1㎖ 중의 산성에서 끓인 후의 환원성 물질이외의 환원성 물질에 대한 0.1N 요오드액의 소비량이 0.6㎖ 이하
      5) 환원후의 환원성 물질(디치오디글라이콜릭애씨드) : 환원후의 환원성 물질의 함량은 4.0% 이하
      6) 중금속 : 20㎍/g 이하

7) 비소 : 5㎍/g 이하

8) 철 : 2㎍/g 이하

나. 제2제

1) 브롬산나트륨 함유제제 : 브롬산나트륨에 그 품질을 유지하거나 유용성을 높이기 위하여 적당한 용해제, 침투제, 습윤제, 착색제, 유화제, 향료 등을 첨가한 것이다.

가) 용해상태 : 명확한 불용성이물이 없을 것

나) pH : 4.0 ~ 10.5

다) 중금속 : 20㎍/g 이하

라) 산화력 : 1인 1회 분량의 산화력이 3.5 이상

2) 과산화수소수 함유제제 : 과산화수소수 또는 과산화수소수에 그 품질을 유지하거나 유용성을 높이기 위하여 적당한 침투제, 안정제, 습윤제, 착색제, 유화제, 향료 등을 첨가한 것이다.

가) pH : 2.5~4.5

나) 중금속 : 20㎍/g 이하

다) 산화력 : 1인 1회 분량의 산화력이 0.8~3.0

2. 시스테인, 시스테인염류 또는 아세틸시스테인을 주성분으로 하는 냉2욕식 퍼머넌트웨이브용 제품 : 이 제품은 실온에서 사용하는 것으로서 시스테인, 시스테인염류 또는 아세틸시스테인을 주성분으로 하는 제1제 및 산화제를 함유하는 제2제로 구성된다.

가. 제1제 : 이 제품은 시스테인, 시스테인염류 또는 아세틸시스테인을 주성분으로 하고 불휘발성 무기알칼리를 함유하지 않은 액제이다. 이 제품에는 품질을 유지하거나 유용성을 높이기 위하여 적당한 알칼리제, 침투제, 습윤제, 착색제, 유화제, 향료 등을 첨가할 수 있다.

1) pH : 8.0~9.5

2) 알칼리 : 0.1N 염산의 소비량은 검체 1㎖에 대하여 12㎖ 이하

3) 시스테인 : 3.0~7.5%

4) 환원후의 환원성물질(시스틴) : 0.65% 이하

5) 중금속 : 20㎍/g 이하

6) 비소 : 5㎍/g 이하

7) 철 : 2㎍/g 이하

나. 제2제 기준 : 1. 치오글라이콜릭애씨드 또는 그 염류를 주성분으로 하는 냉2욕식 퍼머넌트웨이브용 제품 나. 제2제의 기준에 따른다.

3. 치오글라이콜릭애씨드 또는 그 염류를 주성분으로 하는 냉2욕식 헤어스트레이트너용 제품 : 이 제품은 실온에서 사용하는 것으로서 치오글라이콜릭애씨드 또는 그 염류를 주성분으로 하는 제1제 및 산화제를 함유하는 제2제로 구성된다.

가. 제1제 : 이 제품은 치오글라이콜릭애씨드 또는 그 염류를 주성분으로 하고 불휘발성 무기알칼리의 총량이 치오글라이콜릭애씨드의 대응량 이하인 제제이다. 단, 산성에서 끓인 후의 환원성물질의 함량이 7.0%를 초과하는 경우, 초과분에 대해 디치오디글라이콜릭애씨드 또는 그 염류를 디치오디글라이콜릭애씨드로 같은 양 이상 배합하여야 한다. 이 제품에는 품질을 유지하거나 유용성을 높이기 위하여 적당한 알칼리제, 침투제, 착색제, 습윤제, 유화제, 증점제, 향료 등을 첨가할 수 있다.

1) pH : 4.5~9.6
2) 알칼리 : 0.1N 염산의 소비량은 검체 1㎖에 대하여 7.0㎖ 이하
3) 산성에서 끓인 후의 환원성물질(치오글라이콜릭애씨드) : 2.0~11.0%
4) 산성에서 끓인 후의 환원성물질 이외의 환원성물질(아황산, 황화물 등) : 검체 1㎖중의 산성에서 끓인 후의 환원성물질 이외의 환원성물질에 대한 0.1N 요오드액의 소비량은 0.6㎖ 이하
5) 환원후의 환원성물질(디치오디글리콜릭애씨드) : 4.0% 이하
6) 중금속 : 20㎍/g 이하
7) 비소 : 5㎍/g 이하
8) 철 : 2㎍/g 이하

나. 제2제 기준 : 1. 치오글라이콜릭애씨드 또는 그 염류를 주성분으로 하는 냉2욕식 퍼머넌트웨이브용 제품 나. 제2제의 기준에 따른다.

⑦ 유리알칼리 0.1% 이하 (화장 비누에 한함) ★★★ (1회 문제 출제)

참조 [별표 4] 유통화장품 안전관리 시험방법(제6조) 중에서 발췌

※ 유리알칼리 시험법

가) 에탄올법 (나트륨 비누)

플라스크에 에탄올 200㎖을 넣고 환류 냉각기를 연결한다. 이산화탄소를 제거하기 위하여 서서히 가열하여 5분 동안 끓인다. 냉각기에서 분리시키고 약 70 ℃로 냉각시킨 후 페놀프탈레인 지시약 4방울을 넣어 지시약이 분홍색이 될 때까지 0.1N 수산화칼륨 · 에탄올액으로 중화시킨다. 중화된 에탄올이 들어있는 플라스크에 검체 약 5.0 g을 정밀하게 달아 넣고 환류 냉각기에 연결 후 완전히 용해될 때까지 서서히 끓인다. 약 70 ℃로 냉각시키고 에탄올을 중화시켰을 때 나타난 것과 동일한 정도의 분홍색이 나타날 때까지 0.1N 염산 · 에탄올용액으로 적정한다.

- 에탄올 $\rho 20$ = 0.792 g/㎖
- 지시약 : 95% 에탄올 용액(v/v) 100㎖에 페놀프탈레인 1 g을 용해시킨다.

(계산식) 유리알칼리 함량(%) = 0.040 x V x T x 100/m

- m : 시료의 질량(g)
- V : 사용된 0.1N 염산 · 에탄올 용액의 부피(㎖)
- T : 사용된 0.1N 염산 · 에탄올 용액의 노르말 농도

3 입고된 원료 및 내용물 관리기준

※ 입고된 원자재 용기 및 시험기록서의 필수적인 기재 사항

① 원자재 공급자가 정한 제품명
② 원자재 공급자명
③ 수령일자
④ 공급자가 부여한 제조번호 (제조번호가 없는 경우는 관리번호 기재)

(1) 보관장소 및 보관방법

① 원료 보관장소
- 원료대기 보관소 : 원료가 입고되면 판정이 완료되기 전까지 보관
- 부적합 원료 보관소 : 시험결과 부적합으로 판정된 원료반품, 폐기 등의 조치 전까지 보관
- 적합 원료 보관소 : 시험결과 적합으로 판정된 원료 보관
- 저온 원료 창고 : 저온에서 보관해야하는 원료 보관 (저온 : 10℃ 이하)

② 원료 보관방법
- 원료보관창고를 관련법규에 따라 시설 갖추고, 관련규정에 적합한 보관조건에서 보관
- 여름에는 고온 다습하지 않도록 유지관리
- 바닥 및 내벽과 10㎝ 이상, 외벽과는 30㎝ 이상 간격을 두고 적재
- 방서, 방충 시설 갖추어야 함
- 지정된 보관소에 원료보관 (누구나 명확히 구분할 수 있게 혼동될 염려 없도록 보관)
- 보관장소는 항상 정리 · 정돈

※ 원료의 유효기간 관리 : 원료관리 규정에 따른다.

③ 반제품 보관장소
- 지정된 장소(예. 벌크보관실)에 해당하는 반제품을 보관
- 품질보증부서로부터 보류 또는 부적합 판정을 받은 반제품의 경우 부적합품 대기소에 보관 적합 제품과 명확히 구분

④ 반제품 보관방법
- 이물질 혹은 미생물 오염으로부터 보호되는 곳에 보관
- 최대 보관기간은 6개월, 보관기간이 1개월 이상 경과되었을 때 반드시 사용 전 품질보증부서에 검사 의뢰하여 적합 판정된 반제품만 사용되어야 한다.

4 보관중인 원료 및 내용물 출고기준

참조 제12조(출고관리) [※ 우수화장품 제조 및 품질관리기준]

원자재는 시험결과 적합판정된 것만을 선입선출방식으로 출고해야 하고 이를 확인할 수 있는 체계가 확립되어 있어야 한다.

① 원료 및 내용물의 출고는 반드시 선입선출
- 출고 전 적합라벨의 부착여부 및 원포장에 표시된 원료명과 적합라벨에 표시된 원료명의 일치여부 확인

② 모든 보관소에서는 선입선출의 절차 사용
(단, 나중에 입고된 물품이 사용(유효)기간이 짧은 경우 예외)

③ 선입선출하지 못하는 특별한 사유가 있을 경우적절하게 문서화된 절차에 따라 나중에 입고된 물품을 먼저 출고할 수 있다.

④ 원료창고 담당자는 매월 정기적으로 원료의 입출고 내역 및 재고조사를 통해 재고 관리 필수

참조 제22조(폐기처리 등) [※ 우수화장품 제조 및 품질관리기준]
① 품질에 문제가 있거나 회수 · 반품된 제품의 폐기 또는 재작업 여부는 품질보증 책임자에 의해 승인되어야 한다.
② 재작업은 그 대상이 다음 각 호를 모두 만족한 경우에 할 수 있다.
1. 변질 · 변패 또는 병원미생물에 오염되지 아니한 경우
2. 제조일로부터 1년이 경과하지 않았거나 사용기한이 1년 이상 남아있는 경우
③ 재입고 할 수 없는 제품의 폐기처리규정을 작성하여야 하며 폐기 대상은 따로 보관하고 규정에 따라 신속하게 폐기하여야 한다.

5 내용물 및 원료의 폐기 기준

(1) 부적합 판정에 대한 사후관리

① '부적합' 판정된 품목은 지정된 장소에 따로 보관
② 원료 및 자재는 즉시 반품 또는 폐기조치

(2) 기준일탈 제품 지정

① 원료와 포장재, 벌크제품과 완제품이 적합판정기준을 만족시키지 못할 경우
② 기준일탈 제품이 발생 시 미리 정한 절차를 따라 확실한 폐기처리를 하고 실시한 내용을 문서로 기록 한다.

6 내용물 및 원료의 사용기한 확인·판정

(1) '사용기한' 의 정의

화장품이 제조된 날로부터 적절한 보관상태에서 제품이 고유의 특성을 간직한 채 소비자가 안정적으로 사용할 수 있는 최소한의 기한
① 사용기한은 '사용기한' 또는 '까지' 등의 문자와 연월일을 소비자가 알기 쉽도록 표시
다만 '연월'로 표시하는 경우 사용기한을 넘지 않는 범위에서 기재표시

7 내용물 및 원료의 개봉 후 사용기한 확인·판정

(1) 개봉 후 사용기한

제품을 개봉 후 사용할 수 있는 최대기간으로 개봉 후 안정성 시험을 통해 얻은 결과를 근거로 개봉 후 사용기간을 설정
① 개봉 후 사용기한은 '개봉 후 사용기한'이라는 문자와 00월 또는 00개월을 조합하여 기재 표시하거나 개봉 후 사용기간을 나타내는 심벌과 기재 표시할 수 있다.

참조 화장품법 시행규칙 [별표 4] 화장품 포장의 표시기준 및 표시방법(제19조제6항 관련)
〈개정 2020. 3. 13.〉 : 4강 맞춤형화장품의 이해에서 세부내용 안내

8 내용물 및 원료의 변질 상태(변색, 변취 등) 확인

(1) 검체 채취 및 보관

> 참조 제21조(검체의 채취 및 보관) [우수화장품 제조 및 품질관리기준]
> ① 시험용 검체는 오염되거나 변질되지 아니하도록 채취하고, 채취한 후에는 원상태에 준하는 포장을 해야 하며, 검체가 채취되었음을 표시하여야 한다.
> ② 시험용 검체의 용기에는 다음 사항을 기재하여야 한다.
> 1. 명칭 또는 확인코드　2. 제조번호　3. 검체채취 일자
> ③ 완제품의 보관용 검체는 적절한 보관조건 하에 지정된 구역 내에서 제조단위별로 사용기한 경과 후 1년간 보관하여야 한다. 다만, 개봉 후 사용기간을 기재하는 경우에는 제조일로부터 3년간 보관 하여야 한다.

① 검체 채취

품질보증팀의 각 시험담당자가 한다. (합리적인 이유가 있을 경우 생산담당자가 대행)

- 검체 채취 시 원자재의 경우는 제조원의 시험성적서 등의 자료 인수하고 입고된 원자재에 '시험 중'라벨 부착
- 시험완료 →시험성적서 작성 →품질보증팀장의 승인 → 원자재에 적합 또는 부적합 라벨 부착→ 식별 표시 → 해당부서에 결과 통보

② 검채 채취 장소

- 원료 : 원료검체 채취실에서 원료관리 담당자 입회하에 실시한다.
- 반제품 : 제조실 또는 반제품 보관소에서 담당자 입회하에 실시한다.

③ 검체 채취시기

- 원자재 : 시험의뢰 접수 후 가능한 즉시 또는 1일 이내에 검체 채취
- 완제품 (반제품) : 시험의뢰 접수 후 가능한 즉시 또는 1일 이내에 검체 채취
- 재시험 검체 : 원자재, 반제품의 재시험이 필요하다고 판단된 경우 즉시 재시험을 위한 검체 채취
- 장기보관품 벌크 : 벌크의 최대 보관기간 6개월 ★
  1개월 경과 후 충전시 충전 전 반제품 보관 담당자로부터 시험의뢰 접수 후 검체 채취
- 회수 및 반품제품 : 담당 부서 담당자로부터 시험 의뢰 접수 후 검체 채취

④ 검체 채취 보관용기 및 식별

- 원료 : 100㎖ 용량의 플라스틱 용기 (100㎖ 채취)
- 반제품 : 500㎖ 플라스틱 비이커로 채취
- 검체 채취 후 검체 라벨에 검체명(코드), 제조번호(제조일자), 채취일 등을 기재하여 검체 채취 용기에 부착

⑤ 검체 채취 방법

- 모든 시험용 검체의 채취는 제조번호의 품질을 대표할 수 있도록 랜덤으로 실시
- 검체는 랜덤 샘플링 실시하여 제조단위 또는 입고 단위를 대표할 수 있도록 채취

㉠ 원료 :
- 원료보관소의 검체 채취실 및 계량실에서 검체 채취
- 원료가 비산되거나 먼지 등이 혼입되지 않도록 검체 채취 완료 후 원포장에 준하도록 재포장 후 샘플링을 하였다는 식별표시 해야 함
- 입고된 원료는 제조 번호에 따라 구분하고, 각 제조번호마다 검체 실시

㉡ 반제품 : 제조 단위마다 제조 믹서에서 멸균된 위생용 샘플링 컵으로 검체 채취

⑥ 검체 채취 시 주의 사항
- 반드시 지정장소에서 채취한다.
- 검체 채취 시 외부로부터 분진, 이물, 습기 및 미생물 오염에 유의한다.
- 제조단위 전체를 대표할 수 있도록 치우침이 없는 검체 채취 방법을 사용한다.
- 개봉 부분은 벌레 등의 혼입, 미생물 오염이 없도록 원포장에 준하여 재포장을 실시
- 채취한 검체는 청결 건조한 검체 채취용 용기에 넣고 마개를 잘 닫고 봉한다.
- 미생물 오염에 특히 주의를 요하며, 검체 채취 용기 및 기구는 세척멸균, 건조한 것을 사용한다.

⑦ 검체의 보관 및 관리 ★★
- 완제품은 적절한 보관 조건하에 지정된 구역 내에서 제조 단위별로 사용기간 경과 후 1년간 보관
- 개봉 후 사용기한을 기재하는 제품의 경우에는 제조일로 부터 3년간 보관
- 벌크는 보관 용기에 담아 6개월간 보관
- 원자재는 검사가 완료되어 적합 혹은 부적합 판정이 완료되면 폐기하는 것을 원칙으로 하며, 필요에 따라 보관기간 연장

용어 알고가기

① 검체 : 부자재를 제외한 화장품의 내용물
② 부자재 : 내용물이외의 부수적으로 사용한 것들 (침적마스크팩에 사용한 부직포 같은 것)
③ 벌크 : 용기에 담기 전에 제품

※ 일반사항 [법규 별표4. 유통화장품안전관리 시험방법 : 기능성화장품 기준 및 시험방법 통칙]

1. '검체'는 부자재(예 : 침적마스크 중 부직포 등)를 제외한 화장품의 내용물로 하며, 부자재가 내용물과 섞여 있는 경우 적당한 방법(예 : 압착, 원심분리 등)을 사용하여 이를 제거한 후 검체로 하여 시험한다.
2. 에어로졸제품인 경우에는 제품을 분액깔때기에 분사한 다음 분액깔때기의 마개를 가끔 열어 주면서 1시간 이상 방치하여 분리된 액을 따로 취하여 검체로 한다.
3. 검체가 점조하여 용량단위로 정확히 채취하기 어려울 때에는 중량단위로 채취하여 시험할 수 있으며, 이 경우 1g은 1㎖로 간주한다.
4. 시약, 시액 및 표준액 [참조 : 기능성화장품 기준 및 시험방법 통칙]

※ 검체의 채취량에 있어서 '약'이라고 붙인 것은 기재된 양의 ±10%의 범위를 뜻한다.

9 내용물 및 원료의 폐기 절차 (기출 ★★)

① 품질에 문제가 있거나 회수반품된 제품의 폐기 또는 재작업 여부는 품질보증책임자에 의해 승인

② 재작업의 대상 : 아래 각호를 모두 만족한 경우 가능하다.

- 변질 · 변패 또는 병원미생물에 오염되지 아니한 경우
- 제조일로부터 1년이 경과하지 않았거나 사용기한이 1년 이상 남아있는 경우

③ 재입고 할 수 없는 경우

- 제품의 폐기처리규정을 작성,
- 폐기대상은 따로 보관하고, 규정에 따라 신속하게 폐기

※ 제품의 폐기처리규정

① 시험, 검사, 측정에서 기준 일탈 결과 나옴
② 기준일탈 조사
③ 시험, 검사, 측정이 틀림없음 확인
④ 기준일탈처리
⑤ 기준일탈 제품에 불합격 라벨 첨부
⑥ 격리 보관
⑦ 폐기처분 (또는 재작업 또는 반품)

Chapter 6 포장재의 관리

※ 용어 정의

① 화장품 포장재의 정의 : 포장재에는 많은 재료가 포함된다.

- 1차 포장재, 2차 포장재, 각종 라벨, 봉함 라벨까지 포장재 포함
- 라벨에는 제품 제조번호 및 기타 관리 번호를 기입하므로 실수 방지가 중요하여 라벨은 포장재에 포함하여 관리하는 것을 권장

① 화장품책임판매업자 및 맞춤형화장품판매업자는 화장품을 판매할 때에는 어린이가 화장품 을 잘못 사용하여 인체에 위해를 끼치는 사고가 발생하지 아니하도록 안전용기 · 포장을 사 용하여야 한다. [화장품법 제9조 〈개정 2018.3.13.〉]

② 안전용기 · 포장을 사용하여야 할 품목 및 용기 · 포장의 기준 등에 관하여는 총리령으로 정한다.

③ 안전용기 · 포장을 사용하여야 하는 품목은 다음과 같다.

- 아세톤을 함유하는 네일 에나멜 리무버 및 네일 폴리시 리무버
- 어린이용 오일 등 개별포장 당 탄화수소류를 10퍼센트 이상 함유하고 운동점도가 21센티스톡스 (섭씨 40도 기준) 이하인 비에멀젼 타입의 액체상태의 제품
- 개별포장당 메틸 살리실레이트를 5퍼센트 이상 함유하는 액체상태의 제품
- 단, 일회용 제품, 용기 입구 부분이 펌프 또는 방아쇠로 작동되는 분무용기 제품, 압축 분무용기 제품(에어로졸 제품 등)은 제외한다.

④ 안전용기 · 포장은 성인이 개봉하기는 어렵지 아니하나 만 5세 미만의 어린이가 개봉하기는 어렵게 된 것이어야 한다. 이 경우 개봉하기 어려운 정도의 구체적인 기준 및 시험방법은 산업통상자원부장관이 정하여 고시하는 바에 따른다. 〈개정 2013. 3. 23.〉

※ 천연화장품 및 유기농화장품의 용기와 포장에는 폴리염화비닐(Polyvinyl chloride (PVC)), 폴리스티렌폼(Polystyrene foam)을 사용할 수 없다.

참조 제18조(포장작업) [우수화장품 제조 및 품질관리기준]

① 포장작업에 관한 문서화된 절차를 수립하고 유지하여야 한다.

② 포장작업은 다음 각 호의 사항을 포함하고 있는 포장지시서에 의해 수행되어야 한다.

1. 제품명
2. 포장 설비명
3. 포장재 리스트
4. 상세한 포장공정
5. 포장생산수량

③ 포장작업을 시작하기 전에 포장작업 관련 문서의 완비여부, 포장설비의 청결 및 작동여부 등을 점검하여야 한다.

1) 화장품의 기재사항

※ 화장품의 기재 표시에 대한 법령 정리 ★★

1 화장품의 기재사항 [화장품법 제10조 1항]

① 화장품의 1차 포장 또는 2차 포장에는 총리령으로 정하는 바에 따라 다음 각 호의 사항을 기재 · 표시하여야 한다. 다만, 내용량이 소량인 화장품의 포장 등 총리령으로 정하는 포장에는 화장품의 명칭, 화장품책임판매업자 및 맞춤형화장품판매업자의 상호, 가격, 제조번호와 사용기한 또는 개봉 후 사용기간(개봉 후 사용기간을 기재할 경우에는 제조연월일을 병행 표기하여야 한다. 이하 이 조에서 같다)만을 기재 · 표시할 수 있다. 〈개정 2013.3.23, 2016.2.3., 2018.3.13.〉

1. 화장품의 명칭
2. 영업자의 상호 및 주소
3. 해당 화장품 제조에 사용된 모든 성분(인체에 무해한 소량 함유 성분 등 총리령으로 정하는 성분은 제외한다)
4. 내용물의 용량 또는 중량
5. 제조번호
6. 사용기한 또는 개봉 후 사용기간
7. 가격
8. 기능성화장품의 경우 '기능성화장품'이라는 글자 또는 기능성화장품을 나타내는 도안으로서 식품의약품안전처장이 정하는 도안
9. 사용할 때의 주의사항
10. 그 밖에 총리령으로 정하는 사항

2 화장품 포장의 기재 · 표시 (화장품법 시행규칙 제19조 1항)

① 화장품의 1차 포장 또는 2차 포장에는 총리령으로 정하는 바(법 제10조제1항 단서)에 따라 다음 각 호에 해당하는 1차 포장 또는 2차 포장에는 화장품의 명칭, 화장품책임판매업자 또는 맞춤형화장품판매업자의 상호, 가격, 제조번호와 사용기한 또는 개봉 후 사용기간(개봉 후 사용기간을 기재할 경우에는 제조연월일을 병행 표기하여야 한다)만을 기재 · 표시할 수 있다. 다만, 제2호의 포장의 경우 가격이란 견본품이나 비매품 등의 표시를 말한다. 〈개정 2016. 9. 9., 2019. 3. 14., 2020. 3. 13.〉

1. 내용량이 10㎖ 이하 또는 10g 이하인 화장품의 포장
2. 판매의 목적이 아닌 제품의 선택 등을 위하여 미리 소비자가 시험 · 사용하도록 제조 또는 수입된 화장품의 포장

② 해당 화장품 제조에 사용된 모든 성분기재 (법 제10조제1항제3호)에 따라 기재 · 표시를 생략할 수 있는 성분이란 다음 각 호의 성분을 말한다. 〈개정 2013. 3. 23., 2020. 3. 13.〉

1. 제조과정 중에 제거되어 최종 제품에는 남아 있지 않은 성분
2. 안정화제, 보존제 등 원료 자체에 들어 있는 부수 성분으로서 그 효과가 나타나게 하는 양보다 적은 양이 들어 있는 성분
3. 내용량이 10㎖ 초과 50㎖ 이하 또는 중량이 10그램 초과 50그램 이하 화장품의 포장인 경우에는 다음 각 목의 성분을 제외한 성분
   가. 타르색소
   나. 금박
   다. 샴푸와 린스에 들어 있는 인산염의 종류
   라. 과일산(AHA)

마. 기능성화장품의 경우 그 효능 · 효과가 나타나게 하는 원료
바. 식품의약품안전처장이 사용 한도를 고시한 화장품의 원료

③ 사용할 때의 주의사항 (법 제10조제1항제9호)에 따라 화장품의 포장에 기재 · 표시하여야 하는 사용할 때의 주의사항은 [별표 3.화장품 유형과 사용 시 주의사항]과 같다.
※[별표 3.화장품 유형과 사용 시 주의사항]- 2강 화장품 제조 및 품질관리 참조

④ 그 밖에 총리령으로 정하는 화장품 기재사항 (법 제10조제1항제10호)에 따라 화장품의 포장에 기재 · 표시하여야 하는 사항은 다음 각 호와 같다. 다만, 맞춤형화장품의 경우에는 제1호 및 제6호를 제외한다. 〈개정 2013. 3. 23., 2017. 11. 17., 2018. 12. 31., 2019. 3. 14., 2020. 1. 22., 2020. 3. 13.〉

1. 식품의약품안전처장이 정하는 바코드
2. 기능성화장품의 경우 심사받거나 보고한 효능 · 효과, 용법 · 용량
3. 성분명을 제품 명칭의 일부로 사용한 경우 그 성분명과 함량(방향용 제품은 제외한다)
4. 인체 세포 · 조직 배양액이 들어있는 경우 그 함량
5. 화장품에 천연 또는 유기농으로 표시 · 광고하려는 경우에는 원료의 함량
6. 수입화장품인 경우에는 제조국의 명칭(「대외무역법」에 따른 원산지를 표시한 경우에는 제조국의 명칭을 생략할 수 있다), 제조회사명 및 그 소재지
7. 제2조제8호부터 제11호까지에 해당하는 기능성화장품의 경우에는 '질병의 예방 및 치료를 위한 의약품이 아님'이라는 문구
8. 다음 각 목의 어느 하나에 해당하는 경우 법 제8조제2항에 따라 사용기준이 지정 · 고시된 원료 중 보존제의 함량 기재

(※ 법 제8조제2항 : 식품의약품안전처장이 고시한 사용상의 제한 원료이외의 보존제, 색소, 자외선차단제 등은 사용할 수 없다.)

가. 화장품 유형과 사용 시의 주의사항에 따른 만 3세 이하의 영유아용 제품류 (영유아용 샴푸, 린스, 로션, 크림, 오일, 인체 목욕용, 세정용제품)인 경우
나. 만 4세 이상부터 만 13세 이하까지의 어린이가 사용할 수 있는 제품임을 특정하여 표시 · 광고하려는 경우

2) 화장품 포장의 표시기준 및 표시방법

※ (화장품법 시행규칙 제19조제6항 관련 [별표 4] 〈개정 2020. 3. 13.〉)

1. 화장품의 명칭

다른 제품과 구별할 수 있도록 표시된 것으로서 같은 화장품책임판매업자 또는 맞춤형화장품판매업자의 여러 제품에서 공통으로 사용하는 명칭을 포함한다.

2. 영업자의 상호 및 주소

가. 영업자의 주소는 등록필증 또는 신고필증에 적힌 소재지 또는 반품 · 교환 업무를 대표하는 소재지를 기재 · 표시해야 한다.
나. '화장품제조업자', '화장품책임판매업자' 또는 '맞춤형화장품판매업자'는 각각 구분하여 기재 · 표시해야 한다. 다만, 화장품제조업자, 화장품책임판매업자 또는 맞춤형화장품판매업자가 다른 영업을 함께 영위하고 있는 경우에는 한꺼번에 기재 · 표시할 수 있다.
다. 공정별로 2개 이상의 제조소에서 생산된 화장품의 경우에는 일부 공정을 수탁한 화장품제조업자의 상호 및 주소의 기재 · 표시를 생략할 수 있다.
라. 수입화장품의 경우에는 추가로 기재 · 표시하는 제조국의 명칭, 제조회사명 및 그 소재지를 국내 '화장품제조업자'와 구분하여 기재 · 표시해야 한다.

3. 화장품 제조에 사용된 성분 표시 (기출 내용★★★)

가. 글자의 크기는 5포인트 이상으로 한다.

나. 화장품 제조에 사용된 함량이 많은 것부터 기재 · 표시한다. 다만, 1퍼센트 이하로 사용된 성분, 착향제 또는 착색제는 순서에 상관없이 기재 · 표시할 수 있다.

다. 혼합원료는 혼합된 개별 성분의 명칭을 기재 · 표시한다.

라. 색조 화장용 제품류, 눈 화장용 제품류, 두발염색용 제품류 또는 손발톱용 제품류에서 호수별로 착색제가 다르게 사용된 경우 '± 또는 +/-'의 표시 다음에 사용된 모든 착색제 성분을 함께 기재 · 표시할 수 있다.

마. 착향제는 '향료'로 표시할 수 있다. 다만, 착향제의 구성 성분 중 식품의약품안전처장이 정하여 고시한 알레르기 유발성분이 있는 경우에는 향료로 표시할 수 없고, 해당 성분의 명칭을 기재 · 표시해야 한다.

바. 산성도(pH) 조절 목적으로 사용되는 성분은 그 성분을 표시하는 대신 중화반응에 따른 생성물로 기재 · 표시할 수 있고, 비누화반응을 거치는 성분은 비누화반응에 따른 생성물로 기재 · 표시할 수 있다.

사. 화장품 제조에 사용된 모든 성분(법 제10조제1항 제3호)을 기재 · 표시할 경우 영업자의 정당한 이익을 현저히 침해할 우려가 있을 때에는 영업자는 식품의약품안전처장에게 그 근거자료를 제출해야 하고, 식품의약품안전처장이 정당한 이익을 침해할 우려가 있다고 인정하는 경우에는 '기타 성분'으로 기재 · 표시할 수 있다.

4. 내용물의 용량 또는 중량

화장품의 1차 포장 또는 2차 포장의 무게가 포함되지 않은 용량 또는 중량을 기재 · 표시해야 한다. 이 경우 화장 비누(고체 형태의 세안용 비누를 말한다)의 경우에는 수분을 포함한 중량과 건조중량을 함께 기재 · 표시해야 한다.

5. 제조번호

사용기한(또는 개봉 후 사용기간)과 쉽게 구별되도록 기재 · 표시해야 하며, 개봉 후 사용기간을 표시하는 경우에는 병행 표기해야 하는 제조연월일(맞춤형화장품의 경우에는 혼합 · 소분일)도 각각 구별이 가능하도록 기재 · 표시해야 한다.

6. 사용기한 또는 개봉 후 사용기간 (4장 맞춤형화장품의 이해 내용 참조)

7. 기능성화장품의 기재 · 표시 (4장 맞춤형화장품의 이해 내용 참조)

1 포장재의 입고 기준

① 포장재의 입고시 자재 담당자는 입고된 자재의 발주서와 거래명세표를 참고하여 포장재명, 규격, 수량, 납품처, 해충이나 쥐 등의 침해를 받은 흔적, 청결여부 등 확인

② 확인 후 이상이 없으면 업체의 포장재 성적서 지참하여 품질보증팀에 검사의뢰

③ 품질보증팀은 포장재 입고 검사 절차에 따라 검체를 채취, 외관검사 및 기능검사 실시

④ 시험결과를 포장재 검사 기록서에 기록하여 품질보증팀장의 승인을 얻은 후

- 적합 시 입고된 포장재에 적합라벨부착
- 부적합시 입고된 포장재에 부적합라벨 부착 기준일탈조치서 작성하여 해당부서에 통보

⑤ 구매부서는 부적합포장재에 대한 기준일탈조치를 하고 관련내용을 기록 품질보증팀에 회신

2 입고된 포장재 관리기준

1) 보관장소

① 포장재 보관소 : 적합 판정된 포장재만을 지정된 장소에 보관
② 부적합 보관소 : 부적합 판정 된 자재는 선별, 반품, 폐기 등의 조치가 이루어지기전까지 보관

2) 보관방법

① 누구나 명확히 구분할 수 있게 구분하여 지정장소에 보관한다.
② 바닥 및 내벽과 10㎝ 이상, 외벽과 30㎝ 이상 간격을 두고 보관한다.
③ 보관장소는 항상 청결하고 정돈이 잘 되어 있어야하며, 출고 시에는 선입선출원칙에 따른다.
④ 방서, 방충 시설을 갖춘 곳에서 보관하고, 직사광선, 습기, 발열체를 피하여 보관한다.
⑤ 보관조건은 포장재의 세부요건에 따라 정한다.
⑥ 보관 기한 정한다. (최대 보관기간을 정하고 준수)
⑦ 재평가 시스템을 통해 보관기간이 경과한 경우 사용하지 않도록 한다.

3 보관중인 포장재 출고기준

1) 포장재의 출고

① 포장재 공급 담당자는 생산계획에 따라 자재를 공급하되 적합라벨이 부착되었는지 여부를 확인하고 선입선출 원칙에 따라 공급한다.
② 공급되는 부자재는 WMS 시스템을 통해 공급기록 관리

참조 제19조(보관 및 출고) [우수화장품 제조 및 품질관리기준]
① 완제품은 적절한 조건하의 정해진 장소에서 보관해야 하며, 주기적으로 재고점검을 수행해야 한다.
② 완제품은 시험결과 적합으로 판정되고 품질보증부서 책임자가 출고 승인한 것만을 출고하여야 한다.
③ 출고는 선입선출방식으로 하되, 타당한 사유가 있는 경우에는 그러지 아니할 수 있다.
④ 출고할 제품은 원자재, 부적합품 및 반품된 제품과 구획된 장소에서 보관하여야 한다. 다만 서로 혼동을 일으킬 우려가 없는 시스템에 의하여 보관되는 경우에는 그러하지 아니할 수 있다.

4 포장재의 폐기 기준

① 포장재 입고 후 검사 절차에 따라 포장재 검체를 채취, 외관검사 및 기능검사 실시
② 생산 중 이상이 발견되거나 작업 중 파손 또는 부적합 판정이 나온 결과를 포장재 검사기록서에 기록하여 품질보증팀장의 승인을 득한 후 부적합처리 후 폐기절차진행

1) 검체 채취 및 보관

① 검체 채취 : 포장재 검수실에서 포장재관리 담당자 참석 하에 실시
② 검체 채취 방법 :
- 외관 검사용 샘플은 계수 조정형 샘플링 방식에 따라 랜덤으로 샘플링
- 기능 검사 및 파괴 검사용 샘플은 필요 수량 만큼 샘플링

③ 보관 : 적절한 조건하에 정해진 곳에 보관하고 주기적으로 점검수행

2) 충전 · 포장 시 발생된 불량자재의 처리

품질 부서에서 적합으로 판정된 포장재라도 생산 중 이상이 발견되거나 작업 중 파손 또는 부적합 판정이 난 포장재는 다음과 같이 처리한다.

① 생산팀에서 생산 공정 중 발생한 불량 포장재는 정상품과 구분하여 물류팀에 반납한다.
② 물류팀 담당자는 부적합 포장재를 부적합 자재 보관소에 따로 보관
③ 물류팀 담당자는 부적합 포장재를 추후 반품 또는 폐기조치 후 해당업체에 시정조치 요구

3) 포장재 출고

① 포장재 공급담당자는 생산계획에 따라 자재를 공급한다.
② 적합라벨이 부착되었는지 확인한다.
③ 선입선출 원칙에 따라 공급 (단 타당한 사유가 있는 경우 예외)한다.
④ 공급되는 부자재는 WMS시스템을 통해 공급기록 관리 한다.

5 포장재의 사용기한 확인·판정

포장재의 사용기한 : 포장목적에 맞게 만들어져 있는 것으로 내용물 보존 및 훼손방지에 적합한 상태 및 상품안내 유지에 가능하도록 보관한다.

6 포장재의 개봉 후 사용기한 확인·판정

포장재의 개봉 후 사용기한 : 포장 재질의 부서짐이나 변질이 오지 않도록 하며, 제품의 주요 설명 기재 상태가 파손되지 않은 경우에만 사용가능하다.

※ 제품의 포장방법에 관한 기준 [시행 2019.12.20.] [환경부령 제833호, 2019. 12. 20., 타법개정]

◎ 화장품의 경우 (포장공간비율 지정)

- 인체 및 두발 세정용 제품류 : 15% 이하 포장공간 비율 확보
- 그 밖의 화장품류 (방향제 포함) : 10% 이하 포장공간 비율 확보 (향수 제외)

7 포장재의 변질 상태 확인

① 용기 및 외장의 상태확인 : 내용물, 재료의 적합성, 소재의 안정성, 기능성, 사용성, 폐기성
② 내용물의 용량 및 중량 기재 표시 파손 여부
③ 제조번호 : 사용기한(또는 개봉 후 사용기간)과 쉽게 구별되도록 기재, 표시되었는지 체크

8 포장재의 폐기 절차

① 검토결과를 바탕으로 생산 중 이상이 발견되거나 작업 중 파손 또는 부적합 판정이 나온 포장재는 회수 결정
② 회수된 부적합 포장재에 불량표시 후
③ 생산공정 중 발생한 불량포장재는 별도 구분된 부적합 자재 보관소에 따로 보관
④ 불량제품의 반송 및 폐기처리 후 해당업체에 시정조치

부적합 판정 시 → 회수 입고된 포장재에 부적합라벨 부착 → 기준일탈조치서 작성 → 해당부서에 통보

별첨 **[별표 3] 인체 세포 · 조직 배양액 안전기준 [별표 1 관련]**

1. 용어의 정의 : 이 기준에서 사용하는 용어의 정의는 다음과 같다.
   가. '인체 세포 · 조직 배양액'은 인체에서 유래된 세포 또는 조직을 배양한 후 세포와 조직을 제거하고 남은 액을 말한다.
   나. '공여자'란 배양액에 사용되는 세포 또는 조직을 제공하는 사람을 말한다.
   다. '공여자 적격성검사'란 공여자에 대하여 문진, 검사 등에 의한 진단을 실시하여 해당 공여자가 세포배양액에 사용되는 세포 나 조직을 제공하는 것에 대해 적격성이 있는지 판정하는 것을 말한다.
   라. '윈도우 피리어드(window period)'란 감염 초기에 세균, 진균, 바이러스 및 그 항원 · 항체 · 유전자 등을 검출할 수 없는 기간을 말한다.
   마. '청정등급'이란 부유입자 및 미생물이 유입되거나 잔류하는 것을 통제하여 일정 수준 이하로 유지되도록 관리하는 구역의 관리수준을 정한 등급을 말한다.

2. 일반사항
   가. 누구든지 세포나 조직을 주고받으면서 금전 또는 재산상의 이익을 취할 수 없다.
   나. 누구든지 공여자에 관한 정보를 제공하거나 광고 등을 통해 특정인의 세포 또는 조직을 사용하였 다는 내용의 광고를 할 수 없다.
   다. 인체 세포 · 조직 배양액을 제조하는데 필요한 세포 · 조직은 채취 혹은 보존에 필요한 위생상의 관리가 가능한 의료기관에서 채취된 것만을 사용한다.
   라. 세포 · 조직을 채취하는 의료기관 및 인체 세포 · 조직 배양액을 제조하는 자는 업무수행에 필요한 문서화된 절차를 수립하고 유지하여야 하며 그에 따른 기록을 보존하여야 한다.
   마. 화장품 제조판매업자는 세포 · 조직의 채취, 검사, 배양액 제조 등을 실시한 기관에 대하여 안전하고 품질이 균일한 인체 세포 · 조직 배양액이 제조될 수 있도록 관리 · 감독을 철저히 하여야 한다.

3~6. 8. 〈생략〉

7. 인체 세포 · 조직 배양액의 안전성 평가
   가. 인체세포 · 조직배양액의 안전성 확보를 위하여 다음의 안전성시험 자료를 작성 · 보존하여야 한다.
      1) 단회투여독성시험자료
      2) 반복투여독성시험자료
      3) 1차 피부자극시험자료
      4) 안점막 자극 또는 기타점막자극시험자료
      5) 피부감작성시험자료
      6) 광독성 및 광감작성 시험자료(자외선에서 흡수가 없음을 입증하는 흡광도 시험자료를 제출하는 경우에는 제외함)
      7) 인체 세포 · 조직 배양액의 구성성분에 관한 자료
      8) 유전독성시험자료
      9) 인체첩포시험자료

9. 기록보존
   화장품 제조판매업자는 이 안전기준과 관련한 모든 기준, 기록 및 성적서에 관한 서류를 받아 완제품의 제조연월일로부터 3년이 경과한 날까지 보존하여야 한다.

별첨 [별표 4] 유통화장품 안전관리 시험방법(제6조 관련)

다음 내용 중 검액의 조제 및 조작등에 자세한 내용은 '이하 생략' [별표4] 법규 내용 참조

Ⅰ. 일반화장품 (※ 제품 안에서 비의도적으로 검출되는 물질의 함량 검출시험법)

1. 납 : 다음 시험법중 적당한 방법에 따라 시험한다.

가) 디티존법

① 검액의 조제 : 다음 제1법 또는 제2법에 따른다.

- 제1법 : 검체 1.0g을 자제도가니에 취하고(검체에 수분이 함유되어 있을 경우에는 수욕상에서 증발건조한다) 약 500℃에서 2~3시간 회화한다. 회분에 묽은염산 및 묽은질산 각 10㎖씩을 넣고 수욕상에서 30분간 가온한 다음 상징액을 유리여과기(G4)로 여과하고 잔류물을 묽은 염산 및 물 적당량으로 씻어 씻은 액을 여액에 합하여 전량을 50㎖로 한다.
- 제2법 : 검체 1.0g을 취하여 300㎖ 분해플라스크에 넣고 황산 5㎖ 및 질산 10㎖를 넣고 흰 연기가 발생할 때까지 조용히 가열한다. 식힌 다음 질산 5㎖씩을 추가하고 흰 연기가 발생할 때까지 가열하여 내용물이 무색~엷은 황색이 될 때까지 이 조작을 반복하여 분해가 끝나면 포화수산암모늄용액 5㎖를 넣고 다시 가열하여 질산을 제거한다. 분해물을 50㎖ 용량플라스크에 옮기고 물 적당량으로 분해플라스크를 씻어 넣고 물을 넣어 전체량을 50㎖로 한다.

② 시험조작 : 위의 검액으로 「기능성화장품 기준 및 시험방법」(식품의약품안전처 고시) Ⅵ. 일반시험법 Ⅵ-1. 원료의 '7. 납시험법'에 따라 시험한다. 비교액에는 납표준액 2.0㎖를 넣는다.

나) 원자흡광광도법(**AAS**) (기출 ★★)

① 검액의 조제 : 검체 약 0.5g을 정밀하게 달아 석영 또는 테트라플루오로메탄제의 극초단파분해용 용기의 기벽에 닿지 않도록 조심하여 넣는다. 검체를 분해하기 위하여 질산 7㎖, 염산 2㎖ 및 황산 1㎖을 넣고 뚜껑을 닫은 다음 용기를 극초단파분해 장치에 장착하고 다음 조작조건에 따라 무색~엷은 황색이 될 때까지 분해한다. 상온으로 식힌 다음 조심하여 뚜껑을 열고 분해물을 25㎖ 용량플라스크에 옮기고 물 적당량으로 용기 및 뚜껑을 씻어 넣고 물을 넣어 전체량을 25㎖로 하여 검액으로 한다. 침전물이 있을 경우 여과하여 사용한다. 따로 질산 7㎖, 염산 2㎖ 및 황산 1㎖를 가지고 검액과 동일하게 조작하여 공시험액으로 한다. 다만, 필요에 따라 검체를 분해하기 위하여 사용되는 산의 종류 및 양과 극초단파분해 조건을 바꿀 수 있다.

〈조작조건〉

최대파워 : 1000W

최고온도 : 200℃

분해시간 : 약 35분

위 검액 및 공시험액 또는 디티존법의 검액의 조제와 같은 방법으로 만든 검액 및 공시험액 각 25㎖를 취하여 각각에 구연산암모늄용액(1→4) 10㎖ 및 브롬치몰블루시액 2방울을 넣어 액의 색이 황색에서 녹색이 될 때까지 암모니아시액을 넣는다. 여기에 황산암모늄용액(2→5) 10㎖ 및 물을 넣어 100㎖로 하고 디에칠디치오카르바민산나트륨용액(1→20) 10㎖를 넣어 섞고 몇 분간 방치한 다음 메칠이소부틸케톤 20.0㎖를 넣어 세게 흔들어 섞어 조용히 둔다. 메칠이소부틸케톤층을 여취하고 필요하면 여과하여 검액으로 한다.

② 표준액의 조제 : 따로 납표준액(10μg/㎖) 0.5㎖, 1.0㎖ 및 2.0㎖를 각각 취하여 구연산암모늄용액(1→4) 10㎖ 및 브롬치몰블루시액 2방울을 넣고 이하 위의 검액과 같이 조작하여 검량선용 표준액으로 한다.

③ 조작 : 각각의 표준액을 다음의 조작조건에 따라 원자흡광광도기에 주입하여 얻은 납의 검량선을 가지고 검액 중 납의 양을 측정한다.

다) 유도결합플라즈마분광기(ICP spectrometer)를 이용하는 방법

① 검액의 조제 : 이하 생략

② 표준액의 조제 : 이하 생략

③ 시험조작 : 각각의 표준액을 다음의 조작조건에 따라 유도결합플라즈마분광기(ICP spectrometer)에 주입하여 얻은 납의 검량선을 가지고 검액 중 납의 양을 측정한다.

라) 유도결합플라즈마-질량분석기(ICP-MS)를 이용한 방법

① 검액의 조제 : 다만, 필요하면 검체를 분해하기 위하여 사용되는 산의 종류 및 양과 극초단파분해 조건을 바꿀 수 있다. 이하 생략

② 표준액의 조제 : 이하 생략

③ 시험조작 : 각각의 표준액을 다음의 조작조건에 따라 유도결합플라즈마-질량분석기(ICP-MS)에 주입하여 얻은 납의 검량선을 가지고 검액 중 납의 양을 측정한다.

2. 니켈

① 검액의 조제 : 검체 약 0.2g을 정밀하게 달아 테플론제의 극초단파분해용 용기의 기벽에 닿지 않도록 조심하여 넣는다. 검체를 분해하기 위하여 질산 7㎖, 불화수소산 2㎖를 넣고 뚜껑을 닫은 다음 용기를 극초단파분해 장치에 장착하고 조작조건 1에 따라 무색 ~ 엷은 황색이 될 때까지 분해한다. 상온으로 식힌 다음 조심하여 뚜껑을 열어 희석시킨 붕산 (5→100) 20㎖를 넣고 뚜껑을 닫은 다음 용기를 극초단파분해 장치에 장착하고 조작조건 2에 따라 불소를 불활성화 시킨다. 다만, 기기의 검액 도입부 등에 석영대신 테플론재질을 사용하는 경우에 한해 불소 불활성화 조작은 생략할 수 있다. 상온으로 식힌 다음 조심하여 뚜껑을 열고 분해물을 100㎖ 용량플라스크에 옮기고 물 적당량으로 용기 및 뚜껑을 씻어 넣고 물을 넣어 100㎖로 한다. 침전물이 있을 경우 여과하여 사용한다. 이액을 물로 5배 희석하여 검액으로 한다. 따로 질산 7㎖, 불화수소산 2㎖를 가지고 검액과 동일하게 조작하여 공시험액으로 한다. 다만, 필요하면 검체를 분해하기 위하여 사용되는 산의 종류 및 양과 극초단파분해 조건을 바꿀 수 있다.

〈조작조건1〉	〈조작조건2〉
최대파워 : 1000W	최대파워 : 1000W
최고온도 : 200℃	최고온도 : 180℃
분해시간 : 약 20분	분해시간 : 약 10분

② 표준액의 조제 : 니켈 표준원액(1000 μg/㎖)에 희석시킨 질산(2→100)을 넣어 농도가 다른 3가지이상의 검량선용 표준액을 만든다. 표준액의 농도는 1㎖당 니켈 1~20ng 범위를 포함하게 한다.

③ 조작 : 각각의 표준액을 다음의 조작조건에 따라 유도결합플라즈마-질량분석기(ICP-MS)에 주입하여 얻은 니켈의 검량선을 가지고 검액 중 니켈의 양을 측정한다.

④ 검출시험 범위에서 충분한 정량한계, 검량선의 직선성 및 회수율이 확보되는 경우 유도결합플라즈마-질량분석기(ICP-MS) 대신 유도결합플라즈마분광기(ICP) 또는 원자흡광분광기(AAS)를 사용하여 측정할 수 있다.

3. 비소 : 다음 시험법중 적당한 방법에 따라 시험한다.

가) 비색법 : 검체 1.0g을 달아 「기능성화장품 기준 및 시험방법」(식품의약품안전처 고시) Ⅵ. 일반시험법 Ⅵ-1. 원료의 '15. 비소시험법' 중 제3법에 따라 검액을 만들고 장치 A를 쓰는 방법에 따라 시험한다.

나) 원자흡광광도법 (AAS)

① 검액의 조제 : 이하 생략

② 표준액의 조제 : 비소 표준원액(1000μg/㎖)에 0.5% 질산을 넣어 농도가 다른 3가지 이상의 검량선용 표준액을 만든다. 이 표준액의 농도는 액 1㎖당 비소 0.01~0.2μg 범위 내로 한다.

③ 시험조작 : 각각의 표준액을 다음의 조작조건에 따라 수소화물발생장치 및 가열흡수셀을 사용하여 원자흡광광도기에 주입하고 여기서 얻은 비소의 검량선을 가지고 검액 중 비소의 양을 측정한다.

다) 유도결합플라즈마분광기(ICP)를 이용한 방법

① 검액 및 표준액의 조제 : 원자흡광광도법의 표준액 및 검액의 조제와 같은 방법으로 만든 액을 검액 및 표준액으로 한다.

② 시험조작 : 각각의 표준액을 다음의 조작조건에 따라 유도결합플라즈마분광기(ICP spectrometer)에 주입하여 얻은 비소의 검량선을 가지고 검액 중 비소의 양을 측정한다.

라) 유도결합플라즈마-질량분석기(ICP-MS)를 이용한 방법

① 검액의 조제 : 이하 생략

② 표준액의 조제 : 비소 표준원액(1000μg/㎖)에 희석시킨 질산(2→100)을 넣어 농도가 다른 3가지 이상의 검량선용 표준액을 만든다.

③ 시험조작 : 각각의 표준액을 다음의 조작조건에 따라 유도결합플라즈마-질량분석기(ICP-MS)에 주입하여 얻은 비소의 검량선을 가지고 검액 중 비소의 양을 측정한다.

4. 수은

가) 수은분해장치를 이용한 방법

① 검액의 조제 : 검체 1.0g을 정밀히 달아 그림 1과 같은 수은분해장치의 플라스크에 넣고 유리구 수개를 넣어 장치에 연결하고 냉각기에 찬물을 통과시키면서 적가깔대기를 통하여 질산 10㎖를 넣는다. 다음에 적가깔대기의 콕크를 잠그고 반응콕크를 열어주면서 서서히 가열한다. 아질산가스의 발생이 거의 없어지고 엷은 황색으로 되었을 때 가열을 중지하고 식힌다. 이때 냉각기와 흡수관의 접촉을 열어놓고 흡수관의 희석시킨 황산(1→100)이 장치 안에 역류되지 않도록 한다. 식힌 다음 황산 5㎖를 넣고 다시 서서히 가열한다. 이때 반응콕크를 잠가주면서 가열하여 산의 농도를 농축시키면 분해가 촉진된다. 분해가 잘 되지 않으면 질산 및 황산을 같은 방법으로 반복하여 넣으면서 가열한다. 액이 무색 또는 엷은 황색이 될 때까지 가열하고 식힌다. 이때 냉각기와 흡수관의 접촉을 열어놓고 흡수관의 희석시킨 황산(1→100)이 장치 안에 역류되지 않도록 한다. 식힌 다음 과망간산칼륨가루 소량을 넣고 가열한다. 가열하는 동안 과망간산칼륨의 색이 탈색되지 않을 때까지 소량씩 넣어 가열한다. 다시 식힌 다음 적가깔대기를 통하여 과산화수소시액을 넣으면서 탈색시키고 10% 요소용액 10㎖를 넣고 적가깔대기의 콕크를 잠근다. 이때 장치 안이 급히 냉각되므로 흡수관 안의 희석시킨 황산(1→100)이 장치 안으로 역류한다. 역류가 끝난 다음 천천히 가열하면서 아질산가스를 완전히 날려 보내고 식혀서 100㎖ 용량플라스크에 옮기고 뜨거운 희석시킨 황산(1→100)소량으로 장치의 내부를 잘 씻어 씻은 액을 100㎖ 메스플라스크에 합하고 식힌 다음 물을 넣어 정확히 100㎖로 하여 검액으로 한다.

② 공시험액의 조제 : 검체는 사용하지 않고 검액의 조제와 같은 방법으로 조작하여 공시험액으로 한다.

③ 표준액의 조제 : 염화제이수은을 데시케이타(실리카 겔)에서 6시간 건조하여 그 13.5mg을 정밀하게 달아 묽은 질산 10㎖ 및 물을 넣어 녹여 정확하게 1L로 한다. 이 용액 10㎖를 정확하게 취하여 묽은 질산 10㎖ 및 물을 넣어 정확하게 1L로 하여 표준액으로 한다. 쓸 때 조제한다. 이 표준액 1㎖는 수은(Hg) 0.1㎍을 함유한다.

④ 조작법(환원기화법) : 검액 및 공시험액을 시험용 유리병에 옮기고 5% 과망간산칼륨용액 수적을 넣어 주면서 탈색이 되면 추가하여 1분간 방치한 다음 1.5% 염산히드록실아민용액으로 탈색시킨다. 따로 수은 표준액 10㎖를 정확하게 취하여 물을 넣어 100㎖로 하여 시험용 유리병에 옮기고 5% 과망간산칼륨용액 수적을 넣어 흔들어 주면서 탈색이 되면 추가하여 1분간 방치한 다음 50% 황산 2㎖ 및 3.5% 질산 2㎖를 넣고 1.5% 염산히드록실아민용액으로 탈색시킨다. 위의 전처리가 끝난 표준액, 검액 및 공시험액에 1% 염화제일석 0.5N 황산용액 10㎖씩을 넣어 곧 그림 2와 같은 원자흡광광도계의 순환펌프에 연결하여 수은증기를 건조관 및 흡수셀(cell)안에 순환시켜 파장 253.7nm에서 기록계의 지시가 급속히 상승하

여 일정한 값을 나타낼 때의 흡광도를 측정할 때 검액의 흡광도는 표준액의 흡광도보다 적어야 한다.

나) 수은분석기를 이용한 방법

① 검액의 조제 : 검체 약 50mg을 정밀하게 달아 검액으로 한다.

② 표준액의 조제 : 수은표준액을 0.001% L-시스테인 용액으로 적당하게 희석하여 0.1, 1, 10 μg/mℓ로 하여 표준액으로 한다.

③ 조작법 : 검액 및 표준액을 가지고 수은분석기로 측정한다. 따로 공시험을 하며 필요하면 첨가제를 넣을 수 있다.

0.001% L-시스테인 용액 : L-시스테인 10mg을 달아 질산 2mℓ를 넣은 다음 물을 넣어 1000mℓ로 한다. 이 액을 냉암소에 보관한다.

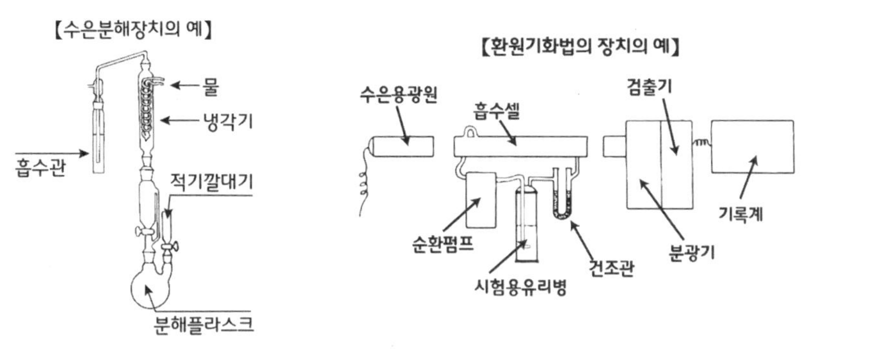

5. 안티몬

① 검액의 조제 : 검체 약 0.2g을 정밀하게 달아 테플론제의 극초단파분해용 용기의 기벽에 닿지 않도록 조심하여 넣는다. 검체를 분해하기 위하여 질산 7mℓ, 불화수소산 2mℓ를 넣고 뚜껑을 닫은 다음 용기를 극초단파분해 장치에 장착하고 조작조건 1에 따라 무색 ~ 엷은 황색이 될 때까지 분해한다. 상온으로 식힌 다음 조심하여 뚜껑을 열어 희석시킨 붕산 (5→100) 20mℓ를 넣고 뚜껑을 닫은 다음 용기를 극초단파분해 장치에 장착하고 조작조건 2에 따라 불소를 불활성화 시킨다. 다만, 기기의 검액 도입부 등에 석영대신 테플론재질을 사용하는 경우에 한해 불소 불활성화 조작은 생략할 수 있다. 상온으로 식힌 다음 조심하여 뚜껑을 열고 분해물을 100mℓ 용량플라스크에 옮기고 물 적당량으로 용기 및 뚜껑을 씻어 넣고 물을 넣어 100mℓ로 한다. 침전물이 있을 경우 여과하여 사용한다. 이액을 물로 5배 희석하여 검액으로 한다. 따로 질산 7mℓ, 불화수소산 2mℓ를 가지고 검액과 동일하게 조작하여 공시험액으로 한다. 다만, 필요하면 검체를 분해하기 위하여 사용되는 산의 종류 및 양과 극초단파분해 조건을 바꿀 수 있다.

② 표준액의 조제 : 안티몬 표준원액(1000 μg/mℓ)에 희석시킨 질산 (2→100)을 넣어 농도가 다른 3가지 이상의 검량선용 표준액을 만든다. 표준액의 농도는 1mℓ당 안티몬 1~20ng 범위를 포함하게 한다.

③ 조작 : 각각의 표준액을 다음의 조작조건에 따라 유도결합플라즈마-질량분석기(ICP-MS)에 주입하여 얻은 안티몬의 검량선을 가지고 검액 중 안티몬의 양을 측정한다.

④ 검출시험 범위에서 충분한 정량한계, 검량선의 직선성 및 회수율이 확보되는 경우 유도결합플라즈마-질량분석기(ICP-MS) 대신 유도결합플라즈마분광기(ICP) 또는 원자흡광분광기(AAS)를 사용하여 측정할 수 있다.

6. 카드뮴

① 검액의 조제 : 이하 생략

② 표준액의 조제 : 이하 생략

③ 조작 : 각각의 표준액을 다음의 조작조건에 따라 유도결합플라즈마-질량분석기(ICP-MS)에 주입하여

얻은 카드뮴의 검량선을 가지고 검액 중 카드뮴의 양을 측정한다.

④ 검출시험 범위에서 충분한 정량한계, 검량선의 직선성 및 회수율이 확보되는 경우 유도결합플라즈 마-질량분석기(ICP-MS) 대신 유도결합플라즈마분광기(ICP) 또는 원자흡광분광기(AAS)를 사용하여 측정할 수 있다.

7. 디옥산 (기출 ★★)

검액 및 표준액을 가지고 다음 조건으로 **기체크로마토그래프법**의 절대검량선법에 따라 시험한다. 필요하면 표준액의 검량선 범위 내에서 검체 채취량 또는 희석배수를 조정할 수 있다.

검체 약 1.0g을 정밀하게 달아 20% **황산나트륨용액** 1.0㎖를 넣고 잘 흔들어 섞어 검액으로 한다. 따로 1,4-디옥산 표준품을 물로 희석하여 0.0125, 0.025, 0.05, 0.1, 0.2, 0.4, 0.8mg/㎖의 액으로 한 다음, 각 액 50μL씩을 취하여 각각에 **폴리에틸렌글리콜** 400 1.0g 및 20% 황산나트륨용액 1.0㎖를 넣고 잘 흔들어 섞은 액을 표준액으로 한다. 검액 및 표준액을 가지고 다음 조건으로 **기체크로마토그래프법**의 절대검량선법에 따라 시험한다. 필요하면 표준액의 검량선 범위 내에서 검체 채취량 또는 희석배수를 조정할 수 있다.

8. 메탄올

이하 메탄올 시험법에 사용하는 에탄올은 메탄올이 함유되지 않은 것을 확인하고 사용한다.

가) 푹신아황산법

표준액 및 검액 5㎖를 가지고 「기능성화장품 기준 및 시험방법」(식품의약품안전처 고시) IX. 일반시험법 IX-1. 원료 '9. 메탄올 및 아세톤시험법' 중 메탄올항에 따라 시험한다.

나) 기체크로마토그래프법

1) 물휴지 외 제품

① 증류법

② 희석법

③ 기체크로마토그래프 분석 : 검체에 따라 증류법 또는 희석법을 선택하여 전처리한 후 각각의 표준액과 검액을 가지고 조작조건에 따라 시험한다.

2) 물휴지 : 각각의 표준액과 검액을 가지고 기체크로마토그래프-헤드스페이스법으로 조작조건에 따라 시험한다.

다) 기체크로마토그래프-질량분석기법

검체(물휴지는 검체 적당량을 압착하여 용액을 분리하여 사용) 약 1㎖을 정확하게 취하여 물을 넣어 정확하게 100㎖로 하여 검액으로 한다.

9. 포름알데하이드 (기출 ★★)

검체 약 1.0 g을 정밀하게 달아 초산을 넣어 20㎖로 하고 1시간 진탕 추출한 다음 여과한다. 여액 1㎖를 정확하게 취하여 물을 넣어 200㎖로 하고, 이 액 100㎖를 취하여 초산 4㎖를 넣은 다음 균질하게 섞고 6 mol/L 염산 또는 6 mol/L 수산화나트륨용액을 넣어 pH를 5.0으로 조정한다. 이 액에 2,4-디니트로페닐히드라진시액주2) 6.0㎖를 넣고 40 ℃에서 1시간 진탕한 다음, 디클로로메탄 20㎖로 3회 추출하고 디클로로메탄 층을 무수황산나트륨 5.0 g을 놓은 탈지면을 써서 여과한다. 이 여액을 감압에서 가온하여 증발 건조한 다음 잔류물에 아세토니트릴 5.0㎖를 넣어 녹인 액을 검액으로 한다. 따로 포름알데하이드 표준품을 물로 희석하여 0.05, 0.1, 0.2, 0.5, 1, 2 ㎍/㎖의 액을 만든 다음, 각 액 100㎖를 취하여 검액과 같은 방법으로 전처리하여 표준액으로 한다.

검액 및 표준액 각 10 μL씩을 가지고 다음 조건으로 **액체크로마토그래프법**의 절대검량선법에 따라 시험한다. 필요하면 표준액의 검량선 범위 내에서 검체 채취량 또는 검체 희석배수를 조정할 수 있다.

10. 프탈레이트류(디부틸프탈레이트, 부틸벤질프탈레이트 및 디에칠헥실프탈레이트) (기출 ★★★)

다음 시험법 중 적당한 방법에 따라 시험한다.

가) 기체크로마토그래프-수소염이온화검출기를 이용한 방법

나) 기체크로마토그래프-질량분석기를 이용한 방법

11. 미생물 한도

일반적으로 다음의 시험법을 사용한다. 다만, 본 시험법 외에도 미생물 검출을 위한 자동화 장비와 미생물 동정기기 및 키트 등을 사용할 수도 있다.

1) 검체의 전처리

검체조작은 무균조건하에서 실시하여야 하며, 검체는 충분하게 무작위로 선별하여 그 내용물을 혼합하고 검체 제형에 따라 다음의 각 방법으로 검체를 희석, 용해, 부유 또는 현탁시킨다. 아래에 기재한 어느 방법도 만족할 수 없을 때에는 적절한 다른 방법을 확립한다.

가) 액제 · 로션제 : 검체 1mℓ(g)에 변형레틴액체배지 또는 검증된 배지나 희석액 9mℓ를 넣어 10배 희석액을 만들고 희석이 더 필요할 때에는 같은 희석액으로 조제한다.

나) 크림제 · 오일제 : 검체 1mℓ(g)에 적당한 분산제 1mℓ를 넣어 균질화 시키고 변형레틴액체배지 또는 검증된 배지나 희석액 8mℓ를 넣어 10배 희석액을 만들고 희석이 더 필요할 때에는 같은 희석액으로 조제한다. 분산제만으로 균질화가 되지 않는 경우 검체에 적당량의 지용성 용매를 첨가하여 용해한 뒤 적당한 분산제 1mℓ를 넣어 균질화 시킨다.

다) 파우더 및 고형제 : 검체 1g에 적당한 분산제를 1mℓ를 넣고 충분히 균질화 시킨 후 변형레틴액체배지 또는 검증된 배지 및 희석액 8mℓ를 넣어 10배 희석액을 만들고 희석이 더 필요할 때에는 같은 희석액으로 조제한다. 분산제만으로 균질화가 되지 않을 경우 적당량의 지용성 용매를 첨가한 상태에서 멸균된 마쇄기를 이용하여 검체를 잘게 부수어 반죽 형태로 만든 뒤 적당한 분산제 1mℓ를 넣어 균질화 시킨다. 추가적으로 40℃에서 30분 동안 가온한 후 멸균한 유리구슬(5 mm : 5~7개, 3 mm : 10~15개)을 넣어 균질화 시킨다.

2) 총 호기성 생균수 시험법

총 호기성 생균수 시험법은 화장품 중 총 호기성 생균(세균 및 진균)수를 측정하는 시험방법이다.

가) 검액의 조제 : 1)항에 따라 검액을 조제한다.

나) 배지 : 총 호기성 세균수시험은

- 변형레틴한천배지(Modified letheen agar)
- 대두카제인소화한천배지(Tryptic soy agar)

진균수시험은 항생물질 첨가한 포테이토 덱스트로즈 한천배지 또는 항생물질 첨가 사브로포도당 한천배지를 사용한다.

다) 조작

1) 세균수 시험 (기출 ★★)

㉮ 한천평판도말법 : 직경 9~10㎝ 페트리 접시 내에 미리 굳힌 세균시험용 배지 표면에 전처리 검액 0.1mℓ 이상도 말한다.

㉯ 한천평판희석법 : 검액 1mℓ를 같은 크기의 페트리접시에 넣고 그 위에 멸균 후 45℃로 식힌 15mℓ의 세균시험용 배지를 넣어 잘 혼합한다.

검체당 최소 2개의 평판을 준비하고 **30~35℃에서 적어도 48시간 배양**하는데 이때 최대 균집락수를 갖는 평판을 사용하되 평판당 300개 이하의 균집락을 최대치로 하여 총 세균수를 측정한다.

2) 진균수 시험 : '1) 세균수 시험'에 따라 시험을 실시하되 배지는 진균수시험용 배지를 사용하여 배양온도 **20~25℃에서 적어도 5일간 배양**한 후 100개 이하의 균집락이 나타나는 평판을 세어 총 진균수를 측정한다.

라) 배지성능 및 시험법 적합성시험

시판배지는 배치마다 시험하며, 조제한 배지는 조제한 배치마다 시험한다. 검체의 유 · 무 하에서 총 호기성 생균수시험법에 따라 제조된 검액 · 대조액에 표 1.에 기재된 시험균주를 각각 100cfu 이하가 되도록 접종하여 규정된 총호기성생균수시험법에 따라 배양할 때 검액에서 회수한 균수가 대조액에서 회수한 균수의 1/2 이상이어야 한다. 검체 중 보존제 등의 항균활성으로 인해 증식이 저해되는 경우(검액에서 회수한 균수가 대조액에서 회수한 균수의 1/2 미만인 경우)에는 결과의 유효성을 확보하기 위하여 총 호기성 생균수 시험법을 변경해야 한다. 항균활성을 중화하기 위하여 희석 및 중화제(표2)를 사용할 수 있다. 또한, 시험에 사용된 배지 및 희석액 또는 시험 조작상의 무균상태를 확인하기 위하여 완충식염펩톤수(pH 7.0)를 대조로 하여 총호기성 생균수시험을 실시할 때 미생물의 성장이 나타나서는 안 된다.

표2. 항균활성에 대한 중화제

화장품 중 미생물 발육저지물질	항균성을 중화시킬 수 있는 중화제
페놀 화합물 : 파라벤, 페녹시에탄올,페닐에탄올 등 아닐리드	레시틴, 폴리소르베이트 80, 지방알코올의 에틸렌 옥사이드축합물(condensate), 비이온성 계면활성제
4급 암모늄 화합물, 양이온성 계면활성제	레시틴, 사포닌, 폴리소르베이트 80, 도데실 황산나트륨, 지방 알코올의에틸렌 옥사이드 축합물
알데하이드, 포름알데히드-유리 제제	글리신, 히스티딘
산화(oxidizing) 화합물	치오황산나트륨
이소치아졸리논, 이미다졸	레시틴, 사포닌, 아민, 황산염, 메르캅탄, 아황산수소나트륨, 치오글리콜산나트륨
비구아니드	레시틴, 사포닌, 폴리소르베이트 80
금속염(Cu, Zn, Hg), 유기-수은 화합물	아황산수소나트륨, L-시스테인-SH 화합물(sulfhydryl compounds), 치오글리콜산

3) 특정세균시험법

가) 대장균 (Escherichia coli) 시험

1) 검액의 조제 및 조작 : 이하 생략

2) 배지 : 유당액체배지, 맥콘키한천배지, 에오신메칠렌블루한천배지(EMB한천배지)

나) 녹농균 (Pseudomonas aeruginosa)시험

1) 검액의 조제 및 조작 : 이하 생략

2) 배지 : 카제인대두소화액체배지, 세트리미드한천배지(Cetrimide agar)
엔에이씨한천배지(NAC agar), 플루오레세인 검출용 녹농균 한천배지 F
피오시아닌 검출용 녹농균 한천배지 P

다) 황색포도상구균 (Staphylococcus aureus) 시험

1) 검액의 조제 및 조작 : 이하 생략

2) 배지 : 보겔존슨한천배지(Vogel-Johnson agar), 베어드파카한천배지(Baird-Parker agar)

12. 내용량

가) 용량으로 표시된 제품 : 내용물이 들어있는 용기에 뷰렛으로부터 물을 적가하여 용기를 가득 채웠을 때의 소비량을 정확하게 측정한 다음 용기의 내용물을 완전히 제거하고 물 또는 기타 적당한 유기용매로 용기의 내부를 깨끗이 씻어 말린 다음 뷰렛으로부터 물을 적가하여 용기를 가득 채워 소비량을 정확히 측정하고 전후의 용량차를 내용량으로 한다. 다만, 150㎖ 이상의 제품에 대하여는 메스실린더를 써서 측정한다.

나) 질량으로 표시된 제품 : 내용물이 들어있는 용기의 외면을 깨끗이 닦고 무게를 정밀하게 단 다음 내용물을 완전히 제거하고 물 또는 적당한 유기용매로 용기의 내부를 깨끗이 씻어 말린 다음 용기만의 무게를 정밀히 달아 전후의 무게차를 내용량으로 한다.

다) 길이로 표시된 제품 : 길이를 측정하고 연필류는 연필심지에 대하여 그 지름과 길이를 측정한다.

라) 화장비누

1) 수분 포함 : 상온에서 저울로 측정(g)하여 실중량은 전체 무게에서 포장 무게를 뺀 값으로 하고, 소수점 이하 1자리까지 반올림하여 정수자리까지 구한다.

2) 건조 : 검체를 작은 조각으로 자른 후 약 10 g을 0.01 g까지 측정하여 접시에 옮긴다. 이 검체를 103 ± 2 ℃ 오븐에서 1시간 건조 후 꺼내어 냉각시키고 다시 오븐에 넣고 1시간 후 접시를 꺼내어 데시케이터로 옮긴다. 실온까지 충분히 냉각시킨 후 질량을 측정하고 2회의 측정에 있어서 무게의 차이가 0.01 g 이내가 될 때까지 1시간 동안의 가열, 냉각 및 측정 조작을 반복한 후 마지막 측정 결과를 기록한다.

(계산식)

내용량(g) = 건조 전 무게(g) × [100−건조감량(%)] / 100

$$건조감량(\%) = \frac{m_1 - m_2}{m_1 - m_0} \times 100$$

- m_0 : 접시의 무게(g)
- m_1 : 가열 전 접시와 검체의 무게(g)
- m_2 : 가열 후 접시와 검체의 무게(g)

마) 그 밖의 특수한 제품은 「대한민국약전」(식품의약품안전처 고시)으로 정한 바에 따른다.

13. pH 시험법 (기출 ★★)

검체 약 2 g 또는 2㎖를 취하여 100㎖ 비이커에 넣고 물 30㎖를 넣어 수욕상에서 가온하여 지방분을 녹이고 흔들어 섞은 다음 냉장고에서 지방분을 응결시켜 여과한다. 이때 지방층과 물층이 분리되지 않을 때는 그대로 사용한다. 여액을 가지고 「기능성화장품 기준 및 시험방법」(식품의약품안전처 고시) Ⅸ. 일반시험법 Ⅸ-1. 원료의 '47. pH측정법'에 따라 시험한다. 다만, 성상에 따라 투명한 액상인 경우에는 그대로 측정한다.

PART 03 단원평가문제

1 작업소의 위생 및 유지관리에 대한 내용 중에서 틀린 것은?

① 곤충, 해충인 쥐를 막을 수 있는 대책을 마련하고 정기적으로 점검 및 확인하여야 한다.
② 제조, 관리 및 보관 구역 내의 바닥, 벽, 천장 및 창문은 항상 청결하게 유지되어야 한다.
③ 제조시설이나 설비의 세척에 사용되는 세제 또는 소독제는 효능이 입증된 것을 사용하고 잔류하거나 적용하는 표면에 이상 유무는 확인할 필요가 없다.
④ 제조시설이나 설비는 적절한 방법으로 청소하여야 하며, 필요한 경우 위생관리 프로그램을 운영하여야 한다.
⑤ 세척한 설비는 다음 사용 시까지 오염되지 아니하도록 관리하여야 한다.

해설

※ 우수화장품 제조 및 품질관리 기준 제9조 (작업소의 위생 참조)
세정 혹은 소독 후 표면의 이상 유무는 필수 확인

2 다음 〈보기〉에서 맞춤형화장품 조제에 필요한 원료 및 내용물 관리로 적절한 것을 모두 고르면? [맞춤형화장품 조제관리사 자격시험 예시문항]

〈보기〉
㉠ 내용물 및 원료의 제조번호를 확인한다.
㉡ 내용물 및 원료의 입고 시 품질관리 여부를 확인한다.
㉢ 내용물 및 원료의 사용기한 또는 개봉 후 사용기한을 확인한다.
㉣ 내용물 및 원료 정보는 기밀이므로 소비자에게 설명하지 않을 수 있다.
㉤ 책임판매업자와 계약한 사항과 별도로 내용물 및 원료의 비율을 다르게 할 수 있다.

① ㉠, ㉡, ㉢ ② ㉠, ㉡, ㉣
③ ㉠, ㉢, ㉤ ④ ㉡, ㉤, ㉣
⑤ ㉢, ㉤, ㉣

3 맞춤형화장품의 원료로 사용할 수 있는 경우로 적합한 것은? [예시문항 참조]

① 보존제를 직접 첨가한 제품
② 자외선차단제를 직접 첨가한 제품
③ 화장품에 사용할 수 없는 원료를 첨가한 제품
④ 식품의약품안전처장이 고시하는 기능성화장품의 효능 · 효과를 나타내는 원료를 첨가한 제품
⑤ 해당 화장품책임판매업자가 식품의약품안전처장이 고시하는 기능성화장품의 효능 · 효과를 나타내는 원료를 포함하여 식약처로부터 심사를 받거나 보고서를 제출한 경우에 해당하는 제품

해설

화장품법 제8조제2항 (화장품 안전기준 등) 보존제, 색소, 자외선차단제 등은 사용할 수 없다.

정답 1 ③ 2 ① 3 ⑤

4 **완제품의 보관용 검체를 보관하는 것에 대해 올바르게 설명한 것은?**

① 완제품 보관용 검체는 구분되지 않도록 채취하고 보관한다.

② 제조단위별로 사용기한 경과 후 1년간 보관한다.

③ 벌크의 보관은 3개월이다.

④ 개봉 후 사용기간을 기재하는 경우에는 제조일로부터 1년간 보관한다.

⑤ 채취한 검체는 원상태로 포장하여 완제품 보관소에 함께 보관한다.

해설

• 완제품의 보관용 검체는 적절한 보관조건 하에 지정된 구역 내에서 제조단위별로 사용기한 경과 후 1년간 보관하여야 한다. 다만, 개봉 후 사용기간을 기재하는 경우에는 제조일로부터 3년간 보관하여야 한다.

• 벌크의 보관은 6개월이다.

5 **혼합 · 소분 시 위생관리 규정으로 바르게 설명한 것은?**

① 시험 시설 과 시험 기구는 방치되어 있는 데로 사용하면 된다.

② 제품을 혼합 혹은 소분할 용기는 물기가 없도록 하고 70% 에탄올로 소독해 둔다.

③ 작업하기 전에 위생 복장을 입고, 손은 물로 깨끗이 닦는다.

④ 혼합 및 소분 시 사용하는 도구를 알코올로 소독하고 작업대에 진열 후 사용한다.

⑤ 제품을 소분 할 용기는 물기가 없도록 부직포로 깨끗하게 닦고 사용한다.

해설

사용할 도구는 혼합 · 소분 시 물기 없게 헝겊 혹은 부직포로 닦고, 70% 알코올로 소독 후, 자외선 살균기에 보관 후 사용한다. 작업자는 손을 깨끗이 닦고 손소독을 필수로 한다.

6 **화장품의 내용량이 10㎖ 초과 50㎖ 이하 또는 중량이 10g 초과 50g 이하 화장품의 포장인 경우에 표시를 생략하는 성분의 예외 항목이 아닌 것은?**

① 타르색소

② 과일산

③ 금박

④ 아스코빅애시드 및 그 유도체

⑤ 기능성화장품의 경우 그 효능 · 효과가 나타나게 하는 원료

해설

화장품법 시행규칙 제19조 2항 기재 표시에 따라 반드시 기재해야 하는 성분 항목

㉮ 타르색소

㉯ 금박

㉰ 샴푸와 린스에 들어 있는 인산염의 종류

㉱ 과일산(AHA)

㉲ 기능성화장품의 경우 그 효능 · 효과가 나타나게 하는 원료

㉳ 식품의약품안전처장이 사용 한도를 고시한 화장품의 원료

7 **화장품의 포장에 기재해야 할 내용으로 그 밖에 총리령으로 정하는 사항이 아닌 것은?**

① 인체에 유해한 소량의 함유성분

② 인체 세포 · 조직 배양액이 들어있는 경우 그 함량

③ 성분명을 제품 명칭의 일부로 사용한 경우 그 성분명과 함량

④ 기능성화장품의 경우 심사받거나 보고한 효능 · 효과, 용법 · 용량

⑤ 식품의약품안전처장이 정하는 바코드

해설

화장품법 시행규칙 제19조(화장품 포장의 기재, 표시 등) 법 제10조 제1항 제10호에 따라 화장품의 포장에 기재 · 표시 하여야 하는 사항

① 인체에 무해한 소량의 함유성분

정답 4 ② 5 ② 6 ④ 7 ①

8 **다음은 우수화장품 품질관리기준에서 기준일탈 제품의 폐기 처리 순서를 나열한 것이다. 〈보기〉에서 옳은 순서를 적은 것은?** ★★★

〈보기〉

㉠ 기준일탈 제품에 불합격라벨 첨부
㉡ 시험, 검사, 측정에서 기준 일탈 결과 나옴
㉢ 기준일탈의 처리
㉣ 폐기처분 또는 재작업 또는 반품
㉤ 격리 보관
㉥ 시험, 검사, 측정이 틀림없음 확인
㉦ 기준 일탈 조사

① ㉢ → ㉡ → ㉥ → ㉦ → ㉣ → ㉠ → ㉤
② ㉡ → ㉦ → ㉥ → ㉢ → ㉠ → ㉤ → ㉣
③ ㉦ → ㉡ → ㉣ → ㉢ → ㉤ → ㉥ → ㉠
④ ㉦ → ㉡ → ㉥ → ㉢ → ㉤ → ㉠ → ㉣
⑤ ㉦ → ㉡ → ㉥ → ㉢ → ㉤ → ㉣ → ㉠

해설

- 시험, 검사, 측정에서 기준 일탈 결과 나옴
- 기준 일탈 조사
- 시험, 검사, 측정이 틀림없음 확인
- 기준일탈의 처리
- 기준일탈 제품에 불합격라벨 첨부
- 격리 보관
- 폐기처분 또는 재작업 또는 반품

9 **화장품의 위해성 등급이 다른 기준을 설명하고 있는 것은?**

① 용기나 포장이 불량하여 유통화장품 안전기준에 적합하지 않은 화장품
② 이물이 혼입되었거나 부착된 화장품
③ 미생물에 오염된 화장품
④ 의약품으로 오인할 수 있는 화장품
⑤ 인태반이 포함되어 있는 화장품

해설

- 위해성 등급 '다' 등급 ①~④ 보건위생상 위해발생 우려가 있는 화장품
- 위해성 등급 '가' 등급 ⑤ 화장품에 사용할 수 없는 원료를 사용한 화장품
- 위해성 등급 '나' 등급 어린이 안전용기 · 포장 위반

10 **반제품에 대한 설명으로 올바른 것은?**

① 제품공정이 다 된 것으로 1차 포장으로 마무리할 수 있다.
② 보관기간은 최대 3개월이다.
③ 보관 1개월이 지났어도 재사용은 무관하다.
④ 벌크상태로 제조공정단계에 있는 것을 말한다.
⑤ 적합판정기준을 벗어난 완제품을 말한다.

해설

반제품이란, 제조공정단계에 있는 것으로 필요한 제조공정을 더 거쳐야하는 벌크제품을 말한다. 벌크보관실에 보관하고, 보관기간은 최대 6개월이며 보관기간 1개월 이상 경과 시 사용 전 검사의뢰 하여 적합 판정된 반제품만 사용한다.

11 **세척 대상 물질에 대한 설명으로 틀린 것은?**

① 화학물질 (원료, 혼합물)
② 쉽게 검출할 수 있는 물질
③ 설비, 배관, 용기
④ 불용성 물질
⑤ 세척이 곤란한 물질

해설

설비, 배관, 용기 – 세척대상 설비

정답 8 ② 9 ⑤ 10 ④ 11 ③

12 **위생 상태 판정법에 대한 설명으로 바르지 않은 것은?**

① 육안확인 : 장소는 미리 정해 놓고 판정결과를 기록서에 기재
② 닦아내기 : 천으로 문질러서 부착물 확인
③ 린스정량 실시 : 린스액을 이용한 화학적 분석이 상대적으로 복잡한 방법이나 수치로 결과 확인 가능, 호스나 틈새기의 세척 판정에 적합
④ 육안판정 : 흰 천이나 검은 천으로 설비 내부의 표면을 닦아내며, 천 표면의 잔류 유무로 세척 결과 판정
⑤ 린스정량실시방법 : HPLC법, 박층크로마토그래피(TLC), TOC측정기(총유기탄소), 자외선(UV)

해설

④의 내용은 닦아내기의 판정법

13 **우수화장품 제조 및 품질관리기준에서 용어의 정의가 틀린 것은?**

① 반제품 : 제조공정 단계에 있는 것으로서 필요한 제조공정을 더 거쳐야 벌크제품이 되는 것을 말한다.
② 완제품 : 출하를 위해 제품의 포장 및 첨부문서에 표시공정 등을 포함한 모든 제조공정이 완료된 화장품을 말한다.
③ 벌크제품 : 충전(1차 포장)이전의 제조 단계까지 끝낸 제품을 말한다.
④ 소모품 : 청소, 위생처리 또는 유지 작업 동안에 사용되는 물품을 말한다.
⑤ 원자재 : 벌크제품의 제조에 투입하거나 포함되는 물질을 말한다.

해설

- 원자재 : 화장품 원료 및 자재
- 원료 : 벌크제품의 제조에 투입하거나 포함되는 물질

14 **유통화장품 안전관리기준에서 불가피한 물질의 검출허용한도를 정하고 있는데 이에 해당하지 않는 물질은?**

① 메탄올
② 비소
③ 카드뮴
④ 알루미늄
⑤ 안티몬

해설

검출허용한도를 정한 물질은 납, 니켈, 비소, 수은, 안티몬, 카드뮴, 디옥산, 메탄올, 포름알데하이드, 프탈레이트류이다.

15 **유통화장품 안전관리기준에 따라 제품의 내용량 기준검수를 할 때, 제품 3개를 가지고 시험해서 평균 내용량이 (㉠)% 이상이어야 하며, 기준치를 벗어날 경우에 (㉡)개를 더 취하여 (㉢)개의 평균 내용량이 (㉠)% 이상이어야 한다. (   ) 안에 적당한 숫자는?**

	㉠	㉡	㉢
①	95	3	6
②	97	6	9
③	95	6	9
④	97	3	6
⑤	95	3	9

해설

기준치를 벗어나면 6개를 더 취하여 9개의 평균 내용량이 기준치 97%이상이어야 한다.

정답 12 ④ 13 ⑤ 14 ④ 15 ②

16 화장품제조업을 등록하려는 자가 갖추어야 하는 시설에 해당하지 않는 것은?

① 제조 작업을 하는 시설을 갖춘 작업소
② 원료 · 자재 및 제품을 보관하는 보관소
③ 원료 · 자재 및 제품의 품질검사를 위하여 필요한 시험실
④ 품질검사에 필요한 시설 및 기구
⑤ 직원 복지를 위한 휴식장소

해설

화장품법 제6조 (시설기준 등)

17 인체 세포 · 조직 배양액의 안전성 확보를 위하여 다음의 안전성시험 자료를 작성 · 보존하여야 한다. 다음 중 올바르지 않은 것은?

① 단회투여독성시험자료
② 1차 피부자극시험자료
③ 안점막자극 또는 기타점막자극시험자료
④ 인체 세포 · 조직 배양액 품질관리 기준서를 작성
⑤ 피부감작성 시험자료

해설

인체 세포 · 조직 배양액 품질관리 기준서 작성은 품질검사에 필요한 서류

18 원료 물질의 칭량부터 혼합, 충전(1차 포장), 2차 포장 및 표시 등 일련의 작업을 무엇이라고 정의 하는가?

① 품질보증
② 일탈
③ 제조
④ 회수
⑤ 반제품

해설

우수화장품 제조 및 품질관리기준 제2조 (용어의 정의)

19 청소 및 세척 과정에서 진행사항을 순서대로 정리한 것은?

㉠ '청소 결과' 표시
㉡ 청소기록을 남긴다.
㉢ 세제 사용 시 주요사항으로 사용세제 기록을 남긴다.
㉣ 절차서 작성
㉤ 판정기준 제시

① ㉡ → ㉢ → ㉤ → ㉠ → ㉣
② ㉣ → ㉤ → ㉢ → ㉡ → ㉠
③ ㉣ → ㉤ → ㉢ → ㉠ → ㉡
④ ㉢ → ㉡ → ㉠ → ㉣ → ㉤
⑤ ㉤ → ㉣ → ㉢ → ㉡ → ㉠

해설

절차서 작성 → 판정기준 제시 → 세제사용 시 주요사항으로 사용세제 기록을 남긴다. → 청소기록을 남긴다. → '청소 결과' 표시

20 일정한 제조단위분량에 대하여 제조관리 및 출하에 관한 모든 사항을 확인할 수 있도록 표시된 것으로서 숫자 · 문자 · 기호 또는 이들의 특징적인 조합을 무엇이라고 하는가?

① 회수
② 벌크 제품
③ 감사
④ 유지관리
⑤ 제조번호

해설

※ 우수화장품 제조 및 품질관리기준 제2조 (용어의 정의)
- 힌트 : 제조번호 (=뱃치번호)
- 벌크제품 : 충전(1차포장) 이전의 제조 단계까지 끝낸 제품
- 유지관리 : 적절한 작업 환경에서 건물과 설비가 유지되도록 정기적 · 비정기적인 지원 및 검증 작업
- 회수 : 판매한 제품 가운데 품질 결함이나 안전성 문제 등으로 나타난 제조번호의 제품(필요시 여타 제조번호 포함)을 제조소로 거두어들이는 활동

정답 16 ⑤ 17 ④ 18 ③ 19 ② 20 ⑤

21 1차 포장 또는 2차 포장에 반드시 기재할 내용은?

〈보기〉
- 화장품의 명칭, 제조업자 혹은 화장품책임판매업자의 상호, 가격, 제조번호, 사용기한, 포장개봉 후 사용기한(제조년월일 병행표기)
- 판매목적이 아닌 제품의 선택 등을 위해 소비자가 미리 사용하도록 제조된 화장품에는 "가격"란에 (㉠) 혹은 (㉡) 등의 표시를 한다.

22 (㉠)이란 (㉡)을 수용하는 1개 또는 그 이상의 포장과 보호재 및 표시의 목적으로 포장한 것을 말한다. (기출문제)

23 (㉠)이란 성인이 개봉하기 어렵지 아니하나 만 5세 미만의 어린이가 개봉하기 어렵게 설계 고안된 용기나 포장을 말하며, 이 경우 개봉하기 어려운 정도의 구체적인 기준 및 시험방법은 (㉡)이(가) 정하는 고시에 따른다.

해설

안전용기 및 포장은 산업통상자원부장관이 정하는 고시에 따른다.

24 내용물의 용량 또는 중량표시는 화장품의 1차 포장 또는 2차 포장의 무게가 포함되지 않은 상태를 기재 · 표시해야 한다. 이 경우 고체형태의 (   )인 경우에는 수분을 포함한 중량과 건조중량을 함께 기재 · 표시해야 한다.

25 괄호 안에 들어갈 공통단어를 기재하시오.

- (   ) 제품이란 충전이전의 제조단계까지 끝낸 제품을 말한다.
- 반제품이란 제조공정 단계에 있는 것으로서 필요한 제조공정을 더 거쳐야 (   ) 제품이 되는 것을 말한다.
- 재작업이란 적합판정기준을 벗어난 완제품, (   ) 제품 또는 반제품을 재처리하여 품질이 적합한 제품 또는 반제품을 재처리하여 품질이 적합한 범위에 들어오도록 하는 작업을 말한다.

정답 21 ㉠ 견본품, ㉡ 비매품 22 ㉠ 2차 포장 ㉡ 1차 포장 23 ㉠ 안전용기 포장 ㉡ 산업통상자원부장관 24 화장 비누 25 벌크

MEMO

Part 4

맞춤형화장품의 이해

04 맞춤형화장품의 이해

Chapter 1 맞춤형화장품 개요

맞춤형화장품은 소비자의 다양한 소비 욕구에 대한 충족을 목적으로 다양한 제품을 이용하여 소비자가 원하는 화장품을 혼합 · 소분하여 만드는 제품을 의미한다. 따라서 맞춤형화장품판매업자는 피부분석 기기나 문진 등을 바탕으로 정확한 피부 진단과 피부유형을 파악하여 원하는 제품을 조제하여 판매할 수 있도록 '맞춤형화장품 조제관리사'를 고용할 의무가 있다.

1 맞춤형화장품 정의

맞춤형화장품판매 업소에서 맞춤형화장품 조제관리사 자격증을 가진 자가 고객 개인별 피부 특성이나 색, 향 등의 기호 등 취향에 따라 다음과 같이 화장품을 조제할 수 있다.

① 제조 또는 수입된 화장품의 내용물에 다른 화장품의 내용물이나 색소, 향료 등 식약처장이 정하는 원료를 추가하여 혼합한 화장품

② 제조 또는 수입된 화장품의 내용물을 소분(小分)한 화장품
단, 화장비누(고체 형태의 세안용 비누)를 단순 소분한 화장품은 제외

(1) 맞춤형화장품판매업

맞춤형화장품판매업이란 맞춤형화장품을 판매하는 영업을 말함

① 제조 또는 수입된 화장품내용물에 다른 화장품의 내용물이나 식품의약품안전처장이 정하여 고시하는 원료를 추가하여 혼합한 화장품을 판매하는 영업

② 제조 또는 수입된 화장품의 내용물을 소분한 화장품을 판매하는 영업

(2) 맞춤형화장품판매업의 영업의 범위

맞춤형화장품판매업은 맞춤형화장품을 판매하는 영업으로써 다음의 두 가지 중 하나 이상에 해당하는 영업을 할 수 있다.

① 제조 또는 수입된 화장품의 내용물에 다른 화장품의 내용물이나 식약처징이 정하는 원료를 추가하여 혼합한 화장품을 판매하는 영업

② 제조 또는 수입된 화장품의 내용물을 소분한 화장품을 판매하는 영업

구분	맞춤형화장품판매업의 영업 범위		
혼합	내용물【벌크 제품】	+	내용물【벌크 제품】
	내용물【벌크 제품】	+	특정성분【단일 원료 또는 혼합 원료】
소분	내용물【벌크 제품】	÷	내용물【벌크 제품】

※ 참고사항
☞ 원료와 원료를 혼합하는 것은 맞춤형화장품의 혼합이 아닌 '화장품 제조'에 해당

〈 출처. 맞춤형화장품판매업 가이드라인(민원인안내서) 2020.5.14.〉

(3) 맞춤형화장품 조제관리사

맞춤형화장품 조제관리사는 맞춤형화장품판매장에서 혼합 · 소분 업무에 종사하는 자로서 맞춤형화장품 조제관리사 국가자격시험에 합격한 자

2 맞춤형화장품의 주요 규정

1) 맞춤형화장품 판매업의 신고

① 맞춤형화장품판매업을 하려는 자는 총리령으로 정하는 바에 따라 식품의약품안전처장에게 신고하여야 한다. 신고한 사항 중 총리령으로 정하는 사항을 변경할 때에도 또한 같다. ⇒ 관할 지방식품의약처안전청에 15일 이내 신고. 변경사항은 30일 이내

② 맞춤형화장품판매업을 신고한 자(이하 '맞춤형화장품판매업자'라 한다)는 총리령으로 정하는 바에 따라 맞춤형화장품의 혼합, 소분 업무에 종사하는 자(이하 '맞춤형화장품 조제관리사'라 한다)를 두어야 한다.

구분	제출 서류
기본	① 맞춤형화장품판매업 신고서 ② 맞춤형화장품 조제관리사 자격증 사본(2인 이상 신고 가능)
기타 구비서류	① 사업자등록증 및 법인등기부등본(법인에 포함) ② 건축물관리대장 ③ 임대차계약서(임대의 경우에 한함) ④ 혼합 · 소분의 장소 · 시설 등을 확인할 수 있는 세부 평면도 및 상세 사진

2) 맞춤형화장품판매업의 변경신고

① 맞춤형화장품판매업의 변경신고가 필요한 사항

가. 맞춤형화장품판매업자의 변경(판매업자의 상호, 소재지 변경은 대상 아님)

나. 맞춤형화장품판매업소의 상호 또는 소재지 변경

다. 맞춤형화장품 조제관리사의 변경

구분	제출 서류
공통	① 맞춤형화장품판매업 변경신고서 ② 맞춤형화장품판매업 신고필증(기 신고한 신고필증)
판매업자 변경	① 사업자등록증 및 법인등기부등본(법인에 한함) ② 양도 · 양수 또는 합병의 경우에는 이를 증빙할 수 있는 서류 ③ 상속의 경우에는「가족관계의 등록 등에 관한 법률」제15조제1항 제1호의 가족관계증명서
판매업소 상호 변경	① 사업자등록증 및 법인등기부등본(법인에 한함)
판매업소 소재지 변경	① 사업자등록증 및 법인등기부등본(법인에 한함) ② 건축물관리대장 ③ 임대차계약서(임대의 경우에 한함) ④ 혼합 · 소분 장소 · 시설 등을 확인할 수 있는 세부 평면도 및 상세 사진
조제관리사 변경	① 맞춤형화장품 조제관리사 자격증 사본

3) 맞춤형화장품판매업의 폐업 등의 신고

폐업 또는 휴업, 휴업 후 영업을 재개하려는 경우

구분	제출 서류
공통	① 맞춤형화장품판매업 폐업 · 휴업 · 재개 신고서 ② 맞춤형화장품판매업 신고필증(기 신고한 신고필증)

4) 결격사유

화장품제조업 또는 화장품책임판매업의 등록이나 맞춤형화장품판매업의 신고를 할 수 없는 자

① 피성년후견인 또는 파산선고를 받고 복권되지 아니한 자

② 「보건범죄 단속에 관한 특별조치법」을 위반하여 금고 이상의 형을 선고받고 그 집행이 끝나지 아니하거나 그 집행을 받지 아니하기로 확정되지 아니한 자

③ 등록이 취소되거나 영업소가 폐쇄 된 날부터 1년이 지나지 아니한 자

5) 맞춤형화장품 조제관리사 자격시험

① 맞춤형화장품 조제관리사가 되려는 사람은 화장품과 원료 등에 대하여 식품의약품안선처 장이 실시하는 자격시험에 합격하여야 한다.

② 식품의약품안전처장은 맞춤형화장품 조제관리사가 거짓이나 그 밖의 부정한 방법으로 시험에 합격한 경우에는 자격을 취소하여야 하며, 자격이 취소된 사람은 취소된 날부터 3년간 자격시험에 응시할 수 없다.

③ 식품의약품안전처장은 자격시험 업무를 효과적으로 수행하기 위하여 필요한 전문인력과 시설을 갖춘 기관 또는 단체를 시험운영기관으로 지정하여 시험업무를 위탁할 수 있다.

④ 자격시험의 시기, 절차, 방법, 시험과목, 자격증의 발급, 시험운영기관의 지정 등 자격시험에 필요한 사항은 총리령으로 정한다.

6) 맞춤형화장품 조제관리사 교육

맞춤형화장품판매장의 조제관리사로 지방식품의약품안전청에 신고한 맞춤형화장품 조제관리사는 매년 4시간 이상, 8시간 이하의 집합교육 또는 온라인 교육을 식약처에서 정한 교육실시기관에서 이수 할 것

> 식품의약품안전처에서 지정한 교육실시기관
> – (사)대한화장품협회, (사)한국의약품수출입협회, (재)대한화장품산업연구원

7) 맞춤형화장품 조제관리사 관리

① 맞춤형화장품판매업자는 판매장마다 맞춤형화장품 조제관리사를 둘 것
② 맞춤형화장품의 혼합 · 소분의 업무는 맞춤형화장품판매장에서 자격증을 가진 맞춤형화장품 조제관리사만이 할 수 있음

3 맞춤형화장품의 안전성, 유효성, 안정성

1) 맞춤형화장품의 안전성

화장품은 의약품과는 다르게 불특정 다수의 사람들이 장기간 사용하는 것이기 때문에 화장품의 안전성은 의약품과는 달리 안전이 불가결하다. 따라서 사용 원료와 제품은 피부에 안전하여 안심하고 사용할 수 있는 것이어야만 한다. 이 때문에 엄격한 안전성 시험을 통과한 것이 사용되며, 사용 시의 2차 오염을 방지하기 위한 대책이 필요하며 소비자에게 화장품의 성분 정보를 게시, 설명해야 한다. 모든 사람들을 대상으로 장기간 지속적으로 사용해야 하는 물품이므로 피부 자극이나 알러지 반응, 경구독성, 이물질 혼입 파손 등 독성이 없어야 한다. 화장품은 피부에 직접 사용하기 때문에 원료의 배합량, 배합비에 따라 자극이 일어날 수 있으며, 안전성을 고려한 제품도 경우에 따라 자극이 일어날 수 있다. 이에 신규원료를 배합한 제품은 충분한 안전성 확보가 필요하다.

2) 맞춤형화장품의 유효성

피부생리적으로 보았을 때에 아름다운 피부 만들기의 첫 걸음은 피부에 부담을 주지 않고 더러움을 씻어내어 청결하게 하는 세안, 세정이다. 또한 피부의 최대의 적은 자외선, 산화, 건조로서 화장품은 건조나 자외선과 같은 외부의 자극으로부터 견고히 피부를 지키는 중요한 역할을 담당하고 있다. 다시 말해서 화장품은 피부를 윤기 있게 하고 피부결을 정돈하며 피부를 촉촉하게 한다. 또한 외부의 자극에 지지 않는 피부를 만들며 자외선의 유해작용을 방지하여 피부의 노화를 막는다.
따라서 피부에 적절한 보습력, 미백, 세정, 자외선차단, 주름개선 등의 효과를 부여해야 한다.

3) 맞춤형화장품의 안정성

화장품의 내용물이 변색, 변취와 같은 화학적 변화나 미생물 오염, 분리, 침전, 응집, 부러짐, 굳음과 같은 물리적 변화로 인하여 사용성이나 미관이 손상되어서는 안 된다. 화장품을 제조된 날부터 적절한 보관조건에서 성상 · 품질의 변화 없이 최적의 품질로 이를 사용할 수 있는 최소한의 기한과 저장방법을 설정하기 위한 기준을 정하는데 있으며 나아가 이를 통하여 시중 유통 중에 있는 화장품의 안정성을 확보하여 안전하고 우수한 제품을 공급하는데 도움을 주고자 하는데 있다.

Chapter 2 피부 및 모발 생리구조

1 피부의 생리 구조

전신을 덮고 있는 조직표면적 1.6㎡~1.8㎡ 무게 4kg (체중의 약 : 15%~17%) 두께 부위, 연령, 성별, 영양 상태에 따라 다르다. 표피의 두께- 평균 0.1~0.2mm, 눈꺼풀(0.04~0.05mm)이 가장 얇으며 손, 발바닥(1.6~1.7mm)이 가장 두껍고 등이 복부보다, 팔다리의 바깥쪽이 안쪽보다 두껍다. 여자보다 남자가 더 두껍다.

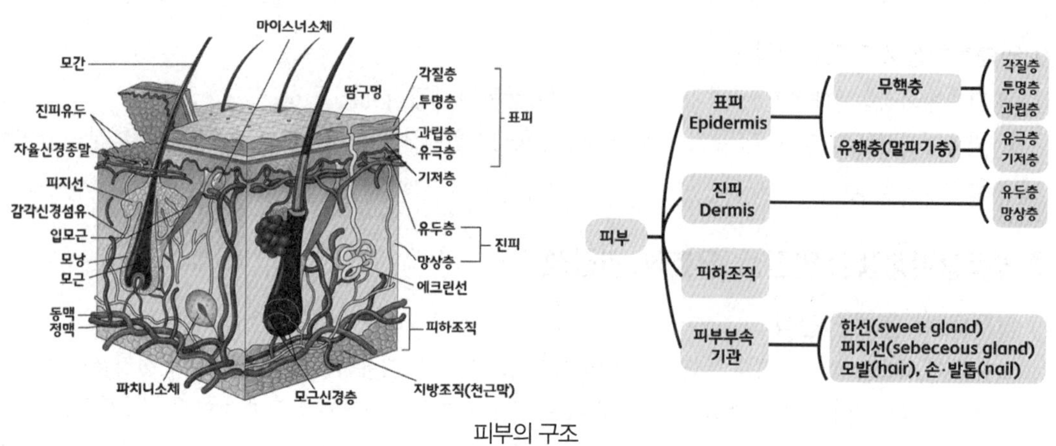

피부의 구조

(1) 표피

1) 표피의 구조

- 피부의 맨 바깥에 위치하는 부분으로 편평상피세포가 중첩되어 각화되는 매우 얇은 조직이다.
- 두께 : 진피와 피하조직에 비해 얇으며 평균적으로 0.1~0.3mm이다.
- 주요역할 : 신체 내부를 보호해 주는 보호막 기능으로 외부로부터의 세균 등 유해물질과 자외선의 침입을 막아준다.

① 각질층

가. 20~25개의 납작한 무핵 세포로 구성

나. 천연보습인자 함유 - 10~31%의 수분 함유

- 10% 이하 : 건조한 피부

다. 외부자극으로부터 피부를 보호

라. 세균이나 독성 물질의 침투를 막고, 내부의 수분의 손실을 막아 줌

〈천연 보습인자(NMF, Natural Moisturizing Factor)〉

- 보습성 물질의 혼합물유래
- 20% - 땀에서 유래
- 80% - 각질화 과정이나 세포물질(필라그린)
- NMF의 상실-수분 결합능력 저하-건조

〈각질층의 구조-세포 간 지질〉
- 각질층 사이에는 세포 간 지질 성분이 존재하여 각질과 각질을 단단하게 결합해줌
- 수분의 손실을 억제
- 세포 간 지질 성분은 주로 세라마이드 (ceramide)로 되어 있음
- 각질층 사이에서 층상의 라멜라구조로 존재

② 투명층
가. 2~3층의 편평한 투명한 무핵세포로 구성
나. 반고체상의 엘라이딘(Elaidin) 함유
다. 손바닥, 발바닥에 존재

③ 과립층
가. 2~5층의 평평, 편평형의 유핵세포로 구성
나. 수분 방어막 역할
다. 층판소체의 방출
라. 케라토히알린 (keratohialin)이 과립으로 존재

④ 유극층
가. 5~10층의 유핵 세포로 구성
나. 표피의 손상을 복구- 말피기층
다. 가시모양의 돌기가 있어 인접세포와 연결
라. 면역기능을 담당하는 랑게르한스 세포(langerhans cell)가 존재
마. 세포와 세포 사이에는 림프액이 존재- 혈액순환과 세포사이의 물질교환을 용이하게 하며 영양공급에 관여

⑤ 기저층
가. 단층 표피와 진피의 경계부위의 물결모양, 유핵세포
나. 모세혈관으로부터 영양을 공급받아 새로운 세포를 생성
다. 멜라닌을 만들어내는 멜라닌 세포(melanocyte)가 존재
라. 세포질 안에 멜라노좀이 존재
마. 지각세포인 머켈세포가 존재
사. 교소체(desmosome)가 존재
아. 피부 표면의 상태를 결정짓는 중요한 층
- 각화현상 : 피부 신진대사에 의해 기저층에서 세포가 만들어져 과립층의 과립세포가 핵이 없어지면서 각질세포로 변할 때 죽은 세포가 되어 딱딱하게 변하면서 각질층까지 올라왔다가 피부를 보호하고 난 뒤 떨어져 나가는 과정
- 기저층에서 각질층까지 올라오는데 걸리는 시간 10~ 14일, 떨어져 나가는데까지 걸리는 시간 14일 신진대사 주기 : 28 (+ - 2,3일)

2) 표피의 구성세포

① 각질형성세포 : 표피의 구성성분(표피세포의 약 80% 이상), 기저층에 위치
② 랑게르한스세포 : 유극층에 위치, 면역기능
③ 멜라닌세포 : 표피의 기저층에 위치, 피부색을 결정짓는 멜라닌 형성세포
④ 머켈세포 : 기저층에 위치, 촉각세포 또는 지각세포

(2) 진피

1) 진피(Dermis)의 구조

- 표피와 피하지방층 사이에 위치
- 불규칙성 치밀 섬유 결합조직
- 두께 : 0.5~4mm 정도, 표피의 10~40배 되는 두꺼운 층
- 교원섬유(콜라겐), 탄력섬유(엘라스틴), 기질로 구성
- 피부의 90% 이상을 차지
- 다른 조직들을 유지하고 보호해 주는 역할
- 수분저장(피부자체수분함유량 70%), 체온조절, 감각 수용
- 많은 혈관과 신경, 림프관이 분포하여 표피에 영양을 공급
- 모낭과 입모근, 피지선, 한선의 주된 부분이 존재

① 유두층

가. 진피의 상부층
나. 피부의 팽창과 탄력에 관여
다. 피부 노화의 정도를 살펴볼 수 있음
라. 표피의 기저층에 영양소와 산소를 공급
마. 모세혈관, 림프관, 신경말단 등이 분포

② 망상층

가. 진피의 80%를 차지
나. 굵고 치밀한 아교섬유다발
다. 감각기관 (냉각, 온각, 압각)이 존재
라. 교원섬유 사이에 탄력섬유가 연결(신축성과 탄력)
마. 혈관, 림프관, 신경총, 땀샘 등이 존재

2) 진피의 구성 세포 및 부속기관

가. 섬유아세포 : 교원 섬유 (콜라겐), 탄력 섬유(엘라스틴), 기질을 생성하는 역할
나. 대식세포-신체를 보호하는 역할
라. 비만세포-염증매개물질 생성과 분비(히스타민, 단백분해효소)
마. 표피성장인자(EGF)-세포성장 촉진

바. 피부 부속기
사. 감각 수용기

① 콜라겐(교원섬유)
가. 진피단백질성분의 90%를 차지
나. 피부에 장력, 탄력성을 제공
다. 지방을 제외한 전체 피부
라. 건조중량의 77%임
마. 섬유아세포 (fibroblast)로 부터 생성
바. 열과 화학적 손상에 약함
사. 손상되면 탄력성과 신축성을 잃고 주름의 원인

② 엘라스틴(탄력섬유)
가. 섬유아세포에서 만들어짐
나. 탄력성이 있음, 열과 화학물질에 강함
다. 피부에 팽팽함과 탄력과 신축성을 부여
라. 손상이 증가하면 피부이완이나 주름발생의 원인

③ 기질
가. 진피 내의 섬유성분과 세포 사이를 채우고 있는 물질
나. 섬유아세포에서 생성
다. 친수성 다당체(mucopolysaccarides)- 히알루론산, 콘드로이친 황산 등의 천연보습인자
라. 자기 무게의 수 백배에 달하는 수분을 보유할 수 있음(glycosaminoglycan-진피 건조 중 량의 2%, 자기 부피의 1000배에 달하는 수분을 함유)
마. 생체 내에서 강하게 결합된 생체 결합수임

(3) 피하지방

- 피부의 가장 아래층에 있음
- 신체의 부위, 연령 , 영양 상태에 따라 두께가 달라짐
- 체온의 손실을 막는 체온보호(유지)기능
- 충격흡수 및 단열제로서 열 손실을 방지
- 영양이나 에너지를 저장하는 저장기능
- 여성호르몬과 관계가 있음(곡선미 유지)

(4) 피부의 부속기관

1) 한선(땀샘)

- 외분비 조직으로 땀을 만들어 피부표면에 분비하는 기능
- 진피에 존재
- 유두나 외생식기를 제외한 모든 피부에 존재
- 2백오십만 개의 땀샘

① 에크린 한선 (Eccrin, exocrine glands, 소한선)

가. 땀분비샘 (merocrine)이라고도 함

나. 무색무취의 액체 분비

다. 약산성(pH3.8~5.6)의 땀 분비로 세균의 번식억제

라. 구성

㉠ 수분 : 99%

㉡ 염분 요소, 암모니아, 요산 등의 대사성 노폐물 : 1%

마. 손바닥, 발바닥, 이마에 가장 많이 분포

바. 안정 상태에서 하루에 500cc정도 분비

사. 하루 최대12L 분비 (1L 분비 시 540cal 소모)

아. 노폐물 배설, 체온 조절 역할

② 아포크린한선 (apocrine glands, 대한선)

가. 부분분비샘 (apocrine)이라고도 함

나. 분비물과 세포 일부분이 떨어져 나옴

다. 약알칼리성 땀 분비로 세균 감염이 쉬움

라. 구성 : 땀, 지방산, 단백질

마. 겨드랑이, 사타구니, 귀 언저리, 유두, 배꼽주변에 분포

바. 피부표면에서 세균에 의해 분해

사. 성선과 관련-특유의 냄새(암내)

아. 사춘기 이후에 발달

2) 피지선

- 피부표면에 지질(sebum)을 분비하는 기관
- 진피 망상층에 존재하며 모낭에 개구
- 분비물과 같이 세포자체가 탈락되면서 분비
- 피부와 모발에 윤기 부여
- 수분의 증발을 막고 체온을 유지
- 피부 pH 유지
- 유해물질로부터 보호, 살균 : 피지분비의 균형이 상실되면 다양한 피부질환이 유발됨
- 피지선에 피지가 축적 : 막히게 되면 피부표면에 White head가 나타남, 이것이 산화되면 Black head로 바뀜
- 분비량 : 호르몬, 인종, 부위, 나이, 성별, 계절, 음식물, 시간, 온도 등에 영향을 받음(하루1~2g)

피지선의 종류

- 피지분비가 거의 일어나지 않는 부위 : 입술, 눈가
- 무 피지선 : 손바닥, 발바닥
- 큰 피지선 : 얼굴, 목, 윗가슴, 두피

3) 조갑(손톱 · 발톱) 의 특징

- 손가락 발가락의 끝을 보호해주기 위해 케라틴 이라는 단백질로 이루어진 피부의 부속기
- 성장속도 :0.1mm/day
- 한선과 모낭이 없고 약7~12%의 수분이 함유됨

(5) 피부 생리 기능

① 보호기능
- 물리적 자극에 대한 방어 역할
- 화학적 자극에 대한 보호 작용을 함
- 세균의 침입에 대한 보호 작용
- 자외선에 대한 보호기능

② 감각작용(지각작용)
- 외부로부터의 각종 자극을 신경을 통해 뇌로 전달해 의식적, 무의식적으로 신체에 반응
- 온각, 냉각, 통각, 압각, 촉각의 감각기관이 진피에 존재

③ 흡수작용
- 피부는 보통 물질은 투과하기 어렵지만 특정한 조건하에서는 투과하는 흡수가 가능하다.

④ 비타민D생성작용
- 표피 내에서 만들어진 프로비타민 D를 자외선 조사에 의해 비타민D를 형성
- 칼슘 흡수 촉진, 인의 대사에 관여
- 뼈의 발육을 도움
- 피부손상 억제 , 피부염의 치유

⑤ 저장작용
- 피하지방층에서 영양분이나 수분 등을 저장

⑥ 체온조절작용
- 체온을 일정하게(36.5℃) 유지하는 조절기능

⑦ 분비작용
- 체내에 있는 노폐물을 한선이나 피지선을 통해 몸 밖으로 내보내는 작용

⑧ 재생작용
- 표피세포는 세포분열에 의해서 자연적으로 탈락되고 새로운 세포가 재생

⑨ 면역작용
- 피부를 통해 신체내부로 들어오는 이물질이나 세균 등에 의한 면역반응에 관련된 세포들이 분포되어 생체방어기전에 관여

2 모발의 생리구조

(1) 모발의 특징

- 모발이란 포유동물만이 가지고 있는 단단하게 밀착되고 각화된 상피세포로 이루어진 고형의 원추섬유이다.
- 모발의 성분 : 약80~90%의 단백질과 멜라닌색소 3%, 지질1~8%, 수분 10~15%, 미량원소 0.6~1%로 구성
- 18종의 아미노산이 결합되어 있는 경섬유성 단백질
- 시스틴을 14~18% 정도 함유하고 있는 케라틴이 주성분

(2) 모발의 결합

1) 주쇄결합(폴리펩티드결합)

한 아미노산의 α-아미노기와 다른 아미노기의 카르복실기사이 에서 탈수, 축합 반응으로 형성된 이 결합이 서서히 반복되어 쇄상으로 길어지는 것이다.

2) 측쇄결합

시스틴결합, 염(이온)결합, 수소결합 등이 있다.

① 시스틴(Cystine) : 모발에 가장 풍부한 단백질로 시스테인 아미노산 2개가 이황화결합에 의해서 연결된 구조로서 모발을 구성하는 단백질의 약 15%를 차지하고 있다. 시스틴의 이 황화 결합은 모발에 유연성을 부여하고 기계적인 강도를 유지시켜주는데 중요한 역할을 한 다.

② 시스틴결합 : 두 개의 황 원자 사이에서 형성되는 일종의 공유결합으로 모발의 물리적, 화 학적 성질에 대한 안정성을 높여주며 황을 함유한 단백질 특유의 측쇄결합으로 모발 케라 틴을 결정 짓는데 퍼머넌트 웨이브는 이 화학적 성질을 이용하여 시스틴결합을 환원제로 절단하고 산화제로 본래대로 돌리는 것이다.

(3) 모발의 구조

1) 모근부 : 피부 안쪽에 존재(진피 모낭에 둘러싸여 있는 부위)

① 모낭 : 모근을 싸고 있는 부위

② 모구 : 모발이 만들어지는 곳

③ 모유두 : 모발에 영양과 산소 운반, 세포분열이 시작되는 곳

④ 모모세포 : 모유두에 접하고 있는 세포, 세포분열 일어나며, 모발의 색을 결정

⑤ 내, 외모근초 : 모구부분의 세포분열 생성

⑥ 피지선

⑦ 입모근 : 모공을 닫고 체온손실을 막아주는 역할

2) 모간부

가장 바깥층으로 투명한 비늘모양 세포로 구성

① 모표피(hair cuticle)

- 단단한 케라틴 단백질로 구성

- 모피질을 보호하고 모발의 건조를 막아준다.
- 마찰이나 화학적자극에 약함

② 모피질(hair cortex)
- 모발의 85 ~ 90%로 대부분을 차지
- 피질세포사이로 간층물질로 채워져있는 구조
- 모발의 색과 윤기를 결정하는 과립상의 멜라닌 색소 함유
- 모발의 질을 결정하는 중요한 부분

모표피(cuticle)
모피질
모수질
간층물질
모표피층

③ 모수질(hair medulla)
- 모발 중심부에 동공(속이 비어있는 상태)부위 - 케라토하이알린, 지방, 공기 등이 채워져 있다.
- 얇은 모발이나 아기모발에는 없고 굵은 모발일수록 수질이 있는 것이 많다.

3) 모발의 성장주기

① 성장기
- 모발이 모세혈관에서 보내진 영양분에 의해 성장하는 시기
- 전체 모발의 85~90% 해당/ 성장기는 3~6년

② 퇴화기
- 대사과정이 느려져 세포분열이 정지 모발 성장이 정지 되는 시기
- 전체 모발의 1% 해당/ 2~4주

③ 휴지기
- 모구의 활동이 완전히 멈추는 시기
- 전체 모발의 4~14% 해당/ 4~5개월

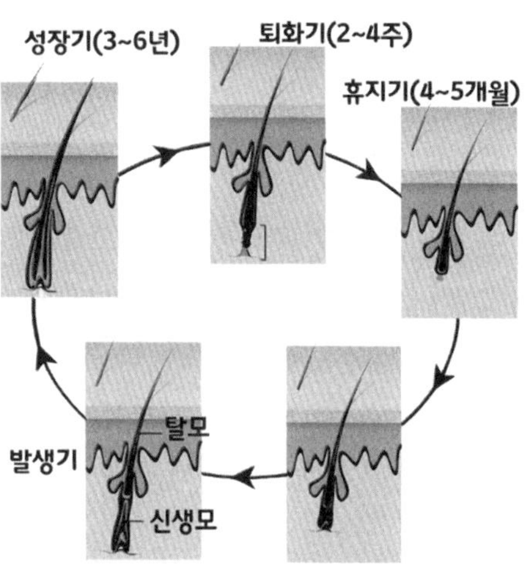

④ 발생기
- 휴지기에 들어간 모발은 모유두만 남기고 2~3개월안에 자연히 떨어져 나간다. (1일 50~100개의 모발이 빠짐)
- 새로운 모발이 발생하는 시기

4) 모발과 탈모

① 정의

탈모는 정상적으로 모발이 존재해야 할 부위에 모발이 없는 상태를 말하며, 일반적으로 두피의 성모(굵고 검은 머리털)가 빠지는 것을 의미

서양인에 비해 모발 밀도가 낮은 우리나라 사람의 경우 5~7만개 정도의 머리카락이 있는데 하루에 약 50~70개까지의 머리카락이 빠지는 것은 정상적인 현상

② 원인
- 유전적인 요인
- 남성호르몬의 영향 (안드로겐, 테스토스테론)
- 환경적인 요인(자외선, 오존, 미세먼지)
- 질병 및 약물에 의한 요인

- 식생활 요인 (영양불균형, 다이어트 등)
- 스트레스
- 물리적요인/ 화학적요인(모발 화장품 / 시술에 의한 요인)

③ 탈모 관리방법
- 탈모 예방에 좋은 식품을 많이 섭취
- 두피마사지로 혈액순환 원활 (가발 착용 비 권장)
- 두피를 깨끗하게 하고 두피에 기름성분을 남기지 않도록 함 (일반 린스 사용 시 주의)
- 탈모예방성분이 함유된 천연비누, 화장품을 사용

※ 남성호르몬에 의한 탈모기전

① 고환에서 만든 테스토스테론은 모낭에서 5 알파-리덕타아제(5 alpha-reductase) 효소와 결합하여 디하이드로테스토스테론(di-hydro-testosterone, DHT)이라는 강력한 남성호르몬으로 전환

② DHT는 남성형 탈모유발유전자를 갖고 있는 모근조직에 작용 → 진피유두에 있는 안드로겐 수용체와 결합 → 결합정보가 세포DNA에 전사 → 세포사멸인자생산 → 주변의 단백질 파괴 → 모주기를 퇴화기 단계로 전환

③ DHT의 역할 : 모근조직에서의 단백질 파괴는 모낭세포의 단백질 합성(세포분열억제) 지연으로 모낭의 성장기가 단축되어 휴지기 모낭의 비율 증가가 반복되면서 남성형 탈모증 진행

알고가기 (주요 용어) : (2회 기출내용) ★★

- 5 α-reductase : 탈모 발생에 주로 관여하는 효소
- DHT : 남성형탈모증 유발 유전자를 지닌 모근조직에 작용

※ 탈모증상의 완화에 도움을 주는 성분
- 덱스판테놀, 비오틴, 엘멘톨, 징크피리치온, 징크피리치온액 50% ⇒ 함량제한 고시되어있지 않음

3 피부 모발 상태 분석

(1) 피부상태 분석

✪ 피부유형 분류

피부관리를 할 때 가장 중요한 것은 피부 유형을 정확하게 분석하고 분석된 피부유형에 맞게 효율적인 관리를 계획하는 것이다. 피부 유형은 연령, 성별, 유전, 신체조건, 심리상태, 건강 상태, 음식물과 계절, 지리적 조건 등에 따라 다르고 변화하기도 한다.

피부유형 분류는 피부의 유분량과 수분량, 즉 피지선과 한선의 기능에 따라 정상피부(중성), 건성피부, 지성피부, 복합성 피부의 4가지 유형으로 크게 분류한다.

✪ 피부 유형을 결정하는 요인

① 피지와 수분의 함량

② 피부의 색

③ 피부 조직의 상태

④ 피부 탄력성

⑤ 색소 침착의 유무와 정도

⑥ 피부 민감성의 정도
⑦ 개인적인 요인 : 나이, 성별, 인종
⑧ 환경적인 요인 : 기후, 계절
⑨ 정신적인 요인 : 스트레스의 유무와 정도, 음식에 대한 기호성, 직업적 특성
⑩ 수면, 화장품 사용, 일상생활의 습관
⑪ 각질화 과정과 피지선의 기능에 의한 영향
⑫ 피부결, 모공 상태
⑬ 기타 요인 : 질병의 유무와 종류 등

1) 정상피부

- 유수분의 밸런스가 균형적이다.
- 이상적인 피부 타입이며 주로 20세 정도까지 에서 많이 나타난다.
- 피부결은 곱고 균일하며 윤기가 있으며 촉촉하다.
- 색소침착이나 피부 트러블이 없다.
- 주름이 없고 탄력이 있으며 모공이 미세하다.
- 얼굴색은 연한 핑크색을 띠고 있다.

2) 건성피부

- 얼굴 전체적으로 유분과 수분이 부족한 상태이다.
- 각질층의 수분 함유능력 저하로 가려움이 유발되기도 한다.
- 피지분비기능이 저하 피부표면이 거칠고 푸석푸석하다.
- 모공이 작아 피부결이 섬세하다.
- 피부조직이 얇고 예민해보인다.
- 피부가 건조하고 각질이 일어나 화장이 들뜬다.

3) 지성피부

- 피지분비가 많아 유분이 많고 모공이 크다.
- 뾰루지와 면포형성이 생길 수 있다.
- 피부가 유분기가 많아 번들거리고 화장이 잘 지워진다.
- 피부조직이 두껍고 피부결이 거칠어 보인다.
- 모세혈관이 확장되어 붉은 얼굴이 되기 쉽다.

4) 민감성피부

- 여러가지 외부요인, 신체의 내부요인에 의해 피부가 민감하게 반응한다.
- 피부조직이 섬세하고 얇아 모세혈관이 피부표면에 드러나 보인다.
- 탄력이 없고 혈색이 없는 피부이다
- 피부가 빨리 노화가 되거나 쉽게 염증이 생긴다.
- 피부가 투명하고 당김이 심하며 색소침착 현상이 되기 쉽다.

5) 여드름 피부

피지선에서 과잉 분비된 피지가 피부 표면으로 원활히 배출되지 못하고 모공내에 축적되어 염증 반응이 일어나 발생되는 문제성 피부이다.

✪ 발생원인

① 내적인 요인 : 스트레스, 고지방, 고당질식품, 월경주기, 연고, 피임약, 임신, 다이어트 등
② 외적인 요인 : 자외선, 계절, 손에 의한 물리적 자극, 화학물질, 전자파 등에 의한 환경 등

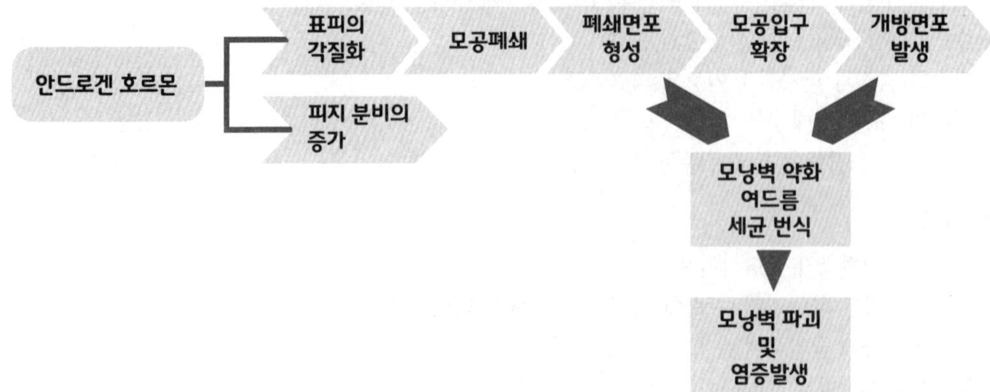

✪ 여드름 관리 방법

① 벤조일 퍼옥사이드(과산화디벤조일) : 일시적으로 모공을 확장시켜 피지 배출을 용이하게 함.
② 설파 : 죽은 세포가 쌓여 있는 것을 분해하는 각질 박리 기능
③ 살리실릭산 : 노화되고 건조한 여드름 피부에 적합 (BHA 필링제)
④ 글리콜릭산 : 막혀있는 모공을 완화시킴 (AHA 필링제, 락틱산, 구연산, 타르타르산 등)
⑤ 단백질 분해효소 : 항염증 작용을 하며 각질층의 단백질을 분해
→ 단) 기능성재료는 화장품책임판매업자가 사전에 기능성인증을 받은 화장품에 한해서 사전 인증을 받은 재료를 첨가할 수 있다.

6) 노화 피부

피부의 이상현상이나 질병이 아니라 시간 진행의 퇴행성 변화인 나이로 인해 피부 생리기능이 저하되는 자연현상으로 피부의 보습력 또는 탄력성이 저하된 상태

① 규칙적인 관리가 필요 – 마사지(피부탄력, 근육의 긴장완화 등), 운동, 균형잡힌 식사
② 화장품 – 보습 및 영양에 중점(콜라겐, NMF, 각종 비타민(A,C,E)등이 포함된 화장품 사용

7) 색소침착피부

- 피부의 색은 표피의 기저층에 존재하는 색소세포인 멜라닌세포에서 생성하는 멜라닌색소와 진피의 혈관속에 함유된 헤모글로빈, 피하조직의 카로틴 같은 색소들에 의해 영향을 받는다.
- 피부의 색을 형성하는 멜라닌은 사람의 피부에 자연적으로 발생하는 활성산소나 유리기 등을 소거하거나 자외선의 투과를 막기 위해 생성된다.

① 미백화장품

피부에 과도한 멜라닌 색소의 침착을 방지하거나 기존의 침착된 멜라닌색소를 엷게 하며, 기미나 주근깨의 생성을 억제함으로써 피부의 미백에 도움을 주는 기능을 가진 화장품

가. 피부색은 멜라닌, 헤모글로빈(붉은색), 카로틴(황색) 등에 의해서 결정
나. 색소가 침착되는 원인 : 자외선, 여성호르몬(황체호르몬), 스트레스 등
다. 미백성분

예 아스코르빌글루코사이드, 닥나무추출물, 알부틴, 알파, 바시보톨, 비타민유도체, 태반추출물, 아스코르빈산인산, 아르부틴코지산 등

② 미백제와 멜라닌

미백제는 자외선에 의한 기미, 주근깨 등을 완화시키고 멜라닌색소의 생성을 억제하는 것이다. 피부색은 멜라닌 세포에서 생성되는 멜라닌색소의 양과 분포에 의해 결정된다.

㉠ 미백화장품의 작용기전

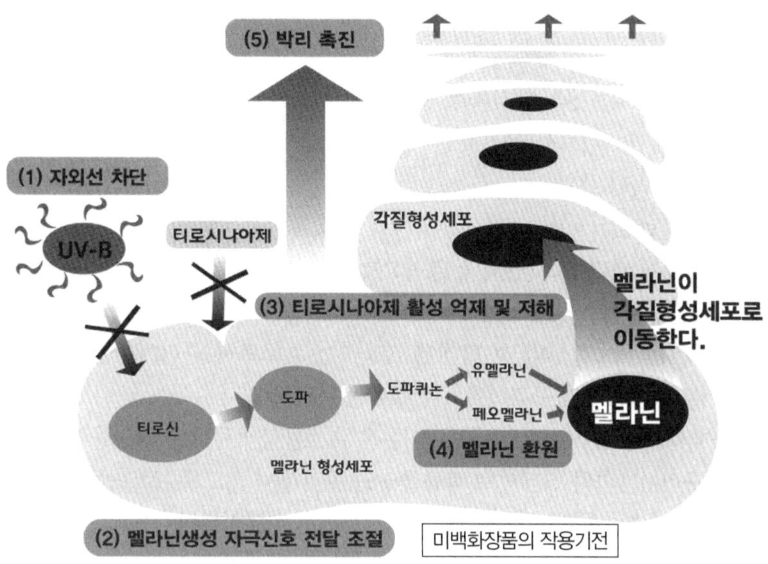

미백화장품의 작용기전

㉡ 멜라닌 색소 생성과정

ⓐ 멜라노사이트(melanocyte)

- 멜라노사이트는 멜라닌을 생성하는 색소형성세포로 표피 내 세포 중의 5%를 차지한다.
- 표피 중 가장 아래층인 기저층에 위치하며 일부는 케라티노사이트의 중간에 섞여 있다.
- 멜라노사이트의 구조는 수지상돌기를 가진 세포로 낙지처럼 생겨서 주변으로 확장되어 멜라노좀을 운반 하는 일을 한다.
- 단층인 기저층에서 케라티노사이트와 멜라노사이트의 비율이 약 10:1이며, 한 개의 멜라노사이트에는 약 36개의 케라티노사이트에 색소를 제공한다.
- 표피성 멜라노사이트들은 각질세포의 세포재생주기와 같은 비율로 분열하게 된다.
- 멜라노사이트의 수는 인종이나 피부색에 관계없이 1㎟ 당 약 1,200~1,500개로 비슷하다. 그럼에도 불구하고 흑인의 피부가 검은 이유는 멜라노사이트의 크기가 크기 때문이다.

ⓑ 멜라닌(melanine)

- 아미노산의 일종인 Tyrosine이 산화과정을 거치며 합성되는 고분자 색소를 멜라닌이라고 한다.
- 멜라닌은 멜라노사이트세포에서 만들어지며 티로신이라는 아미노산이 티로시나아제라는 산화효소의 작용으로 도파(Dopa)로 전환되고 티로시나아제 산화효소에 의해 더욱 산화가 진행되어 도파퀴논으로 변화 하여 멜라닌이 된다.
- 멜라닌은 형성과정에 그 형태에 따라 색상이 다르며 블랙, 브라운의 유멜라닌(Eumelanin)과 레드, 옐로우의 페오멜라닌(Pheomelanin) 두 종류가 존재한다.

- 멜라닌의 분자구조와 색에 의해서 피부색이 결정되고 세부적으로 같은 종이어도 피부의 하얀정도가 다르다.

ⓒ 멜라노좀(Melanosome)

- 멜라노좀은 멜라닌으로 채워진 막형태의 과립으로 멜라닌을 수지상돌기의 끝으로 이동시키는 역할을 한다.
- 흑인의 멜라노좀의 크기는 아시아인이나 유럽 백인의 멜라노좀의 크기에 비해 크고 밀도가 높고 농도가 짙으며 멜라닌을 분비기능이 활발하다.

③ 멜라닌 색소 형성과정에 주요 메카니즘 ★★ (2회 시험 기출 주요내용)

ⓐ 아미노산의 일종인 티로신의 대사과정 중 마지막 생성물이 멜라닌으로 피부에 색소발현
티로신(Tyrosin) → 티로시나아제(Tyrosinase) → DOPA → 티로시나아제(Tyrosinase) → DOPA퀴논 → 멜라닌 생성

ⓑ 티로시나아제 (Tyrosinase)

- 다양한 생명체에 널리 분포하며, 생명현상에 관여한다.
  예 동물의 멜라닌 색소 생합성, 사과 및 바나나와 같은 과일의 갈변현상 등
- 티로시나아제는 색소형성의 첫 단계에 작용하는 효소로서 구리이온이 필수적인 것으로 알려져 있고, 활성부위에 2개의 구리이온 결합부위를 가지고 있다.
- 티로시나아제의 활성부위에 있는 구리이온은 촉매활성에 주요한 역할을 한다.
- 대표적인 구리이온과의 킬레이트 작용물질인 폴리페놀 유도체, 트로폴론 유도체 등이 효소를 억제한다. 반면에 linoleic acid 등과 같은 지방산은 티로시나아제를 비활성화시키고 분해를 촉진하는 것으로 보고되었으며 구리이온의 킬레이트 효과는 없는 것으로 알려져 있다.

③ 자외선과 색소침착

가. 홍반반응 : 자외선에 의해 피부가 붉어지는 일시적인 반응
자외선 조사 → 히스타민반응 → 혈관 확장 → 홍반

나. 색소침착 : 표피의 기저층에서 멜라닌 세포활성
즉시색소침착 : 몇 분 내에 발생
지연색소침착 : 약 2~3일 후부터 발생

다. 일광화상 : 멜라닌색소의 생성량이 더 적은 피부에서 쉽게 생길 수 있는 햇빛에 의한 피부화상

라. 광노화 : 과다한 자외선의 강도에 노출되었을 경우에 생길 수 있는 피부반응, 시간이 경과할수록 나타남

마. 피부암 발생원인 : 과다한 자외선 노출의 경우 피부암이 유발될 확률이 높음

바. 비타민 D 형성 : 자외선을 통해 비타민 D 합성

사. 비타민 D 합성은 음식물의 칼슘 및 인의 흡수량을 증가시키는 역할

※ 비타민 D 형성과정 : 체내에서 프로비타민 D 형태로 존재하다가 자외선에 노출시 비타민 D 형성 (2회 기출)
(자세한 내용은 2장 화장품제조 및 품질관리 '자외선차단제'부분 내용참조)

④ 색소침착 이상증

가. 주근깨 : 작란반이라고도 부르며 작은 좁쌀 크기 정도의 모양을 하고 있으며 소아기부터 생길 수 있는 질환

나. 기미 : 간반이라고도 부르며 가장 흔하게 나타나는 피부질환으로 연한 갈색 또는 흑갈색, 암갈색의

다양한 크기와 불규칙적인 형태로 나타나는 후천적인 과색소 침착증

나. 발생요인 : 복합적인 요인이 작용하는데 자외선 과다 노출, 임신, 경구피임약 복용, 난소 질환, 생리불순, 폐경기, 에스트로겐 과다, 영양실조, 내분비 기능 장애, 특정 약품이나 화장품으로 인한 부작용 등

다. 검버섯(지루각화증) : 타원형이나 원형 모양의 회색, 갈색, 흑갈색 등을 띠고 30세 이후에 발생빈도가 커져서 평생동안 지속

라. 점(흑자) : 세포성 과멜라닌 색소증

마. 안면 흑피증 : 볼이나 목부위에 나타나는 색소침착 원인으로는 크림이나 향수 등 화장품에 함유된 광감각제로 인한 광과민성 질환으로 추정

(2) 두피모발상태 분석

1) 정상 두피

- 두피 표면이 청백색 또는 연한살색을 띤다.
- 모발의 굵기가 일정하며 모공라인이 선명하다.
- 15% 정도의 수분을 함유하고 있다.
- 모발 수는 한 모공당 2~3본 정도의 비율을 가진다.
- 각질이나 피지가 없으며 매끄러운 모발을 갖는다.
- pH4.5~5.5의 건강한 모발이다.

2) 건성 두피

- 건조로 인해 당김 및 가려움증이 있다.
- 두피 표면이 거칠게 보이고 각질층이 들떠 있다.
- 외부자극에 의해 두피가 손상되기 쉽다.
- 각질이 쌓여있는 탁한 백색 두피상태로 한선의 형태 불분명하다.
- 예민성 두피가 되기 쉽다.

3) 지성 두피

- 두피톤은 투명감이 없고 번들거린다.
- 지루성 두피로 발전하기 쉽다. (남성형 탈모와 연계 가능성)
- 모공 주위의 과다한 피지 분비로 인해 모공주위가 지저분하다.
- 피지 분비에 의해 모발이 매끄럽지 못하고 모발의 탄력도 저하되어 있나.
- 염증이나 가려움증, 심한 악취가 날 수 있다.

4) 민감성 두피

- 두피 표면이 붉은 톤을 갖는다.
- 두피 표면이 얇으며 모발탄력도 낮다.
- 모세혈관확장증이나 붉음증을 쉽게 확인할 수 있다.
- 모발의 굵기가 대체적으로 얇으며 일정하지 않아 모발의 밀도가 낮다.

Chapter 3 관능평가 방법과 절차

1 관능평가 방법과 절차

화장품의 관능평가란 인간의 오감을 측정 수단으로 하여 내용물의 품질 특성을 묘사, 식별, 비교 등을 수행하는 평가법이다. 화장품을 관능 평가할 때 인간은 단순히 촉감뿐 아니라 시각, 후각과 같은 감성을 최대한 발휘하여 사용성을 평가하며 그 복잡함 때문에 타당성이나 신뢰성이 문제가 된다. 관능 평가를 하는 방법으로는 사용성평가, 통계학적 평가, 객관적 평가, 시뮬레이션 영상을 이용한 방법이 있다.

(1) 사용성 평가

① 프로파일법(절대평가법) : 다면적인 품질 특성을 갖는 시료를 묘사하여 일반적인 위치를 매기는 방법
② 일대일비교법 : 미리 스태다드폼을 결정하여 그 대상품과 시료의 차이를 수치화하는 방법
③ 2점 식별법, 3점 식별법 : 일대일비교법에 있어서 차이가 미미한 경우에 사람이 식별할 수 있을 정도의 유의한 차가 있는지를 확인하기 위한 방법
④ 순위매김법 : 다수의 시료들 간의 순위를 매기는 경우 시험 항목의 양쪽 중 어디에 가까운 것부터 자료의 순위를 매기고 클레이머 검정 등의 분석을 하는 방법

(2) 통계학적 분석

화장품의 관능 표현 및 그 평가 결과를 주성분 분석이나 다변량 분석함으로써 패널들이 그 화장품에 대해 어떠한 점을 기대하고 중시하고 있는가를 알 수 있으며 소비자의 니즈를 발굴하기 위한 하나의 방법도 될 수 있다.

(3) 객관적 평가법

① 물리화학적 평가법
② 생리심리적 평가법

- 화장품 사용 전후의 스트레스 지표인 면역항체 물질 변화나 긴장이완의 지표인 뇌파 중의 알파의 변화 등을 조사함으로써 화장품 사용에 대한 기호성(기분 좋음)을 객관화할 수 있게 되었고 사람의 감성 표현을 가시화하여 해명하는데 필수적 방법이다.

(4) 시뮬레이션 영상을 이용한 관능 평가법

최근 CG기술을 응용한 평가기술로서 각각 피부색과 립 컬러의 색채와의 연관성에 대한 연구를 수행하여 안면의 피부색에 어울리는 임의의 색을 추정, 제안하는 방법이다. 소비자가 혼자 화장품을 화면상에서 가상으로 체험함으로써 자신의 기호성에 맞는 화장품을 선택할 수 있게 하는 시도도 활발하게 이루어지고 있다.

〈관능 용어를 검증하는 대표적인 물리화학적 평가법〉

	관능 용어 예	물리화학적 평가법
물리적 관능요소	– 촉촉함 ⇔ 보송보송함 – 부들부들함 ⇔ 거칠거칠함 – 뽀드득함 ⇔ 매끄러움 – 가볍게 발림 ⇔ 빡빡하게 발림 – 빠르게 스며듬 ⇔ 느리게 스며듬 – 부드러움 ⇔ 딱딱함(화장품)	– 마찰감 테스터 – 점탄성 측정(리오미터)
	– 탄력이 있음(피부) – 부드러워짐(피부)	– 유연성 측정
	– 끈적임 ⇔ 끈적이지 않음	– 핸디 압축 시험법
광학적 관능요소	– 투명감이 있음 ⇔ 매트함 – 윤기가 있음 ⇔ 윤기가 없음	– 변색분광측정계 (고니오스팩트럼포토메터) – 클로스 메터
	– 화장 지속력이 좋음 ⇔ 화장이 지워짐 – 눈일하게 도포할 수 있음 ⇔ 뭉침 번짐	– 색채 측정(본광측색계를 통한 명도 측정) – 확대비디오관찰(비디오마이크로스코프)
	– 번들거림(빛남) ⇔ 번들거리지 않음	– 광택제

Chapter 4 제품 상담

1 맞춤형화장품의 효과

다양한 형태의 맞춤형화장품 판매로 소비자의 욕구를 충족시키고 고객의 피부유형에 맞추어줌으로써 소비자에게 적합한 화장품과 원료의 선택이 가능하여 심리적인 만족감을 줄 수 있다. 또한 소비자는 피부 측정과 문진 등을 통한 정확한 피부상태 진단과 전문가 조언을 통해 자신의 피부상태에 알맞게 조제된 화장품 구입이 가능하다.

2 맞춤형화장품의 부작용의 종류와 현상

(1) 맞춤형화장품 사용에 따른 안전성

① 화장품은 제품 설명서, 표시사항 등에 따라 정상적으로 사용하거나 또는 예측 가능한 사용 조건에 따라 사용하였을 때 인체에 안전하여야 한다.

② 화장품은 주로 피부에 적용하기 때문에 피부자극 및 감작이 우선적으로 고려될 수 있으며, 빛에 의한 광자극이나 광감작 역시 고려될 수 있다. 또한 두피 및 안면에 적용하는 제품들은 눈에 들어갈 가능성이 있으므로 안점막자극이 고려될 수 있다.

③ 화장품의 사용방법에 따라 피부 흡수 또는 예측 가능한 경구 섭취 (립스틱 등), 흡입독성 (스프레이 등)에 의한 전신독성이 고려될 수 있다.

(2) 화장품 사용 시 또는 사용 후 이상 증상이나 부작용의 종류 및 현상

① 홍반(erythema) : 붉은 반점
② 부종(edema) : 붓기
③ 인설생성(scaling) : 건선과 같은 심한 피부건조에 의해 각질이 은백색의 비늘처럼 피부표면에 발생하는 것
④ 자통(stinging) : 찌르는듯한 통증
⑤ 가려움(itching) : 소양감
⑥ 작열감(burning) : 타는 듯한 느낌 또는 화끈거림
⑦ 뻣뻣함(tightness) : 굳는 느낌
⑧ 따끔거림(pricking) : 쏘는 듯한 느낌
⑨ 발진 ; 열로 피부나 점막에 좁쌀만한 종기가 생김
⑩ 접촉성피부염 : 외부의 원인물질이 접촉한 부위에 발생

(3) 부작용 발생 등에 따른 유해사례 발생 시 처리절차

① 맞춤형화장품 사용과 관련된 부작용 발생사례에 대해서는 지체 없이 식품의약품안전처장에 게 보고해야 한다.

② 맞춤형화장품 사용과 관련된 중대한 유해사례 등 부작용 발생 시 그 정보를 알게 된 날로부터 15일 이내 식품의약품안전처 홈페이지를 통해 보고하거나 우편 · 팩스 · 정보통신망 등의 방법 으로 보고해야 한다.

3 배합금지 사항 확인·배합

(1) 맞춤형화장품에 사용할 수 있는 원료

다음과 같은 원료를 제외한 원료는 맞춤형화장품에 사용할 수 있다.

1) **식품의약품안전처장은 화장품의 제조 등에 사용할 수 없는 원료를 지정하여 고시하여야 한다.**

2) **식품의약품안전처장은 보존제, 색소, 자외선차단제 등과 같이 특별히 사용상의 제한이 필요한 원료에 대하여는 그 사용기준을 지정하여 고시하여야 하며, 사용기준이 지정 · 고시된 원료 외의 보존제, 색소, 자외선차단제 등은 사용할 수 없다.**

3) **식품의약품안전처장은 그 밖에 유통화장품 안전관리 기준을 정하여 고시할 수 있다.**

① 화장품에 사용할 수 없는 원료
② 화장품에 사용상의 제한이 필요한 원료
③ 식품의약품안전처장이 고시한 기능성화장품의 효능 · 효과를 나타내는 원료(다만, 맞춤형화장품판매업자에게 원료를 공급하는 화장품책임판매업자가 해당 원료를 포함하여 기능성화장품에 대한 심사를 받거나 보고서를 제출한 경우는 제외한다)
(화장품법 제8조 화장품 안전기준등에 관한 규정 제1장 제5조)

(2) 원료 배합

1) **제조 또는 수입된 화장품 내용물에 다른 화장품의 내용물이나 식품의약품안전처장이 정하여 고시하는 원료를 추가하여 혼합**

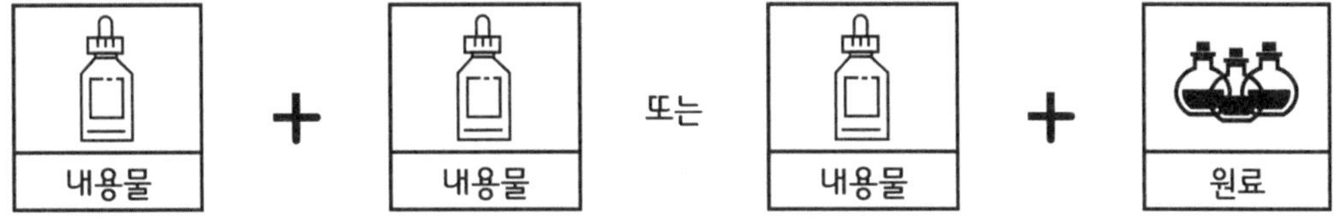

2) **제조 또는 수입된 화장품의 내용물을 소분**

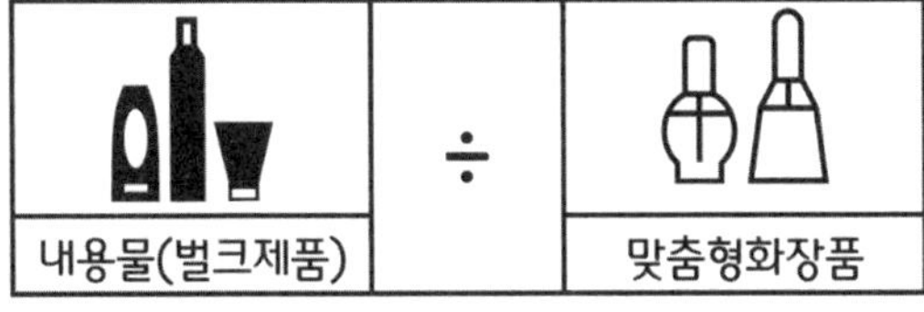

※ 참고사항
☞ 원료와 원료를 혼합하는 것은 맞춤형화장품의 혼합이 아닌 '화장품 제조'에 해당

〈 출처. 맞춤형화장품판매업 가이드라인(민원인안내서) 2020.5.14.〉

4 내용물 및 원료의 사용제한 사항

① 사용기준 : 사용범위와 사용한도 지정
- 사용할 수 있는 제품과 사용금지(또는 사용제한) 제품의 종류 확인
- 함량 상한을 충분히 고려하여 사용한도를 초과하지 않도록 주의

② 특별히 사용상의 제한이 필요한 원료에 대하여 그 사용기준을 지정 · 고시한다.
- 지정 · 고시되지 않은 원료는 사용 금지 : 보존제, 색소(타르색소 등), 자외선차단제 등

〈2장 화장품제조 및 품질관리'에서 자세한 내용참고〉
참조 1. 화장품법 제8조 화장품 안전 기준 등에 관한 규정 [별표1], [별표2]
참조 2. 화장품의 색소 종류와 기준 및 시행방법 [별표1] 화장품의 색소(제3조 관련)

Chapter 5 제품 안내

1 맞춤형화장품 표시 사항

맞춤형화장품의 용기 · 포장에 기재하는 문자 · 숫자 · 도형 또는 그림 등을 말한다.

1) 맞춤형화장품 판매 시 1차 포장 또는 2차 포장 기재 · 표시 항목

① 화장품의 명칭
② 영업자(화장품제조업자, 화장품책임판매업자, 맞춤형화장품판매업자)의 상호 및 주소
③ 해당 화장품 제조에 사용된 모든 성분(인체에 무해한 소량 함유 성분 등 총리령으로 정하는 성분은 제외)
④ 내용물의 용량 또는 중량
⑤ 제조번호
⑥ 사용기한 또는 개봉 후 사용기간(개봉 후 사용기간의 경우 제조연월일 병기)
⑦ 가격
⑧ 기능성화장품의 경우 '기능성화장품'이라는 글자 또는 기능성화장품을 나타내는 도안으로서 식품의약품안전처장이 정하는 도안
⑨ 사용할 때의 주의사항
⑩ 그밖에 총리령으로 정하는 사항
- 기능성화장품의 경우 심사받거나 보고한 효능 · 효과, 용법 · 용량
- 성분명을 제품 명칭의 일부로 사용한 경우 그 성분명과 함량(방향용 제품은 제외한다
- 인체 세포 · 조직 배양액이 들어있는 경우 그 함량
- 화장품에 천연 또는 유기농으로 표시 · 광고하려는 경우에는 원료의 함량
- 기능성화장품의 경우에는 '질병의 예방 및 치료를 위한 의약품이 아님'이라는 문구
- 다음 각 목의 어느 하나에 해당하는 경우 사용기준이 지정 · 고시된 원료 중 보존제의 함량
  가. 만 3세 이하의 영유아용 제품류인 경우
  나. 만 4세 이상부터 만 13세 이하까지의 어린이가 사용할 수 있는 제품임을 특정하여 표시 · 광고하려는 경우

2) 맞춤형화장품 1차 포장 기재, 표시사항(소용량 또는 비매품)

1. 화장품의 명칭
2. 맞춤형화장품판매업자의 상호
3. 가격
4. 제조번호
5. 사용기한 또는 개봉 후 사용기간(개봉 후 사용기간의 경우 제조연월일 병기)

화장품 표시기재 사항(법 제10조, 11조)

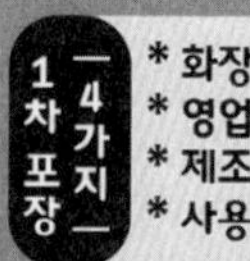

* 화장품의 명칭
* 영업자의 상호 및 주소
* 제조번호
* 사용기간 또는 개봉 후 사용기간

*가격

소용량 및 견본품(5가지)

* 해당 화장품 제조에 사용된 모든 성분('08.10)
* 내용물 용량 또는 중량
* 해당 경우 "기능성화장품"이라는 글자 또는 도안
* 사용할 때 주의사항
* 그밖에 총리령에서 정하는 사항

1차 포장: 화장품 제조 시 내용물과 직접 접촉하는 포장 용기
2차 포장: 1차 포장을 수용하는 1개 또는 그 이상의 포장과 보호재 및 표시의 목적으로 한 포장(첨부문서 포함)

< 출처. 화장품 정책 설명회. 식품의약품안전처 화장품정책과. 2019>

3) 기재 · 표시를 생략할 수 있는 성분

① 제조과정 중에 제거되어 최종 제품에는 남아 있지 않은 성분

② 안정화제, 보존제 등 원료 자체에 들어 있는 부수 성분으로서 그 효과가 나타나게 하는 양보다 적은 양이 들어 있는 성분

③ 내용량이 10㎖ 초과 50㎖ 이하 또는 중량이 10그램 초과 50그램 이하 화장품의 포장인 경우에는 다음 각 목의 성분을 제외한 성분

가. 타르색소

나. 금박

다. 샴푸와 린스에 들어 있는 인산염의 종류

라. 과일산(AHA)

마. 기능성화장품의 경우 그 효능 · 효과가 나타나게 하는 원료

바. 식품의약품안전처장이 배합 한도를 고시한 화장품의 원료

4) 화장품 가격의 표시

화장품을 소비자에게 직접 판매하는 자는 그 제품의 포장에 판매하려는 가격을 일반 소비자가 알기 쉽도록 표시 한다.

5) 기재 · 표시상의 주의

기재 · 표시는 다른 문자 또는 문장보다 쉽게 볼 수 있는 곳에 하여야 하며, 읽기 쉽고 이해하기 쉬운 한글로 정확히 기재 · 표시하여야 하되, 한자 또는 외국어를 함께 기재할 수 있다.

(2) 부당한 표시 · 광고 행위 등의 금지

1) 영업자 또는 판매자는 다음 각 호의 어느 하나에 해당하는 표시 또는 광고를 하여서는 아니 된다.

① 의약품으로 잘못 인식할 우려가 있는 표시 또는 광고

② 기능성화장품이 아닌 화장품을 기능성화장품으로 잘못 인식할 우려가 있거나 기능성화장품의 안전성 · 유효성에 관한 심사결과와 다른 내용의 표시 또는 광고

③ 천연화장품 또는 유기농화장품이 아닌 화장품을 천연화장품 또는 유기농화장품으로 잘못 인식할 우려가 있는 표시 또는 광고

④ 그 밖에 사실과 다르게 소비자를 속이거나 소비자가 잘못 인식하도록 할 우려가 있는 표시 또는 광고

(3) 화장품 표시 · 광고 · 실증

※ 실증자료가 있을 경우 표시 · 광고 할 수 있는 표현

〈화장품 표시 · 광고 실증에 관한 시행규정 별표5 식약처 고시〉

평가법	물리화학적 평가법
여드름 피부 사용에 적합	인체 적용시험 자료 제출
항균(인체세정용 제품에 한함)	인체 적용시험 자료 제출
피부노화 완화	인체 적용시험 자료 또는 인체 외 시험 자료 제출
일시적 셀룰라이트 감소	인체 적용시험 자료 제출
붓기, 다크서클 완화	인체 적용시험 자료 제출
피부 혈행 개선	인체 적용시험 자료 제출
콜라겐 증가, 감소 또는 활성화	기능성화장품에서 해당 기능을 실증한 자료 제출
효소 증가, 감소 또는 활성화	기능성화장품에서 해당 기능을 실증한 자료 제출

※ 최근 표시관련 개정사항

1. 명칭변경
   - 제조업자 → 화장품제조업자
   - 제조판매업자 → 화장품책임판매업자
2. 천연화장품 및 유기농화장품 인증제도
   - 기준에 부합할 경우 천연화장품 또는 유기농 화장품 표시 · 광고 가능
     (천연화장품–천연 함량 95% 이상, 유기농화장품–유기농 함량 10% 이상 및 유기농 포함 천연 함량 95% 이상)
   - 식약처 지정 인증기관으로부터 인증받을 경우 식약처 인증 로고 사용 가능
3. 착향제 성분 중 알레르기 유발물질 표시 의무화
   - 고시된 알레르기 유발물질 25종 포함 시 기재, 표기 및 원료목록 보고
4. 영 · 유아용, 어린이용 제품 보존제 함량 표시 의무화
   - 화장품의 유형 중 영 · 유아용 화장품류 및 어린이용 제품(만 13세 이하의 어린이 대상)
   - 「화장품의 안전기준 등에 관한 규정」 고시 원료 중 보존제
5. 영 · 유아 또는 어린이 대상 화장품의 안전성 자료 작성, 보관 의무화
   - 영 · 유아 또는 어린이가 사용할 수 있는 화장품임을 표시 · 광고하려는 경우

2 맞춤형화장품 안전기준의 주요사항

(1) 화장품 안전기준

① 식품의약품안전처장은 화장품의 제조 등에 사용할 수 없는 원료를 지정하여 고시하여야 한다.

② 식품의약품안전처장은 보존제, 색소, 자외선차단제 등과 같이 특별히 사용상의 제한이 필요한 원료에 대하여는 그 사용기준을 지정하여 고시하여야 하며, 사용기준이 지정 · 고시된 원료 외의 보존제, 색소, 자외선차단제 등은 사용할 수 없다.

③ 식품의약품안전처장은 국내외에서 유해물질이 포함되어 있는 것으로 알려지는 등 국민보건상 위해 우려가 제기되는 화장품 원료 등의 경우에는 총리령으로 정하는 바에 따라 위해요소를 신속히 평가하여 그 위해 여부를 결정하여야 한다.

④ 식품의약품안전처장은 위해평가가 완료된 경우에는 해당 화장품 원료 등을 화장품의 제조에 사용할 수 없는 원료로 지정하거나 그 사용기준을 지정하여야 한다.

⑤ 식품의약품안전처장은 제2항에 따라 지정 · 고시된 원료의 사용기준의 안전성을 정기적으로 검토하여야 하고, 그 결과에 따라 지정 · 고시된 원료의 사용기준을 변경할 수 있다. 이 경우 안전성 검토의 주기 및 절차 등에 관한 사항은 총리령으로 정한다.

⑥ 화장품제조업자, 화장품책임판매업자 또는 대학 · 연구소 등 총리령으로 정하는 자는 제2항에 따라 지정 · 고시되지 아니한 원료의 사용기준을 지정 · 고시하거나 지정 · 고시된 원료의 사용기준을 변경하여 줄 것을 총리령으로 정하는 바에 따라 식품의약품안전처장에게 신청할 수 있다.

⑦ 식품의약품안전처장은 제6항에 따른 신청을 받은 경우에는 신청된 내용의 타당성을 검토하여야 하고, 그 타당성이 인정되는 경우에는 원료의 사용기준을 지정 · 고시하거나 변경하여야 한다. 이 경우 신청인에게 검토 결과를 서면으로 알려야 한다.

⑧ 식품의약품안전처장은 그 밖에 유통화장품 안전관리 기준을 정하여 고시할 수 있다.

3 맞춤형화장품의 특징

① 맞춤형화장품 조제관리사가 소비자의 요구에 따라 제조 또는 수입한 화장품 등을 혼합 · 소분하여 판매하는 화장품이다.

② 맞춤형화장품 조제관리사가 피부전문가의 도움을 받아 소비자의 피부상태를 객관적으로 진단하고 소비자가 선호하는 제형 · 향을 고려하여 개인의 특성에 맞추어 만든 화장품을 맞춤형화장품이라 한다.

(1) 맞춤형화장품판매업

맞춤형화장품판매업이란 맞춤형화장품을 판매하는 영업을 말함

① 제조 또는 수입된 화장품내용물에 다른 화장품의 내용물이나 식품의약품안전처장이 정하여 고시하는 원료를 추가하여 혼합한 화장품을 판매하는 영업

② 제조 또는 수입된 화장품의 내용물을 소분한 화장품을 판매하는 영업

4 맞춤형화장품의 사용법

(1) 맞춤형화장품의 사용방법

화장품의 사용설명서에는 상품의 특징이나 사용법, 사용상의 주의사항 등이 자세하게 적혀 있다. 상담창구로 상담 내용을 토대로 소비의 실태에 맞게 항목 설정을 한 것이다.

① 반드시 사용설명서를 잘 읽은 후 사용하도록 철저히 할 것

② 적절한 사용 방법으로 트러블을 예방하고 기대한 효과를 얻을 수 있도록 할 것

③ 화장품을 사용할 때에 주의를 철저히 할 것

④ 화장품 취급 방법, 관리상의 주의를 철저히 할 것

(2) 화장품 사용 시 주의사항[화장품 시행규칙 별표 3 제2호]

① '화장품 사용상 주의사항' (참조 : 제2장 화장품 조제 및 품질관리에서 내용 참조확인)

② 화장품의 함유 성분별 사용 시의 주의사항 표시 문구(제2조 관련)

연번	대상 제품	표시 문구
1	과산화수소 및 과산화수소 생성물질 함유 제품	눈에 접촉을 피하고 눈에 들어갔을 때는 즉시 씻어낼 것
2	벤잘코늄클로라이드, 벤잘코늄브로마이드 및 벤잘코늄사카리네이트 함유 제품	눈에 접촉을 피하고 눈에 들어갔을 때는 즉시 씻어낼 것
3	스테아린산아연 함유 제품(기초화장용 제품류 중 파우더 제품에 한함)	사용 시 흡입되지 않도록 주의할 것
4	살리실릭애씨드 및 그 염류 함유 제품 (샴푸 등 사용 후 바로 씻어내는 제품 제외)	만 13세 이하 어린이에게는 사용하지 말 것
5	실버나이트레이트 함유 제품	눈에 접촉을 피하고 눈에 들어갔을 때는 즉시 씻어낼 것
6	아이오도프로피닐부틸카바메이트(IPBC) 함유 제품 (목욕용제품, 샴푸류 및 바디클렌저 제외)	만 13세 이하 어린이에게는 사용하지 말 것
7	알루미늄 및 그 염류 함유 제품 (체취방지용 제품류에 한함)	신장 질환이 있는 사람은 사용 전에 의사, 약사, 한의사와 상의할 것
8	알부틴 2% 이상 함유 제품	알부틴은「인체적용시험자료」에서 구진과 경미한 가려움이 보고된 예가 있음
9	카민 함유 제품	카민 성분에 과민하거나 알레르기가 있는 사람은 신중히 사용할 것
10	코치닐추출물 함유 제품	코치닐추출물 성분에 과민하거나 알레르기가 있는 사람은 신중히 사용할 것
11	포름알데하이드 0.05% 이상 검출된 제품	포름알데하이드 성분에 과민한 사람은 신중히 사용할 것
12	폴리에톡실레이티드레틴아마이드 0.2% 이상 함유 제품	폴리에톡실레이티드레틴아마이드는 「인체적용시험자료」에서 경미한 발적, 피부건조, 화끈감, 가려움, 구진이 보고된 예가 있음
13	부틸파라벤, 프로필파라벤, 이소부틸파라벤, 또는 이소프로필파라벤 함유 제품(영·유아용 제품류 및 기초화장용 제품류(만 3세 이하 어린이가 사용하는 제품) 중 사용 후 씻어내지 않는 제품에 한함)	만 3세 이하 어린이의 기저귀가 닿는 부위에는 사용하지 말 것

③ 맞춤형화장품의 사용기한을 잘 확인하고 사용기한 내 있더라도 문제가 발생하면 사용을 중단하고 맞춤형화장품 책임판매업자에게 보고한다.

Chapter 6 혼합 및 소분

1 원료 및 제형의 물리적 특성

(1) 화장품의 원료의 필요조건

① 안전성이 높을 것(피부에 자극, 독성, 알러지를 유발해서는 안 된다.)
② 사용 목적에 알맞은 기능, 유용성을 지닐 것
③ 원료가 시간이 흐르면서 냄새가 나거나 착색되지 않을 것, 원료의 맛이 나지 않을 것
④ 원료에 대한 법규제(화장품 안전 기준 등)를 조사할 것
⑤ 환경에 문제가 되지 않는 원료일 것
⑥ 사용량에도 좌우되나 가격이 적정할 것

(2) 화장품 제형의 물리적 특성

① 로션제 : 유화제 등을 넣어 유성성분과 수성성분을 균질화하여 점액상으로 만든 것
② 액제 : 화장품에 사용되는 성분을 용제 등에 녹여서 액상으로 만든 것
③ 크림제 : 유화제 등을 넣어 유성성분과 수성성분을 균질화하여 반고형상으로 만든 것
④ 침적마스크제 : 액제, 로션제, 겔제 등을 부직포 등의 지지체에 침적하여 만든 것
⑤ 겔제 : 액체를 침투시킨 분자량이 큰 유기분자로 이루어진 반고형상
⑥ 에어로졸제 : 원액을 같은 용기 또는 다른 용기에 충전한 분사제(액화기체, 압축기체 등)의 압력을 이용하여 안개모양, 포말상 등으로 분출하도록 만든 것
⑦ 분말제 : 균질하게 분말상 또는 미립상으로 만든 것

2 화장품 배합한도 및 금지원료

(1) 맞춤형화장품 혼합 · 소분에 사용되는 내용물의 범위

1) 맞춤형화장품의 혼합 · 소분에 사용할 목적으로 화장품책임판매업자로부터 제공받은 것으로 다음 항목에 해당하지 않는 것이어야 함

① 화장품책임판매업자가 소비자에게 그대로 유통 · 판매할 목적으로 제조 또는 수입한 화장품
② 판매의 목적이 아닌 제품의 홍보 · 판매촉진 등을 위하여 미리 소비자가 시험 · 사용하도록 제조 또는 수입한 화장품

(2) 맞춤형화장품 혼합에 사용되는 원료의 범위

1) 맞춤형화장품의 혼합에 사용할 수 없는 원료를 다음과 같이 정하고 있으며 그 외의 원료는 혼합에 사용 가능

① 「화장품 안전기준 등에 관한 규정(식약처 고시)」 [별표 1]의 '화장품에 사용할 수 없는 원료'
② 「화장품 안전기준 등에 관한 규정(식약처 고시)」 [별표 2]의 '화장품에 사용상의 제한이 필요한 원료'

③ 식약처장이 고시(「기능성화장품 기준 및 시험방법」)한 '기능성화장품의 효능 · 효과를 나타내는 원료'. 다만, 「화장품법」 제4조에 따라 해당 원료를 포함하여 기능성화장품에 대한 심사를 받거나 보고서를 제출한 경우 사용 가능

☞ 원료의 품질유지를 위해 원료에 보존제가 포함된 경우에는 예외적으로 허용
☞ 원료의 경우 개인 맞춤형으로 추가되는 색소, 향, 기능성 원료 등이 해당되며 이를 위한 원료의 조합(혼합 원료)도 허용
☞ 기능성화장품의 효능 · 효과를 나타내는 원료는 내용물과 원료의 최종 혼합 제품을 기능성화장품으로 기 심사(또는 보고) 받은 경우에 한하여, 기 심사(또는 보고) 받은 조합 · 함량 범위 내에서만 사용 가능

(3) 사용 금지 원료

1) 사용금지 원료 : 니트로메탄, HICC, 아트라놀, 클로로아트라놀, 메칠렌글라이콜,
천수국꽃추출물 또는 오일(향료 포함)

2) 3세 이하 사용금지 보존제 2종을 만 13세 이하 어린이까지 사용금지 확대 원료
① 살리실릭애씨드 및 염류
② 아이오도프로피닐부틸카바메이트(IPBC)
⇒ 영유아용 제품류 또는 만 13세 이하 어린이가 사용 할 수 있음을 특정하여 표시하는 제품에는 사용금지

3 원료 및 내용물의 유효성

① 맞춤형화장품에 원료를 사용함으로써 최종 제품에 그 원료의 기능성, 유효성이 발현되어야 한다.
② 혼합과 소분 시 다양한 각도로 검토하여야 하는데 예를 들어 피부에 적절한 보습, 미백, 세정, 자외선차단, 노화억제 등의 효과를 부여하는 것을 목적으로 한다.
③ 맞춤형화장품은 화장품의 내용물에 다른 화장품의 내용물 또는 식약처장이 정하는 원료를 혼합하여 화장품의 유효성을 향상시킬 수 있다.
④ 화장품의 유효성은 스킨케어 제품과 색조 제품을 비롯한 헤어제품, 바디케어제품 등 넓은 범위에서 고려되며, 화장품 사용을 통해 피부표면에서 피부내부로의 변화를 주는 것이다.

4 원료 및 내용물의 규격 (pH, 점도, 색상, 냄새 등)

(1) pH

pH는 액제의 산성이나 알칼리성 정도를 나타내는 수치로서 수소 이온 농도의 지수이다.
즉 pH란 'Percentage of Hydrogen ions'의 약자로 산성 정도를 수치로 표시한 것이며 중성은 pH 7, 산성은 pH 1~6, 알칼리성(염기성)은 pH 8~14로 표시한다.
참고로 건강한 피부상태의 pH 수치는 5.5~6.5이며 약산성에 해당한다. 따라서 기초화장품의 pH 범위는 피부 건강을 유지하기 위한 밸런스 조절이 목적이다. 세정제(클린징 제품류)의 경우는 약알칼리성을 갖고 세정의 목적을 달성하며, 스킨, 로션, 크림류의 화장품류는 약산성을 유지하여 피부에 저자극 상태를 유지하는 목적을 갖고 있다.

1) pH 범위

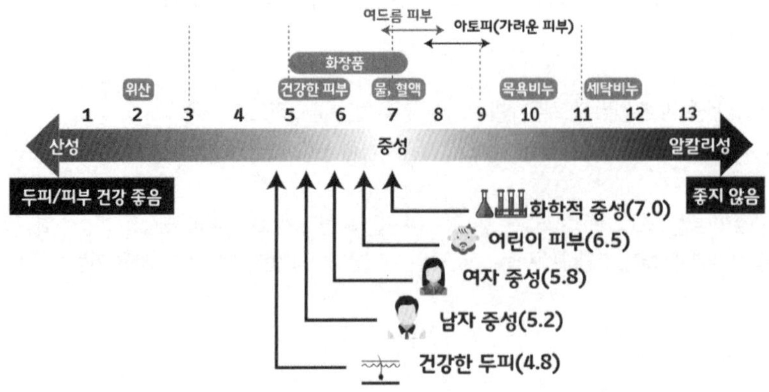

2) 화장품의 pH 범위

다음과 같은 제품 중 액제, 로션, 크림 및 이와 유사한 제형의 액상제품은 pH 기준이 3.0~9.0이어야 한다. 다만, 물을 포함하지 않는 제품과 사용한 후 곧바로 물로 씻어 내는 제품은 제외 한다.

① 영 유아용 제품류(영 유아용 샴푸, 영 유아용 린스, 영 유아 인체세정용 제품, 영 유아 목욕용 제품 제외)

② 눈 화장용 제품류, 색조화장용 제품류

③ 두발용 제품류(샴푸, 린스 제외)

④ 면도용 제품류(셰이빙크림, 셰이빙 폼 제외)

⑤ 기초화장용 제품류(클렌징 워터, 클렌징 오일, 클렌징 로션, 클렌징 크림 등 메이크업 리무버 제품 제외)

〈참조 : 3강 유통화장품 안전관리 내용 : 화장품 안전관리 기준 해설서 제5조 유통화장품의 안전관리 기준〉

(2) 색재

화장품에 사용되는 색재는 파운데이션, 가루분, 아이섀도우, 립스틱 등 주로 메이크업 화장품에 배합되며 색연출, 질감연출, 피부트러블 커버, 자외선 차단 등의 효과를 부여하기 위한 원료이다. 색재에 요구되는 기능이나 역할에는 착색성, 부착성, 연전성, 윤기와 같은 시각 혹은 촉각 등의 감각적 효과와 흡착(흡수) 특성, 자외선 차단 등의 기능적 효과가 있다.

(3) 향료

좋은 향을 몸에 뿌리고 즐기거나 화장품을 사용하는 사람의 기분을 풍요롭게 하여 사용자의 매력을 부각시키는 효과가 있으며 주위 사람들에게 좋은 인상을 줄 목적으로 사용된다. 또한 좋지 않은 냄새를 마스킹하기 위해서 향료가 이용되는 경우도 있다. 화장품의 좋은 향기는 소비자가 제품을 선택할 때에 중요한 역할을 담당하며 제품의 사용 감촉이나 효과에도 영향을 미치기도 하므로 매우 중요한 것이다.

5 혼합·소분에 필요한 도구·기기 리스트

(1) 맞춤형화장품판매업소 시설기준

1) 맞춤형화장품의 품질 · 안전확보를 위하여 아래 시설기준을 권장

① 맞춤형화장품의 혼합 · 소분 공간은 다른 공간과 구분 또는 구획할 것

☞ 구분 : 선, 그물망, 줄 등으로 충분한 간격을 두어 착오나 혼동이 일어나지 않도록 되어 있는 상태

☞ 구획 : 동일 건물 내에서 벽, 칸막이, 에어커튼 등으로 교차오염 및 외부오염물질의 혼입이 방지될 수 있도록 되어 있는 상태

※ 다만, 맞춤형화장품 조제관리사가 아닌 기계를 사용하여 맞춤형화장품을 혼합하거나 소분하는 경우에는 구분 · 구획된 것으로 본다.

② 맞춤형화장품 간 혼입이나 미생물오염 등을 방지할 수 있는 시설 또는 설비 등을 확보할 것

③ 맞춤형화장품의 품질유지 등을 위하여 시설 또는 설비 등에 대해 주기적으로 점검 · 관리 할 것

(2) 맞춤형화장품판매업소의 위생관리

1) 작업자 위생관리

① 혼합 · 소분 시 위생복 및 마스크(필요시) 착용

② 피부 외상 및 증상이 있는 직원은 건강 회복 전까지 혼합 · 소분 행위 금지

③ 혼합 전 · 후 손 소독 및 세척

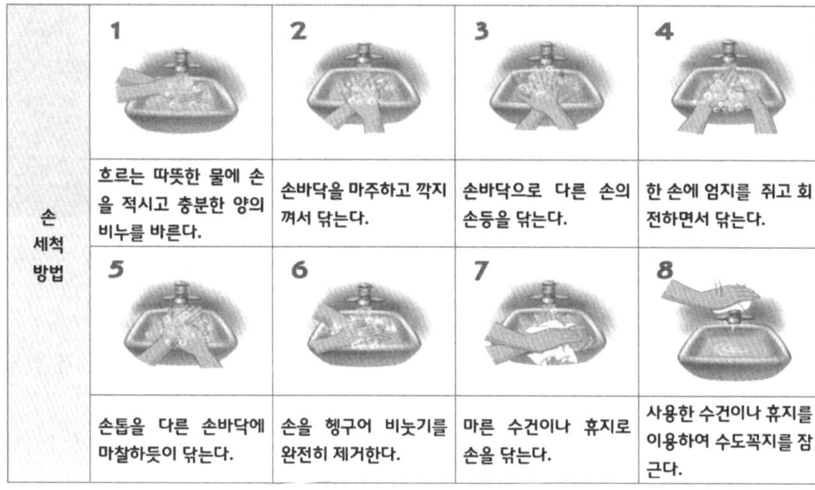

손 세척 방법				
	1	2	3	4
	흐르는 따뜻한 물에 손을 적시고 충분한 양의 비누를 바른다.	손바닥을 마주하고 깍지 껴서 닦는다.	손바닥으로 다른 손의 손등을 닦는다.	한 손에 엄지를 쥐고 회전하면서 닦는다.
	5	6	7	8
	손톱을 다른 손바닥에 마찰하듯이 닦는다.	손을 헹구어 비눗기를 완전히 제거한다.	마른 수건이나 휴지로 손을 닦는다.	사용한 수건이나 휴지를 이용하여 수도꼭지를 잠근다.

〈출처. 맞춤형화장품판매업 가이드라인(민원인안내서) 2020. 5. 14〉

2) 맞춤형화장품 혼합 · 소분 장소의 위생관리

① 맞춤형화장품 혼합 · 소분 장소와 판매 장소는 구분 · 구획하여 관리

② 적절한 환기시설 구비

③ 작업대, 바닥, 벽, 천장 및 창문 청결 유지

④ 혼합 전 · 후 작업자의 손 세척 및 장비 세척을 위한 세척시설 구비

⑤ 방충 · 방서 대책 마련 및 정기적 점검 · 확인

손 세척 및 장비 세척시설

〈출처. 맞춤형화장품판매업 가이드라인(민원인안내서) 2020. 5. 14〉

3) 맞춤형화장품 혼합 · 소분 장비 및 도구의 위생관리

① 사용 전 · 후 세척 등을 통해 오염 방지

② 작업 장비 및 도구 세척 시에 사용되는 세제 · 세척제는 잔류하거나 표면 이상을 초래하지 않는 것을 사용

③ 세척한 작업 장비 및 도구는 잘 건조하여 다음 사용 시까지 오염 방지

④ 자외선 살균기 이용 시,

㉠ 충분한 자외선 노출을 위해 적당한 간격을 두고 장비 및 도구가 서로 겹치지 않게 한 층으로 보관

㉡ 살균기 내 자외선램프의 청결 상태를 확인 후 사용

자외선 살균기의 올바른 사용 예　　　자외선 살균기의 잘못된 사용 예

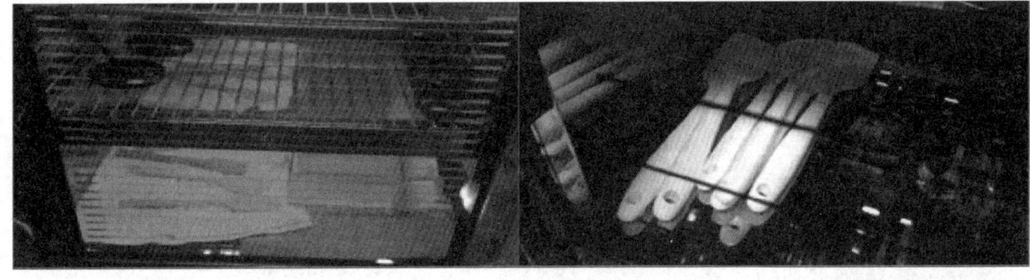

〈출처. 맞춤형화장품판매업 가이드라인(민원인안내서) 2020. 5. 14〉

4) 맞춤형화장품 혼합 · 소분 장소, 장비 · 도구 등 위생 환경 모니터링

① 맞춤형화장품 혼합 · 소분 장소가 위생적으로 유지될 수 있도록 맞춤형화장품판매업자는 주 기를 정하여 판매장 등의 특성에 맞도록 위생관리 할 것

② 맞춤형화장품판매업소에서는 작업자 위생, 작업환경위생, 장비 · 도구 관리 등 맞춤형화장 품판매업소에 대한 위생 환경 모니터링 후 그 결과를 기록하고 판매업소의 위생 환경 상태를 관리 할 것

〈맞춤형화장품판매장 위생점검표 예시〉

<table>
<tr><td colspan="3" rowspan="2">맞춤형화장품판매장 위생점검표</td><td colspan="2">점검일 년 월 일</td></tr>
<tr><td colspan="2">업소명</td></tr>
<tr><td rowspan="2">항 목</td><td colspan="2" rowspan="2">점 검 내 용</td><td colspan="2">기 록</td></tr>
<tr><td>예</td><td>아니오</td></tr>
<tr><td rowspan="7">작업자 위생</td><td colspan="2">작업자의 건강상태는 양호한가?</td><td>□</td><td>□</td></tr>
<tr><td colspan="2">위생복장과 외출복장이 구분되어 있는가?</td><td>□</td><td>□</td></tr>
<tr><td colspan="2">작업자의 복장이 청결한가?</td><td>□</td><td>□</td></tr>
<tr><td colspan="2">맞춤형화장품 혼합 · 소분 시 마스크를 착용하였는가?</td><td>□</td><td>□</td></tr>
<tr><td colspan="2">맞춤형화장품 혼합 · 소분 전에 손을 씻는가?</td><td>□</td><td>□</td></tr>
<tr><td colspan="2">손소독제가 비치되어 있는가?</td><td>□</td><td>□</td></tr>
<tr><td colspan="2">맞춤형화장품 혼합 · 소분 시 위생장갑을 착용하는가?</td><td>□</td><td>□</td></tr>
<tr><td rowspan="3">작업환경 위생</td><td rowspan="2">작업장의 위생 상태는 청결한가?</td><td>작업대</td><td>□</td><td>□</td></tr>
<tr><td>벽, 바닥</td><td>□</td><td>□</td></tr>
<tr><td colspan="2">쓰레기통과 그 주변을 청결하게 관리하는가?</td><td>□</td><td>□</td></tr>
<tr><td rowspan="4">장비·도구 관리</td><td colspan="2">기기 및 도구의 상태가 청결한가?</td><td>□</td><td>□</td></tr>
<tr><td colspan="2">기기 및 도구는 세척 후 오염되지 않도록 잘 관리 하였는가?</td><td>□</td><td>□</td></tr>
<tr><td colspan="2">사용하지 않는 기기 및 도구는 먼지, 얼룩 또는 다른 오염으로 부터 보호하도록 되어 있는가?</td><td>□</td><td>□</td></tr>
<tr><td colspan="2">장비 및 도구는 주기적으로 점검하고 있는가?</td><td>□</td><td>□</td></tr>
<tr><td colspan="2">특이사항</td><td>개선조치 및 결과</td><td>조치자</td><td>확인</td></tr>
<tr><td colspan="2"></td><td></td><td></td><td></td></tr>
</table>

〈출처. 맞춤형화장품판매업 가이드라인(민원인안내서) 2020. 5. 14〉

6 혼합·소분에 필요한 기구 사용

(1) 화장품의 혼합

화장품의 혼합방식에는 가용화, 유화, 분산의 3가지 기본적인 기술(개념)을 중심으로 이루어져있다.

① 가용화 : 한 종류의 액체(용매)에 계면활성제를 이용하여 불용성 물질을 투명하게 용해 시 키는 것.

예 투명스킨, 헤어토닉 등

② 유화 ; 한 종류의 액체(분산상)에 불용성의 액체(분산매)를 미립자 상태로 분산시키는 것

예 로션, 크림 등

③ 분산 : 하나의 상에 다른 상이 미세한 상태로 분산되어 있는 것

예 립스틱, 파운데이션 등

(2) 혼합, 소분에 필요한 기구

분체혼합기, 유화기, 혼합기, 충진기, 포장기 등의 제조 설비 뿐만 아니라 냉각장치, 가열장치, 분쇄기, 에어로졸, 제조장치 등의 부대설비와 저울, 온도계, 압력계 등의 계측기기가 사용된다.

1) 제조장치

원료를 섞어 균일하고 안정된 제품을 제조(벌크제조)하는 장치와 그것을 성형 , 충진, 포장하는 장치로 나뉜다.

① 분쇄기 : 2차 응집된 분체를 1차 입차로 부수어서 빠르게 혼합이나 분산할 목적으로 사용

예 헨셀믹서, 헤머믹서

② 분산기 : 안료나 진주광택 안료와 같은 분말을 직접 분산시키기 어려우므로 사전에 오일 에 충분히 분산, 분쇄한 콘크베이스를 만들기 위한 장치. 예 롤러밀, 콜로이드밀

③ 유화기 : 로션, 크림, 리퀴드 파운데이션 등의 제조(교반 및 유화)에 폭넓게 사용

2) 호모믹서

물과 기름을 유화시켜 안정한 상태로 유지하기 위해 분산상의 크기를 미세하게 해준다.

7 맞춤형화장품 판매업 준수사항에 맞는 혼합·소분 활동

(1) 맞춤형화장품판매업자의 준수사항

맞춤형화장품판매업자는 맞춤형화장품 판매장 시설 · 기구의 관리 방법, 혼합 · 소분 안전관리기준의 준수 의무, 혼합 · 소분되는 내용물 및 원료에 대한 설명 의무 등에 관하여 총리령으로 정하는 사항을 준수하여야 한다.

1) 맞춤형화장품판매장 시설 · 기구를 정기적으로 점검하여 보건위생상 위해가 없도록 관리할 것

2) 혼합 · 소분 안전관리기준 준수사항

① 맞춤형화장품 조제에 사용하는 내용물 및 원료의 혼합 · 소분 범위에 대해 사전에 품질 및 안전성을 확보할 것 – 내용물 및 원료를 공급하는 화장품책임판매업자가 혼합 또는 소분의 범위를 검토하여 정하고 있는 경우 그 범위 내에서 혼합 또는 소분 할 것

> ☞ 최종 혼합된 맞춤형화장품이 유통화장품 안전관리 기준에 적합한지를 사전에 확인하고, 적합한 범위 안에서 내용물 간(또는 내용물과 원료) 혼합이 가능함

② 혼합 · 소분에 사용되는 내용물 및 원료는 「화장품법」 제8조의 화장품 안전기준 등에 적합 한 것을 확인하여 사용할 것

> ☞ 혼합 · 소분 전 사용되는 내용물 또는 원료의 품질관리가 선행되어야 함(다만, 책임판매업자에게서 내용물과 원료를 모두 제공받는 경우 책임판매업자의 '품질성적서'로 대체 가능)

③ 혼합 · 소분 전에 손을 소독하거나 세정할 것. 다만, 혼합 · 소분 시 일회용 장갑을 착용하는 경우 예외

④ 혼합 · 소분 전에 혼합 · 소분된 제품을 담을 포장용기의 오염여부를 확인할 것 ★★

⑤ 혼합 · 소분에 사용되는 장비 또는 기구 등은 사용 전에 그 위생 상태를 점검하고, 사용 후 에는 오염이 없도록 세척할 것

⑥ 혼합 · 소분 전에 내용물 및 원료의 사용기한 또는 개봉 후 사용기간을 확인하고, 사용기한 또는 개봉 후 사용기간이 지난 것은 사용하지 아니할 것

⑦ 혼합 · 소분에 사용되는 내용물의 사용기한 또는 개봉 후 사용기간을 초과하여 맞춤형화장품 의 사용기한 또는 개봉 후 사용기간을 정하지 말 것

⑧ 맞춤형화장품 조제에 사용하고 남은 내용물 및 원료는 밀폐를 위한 마개를 사용하는 등 비 의도적인 오염을 방지 할 것

⑨ 소비자의 피부상태나 선호도 등을 확인하지 아니하고 맞춤형화장품을 미리 혼합 · 소분하여 보관하거나 판매하지 말 것

3) 최종 혼합 · 소분된 맞춤형화장품은 「화장품법」 제8조 및 「화장품 안전기준 등에 관한 규정 (식약처 고시)」 제6조에 따른 유통화장품의 안전관리 기준을 준수할 것

– 특히, 판매장에서 제공되는 맞춤형화장품에 대한 미생물 오염관리를 철저히 할 것(예 : 주기적 미생물 샘플링 검사)

> ☞ 혼합 · 소분을 통해 조제된 맞춤형화장품은 소비자에게 제공되는 제품으로 '유통 화장품'에 해당

4) 다음 항목의 맞춤형화장품 판매내역서를 작성 · 보관할 것(전자문서로 된 판매내역을 포함)

① 제조번호(맞춤형화장품의 경우 식별번호를 제조번호로 함)

> ☞ 식별번호는 맞춤형화장품의 혼합 · 소분에 사용되는 내용물 또는 원료의 제조번호와 혼합 · 소분기록을 추적할 수 있도록 맞춤형화장품판매업자가 숫자 · 문자 · 기호 또는 이들의 특징적인 조합으로 부여한 번호임

② 사용기한 또는 개봉 후 사용기간
③ 판매일자 및 판매량

5) 원료 및 내용물의 입고, 사용, 폐기 내역 등에 대하여 기록 관리 할 것

6) 맞춤형화장품 판매 시 다음 각 목의 사항을 소비자에게 설명할 것

① 혼합 · 소분에 사용되는 내용물 또는 원료의 특성
② 맞춤형화장품 사용 시의 주의사항

7) 맞춤형화장품 사용과 관련된 부작용 발생사례에 대해서는 지체 없이 식품의약품안전처장에게 보고할 것

> ☞ 맞춤형화장품의 부작용 사례 보고(「화장품 안전성 정보관리 규정」에 따른 절차 준용)
> – 맞춤형화장품 사용과 관련된 중대한 유해사례 등 부작용 발생 시 그 정보를 알게 된 날로부터 15일 이내 식품의약품안전처 홈페이지를 통해 보고하거나 우편 · 팩스 · 정보통신망 등의 방법으로 보고해야 한다.
> ① 중대한 유해사례 또는 이와 관련하여 식품의약품안전처장이 보고를 지시한 경우 :「화장품 안전성 정보관리 규정(식약처 고시)」별지 제1호 서식
> ② 판매중지나 회수에 준하는 외국정부의 조치 또는 이와 관련하여 식품의약품안전처장이 보고를 지시한 경우 :「화장품 안전성 정보관리 규정(식약처 고시)」별지 제2호 서식

8) 맞춤형화장품의 원료목록 및 생산실적 등을 기록 · 보관하여 관리 할 것

Chapter 7 충진 및 포장

1 제품에 맞는 충진 방법

(1) 충진

화장품에는 액상, 크림상, 겔상 등 다양한 제형이 있으며, 주요 충진기로는 크림 충진기, 튜브 충진기, 액체 충진기가 있다.

(2) 충진 방법

① 크림 충진기
- 주로 크림 제품을 유리병이나 플라스틱 용기에 충진
- 피스톤으로 호퍼에서 일정량 흡인하여 용기로 압출하여 정량 충진

② 튜브 충진기
- 주로 크림상 제품을 튜브에 충진할 때에 사용하는 것
- 튜브는 바닥부터 충진하여 그 후 실링
- 플라스틱은 열판으로 압착 실링
- 금속을 접어서 만다.
- 라미네이트는 초음파로 가열 압착하여 실링

③ 액체 충진기
- 액상 화장품인 스킨을 비롯하여 로션이나 샴푸 등을 충진
- 피스톤식이나 중량식, 에어센서식, 로터리펌프식 등이 있다.
- 자동으로 정량하기 위한 장치 개발로 이루어지고 있다.

④ 스틱성형
- 금속제로 스틱 모양을 한 금형틀에 용융시킨 립스틱을 흘려 넣어
- 냉각시킨 후 금형에서 꺼내어 용기에 삽입하는 방법(예. 립스틱)

⑤ 프레스 성형 - 분말 제품
용기공급 → 분말 계량 → 일정 압력 프레스 → 프레스 제품을 일련의 작업

⑥ 에어로졸 - 내압용기를 사용하고 가스의 특성을 이용하는 방법
특징적인 것은 원액과 가스의 충진이 각각 따로 이루어지는 점
(예 미스트 제품, 헤어스프레이, 무스, 쉐이빙폼 등)

2 제품에 적합한 포장 방법

참조 화장품법 제9조(안전용기 · 포장 등) ★★★★★

① 화장품책임판매업자 및 맞춤형화장품판매업자는 화장품을 판매할 때에는 어린이가 화장품을 잘못 사용하여 인체에 위해를 끼치는 사고가 발생하지 아니하도록 안전용기 · 포장을 사용하여야 한다. 〈개정 2018.3.13〉

② 제1항에 따라 안전용기 · 포장을 사용하여야 할 품목 및 용기 · 포장의 기준 등에 관하여는 총리령으로 정한다. 〈개정 2013.3.23.〉

화장품법 시행규칙 제18조(안전용기 · 포장 대상 품목 및 기준)

① 법 제9조제1항에 따른 안전용기 · 포장을 사용하여야 하는 품목은 다음 각 호(1~3)와 같다. 다만, 일회용 제품, 용기 입구 부분이 펌프 또는 방아쇠로 작동되는 분무용기 제품, 압축 분무용기 제품(에어로졸 제품 등)은 제외한다.

1. 아세톤을 함유하는 네일 에나멜 리무버 및 네일 폴리시 리무버
2. 어린이용 오일 등 개별포장 당 탄화수소류를 10퍼센트 이상 함유하고 운동점도가 21센티스톡스 (섭씨 40도 기준) 이하인 비에멀젼 타입의 액체상태의 제품
3. 개별포장당 메틸 살리실레이트를 5퍼센트 이상 함유하는 액체상태의 제품

② 제1항에 따른 안전용기 · 포장은 성인이 개봉하기는 어렵지 아니하나 만 5세 미만의 어린이가 개봉하기는 어렵게 된 것이어야 한다. 이 경우 개봉하기 어려운 정도의 구체적인 기준 및 시험방법은 산업통상자원부장관이 정하여 고시하는 바에 따른다. 〈개정 2013. 3. 23.〉

(1) 포장

화장품 용기는 생산된 내용물이 나누어 담겨져 운송, 보관, 판매 그리고 고객에게 전달된 후 사용 기간 동안 내용물의 품질을 유지하는 역할을 담당한다. 화장품 용기의 역할로는 내용물 보호, 사용성, 정보전달 기능(디자인), 생산성, 안정 · 운송성, 환경보전 등을 들 수 있다.

1) 포장 용기의 구분

① 밀폐용기 : 일상의 취급 또는 보통 보존상태에서 외부로부터 고형의 이물이 들어가는 것 을 방지하고 고형의 내용물이 손실되지 않도록 보호할 수 있는 용기 (밀폐용 기로 규정되어 있는 기밀용기도 사용 가능)

② 기밀용기 : 일상의 취급 또는 보통 보존상태에서 액상 또는 고형의 이물 또는 수분이 침 입하지 않고 내용물을 손실, 풍화, 조해 또는 증발로부터 보호할 수 있는 용기 (기밀용기를 규정되어 있는 경우에는 밀봉용기로 사용 가능)

③ 밀봉용기 : 일상의 취급 또는 보통 보존상태에서 기체 또는 미생물이 침입할 염려가 없는 용기

④ 차광용기 : 광선의 투과를 방지하는 용기 또는 투과를 방지하는 포장을 한 용기

2) 포장 용기(병, 캔 등)의 청결성 확보

포장재는 모든 공정과정 중 실수방지가 필수이며 일차적으로 포장재의 청결성 확보가 중요하며, 용기(병, 캔 등)의 청결성 확보에는 자사에서 세척할 경우와 용기 공급업자에 의존할 경우가 있다.

① 자사에서 세척할 경우

가. 세척방법의 확립이 필수이며 일반적으로는 절차로 확립한다.

나. 세척건조방법 및 세척확인방법은 대상으로 하는 용기에 따라 다르다.

다. 실제로 용기세척을 개시한 후에도 세척방법의 유효성을 정기적으로 확인해야 한다.

② 용기공급업자(실제로 제조하고 있는 업자)에게 의존할 경우

가. 용기 공급업자를 감사하고 용기 제조방법이 신뢰할 수 있다는 것을 확인 후 신뢰할 수 있으면 계약을 체결한다.

나. 용기는 매번 배치 입고 시에 무작위 추출하여 육안 검사를 실시하여 그 기록을 남긴다.

다. 청결한 용기를 제공할 수 있는 공급업자로부터 구입하여야 한다.

라. 기존의 공급업자 중에서 찾거나 현재 구입처에 개선을 요청해서 청결한 용기를 입수할 수 있게 한다.

마. 일반적으로는 절차에 따라 구입한다.

3 용기 기재사항

(1) 맞춤형화장품 표시, 기재사항 (소용량 또는 비매품)

① 화장품의 명칭

② 맞춤형화장품판매업자의 상호

③ 제조번호(식별번호)

④ 사용기한 또는 개봉 후 사용기간

(개봉 후 사용기간의 경우 제조연월일 병행표기)

⑤ 가격

⇒ 판매하려는 가격은 제품의 포장에 소비자가 잘 확인할 수 있는 위치에 표시

⇒ 다른 문자 또는 문장보다 쉽게 볼 수 있는 곳에 표시

⇒ 읽기 쉽고 이해하기 쉬운 한글로 정확히 기재 · 표시하여야 하거나 한자 또는 외국어를 함께 기재

참조 화장품 포장의 표시기준 및 표시방법 (화장품법 시행규칙 제19조6항관련 [별표4])

1. 화장품의 명칭
2. 맞춤형화장품판매업자의 상호 제조번호
3. 사용기한 또는 개봉 후 사용기간
   가. 사용기한은 '사용기한' 또는 '까지' 등의 문자와 '연월일'을 소비자가 알기 쉽도록 기재 · 표시해야 한다. 다만, '연월'로 표시하는 경우 사용기한을 넘지 않는 범위에서 기재 · 표시해야 한다.
   나. 개봉 후 사용기간은 '개봉 후 사용기간'이라는 문자와 'ㅇㅇ월' 또는 'ㅇㅇ개월'을 조합하여 기재 · 표시하거나, 개봉 후 사용기간을 나타내는 심벌과 기간을 기재 · 표시할 수 있다.
   (예시 : 심벌과 기간 표시) 개봉 후 사용기간이 12개월 이내인 제품

4. 기능성화장품의 기재 · 표시
   가. 문구는 기재 · 표시된 '기능성화장품' 글자 바로 아래에 '기능성화장품' 글자와 동일한 글자 크기 이상으로 기재 · 표시해야 한다.
   나. 기능성화장품을 나타내는 도안은 다음과 같이 한다.
   ㉠ 표시기준(로고모형)

   ㉡ 표시방법
   - 도안의 크기는 용도 및 포장재의 크기에 따라 동일 배율로 조정한다.
   - 도안은 알아보기 쉽도록 인쇄 또는 각인 등의 방법으로 표시해야 한다.

Chapter 8 재고관리

1 원료 및 내용물의 재고 파악

(1) 맞춤형화장품의 내용물 및 원료의 관리

1) 내용물 또는 원료의 입고 및 보관

① 입고 시 품질관리 여부를 확인하고 품질성적서를 구비
② 원료 등은 품질에 영향을 미치지 않는 장소에서 보관 (예 직사광선을 피할 수 있는 장소 등)
③ 원료 등의 사용기한을 확인한 후 관련 기록을 보관하고, 사용기한이 지난 내용물 및 원료는 폐기

내용물 및 원료 보관 예시

선반 및 서랍장에 보관하는 경우

냉장고를 이용하여 보관하는 경우

[출처 : 맞춤형화장품판매업 가이드라인(민원인안내서) 2020. 5. 14]

2 적정 재고를 유지하기 위한 발주

① 맞춤형화장품판매장에는 맞춤형화장품 조제를 위한 혼합 · 소분에 사용되는 원료 및 내용물 의 적정 재고량을 구비하여야 한다.
② 화장품은 기호가 다양하고 유행에 민감하여 다품종 소량의 보관 특성이 있어 엄격한 재고 관리가 필요하다.
③ 기간을 정하여 원료 및 내용물의 재고파악을 통해 적정 재고를 유지하기 위한 체계를 갖추어야 한다.
④ 맞춤형화장품은 적절한 조건하의 정해진 장소에서 보관하여야 하며, 주기적으로 재고 점검을 수행해야 한다.
⑤ 출고는 선입선출방식으로 하되, 타당한 사유가 있는 경우에는 그러지 아니할 수 있다.
⑥ 출고할 제품은 원료, 부적합품 및 반품된 제품과 구획된 장소에서 보관하여야 한다. 다만 서로 혼동을 일으킬 우려가 없는 시스템에 의하여 보관되는 경우에는 그러하지 아니할 수 있다.

PART 04 단원평가문제

1 맞춤형화장품 정의에 대한 설명 중 옳지 않은 것은?

① 화장품의 내용물에 다른 화장품의 내용물을 혼합한 화장품
② 식약처장이 정하는 원료를 혼합한 화장품
③ 화장품의 내용물을 소분(小分) 한 화장품
④ 판매장에서 고객 개인별 피부 특성이나 색 · 향 기호 · 요구를 반영하여 만든 화장품
⑤ 판매장에서 고객 개인별 피부 특성이나 색 · 향 등의 기호 · 요구를 반영하여 맞춤형화장품 조제관리사 자격증을 가진 자가 만든 화장품

해설

판매장에서 고객 개인별 피부 특성이나 색 · 향 등의 기호 · 요구를 반영하여 맞춤형화장품 조제관리사 자격증을 가진 자가 만든 화장품 (화장품법 제2조3의2, 제12호)

2 다음 중 맞춤형화장품판매업 결격사유로 신고를 할 수 없는 경우가 아닌 것은?

① 정신질환자
② 피성년후견인 또는 파산선고를 받고 복권되지 아니한 자
③ 보건범죄 단속에 관한 특별조치법을 위반하여 금고 이상의 형을 선고받고 그 집행이 끝나지 아니하거나 그 집행을 받지 아니하기로 확정되지 아니한 자
④ 보건범죄 단속에 관한 특별조치법을 위반하여 금고 이상의 형을 선고 받고 그 집행이 끝나지 아니하거나 그 집행을 받지 아니하기로 확정되지 아니한 자
⑤ 화장품법 제24조에 따라 등록이 취소되거나 영업소가 폐쇄된 날부터 1년이 지나지 아니한 자

해설

※ 결격사유(화장품법 제3조의3)

다음 각 호의 어느 하나에 해당하는 자는 화장품제조업 또는 화장품책임판매업의 등록이나 맞춤형화장품판매업의 신고를 할 수 없다. 다만, 제 1호 및 제3호는 화장품제조업만 해당한다.

1. 정신건강증진 및 정신질환자 복지서비스 지원에 관한 법률 제3조 제1호에 따른 정신질환자. 다만, 전문의가 화장품제조업자(제3조 제1항에 따라 화장품 제조업을 등록한 자를 말한다. 이하 같다.)로서 적합하다고 인정하는 사람은 제외한다.
2. 피성년후견인 또는 파산선고를 받고 복권되지 아니한 자
3. 마약류 관리에 관한 법률 제2조 제1호에 따른 마약류의 중독자
4. 이 법 또는 보건범죄 단속에 관한 특별조치법을 위반하여 금고 이상의 형을 선고 받고 그 집행이 끝나지 아니하거나 그 집행을 받지 아니하기로 확정되지 아니한 자
5. 등록이 취소되거나 영업소가 폐쇄 된 날부터 1년이 지나지 아니한 자

3 다음 괄호 안에 들어갈 말은?

> 맞춤형화장품판매업을 하려는 자는 총리령으로 정하는 바에 따라 식품의약품안전처장에게 신고하여야 한다. 신고한 사항 중 총리령으로 정하는 사항을 변경할 때에도 또한 같다.
> ⇒ (　　)에 (　　) 이내 신고, 변경사항은 (　　) 이내에 신고해야 한다.

정답 1 ④ 2 ① 3 ④

① 관할 지방식품의약처안전청, 10일, 15일
② 관할 지방식품의약처안전청, 10일, 20일
③ 관할 지방식품의약처안전청, 15일, 25일
④ 관할 지방식품의약처안전청, 15일, 30일
⑤ 관할 지방식품의약처안전청, 20일, 30일

4 맞춤형화장품의 원료 배합으로 옳지 않은 것은?

① 내용물과 내용물 혼합
② 내용물과 원료 혼합
③ 내용물을 소분
④ 벌크제품을 소분
⑤ 원료와 원료 혼합

해설

원료와 원료를 혼합하는 것은 맞춤형화장품의 혼합이 아닌 '화장품 제조'에 해당

5 화장품 원료의 필요조건으로 옳지 않은 것은?

① 안전성이 높을 것
② 사용 목적에 알맞은 기능, 유용성을 지닐 것
③ 원료가 시간이 흐르면서 냄새가 나지 않을 것
④ 사용량이 많은 원료는 가격은 비싸야 할 것
⑤ 환경에 문제가 되지 않는 원료일 것

해설

사용량에도 좌우되나 가격이 적정할 것

6 화장품 제형에 관한 설명으로 옳은 것은?

① 액제 : 화장품에 사용되는 성분을 용제 등에 녹여서 액상으로 만든 것
② 크림제 : 액체를 침투시킨 분자량이 큰 유기분자로 이루어진 반고형상
③ 에어로졸제 : 유성성분과 수성성분을 균질화하여 반고형상으로 만든 것
④ 로션제 : 액제, 로션제, 갤제 등을 부직포 등의 지지체에 침적하여 만든 것
⑤ 겔제 : 유화제 등을 넣어 유성성분과 수성성분을 균질화하여 점액상으로 만든 것

해설

- 크림제 ; 유화제 등을 넣어 유성성분과 수성성분을 균질화하여 반고형상으로 만든 것
- 에어로졸제 : 원액을 같은 용기 또는 다른 용기에 충전한 분사제(액화기체, 압축기체 등)의 압력을 이용하여 안개모양, 포말상 등으로 분출하도록 만든 것
- 로션제 ; 유화제 등을 넣어 유성성분과 수성성분을 균질화하여 점액상으로 만든 것
- 겔제 : 액체를 침투시킨 분자량이 큰 유기분자로 이루어진 반고형상

7 맞춤형화장품에 사용기한 또는 개봉 후 사용기간에 대한 설명으로 옳지 않은 것은?

① 사용기한은 "사용기한" 또는 "까지" 등의 문자와 "연월일"을 소비자가 알기 쉽도록 기재 · 표시해야 한다.
② "연월"로 표시하는 경우 사용기한을 넘지 않는 범위에서 기재 · 표시해야 한다.
③ 사용기한 또는 개봉 후 사용기간 (개봉 후 사용기간의 경우 제조연월일을 따로 기재하지 않아도 된다.)
④ 개봉 후 사용기간은 "개봉 후 사용기간"이라는 문자와 "ㅇㅇ월" 또는 "ㅇㅇ개월"을 조합하여 기재 · 표시해야 한다.
⑤ 개봉 후 사용기간을 나타내는 심벌과 기간을 기재 · 표시할 수 있다. (예시: 심벌과 기간 표시) 개봉 후 사용기간이 12개월 이내인 제품

해설

사용기한 또는 개봉 후 사용기간 (개봉 후 사용기간의 경우 제조연월일 병기)

정답 4 ⑤ 5 ④ 6 ① 7 ③

8 맞춤형화장품판매업의 신고 제출서류로 옳은 것은?

① 맞춤형화장품판매업 신고서, 맞춤형화장품 조제관리사 자격증 사본
② 맞춤형화장품판매업 변경신고서, 맞춤형화장품판매업 자격증 사본
③ 맞춤형화장품판매업 신고서, 화장품제조업 상호, 소재지 변경
④ 화장품책임판매업 등록신고서, 화장품판매업자 상호명
⑤ 화장품제조업 등록신고서, 건축물대장

해설

맞춤형화장품판매업의 신고 제출서류
- 맞춤형화장품판매업 신고서, 맞춤형화장품 조제관리사 자격증 사본
- 사업자등록증 및 법인등기부등본(법인에 한함)
- 건축물관리대장, 임대차계약서(임대의 경우에 한함)
- 혼합, 소분의 장소 시설 등을 확인할 수 있는 세부 평면도 및 상세 사진

9 표피의 구조로 옳은 것은?

① 투명층, 과립층, 기저층, 유극층
② 각질층, 유극층, 기저층, 과립층
③ 각질층, 투명층, 기저층, 유극층
④ 기저층, 유극층, 과립층, 각질층
⑤ 기저층, 각질층, 과립층, 유극층

10 탈모증상 완화에 도움을 주는 성분으로 옳은 것은?

① 알부틴
② 덱스판테놀
③ 치오글리콜산
④ 알파-비사보롤
⑤ 징크옥사이드

해설

미백성분-알부틴, 알파-비사보롤, 제모제-치오글리콜산, 자외선차단성분-징크옥사이드

11 피부의 생리기능이 아닌 것은?

① 피부 보호기능 ② 곡선미 유지
③ 비타민 D 형성작용 ④ 체온조절작용
⑤ 재생작용

해설

곡선미 유지-피하지방의 역할

12 맞춤형화장품에 사용할 수 있는 원료에 대한 설명으로 옳은 것은?

① 사용기준이 지정·고시된 원료 외의 보존제, 색소, 자외선차단제
② 화장품에 사용할 수 없는 원료
③ 화장품에 사용상의 제한이 필요한 원료
④ 식품의약품안전처장이 고시한 기능성화장품의 효능·효과를 나타내는 원료
⑤ 맞춤형화장품판매업자에게 원료를 공급하는 화장품책임판매업자가 해당 원료를 포함하여 기능성화장품에 대한 심사를 받거나 보고서를 제출한 경우

해설

식품의약품안전처장은 보존제, 색소, 자외선차단제 등과 같이 특별히 사용상의 제한이 필요한 원료에 대하여는 그 사용기준을 지정하여 고시하여야 하며, 사용기준이 지정·고시된 원료 외의 보존제, 색소, 자외선차단제 등은 사용할 수 없다.

13 내용량이 10㎖ 초과 50㎖ 이하 또는 중량이 10그램 초과 50그램 이하 화장품 포장인 경우에 화장품의 기재사항 성분으로 옳지 않은 것은? (기출문제) ★★

① 대통령이 배합 한도를 고시한 화장품의 원료
② 금박
③ 과일산(AHA)
④ 기능성화장품의 경우 그 효능, 효과가 나타나는 원료
⑤ 샴푸와 린스에 들어있는 인산염의 종류

정답 8 ① 9 ④ 10 ② 11 ② 12 ⑤ 13 ①

해설

※ 화장품법 제19조(화장품 포장의 기재 · 표시)
기재 · 표시를 생략할 수 있는 성분이란 다음 각 호의 성분을 말한다. 〈개정 2013.3.23., 2020.3.13.〉

1. 제조과정 중에 제거되어 최종 제품에는 남아 있지 않은 성분
2. 안정화제, 보존제 등 원료 자체에 들어 있는 부수 성분으로서 그 효과가 나타나게 하는 양보다 적은 양이 들어 있는 성분
3. 내용량이 10㎖ 초과 50㎖ 이하 또는 중량이 10그램 초과 50그램 이하 화장품의 포장인 경우에는 다음 각 목의 성분을 제외한 성분
   ㉮ 타르색소
   ㉯ 금박
   ㉰ 샴푸와 린스에 들어 있는 인산염의 종류
   ㉱ 과일산(AHA)
   ㉲ 기능성화장품의 경우 그 효능 · 효과가 나타나게 하는 원료
   ㉳ 식품의약품안전처장이 배합 한도를 고시한 화장품의 원료

14 맞춤형화장품의 혼합 · 소분에 사용할 목적으로 화장품책임판매업자로부터 제공받은 원료에 해당하지 않는 것으로 옳은 것은?

① 맞춤형화장품판매업자가 소비자에게 유통 · 판매할 목적으로 제조 또는 수입한 화장품을 혼합한 화장품
② 판매의 목적이 아닌 제품의 홍보 · 판매촉진 등을 위하여 미리 소비자가 시험 · 사용하도록 제조 또는 수입한 화장품
③ 맞춤형화장품 조제관리사가 제조 수입한 화장품을 소분한 화장품
④ 맞춤형화장품판매업자가 판매를 목적으로 수입한 화장품을 소분한 화장품
⑤ 판매를 목적으로 제품의 홍보, 판매촉진을 위하여 소비자에게 미리 사용하게 하는 화장품

해설

맞춤형화장품의 혼합 · 소분에 사용할 목적으로 화장품책임판매업자로부터 제공받은 것으로 다음 항목에 해당하지 않는 것이어야 함

- 화장품책임판매업자가 소비자에게 그대로 유통 · 판매할 목적으로 제조 또는 수입한 화장품
- 판매의 목적이 아닌 제품의 홍보 · 판매촉진 등을 위하여 미리 소비자가 시험 · 사용하도록 제조 또는 수입한 화장품

15 화장품의 혼합방식으로 옳은 것은?

① 유화 ; 대표적인 화장품으로는 투명스킨, 헤어토닉 등이 있다.
② 가용화 : 하나의 상에 다른 상이 미세한 상태로 분산되어 있는 것
③ 분산 : 한 종류의 액체(용매)에 계면활성제를 이용하여 불용성 물질을 투명하게 용해시키는 것
④ 유화 : 한 종류의 액체(분산상)에 불용성의 액체(분산매)를 미립자 상태로 분산시키는 것
⑤ 가용화 : 대표적인 화장품으로는 립스틱, 파운데이션 등이 있다.

해설

화장품의 혼합방식에는 가용화, 유화, 분산의 3가지 기본적인 기술(개념)을 중심으로 이루어져 있다.

(1) 가용화 : 한 종류의 액체(용매)에 계면활성제를 이용하여 불용성 물질을 투명하게 용해시키는 것. 대표적인 화장품으로는 투명스킨, 헤어토닉 등
(2) 유화 : 한 종류의 액체(분산상)에 불용성의 액체(분산매)를 미립자 상태로 분산시키는 것. 대표적인 화장품으로는 로션, 크림 등
(3) 분산 : 하나의 상에 다른 상이 미세한 상태로 분산되어 있는 것. 대표적인 화장품으로는 립스틱, 파운데이션 등

정답 14 ② 15 ④

16 맞춤형화장품 혼합, 소분할 때 준수해야 할 사항으로 옳지 않은 것은?

① 혼합 · 소분 전에 손을 소독하거나 세정 할 것
② 혼합 · 소분 전에 혼합 · 소분된 제품을 담을 포장용기의 오염여부를 확인할 것
③ 혼합 · 소분에 사용되는 장비 또는 기구 등은 사용 전에 그 위생 상태를 점검할 것
④ 혼합 · 소분 시 일회용 장갑을 반드시 착용할 것
⑤ 혼합 · 소분에 사용되는 장비 또는 기구 등은 사용 후에는 오염이 없도록 세척할 것

해설

혼합 · 소분 시 일회용 장갑을 착용하는 경우 예외, 반드시 착용해야 하는 건 아니다.

17 표피의 구성세포가 아닌 것은?

① 랑게르한스세포 ② 멜라닌세포
③ 섬유아세포 ④ 머켈세포
⑤ 각질형성세포

해설

섬유아세포는 진피의 구성물질이다.

18 화장품 제조 시 사용제한이 필요한 원료 중 사용한도로 옳은 것은?

① 페녹시에탄올 10%
② 살리실릭애씨드 5%
③ 징크옥사이드 25%
④ 드로메트리졸 10%
⑤ 비타민E(토코페롤) 25%

해설

• 비타민 E(토코페롤) : 20% 살균, 보존제 : 페녹시에탄올 1%,
• 자외선차단성분 : 드로메트리졸 1%,
• 기능성화장품의 유효성분으로 사용하는 경우(여드름, 보존제)
  - 사용 후 씻어내는 제품류에 살리실릭애씨드 2%
  - 사용 후 씻어내는 두발용 제품류에 살리실릭애씨드 3%
  - 보존제로 사용 할 경우 살리실릭애씨드 0.5%

19 영 · 유아용 제품류 또는 만 13세 이하 어린이 제품에 사용금지 보존제로 옳은 것은?

① 아이오도프로피닐부틸카바메이트
② 니트로메탄
③ 아트라놀
④ 천수국꽃추출물
⑤ 메칠렌글라이콜

해설

3세 이하 사용금지 보존제 2종을 어린이까지 사용금지 확대
• 살리실릭애씨드 및 염류
• 아이오도프로피닐부틸카바메이트
※ 영유아용 제품류 또는 만 13세 이하 어린이가 사용할 수 있음을 특정하여 표시하는 제품에는 사용금지

20 일상의 취급 또는 보통 보존상태에서 외부로부터 고형의 이물이 들어가는 것을 방지하고 고형의 내용물이 손실되지 않도록 보호할 수 있는 용기는?

① 기밀용기
② 밀봉용기
③ 밀폐용기
④ 차광용기
⑤ 유리용기

해설

밀폐용기 : 일상의 취급 또는 보통 보존상태에서 외부로부터 고형의 이물이 들어가는 것을 방지하고 고형의 내용물이 손실되지 않도록 보호할 수 있는 용기 (밀폐용기로 규정되어 있는 기밀용기도 사용 가능)

정답 16 ④ 17 ③ 18 ③ 19 ① 20 ③

21 **화장품 제조에 사용된 성분 기재, 표시사항에 대한 설명으로 옳지 않은 것은?**

① 글자의 크기는 5포인트 이상으로 한다.
② 화장품 제조에 사용된 함량이 많은 것부터 기재 · 표시한다. 다만, 1퍼센트 이하로 사용된 성분, 착향제 또는 착색제는 순서에 상관없이 기재 · 표시할 수 있다.
③ 혼합원료는 혼합된 개별 성분의 명칭을 기재 · 표시한다.
④ 색조 화장용 제품류, 눈 화장용 제품류, 두발염색용 제품류 또는 손발톱용 제품류에서 호수별로 착색제가 다르게 사용된 경우 모든 착색제 성분을 함께 기재 · 표시할 수 있다.
⑤ 착향제는 '향료'로 표시할 수 있다. 다만, 착향제의 구성 성분 중 식품의약품안전처장이 정하여 고시한 알레르기 유발성분이 있는 경우에는 향료로 표시할 수 없고, 해당 성분의 명칭을 기재 · 표시해야 한다.

해설

색조 화장용 제품류, 눈 화장용 제품류, 두발염색용 제품류 또는 손발톱용 제품류에서 호수별로 착색제가 다르게 사용된 경우 '± 또는 +/−'의 표시 다음에 사용된 모든 착색제 성분을 함께 기재 · 표시할 수 있다.

22 **실증자료가 있을 경우 화장품 표시, 광고를 할 수 있는 표현으로 옳은 것은?**

① 부종을 제거할 수 있다.
② 셀룰라이트를 일시적으로 감소시켜 줍니다.
③ 주름이 펴지고 탄력이 생깁니다.
④ 혈액순환이 잘되어 피부가 혈색이 좋아집니다.
⑤ 여드름을 치료해줍니다.

해설

붓기, 피부노화 완화, 피부 혈행 개선, 여드름 피부 사용에 적합

23 **미백화장품의 성분과 함량으로 옳지 않은 것은?**

① 아스코르빌글루코사이드 2%
② 닥나무추출물 2%
③ 마그네슘아스코르빌포스페이트 3%
④ 나이아신아마이드 6%
⑤ 아스코빌테트라이소팔미테이트 2%

해설

나이아신아마이드 2~5%

24 **피지선의 역할로 옳지 않은 것은?**

① 유해물질로부터 보호, 살균
② 분비물과 같이 세포자체가 탈락되면서 분비
③ 수분의 증발을 막고 체온을 유지
④ 피부 pH 유지
⑤ 피부표면에서 세균에 의해 분해

해설

아포크린한선– 피부표면에서 세균에 의해 분해

25 **맞춤형화장품판매업의 신고에 필요한 사항으로 옳지 않은 것은?**

① 맞춤형화장품판매업 신고서
② 맞춤형화장품 조제관리사 변경
③ 맞춤형화장품 조제관리사 자격증
④ 임대차계약서
⑤ 건축물관리대장

해설

- 맞춤형화장품판매업 신고서
- 맞춤형화장품 조제관리사 자격증 사본(2인 이상 신고 가능)
- 사업자등록증 및 법인등기부등본(법인에 포함)
- 건축물관리대장
- 임대차계약서(임대의 경우에 한함)
- 혼합 · 소분의 장소 · 시설 등을 확인할 수 있는 세부 평면도 및 상세 사진

정답 21 ④ 22 ② 23 ④ 24 ⑤ 25 ②

26 **맞춤형화장품 1차포장 기재, 표시사항으로 아닌 것은?**

① 화장품 명칭
② 사용 시 주의사항
③ 맞춤형화장품판내업자의 상호
④ 제조번호
⑤ 사용기한

해설

맞춤화장품 1차포장 기재, 표시사항
- 화장품의 명칭
- 맞춤형화장품판매업자의 상호
- 가격
- 제조번호
- 사용기한 또는 개봉 후 사용기간(개봉 후 사용기간의 경우 제조연월일 병기)

27 **안전용기 · 포장 대상 품목 및 기준으로 옳지 않은 것은?**

① 일회용 제품, 용기 입구 부분이 펌프 또는 방아쇠로 작동되는 분무용기 제품, 압축 분무용기 제품(에어로졸 제품 등)은 제외
② 아세톤을 함유하는 네일 에나멜 리무버 및 네일 폴리시 리무버
③ 어린이용 오일 등 개별포장 당 탄화수소류를 5퍼센트 이상 함유하는 비에멀젼 타입의 액체상태의 제품
④ 개별포장당 메틸 살리실레이트를 5퍼센트 이상 함유하는 액체상태의 제품
⑤ 어린이용 오일 등 개별포장 당 탄화수소류를 10퍼센트 이상 함유하고 운동점도가 21센티 스톡스 이하인 비에멀젼 타입의 액체상태의 제품

28 **영 · 유아용 제품류 또는 13세 이하 어린이가 사용할 수 있음을 측정하여 표시하는 제품에 사용금지 원료로 옳은 것은?**

① 보존제로 사용할 경우 살리실릭애씨드 1.0%
② 사용 후 씻어내는 제품류에 살리실릭애씨드 3%
③ 사용 후 씻어내는 두발용 제품류에 살리실릭애씨드 3%
④ 사용 후 씻어내는 제품류에 살리실릭애씨드 5%
⑤ 사용 후 씻어내는 두발용 제품류에 살리실릭애씨드 5%

해설

- 보존제로 사용할 경우 : 살리실릭애씨드 0.5%
- 기능성화장품의 유효성분으로 사용하는 경우 (여드름, 보존제) : 사용 후 씻어내는 제품류에 살리실릭애씨드 2%, 사용 후 씻어내는 두발용 제품류에 살리실릭애씨드 3%

29 **다음 괄호 안의 알맞은 단어를 기재하시오.**

〈보기〉

화장품 원료 및 내용물은 적절한 보관 · 유지관리를 통해 사용기간 내의 적합한 것만을 (　　) 방식으로 출고해야 하고 이를 확인할 수 있는 체계가 확립되어 있어야 한다.

30 **맞춤형화장품을 혼합 소분에 필요한 기구로 물과 기름을 유화시켜 안정한 상태로 유지하기 위해 분산상의 크기를 미세하게 해주는 기구는?**

정답 26 ② 27 ③ 28 ③ 29 선입선출 30 호모믹서

31 다음 괄호 안에 적당한 단어를 기재하시오.

> 맞춤형화장품 판매업자는 맞춤형화장품을 판매한 이후 다음과 같은 맞춤형화장품판매내역서를 작성 · 보관(전자문서로 된 판매내역을 포함)해야 한다.
> • 제조번호(맞춤형화장품의 경우 식별번호를 제조번호로 함)
> • (   )
> • 판매일자 및 판매량

해설

맞춤형화장품판매내역서를 작성 · 보관할 것(전자문서로 된 판매내역을 포함)

- 제조번호(맞춤형화장품의 경우 식별번호를 제조번호로 함)
- 사용기한 또는 개봉 후 사용기간
- 판매일자 및 판매량

32 유화제 등을 넣어 유성성분과 수성성분을 균질화하여 점액상으로 만든 화장품 제형은?

33 (   )란 인간의 오감을 측정 수단으로 하여 내용물의 품질 특성을 묘사, 식별, 비교 등을 수행하는 평가법이다.

34 화장품 제조에 사용되는 성분은 화장품 제조에 사용된 함량이 많은 것부터 기재 · 표시한다. 다만, 1퍼센트 이하로 사용된 성분, (㉠) 또는 (㉡)는 순서에 상관없이 기재 · 표시할 수 있다.

35 영유아용 제품류 또는 만 13세 이하 어린이가 사용 할 수 있음을 특정하여 표시하는 제품에 사용금지 원료인 보존제 2종을 기재하시오.

36 맞춤형화장품 판매업가이드라인에서 (   )는(은) 맞춤형화장품의 혼합 · 소분에 사용되는 내용물 또는 원료의 제조번호와 혼합 · 소분기록을 추적할 수 있도록 맞춤형화장품판매업자가 숫자 · 문자 · 기호 또는 이들의 특징적인 조합으로 부여한 것을 말한다.

해설

맞춤형화장품판매업자의 준수사항(맞춤형화장품판매업 가이드라인 민원인안내서) 2020.5.14.

37 다음은 화장품의 품질요소에 대한 설명이다.

> 화장품의 (   )이란, 피부를 윤기 있게 하고 피부결을 정돈하며 피부를 촉촉하게 한다. 또한 외부의 자극에 지지 않는 피부를 만들며 자외선의 유해작용을 방지하여 피부의 노화를 막는다. 따라서 피부에 적절한 보습력, 미백, 세정, 자외선 차단, 주름개선 등의 효과를 부여해야 한다.

38 맞춤형화장품의 내용물 및 원료 입고 시 품질관리 여부를 확인하고 구비해야하는 서류는?

39 일상의 취급 또는 보통 보존상태에서 외부로부터 고형의 이물이 들어가는 것을 방지하고, 고형의 내용물이 손실되지 않도록 보호할 수 있는 용기는?

40 맞춤형화장품판매장의 조제관리사로 지방식품의약품안전청에 신고한 맞춤형화장품 조제관리사는 매년 (   ) 이상, (   ) 이하의 집합교육 또는 온라인 교육을 식약처에서 정한 교육실시기관에서 이수해야 한다.

정답 31 사용기한 또는 개봉 후 사용기간 32 로션제 33 관능평가 34 ㉠ 착향제 ㉡ 착색제
35 살리실릭애씨드 및 염류, 아이오도프로피닐부틸카바메이트
36 식별번호 37 유효성 38 품질성적서 39 밀폐용기 40 4시간, 8시간

MEMO

Part 5

실전 모의고사 500제

제1회 실전 모의고사

1 화장품법의 이해

1 화장품의 정의로 옳지 않은 것은?***

① 인체를 청결, 미화하여 매력을 더하고 용모를 밝게 변화
② 피부, 모발의 건강을 유지 또는 증진
③ 인체에 바르고 문지르거나 뿌리는 등 이와 유사한 방법으로 사용하는 물품
④ 인체에 대한 작용이 경미한 것
⑤ 약사법 제2조 제4호의 의약품에 해당하는 물품

해설

"화장품"이란 인체를 청결 · 미화하여 매력을 더하고 용모를 밝게 변화시키거나 피부 · 모발의 건강을 유지 또는 증진하기 위하여 인체에 바르고 문지르거나 뿌리는 등 이와 유사한 방법으로 사용되는 물품으로서 인체에 대한 작용이 경미한 것을 말한다. 다만, 「약사법」 제2조제4호의 의약품에 해당하는 물품은 제외한다.

2 다음 설명 중 옳은 것은?

① 기능성화장품이란 유기농원료, 동식물 및 그 유래원료 등을 함유한 화장품으로 식품의약품안전처장이 정하는 기준에 맞는 화장품을 말한다.
② 천연화장품이란 동식물 및 그 유래 원료 등을 함유한 화장품으로서 식품의약품안전처장이 정하는 기준에 맞는 화장품을 말한다.
③ 유기농 화장품이란 제조 또는 수입된 화장품의 내용물에 다른 화장품의 내용물이나 식품의약품안전처장이 정하는 원료를 추가하여 혼합한 화장품 이다.
④ 맞춤형화장품이란 인체에 바르고 문지르거나 뿌리는 등 이와 유사한 방법으로 사용되는 화장품이다,
⑤ 화장품이란 피부나 모발의 기능 약화로 인한 건조함, 갈라짐, 빠짐, 각질화 등을 방지하거나 개선하는데 도움을 주는 화장품이다.

해설

① 유기농화장품이란 유기농원료, 동식물 및 그 유래원료 등을 함유한 화장품으로 식품의약품안전처장이 정하는 기준에 맞는 화장품을 말한다.
③ 맞춤형화장품이란 제조 또는 수입된 화장품의 내용물에 다른 화장품의 내용물이나 식품의약품안전처장이 정하는 원료를 추가하여 혼합한 화장품이다.
④ 화장품이란 인체에 바르고 문지르거나 뿌리는 등 이와 유사한 방법으로 사용되는 화장품이다,
⑤ 기능성화장품이란 피부나 모발의 기능 약화로 인한 건조함, 갈라짐, 빠짐, 각질화 등을 방지하거나 개선하는데 도움을 주는 화장품이다.

3 화장품의 포장에 기재, 표시하여야 하는 사항 중 맞춤형화장품은 제외되는 사항은?

① 기능성화장품의 경우 심사받거나 보고한 효능 · 효과, 용법 · 용량
② 성분명을 제품 명칭의 일부로 사용한 경우 그 성분명과 함량(방향용 제품은 제외한다.)
③ 인체 세포 · 조직 배양액이 들어있는 경우 그 함량
④ 식품의약품안전처장이 정하는 바코드
⑤ 화장품에 천연 또는 유기농으로 표시 · 광고하려는 경우에는 원료의 함량

해설

식품의약품안전처장이 정하는 바코드 (맞춤형화장품은 제외)

정답 1 ⑤ 2 ② 3 ④

4 **다음 맞춤형화장품판매업자 신고내역으로 옳은 것을 모두 고르시오.**

〈보기〉
㉠ 신고 번호 및 신고 연월일
㉡ 맞춤형화장품판매업을 신고한 자의 성명 및 생년월일(법인인 경우에는 대표자의 성명 및 생년월일)
㉢ 화장품책임판매업자의 상호 및 소재지
㉣ 맞춤형화장품판매업소의 상호 및 소재지
㉤ 맞춤형화장품조제관리사의 성명, 생년월일 및 자격증 번호

① ㉠, ㉡, ㉢
② ㉠, ㉢, ㉣
③ ㉠, ㉡, ㉢, ㉣
④ ㉡, ㉢, ㉣, ㉤
⑤ ㉠, ㉡, ㉣, ㉤

해설

맞춤형화장품판매업자의 상호 및 소재지

5 **화장품법상 등록이 아닌 신고가 필요한 영업의 형태로 옳은 것은?** [맞춤형화장품조제관리사 자격시험 예시문항]

① 화장품 제조업
② 화장품 수입업
③ 맞춤형화장품 판매업
④ 화장품 수입대행업
⑤ 화장품 책임판매업

해설

화장품제조업, 화장품책임판매업은 등록사항이다.

6 **화장품을 판매를 하거나 판매할 목적으로 제조·수입 영업 금지 사항으로 옳지 않은 것은?**

① 코끼리 뿔 또는 호랑이 뼈와 그 추출물을 사용한 화장품
② 화장품에 사용할 수 없는 원료를 사용하였거나 유통화장품 안전관리 기준에 적합하지 아니한 화장품
③ 보건위생상 위해가 발생할 우려가 있는 비위생적인 조건에서 제조되었거나 시설기준에 적합하지 아니한 시설에서 제조된 것
④ 용기나 포장이 불량하여 해당 화장품이 보건위생상 위해를 발생할 우려가 있는 것
⑤ 사용기한 또는 개봉 후 사용기간(병행 표기된 제조년월일을 포함)을 위조·변조한 화장품

해설

코뿔소 뿔 또는 호랑이 뼈와 그 추출물을 사용한 화장품

7 **고객정보처리자의 정보주체에게 알릴사항으로 옳은 것을 모두 고르시오.**

〈보기〉
㉠ 개인정보의 수집·이용 목적
㉡ 수집하려는 개인정보의 항목
㉢ 개인정보의 보유 및 이용 기간
㉣ 동의를 거부할 권리가 있다는 사실 및 동의 거부에 따른 불이익이 있는 경우에는 그 불이익의 내용

① ㉠, ㉡, ㉢
② ㉠, ㉢, ㉣
③ ㉠, ㉡, ㉣
④ ㉡, ㉢, ㉣
⑤ ㉠, ㉡, ㉢, ㉣

정답 4 ⑤ 5 ③ 6 ① 7 ⑤

8 다음의 설명에 알맞은 단어를 기재하시오.

〈보기〉

- 제조 또는 수입된 화장품의 내용물에 다른 화장품의 내용물이나 식품의약품안전처장이 정하는 원료를 추가하여 혼합한 화장품
- 제조 또는 수입된 화장품의 내용물을 소분(小分)한 화장품

9 다음 괄호 안에 적당한 단어를 기재하시오.

〈보기〉

지난해의 생산실적 또는 수입실적과 화장품의 제조과정에 사용된 원료의 목록 등을 식품의약품안전처장이 정하는 바에 따라 ( )까지 식품의약품안전처장이 정하여 고시하는 바에 따라 대한화장품협회 등 화장품업 단체(「약사법」 제67조에 따라 조직된 약업단체를 포함한다)를 통하여 식품의약품안전처장에게 보고하여야 한다.

해설

화장품시행규칙 제13조 1항(화장품의 생산실적 등 보고)

10 식품의약품안전처장은 맞춤형화장품조제관리사가 거짓이나 그 밖의 부정한 방법으로 시험에 합격한 경우에는 자격을 취소하여야 하며, 자격이 취소된 사람은 취소된 날부터 ( )간 자격시험에 응시할 수 없다.

해설

화장품법 제3조의4 2항 [맞춤형화장품조제관리사 자격시험)

2 화장품제조 및 품질관리

11 액상제품류의 pH 기준이 3.0~9.0 범위에 맞아야하는 것이 아닌 것은?

① 기초화장품 ② 헤어샴푸
③ 영유아용 화장품 ④ 제모 제거용
⑤ 체취방지용

해설

액상제품류의 pH 기준 = 3.0~9.0 / 화장품 13가지 중 클렌징 종류 샴푸, 린스, 목욕용 제외, 물을 포함하지 않는 제품과 사용 후 곧바로 물로 씻어내는 제품은 제외

12 화장품 제조업에 해당하는 것으로 옳은 것은?

① 화장품의 포장을 1차 · 2차 포장까지 하는 영업
② 화장품 제조를 위탁받아 제조하는 영업
③ 화장품을 직접 제조하여 유통 · 판매하는 영업
④ 수입화장품을 유통 · 판매하는 영업
⑤ 화장품을 알선 수여하는 영업

해설

①,③,④,⑤의 내용은 화장품책임판매업의 범위이다.

13 다음 중에서 3가의 알코올로 친수성이며, 보습력이 좋은 것은?

① 프로필렌글리콜 ② 글리세린
③ 에탄올 ④ 솔비톨
⑤ 부틸렌글리콜

해설

하이드록시기(-OH)가 3개인 경우 3가의 알코올이며, 글리세린이 있다. 글리세롤이라고도 함

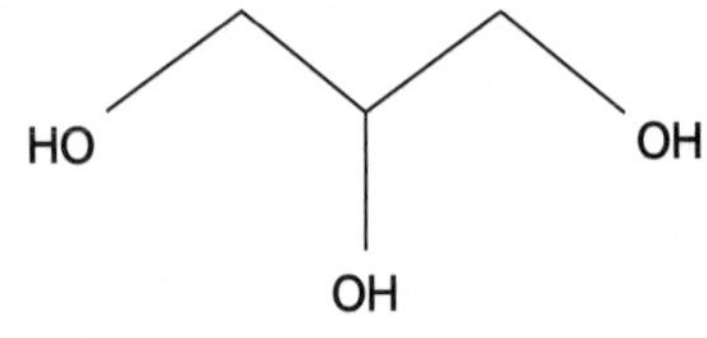

정답 8 맞춤형화장품 9 매년 2월 말 10 3년 11 ② 12 ② 13 ②

14 **다음 중에서 타르색소에 대한 설명으로 틀린 것은?**

① 제1호의 색소 중 콜타르, 그 중간생성물에서 유래되었거나 유기합성하여 얻은 색소 및 그 레이크, 염, 희석제와의 혼합물
② 화장품 내용량이 소량(10mℓ 초과 50mℓ 이하, 10g 초과 50g 이하)이라 하더라도 포장에 반드시 기재해야하는 성분
③ 중간체, 희석제, 기질 등을 포함하지 아니한 순수한 색소
④ 석탄타르에 들어 있는 벤젠, 톨루엔, 니프탈렌 등 다양한 방향족 탄화수소를 조합하여 만든 인공 착색제
⑤ 타르색소 중 녹색 204 호 (피라닌콘크, Pyranine Conc)의 사용한도 0.01%

해설

순색소의 정의 ③ 중간체, 희석제, 기질 등을 포함하지 아니한 순수한 색소

15 **인체적용제품으로 화장품 원료 등 위해평가에 대한 설명으로 틀린 것은?**

① 위험성 확인은 위해요소의 인체 내 독성 확인을 말한다.
② 위험성 결정은 위해요소의 인체노출 허용량 산출을 말한다.
③ 노출평가는 위해요소가 인체에 노출된 양을 산출하는 것이다.
④ 위해도 결정은 위험성 확인, 결정 및 노출평가의 결과를 종합하여 인체에 미치는 위해 영향판단을 말한다.
⑤ 위험성 평가는 위험성 확인, 결정 및 노출평가의 결과를 종합하여 판단한다.

16 **여드름성 피부를 완화하기 위한 성분으로 옳은 것은?**

① 벤조페논-4 5%
② 살리실릭에시드 0.5%
③ 니아신아마이드 2%
④ 아데노신 0.04%
⑤ 프로피오닉애시드 2%

17 **기능성 원료 중 주름개선에 사용되는 성분으로 옳은 것은?**

① 아데노신
② 아미노산
③ 히아루론산
④ 알파-비사보롤
⑤ 살리실산

해설

주름개선 성분 : 레티놀2,500IU/g, 레티닐 팔미테이트 10,000IU/g, 아데노신 0.4%, 폴리에톡실레이티틴아마이드(메디민A) 0.05~2%

18 **화장품 사용상 보관 및 취급 시 주의사항으로 옳지 않은 것은?**

① 사용 후에는 마개를 반드시 닫아둘 것
② 고온 및 저온의 장소를 피하고 및 직사광선이 닿는 곳에 보관할 것
③ 혼합한 제품을 밀폐된 용기에 보관하지 말 것
④ 용기를 버릴 때는 반드시 뚜껑을 열어서 버릴 것
⑤ 유아 소아의 손에 닿지 않는 곳에 보관할 것

해설

고온 및 저온의 장소를 피하고 및 직사광선이 닿지 않는 곳에 보관할 것

정답 14 ③ 15 ⑤ 16 ② 17 ① 18 ②

19 **화장품 사용제한 원료에서 알레르기 유발 물질이 아닌 것은?**

① 제라니올
② 쿠마린
③ 벤질 알코올
④ 1,2 헥산 디올
⑤ 페녹시 에탄올

해설
- 1,2 헥산 디올 : 유해성이 있는 보존제의 대체물질
- 제라니올, 쿠마린, 벤질 알코올 : 알레르기 유발물질, 착향제
- 페녹시 에탄올 : 살균 및 보존제 사용한도 1% (피부자극, 알러지 유발)

20 **화장품에 사용되는 사용제한 원료 및 사용한도가 맞는 것은?**

① 토코페롤 2.0%
② 아스코빌글루코사이드 0.5%
③ 페녹시에탄올 1.0%
④ 살리실릭애시드 1.0%
⑤ 알파-비사보롤 0.1%

해설
- 토코페롤(비타민 E) : 20%
- 아스코빌글루코사이드 : 2%
- 살리실릭애시드 : 0.5%
- 알파-비사보롤 : 0.5%

21 **화장품의 물리적 변화로 볼 수 있는 것은?**

① 내용물의 색상이 변했을 때
② 내용물에서 불쾌한 냄새가 날 때
③ 내용물의 층이 분리되었을 때
④ 내용물의 점성이 변화하여 결정이 생겼을 때
⑤ 내용물에 곰팡이가 피었을 때

해설
- 물리적 변화 : 분리, 침전, 응집, 발한, 겔화, 증발, 고화, 연화
- 화학적 변화 : 변색, 퇴색, 변취, 오염, 결정

22 **탄화수소화합물 중에 왁스류에 대한 설명으로 틀린 것은?**

① 지방산과 1가 알코올의 화합물이다
② 에스테르 물질이다.
③ 석유에서 추출한 광물성 오일의 일종이다
④ 고형의 유성성분으로 화장품의 굳기 증가에 이용한다.
⑤ 카나우바 왁스, 라놀린, 밀납 등이 있다.

해설
석유에서 추출한 광물성 오일 (유동파라핀, 파라핀)

23 **100%채우는 것을 기준으로 비중이 0.5일 때 500㎖를 채운다면 중량은 얼마인가? (기출문제)★★★**

① 210
② 500
③ 250
④ 125
⑤ 200

해설
비중이란? 물질의 중량과 이와 동등한 체적의 표준물질과 중량의 비를 말한다. (단위는 없음)
비중은 물이 기준이 되어 적용되는 것이다. 따라서 비중 0.5은 물보다 0.5배 무겁다는 것으로 본다.

- 기본식

$$밀도 = \frac{질량}{부피} = \frac{질량}{500\ 대입}$$

- 비중 = 물체의 밀도/물의 밀도

$$0.5 = \frac{물체의\ 밀도}{물의\ 밀도} = \frac{(질량/500)}{100\%}$$

$$0.5 = \frac{질량/500}{1}$$

0.5 = 질량/500
질량= 0.5x500=250

정답 19 ④ 20 ③ 21 ③ 22 ③ 23 ③

24 **화장품 원료의 종류와 정의를 바르게 설명한 것은?**

① 유성원료 : 주름완화, 미백, 자외선차단제, 염모제, 여드름 완화
② 계면활성제 : 점증제, 피막제, 기타
③ 산화방지제: 공기, 열, 빛에 의한 산화를 방지하기 위해 첨가
④ 기능성 원료 : 식물성 유지, 동물성 유지, 왁스(Wax)류
⑤ 고분자 화합물 : 유성과 수성을 잘 혼합시키는 원료

해설
- 유성원료 : 식물성 유지, 동물성 유지, 왁스(Wax)류, 에스테르류, 탄화수소류 등
- 계면활성제 : 유성과 수성을 잘 혼합시키는 원료
- 고분자 화합물 : 점증제, 피막제, 기타
- 기능성 원료 : 주름완화, 미백, 자외선차단제, 염모제, 여드름 완화

25 **화장품의 원료에 대한 특성이 틀리게 설명된 것은?**

① 글리세린은 -OH가 3개 이상의 다가알코올로 보습제로 쓰인다.
② 지방산은 R-COOH 화학식을 갖고 있으며, 불포화지방산과 포화지방산으로 분류할 수 있다.
③ 알코올은 R-OH 화학식의 물질로 탄소수가 18개인 알코올에는 스테아릴 알코올이 있다.
④ 점증제는 에멀션의 안전성을 높이고 점도를 증가시키기 위해 사용되고 구아검이 해당된다.
⑤ 실리콘오일은 철, 질소로 구성되어 있고, 발림성이 우수하고, 디메치콘이 여기에 해당된다.

해설
실리콘오일은 메틸 또는 페닐기로 되어 있고 펴발림성이 우수하다.
디메치콘(=다이메티콘), 사이클로펜타실록세인, 사이클로헥사실록세인 등이 있다.

26 **자외선 차단 화장품의 원료 중 산란제에 속하는 것은 무엇인가?**

① 이산화티타늄
② 옥틸디메칠파바
③ 부틸메톡시디벤조일메탄
④ 파라벤류
⑤ 벤조페논-1

해설
- 자외선 산란제 : 이산화티타늄(Titanium Dioxide), 산화아연(Zink Oxide)
- 자외선 흡수제 : ②③⑤ * 보존제(방부제) : ④ 파라벤류

27 **계면활성제가 물에 잘 녹는가 녹지 않는가를 나타내는 척도를 나타내는 것은 무엇인가?**

① HLB
② SPF
③ PFA
④ MED
⑤ PA

해설
HLB : 친유기와 친수기의 발란스를 나타내는 값

28 **산화방지제로 적합하지 않은 것은 무엇인가?**

① BHT
② EDTA
③ 에르소빅애씨드 (Erisobic acid)
④ BHA
⑤ 자몽씨추출물

정답 24 ③ 25 ⑤ 26 ① 27 ① 28 ②

해설

② EDTA : 금속이온 봉쇄제
천연산화방지제 : 비타민 E(토코페롤), 자몽씨추출물
합성산화방지제 : BHT, BHA, 에르소빅애씨드(erisobic acid),
프로필갈레이트(propyl gallate), 아스커빌글루코사이드(askerville glucoseid)

29 **계면활성제의 종류에서 피부자극 정도를 나타낸 순서로 적합한 것은?**

① 양이온성 〉 양쪽성 〉 음이온성 〉 비이온성의 순으로 감소
② 양이온성 〉 음이온성 〉 비이온성 〉 양쪽성의 순으로 감소
③ 음이온성 〉 양이온성 〉 비이온성 〉 양쪽성의 순으로 감소
④ 음이온성 〉 양이온성 〉 양쪽성 〉 비이온성의 순으로 감소
⑤ 양이온성 〉 음이온성 〉 양쪽성 〉 비이온성의 순으로 감소

해설

피부자극이 가장 적은 것을 순서로 나열하면 비이온성계면활성제 〈 양쪽성계면활성제 〈 음이온성계면활성제 〈 양이온성계면활성제

30 **천연화장품 및 유기농화장품의 인증에 대한 내용으로 적합하지 않는 것은?**

① 식품의약품안전처장은 기준에 적합한 천연화장품 및 유기농화장품에 대하여 인증할 수 있다.
② 화장품제조업자, 화장품책임판매업자 또는 총리령으로 정하는 대학 · 연구소 등은 인증을 받으 려는 제품에 대해 식품의약품안전처장에게 인증을 신청하여야 한다.
③ 인증절차, 인증기관의 지정기준, 그 밖에 인증제도 운영에 필요한 사항은 총리령으로 정한다.
④ 인증의 유효기간은 인증을 받은 날부터 3년으로 한다.
⑤ 인증의 유효기간을 연장 받으려는 자는 유효기간 만료 60일 전에 총리령으로 정하는 바에 따라 연장신청을 하여야 한다.

해설

유효기간 만료 90일 전에 총리령으로 정하는 바에 따라 연장신청을 하여야 한다.

31 **(   )은 (는) 화장품이 제조된 날부터 적절한 보관 상태에서 제품이 고유의 특성을 간직한 상태로 소비자가 안정적으로 사용할 수 있는 최소한의 기한을 말한다.** (1회 기출문제)

32 **소연이는 맞춤형화장품조제관리사에게 피부에 생긴 기미로 고민 상담을 하고 미백에 도움이 되는 화장품을 맞춤형으로 구매하고자 하였다. 다음〈보기〉에서 미백 기능성 원료를 고르시오.**

〈보기〉
레티닐팔미테이트, 벤조페논-4, 나아신아마이드, 레티놀, 베타-카로틴, 벤질알코올

해설

주름개선 - 아데노신, 레티닐팔미테이트 / 자외선차단성분 - 에칠헥실메톡시신나메이트
착색제, 컨디셔닝제 - 베타-카로틴 / 미백 - 알파-비사보롤, 나아신아마이드, 알부틴

33 **다음 괄호 안에 들어갈 단어를 기재하시오.**

〈보기〉
• 염류 의 예 : 소듐, 포타슘, 칼슘, 마그네슘, 암모늄, 에탄올아민, 크로라이드, 브로마이드, 설페이트, 아세테이트, 베타인 등
• (   )의 예 : 메칠, 에칠, 프로필, 이소프로필, 부틸, 이소부틸, 페닐

정답 29 ⑤ 30 ⑤ 31 사용기한 32 나아신아마이드 33 에스텔류

34 다음 전성분에 표시된 주름개선 성분과 제한 함량을 쓰시오.

〈전성분〉 정제수, 아사이팜열매추출물, 부틸렌글리콜, 베타인, 카보머, 아데노신, 알란토인, 다이소듐이디티에이, 1,2- 헥산 디올, 황금추출물

35 아래 내용에서 ( ) 안에 필요한 용어를 쓰시오.

〈보기〉
화장품 판매업자는 영유아(3세 이하) 또는 어린이 (만13세 이하)가 사용할 수 있는 화장품임을 표시 광고하려는 경우에 제품별로 안전과 품질을 입증할 수 있는 다음 각 호의 자료(이하 제품별 '안전성 자료'라 한다.)를 작성 보관해야 한다.
1. 제품 및 제조방법에 대한 설명 자료
2. 화장품의 ( ) 평가 자료
3. 제품의 효능 효과에 대한 증명자료

해설

「화장품법 제4조의 2」 영유아 또는 어린이 사용 화장품의 관리 (시행 2020.1.16.) (기출문제)

3 유통 화장품 안전관리

36 작업소의 시설에 관한 규정 중 올바른 것은?

① 바닥, 벽, 천장은 가능한 청소하기 쉽게 표면을 거칠게 유지해야 하고, 소독제 등의 부식성에 저항력이 있을 것
② 오염원 예방을 위해 외부와 연결된 창문은 가능한 잘 열리도록 할 것
③ 수세실과 화장실은 접근이 쉽도록 하여 생산구역과 분리되지 않게 할 것
④ 제조하는 화장품의 종류 · 제형에 따라 적절히 구획 · 구분되어 교차오염 우려가 없을 것
⑤ 제품보호를 위해 작업소 전체를 어둡게 한다.

해설

- 수세실과 화장실은 접근이 쉬워야 하나 생산구역과는 분리되어 있어야 한다.
- 외부와 연결된 창문은 가능한 열리지 않게 한다.
- 청소하기 쉽게 표면을 매끄럽게 유지해야한다.

37 제품 출하를 위해 포장 및 첨부 문서에 표시공정 등을 포함한 모든 제조공정이 완료된 화장품을 무엇이라고 하는가?

① 제조단위 ② 유지관리
③ 완제품 ④ 벌크제품
⑤ 시장출하

해설

우수화장품 제조 및 품질관리기준 제2조 (용어의 정의)

38 작업소에서 근무하는 모든 작업원이 이행해야 할 책임이 아닌 것은?

① 정해진 책임과 활동을 위한 교육훈련을 이수할 의무
② 문서접근 제한 및 개인위생 규정을 준수해야 할 의무
③ 품질보증에 대한 책임을 질 의무
④ 조직 내에서 맡은 지위 및 역할을 인지해야 할 의무
⑤ 자신의 업무범위 내에서 기준을 벗어난 행위나 부적합 발생 등에 대해 보고해야 할 의무

해설

우수화장품 제조 및 품질관리 기준 제4조 (직원의 책임)
③품질보증에 대한 책임을 질 의무는 제조업자 혹은 책임판매업자의 의무사항임

정답 34 아데노신, 0.04% 35 안전성 36 ④ 37 ③ 38 ③

39 화장품의 포장에 사용되는 모든 재료를 말하며 운송을 위해 사용되는 것은 제외하는 것을 무엇이 라고 하는가?

① 벌크 제품
② 포장재
③ 내부감사
④ 변경관리
⑤ 소모품

해설
우수화장품 제조 및 품질관리기준 제2조 (용어의 정의)

40 시험 결과의 적합 판정을 위한 수적인 제한, 범위 또는 기타 적절한 측정법을 말하고 있는 것은?

① 기준일탈
② 유지관리
③ 변경관리
④ 적합판정기준
⑤ 공정관리

해설
우수화장품 제조 및 품질관리기준 제2장 (용어정의)

41 유통화장품 안전관리기준에 따라 pH를 측정하는 제품에 해당하는 것은?

① 클렌징 워터
② 클렌징 크림
③ 메이크업 리무버
④ 스킨로션
⑤ 영양크림

해설
씻어내는 제품과 물이 포함되지 않은 제품은 pH를 측정하지 않는다.

42 완제품의 보관 및 출고방법으로 올바른 것은?

① 완제품은 보관이 편리한 곳에서 보관한다.
② 보관된 완제품은 주기적으로 재고점검을 수행할 필요가 없다.
③ 출고할 제품은 원자재, 부적합품 및 반품된 제품과 구획된 장소에 보관한다.
④ 출고는 반드시 선입선출 방식으로 한다.
⑤ 완제품은 시험결과 적합 판정시 품질보증부서의 승인 없이도 출고가 가능하다.

해설
우수화장품 제조 및 품질관리기준 제19조 (보관 및 출고)
① 적절한 조건하에 정해진 장소 보관 ② 주기적인 재고점검 수행
④ 특별한 사유가 있는 경우는 예외 ⑤ 품질보증부서 책임자가 승인한 것만 출고

43 오염물질 제거 및 소독 방법으로 설비세척의 원칙에 해당하지 않는 것은?

① 가능하면 세제를 사용하지 않는다.
② 가능하면 증기 세척이 좋은 방법이다
③ 위험성이 없는 용제로 물세척이 최적이다.
④ 브러시 등으로 문질러 지우는 방법을 고려한다.
⑤ 세척 후 세정결과를 '판정'하고 작업소에 잘 배치해 둔다.

해설
세척 판정 후의 설비는 건조, 밀폐하여 보존한다.

44 내용량이 30mg인 화장품의 포장에서 표시·기재를 생략할 수 있는 성분으로 적당한 것은?

① 금박
② 샴푸와 린스에 들어 있는 구리염
③ 타르색소
④ AHA
⑤ 기능성 화장품의 경우 그 효능효과가 나타나게 하는 원료

정답 39 ② 40 ④ 41 ④ 42 ③ 43 ⑤ 44 ②

해설

화장품법 시행규칙 제18조 2항
내용량이 10㎖ 초과 50㎖ 이하 또는 중량이 10그램 초과 50그램 이하 화장품 의 포장인 경우 다음 성분을 제외한 성분표시 기재
- 샴푸와 린스에 들어 있는 인산염의 종류
- 기능성화장품의 경우 그 효능 · 효과가 나타나게 하는 원료
- 타르색소, 금박, 과일산(AHA)
- 식품의약품안전처장이 사용 한도를 고시한 화장품의 원료

45 세척 대상 설비에 해당하는 것으로 바른 것은?

① 동일제품
② 단단한 표면 (용기내부), 부드러운 표면 (호스)
③ 세척이 곤란한 물질
④ 가용성 물질
⑤ 검출이 곤란한 물질

해설

①③④⑤ 세척 대상 물질
세척 대상 설비 ① 세척이 곤란한 설비, 세척이 용이한 설비, ② 단단한 표면(용기내부), 부드러운 표면(호스), 큰 설비, 작은 설비 ③ 기타 설비, 배관, 용기, 호스, 부속품

46 다음 중 화장품의 기재사항으로 맞춤형화장품의 포장에 기재 · 표시하여야 하는 사항이 아닌 것은?

① 인체 세포 · 조직 배양액이 들어있는 경우 그 함량
② 기능성화장품의 경우 심사받거나 보고한 효능 · 효과, 용법 · 용량
③ 성분명을 제품 명칭의 일부로 사용한 경우 그 성분명과 함량
④ 수입화장품인 경우에는 제조국의 명칭, 제조회사명 및 그 소재지
⑤ 화장품에 천연 또는 유기농으로 표시 · 광고하려는 경우에는 원료의 함량

해설

(화장품법 시행규칙 제19조 4항) 참조 – 맞춤형화장품의 경우 1호, 6호 제외 사항
1. 식품의약품안전처장이 정하는 바코드
6. 수입화장품인 경우에는 제조국의 명칭(「대외무역법」에 따른 원산지를 표시한 경우에는 제조국의 명칭을 생략할 수 있다), 제조회사명 및 그 소재지

47 기계적 • 화학적인 방법, 온도, 적용시간과 이러한 복합된 요인을 이용하여 청정도를 유지하고, 일반적으로 눈에 보이는 먼지를 분리, 제거하여 외관을 유지하는 모든 작업을 무엇이라고 하는가?

① 유지관리
② 청소
③ 원료
④ 완제품
⑤ 회수

해설

우수화장품 제조 및 품질관리기준 제2조 (용어의 정의)
- 유지관리 :적절한 작업 환경에서 건물과 설비가 유지되도록 정기적 · 비정기적인 지원 및 검증 작업
- 원료 : 벌크 제품의 제조에 투입하거나 포함되는 물질
- 완제품 : 출하를 위해 제품의 포장 및 첨부문서에 표시공정 등을 포함한 모든제조공정이 완료된 화장품
회수 : 판매한 제품 가운데 품질 결함이나 안전성 문제 등으로 나타난 제조번호의 제품(필요시 여타 제조번호 포함)을 제조소로 거두어들이는 활동

정답 45 ② 46 ④ 47 ②

48 작업소의 위생에 대한 적합하지 않은 것은?

① 곤충, 해충이나 쥐를 막을 수 있는 대책을 마련하고 정기적으로 점검 · 확인하여야 한다.
② 제조, 관리 및 보관 구역 내의 바닥, 벽, 천장 및 창문은 항상 청결하게 유지되어야 한다.
③ 제조시설이나 설비의 세척에 사용되는 세제 또는 소독제는 효능이 입증된 것을 사용하고 잔류하거나 적용하는 표면에 이상을 초래하지 아니하여야 한다.
④ 제조시설이나 설비는 적절한 방법으로 청소하여야 하며, 필요한 경우 위생관리 프로그램을 운영하여야 한다.
⑤ 세척한 설비는 다음 사용 시까지 오염되지 아니하도록 관리하여야 한다.

해설

⑤는 우수화장품 제조 및 품질관리기준 시행규칙 제 10조 유지관리에 해당사항임

49 린스정량실시방법에 해당하지 않는 것은?

① HPLC법
② 박층크로마토그래피(TLC)
③ 원자흡광광도법
④ 자외선(UV)
⑤ TOC측정기(총유기탄소)

해설

③ 원자흡광광도법(AAS)은 중금속(납, 니켈, 비소, 안티몬, 카드뮴) 분석에 사용된다.

50 포장재의 검체 채취 및 보관에 대한 내용이다. 올바른 것은?

① 검체 채취는 포장재 검수실에서 포장재관리 담당자 참석 하에 실시
② 검체 채취 방법은 제품의 내용물을 랜덤으로 샘플링 한다.
③ 포장재 보관은 적절한 조건하에 정해진 곳에 보관하고 필요시에만 점검수행
④ 기능 검사 및 파괴 검사용 샘플은 각각 2개만 샘플링
⑤ 외관 검사용 샘플은 계수 조정형 샘플링 방식에 따라 정해진 제조번호를 샘플링

해설

가. 검체 채취 방법 :
- 외관 검사용 샘플은 계수 조정형 샘플링 방식에 따라 랜덤으로 샘플링
- 기능 검사 및 파괴 검사용 샘플은 필요 수량만큼 샘플링

나. 보관 ; 적절한 조건하에 정해진 곳에 보관하고 주기적으로 점검수행

51 치오글라이콜릭애씨드 또는 그 염류를 주성분으로 하는 냉2욕식 퍼머넌트웨이브용 제품에 대한 내용으로 옳은 것은? (1회 기출문제)

① 알칼리 : 0.1N염산의 소비량은 검체 7㎖에 대하여 1㎖ 이하
② pH : 4.5~9.6
③ 중금속 : 30㎍/g 이하
④ 비소 : 20㎍/g 이하
⑤ 철 : 5㎍/g 이하

해설

유통화장품 안전 관리 기준 [화장품 안전기준 등에 관한 규정 제1장 제6조] 참조
알칼리 : 0.1N염산의 소비량은 검체 1㎖에 대하여 7.0㎖ 이하
pH : 4.5~9.6 / 중금속 : 20㎍/g 이하 / 비소 : 5㎍/g 이하 / 철 : 2㎍/g 이하

정답 48 ⑤ 49 ③ 50 ① 51 ②

52 입고된 포장재의 관리기준으로 틀린 것은?

① 적합 판정된 포장재만을 지정된 장소에 보관

② 부적합 판정 된 자재는 선별, 반품, 폐기 등의 조치가 이루어지기전까지 따로 보관

③ 누구나 명확히 구분할 수 있게 혼동될 염려가 없도록 구분하여 보관

④ 바닥 및 내벽과 10㎝ 이상, 외벽과 10㎝ 이상 간격을 두고 보관

⑤ 직사광선, 습기, 발열체를 피하여 보관

해설

바닥 및 내벽과 10㎝ 이상, 외벽과 30㎝ 이상 간격을 두고 보관

53 화장품책임판매업자 및 맞춤형화장품판매업자는 화장품을 판매할 경우 어린이가 화장품을 잘못 사용하여 인체에 위해를 끼치는 사고가 발생하지 아니하도록 안전용기 · 포장을 사용하여야 한다. 이에 따라 안전용기 · 포장을 사용하여야 하는 품목이 아닌 것을 바르게 설명한 것은?

① 아세톤을 함유하는 네일 에나멜 리무버 및 네일 폴리시 리무버

② 일회용 제품, 에어로졸 제품, 용기입구가 펌프 혹은 방아쇠로 작동되는 분무용기 제품

③ 어린이용 오일 등 개별포장 당 탄화수소류를 10퍼센트 이상 함유하는 액체상태의 제품

④ 개별포장당 메틸 살리실레이트를 5퍼센트 이상 함유하는 액체상태의 제품

⑤ 어린이용 오일 등 운동점도가 21센티스톡스 (섭씨 40도 기준) 이하인 비에멀젼 타입의 액체상태의 제품

해설

안전용기 및 포장 예외 대상 : 일회용 제품, 분무용제품, 에어로졸 제품

54 화장품의 포장에 기재 · 표시하여야 하는 사용할 때의 주의사항으로 바르지 않은 것은?

① 탈염 · 탈색제–사용 중에 발진, 발적, 부어오름, 가려움, 강한 자극감 등 피부의 이상을 느끼면 즉시 사용을 중지하고 잘 씻어내 주십시오.

② 염모제–용기를 버릴 때는 반드시 뚜껑을 닫아서 버려 주십시오.

③ 알 파 – 하 이 드 록 시 애 시 드 (α –hydroxyacid, AHA)(0.5퍼센트 이하의 AHA가 함유된 제품은 제외한다.): 햇빛에 대한 피부의 감수성을 증가시킬 수 있으므로 자외선 차단제를 함께 사용할 것

④ 핸드크림 및 풋크림–프로필렌 글리콜 (Propylene glycol)을 함유하고 있는 경우, 이 성분에 과민하 거나 알레르기 병력이 있는 사람은 신중히 사용할 것

⑤ 외음부 세정제 – 프로필렌 글리콜 (Propylene glycol)을 함유하고 있으므로 이 성분에 과민하거나 알 레르기 병력이 있는 사람은 신중히 사용할 것

해설

염모제–용기를 버릴 때는 반드시 뚜껑을 열어서 버려 주십시오.

55 제조관리기준서에 포함되지 않는 사항은?

① 제조공정관리에 관한 사항

② 시설 및 기구 관리에 관한 사항

③ 원자재 관리에 관한 사항

④ 완제품 관리에 관한 사항

⑤ 사용기한 또는 개봉 후 사용기한에 관한 사항

해설

사용기한 또는 개봉 후 사용기한에 관한 사항은 제품표준서 표시사항

정답 52 ④ 53 ② 54 ② 55 ⑤

56 1차 포장 또는 2차 포장 에 반드시 기재할 내용은?

〈보기〉
- 화장품의 명칭, 제조업자 혹은 화장품책임판매업자의 상호, 가격, 제조번호, 사용기한, 포장개봉 후 사용기한(제조년월일 병행표기)만을 기재 표시 할 수 있다.
- 판매목적이 아닌 제품의 선택 등을 위해 소비자가 미리 사용하도록 제조된 화장품에는 가격 란에 (㉠ 혹은 ㉡)등의 표시를 한다.

57 품질보증체계가 계획된 사항과 부합하는지를 주기적으로 검증하고, 제조 및 품질관리가 효과적으로 실행되고 목적 달성에 적합한지 여부를 결정하기 위한 회사 내 자격이 있는 직원에 의해 행해지는 체계적이고 독립적인 조사를 (   ) 라고 한다.

58 화장품에 적합한 포장용기에 대한 설명이다. 다음 (   )에 적당한 것은?

〈보기〉
천연화장품 및 유기농화장품의 용기와 포장에 (㉠), 폴리스티렌폼(Polystyrene foam)을 사용할 수 없다.

59 기능성 화장품 심사를 위해 제출하여야 하는 자료 중 유효성 또는 기능에 관한 자료 중 인체적용시험자료를 제출하는 경우 (   ) 제출을 면제할 수 있다. 이 경우에는 자료제출을 면제받은 성분에 대해서 효능 효과를 기재, 표시할 수 없다. (1회 기출문제)

60 화장품법 제9조제1항에 따른 안전용기 · 포장을 사용하여야 하는 품목은 다음 각 호와 같다.

〈보기〉
1. 아세톤을 함유하는 네일 에나멜 리무버 및 네일 폴리시 리무버
2. 어린이용 오일 등 개별포장 당 탄화수소류를 (㉠) 퍼센트 이상 함유하고 운동점도가 21 센티스톡스 (섭씨 40도 기준) 이하인 비에멀젼 타입의 액체상태의 제품
3. 개별포장당 메틸 살리실레이트를 (㉡) 퍼센트 이상 함유하는 액체상태의 제품

해설

탄화수소류 10% 이상, 메틸 살리실레이트 5%이상

3 맞춤형 화장품 이해

61 다음은 맞춤형화장품에 관한 설명이다. 올바른 것을 고르시오.

〈보기〉
㉠ 화장품판매업소에서 고객 개인별 피부 특성이나 색, 향 등의 기호 등 취향에 따라
㉡ 제조 또는 수입된 화장품의 내용물에 다른 화장품의 내용물이나 색소, 향료 등 식약처장이 정하는 원료를 추가하여 혼합한 화장품
㉢ 제조 또는 수입된 화장품의 내용물을 소분(小分)한 화장품
㉣ 원료와 원료를 혼합하는 화장품

① ㉠, ㉡
② ㉡, ㉢
③ ㉠, ㉣
④ ㉡, ㉣
⑤ ㉠, ㉢

정답 56 ㉠ 견본품 ㉡ 비매품 57 내부감사 58 폴리염화비닐(Polyvinyl chloride) 혹은 PVC 59 효력시험자료 60 ㉠ 10 ㉡ 5 61 ②

해설

맞춤형화장품판매업소에서 맞춤형화장품조제관리사 자격증을 가진 자가 고객 개인별 피부 특성이나 색, 향 등의 기호 등 취향에 따라

① 제조 또는 수입된 화장품의 내용물에 다른 화장품의 내용물이나 색소, 향료 등 식약처장이 정하는 원료를 추가하여 혼합한 화장품
② 제조 또는 수입된 화장품의 내용물을 소분(小分)한 화장품

62 다음 중 맞춤형화장품판매업자의 결격사유에 해당하지 않는 자는? ***

① 정신질환자
② 피성년후견인 또는 파산선고를 받고 복권되지 아니한 자
③ 보건범죄 단속에 관한 특별조치법을 위반하여 금고 이상의 형을 선고받고 그 집행이 끝나지 아니 하거나 그 집행을 받지 아니하기로 확정되지 아니한 자
④ 보건범죄 단속에 관한 특별조치법을 위반하여 금고 이상의 형을 선고 받고 그 집행이 끝나지 아니 하거나 그 집행을 받지 아니하기로 확정되지 아니한 자
⑤ 화장품법 제24조에 따라 등록이 취소되거나 영업소가 폐쇄된 날부터 1년이 지나지 아니한 자

해설

결격사유(화장품법 제3조의3)
다음 각 호의 어느하나에 해당하는 자는 화장품제조업 또는 화장품책임판매업의 등록이나 맞춤형화장품판매업의 신고를 할 수 없다. 다만, 제 1호 및 제3호는 화장품제조업만 해당한다.

1. 정신건강증진 및 정신질환자 복지서비스 지원에 관한 법률 제3조 제1호에 따른 정신질환자. 다만, 전문의가 화장품제조업자(제3조 제1항에 따라 화장품제조업을 등록한 자를 말한다. 이하 같다.)로서 적합하다고 인정하는 사람은 제외한다.
2. 피성년후견인 또는 파산선고를 받고 복권되지 아니한 자
3. 마약류 관리에 관한 법률 제2조 제1호에 따른 마약류의 중독자
4. 이 법 또는 보건범죄 단속에 관한 특별조치법을 위반하여 금고 이상의 형을 선고 받고 그 집행이 끝나지 아니하거나 그 집행을 받지 아니하기로 확정되지 아니한 자
5. 등록이 취소되거나 영업소가 폐쇄 된 날부터 1년이 지나지 아니한 자

63 맞춤형화장품의 품질 특성에 대한 설명으로 옳지 않은 것은?

① 안전성 – 피부의 자극이나 알러지 반응이 없을 것
② 안정성 – 미생물 오염이 없을 것
③ 안전성 – 변색, 변취와 같은 화학적 변화가 없을 것
④ 안정성 – 분리. 침전, 응집현상이 없을 것
⑤ 유효성 – 피부에 효과를 부여할 것

해설

안전성 – 피부의 자극이나 알러지 반응, 이물질 혼입, 독성이 없을 것
안정성 – 변색, 변취와 같은 화학적 변화, 미생물 오염이 없을 것
분리. 침전, 응집현상이 없을 것
유효성 – 피부에 효과를 부여할 것

64 표피의 구조이다. 올바른 것은? (기출문제)

① 기저층 → 유극층 → 각질층 → 과립층
② 유극층 → 과립층 → 각질층 → 기저층
③ 과립층 → 각질층 → 기저층 → 유극층
④ 기저층 → 유극층 → 과립층 → 각질층
⑤ 각질층 → 기저층 → 유극층 → 과립층

해설

기저층 → 유극층 → 과립층 → 각질층

정답 62 ① 63 ③ 64 ④

65 **모발의 구조 중 모간부위에 대한 설명으로 옳지 않은 것은?**

① 가장 바깥층으로 투명한 비늘모양 세포로 구성
② 모표피 – 마찰이나 화학적자극에 약함
③ 모피질 – 단단한 케라틴으로 구성
④ 모수질 – 모발 중심부에 속이 비어있는 상태
⑤ 모피질 – 모발의 질을 결정하는 중요한 부분

해설

③ 모표피 – 단단한 케라틴으로 구성

66 **맞춤형화장품으로 판매가 가능하지 않은 것은?**

① 원료와 원료 혼합
② 내용물과 원료 혼합
③ 내용물을 소분
④ 벌크제품을 소분
⑤ 내용물과 내용물 혼합

해설

원료와 원료를 혼합하는 것은 맞춤형화장품의 혼합이 아닌 '화장품 제조'에 해당

67 **맞춤형화장품 원료의 사용제한 사항으로 함량 상한을 충분히 고려한 사용한도로 맞는 것은?**

① 비소 100㎍/g 이하
② 안티몬 : 100㎍/g 이하
③ 카드뮴 : 50㎍/g 이하
④ 수은 : 10㎍/g 이하
⑤ 디옥산 : 100㎍/g 이하

해설

비소 : 10 ㎍/g 이하, 수은 : 1㎍/g 이하, 안티몬 : 10㎍/g 이하
카드뮴 : 5㎍/g 이하

68 **다음 중 기능성화장품 실증자료가 있을 경우 표시, 광고 할 수 있는 표현으로 아닌 것은?**

① 여드름 피부 사용에 적합
② 콜라겐 증가
③ 다크서클 완화
④ 피부 주름 감소
⑤ 피부노화 완화

해설

피부주름 "감소"라는 치료적인(실증적인) 표현보다 주름완화로 표현할 것

69 **화장품 안전기준의 주요사항으로 옳지 않은 것은?**

① 식품의약품안전처장은 화장품의 제조 등에 사용할 수 없는 원료를 지정하여 고시하여야 한 다.
② 식품의약품안전처장은 보존제, 색소, 자외선차단제 등과 같이 특별히 사용상의 제한이 필요 한 원료에 대하여는 그 사용기준을 지정하여 고시하여야 하며, 사용기준이 지정 · 고시된 원 료 외의 보존제, 색소, 자외선차단제 등은 사용할 수 없다.
③ 식품의약품안전처장은 국내외에서 유해물질이 포함되어 있는 것으로 알려지는 등 국민보건상 위해 우려가 제기되는 화장품 원료 등의 경우에는 대통령령으로 정하는 바에 따라 위해요소 를 신속히 평가하여 그 위해 여부를 결정하여야 한다.
④ 식품의약품안전처장은 위해평가가 완료된 경우에는 해당 화장품 원료 등을 화장품의 제조에 사용할 수 없는 원료로 지정하거나 그 사용기준을 지정하여야 한다.
⑤ 식품의약품안전처장은 제2항에 따라 지정 · 고시된 원료의 사용기준의 안전성을 정기적으로 검토하여야 하고, 그 결과에 따라 지정 · 고시된 원료의 사용기준을 변경할 수 있다.

정답 65 ③ 66 ① 67 ⑤ 68 ④ 69 ③

해설

식품의약품안전처장은 국내외에서 유해물질이 포함되어 있는 것으로 알려지는 등 국민보건상 위해 우려가 제기되는 화장품 원료 등의 경우에는 총리령으로 정하는 바에 따라 위해요소를 신속히 평가하여 그 위해 여부를 결정하여야 한다.

70 맞춤형화장품 사용 시 주의사항으로 옳지 않은 것은?

① 상처가 있는 부위 등에는 사용을 자제할 것
② 화장품 사용 시 또는 사용 후 부작용이 있는 경우 화장품제조업자와 상담할 것
③ 눈에 들어갔을 때 즉시 씻어낼 것
① 어린이의 손이 닿지 않는 곳에 보관할 것
② 직사광선을 피해서 보관할 것

해설

화장품 사용 시 또는 사용 후 직사광선에 의하여 사용부위가 붉은 반점, 부어오름 또는 가려움증 등의 이상 증상이나 부작용이 있는 경우 전문의 등과 상담할 것

71 맞춤형화장품판매업자가 혼합, 소분할 때 안전관리기준에 의한 준수사항으로 옳지 않은 것은?

① 혼합 · 소분 전에 손을 소독하거나 세정할 것. 다만, 혼합 · 소분 시 일회용 장갑을 착용하는 경우 예외
② 혼합 · 소분 전에 혼합 · 소분된 제품을 담을 포장용기의 오염여부를 확인할 것
③ 혼합 · 소분에 사용되는 장비 또는 기구 등은 사용 전에 그 위생 상태를 점검하고, 사용 후에는 오염이 없도록 세척할 것
④ 혼합 · 소분 전에 내용물 및 원료의 사용기한 또는 개봉 후 사용기간을 확인하고, 사용기한 또는 개봉 후 사용기간이 지난 것은 사용하지 아니할 것
⑤ 소비자의 피부상태나 선호도 등을 확인하지 아니하고 맞춤형화장품을 미리 혼합 · 소분하여 보관하여 판매할 것

해설

소비자의 피부상태나 선호도 등을 확인하지 아니하고 맞춤형화장품을 미리 혼합 · 소분하여 보관하거나 판매하지 말 것

72 맞춤형화장품 판매 시 소비자에게 설명해야 하는 사항으로 옳은 것은?

① 혼합 · 소분에 사용되는 내용물 또는 원료의 특성
② 판매량
③ 부작용 사례 보고
④ 원료 및 내용물의 폐기내역
⑤ 화장품 용기

해설

맞춤형화장품 판매 시 다음 각 목의 사항을 소비자에게 설명할 것
① 혼합 · 소분에 사용되는 내용물 또는 원료의 특성
② 맞춤형화장품 사용 시의 주의사항

73 맞춤형화장품에 혼합 가능한 화장품 원료로 옳은 것은?

① 알부틴
② 호모살레이트
③ 히아루론산
④ 페녹시에탄올
⑤ 메칠이소치아졸리논

해설

사용상 제한이 필요한 성분
미백성분 : 알부틴, 자외선차단성분 : 호모살레이트, 보존제 : 페녹시에탄올, 메칠이소치아졸리논

정답 70 ② 71 ⑤ 72 ① 73 ③

74 다음은 맞춤형 화장품판매업에 대한 설명으로 옳은 것을 모두 고르시오.

〈보기〉

㉠ 맞춤형화장품 판매 시 해당 맞춤형화장품의 혼합 또는 소분에 사용되는 내용물 및 원료의 특성, 사용 시의 주의사항에 대하여 소비자에게 설명하지 않아도 된다.
㉡ 맞춤형화장품 혼합 ·소분에 필요한 장소, 시설 및 기구는 보건위생상 위해가 없도록 위생적으로 관리 ·유지를 해야 한다.
㉢ 소비자의 피부상태나 선호도 등을 확인하지 아니하고 맞춤형화장품을 미리 혼합 · 소분하여 보관하거나 판매하지 말 것
㉣ 맞춤형화장품의 사용기한 또는 개봉 후 사용기간은 맞춤형화장품의 혼합 또는 소분에 사용되는 내용물의 사용기간 또는 개봉 후 사용기간을 초과해서는 안된다.

① ㉠ ㉡ ② ㉠ ㉢
③ ㉡ ㉢ ㉣ ④ ㉠ ㉡ ㉣
⑤ ㉠ ㉢ ㉣

해설

맞춤형화장품판매 시 해당 맞춤형화장품의 혼합 또는 소분에 사용되는 내용물 및 원료의 특성, 사용 시의 주의사항에 대하여 소비자에게 설명을 해야 한다.

75 다음 중 화장품의 제형에 대한 설명으로 옳은 것은?

〈보기〉

유화제 등을 넣어 유성성분과 수성성분을 균질화하여 반고형상으로 만든 것

① 로션제 ② 크림제
③ 액제 ④ 겔제
⑤ 분말제

76 기능성 화장품 실증자료가 있는 경우 화장품 표시, 광고 표현으로 옳지 않은 것은?

① 피부혈행 개선
② 일시적 셀룰라이트 감소
③ 콜라겐 증가 또는 활성화
④ 효소 증가 또는 활성화
⑤ 여드름 피부 치료

해설

여드름피부 사용에 적합

77 화장품 포장에 기재, 표시를 생략할 수 있는 성분으로 옳은 것은?

① 타르색소
② 금박
③ 제조과정 중에 제거되어 최종 제품에는 남아 있지 않은 성분
④ 과일산(AHA)
⑤ 기능성화장품의 경우 그 효능 · 효과가 나타나게 하는 원료

해설

화장품의 기재사항 : 내용량이 10㎖ 초과 50㎖ 이하 또는 중량이 10그램 초과 50그램 이하 화장품의 포장인 경우에는 다음의 성분을 제외한 성분은 생략가능
- 타르색소, 금박, 과일산(AHA), 기능성화장품의 경우 그 효능 · 효과가 나타나게 하는 원료

78 사용상 제한이 필요한 성분 중 보존제 성분으로 옳지 않은 것은?

① 드로메트리졸 1.0%
② 클로로펜 0.05%
③ 페녹시에탄올 1.0%
④ 클로페네신 0.3%
⑤ 메칠이소치아졸리논 0.0015%

해설

자외선 차단성분 : 드로메트리졸 1.0%

정답 74 ③ 75 ② 76 ⑤ 77 ③ 78 ①

79 **다음 중 화장품의 유형과 제품이 올바르게 연결된 것은?** (1회 기출문제)

① 염모제 – 두발용
② 바디클렌저 – 세안용
③ 마스카라 – 색조화장용
④ 손발의 피부연화제품 – 기초화장용
⑤ 클렌징워터 – 인체세정용

해설

화장품법 시행규칙(별표3) 화장품 유형과 사용 시의 주의사항

80 **맞춤형화장품에 혼합 가능한 기기로 옳은 것은?** (1회 기출문제)

① 분쇄기
② 호모게나이저
③ 성형기
④ 충진기
⑤ 냉각기

해설

혼합, 소분에 필요한 기구 사용
–혼합 : 교반기(아지믹서, 호모믹서)

81 **맞춤형화장품 조제관리사는 매장을 방문한 고객과 다음과 같은 〈대화〉를 나누었다. 고객에게 혼합하여 추천할 제품으로 다음 〈보기〉 중 옳은 것을 모두 고르시오**

〈대화〉

고객: 최근 부쩍 주름이 많아지고 피부가 쳐지는 느낌이 들고 피부가 푸석푸석해요.
조제관리사: 아. 그러신가요? 그럼 고객님 피부 상태를 측정해 보도록 할까요?
고객: 그럴까요? 지난번 방문 시와 비교해 주시면 좋겠네요
조제관리사: 네. 이쪽에 앉으시면 저희 측정기로 측정을 해드리겠습니다.
피부측정 후,
조제관리사: 고객님은 1달 전 측정 시보다 얼굴에 주름이 많이 늘고 수분함유량이 많이 저하되어 있네요. 주름개선과 보습효과를 줄 수 있는 제품을 사용하는게 좋겠어요.
고객: 음. 걱정이네요. 그럼 제게 맞는 제품으로 추천해 주셔요.

〈보기〉

㉠ 살리실릭애씨드 함유 제품
㉡ 나이아신아마이드 함유 제품
㉢ 세라마이드 함유 제품
㉣ 아데노신 함유제품
㉤ 알파– 비사보롤 함유제품

① ㉠, ㉢
② ㉠, ㉤
③ ㉡, ㉣
④ ㉡, ㉤
⑤ ㉢, ㉣

해설

여드름완화 : 살리실릭애씨드, 미백성분 : 나이아신아마이드, 알파–비사보롤

정답 79 ④ 80 ② 81 ⑤

82 **피부의 진피 구조로 옳은 것은?**

① 유두층, 기저층 ② 망상층, 기저층
③ 유두층, 망상층 ④ 기저층, 과립층
⑤ 피하지방층, 망상층

83 **피부의 구조의 순서로 옳은 것은?**

① 피하지방 → 진피 → 표피
② 피하지방 → 진피 → 피부부속기관
③ 진피 → 피하지방 → 표피
④ 피부부속기관 → 표피 → 진피
⑤ 표피 → 피하지방 → 진피

84 **다음은 어느 피부유형에 속하는가?**

〈보기〉
- 피지분비가 많아 유분이 많고 모공이 크다.
- 뾰루지와 면포형성이 생길 수 있다.
- 피부가 유분기가 많아 번들거리고 화장이 잘 지워진다.
- 피부조직이 두껍고 피부결이 거칠어 보인다.
- 모세혈관이 확장되어 붉은 얼굴이 되기 쉽다.

① 건성피부 ② 지성피부
③ 정상피부 ④ 민감성피부
⑤ 복합성피부

85 **모발 구조의 설명으로 옳은 것은?**

① 모발에 영양과 산소를 운반하고 세포분열이 시작되는 곳은 모낭이다.
② 모유두에 접하고 있는 세포는 모구이다.
③ 모발의 85%이상 대부분을 차지하며 모발의 질을 결정하는 중요한 부분은 모표피이다.
④ 모발 중심부에 속이 비어있는 상태로 얇은 모발이나 아기모발에는 없고 굵은 모발일수록 수질이 많은 부분은 모수질이다.
⑤ 모발이 만들어지는 곳은 입모근이다.

해설

- 모발에 영양과 산소를 운반하고 세포분열이 시작되는 곳은 모유두이다.
- 모유두에 접하고 있는 세포는 모모세포이다.
- 모발의 85%이상 대부분을 차지하며 모발의 질을 결정하는 중요한 부분은 모피질이다.
- 모발이 만들어지는 곳은 모구이다.

86 **모발의 성장주기에 대한 설명으로 옳은 것은?**

① 성장기 – 새로운 모발이 발생하는 시기
② 퇴화기 – 모구의 활동이 완전히 멈추는 시기
③ 휴지기 – 대사과정이 느려져 세포분열이 정지 모발 성장이 정지되는 시기
④ 발생기 – 모구의 활동이 완전히 멈추는 시기
⑤ 성장기 – 모발이 모세혈관에서 보내진 영양분에 의해 성장하는 시기

해설

모발의 성장 주기
① 성장기 – 모발이 모세혈관에서 보내진 영양분에 의해 성장하는 시기
② 퇴화기 – 대사과정이 느려져 세포분열이 정지 모발 성장이 정지되는 시기
③ 휴지기 – 모구의 활동이 완전히 멈추는 시기
④ 발생기 – 새로운 모발이 발생하는 시기

87 **제조 또는 수입된 화장품내용물에 다른 화장품의 내용물이나 식품의약품안전처장이 정하여 고시하는 원료를 추가하여 혼합한 화장품을 판매하는 영업을 하는 자는?**

① 맞춤형화장품판매업자
② 화장품책임판매업자
③ 화장품도매업자
④ 화장품 전문점
⑤ 화장품제조업자

정답 82 ③ 83 ① 84 ② 85 ④ 86 ⑤ 87 ①

88 맞춤형화장품판매업을 하려는 자는 총리령으로 정하는 바에 따라 식품의약품안전처장에게 신고하여야 한다. 신고한 사항 중 총리령으로 정하는 사항을 변경할 때에도 또한 같다.
⇒ (   )에 (   ) 이내 신고. 변경사항은 (   ) 이내에 신고해야 한다. (1회 기출문제)

① 관할 지방식품의약처안전청, 10일, 15일
② 관할 지방식품의약처안전청, 10일, 20일
③ 관할 지방식품의약처안전청, 15일, 25일
④ 관할 지방식품의약처안전청, 15일, 30일
⑤ 관할 지방식품의약처안전청, 20일, 30일

89 다음의 〈보기〉는 맞춤형화장품의 전성분 항목이다. 소비자에게 사용된 성분에 대해 설명하기 위하여 다음 화장품 전성분 표기 중 사용상의 제한이 필요한 보존제에 해당하는 성분을 다음 〈보기〉에서 하나를 골라 작성하시오. [맞춤형화장품조제관리사 자격시험 예시문항]

〈보기〉
정제수, 글리세린, 다이프로필렌글라이콜, 토코페릴아세테이트, 다이메티콘/비닐다이메티콘크로스폴리머, C12-14파레스-3, 페녹시에탄올, 향료

해설
보습제 : 글리세린/다이프로필렌글라이콜, 합성고분자화합물 : 다이메티콘/비닐다이메티콘크로스폴리머
[정답] 페녹시에탄올

90 다음 괄호안에 알맞은 단어를 기재하시오.

〈보기〉
맞춤형화장품판매업소에서 (   )자격증을 가진 자가 고객 개인별 피부 특성이나 색, 향 등의 기호 등 취향에 따라 다음과 같이맞춤형 화장품을 판매할 수 있다.
- 제조 또는 수입된 화장품의 내용물에 다른 화장품의 내용물이나 색소, 향료 등 식품 의약품안전처장이 정하는 원료를 추가하여 혼합한 화장품
- 제조 또는 수입된 화장품의 내용물을 소분(小分)한 화장품

91 식품의약품안전처장은 맞춤형화장품조제관리사가 거짓이나 그 밖의 부정한 방법으로 시험에 합격한 경우에는 자격을 취소하여야 하며, 자격이 취소된 사람은 취소된 날부터 (   )간 자격시험에 응시할 수 없다.

92 맞춤형화장품판매장의 조제관리사로 지방식품의약품안전청에 신고한 맞춤형화장품조제관리사는 매년 (,   )의 집합교육 또는 온라인 교육을 식약처에서 정한 교육실시기관에서 이수 할 것.

93 다음은 화장품의 품질요소에 대한 설명이다. 알맞은 단어를 쓰시오.

〈보기〉
(   )이란 화장품의 내용물이 변색, 변취와 같은 화학적 변화나 미생물 오염, 분리, 침전, 응집, 부러짐, 굳음과 같은 물리적 변화로 인하여 사용성이나 미관이 손상되어서는 안된다.

정답 88 ④ 89 페녹시에탄올 90 맞춤형화장품조제관리사 91 3년 92 4시간 이상, 8시간 이하 93 안정성

94 다음은 화장품 1차 포장에 반드시 기재 표시해야 하는 사항이다. (1회 기출문제)

〈보기〉
- 화장품의 명칭
- 영업자의 상호
- (　　)
- 사용기한 또는 개봉 후 사용기간(제조연월일 병행 표기)

해설

화장품의 1차 포장에 기재표시 사항 : 명칭, 상호, 제조번호, 사용기한 또는 개봉후 사용기간

95 다음 괄호 안에 알맞은 단어를 기재하시오.

〈보기〉
식품의약품안전처장은 특별히 사용상의 제한이 필요한 원료에 대하여는 그 사용기준을 지정하여 고시하여야 하며, 사용기준이 지정 · 고시된 원료 외의 (　　　,　　　,　　　)등은 사용할 수 없다.

96 다음 괄호 안에 알맞은 단어를 기재하시오.

〈보기〉
맞춤형화장품 사용과 관련된 중대한 유해사례 등 부작용 발생 시 그 정보를 알게 된 날로부터 (　　)에 식품의약품안전처 홈페이지를 통해 보고하거나 우편 · 팩스 · 정보통신망 등의 방법으로 보고해야 한다.

97 다음은 설명의 화장품제형은?

〈보기〉
유화제 등을 넣어 유성성분과 수성성분을 균질화하여 반고형상으로 만든 것

98 다음 사항에 알맞은 단어를 기재하시오.

〈보기〉
한 종류의 액체(용매)에 계면활성제를 이용하여 불용성 물질을 투명하게 용해시키는 것
대표적인 화장품으로는 투명스킨, 헤어토닉 등이 있다.

99 일상의 취급 또는 보통 보존상태에서 외부로부터 고형의 이물이 들어가는 것을 방지하고 고형의 내용물이 손실되지 않도록 보호할 수 있는 용기는?

100 맞춤형화장품의 내용물 및 원료 입고 시 품질관리 여부를 확인하고 구비해야하는 서류는?

정답 94 제조번호　95 보존제, 색소, 자외선차단제　96 15일 이내　97 크림제　98 가용화
99 밀폐용기　100 품질성적서

제2회 실전 모의고사

1 화장품법의 이해

1 화장품의 목적으로 옳지 않은 것은?

① 화장품의 제조 · 수입 · 판매 등에 관한 사항을 규정
② 국민보건향상에 기여함을 목적
③ 화장품 산업의 발전에 기여함을 목적
④ 화장품 수출에 관한 사항을 규정
⑤ 인체를 청결, 미화하여 변화시키는 것을 목적

해설

화장품의 제조 · 수입 · 판매 및 수출 등에 관한 사항을 규정함으로써 국민보건향상과 화장품 산업의 발전에 기여함을 목적

2 기능성화장품으로 옳지 않는 것은? (1회 기출문제)

① 피부의 미백에 도움을 주는 제품
② 아토피피부염에 도움을 주는 제품
③ 피부를 곱게 태워주거나 자외선으로부터 피부를 보호하는 데에 도움을 주는 제품
④ 모발의 색상 변화 · 제거 또는 영양공급에 도움을 주는 제품
⑤ 피부나 모발의 기능 약화로 인한 건조함, 갈라짐, 빠짐, 각질화 등을 방지하거나 개선하는데에 도움을 주는 제품

해설

아토피피부염은 기능성화장품이 아닌 의약품으로 구분
화장품법 시행규칙 제2조 기능성화장품의 범위에서 10항 피부장벽(피부의 가장 바깥쪽에 존재하는 각질층의 표피를 말한다)의 기능을 회복하여 가려움 등의 개선에 도움을 주는 화장품

3 맞춤형화장품판매업 신고의 내용으로 옳지 않은 것은?

① 맞춤형화장품판매업을 하려는 자는 총리령으로 정하는 바에 따라 식품의약품안전처장에게 신고하여야 한다.
② 맞춤형화장품판매업을 신고한 자(이하 "맞춤형화장품판매업자"라 한다.)는 대통령령으로 정하는 바에 따라 맞춤형화장품의 혼합, 소분 업무에 종사하는 자(이하 "맞춤형화장품조제관리사"라 한다)를 두어야 한다.
③ 맞춤형화장품판매업의 신고를 하려는 자는 맞춤형화장품판매업 신고서(전자문서로 된 신고서를 포함한다.)에 맞춤형화장품조제관리사(이하 "맞춤형화장품조제관리사"라 한다.)의 자격증 사본을 첨부하여 맞춤형화장품판매업소의 소재지를 관할하는 지방식품의약품안전청장에게 제출해야 한다.
④ 지방식품의약품안전청장은 신고를 받은 경우에는 「전자정부법」 따른 행정정보의 공동이용을 통해 법인 등기사항증명서(법인인 경우만 해당한다)를 확인해야 한다.
⑤ 지방식품의약품안전청장은 신고가 그 요건을 갖춘 경우에는 맞춤형화장품판매업 신고대장에 기재사항을 적고 맞춤형화장품판매업 신고필증을 발급해야 한다.

해설

맞춤형화장품판매업을 신고한 자(이하 "맞춤형화장품판매업자"라 한다.)는 총리령으로 정하는 바에 따라 맞춤형화장품의 혼합, 소분 업무에 종사하는 자(이하 "맞춤형화장품조제관리사"라 한다.)를 두어야 한다.

정답 1 ⑤ 2 ② 3 ②

4 화장품사용 중 위해사례가 발생했을 경우 회수에 관한 내용으로 옳은 것은?

① 영업자는 국민보건에 위해(危害)를 끼치거나 끼칠 우려가 있는 화장품이 유통 중인 사실을 알게 된 경우에는 지체없이 해당 화장품을 회수하거나 회수하는 데에 필요한 조치를 하여야 한다.

② 화장품을 회수하거나 회수하는 데에 필요한 조치를 하려는 영업자는 회수계획을 화장품책임판매업자에게 미리 보고하여야 한다.

③ 보건복지부장관은 회수 또는 회수에 필요한 조치를 성실하게 이행한 영업자가 해당 화장품으로 인하여 받게 되는 행정처분을 총리령으로 정하는 바에 따라 감경 또는 면제할 수 있다.

④ 회수 대상 화장품, 해당 화장품의 회수에 필요한 위해성 등급 및 그 분류기준, 회수계획 보고 및 회수절차 등에 필요한 사항은 대통령령으로 정한다.

⑤ 회수계획에 따른 회수계획량의 4분의 1이상 3분의 1미만을 회수한 경우는 그 위반행위에 대한 행정처분을 면제할 수 있다.

해설

- 화장품을 회수하거나 회수하는 데에 필요한 조치를 하려는 영업자는 회수계획을 식품의약품안전처장에게 미리 보고하여야 한다.
- 식품의약품안전처장은 회수 또는 회수에 필요한 조치를 성실하게 이행한 영업자가 해당 화장품으로 인하여 받게 되는 행정처분을 총리령으로 정하는 바에 따라 감경 또는 면제할 수 있다.
- 회수 대상 화장품, 해당 화장품의 회수에 필요한 위해성 등급 및 그 분류기준, 회수계획 보고 및 회수절차 등에 필요한 사항은 총리령으로 정한다.
- 회수계획에 따른 회수계획량의 5분의 4 이상을 회수한 경우: 그 위반행위에 대한 행정처분을 면제

5 맞춤형화장품조제관리사 자격에 대한 설명으로 옳지 않은 것은?

① 맞춤형화장품조제관리사가 되려는 사람은 화장품과 원료 등에 대하여 식품의약품안전처장이 실시하는 자격시험에 합격하여야 한다.

② 식품의약품안전처장은 맞춤형화장품조제관리사가 거짓이나 그 밖의 부정한 방법으로 시험에 합격한 경우에는 자격을 취소하여야 하며, 자격이 취소된 사람은 취소된 날부터 3년간 자격시험에 응시할 수 없다.

③ 자격시험에서 부정행위를 한 사람에 대해서는 그 시험을 정지시키거나 그 합격을 무효로 한다.

④ 보건복지부장관은 자격시험을 실시하려는 경우에는 시험일시, 시험장소, 시험과목, 응시방법 등이 포함된 자격시험 시행계획을 시험 실시 60일전까지 식품의약품안전처 인터넷 홈페이지에 공고해야 한다.

⑤ 자격시험에 합격하여 자격증을 발급받으려는 사람은 맞춤형화장품조제관리사 자격증 발급 신청서(전자문서로 된 신청서를 포함한다)를 식품의약품안전처장에게 제출해야 한다.

해설

식품의약품안전처장은 자격시험을 실시하려는 경우에는 시험일시, 시험장소, 시험과목, 응시방법 등이 포함된 자격시험 시행계획을 시험 실시 90일전까지 식품의약품안전처 인터넷 홈페이지에 공고해야 한다.

정답 4 ① 5 ④

6 **부당한 표시광고 행위 등의 금지사항으로 옳지 않은 것은?**

① 의약품으로 잘못 인식할 우려가 있는 표시 또는 광고
② 기능성화장품이 아닌 화장품을 기능성화장품으로 잘못 인식할 우려가 있거나 기능성화장 품의 안전성 · 유효성에 관한 심사결과와 다른 내용의 표시 또는 광고
③ 천연화장품 또는 유기농화장품이 아닌 화장품을 천연화장품 또는 유기농화장품으로 잘못 인식할 우려가 있는 표시 또는 광고
④ 그 밖에 사실과 다르게 소비자를 속이거나 소비자가 잘못 인식하도록 할 우려가 있는 표시 또는 광고
⑤ 표시 · 광고의 범위와 그 밖에 필요한 사항은 대통령령으로 정한다.

해설

해설. 표시 · 광고의 범위와 그 밖에 필요한 사항은 총리령으로 정한다.

7 **고객 상담 시 개인정보 중 민감정보에 해당 되는 것으로 옳은 것은?** [맞춤형화장품조제관리사 자격시험 예시문항]

① 여권법에 따른 여권번호
② 주민등록법에 따른 주민등록번호
③ 유전자검사 등의 결과로 얻어진 유전 정보
④ 도로교통법에 따른 운전면허의 면허번호
⑤ 출입국관리법에 따른 외국인등록번호

8 **동식물 및 그 유래 원료 등을 함유한 화장품으로서 식품의약품안전처장이 정하는 기준에 맞는 화장품은?**

해설

화장품법 제2조 2의 2(정의)

9 **화장품 영업자가 폐업 또는 휴업하거나 휴업 후 그 업을 재개하려는 경우에는 그 폐업, 휴업, 재개한 날부터 (㉠)에 화장품책임판매업 등록필증, 화장품제조업 등록필증 및 맞춤형 화장품판매업 신고필증을 첨부하여 신고서(전자문서로 된 신고서를 포함한다)를 (㉡)에게 제출하여야 한다.**

해설

화장품시행규칙 제 15조(폐업 등의 신고)

10 **다음 괄호안에 알맞은 단어를 기재하시오.**

〈보기〉
식품의약품안전처장 또는 지방식품의약품안전청장은 화장품 안전관리를 위하여 제17조에 따라 설립된 단체 또는 「소비자기본법」 제29조에 따라 등록한 소비자단체의 임직원 중 해당 단체의 장이 추천한 사람이나 화장품 안전관리에 관한 지식이 있는 사람을 (　　)으로 위촉할 수 있다.

해설

제18조의2 (소비자화장품안전관리감시원)

2 화장품제조 및 품질관리

11 **화장품에 대한 정의에서 틀린 것은?**

① 천연화장품 : 동식물 및 그 유래원료 등을 함유한 화장품
② 유기농화장품 : 유기농원료, 동식물 및 그 유래 원료 등을 함유한 화장품
③ 맞춤형화장품 : 제조 또는 수입된 화장품의 내용물을 소분(小分)한 화장품
④ 기능성화장품 : 자외선으로부터 피부를 보호하는 데에 도움을 주는 제품
⑤ 천연화장품 : 천연함량이 전체의 제품에서 10%이상이어야 한다.

정답 6 ⑤　7 ③　8 천연화장품　9 ㉠ 20일 이내 ㉡ 지방식품의약품안전청장
10 소비자화장품안전관리감시원　11 ⑤

해설

- 천연화장품 : 천연함량이 전체의 95%이상으로 구성되어야 한다.
- 유기농화장품 : 유기농 함량이 전체의 10%이상, 유기농함량을 포함한 천연함량이 95%이상 구성

12 유기화합물에서 에스테르의 종류가 아닌 것은?

① 메칠
② 에칠
③ 프로필
④ 포타슘
⑤ 페닐

해설

에스테르는 산과 알코올이 작용하여 생긴 화합물이다. ④는 염류

13 염류에 대한 설명으로 틀린 것은?

① 양이온염과 음이온염이 있다.
② 양이온염에는 소듐, 포타슘, 마그네슘, 암모늄 및 에탄올아민
③ 음이온염에는 아세테이트, 클로라이드, 브로마이드, 설페이트,
④ 무기염류와 유기염류가 있다.
⑤ 산과 염기의 결합 시 수산화 화합물을 생성하는 것

해설

⑤ 알칼리성(염기성) 용액 : 산과 염기의 결합 시 수산화 화합물을 생성하는 것

14 자외선 조사 시 피부 조직에 미치는 영향이 아닌 것은 무엇인가?

① 피부진정
② 색소침착
③ 진피 조직 노화
④ 일광화상
⑤ 홍반현상

15 무수에탄올을 사용해서 70%희석 알코올 1,600㎖를 만드는 방법으로 옳은 것은? (기출문제)★

① 무수에탄올 126㎖, 물 1,674㎖
② 무수에탄올 70㎖, 물 1,730㎖
③ 무수에탄올 1,120㎖, 물 480㎖
④ 무수에탄올 700㎖, 물 1,100㎖
⑤ 무수에탄올 600㎖, 물 1,000㎖

해설

무수에탄올은 물이 거의 없는(수분 0.2% 이하) 99.5% 이상의 알코올(=에탄올, Absolute Ethanol)을 말한다.
계산 〉 100㎖ 기준에서 볼 때 비율은 70% 알코올은 알코올 70㎖ : 물 30㎖이다.
전체 70% 농도 1,600㎖를 만든다면
70(알코올) : 100(전체용량) = x(알코올) : 1600(전체용량)
100 x = 112,000 x =1,120 ∴ 전체1,600㎖ − 알코올 1,120㎖ = 물480㎖
그러므로 알코올 1,120 물 480㎖을 이용하여 70% 알코올 1600㎖ 완성

16 화장품 사용 시 주의할 사항으로 옳은 것은?

① 화장품은 직사광선에 노출되어도 무방하다.
② 용기에서 덜어낸 제품이 남으면 깨끗하게 하여 다시 용기에 넣어도 된다.
③ 화장품을 덜어낼 때는 손을 사용한다.
④ 뚜껑을 오랫동안 열어 놓지 않아야 한다.
⑤ 용기를 버릴 때는 반드시 뚜껑을 닫아서 버려야 한다.

해설

※ 용기를 버릴 때는 반드시 뚜껑을 열어서 버려야 한다.

17 자외선 차단제에 관한 설명으로 틀린 것은?

① 자외선 차단지수는 제품을 사용하지 않았을 때 홍반을 일으키는 자외선의 양을 제품을 사용했을 때 홍반을 일이키는 자외선양으로 나눈 값이다.

정답 12 ④ 13 ⑤ 14 ① 15 ③ 16 ④

② SPF(Sun Protect Factor)는 자외선 차단지수가 높을수록 차단이 잘 된다.
③ 자외선 차단제는 SPF(Sun Protect Factor)로 지수를 나타낸다.
④ 자외선 차단제의 효과는 자신의 멜라닌 색소의 양과 자외선에 대한 민감도에 따라 달라질 수 있다.
⑤ SPF는 UV-A를 차단하는 지수를 표시한 것이다.

해설
PA +, ++, +++ : UV-A를 차단하는 지수

18 화장품의 원료가 산패에 의해 변질되는 것을 방지하는 것으로 바르게 연결된 것은?
① 점증제 - 카보머
② 보습제 - 글리세린
③ 산화방지제 - 토코페롤
④ 피막제 - 1,2 헥산디올
⑤ 방부제 - 페녹시에탄올

19 화학구조가 하이드로퀴논과 비슷하지만 인체에 독성이 없는 식물에서 추출하는 미백제는?
① 감초 (licorice)
② 코직산 (kojic acid)
③ 알부틴 (albutin)
④ 비타민 C (ascorbic acid)
⑤ 닥나무추출물

해설

20 탄화수소류의 광물성 오일로 수분증발을 억제하는 성분은?
① 스쿠알렌
② 라놀린(lanolin)
③ 포도씨유(grape seed oil)
④ 호호바유(jojoba oil)
⑤ 유동 파라핀

해설
① 스쿠알렌-탄화수소류, 피부침투성 좋음, 피부윤활성
② 동물성 유지
③,④ 식물성 유지

21 산화방지제(antioxidants)의 정의로 적합한 것은?
① 산소와 반응하는 것을 촉진하기 위해 첨가되는 물질이다.
② 산소와 반응하는 것을 방지하기 위해 첨가되는 물질이다.
③ 질소와 반응하는 것을 촉진하기 위해 첨가되는 물질이다.
④ 질소와 반응하는 것을 방지하기 위해 첨가되는 물질이다.
⑤ 산소와 질소의 반응으로 이루어진 물질이다.

22 다음 중 화장품에 방부제로 사용하지 않는 것은?
① 이미다졸리디닐 우레아(imidazollidinyl urea)
② 메틸파라벤(methyl paraben)
③ 에틸파라벤(ethyl paraben)
④ 잔탄검(eanthan gum)
⑤ 페녹시에탄올(phenoxyehtanol)

해설
잔탄검 - 고분자 화합물(polymer compound), 점증제

정답 17 ⑤ 18 ③ 19 ③ 20 ⑤ 21 ② 22 ④

23 **피부자극이 적어 화장수의 가용화제로 많이 사용하는 계면활성제는 무엇인가?**

① 양이온성 계면활성제
② 비이온성 계면활성제
③ 음이온성 계면활성제
④ 양쪽이온성 계면활성제
⑤ 수산화이온 계면활성제

24 **천연 화장품에 사용하는 산화방지제로 적합한 것은?**

① 베타 글루칸(beta-glucan)
② BHT(dibutylhydroxytoluene)
③ 토코페롤(tocopherol)
④ BHA(butylhydroxyanisole)
⑤ 프로필갈레이트(propyl gallate)

해설

③ 토코페롤 – 천연산화방지제
① 베타 글루칸 – 천연고분자 ②, ④, ⑤ 합성 산화방지제

25 **천연화장품의 특징으로 적합하지 않은 것은 무엇인가?**

① 동식물 및 그 유래원료 등을 함유한 화장품
② 자연에서 대체하기 곤란한 원료는 5%이내에서 사용한다.
③ 총리령에 맞는 기준으로 만들어진 화장품
④ 천연원료 및 천연유래원료를 이용한다.
⑤ 천연함량이 전체제품의 95%이상 구성

해설

③ 식품의약품 안전처장이 정하는 기준에 맞는 화장품

26 **고형의 유성성분으로 고급 지방산에 고급 알코올이 결합된 에스테르물질로 화장품의 굳기를 증가시켜 주는 화장품의 원료로 사용되는 것은?**

① 바세린
② 피마자유
③ 밍크오일
④ 밀납
⑤ 스쿠알렌

해설

고급 지방산과 고급 알코올이 결합된 에스테르물질로 왁스(Wax)가 있다.
왁스의 종류 : 경납, 밀납, 카나우버 왁스

27 **다음 헤어 린스(hair rinse) 에 대한 설명 중 가장 거리가 먼 것은?**

① 음이온계면활성제가 사용되어 세정력과 탈지 효과가 있다.
② 머리카락의 엉킴 방지효과가 있다.
③ 샴푸제의 잔여물 중화하는 역할을 한다.
④ 모발에 흡착하여 대전방지효과를 형성하고 머릿결을 좋게 한다.
⑤ 양이온성 계면활성제로 만들어져 피부에 자극적이다.

해설

① 양이온성 계면활성제는 음이온계면활성제와 반대의 이온성구조를 갖고 있어 역성비누라고 한다.
③ 샴푸제는 세정력이 강한 음이온계면활성제를 사용하는 경우 물에 용해 될 때 친수기가 음이온으로 해리되므로 양이온성 계면활성제가 물에 용해시 해리된 양이온과 결합하여 중화될 수 있다.
⑤ 피부자극이 강하므로 두피에 닿지 않게 사용해야 한다.

정답 23 ② 24 ③ 25 ③ 26 ④ 27 ①

28 **천연화장품에 안전하게 사용할 수 있는 보존제는?**

① 페녹시에탄올
② 토코페롤
③ 1,2 헥산 디올
④ 소듐아이오데이트
⑤ 아스커빌글루코사이드

해설

- 보존제(=방부제) : 파라벤, 페녹시에탄올, 소듐아이오데이트(Sodium Iodate),
  → 이들은 독성이 있어 피부자극(알러지) 유발 / 1,2 헥산 디올(방부제, 항균, 보습역할로 독성이 거의 없어 대체물질로 많이 사용
- 산화방지제 : 토코페롤(천연), 아스커빌글루코사이드(합성)

29 **화장품 안전기준에 관한 규정으로 사용 후 씻어내는 제품에만 사용가능한 화장품 원료로만 올바르게 짝 지워진 것은?**

① 메칠이소치아졸리논 – 소르빅애씨드
② 소듐아이오데이트 – 징크피리치온
③ 헥세티딘 – 파라벤
④ 벤질헤미포름알 – 살리실릭애씨드
⑤ 페녹시이소프로판올 – 벤조페논 9

해설

사용상의 제한이 필요한 원료 중 피부 감작성 등의 우려가 있는 성분

- 메칠이소치아졸리논, 메칠클로로이소치아졸리논과 메칠이소치아졸리논 혼합물, 벤질헤미포름알, 5-브로모-5-나이트로-1,3-디옥산, 소듐라우로일사코시네이트, 소듐아이오데이트, 운데실레닉애씨드 및 그 염류 및 모노 에탄올아마이드, 징크피리치온, 페녹시이소프로판올(1-페녹시프로판-2-올), 헥세티딘 등

30 **다음 각목의 어느 하나에 해당하는 성분을 0.5% 이상 함유하는 경우에는 해당 품목의 안전성 시험자료를 최종 제조된 제품의 사용기한이 만료되는 날로부터 (　　)년간 보존할 것**

가. 레티놀(비타민 A) 및 그 유도체
나. 아스코빅애씨드(비타민 C) 및 그 유도체
다. 토코페롤 (비타민 E)
라. 과산화화합물
바. 효소

31 **다음 괄호 안에 들어갈 단어를 기재하시오.** (기출문제)★

> (　　)라 함은 색소 중 콜타르, 그 중간생성물에서 유래되었거나 유기 합성하여 얻은 색소 및 그 레이크, 염, 희석제와의 혼합물을 말한다.

32 **화장품 안전기준에 의하여 식품의약품안전처장은 (㉠ ㉡ ㉢)등과 같이 특별히 사용상의 제한이 필요한 원료에 대하여는 그 사용기준을 정하여 고시하여야 한다. 맞춤형 화장품조제관리사는 사용기준이 지정 고시된 원료의 ㉠ ㉡ ㉢ 등은 따로 배합 사용할 수 없다.**

33 **화장비누 혹은 고형비누 제품에 남아 있는 유리알칼리 성분의 제한한도는 (　　)% 이하이다.**

34 **다음 괄호 안에 들어갈 단어를 기재하시오.**

> (㉠)는 피부자극이 적어 기초화장품 분야에 많이 쓰이며, 화장수의 (㉡) 로 많이 사용하는 계면활성제이다. HLB의 차이에 따라 습윤, 침투, 유화 등의 성질이 달라진다.

정답 28 ③　29 ②　30 1　31 타르색소　32 ㉠ 살균보존제 ㉡ 색소 ㉢ 자외선차단제　33 0.1
34 ㉠ 비이온성 계면활성제 ㉡ 가용화제

35 **다음 괄호 안에 들어갈 단어를 기재하시오.**

> 〈보기〉
> (　　)은 단파장으로 가장 강한 자외선이며, 원래는 오존층에 완전 흡수되어 지표면에 도달되지 않았으나 오존층의 파괴로 인해 인체와 생태계에 많은 영향을 미치는 자외선이다.

3 유통 화장품 안전관리

36 **세척확인 판정방법으로 설명한 것이다. 틀린 것은?**

① 눈으로 확인한다.
② 천으로 문질러 부착물을 확인한다.
③ 닦아낸 천 표면의 잔류를 확인한다.
④ 린스액 화학분석을 한다.
⑤ 브러시를 이용하여 문질러본다.

해설
브러시를 이용하여 문질러본다 – 설비세척방법

37 **화장품 제조설비에 대한 세척의 원칙으로 맞지 않는 것은?**

① 증기 세척 이용을 권장한다.
② 정제수로 세척한다.
③ 세정제를 반드시 사용한다.
④ 가능한 한 세제를 사용하지 않는다.
⑤ 브러시를 이용하여 닦아본다.

해설
세제는 필요시에만 사용하고 가급적 사용을 자제한다.

38 **완제품의 보관 및 출고관리에 대한 사항으로 적절하지 않은 것은?**

① 완제품은 주기적으로 재고 점검을 수행해야 한다.
② 출고는 반드시 선입선출방식에 따라 이행한다.
③ 완제품은 타당사유에 따라서 먼저 출고된다.
④ 출고할 제품은 원자재, 부적합품 및 반품된 제품과 구획된 장소에서 보관하여야 한다.
⑤ 완제품은 적절한 조건하의 정해진 장소에서 보관되어야 한다.

해설
타당한 사유가 있는 경우에는 선입선출을 하지 않을 수도 있다(우수화장품 제조 및 품질관리기준 제19조 보관 및 출고).

39 **다음에서 원료 및 포장재의 입고 관리기준에 대한 조치가 올바른 것을 모두 고르세요.**

> 〈보기〉
> ㉠ 육안 확인 시 물품에 결함이 있을 경우 재작업 실시
> ㉡ 입고된 원자재는 "적합", "부적합", "검사 중" 등으로 상태를 표시
> ㉢ 원자재 공급자에 대한 관리감독을 적당히 수행
> ㉣ 원자재 용기에 제조번호가 없는 경우에는 관리번호를 부여하여 보관
> ㉤ 구매요구서, 원자재 공급업체 성적서 및 현품이 서로 일치하는지 확인

① ㉠, ㉡, ㉢
② ㉠, ㉢, ㉣
③ ㉠, ㉡, ㉤
④ ㉡, ㉣, ㉤
⑤ ㉢, ㉤, ㉣

해설
원자재 입고 절차 중 육안 확인 시 물품에 결함이 있을 경우 입고를 보류하고 격리보관 및 폐기하거나 원자재 공급 업자에게 반송하여야 한다.

정답 **35** 자외선(UV) C **36** ⑤ **37** ③ **38** ② **39** ④

40 **개봉 후 사용기간 설정을 할 수 없는 제품으로 맞은 것은?**

① 영양크림 ② 헤어젤
③ 아이라인 ④ 립스틱
⑤ 일회용 마스크팩

해설

개봉 후 사용기가능 설정할 수 없는 제품
– 안정성시험을 할 수 없는 제품 : 스프레이용기 제품과 일회용 제품

41 **작업소 청소시 세척 대상 물질이 아닌 것은?**

① 화학물질 (원료, 혼합물) 미립자, 미생물
② 배관, 용기
③ 쉽게 분해되는 물질, 분해가 어려운 물질
④ 불용성 물질, 가용성 물질
⑤ 세척이 쉬운 물질, 세척이 곤란한 물질

해설

배관, 용기는 세척대상 설비이다.

42 **다음 중 용어의 정의가 일치 하지 않는 것은?**

① 불만 – 제품이 규정된 적합판정기준을 충족시키지 못한다고 주장하는 외부 정보를 말한다.
② 오염 – 제품에서 화학적, 물리적, 미생물학적 문제 또는 이들이 조합되어 나타내는 바람직하지 않은 문제의 발생을 말한다.
③ 반제품 – 제조공정 단계에 있는 것으로서 필요한 제조공정을 더 거쳐야 벌크 제품이 되는 것을 말한다.
④ 재작업 – 대상물의 표면에 있는 바람직하지 못한 미생물 등 오염물을 감소시키기 위해 시행되는 작업을 말한다.
⑤ 건물 –제품, 원료 및 포장재의 수령, 보관, 제조, 관리 및 출하를 위해 사용되는 물리적 장소, 건축물 및 보조 건축물을 말한다.

해설

• 재작업 – 적합 판정기준을 벗어난 완제품, 벌크제품 또는 반제품을 재처리하여 품질이 적합한 범위에 들어오도록 하는 작업을 말한다. ④번의 설명은 위생관리

43 **다음에서 입고 후 원료, 내용물 및 포장재 보관 과정 중에서 기준일탈 제품의 처리 원칙에 적합한 조치를 모두 고르세요.**

〈보기〉

㉠ 내용물과 포장재가 적합판정기준을 만족시키지 못할 경우를 기준일탈 처리한다.
㉡ 변질 · 변패 또는 병원미생물에 오염되지 아니한 경우에만 재작업을 할 수 있다.
㉢ 사용기한이 1년 이내로 남은 제품은 무조건 재작업 할 수 있다.
㉣ 기준일탈 제품은 폐기하는 것이 가장 바람직하나 폐기하면 큰 손해가 되는 경우 재작업이 가능하다.
㉤ 기준일탈 제품은 재작업할 수 없다.

① ㉠, ㉡, ㉢
② ㉠, ㉡, ㉣
③ ㉠, ㉢, ㉤
④ ㉡, ㉤, ㉣
⑤ ㉢, ㉤, ㉣

해설

– 제조일로부터 1년이 경과하지 않았거나 사용기한이 1년 이상 남아 있는 경우, 변질 · 변패 또는 병원미생물에 오염되지 아니한 경우에 가능하다.
– 폐기하면 큰 손해인 경우, 제품 품질에 악영향을 주지 않는 경우 재작업 가능하다.

정답 40 ⑤ 41 ② 42 ④ 43 ②

44 **화장품 표시 · 광고에 대한 설명으로 적합하지 않은 것은?**

① 국제적 멸종위기종의 가공품이 함유된 화장품임을 표현하거나 암시하는 표시 · 광고불가
② 사실 유무와 관계없이 다른 제품을 비방한다고 의심이 되는 표시 · 광고불가
③ 외국제품을 국내제품으로 또는 국내제품을 외국제품으로 잘못 인식할 우려가 있는 표시 · 광고 불가
④ 의약품으로 인정받은 경우, 제품의 명칭 및 효능 기술제휴 등을 표현하는 표시 · 광고
⑤ 품질 · 효능 등에 관하여 객관적으로 확인될 수 없거나 확인되지 않은 경우 표시 · 광고불가

해설

화장품은 의약품과 별도로 구분함

45 **검체의 채취 및 보관에 대한 설명으로 바르지 않은 것은?**

① 검체는 오염되거나 변질 되지 않도록 채취한다.
② 검체를 채취한 후에는 원래상태에 준하는 포장을 해야 한다.
③ 시험용 검체의 용기에는 제조번호를 표기한다.
④ 검체를 채취한 제품은 채취되었음을 표기한다.
⑤ 완제품의 경우 보관용 검체는 제조단위별로 사용기한 경과 후 3년간 보관한다.

해설

제조단위별로 사용기한 경과 후 1년간 보관
- 개봉 후 사용기한을 기재하는 제품의 경우에는 제조일로 부터 3년간 보관

46 **작업소의 시설 및 기구에서 강열잔분 시험에 꼭 필요한 기구가 아닌 것은?**

① 도가니 ② 온도측정계
③ 데시케이터 ④ 내열장갑
⑤ 회화로

해설

기능성 화장품 심사에 관한 규정 [별표2]에서 강열잔분이란 유기 검체를 높은 온도로 가열하여 재가 되었을 때 휘발하지 않고 남은 '무기물'. 남은 무기물의 양은 가열하기 전의 시료 무게에 대한 백분율로 나타낸다. 필요도구 : 도가니, 회화로, 데시케이터(실리카겔), 저울, 도가니 집게, 내열장갑

〈알고 가기〉 강열잔분 시험 : 검체를 원료 각조에서 규정한 조건으로 강열하여 그 남는 양을 측정하는 방법이다. 이 방법은 보통 유기물 중의 구성성분으로 들어 있는 무기물의 함량을 알기 위하여 적용되나 때에 따라서는 유기물 중에 들어 있는 불순물의 양을 측정

47 **우수화장품 제조 및 품질관리기준에서 정의하는 내용이 틀리게 설명된 것은?**

① 포장재 : 화장품의 포장에 사용되는 모든 재료를 말하며 운송을 위해 사용되는 것
② 적합판정기준 : 시험결과의 적합 판정을 위한 수적인 제한, 범위 또는 기타 적절한 측정법
③ 공정관리 : 제조공정 중 적합판정기준의 충족을 보증하기 위하여 공정을 모니터링 하거나 조정하는 모든 작업
④ 위생관리 : 대상물의 표면에 있는 바람직하지 못한 미생물 등 오염물을 감소시키기 위해 시행되는 작업
⑤ 출하 : 주문 준비와 관련된 일련의 작업과 운송수단에 적재하는 활동으로 제조 소외로 제품을 운반 하는 것

해설

포장재 : 화장품의 포장에 사용되는 모든 재료를 말하며 운송을 위해 사용되는 외부포장재 는 제외하는 것. 제품에 직접 접촉하는지의 여부에 따라 1차포장, 2차포장으로 나누어진다.

정답 44 ④ 45 ⑤ 46 ② 47 ①

48 **화장품 제조시 검출량에 대한 미생물한도는 다음과 같다. 틀리게 설명된 것은?**

① 총 호기성생균수는 영·유아용 제품류 및 눈화장용 제품류의 경우 500개/g(㎖) 이하
② 기초 화장품의 경우 1000개/g(㎖) 이하
③ 녹농균, 황색포도상구균은 불검출
④ 물휴지의 경우 세균 및 진균수는 각각 100개/g(㎖) 이하
⑤ 대장균은 100개/g(㎖) 이하

해설

대장균, 녹농균, 황색포도상구균 – 검출되면 안 됨

49 **직원의 위생에 대한 내용과 관계가 없는 것은?**

① 적절한 위생관리 기준 및 절차를 마련하고 제조소 내의 모든 직원은 이를 준수해야 한다.
② 작업소 및 보관소 내의 모든 직원은 화장품의 오염을 방지하기 위해 규정된 작업복을 착복해야하고 음식물 등을 반입해서는 아니 된다.
③ 위생교육을 받지 않은 직원과 방문객은 특별한 절차없이 출입이 가능하다.
④ 피부에 외상이 있거나 질병에 걸린 직원은 건강이 양호해지거나 화장품의 품질에 영향을 주지 않는 다는 의사의 소견이 있기 전까지는 화장품과 직접적으로 접촉되지 않도록 격리해야한다.
⑤ 제조구역별 접근권한이 있는 작업원 및 방문객은 가급적 제조, 관리 및 보관구역 내에 들어가지 않 도록 하고, 불가피한 경우 사전에 직원 위생에 대한 교육 및 복장 규정에 따르도록 하고 감독하여야 한다.

해설

우수화장품 제조 및 품질관리기준 제6조(직원의 위생)

50 **유통화장품의 안전관리 기준에 따라 화장품과 미생물 한도가 바르게 연결된 것은?** (1회 기출문제)

① 수분크림 – 총호기성생균수 500개/g(㎖) 이하
② 마스카라 – 총호기성생균수 1,000개/g(㎖) 이하
③ 베이비로션 – 총호기성생균수 500개/g(㎖) 이하
④ 물휴지 – 진균수 50개/g(㎖) 이하
⑤ 스킨 – 총 호기성생균수 500개/g(㎖) 이하

해설

화장품 안전기준 등에 관한 규정 –제4장 제6조 4항
미생물 한도 :
1. 총호기성생균수는 영·유아용 제품류 및 눈화장용 제품류의 경우 500개/g(㎖) 이하
2. 물휴지의 경우 세균 및 진균수는 각각 100개/g(㎖) 이하
3. 기타 화장품의 경우 1,000/g(㎖) 이하

51 **다음 중 청정도 작업실과 관리기준이 바른 것은?** (1회 기출문제)

① 제조실 – 낙하균: 10개/hr 또는 부유균 : 20개/m3
② 칭량실 – 낙하균: 10개/hr 또는 부유균 : 20개/m3
③ 충전실 – 낙하균: 30개/hr 또는 부유균 : 200개/m3
④ 포장실 – 낙하균: 30개/hr 또는 부유균 : 200개/m3
⑤ 원료보관실 – 낙하균: 30개/hr 또는 부유균 : 200개/m3

해설

작업장의 위생기준
- 청정도 1등급 : Clean bench – 낙하균 10개/hr 또는 부유균 20개/㎥
- 청정도 2등급 ; 제조실, 성형실, 충전실, 내용물보관소, 원료칭량실, 미생물시험실

– 낙하균 30개/hr 또는 부유균 200개/㎥

정답 48 ⑤ 49 ③ 50 ③ 51 ③

52 제조관리기준서에 포함되지 않는 사항은?

① 제조공정관리에 관한 사항
② 완제품 등 보관용 검체의 관리에 관한 사항
③ 원자재 관리에 관한 사항
④ 완제품 관리에 관한 사항
⑤ 위탁제조에 관한 사항

해설

완제품 등 보관용 검체의 관리에 관한 사항 – 품질관리 기준서

53 제조 위생 관리기준서에 포함되는 것은?

① 작업원의 건강관리 및 건강상태의 파악 · 조치방법
② 원자재 취급 시 혼동 및 오염 방지 대책
③ 작업복장의 규격, 세탁방법 및 착용규정
④ 작업실 등의 청소(필요시 소독)
⑤ 작업원의 수세, 소독방법 등 위생에 관한 사항

해설

원자재 취급시 혼동 및 오염 방지 대책 – 제조관리기준서에서 원자재관리에 관한 사항

54 품질관리 기준서에 포함되지 않아도 되는 것은?

① 시험 검체 채취방법 및 채취 시의 주의 사항과 채취 시의 오염방지대책
② 시험시설 및 시험기구의 점검
③ 안전성 시험
④ 완제품 등 보관용 검체의 관리
⑤ 위탁시험 또는 위탁 제조하는 경우 검체의 송부방법 및 시험결과의 판정방법

해설

우수화장품 제조 및 품질관리기준 제15조 (기준서 등) :안정성 시험

55 다음은 유통 화장품 안전관리 기준 중에서 내용물의 용량에 대한 기준을 설명한 것이다. 괄호 안에 맞게 쓰시오.

(㉠)의 경우 건조중량을 내용량으로 한다. 기준 시험은 제품 3개를 가지고 시험할 때 그 평균 내용량의 표기에 대하여 (㉡)% 이상이 나와야 한다 이 때 기준치를 벗어날 경우 6개를 더 취하여 시험하며 9개의 평균 내용량이 (㉡)%이상이 나와야 한다.

56 화장품법 제10조 2항에 의하여 1차 포장에 표시 기재해야할 사항으로 ( )를 완성하시오.

(1회 기출문제)

① 화장품의 명칭
② 영업자의 상호
③ ( )
④ 사용기한 또는 개봉 후 사용기한 (제조연월일 병행표기)

57 (㉠)는(은) 시험 결과의 적합 판정을 위한 수적인 제한, 범위 또는 기타 적절한 측정법을 말한다. 따라서 관리는 (㉠)을 충족시키는 검증을 말한다.

58 화장품제조업을 등록하려는 자가 갖추어야 하는 시설은 다음 각 보기 와 같다. ( )에 바른 것을 쓰시오.

〈보기〉

1. 제조 작업을 하는 다음 각 목의 시설을 갖춘 (㉠)
   가. 쥐 · 해충 및 먼지 등을 막을 수 있는 시설
   나. 작업대 등 제조에 필요한 시설 및 기구
   다. 가루가 날리는 작업실은 가루를 제거하는 시설
2. 원료 · 자재 및 제품을 보관하는 (㉡)
3. 원료 · 자재 및 제품의 품질검사를 위하여 필요한 (㉢)
4. 품질검사에 필요한 시설 및 기구

정답 52 ② 53 ② 54 ③ 55 ㉠ 화장비누 ㉡ 97 56 제조번호 57 적합판정기준
58 ㉠ 작업소 ㉡ 보관소 ㉢ 시험실

59 (　　)에 맞는 용어를 쓰시오.

(　　)제품이란 충전(1차포장)이전의 제조단계까지 끝낸 제품을 말한다. 재작업은 적합판정을 벗어난 완제품, (　　)제품 또는 반제품을 재처리하여 품질이 적합한 범위 들어오도록 하는 작업을 말한다.

60 우수화장품 제조 및 품질관리기준의 시설에서 청정도 1등급을 유지해야 하는 시설은? (기출문제)

- 청정도 1등급 : (　　)
- 청정도 2등급 : 제조실, 성형실, 충전실, 내용물 보관소, 원료칭량실, 미생물 실험실
- 청정도 3등급 ; 포장실
- 청정도 4등급 : 보관소, 갱의실, 일반 실험실

3 맞춤형 화장품 이해

61 맞춤형화장품의 표시 사항으로 옳지 않은 것은?

① 제조과정 중에 제거되어 최종 제품에는 남아 있지 않은 성분
② 화장품에 천연으로 표시하려는 경우에는 원료의 함량
③ 기능성화장품의 경우 심사받거나 보고한 효능 · 효과, 용법 · 용량
④ 사용할 때의 주의사항
⑤ 성분명을 제품 명칭의 일부로 사용한 경우 그 성분명과 함량

해설

제조과정 중에 제거되어 최종 제품에는 남아 있지 않은 성분은 기재, 표시를 생략할 수 있다.

62 맞춤형화장품 정의에 대한 설명 중 옳지 않은 것은?

① 화장품의 내용물에 다른 화장품의 내용물을 혼합한 화장품
② 식약처장이 정하는 원료를 혼합한 화장품
③ 화장품의 내용물을 소분(小分) 한 화장품
④ 판매장에서 고객 개인별 피부 특성이나 색 · 향 기호 · 요구를 반영하여 만든 화장품
⑤ 판매장에서 고객 개인별 피부 특성이나 색 · 향 등의 기호 · 요구를 반영하여 맞춤형화장품조제관리사 자격증을 가진 자가 만든 화장품

해설

판매장에서 고객 개인별 피부 특성이나 색 · 향 등의 기호 · 요구를 반영하여 맞춤형화장품조제관리사 자격증을 가진 자가 만든 화장품 (화장품법 제2조 3의2, 제 12호)

63 표피의 구성성분이 아닌 것은?

① 각질형성세포
② 감각세포
③ 멜라닌세포
④ 랑게르한스세포
⑤ 머켈세포

해설

각질형성세포 : 표피의 구성성분(표피세포의 약 80% 이상), 기저층에 위치
- 랑게르한스세포 : 유극층에 위치
  면역기능
- 멜라닌세포 : 표피의 기저층에 위치
  피부색을 결정짓는 멜라닌 형성세포
- 머켈세포 : 기저층에 위치
  촉각세포 또는 지각세포

정답 59 벌크 60 Clean Bench 61 ① 62 ④ 63 ②

64 모발 구조의 설명으로 옳지 않은 것은?

① 모낭 : 모근을 싸고 있는 부위
② 모구 : 모발이 만들어지는 곳
③ 모유두 : 모발에 영양과 산소 운반
④ 모모세포 : 모유두에 접하고 있는 세포
⑤ 내, 외모근초 : 모발의 색을 결정

해설

내, 외모근초 : 모구부분의 세포분열 생성

65 탈모증상의 완화에 도움을 주는 성분으로 아닌 것은?

① 덱스판테놀　② 비오틴
③ 징크피리치온액　④ 엘멘톨
⑤ 징크피리치온

해설

징크피리치온액 50% ⇒ 함량제한 고시되어있지 않음

66 맞춤형화장품의 원료 배합으로 옳은 것은?

① 내용물과 내용물 혼합
② 내용물과 원료 혼합
③ 내용물을 소분
④ 벌크제품을 소분
⑤ 원료와 원료 혼합

해설

원료와 원료를 혼합하는 것은 맞춤형화장품의 혼합이 아닌 '화장품 제조'에 해당

67 맞춤형화장품의 원료의 사용제한 사항으로 함량 상한을 충분히 고려한 사용한도로 맞는 것은?

① 대장균, 녹농균, 황색포도상구균 : 불검출
② 포름알데히드 : 물휴지는 200㎍/g 이하
③ 메탄올 : 0.2(V/V)% 이하, 물휴지는 0.02(V/V)% 이하
④ 총호기성생균수 : 영 · 유아용제품류 및 눈화장용제품류의 경우 50개/g(㎖) 이하
⑤ 납 : 점토를 사용한 분말 제품은 5 ㎍/g 이하

해설

포름알데히드 : 물휴지는 2,000㎍/g 이하
③ 메탄올 : 0.2(V/V)% 이하, 물휴지는 0.002(V/V)% 이하
④ 총호기성생균수 : 영 · 유아용제품류 및 눈화장용제품류의 경우 500개/g(㎖) 이하
⑤ 납 : 점토를 사용한 분말 제품은 50㎍/g 이하

68 다음 중 부당한 표시, 광고 행위의 금지사항이 아닌 것은?

① 의약품으로 잘못 인식할 우려가 있는 표시 또는 광고
② 기능성화장품이 아닌 화장품을 기능성화장품으로 잘못 인식할 우려가 있는 표시 또는 광고
③ 기능성화장품의 안전성 · 유효성에 관한 심사결과 내용의 표시 또는 광고
④ 사실과 다르게 소비자를 속이거나 소비자가 잘못 인식하도록 할 우려가 있는 표시 또는 광고
⑤ 천연화장품 또는 유기농화장품으로 잘못 인식할 우려가 있는 표시 또는 광고

해설

의약품으로 잘못 인식할 우려가 있는 표시 또는 광고
- 기능성화장품이 아닌 화장품을 기능성화장품으로 잘못 인식할 우려가 있거나 기능성화장품의 안전성 · 유효성에 관한 심사결과와 다른 내용의 표시 또는 광고
- 천연화장품 또는 유기농화장품이 아닌 화장품을 천연화장품 또는 유기농화장품으로 잘못 인식할 우려가 있는 표시 또는 광고
- 그 밖에 사실과 다르게 소비자를 속이거나 소비자가 잘못 인식하도록 할 우려가 있는 표시 또는 광고

정답 64 ⑤　65 ③　66 ⑤　67 ①　68 ③

69 화장품 원료의 필요조건으로 옳지 않은 것은?

① 안전성이 높을 것
② 사용 목적에 알맞은 기능, 유용성을 지닐 것
③ 원료가 시간이 흐르면서 냄새가 나지 않을 것
④ 사용량이 많은 원료는 가격은 비싸야 할 것
⑤ 환경에 문제가 되지 않는 원료일 것

해설
사용량에도 좌우되나 가격이 적정할 것

70 멜라닌이 형성되는 경로는 피부의 기저층에서 티로신으로부터 티로시나아제(Tyrosinase)에 의해 도파(DOPA), 도파퀴논(DOPA-quinone)을 거쳐 생성되는 화학적인 반응으로 멜라노사이트(melanocyte)에서 케라티노사이트(keratinocyte)로 이동하여 피부의 각질층으로 올라오며 피부색을 변화시키는 것으로 알려져 있다. 멜라닌 색소형성과정에서 티로시나아제(Tyrosinase)의 활성 작용에 필수적인 영향을 미칠 것으로 추정하는 물질은?

(기출문제) ★★

① 사이토카인 ② 구리이온
③ 리보조옴 ④ 멜라노좀
⑤ 리놀레익 애씨드

해설
티로시나아제 (Tyrosinase) 활성부위에 구리 함유.
(구리는 생물체내에서 일부 단백질의 활성부위에 존재하며, 다양한 생물학적 반응에 관여하는 것으로 밝혀짐. 대표적인 효소로 티로시나아제 (Tyrosinase)가 있음)
티로시나아제는 색소형성의 첫 단계에 작용하는 효소로서 구리이온이 필수적인 것으로 알려 져 있고, 두 개의 구리이온 결합부위를 가지고 있다.
대표적인 구리이온과 킬레이트 작용물질인 폴리페놀 유도체, 트로폴론 유도체 등이 효소를 억제한다. 반면에 linoleic acid 등과 같은 지방산은 티로시나제를 비활성화시키고 분해를 촉진하는 것으로 보고되었으며 구리이온의 킬레이트 효과는 없는 것으로 알려져 있다.

71 화장품 원료 혼합 시 물과 기름을 유화시켜 안정한 상태로 유지하기 위해 분산상의 크기를 미세하게 하는 기구는?

① 롤러밀 ② 콜로이드밀
③ 호모믹서 ④ 성형기
⑤ 분쇄기

해설
호모믹서 ; 혼합 시 물과 기름을 유화시켜 안정한 상태로 유지하기 위해 분산상의 크기를 미세하게 해준다.

72 맞춤형화장품 판매 시 소비자에게 설명해야하는 사항으로 옳은 것은?

① 판매일자
② 화장품 사용 시의 주의사항
③ 원료 및 내용물 입고 일자
④ 판매량
⑤ 중대한 유해사례

73 맞춤형화장품의 내용물 및 원료의 관리요령으로 옳지 않은 것은?

① 입고 시 품질관리 여부를 확인하고 품질성적서를 구비
② 원료 등은 품질에 영향을 미치지 않는 장소에서 보관
③ 원료 등의 사용기한을 확인한 후 관련 기록을 보관
④ 선반 및 서랍장이나 원료의 특성에 따라 냉장고를 이용하여 보관
⑤ 사용기한이 지난 내용물 및 원료는 직사광선을 피할 수 있는 장소에 보관

해설
사용기한이 지난 내용물 및 원료는 폐기

정답 69 ④ 70 ② 71 ③ 72 ② 73 ⑤

74 **화장품의 사용상 제한이 필요한 원료 중 주름 개선 성분으로 옳지 않은 것은?**

① 나이아신아마이드
② 레티놀
③ 아데노신
④ 레티닐팔미테이트
⑤ 폴리에톡실레이티드레틴아마이드

해설

나이아신아마이드는 미백성분 이다.

75 **다음 중 맞춤형화장품판매업에 대한 준수사항을 설명한 것으로 옳은 것을 모두 고르시오.**

㉠ 제조 또는 수입된 화장품 내용물에 다른 화장품의 내용물이나 식품의약품안전처장이 정하여 고시하는 원료를 추가하여 혼합한 화장품을 판매하는 영업이다.
㉡ 맞춤형화장품조제관리사는 맞춤형화장품판매장에서 혼합 · 소분 업무에 종사하는 자로서 맞춤형화장품조제관리사 국가자격시험에 합격한 자여야 한다.
㉢ 맞춤형화장품판매업을 하려는 자는 대통령령으로 정하는 바에 따라 식품의약품안전처장에게 신고하여야 한다.
㉣ 맞춤형화장품판매장의 조제관리사로 지방식품의약품안전청에 신고한 맞춤형화장품조제관리사는 매년 4시간 이상, 8시간 이하의 집합교육 또는 온라인 교육을 식약처에서 정한 교육실시기관에서 이수 하여야 한다.

① ㉠ ㉡
② ㉠ ㉢
③ ㉡ ㉢ ㉣
④ ㉠ ㉡ ㉣
⑤ ㉠ ㉢ ㉣

해설

맞춤형화장품판매업을 하려는 자는 총리령으로 정하는 바에 따라 식품의약품안전처장에게 신고하여야 한다.

76 **맞춤형화장품조제관리사의 자격으로 옳은 것은?**

① 4년제 이공계학과, 향장학, 화장품과학, 한의학, 한약학과 전공자
② 맞춤형화장품의 혼합 또는 소분을 담당하는 자로서 식품의약품안전처장이 실시하는 자격 시험에 합격한 자
③ 의사 또는 약사
④ 전문대학 화장품 관련학과를 전공하고 화장품 제조 또는 품질관리 업무에 1년 경력자
⑤ 전문 교육과정을 이수한 사람

해설

화장품법 시행규칙 제8조
– 책임판매관리자의 자격기준 ①③④⑤

77 **안전용기를 사용 품목 대상으로 옳지 않은 것은?**

① 안전용기, 포장은 성인이 개봉하기는 어렵지 아니하나 만 5세 미만의 어린이가 개봉하기는 어렵게 된 것이어야 한다.
② 어린이용 오일 등 개별포장 당 탄화수소류를 10퍼센트 이상 함유하고 운동점도가 21센티스톡스(섭씨 40도 기준) 이하인 비에멀젼 타입이 액체상태의 제품은 안전용기, 포장 대상이다.
③ 맞춤형화장품판매업자는 화장품을 판매할 때에는 어린이가 화장품을 잘못 사용하여 인체에 위해를 끼치는 사고가 발생하지 아니하도록 안정용기, 표장을 사용하여야 한다.
④ 개별포장당 메틸 살리실레이트를 5퍼센트 이상 함유하는 액체상태의 제품은 안전용기, 포장 대상이다.
⑤ 아세톤을 0.1% 함유하는 네일 에나멜 리무버 및 네일 폴리시 리무버는 안전용기, 포장 대상이 아니다.

해설

안전용기, 포장 대상 품목 및 기준(화장품법 제9조, 시행규칙 제18조)

정답 74 ① 75 ④ 76 ② 77 ⑤

78 맞춤형화장품에 사용기한 또는 개봉 후 사용기간에 대한 설명으로 옳지 않은 것은?

① 사용기한은 "사용기한" 또는 "까지" 등의 문자와 "연월일"을 소비자가 알기 쉽도록 기재 · 표시해야 한다.
② "연월"로 표시하는 경우 사용기한을 넘지 않는 범위에서 기재 · 표시해야 한다.
③ 사용기한 또는 개봉 후 사용기간 (개봉 후 사용기간의 경우 제조연월일을 따로 기재하지 않아도 된다.)
④ 개봉 후 사용기간은 "개봉 후 사용기간"이라는 문자와 "ㅇㅇ월" 또는 "ㅇㅇ개월"을 조합하여 기재 · 표시해야 한다.
⑤ 개봉 후 사용기간을 나타내는 심벌과 기간을 기재 · 표시할 수 있다. (예시: 심벌과 기간 표시) 개봉 후 사용기간이 12개월 이내인 제품

해설

사용기한 또는 개봉 후 사용기간 (개봉 후 사용기간의 경우 제조연월일 병기)

79 화장품 제형에 따른 충진방법으로 옳지 않은 것은?

① 크림상의 제품 – 유리병이나 플라스틱 용기
② 유액상의 제품 – 튜브 용기
③ 화장수의 제품 – 병
④ 분말상의 제품 – 종이상자나 자루
⑤ 에어로졸 제품 – 미스트, 헤어스프레이, 무스 등

해설

크림상의 제품 – 유리병이나 플라스틱 용기, 튜브 용기

80 맞춤형화장품 조제관리사는 매장을 방문한 고객과 다음과 같은 〈대화〉를 나누었다. 고객에게 혼합하여 추천할 제품으로 다음 〈보기〉 중 옳은 것을 모두 고르시오

〈대화〉

고객: 요즘 외출할 일이 많아져서 피부가 타고 기미가 많이 생겨 어둡고 지저분해 보여요.
조제관리사: 아 그러신가요? 그럼 고객님 피부 상태를 측정해 보도록 할까요?
고객: 그럴까요? 지난번 방문 시와 비교해 주시면 좋겠네요
조제관리사: 네. 이쪽에 앉으시면 저희 측정기로 측정을 해드리겠습니다.
피부측정 후,
조제관리사: 고객님은 1달 전 측정 시보다 얼굴에 색소침착이 심해져 있네요.
고객: 음. 걱정이네요. 그럼 어떤 제품을 쓰는 것이 좋을지 추천 부탁드려요.

〈보기〉

㉠ 살리실릭애씨드 함유 제품
㉡ 나이아신아마이드 함유 제품
㉢ 레티닐팔미테이트 함유 제품
㉣ 아데노신 함유제품
㉤ 에칠아스코빌에텔 함유제품

① ㉠, ㉢
② ㉠, ㉤
③ ㉡, ㉣
④ ㉡, ㉤
⑤ ㉢, ㉣

해설

여드름완화 : 살리실릭애씨드, 주름개선 : 레티닐팔미테이느, 아데노신

정답 78 ③ 79 ② 80 ④

81 맞춤형화장품판매업의 신고 제출서류로 옳은 것은?

① 맞춤형화장품판매업 신고서, 맞춤형화장품조제관리사 자격증 사본
② 맞춤형화장품판매업 변경신고서, 맞춤형화장품판매업 자격증 사본
③ 맞춤형화장품판매업 신고서, 화장품제조업 상호, 소재지 변경
④ 화장품책임판매업 등록신고서, 화장품판매업자 상호명
⑤ 화장품제조업 등록신고서, 건축물대장

해설

맞춤형화장품판매업의 신고 제출서류
- 맞춤형화장품판매업 신고서, 맞춤형화장품조제관리사 자격증 사본
- 사업자등록증 및 법인등기부등본(법인에 한함)
- 건축물관리대장, 임대차계약서(임대의 경우에 한함)
- 혼합, 소분의 장소 시설 등을 확인할 수 있는 세부 평면도 및 상세 사진

82 다음 중 표피 구조층을 위치 순서대로 나열한 것으로 옳은 것은?

① 투명층, 과립층, 기저층, 유극층
② 각질층, 유극층, 기저층, 과립층
③ 각질층, 투명층, 기저층, 유극층
④ 기저층, 유극층, 과립층, 각질층
⑤ 기저층, 각질층, 과립층, 유극층

83 천연보습인자의 설명으로 옳지 않은 것은?

① 각질층에 존재하는 수용성 보습인자
② 필라그린의 분해산물인 아미노산과 그 대사물로 이루어짐
③ 표피의 손상을 복구
④ 천연보습인자의 상실로 수분 결합능력 저하되어 건조해짐
⑤ 각질의 정상적인 수분배출능력을 조절

해설

유극층- 표피의 손상 복구
천연보습인자는 아미노산 40%, 피롤리돈 카르복실산(PCA) 12%, 젖산염 12% 등으로 조성

84 표피 구조의 과립층에 대한 설명으로 옳지 않는 것은?

① 2~5층의 평평, 편평형의 유핵세포로 구성
② 수분 방어막 역할
③ 층판소체의 방출
④ 케라토히알린 (keratohialin)이 과립으로 존재
⑤ 혈액순환과 세포사이의 물질교환을 용이하게 하며 영양공급에 관여

해설

유극층 – 혈액순환과 세포사이의 물질교환을 용이하게 하며 영양공급에 관여

85 표피의 구성세포로 옳은 것은?

① 섬유아세포 ② 랑게르한스세포
③ 감각 수용기 ④ 대식세포
⑤ 비만세포

해설

진피의 구성물질–섬유아세포, 대식세포, 비만세포, 감각수용기

86 모발의 구조로 옳은 것은?

① 모근부 – 모낭, 모표피, 모수질
② 모근부 – 모구, 모표피, 모피질
③ 모간부 – 모모세포, 입모근, 모수질
④ 모간부 – 모피질, 외모근초, 내모근초
⑤ 모간부 – 모표피, 모피질, 모수질

해설

모근부 – 모낭, 모구, 모유두, 모모세포, 내,외모근초, 입모근
모간부 – 모표피, 모피질, 모수질

정답 81 ① 82 ④ 83 ③ 84 ⑤ 85 ② 86 ⑤

87 맞춤형화장품 조제관리사는 매장을 방문한 고객과 다음과 같은 〈대화〉를 나누었다. 고객에게 혼합하여 추천할 제품으로 다음 〈보기〉 중 옳은 것을 모두 고르시오

〈대화〉

고객: 피부가 건조하고 당기니까 주름이 많이 생긴 것 같아요.

조제관리사: 아. 그러신가요? 그럼 고객님 피부 상태를 측정해 보도록 할까요?

고객: 그럴까요? 지난번 방문 시와 비교해 주시면 좋겠네요

조제관리사: 네. 이쪽에 앉으시면 저희 측정기로 측정을 해드리겠습니다.

피부측정 후,

조제관리사: 고객님은 1달 전 측정 시보다 얼굴에 수분함유량이 많이 감소되어 건조하고 주름이 많아졌네요.

고객: 음. 걱정이네요. 그럼 어떤 제품을 쓰는 것이 좋을지 추천 부탁드려요.

〈보기〉

㉠ 세라마이드 함유 제품
㉡ 나이아신아마이드 함유 제품
㉢ 레티닐팔미테이트 함유 제품
㉣ 알부틴 함유제품
㉤ 에칠아스코빌에텔 함유제품

① ㉠, ㉢ ② ㉠, ㉤
③ ㉡, ㉣ ④ ㉡, ㉤
⑤ ㉢, ㉣

88 탈모증상 완화에 도움을 주는 성분으로 옳은 것은?

① 알부틴 ② 덱스판테놀
③ 치오글리콜산 ④ 알파-비사보롤
⑤ 징크옥사이드

해설

미백성분-알부틴, 알파-비사보롤. 제모제-치오글리콜산.
자외선차단성분-징크옥사이드

89 다음에서 설명하고 있는 알맞은 단어를 기재하시오.

- 샘분비샘, 무색무취의 액체 분비
- pH 3.8~5.6의 약산성-세균의 번식을 억제
- 손바닥, 발바닥, 이마에 가장 많이 분포
- 안정 상태에서 하루에 500cc정도 분비
- 노폐물 배설, 체온 조절 역할

90 다음에 들어갈 알맞은 단어를 기재하시오. (기출문제)

(㉠)이란 (㉡)을 수용하는 1개 또는 그 이상의 포장과 보호재 및 표시의 목적으로 포장한 것을 말한다.

91 다음 설명에서 괄호 안에 알맞은 단어를 쓰시오.

맞춤형화장품의 정의 란?
- 제조 또는 수입된 화장품의 내용물에 다른 화장품의 내용물이나 색소, 향료 등 식약처장이 정하는 원료를 추가하여 (㉠)한 화장품
- 제조 또는 수입된 화장품의 내용물을 (㉡)한 화장품

92 괄호 안에 알맞은 단어를 쓰시오.

자격시험의 시기, 절차, 방법, 시험과목, 자격증의 발급, 시험운영기관의 지정 등 자격시험에 필요한 사항은 (   )으로 정한다.

정답 87 ① 88 ② 89 에크린 한선 90 ㉠ 2차 포장 ㉡ 1차 포장 91 ㉠ 혼합 ㉡ 소분 92 총리령

해설

맞춤형화장품조제관리사 자격시험

(1) 맞춤형화장품조제관리사가 되려는 사람은 화장품과 원료 등에 대하여 식품의약품안전처 장이 실시하는 자격시험에 합격하여야 한다.

(2) 식품의약품안전처장은 맞춤형화장품조제관리사가 거짓이나 그 밖의 부정한 방법으로 시험에 합격한 경우에는 자격을 취소하여야 하며, 자격이 취소된 사람은 취소된 날부터 3년간 자격시험에 응시할 수 없다.

(3) 식품의약품안전처장은 자격시험 업무를 효과적으로 수행하기 위하여 필요한 전문인력과 시설을 갖춘 기관 또는 단체를 시험운영기관으로 지정하여 시험 업무를 위탁할 수 있다.

(4) 자격시험의 시기, 절차, 방법, 시험과목, 자격증의 발급, 시험운영기관의 지정 등 자격시험에 필요한 사항은 총리령으로 정한다.

93 괄호 안에 알맞은 단어를 쓰시오.

화장품의(　　)이란 화장품이 피부를 윤기 있게 하고 피부결을 정돈하며 피부를 촉촉하게 하는 특성을 말한다. 또한 외부의 자극에 지지 않는 피부를 만들며 자외선의 유해작용을 방지하여 피부의 노화를 막는다. 따라서 피부에 적절한 보습력, 미백, 세정, 자외선차단, 주름개선 등의 효과를 부여해야 한다.

94 괄호 안에 알맞은 단어를 쓰시오.

맞춤형화장품의 사용기한을 잘 확인하고 (㉠) 이더라도 문제가 발생하면 사용을 중단, (㉡) 에게 보고한다.

95 괄호 안에 알맞은 단어를 쓰시오.

(　　)은(는) 맞춤형화장품의 혼합 · 소분에 사용되는 내용물 또는 원료의 제조번호와 혼합 · 소분 기록을 추적할 수 있도록 맞춤형화장품판매업자가 숫자 · 문자 · 기호 또는 이들의 특징적인 조합으로 부여한 번호이다.

해설

맞춤형화장품판매업자의 준수사항(맞춤형화장품판매업 가이드라인(민원인안내서)2020.5.14

96 다음은 무엇을 설명하고 있는가?

원액을 같은 용기 또는 다른 용기에 충전한 분사제(액화기체, 압축기체 등)의 압력을 이용하여 안개모양, 포말상 등으로 분출하도록 만든 것

97 다음은 무엇을 설명하고 있는가?

하나의 상에 다른 상이 미세한 상태로 (　　) 되어 있는 것
대표적인 화장품으로는 립스틱, 파운데이션 등

98 다음 괄호안의 알맞은 단어를 기재하시오.(기출문제)

화장품제조에 사용된 함량이 많은 것부터 기재 표시한다. 다만 (　　)로 사용된 성분, 착향제 또는 착색제는 순서에 상관없이 기재 표시할 수 있다.

해설

원료 및 제품의 성분 정보
– 전성분 표시 지침

정답 93 유효성　94 ㉠ 사용기한 내 ㉡ 맞춤형화장품 책임판매업자　95 식별번호　96 에어로졸제
97 분산　98 1% 이하

99 다음 괄호안의 알맞은 단어를 기재하시오. (기출문제)

(　　)은 인체로부터 분리한 모발 및 피부, 인공 피부 등 인위적인 환경에서 시험물질과 대조물질 처리 후 결과를 측정하는 것을 말한다.

해설

맞춤형화장장품의 안전성
-인체 적용시험
-인체 외 시험

100 다음 괄호안에 알맞은 단어를 기재하시오.

(　　)은(는) 일상의 취급 또는 보통 보존 상태에서 기체 또는 미생물이 침입할 염려가 없는 용기를 말한다.

정답 99 인체 외 시험　100 밀봉용기

제3회 실전 모의고사

1 화장품법의 이해

1 기능성화장품의 범위에 대한 설명으로 옳지 않은 것은?

① 강한 햇볕을 방지하여 피부를 곱게 태워주는 기능을 가진 화장품
② 자외선을 차단 또는 산란시켜 자외선으로부터 피부를 보호하는 기능을 가진 화장품
③ 피부장벽의 기능을 회복하여 가려움 등의 개선에 도움을 주는 화장품
④ 영구적으로 체모를 제거하는 기능을 가진 화장품
⑤ 탈모 증상의 완화에 도움을 주는 화장품. 다만, 코팅 등 물리적으로 모발을 굵게 보이게 하는 제품은 제외한다.

해설

체모를 제거하는 기능을 가진 화장품. 다만, 물리적으로 체모를 제거하는 제품은 제외한다.

2 화장품책임판매업자의 준수사항으로 옳지 않은 것은?

① 품질관리기준을 준수할 것
② 책임판매 후 안전관리기준을 준수할 것
③ 제조관리기준서, 제품표준서, 제조관리기록서 및 품질관리기록서(전자문서 형식을 포함한다)를 작성, 보관할 것
④ 품질 검사 방법 및 실시 의무, 안전성·유효성 관련 정보사항 등의 보고 및 안전대책 마련 의무 등에 관하여 총리령으로 정하는 사항을 준수할 것
⑤ 레티놀 및 그 유도체 성분을 0.5퍼센트 이상 함유한 품목의 안정성시험 자료를 최종 제조된 제품의 사용기한이 만료되는 날부터 1년간 보존할 것

해설

- 화장품제조업자 준수사항 – 제조관리기준서, 제품표준서, 제조관리기록서 및 품질관 리기록서(전자문서 형식을 포함한다)를 작성, 보관할 것
- 화장품책임판매업자 준수사항 – 제조업자로부터 받은 제품표준서 및 품질관리기록서(전자문서 형식을 포함한다)를 보관할 것

3 맞춤형화장품판매영업의 내용으로 옳은 것은?

① 제조 또는 수입된 화장품의 내용물에 다른 화장품의 내용물이나 식품의약품안전처장이 정하여 고시하는 원료를 추가하여 혼합한 화장품을 판매하는 영업
② 화장품제조업자에게 위탁하여 제조된 화장품을 유통, 판매하는 영업
③ 수입된 화장품을 유통, 판매하는 영업
④ 화장품의 포장(1차 포장만 해당한다)을 하는 영업
⑤ 화장품제조업자가 화장품을 직접 제조하여 유통, 판매하는 영업

해설

- 화장품제조업 – 화장품의 제조 및 포장(1차 포장만 해당한다)을 하는 영업
- 화장품책임판매업– 화장품제조업자에게 위탁하여 제조된 화장품을 유통, 판매하는 영업
- 수입된 화장품을 유통, 판매하는 영업, 화장품제조업자가 화장품을 직접 제조하여 유통, 판매하는 영업

정답 1 ④ 2 ③ 3 ①

4 화장품 회수계획의 행정처분의 내용으로 옳지 않은 것은?

① 회수계획에 따른 회수계획량의 5분의 4 이상을 회수한 경우 그 위반행위에 대한 행정처분을 면제
② 회수계획량의 4분의 1 이상 3분의 1 미만을 회수한 경우에 등록취소인 경우에는 업무정지 3개월 이상 6개월 이하의 범위에서 행정처분 기준이 경감
③ 회수계획량의 3분의 1 이상을 회수한 경우에 행정처분 기준이 경감
④ 회수계획량의 3분의 1 이상을 회수한 경우에 품목의 제조, 수입, 판매 업무정지인 경우에는 정지처분기간의 3분의 2 이하의 범위에서 경감
⑤ 회수계획량의 4분의 1이상 3분의 1 미만을 회수한 경우에 행정처분기준이 업무정지 또는 품목의 제조 · 수입 · 판매 업무정지인 경우에는 정지처분기간의 3분의 2 이하의 범위에서 경감

해설

회수계획량의 4분의 1 이상 3분의 1 미만을 회수한 경우에 행정처분기준이 업무정지 또는 품목의 제조 · 수입 · 판매 업무정지인 경우에는 정지 처분기간의 2분의 1 이하의 범위에서 경감

5 화장품 표시, 광고 내용 실증자료를 제출할 때에 증명할 수 있는 자료로 옳지 않은 것은?

① 실증방법
② 시험 · 조사기관의 명칭, 대표자의 성명, 주소 및 전화번호
③ 실증자료를 제출할 때에는 증명할 수 있는 자료를 첨부하여 화장품책임판매업자에게 제출 하여야 한다.
④ 실증 내용 및 실증결과
⑤ 실증자료 중 영업상 비밀에 해당되어 공개를 원하지 않는 경우에는 그 내용 및 사유

6 다음 중 화장품법 위반 내용으로 과태료 부과 기준이 다른 것은? (기출문제)

① 화장품의 생산실적 또는 화장품 원료의 목록 등을 보고하지 아니한 자
② 책임판매관리자 및 맞춤형화장품조제관리사는 화장품의 안전성 확보 및 품질관리에 관한 교육을 매년 받아야 한다.
③ 폐업 등의 신고를 하지 아니한 자
④ 화장품의 판매 가격을 표시하지 않은 경우
⑤ 화장품 안전기준에 따른 명령을 위반하여 보고를 하지 아니한 자

해설

화장품 안전기준에 따른 명령을 위반하여 보고를 하지 아니한 자(영업, 판매, 화장품 업무상 필요한 보고)는 100만 원 과태료부과 / ① ~ ④번 과태료 50만 원

7 개인정보보호법에 의거 정보주체의 권리에 대한 설명으로 옳지 않은 것은?

① 개인정보의 처리에 관한 정보를 제공받을 권리
② 개인정보의 처리에 관한 고객정보처리자의 지휘, 감독을 행하는 권리
③ 개인정보의 처리 여부를 확인하고 개인정보에 대하여 열람을 요구할 권리
④ 개인정보의 처리 정지, 정정, 삭제 및 파기를 요구할 권리
⑤ 개인정보의 처리로 인하여 발생한 피해를 신속하고 공정한 절차에 따라 구제받을 권리

해설

- 개인정보의 처리에 관한 동의 여부, 동의 범위 등을 선택하고 결정할 권리
- 고객정보처리자의 지휘, 감독을 행하는 권리는 고개정보취급자에 대한 감독

정답 4 ⑤ 5 ③ 6 ⑤ 7 ②

8 **맞춤형화장품 판매업소에서 제조 · 수입된 화장품의 내용물에 다른 화장품의 내용물이나 식품의약품안전처장이 정하는 원료를 추가하여 혼합하거나 제조 또는 수입된 화장품의 내용물을 소분(小分)하는 업무에 종사하는 자를 (　　)(이)라고 한다. (기출문제)**

9 **천연화장품 및 유기농화장품에 대하여 인증의 유효기간은 인증을 받은 날부터 (㉠)으로 한다, 인증의 유효기간을 연장 받으려는 자는 유효기간 만료 (㉡)전에 총리령으로 정하는 바에 따라 연장신청을 하여야 한다.**

해설

화장품법 제14조의3 (인증의 유효기간)

10 **식품의약품안전처장은 제22조, 제23조, 제23조의2, 제24조 또는 제28조에 따라 행정처분이 확정된 자에 대한 처분 사유, 처분 내용, 처분 대상자의 명칭 · 주소 및 대표자 성명, 해당 품목의 명칭 등 처분과 관련한 사항으로서 (　　)으로 정하는 사항을 공표할 수 있다.**

해설

화장품법 제28조의 2 1항 (위반사실의 공표)

2 화장품제조 및 품질관리

11 **화장품 2차 포장에서 전성분 표기에 대한 표시 방법에서 바르지 않은 것은?**

① 글자 크기 : 5pt 이상

② 표시제외 : 원료 자체에 이미 포함되어 있는 미량의 보존제 및 안정화제

③ 순서예외 : 1% 이하로 사용된 성분, 착향료, 착색제는 함량 순으로 기입하지 않아도 됨

④ 표시순서 : 제조에 사용된 함량이 적은 순으로 기입

⑤ 표시제외 : 제조과정에서 제거되어 최종 제품에 남아 있지 않는 성분

해설

표시순서는 사용된 함량이 많은 순으로 기입해야 한다.

12 **책임판매업자가 중대한 유해사례를 알게 된 날부터 식품의약품안전처장에게 보고해야 하는 기간은?**

① 5일 이내　　② 7일 이내

③ 15일 이내　　④ 30일 이내

⑤ 정기보고

13 **세정력이 가장 강하여 샴푸나 비누, 세정제로 많이 사용하는 계면활성제에 대한 설명으로 올바른 것은 ?**

① 비이온성 계면활성제로 피부에 자극이 크다.

② 양쪽성 계면활성제로 피부자극에 독성이 낮다.

③ 양이온성 계면활성제로 헤어린스에도 쓰이고 피부자극이 강하다.

④ 알칼리성에서 음이온, 산성에서 양이온으로 해리된다.

⑤ 음이온성 계면활성제로 탈지력이 강하여 피부자극이 있다.

해설

- 세정력이 강한 순서 : 음이온성 〉 양쪽성이온 〉 양이온성 〉 비이온성 계면활성제
- 피부자극이 강한 순서: 양이온성 〉 음이온성 〉 양쪽성이온 〉 비이온성 계면활성제

정답 8 맞춤형화장품조제관리사　9 ㉠ 3년 ㉡ 90일　10 대통령령　11 ④　12 ③　13 ⑤

14 **다음중 맞춤형화장품조제관리사가 사용할 수 있는 원료는?**

① 벤질알코올 ② 벤조페논-4
③ 산화아연 ④ 구아검
⑤ 황색 4 호

해설

살균보존제(벤질알코올), 색소(황색4호), 자외선 차단제(벤조페논-4,산화아연)의 원료는 배합 할 수 없다.
④ 구아검 : 고분자화합물, 천연점증제

15 **다음 중 보존제의 사용한도로 옳은 것은? ★★**

① 클로페네신 0.3%
② 벤조익애시드 1.0%
③ 페녹시에탄올 1.0%
④ 소듐아이오데이트 0.5%
⑤ 징크피리치온 0.1%

해설

① 클로페네신 0.05%
② 벤조익애시드 0.5%
③ 페녹시에탄올 1.0%
④ 소듐아이오데이트 0.1%
⑤ 징크피리치온 1.0%(비듬, 가려움증치료 샴푸, 린스에 한하여 1.0% 적용, 보통 씻어내는 제품에만 사용제한 0.5%, 기타사용금지)

16 **고형의 유성성분으로 화장품의 굳기정도를 증가시켜 주는 물질로 바르게 설명한 것은?**

① 3개의 고급지방산과 3가의 알코올인 글리세롤이 반응한 에스테르 물질로 팜유가 있다.
② 유기산(R-COOH)과 알코올(R-OH)의 에스테르화 반응으로 생성된 아세트산에틸이 있다.
③ 고급 지방산에 고급 알코올이 결합된 에스테르물질로 왁스가 있다.
④ 카복실산과 알코올의 반응으로 생성된 스쿠알렌이 있다.
⑤ 흡수력이 좋아 미안유로 많이 쓰이는 피마자유가 있다.

해설

고급 지방산에 고급 알코올이 결합된 에스테르물질로 왁스는 고형의 유성성분으로 굳기증가에 영향을 미쳐 크림류에 많이 사용

17 **다음 중 기능성 화장품 원료에 속하지 않는 것은?**

① 벤조페논-4
② 티타늄디옥사이드
③ 닥나무추출물
④ 니트로-p-페닐렌다아민
⑤ 레티놀

해설

④ 니트로-p-페닐렌다아민 : 염모제 (일시적으로 모발의 색상을 변화시키는 제품은 기능성 화장품에서 제외), 자외선차단성분 : 벤조페논-4, 티타늄디옥사이드 , 닥나무추출물: 미백성분 , 레티놀 : 주름개선성분

18 **소비자가 화장품 사용 중 중대한 유해사례에 해당하지 않는 경우는?**

① 의학적으로 중요한 상황이 발생한 경우
② 입원 또는 입원기간의 연장이 필요한 경우
③ 선천적 기형 또는 불구, 기능저하를 초래하는 경우
④ 사용 후 부종 혹은 가려움 등의 증상이 있는 경우
⑤ 사망을 초래하거나 생명을 위협하는 경우

해설

① 사망을 초래하거나 생명을 위협하는 경우
② 입원 또는 입원기간의 연장이 필요한 경우
③ 선천적 기형 또는 이상을 초래하는 경우
④ 지속적 또는 중대한 불구나 기능저하를 초래하는 경우
⑤ 의학적으로 중요한 상황이 발생한 경우

정답 14 ④ 15 ③ 16 ③ 17 ④ 18 ④

19 **화장품에 사용되는 원료의 특성을 바르게 설명한 것은?**

① 산화방지제는 주로 점도 증가, 피막 형성 등의 목적으로 사용된다.
② 계면활성제는 계면에 흡착하여 물의 표면 장력을 강화시키는 물질이다.
③ 금속이온봉쇄제는 원료 중에 혼입되어 있는 이온을 제거할 목적으로 사용된다.
④ 고분자화합물은 수분의 증발을 억제하고 사용감촉을 향상시키는 등의 목적으로 사용된다.
⑤ 유성원료는 산화되기 쉬운 성분을 함유한 물질에 첨가하여 산패를 막을 목적으로 사용된다.

해설

① 산화방지제는 산화되기 쉬운 성분을 함유한 물질에 첨가하여 산패를 막을 목적으로 사용된다.
② 계면활성제는 계면에 흡착하여 물의 표면장력을 약화시켜 미셀을 형성하는 물질이다.
④ 고분자화합물은 주로 점도 증가, 피막 형성 등의 목적으로 사용된다.
⑤ 유성원료는 물에 녹지 않고 기름에 녹는 물질로 수분의 증발을 억제하고 사용감촉을 향상시키는 등의 목적으로 사용된다.

20 **고형의 유성성분으로 고급 지방산에 고급 알코올이 결합된 에스테르를 나타내며 화장품의 굳기를 증가시켜 주는 것은?**

① 왁스
② 난황오일
③ 스쿠알렌
④ 밍크오일
⑤ 카나우바 왁스

해설

카나우바 왁스 : 피막형성제, 샴푸 유연제로 사용

21 **“ 기능성화장품 ”이란 화장품 중에서 다음 각 항목의 어느 하나에 해당되는 것으로서 총리령으로 정하는 화장품을 말한다. 다음 중 틀린 것은?**

① 피부의 미백에 도움을 주는 제품
② 피부의 주름개선에 도움을 주는 제품
③ 피부를 곱게 태워주거나 자외선으로부터 피부를 보호하는 데에 도움을 주는 제품
④ 모발의 색상 변화, 제거 또는 영양공급에 도움을 주는 제품
⑤ 피부의 기능 약화로 인한 건조함, 갈라짐 등을 방지하거나 아토피성 피부를 개선하는 데에 도움을 주는 제품

해설

아토피 화장품은 기능성화장품에 안 들어감

22 **고형의 화장비누 제품에 남아 있는 유리알칼리 성분의 제한한도를 바르게 표시한 것은? (1회 기출주관식 문제)**

① 0.5% ② 1.0%
③ 0.1% ④ 0.05%
⑤ 10%

23 **화장품의 안전을 위해 사용하는 보존제로 올바르게 사용한 것은?**

① p-니트로-o-페닐렌디아민 1.5%
② 폴리에이치씨엘 0.5%
③ 페녹시에탄올 1.0%
④ 벤조페논-4 5%
⑤ 이산화티타늄 0.5%

해설

- 염모제 : p-니트로-o-페닐렌디아민 1.5%
- 보존제 : 페녹시에탄올 1.0% , 폴리에이치씨엘 0.05%
- 자외선 차단성분 : 벤조페논-4 5%, 이산화티타늄 25%

정답 19 ③ 20 ① 21 ⑤ 22 ③ 23 ③

24 **맞춤형화장품의 내용물 및 원료에 대한 품질검사결과를 확인해 볼 수 있도록 구비해야하는 서류로 옳은 것은?**

① 품질관리 확인서 ② 품질성적서
③ 칭량지시서 ④ 포장지시서
⑤ 제조공정도

25 **회수의무자는 유해사례발생으로 인해 회수대상 화장품의 회수를 완료한 경우 회수종료 신고를 누구에게 해야 하나 ?**

① 총리
② 보건복지부장관
③ 지방 식품의약품안전처장
④ 관할지서
⑤ 책임판매자

26 **다음 피부에 수분 공급 및 유지를 위해 사용되는 성분 중 성격이 다른 하나는?**

① 글리세린 ② 히알루론산
③ 에뮤 오일 ④ 소비톨
⑤ 프로필렌글리콜

해설

에뮤 오일 같은 유성성분은 피부 표면에 유성막을 형성하여 수분이 증발을 억제한다(occlusive), 반면 ①, ②, ④, ⑤번 같이 수분과 친화력이 있는 수성성분은 수분과의 결합으로 수분증발을 억제한다(humectant).

27 **화장품법 시행규칙 제14조 2항에 의해 회수대상 화장품의 기준으로 틀린 것은?**

① 안전용기 포장 기준에 위반되는 화장품
② 전부 혹은 일부가 변패된 화장품
③ 병원성 미생물에 오염된 화장품
④ 화장품에 사용할 수 없는 원료를 사용한 화장품
⑤ 심사를 받지 아니하거나 보고서를 제출하지 아니한 기능성화장품

해설

제14조의2(회수 대상 화장품의 기준)
1. 안전용기 · 포장 등에 위반되는 화장품
2. 전부 또는 일부가 변패(變敗)된 화장품
3. 병원미생물에 오염된 화장품
4. 이물이 혼입되었거나 부착된 것
5. 화장품에 사용할 수 없는 원료를 사용하였거나 유통화장품 안전관리 기준에 적합하지 아니한 화장품
6. 사용기한 또는 개봉 후 사용기간(병행 표기된 제조연월일을 포함한다)을 위조 · 변조한 화장품
7. 화장품제조업자 또는 화장품책임판매업자 스스로 국민보건에 위해를 끼칠 우려가 있어 회수가 필요하다고 판단한 화장품

28 **화장품 사용 시 주의사항으로 올바른 것은?**

① 외음부 세정제 – 모든 연령층에 사용가능하며 정해진 용량대로 사용할 것
② 가연성 가스를 사용하는 제품 – 밀폐된 실내에서만 사용할 것
③ 스크럽 세안제 – 특이체질, 생리 또는 출산이후 질환이 있는 사람은 사용을 피할 것
④ 체취 방지용 제품 – 털을 제거한 직후에는 사용하지 말 것
⑤ 알파하이드로시애씨드(AHA) – 얼굴에 직접분사하지 말고 손에 덜어 사용할 것

해설

① 외음부 세정제 : 만 3세 이하의 영유아에게는 사용하지 말 것
② 가연성 가스를 사용하는 제품 :밀폐된 실내에서 사용한 후에는 반드시 환기를 할 것
③ 스크럽 세안제 : 알갱이가 눈에 들어갔을 때에는 물로 씻어내고, 이상이 있는 경우에는 전문의와 상담할 것
⑤ 알파하이드로시애씨드(AHA) : 자외선 차단제와 함께 사용
※ 고압가스를 사용하지 않는 분무형 자외선 차단제 : 얼굴에 직접분사하지 말고 손에 덜어 사용할 것

정답 24 ② 25 ③ 26 ③ 27 ⑤ 28 ④

29 다음 보기의 설명에 해당하는 유성성분은? (1회 기출문제)

〈보기〉
- 실록산 결합 (Si-O-Si)을 기본 구조로 갖는다.
- 끈적거림이 없고 사용감이 가볍다.

① 에스테르오일　② 에뮤 오일
③ 실리콘 오일　④ 쉐어버터
⑤ 올리브 오일

해설

실리콘 오일은 유지류에 비해 산뜻한 사용감을 가지고 번들거림이 없어 화장품에 많이 사용되는 유성성분이다.

① 에스테르 오일 : 지방산과 알코올의 중합으로 이루어진 구조를 기본으로 하는 합성오일
② 에뮤 오일 : 동물에서 얻은 유지류로 상온에서 액체로 존재함
④ 쉐어버터 : 식물에서 얻은 유지류로 상온에서 고체로 존재함
⑤ 올리브 오일 : 식물에서 얻은 유지류로 상온에서 액체로 존재함

30 위해평가를 위한 요소들에 대한 내용이다. (　　)에 명칭을 기입하시오.

- 위해 작용이 관찰되지 않는 최대 투여량 : 최대무독성량
- (㉠)은 하루에 화장품을 사용할 때 흡수되어 혈류로 들어가서 전신적으로 작용할 것으로 예상하는 양을 말한다.
- (㉡)은 최대무독성량 대비 (㉠)의 비율로 숫자가 커질수록 위험한 농도 대비 (㉠)이 작아 안전하다고 판단함. (㉡) = 최대무독성량 / (㉠)

해설

'안전역 = 최대무독성량/전신노출량'으로 정의되고, 100이상인 경우 위해하지 않다고 판단한다.

31 화장품 판매업자는 영 · 유아 (만 ㉠ 세 이하) 또는 어린이(만 ㉡ 세 이하)가 사용할 수 있는 화장품임을 표시 광고하려는 경우에 제품별로 안전과 품질을 입증할 수 있는 다음 각호의 자료(이하 '제품별 안전성 자료'라 한다).

- 제품 및 제조방법에 대한 설명 자료
- 화장품의 (㉢) 평가 자료
- 제품의 효능 효과에 대한 증명 자료

해설

『화장품법 제4조의 2』 영 · 유아 또는 어린이 사용 화장품의 관리 (시행 2020.1.16)

32 다음내용에서 (　　)안에 적합한 용어를 쓰시오.

(　　)는 화장품의 사용 중에 발생한 바람직하지 않고 의도되지 않은 징후, 증상 또는 질병을 말하며 해당화장품과 반드시 인과관계를 가져야하는 것은 아니다.

33 화장품이 제조된 날로부터 적절한 보관상태에서 제품이 고유의 특성을 간직한 상태로 소비자가 안정적으로 사용할 수 있는 최소기간을 (　　)라 한다

34 다음 지문에서 (　　) 맞는 내용을 쓰세요.

기능성화장품 심사에 관한 규정에서 유효성 또는 기능에 관한 자료 중에 인체적용 시험자료에서 사람에게 적용시 효능효과 등 기능을 입증할 수 있는 자료로서 관련분야 전문의사, 연구소 또는 병원 기타 관련기관에서 (　　)년 이상 해당 시험경력을 가진 자의 지도 감독이 필요하다.

정답 29 ③　30 ㉠ 전신노출량 ㉡ 안전역　31 ㉠ 3 ㉡ 13 ㉢ 안전성 (기출문제)　32 유해사례
33 사용기한　34 1

35 **다음 내용에서 화장품에 사용된 보존제의 이름과 사용한도를 적으시오.**

> 영희는 맞춤형화장품 매장에서 조제관리사의 설명을 듣고 미백과 주름개선 기능성 화장품을 선택하려고 한다. 이 때 조제관리사는 알레르기 유발성이 있는 보존제가 있음을 고시하였다.

해설

〈화장품 전성분〉
정제수, 부틸렌글라이콜, 알로에베라잎 추출물, 알라토인, 디소듐이디티에이, 알에이치-올리고펩타이드-1, 페녹시에탄올, 알파-비사보롤, 레티놀, 옥시벤존

3 유통 화장품 안전관리

36 **유통화장품 안전관리에서 소독제 효과에 영향을 미치는 요인으로 틀린 것은?**

① 사용 약제의 종류나 사용농도 및 액성의 pH
② 미생물의 종류, 부유상태
③ 작업자의 작업 시 숙련도
④ 균에 대한 확산성
⑤ 실내 온도 및 습도

해설

④ 균에 대한 흡착성, 분해성

37 **우수화장품 제조 및 품질관리 기준에서 정의하는 주요 용어와 의미가 바르게 연결된 것을 〈보기〉에서 고르시오.**

> 〈보기〉
> ㉠ 제조소 : 제품, 원료 및 포장재의 수령, 보관, 제조, 관리 및 출하를 위해 사용되는 물리적 장소, 건축물 및 보조 건축물
> ㉡ 제조 : 물질의 칭량부터 혼합, 충전(1차 포장), 2차 포장 및 표시 등의 일련의 작업
> ㉢ 벌크 제품 : 충전(1차 포장) 이전의 제조 단계까지 끝낸 제품
> ㉣ 일탈 : 제조 또는 품질관리 활동 등의 미리 정하여진 기준을 벗어나 이루어진 행위
> ㉤ 포장재 : 화장품의 포장에 사용되는 모든 재료를 말하며 주로 운송을 위해 사용되는 외부 포장재에 해당

① ㉠, ㉡, ㉤　　② ㉠, ㉢, ㉣
③ ㉠, ㉢, ㉤　　④ ㉡, ㉢, ㉣
⑤ ㉢, ㉤, ㉣

해설

- 포장재란 화장품의 포장에 사용되는 모든 재료를 말하며 운송을 위해 사용되는 외부 포장재는 제외한 것이다. 포장재는 제품과의 직접적 접촉 여부에 따라 1차 또는 2차 포장재라고 말한다.
- 제조소는 화장품을 제조하기 위한 장소이며 보기에 주어진 설명은 건물에 대한 것이다.

정답 35 페녹시에탄올, 1.0%　36 ④　37 ④

38 **화장품 표시 · 광고 시 준수사항에 대한 내용으로 틀린 것은?**

① 의약품으로 잘못 인식할 우려가 있는 내용 등에 대한 표시 · 광고를 하지 말 것
② 기능성화장품, 천연화장품 또는 유기농화장품이 아닐 경우 제품의 명칭, 제조방법, 효능 · 효과 등에 관하여 잘못 인식할 우려가 있는 표시 · 광고를 하지 말 것
③ 인체적용시험 결과가 공인된 것이 없는 경우, 의사 · 치과의사 · 한의사 · 약사 · 의료기관 또는 그 밖의 자가 이를 지정 · 공인 · 추천 또는 사용하고 있다는 내용이나 이를 암시하는 등의 표시 · 광고를 하지 말 것.
④ 경쟁상품과 비교하는 표시 · 광고는 무관하다.
⑤ 경쟁상품과 배타성을 띤 "최고" 또는 "최상" 등의 절대적 표현의 표시 · 광고를 하지 말 것

해설
경쟁상품과 비교하는 표시 · 광고는 비교 대상 및 기준을 분명히 밝히고 객관적으로 확인될 수 있는 사항만을 표시 · 광고하여야 한다.

39 **혼합 · 소분시 위생관리 규정으로 옳지 않은 것은?**

① 시험 시설 및 시험 기구는 점검 후 사용한다.
② 제품을 혼합 혹은 소분할 용기는 70%에탄올로 소독해 둔다.
③ 작업하기 전에 소분 시 사용할 도구는 깨끗이 닦아 헝겊으로 물기를 닦고 사용한다.
④ 혼합 및 소분 시 사용하는 도구를 UV자외선 소독기에 넣어두었다가 사용한다.
⑤ 작업하기 전에 위생 복장을 입고, 손 소독을 한다.

해설
사용할 용기는 반드시 물기를 제거한 후 70% 알코올 소독후 자외선소독기에 보관후 사용한다.

40 **입고된 포장재의 관리기준으로 보관방법이 틀리게 설명한 것은?**

① 바닥 및 내벽과 10㎝ 이상, 외벽과 30㎝ 이상 간격을 두고 보관
② 직사광선, 습기, 발열체를 피하여 보관
③ 방서, 방충 시설을 갖춘 곳에서 보관
④ 보관장소는 항상 청결해야 하며 정리 정돈되어 있어야 한다.
⑤ 출고 시에는 원칙적으로 앞에 진열되어 있는 것부터 사용한다.

해설
출고시에는 선입선출 원칙

41 **청소 후 위생상태 판정시 화학분석법에 해당하는 것은?**

① 가스 크로마토그래피
② 디티존법
③ 원자흡광도법
④ 자외선(UV) 측정법
⑤ 한천평판도말법

해설
유통화장품 안전관리 시험법 : ① ② ③ ⑤
- 린스정량 화학분석법: HPLC법(고성능 액체크로마토그래피)
- 박층크로마토그래피(TLC, Thin-Layerchromatography)
- TOC측정기(Total Organic Catbon, 총유기탄소), 자외선(UV) 측정법

정답 38 ④ 39 ③ 40 ⑤ 41 ④

42 **다음 중 작업실의 청정도 관리기준이 바른 것은? (기출 ★★★)**

① 제조실-낙하균: 10개/hr 또는 부유균 : 20개/m3
② 칭량실-낙하균: 30개/hr 또는 부유균 : 200개/m3
③ 충전실-낙하균: 20개/hr 또는 부유균 : 100개/m3
④ 포장실-낙하균: 30개/hr 또는 부유균 : 200개/m3
⑤ 원료보관실-낙하균: 30개/hr 또는 부유균 : 200개/m3

해설

작업장의 위생기준

- 청정도 1등급 : Clean bench – 낙하균 10개/hr 또는 부유균 20개/m3
- 청정도 2등급 ; 제조실, 성형실, 충전실, 내용물보관소, 원료칭량실, 미생물시험실

– 낙하균 30개/hr 또는 부유균 200개/m3

43 **원자재 입고관리에 관한 사항으로 틀린 것은?**

① 제조업자는 원자재 공급자에 대한 관리감독을 적절히 수행하여 입고관리가 철저히 이루어지도록 하여야 한다.
② 원자재의 입고 시 구매 요구서, 원자재 공급업체 성적서 및 현품이 서로 일치하여야 한다.
③ 원자재는 시험결과 적합판정된 것만을 선입선출방식으로 출고해야 한다.
④ 입고된 원자재는 "적합", "부적합", "검사 중" 등으로 상태를 표시하여야 한다.
⑤ 원자재 용기에 제조번호가 없는 경우에는 관리번호를 부여하여 보관하여야 한다.

해설

출고 관리 : 원자재는 시험결과 적합판정된 것만을 선입선출방식으로 출고해야 한다.

44 **작업원의 위생에서 작업 중 준수 사항으로 적합하지 않은 것은?**

① 작업장에서 제조와 관계없는 행위는 금지한다.
② 개인비품은 반드시 개인 사물함에 보관하며 작업장내로 반입하지 않는다.
③ 악세서리 및 휴대용품 착용 휴대 금지
④ 작업시작 전 작업원은 반드시 손세정하고 헝겊수건을 이용하여 닦는다.
⑤ 작업소 및 보관소 내의 모든 직원은 화장품의 오염을 방지하기 위해 규정된 작업복을 착용해야 하고 음식물 등을 반입해서는 아니 된다.

해설

작업시작 전 작업원은 반드시 손세정하고 손소독 후 1회용 멸균 수건(부직포)을 이용하거나 에어타올을 이용한다.

45 **다음 중 총리령으로 정하는 화장품의 기재사항으로 맞춤형화장품의 포장에 기재 · 표시하여야 하는 사항이 아닌 것은?**

① 식품의약품안전처장이 정하는 바코드
② 기능성화장품의 경우 심사받거나 보고한 효능 · 효과, 용법 · 용량
③ 성분명을 제품 명칭의 일부로 사용한 경우 그 성분명과 함량(방향용 제품은 제외한다)
④ 인체 세포 · 조직 배양액이 들어있는 경우 그 함량
⑤ 화장품에 천연 또는 유기농으로 표시 · 광고하려는 경우에는 원료의 함량

해설

(화장품법 시행규칙 제19조 4항) 참조 – 맞춤형화장품의 경우 1호, 6호 제외 사항

1. 식품의약품안전처장이 정하는 바코드
6. 수입화장품인 경우에는 제조국의 명칭(「대외무역법」에 따른 원산지를 표시한 경우에는 제조국의 명칭을 생략할 수 있다), 제조회사명 및 그 소재지

정답 42 ② 43 ③ 44 ④ 45 ①

46 **유통화장품의 안전관리에서 pH 기준이 3.0~9.0 이하여야 하는 화장품은?**

① 영 · 유아용 샴푸 ② 어린이용 바디로션
③ 헤어린스 ④ 쉐이빙폼
⑤ 염모제

해설

pH 기준이 3.0~9.0 이하여야 하는 화장품은 물로 씻어내는 제품 제외

47 **품질보증 책임자가 화장품의 품질보증을 담당하는 부서의 책임자로서 수행해야 할 항목이 아닌 것은?**

① 품질에 관련된 모든 문서와 절차의 검토 및 승인
② 적절한 위생관리 기준 및 절차를 마련하고 이를 준수해야 한다.
③ 일탈이 있는 경우 이의 조사 및 기록
④ 적합 판정한 원자재 및 제품의 출고 여부 결정
⑤ 불만처리와 제품회수에 관한 사항의 주관

해설

② 모든 조직원의 위생관리 기준

48 **맞춤형화장품조제관리사는 다음과 같이 유해 검출물질이 나온 품질성적서를 보고 책임판매업자에게 반품요청을 하려고 한다. 〈보기〉에서 유통화장품 안전관리 기준에 적합한 것만 고르세요.**

〈보기〉
㉠ 수은 0.05㎍/g 검출
㉡ 카드뮴 5㎍/g 검출
㉢ 디옥산 200㎍/g 검출
㉣ 황색포도상구균, 녹농균 불검출
㉤ 대장균 검출

① ㉠-㉡-㉢ ② ㉠-㉡-㉣
③ ㉠-㉢-㉤ ④ ㉡-㉢-㉣
⑤ ㉡-㉢-㉤

해설

유통화장품 안전관리 기준 불검출허용한도
1. 납 : 점토를 원료로 사용한 분말제품은 50㎍/g 이하, 그 밖의 제품은 20㎍/g 이하
2. 니켈: 눈 화장용 제품은 35㎍/g 이하, 색조 화장용 제품은 30㎍/g 이하, 그 밖의 제품은 10㎍/g 이하
3. 비소 : 10㎍/g 이하
4. 수은 : 1㎍/g 이하
5. 안티몬 : 10㎍/g 이하
6. 카드뮴 : 5㎍/g 이하
7. 디옥산 : 100㎍/g 이하
8. 메탄올 : 0.2(v/v)% 이하, 물휴지는 0.002%(v/v) 이하
9. 포름알데하이드 : 2,000㎍/g 이하, 물 휴지는 20㎍/g 이하
10. 프탈레이트류(디부틸프탈레이트, 부틸벤질프탈레이트 및 디에칠헥실프탈레이트에 한함) : 총 합으로서 100㎍/g이하

※ 미생물한도는 다음 각 호와 같다. ★
대장균(Escherichia Coli), 녹농균(Pseudomonas aeruginosa), 황색포도상구균 (Staphylococcus aureus)은 불검출

49 **유통화장품 안전관리 기준에 따른 화장품과 미생물한도가 틀린 것은?**

① 베이비 오일 – 총호기성생균수는 500개/g(㎖) 이하
② 아이크림 – 총호기성생균수는 500개/g(㎖) 이하
③ 물휴지 – 세균 및 진균수는 각각 100개/g(㎖) 이하
④ 스킨토너 – 1,000개/g(㎖) 이하
⑤ 아이라이너 – 총호기성생균수는 500개/g(㎖) 이하

정답 46 ② 47 ② 48 ② 49 ②

해설

미생물한도는 다음 각 호와 같다. ★★

1. 총호기성생균수는 영 · 유아용 제품류 및 눈화장용 제품류의 경우 500개/g(㎖) 이하
2. 물휴지의 경우 세균 및 진균수는 각각 100개/g(㎖) 이하
3. 기타 화장품의 경우 1,000개/g(㎖) 이하
4. 대장균(Escherichia Coli), 녹농균(Pseudo monas aeruginosa), 황색포도상구균 (Staphy lococcus aureus)은 불검출

50 포장재의 폐기기준에서 충전 및 포장시 발생된 불량자재처리로 바르게 쓴 것은?

① 품질 부서에서 적합으로 판정된 포장재는 무조건 사용한다.
② 생산팀에서 생산 공정 중 발생한 불량포장재는 해당업체에 시정조치 요구
③ 물류팀 담당자는 부적합 포장재를 정상품과 함께 자재 보관소에 따로 보관
④ 생산팀에서 생산공정 중 발생한 불량포장재는 정상품과 함께 물류팀에 반납한다.
⑤ 물류팀 담당자는 부적합 포장재를 추후 반품 또는 폐기조치 후 해당업체에 시정조치 요구

해설

충전 · 포장시 발생된 불량 자재의 처리

① 생산팀에서 생산 공정 중 발생한 불량 포장재는 정상품과 구분하여 물류팀에 반납한다.
② 물류팀 담당자는 부적합 포장재를 부적합 자재 보관소에 따로 보관
③ 물류팀 담당자는 부적합 포장재를 추후 반품 또는 폐기조치 후 해당업체에 시정조치 요구

51 작업실의 공기의 흐름을 조절할 때 음압을 이용한다. 다음 중 가장 낮은 압력을 유지하여 외부로의 공기흐름을 차단해야 하는 작업실은?

① 제조실
② 악취 · 분진 발생 시설
③ 내용물 보관소
④ 충전소
⑤ 칭량실

해설

해설 주변을 오염시킬 우려가 있는 작업소는 음압으로 관리하여 공기가 시설 밖으로 나가지 않게 해야 한다.

52 유통화장품 안전관리 기준에서 디옥산과 메탄올의 공통적인 시험 방법은?

① 액체 크로마토그래피법
② 원자흡광도법
③ 기체(가스)크로마토그래피법
④ 수은 분석기 이용법
⑤ 유도플라즈마-질량분석기

해설

유통화장품 안전관리 시험방법 정리

① 디티존법 : 납
② 원자흡광도법 : 납, 니켈, 비소, 안티몬, 카드뮴 정량
③ 기체(가스)크로마토그래피법 : 디옥산, 메탄올, 프탈레이트류(디부틸프탈레이트, 부틸벤질프탈레이트 및 디에칠헥실프탈레이트)
④ 유도결합 플라즈마 분광기법 : 납, 니켈, 비소, 안티몬
⑤ 유도결합플라즈마-질량분석기 : 납, 비소
⑥ 수은 분해장치, 수은분석기이용법 : 수은
⑦ 액체 크로마토그래피법 : 포름알데하이드

정답 50 ⑤ 51 ② 52 ③

53 **화장품의 포장기준 및 표시방법에서 바르게 설명하고 있는 것은?**

① "화장품제조업자", "화장품책임판매업자" 또는 "맞춤형화장품판매업자"는 각각 구분하지 않고 대표적인 영업자 하나만 기재 · 표시 할 수 있다.

② 수입화장품의 경우에는 제조국의 명칭, 제조회사명 및 그 소재지만 추가로 표시 기재해야 한다.

③ 영업자의 주소는 등록필증 또는 신고필증에 적힌 소재지 또는 반품 · 교환 업무를 대표하는 소재지를 기재 · 표시해야 한다.

④ 공정별로 2개 이상의 제조소에서 생산된 화장품의 경우에는 일부 공정을 수탁한 화장품제조업자의 상호 및 주소의 기재 · 표시를 반드시 해야 한다.

⑤ 수입화장품의 경우에는 화장품의 명칭, 제조회사명과 그 소재지를 국내 "화장품제조업자"와 구분하여 기재 · 표시해야 한다.

해설

화장품 포장의 표시기준 및 표시방법(제19조제6항 관련)

– 영업자의 상호 및 주소

① "화장품제조업자", "화장품책임판매업자" 또는 "맞춤형화장품판매업자"는 각각 구분하여 기재 · 표시해야 한다. 다만, 화장품제조업자, 화장품책임판매업자 또는 맞춤형화장품판매업자가 다른 영업을 함께 영위하고 있는 경우에는 한꺼번에 기재 · 표시할 수 있다.

② 공정별로 2개 이상의 제조소에서 생산된 화장품의 경우에는 일부 공정을 수탁한 화장품제조업자의 상호 및 주소의 기재 · 표시를 생략할 수 있다.

③ 수입화장품의 경우에는 추가로 기재 · 표시하는 제조국의 명칭, 제조회사명 및 그 소재지를 국내 "화장품제조업자"와 구분하여 기재 · 표시해야 한다.

54 **화장품 포장표시에 기재해야 하는 화장품 제조 시 사용된 성분에 대한 내용으로 틀린 것은?**

① 글자의 크기는 5포인트 이상으로 한다.

② 화장품 제조에 사용된 함량이 많은 것부터 기재 · 표시한다.

③ 혼합원료는 혼합된 개별 성분의 명칭을 기재 · 표시한다.

④ 착향제는 모두 "향료"로 표시할 수 있다.

⑤ 1% 이하로 사용된 성분, 착향제 또는 착색제는 순서에 상관없이 기재 · 표시할 수 있다.

해설

착향제는 "향료"로 표시할 수 있다. 다만, 착향제의 구성 성분 중 식품의약품안전처장이 정 하여 고시한 알레르기 유발성분이 있는 경우에는 향료로 표시할 수 없고, 해당 성분의 명 칭을 기재 · 표시해야 한다.

55 **다음 (　　)에 맞는 용어를 쓰시오.**

> (　　)이란 출하를 위해 제품의 포장 및 첨부문서에 표시공정 등을 포함한 모든 제조 공정이 완료된 제품을 말한다.
> 재작업은 적합판정을 벗어난 (　　), 벌크제품 또는 반제품을 재처리하여 품질이 적합한 범위 들어오도록 하는 작업을 말한다.

56 **다음은 유통화장품 안전관리 기준 (화장품 안전기준 등에 관한 규정 제1장 제6조)에 대한 설명이다.**

> (㉠)는 다음 각 호와 같다.
> 1. 총호기성생균수는 영 · 유아용 제품류 및 눈화장용 제품류의 경우 500개/g(㎖) 이하
> 2. 물휴지의 경우 세균 및 진균수는 각각 100개/g(㎖) 이하
> 3. (㉡) 의 경우 1,000개/g(㎖) 이하
> 4. 대장균(Escherichia Coli), 녹농균(Pseudomonas aeruginosa), 황색포도상구균 (Staphylococcus aureus)은 불검출

정답 53 ③ 54 ④ 55 완제품 56 ㉠ 미생물한도 ㉡ 기타 화장품

57 염모제품 사용 시 피부의 이상증상을 예방하기 위해 피부의 국소부위에 소량 점적하여 실시하는 시험을 (㉠)라 (이라) 하고, 이는 염색 (㉡ 시간 혹은 ㉢ 일)전에 시행해야 한다.

해설

패치테스트는 염색 2일 혹은 48시간 전에 실시

58 다음 괄호 안에 들어갈 단어를 기재하시오. (1회 기출문제)

> 유통화장품안전관리기준에서 화장비누의 유리알칼리는 ( )% 이하여야 한다.

59 다음 괄호 안에 들어갈 단어를 기재하시오

> 산성도(pH) 조절 목적으로 사용되는 성분은 그 성분을 표시하는 대신 ( )에 따른 생성물로 기재 · 표시할 수 있고, 비누화 반응을 거치는 성분은 비누 화반응에 따른 생성물로 기재 · 표시할 수 있다.

해설

화장품 포장의 표시기준 및 표시방법(제19조제6항 관련) 화장품 제조에 사용된 성분 표시 참조

60 다음 〈보기〉에서 우수화장품 품질관리기준 중 제품의 폐기처리기준에 해당하는 순서를 설명하였다. ( )안에 공통적으로 들어갈 단어를 적으시오.

> 〈보기〉
> ㉠ 시험, 검사, 측정에서 ( ) 결과 나옴
> ㉡ ( ) 조사
> ㉢ 시험, 검사, 측정이 틀림없음 확인
> ㉣ ( )의 처리
> ㉤ ( ) 제품에 불합격라벨 첨부
> ㉥ 격리 보관
> ㉦ 폐기처분 또는 재작업 또는 반품

4 맞춤형 화장품 이해

61 맞춤형화장품과 관련하여 정의된 내용으로 옳지 않은 것은?

① 맞춤형화장품판매업소에서 맞춤형화장품조제관리사 자격증을 가진 자가 고객 개인별 피부특성이나 색, 향 등의 기호 등 취향에 맞게 조제한 화장품
② 제조 또는 수입된 화장품의 내용물에 다른 화장품의 내용물이나 색소, 향료 등 식품의약품안전처장 이 정하는 원료를 추가하여 혼합한 화장품
③ 제조 또는 수입된 화장품의 내용물을 소분(小分)한 화장품
④ 화장 비누(고체 형태의 세안용 비누)를 단순 소분한 화장품
⑤ 맞춤형화장품판매업이란 맞춤형화장품을 판매하는 영업을 말함

해설

1) 맞춤형화장품판매업 : 맞춤형화장품판매업이란 맞춤형화장품을 판매하는 영업을 말함
2) 주요업무: 맞춤형화장품판매업소에서 맞춤형화장품조제관리사 자격증을 가진 자가 고객의 피부 특성이나 색, 향 등의 기호 등 취향에 따라 다음과 같이 조제가능하다.
   ① 제조 또는 수입된 화장품의 내용물에 다른 화장품의 내용물이나 색소, 향료 등 식품의약품안전처장이 정하는 원료를 추가하여 혼합한 화장품
   ② 제조 또는 수입된 화장품의 내용물을 소분(小分)한 화장품

   단, 화장 비누(고체 형태의 세안용 비누)를 단순 소분한 화장품은 제외

정답 57 ㉠ 패치테스트 ㉡ 48 ㉢ 2 58 0.1 59 중화반응 60 기준 일탈 61 ④

62 맞춤형화장품의 품질특성으로 옳은 것은?

① 안전성, 안정성, 유효성
② 안전성, 생산성, 사용성
③ 유효성, 생산성, 사용성
④ 안정성, 유효성, 생산성
⑤ 사용성, 생산성, 안정성

해설

안전성
- 피부 자극이나 알러지 반응, 경구독성, 이물질 혼입 파손 등 독성이 없을 것
안정성
- 사용기간 중에 변질, 변색, 변취, 미생물오염 등이 없을 것
- 시간 경과 시 제품에 대해서 분리되는 변화가 없을 것
사용성
사용감 (피부친화성, 촉촉함, 부드러움 등)
사용편리성 (형상, 크기, 중량, 기구, 기능성, 휴대성 등)
사용자의 기호성 (향, 색, 디자인 등)
유효성
- 각각의 화장품의 사용목적에 적합한 기능을 충분히 나타내어 피부에 적절한 보습, 자외선 차단, 세정, 미백, 노화억제, 색채 등의 효과 를 부여할 것

63 진피의 구성물질이 아닌 것은?

① 섬유아세포 ② 대식세포
③ 머켈세포 ④ 비만세포
⑤ 감각세포

해설

진피의 구성물질
- 섬유아세포: 교원 섬유 (콜라겐), 탄력 섬유(엘라스틴), 기질
- 대식세포-신체를 보호하는 역할
- 비만세포-염증매개물질 생성과 분비(히스타민, 단백분해효소)
- 표피성장인자(EGF)-세포성장 촉진
- 피부 부속기
- 감각 수용기

64 피부의 생리기능이 아닌 것은?

① 피부 보호기능 ② 곡선미 유지
③ 비타민D 형성작용 ④ 체온조절작용
⑤ 재생작용

해설

곡선미 유지-피하지방의 역할

65 다음 중 해당하는 피부타입은?

- 각질층의 수분 함유능력 저하로 가려움이 유발되기도 한다.
- 피지분비기능이 저하 피부표면이 거칠고 푸석푸석하다.
- 모공이 작아 피부결이 섬세하다.
- 피부조직이 얇고 예민해보인다.
- 각질이 일어나 화장이 들뜬다.

① 복합성피부 ② 지성피부
③ 예민피부 ④ 정상피부
⑤ 건성피부

66 피부의 부속기관으로 모발의 성장주기 중에서 성장기에 대한 설명으로 옳은 것은? (기출문제)

① 전체 모발의 14%정도로 모유두만 남기고 2~3개월 안에 자연 탈락된다.
② 새로운 모발이 발생하는 시기이다.
③ 모발이 모세혈관에서 보내주는 영양분에 의해 성장하는 시기이다.
④ 모구의 활동이 멈추는 시기이다.
⑤ 대사과정이 느려지면서 세포분열이 정지한다.

해설

모발의 성장주기 : 성장기-퇴화기-휴지기-발생기
성장기 : 전체 모발의 85~90% 해당, 3~6년

정답 62 ① 63 ③ 64 ② 65 ⑤ 66 ③

67 맞춤형화장품 제조 시 사용할 수 있는 원료로 옳은 것은?

① 비타민E(토코페롤) 20%
② 페녹시에탄올 1%
③ 티타늄옥사이드 25%
④ 녹차추출물 0.5%
⑤ 벤질알코올 1%

해설

살균, 보존제 : 페녹시에탄올, 벤질알코올 자외선 차단 성분 : 티타늄옥사이드

68 내용량이 10㎖ 초과 50㎖ 이하 포장인 경우 제외하는 성분으로 옳지 않은 것은?

① 대통령이 배합 한도를 고시한 화장품의 원료
② 금박
③ 과일산(AHA)
④ 기능성화장품의 경우 그 효능, 효과가 나타나는 원료
⑤ 샴푸와 린스에 들어있는 인산염의 종류

해설

내용량이 10㎖ 초과 50㎖ 이하 또는 중량이 10그램 초과 50그램 이하 화장품의 포장인 경우에는 다음 각 목의 성분을 제외한 성분

가. 타르색소
나. 금박
다. 샴푸와 린스에 들어 있는 인산염의 종류
라. 과일산(AHA)
마. 기능성화장품의 경우 그 효능·효과가 나타나게 하는 원료
바. 식품의약품안전처장이 배합 한도를 고시한 화장품의 원료

69 맞춤형화장품에 혼합 가능한 화장품 원료로 옳은 것은?

① 아데노신
② 라벤더오일
③ 징크피리치온
④ 페녹시에탄올
⑤ 메칠이소치아졸리논

70 맞춤형화장품판매업자가 고객 맞춤형화장품의 혼합·소분에 사용할 목적으로 사용가능한 화장품에 해당하지 않는 것으로 옳은 것은?

① 맞춤형화장품판매업자가 소비자에게 유통·판매할 목적으로 화장품책임판매업자로부터 제조 또는 수입한 벌크 화장품
② 판매의 목적이 아닌 제품의 홍보·판매촉진 등을 위하여 미리 소비자가 시험·사용하도록 제조 또는 수입한 화장품
③ 맞춤형화장품조제관리사는 내용물 또는 원료가 화장품안전기준에 적합한 것인지의 여부를 확인 하고 혼합·소분한 화장품
④ 맞춤형화장품판매업자가 판매를 목적으로 소비자의 피부유형에 맞는 화장품에 식품의약품안전처장 이 고시한 원료를 배합한 화장품
⑤ 화장품책임판매업자가 혼합 또는 소분의 범위를 미리 정하고 있는 경우에 그 범위 내에서 혼합 또 는 소분한 화장품

해설

맞춤형화장품의 혼합·소분에 사용할 목적으로 화장품책임판매업자로부터 제공받은 것으로 다음 항목에 해당하지 않는 것이어야 함

- 화장품책임판매업자가 소비자에게 그대로 유통·판매할 목적으로 제조 또는 수입한 화장품
- 판매의 목적이 아닌 제품의 홍보·판매촉진 등을 위하여 미리 소비자가 시험·사용하도록 제조 또는 수입한 화장품

정답 67 ④ 68 ① 69 ② 70 ②

71 화장품의 혼합방식으로 옳은 것은?

① 유화 ; 대표적인 화장품으로는 투명스킨, 헤어토닉등이 있다.
② 가용화 : 하나의 상에 다른 상이 미세한 상태로 분산되어 있는 것
③ 분산 : 한 종류의 액체(용매)에 계면활성제를 이용하여 불용성 물질을 투명하게 용해시키는 것
④ 유화 : 한 종류의 액체(분산상)에 불용성의 액체(분산매)를 미립자 상태로 분산시키는 것
⑤ 가용화 : 대표적인 화장품으로는 립스틱, 파운데이션 등이 있다.

해설

화장품의 혼합방식에는 가용화, 유화, 분산의 3가지 기본적인 기술(개념)을 중심으로 이루어져 있다.

(1) 가용화 : 한 종류의 액체(용매)에 계면활성제를 이용하여 불용성 물질을 투명하게 용해시키는 것
대표적인 화장품으로는 투명스킨, 헤어토닉 등
(2) 유화 ; 한 종류의 액체(분산상)에 불용성의 액체(분산매)를 미립자 상태로 분산시키는 것 대표적인 화장품으로는 로션, 크림 등
(3) 분산 : 하나의 상에 다른 상이 미세한 상태로 분산되어 있는 것 대표적인 화장품으로는 립스틱, 파운데이션 등

72 맞춤형화장품판매업자의 준수사항으로 옳지 않은 것은?

① 맞춤형화장품 판매장 시설 · 기구를 정기적으로 점검하여 보건위생상 위해가 없도록 관리할 것
② 최종 혼합 · 소분된 맞춤형화장품은 유통화장품의 안전관리 기준을 준수할 것 특히, 판매장에서 제공 되는 맞춤형화장품에 대한 미생물 오염관리를 철저히 할 것(예 : 주기적 미생물 샘플링 검사)
③ 맞춤형화장품 사용과 관련된 부작용 발생 사례에 대해서는 지체없이 화장품제조업자에게 보고할 것
④ 맞춤형화장품판매내역서를 작성 · 보관할 것(전자문서로 된 판매내역을 포함)
⑤ 원료 및 내용물의 입고, 사용, 폐기 내역 등에 대하여 기록 관리 할 것

해설

맞춤형화장품 사용과 관련된 부작용 발생사례에 대해서는 지체 없이 식품의약품안전처장에게 보고할 것

73 화장품 내용물의 용량 또는 중량의 표시, 기재사항으로 옳은 것은?

① 화장품의 1차 포장의 무게만 기재한다.
② 화장품의 2차 포장의 무게만 기재한다.
③ 화장품의 1차 포장 또는 2차 포장의 무게만 용량을 기재, 표시한다.
④ 화장품의 1차 포장의 무게만 기재하고 2차 포장의 무게가 포함되지 않은 용량을 기재, 표시한다.
⑤ 화장품의 1차 포장 또는 2차 포장의 무게가 포함되지 않은 용량 또는 중량을 기재, 표시한다.

74 맞춤형화장품 조제관리사는 매장을 방문한 고객과 다음과 같은 〈대화〉를 나누었다. 고객에게 혼합하여 추천할 제품으로 다음 〈보기〉 중 옳은 것을 모두 고르시오

정답 71 ④ 72 ③ 73 ⑤ 74 ③

〈대화〉

고객: 최근에 야외활동을 많이 해서 그런지 얼굴 피부가 검어지고 칙칙해졌어요. 건조하기도 하구요.

조제관리사 : 아, 그러신가요? 그럼 고객님 피부 상태를 측정해 보도록 할까요?

고객: 그럴까요? 지난번 방문 시와 비교해 주시면 좋겠네요

조제관리사 : 네. 이쪽에 앉으시면 저희 측정기로 측정을 해드리겠습니다.

피부측정 후,

조제관리사 : 고객님은 1달 전 측정 시보다 얼굴에 색소 침착도가 20% 가량 높아져있고, 피부 보습도도 25% 가량 많이 낮아져 있군요.

고객: 음. 걱정이네요. 그럼 어떤 제품을 쓰는 것이 좋을지 추천 부탁드려요.

〈보기〉

㉠ 티타늄디옥사이드(Titanium Dioxide) 함유 제품
㉡ 나이아신아마이드(Niacinamide) 함유 제품
㉢ 카페인(Caffeine) 함유 제품
㉣ 소듐하이알루로네이트(Sodium Hyaluronate)함유제품
㉤ 아데노신(Adenosine)함유제품

① ㉠, ㉢ ② ㉠, ㉤
③ ㉡, ㉣ ④ ㉡, ㉤
⑤ ㉢, ㉣

75 맞춤형화장품 혼합, 소분할 때 준수해야 할 사항으로 옳지 않은 것은?

① 혼합, 소분 전에 손을 소독하거나 세정 할 것
② 혼합 · 소분 전에 혼합 · 소분된 제품을 담을 포장용기의 오염여부를 확인할 것
③ 혼합 · 소분에 사용되는 장비 또는 기구 등은 사용 전에 그 위생 상태를 점검할 것
④ 혼합 · 소분 시 일회용 장갑을 반드시 착용할 것
⑤ 혼합 · 소분에 사용되는 장비 또는 기구 등은 사용 후에는 오염이 없도록 세척할 것

해설

혼합 · 소분 시 일회용 장갑을 착용하는 경우 예외, 반드시 착용해야 하는 건 아니다.

76 사용상 제한이 필요한 원료의 성분과 사용한도가 바르게 짝지어진 것은?

① 시녹세이트 – 5%
② 옥토크릴렌 – 1.0%
③ 닥나무추출물 – 20%
④ 레티닐팔미테이트 – 1.000IU/g
⑤ 아스코르빌글루코사이드 – 20%

해설

② 옥토크릴렌 – 10%
③ 닥나무추출물 – 2%
④ 레티닐팔미테이트 – 10.000IU/g · ·
⑤ 아스코르빌글루코사이드 – 2%

77 다음 중 소용량 포장 기재, 표시사항으로 옳지 않은 것은?

① 화장품의 명칭
② 맞춤형화장품판매업자의 상호
③ 가격
④ 제조번호
⑤ 해당 화장품 제조에 사용된 모든 성분

해설

1차 포장 및 소량 포장시 : 명칭, 상호, 제조번호, 가격(비매품인 경우는 '비매품'표시) 2차 포장 기재, 표시해야 할 사항: ① ② ③ ④ ⑤

정답 75 ④ 76 ① 77 ⑤

78 **맞춤형화장품판매업 신고 시 필요한 서류가 아닌 것은?**

① 맞춤형화장품조제관리사 자격증 사본
② 맞춤형화장품판매업자의 상호 또는 소재지 변경
③ 맞춤형화장품판매업 신고서
④ 임대차계약서
⑤ 건축물 대장

해설

변경신고 시 서류 ; 맞춤형화장품판매업자의 상호 또는 소재지 변경

79 **맞춤형화장품조제관리사 자격시험에 관한 내용을 모두 고르시오.**

㉠ 맞춤형화장품조제관리사가 되려는 사람은 화장품과 원료 등에 대하여 식품의약품안전 처장이 실시하는 자격시험에 합격하여야 한다.
㉡ 식품의약품안전처장은 맞춤형화장품조제관리사가 거짓이나 그 밖의 부정한 방법으로 시험에 합격한 경우에는 자격을 취소하여야 하며, 자격이 취소된 사람은 취소된 날부터 3년간 자격시험에 응시할 수 없다.
㉢ 자격시험의 시기, 절차, 방법, 시험과목, 자격증의 발급, 시험운영기관의 지정 등 자격시험에 필요한 사항은 총리령으로 정한다.
㉣ 등록이 취소되거나 영업소가 폐쇄 된 날부터 1년이 지나지 아니한 자는 자격시험에 응시할 수 없다.

① ㉠㉡
② ㉢㉣
③ ㉠㉡㉢
④ ㉡㉢㉣
⑤ ㉠㉢㉣

해설

맞춤형화장품판매업의 신고를 할 수 없는 자 : 등록이 취소되거나 영업소가 폐쇄 된 날부터 1년이 지나지 아니한 자

80 **맞춤형화장품조제관리사에 대한 설명으로 옳지 않은 것은?**

① 맞춤형화장품조제관리사는 화장품의 전부 또는 일부를 제조한 화장품을 판매하는 영업을 할 수 있다.
② 맞춤형화장품조제관리사는 매년 4시간 이상, 8시간 이하의 집합교육 또는 온라인 교육을 식품의약품안 전처에서 정한 교육 실시기관에서 이수해야 한다.
③ 맞춤형화장품의 혼합 · 소분의 업무는 맞춤형화장품판매장에서 자격증을 가진 맞춤형화장품조제관리사 만이 할 수 있다.
④ 맞춤형화장품조제관리사가 되려는 사람은 화장품과 원료 등에 대하여 식품의약품안 전처장이 실시하 는 자격시험에 합격하여야 한다.
⑤ 제조 또는 수입된 화장품내용물에 다른 화장품의 내용물이나 식품의약품안전처장이 정하여 고시하는 원료를 추가하여 혼합한 화장품을 판매하는 영업을 할 수 있다.

해설

화장품제조업자는 화장품의 전부 또는 일부를 제조한 화장품을 판매하는 영업을 말한다.

81 **피하지방의 역할로 옳지 않은 것은?**

① 신체의 부위, 연령 ,영양 상태에 따라 두께가 달라짐
② 체온의 손실을 막는 체온보호(유지)기능
③ 충격흡수 및 단열제로서 열 손실을 방지
④ 진피의 망상층에 존제
⑤ 여성호르몬과 관계가 있음

해설

피하지방은 피부의 가장 아래층에 있다.

정답 78 ② 79 ③ 80 ① 81 ④

82 기질에 대한 설명으로 옳지 않은 것은?

① 섬유아세포에서 생성
② 피부에 팽팽함과 탄력과 신축성을 부여함
③ 자기 무게의 수 백배에 달하는 수분을 보유할 수 있음
④ 생체 내에서 강하게 결합된 생체 결합수임
⑤ 히알루론산, 콘드로이친 황산 등의 천연보습인자로 이루어짐

해설

엘라스틴-피부에 팽팽함과 탄력과 신축성을 부여함

83 진피의 구성물질로 옳은 것은?

① 콜라겐, 림프관, 교소체
② 콜라겐, 엘라스틴, 멜라노좀
③ 엘라스틴, 림프액, 층판소체
④ 엘라스틴, 기질, 교소체
⑤ 콜라겐, 엘라스틴, 기질

해설

진피의 구성물질의 섬유아세포는 콜라겐, 엘라스틴, 기질이 있다.

84 표피의 구성세포가 아닌 것은?

① 랑게르한스세포
② 멜라닌세포
③ 섬유아세포
④ 머켈세포
⑤ 각질형성세포

해설

섬유아세포는 진피의 구성 물질이다.

85 표피의 구조 중 기저층에 대한 설명으로 옳지 않은 것은?

① 면역기능을 담당하는 랑게르한스 세포(langerhans cell)가 존재
② 교소체(desmosome)가 존재
③ 멜라닌을 만들어내는 멜라닌 세포(melanocyte)가 존재
④ 피부 표면의 상태를 결정짓는 중요한 층
⑤ 지각세포인 머켈세포가 존재

해설

유극층 – 면역기능을 담당하는 랑게르한스 세포(langerhans cell)가 존재

86 각질층 구조의 세포간 지질의 설명으로 옳지 않은 것은?

① 각질층 사이에는 세포간 지질 성분이 존재하여 각질과 각질을 단단하게 결합될 수 있도록 해 준다.
② 수분의 손실을 억제한다.
③ 세포간 지질 성분은 주로 세라마이드(ceramide)로 되어 있다.
④ 각질층 사이에서 층상의 라멜라구조로 존재한다.
⑤ 모세혈관으로부터 영양을 공급받아 새로운 세포를 생성한다.

해설

기저층-모세혈관으로부터 영양을 공급받아 새로운 세포를 생성

정답 82 ② 83 ⑤ 84 ③ 85 ① 86 ⑤

87 **맞춤형화장품 조제관리사는 매장을 방문한 고객과 다음과 같은 〈대화〉를 나누었다. 고객에게 혼합하여 추천할 제품으로 다음 〈보기〉 중 옳은 것을 모두 고르시오.**

〈대화〉

고객: 요즘 난방을 많이해서 그런지 피부가 건조하고 주름이 많이 생기는 것 같아요.
조제관리사: 아. 그러신가요? 그럼 고객님 피부 상태를 측정해 보도록 할까요?
고객: 그럴까요? 지난번 방문 시와 비교해 주시면 좋겠네요.
조제관리사: 네. 이쪽에 앉으시면 저희 측정기로 측정을 해드리겠습니다.
피부측정 후,
조제관리사: 고객님은 1달 전 측정 시보다 피부 보습도가 많이 낮아져 있고 주름이 많아졌네요.
고객: 음. 걱정이네요. 그럼 어떤 제품을 쓰는 것이 좋을지 추천 부탁드려요.

〈보기〉

㉠ 티타늄디옥사이드(Titanium Dioxide) 함유 제품
㉡ 나이아신아마이드(Niacinamide) 함유 제품
㉢ 카페인(Caffeine) 함유 제품
㉣ 소듐하이알루로네이트(Sodium Hyaluronate)함유제품
㉤ 아데노신(Adenosine)함유제품

① ㉠, ㉢ ② ㉠, ㉤
③ ㉡, ㉣ ④ ㉡, ㉤
⑤ ㉣, ㉤

88 **맞춤형 화장품 부당한 표시 •광고 행위 등의 금지 사항으로 옳지 않은 것은?**

① 의약품으로 잘못 인식할 우려가 있는 표시 또는 광고
② 맞춤형 화장품이 아닌 화장품을 맞춤형 화장품으로 잘못 인식할 우려가 있는 내용의 표시 또는 광고
③ 천연화장품 또는 유기농 화장품이 아닌 화장품을 천연화장품 또는 유기농 화장품으로 잘못 인식할 우려가 있는 표시 또는 광고
④ 사실과 다르게 소비자를 속이거나 소비자가 잘못 인식하도록 할 우려가 있는 표시 또는 광고
⑤ 기능성 화장품의 안전성 · 유효성에 관한 심사결과와 다른 내용의 표시 또는 광고

해설

기능성 화장품이 아닌 화장품을 기능성 화장품으로 잘못 인식할 우려가 있거나 기능성 화장 품의 안전성 · 유효성에 관한 심사결과와 다른 내용의 표시 또는 광고

89 **다음에 들어 갈 알맞은 단어를 기재하시오.**

맞춤형화장품판매업소에서 맞춤형화장품조제관리사 자격증을 가진 자가 고객 개인별 피부 특성이나 색, 향 등의 기호 등 취향에 따라
① 제조 또는 수입된 화장품의 내용물에 다른 화장품의 내용물이나 색소, 향료 등 (㉠)를 추가하여 혼합한 화장품
② 제조 또는 수입된 화장품의 내용물을 소분(小分)한 화장품
단, 화장 비누(고체 형태의 세안용 비누)를 단순 소분한 화장품은 제외
⇒ 원료와 원료를 혼합하는 것은 맞춤형화장품의 혼합이 아닌 (㉡)에 해당

정답 87 ⑤ 88 ② 89 ㉠ 식품의약품안전처장이 정하는 원료 ㉡ 화장품 제조

90 다음 괄호안의 알맞은 단어를 기재하시오.

(㉠)은 맞춤형화장품조제관리사가 거짓이나 그 밖의 부정한 방법으로 시험에 합격한 경우에는 자격을 취소하여야 하며, 자격이 취소된 사람은 취소된 날부터 (㉡) 자격시험에 응시할 수 없다.

91 다음 설명에 알맞은 단어를 기재하시오.

관능평가 절차 중 내용물을 손등에 문질러서 느껴지는 사용감(예 : 무거움, 가벼움, 촉촉함, 산뜻함)을 촉각을 통해서 확인

92 다음의 〈보기〉는 맞춤형화장품의 전성분 항목이다. 소비자에게 사용된 성분에 대해 설명하기 위하여 다음 화장품 전성분 표기 중 사용상의 제한이 필요한 자외선 차단에 해당하는 성분을 다음 〈보기〉에서 하나를 골라 작성하시오.

〈보기〉
정제수, 글리세린, 다이프로필렌글라이콜, 토코페릴아세테이트, 다이메티콘, 비닐다이메티콘크로스폴리머, 티타늄디옥사이드 , 페녹시 에탄올, 향료

해설

- 보습제 : 글리세린/다이프로필렌글라이콜
- 보존제 : 페녹시 에탄올
- 합성고분자화합물 : 다이메티콘/비닐다이메티콘크로스폴리머

93 고객이 맞춤형화장품조제관리사에게 피부가 칙칙하고 색소침착이 있어서 맞춤형으로 미백기능이 있는 화장품을 구매하기를 상담하였다. 미백성분의 기능성 원료를 〈보기〉에서 고르시오.

〈보기〉
티타늄디옥사이드, 에칠헥실메톡시신나메이트, 나이아신아마이드, 레티닐팔미테이트, 디엠디엠하이단토인, 디프로필렌글라이콜

해설

- 자외선차단성분 : 티타늄디옥사이드, 에칠헥실메톡시신나메이트
- 주름개선 : 레티닐팔미테이트
- 보존제 : 디엠디엠하이단토인
- 보습제 : 디프로필렌글라이콜

94 다음 괄호안의 알맞은 단어를 기재하시오.

이산화티타늄의 경우, 제품의 변색방지 목적으로 사용 시 사용농도가 ( ) 인 것은 자외선 차단 제품으로 인정하지 아니한다.

해설

사용상 제한이 필요한 원료에 대한 자외선 차단성분사용 기준 25%

95 다음 괄호안의 알맞은 단어를 기재하시오.

(㉠)은 제2항에 따라 지정 · 고시된 원료의 사용기준의 안전성을 정기적으로 검토하여야 하고, 그 결과에 따라 지정 · 고시된 원료의 사용기준을 변경할 수 있다. 이 경우 안전성 검토의 주기 및 절차 등에 관한 사항은 (㉡)으로 정한다.

96 다음 설명에 알맞은 단어를 기재하시오.

액체를 침투시킨 분자량이 큰 유기분자로 이루어진 반고형상

정답 90 ㉠ 식품의약품안전처장 ㉡ 3년간 91 사용감 평가 절차 92 티타늄디옥사이드 93 나이아신아마이드 94 0.5% 미만 95 ㉠ 식품의약품안전처장 ㉡ 총리령 96 겔제

97 다음 괄호안의 알맞은 단어를 기재하시오.

> ① 영 유아용 제품류(영 유아용 샴푸, 영 유아용 린스, 영 유아 인체세정용 제품, 영 유아 목욕용 제품 제외)
> ② 눈 화장용 제품류, 색조화장용 제품류
> ③ 두발용 제품류(샴푸, 린스 제외)
> ④ 면도용 제품류(셰이빙크림, 셰이빙 폼 제외)
> ⑤ 기초화장용 제품류(클렌징 워터, 클렌징 오일,클렌징 로션, 클렌징 크림 등 메이크업 리무버 제품 제외) 중 액, 로션,크림 및 이와 유사한 제형의 액상제품은 pH 기준이 (　　)이어야 한다. 다만, 물을 포함하지 않는 제품과 사용한 후 곧바로 물로 씻어 내는 제품은 제외한다.

해설

〈화장품 안전관리 기준 해설서 제5조 유통화장품 안전관리기준 〉

98 영유아용 제품류 또는 만 13세 이하 어린이가 사용 할 수 있음을 특정하여 표시하는 제품에 사용 금지 원료인 보존제 2종을 기재하시오.

99 광선의 투과를 방지하는 용기 또는 투과를 방지하는 포장을 한 용기는?

100 다음 내용에서 괄호 안에 맞는 단어를 쓰시오.

> 화장품 포장 용기의 전성분 표시는 화장품 제조에 사용된 함량이 많은 것부터 기재 · 표시한다. 다만, 1퍼센트 이하로 사용된 성분, (㉠)또는(㉡)는 순서에 상관없이 기재 · 표시할 수 있다.

정답 97 3.0~9.0　98 살리실릭애씨드 및 염류, 아이오도프로피닐부틸카바메이트　99 차광용기
100 ㉠ 착향제 ㉡ 착색제

제4회 실전 모의고사

1 화장품법의 이해

1 기능성화장품의 심사에 관한 설명으로 옳지 않은 것은?

① 기능성화장품으로 인정받아 판매 등을 하려는 화장품제조업자, 화장품책임판매업자 또는 총리령으로 정하는 대학 · 연구소 등은 품목별로 안전성 및 유효성에 관하여 식품의약품안전처장의 심사를 받거나 식품의약품안전처장에게 보고서를 제출하여야 한다.
② 유효성에 관한 심사는 규정된 효능 · 효과에 한하여 실시한다.
③ 심사를 받으려는 자는 총리령으로 정하는 바에 따라 그 심사에 필요한 자료를 식품의약품안전처장에게 제출하여야 한다.
④ 심사 또는 보고서 제출의 대상과 절차 등에 관하여 필요한 사항은 총리령으로 정한다.
⑤ 식품의약품안전처장은 화장품에 대하여 제품별 안전성 자료, 소비자 사용실태, 사용 후 이상사례 등 에 대하여 주기적으로 실태조사를 실시하고 위해요소의 저감화를 위한 계획을 수립하여야 한다.

해설

영 · 유아화장품의 관리 : 식품의약품안전처장은 화장품에 대하여 제품별 안전성 자료, 소비자 사용실태, 사용 후 이상사례 등에 대하여 주기적으로 실태조사를 실시하고 위해요소의 저감화를 위한 계획을 수립하여야 한다.

2 화장품의 유형별 특성이 올바르게 연결 된 것은?

① 인체 세정용 – 버블 배스
② 기초화장용 제품류 – 폼 클렌저
③ 두발용 제품류 – 포마드
④ 손발톱용 제품류 – 손, 발의 피부연화 제품
⑤ 두발 염색용 제품류 – 흑채

해설

버블배스 – 목욕용 제품류
폼 클렌저 – 인체 세정용
손, 발의 피부연화 제품 – 기초화장용 제품류

3 화장품 제조업의 경우에 등록할 수 없는 자로 옳은 것은?

① 정신질환자와 마약중독자
② 파산선고를 받고 복권된 자
③ 화장품제조업자로 적합하다고 인정한 정신질환자
④ 금고 이상의 형을 선고받고 그 집행이 끝난 자
⑤ 등록이 취소되거나 영업소가 폐쇄된 날부터 2년이 지나지 아니한 자

해설

화장품제조업자만 해당하는 결격사유

• 화장품법 제3조의 3(결격사유) 다음 각 호의 어느 하나에 해당하는 자는 화장품제조업 또는 화장품책임판매업의 등록이나 맞춤형화장품판매업의 신고를 할 수 없다. 다만, 제1호 및 제3호는 화장품제조업만 해당한다.

정답 1 ⑤ 2 ③ 3 ①

1. 「정신건강증진 및 정신질환자 복지서비스 지원에 관한 법률」 제3조제1호에 따른 정신질환자. 다만, 전문의가 화장품제조업자로서 적합하다고 인정하는 사람은 제외한다.
2. 피성년후견인 또는 파산선고를 받고 복권되지 아니한 자
3. 「마약류 관리에 관한 법률」 제2조제1호에 따른 마약류의 중독자
4. 이 법 또는 「보건범죄 단속에 관한 특별조치법」을 위반하여 금고 이상의 형을 선고받고 그 집행이 끝나지 아니하거나 그 집행을 받지 아니하기로 확정되지 아니한 자
5. 제24조에 따라 등록이 취소되거나 영업소가 폐쇄(이 조 제1호부터 제3호까지의 어느 하나에 해당하여 등록이 취소되거나 영업소가 폐쇄된 경우는 제외한다)된 날부터 1년이 지나지 아니한 자

4 **다음 화장품판매업의 준수사항 관련 내용으로 옳지 않은 것은?**

① 화장품제조업자 – 품질관리기준에 따른 화장품책임판매업자의 지도, 감독 및 요청에 따르며, 화장 품의 제조에 필요한 시설 및 기구에 대하여 정기적으로 점검하여 작업에 지장이 없도록 관리, 유지 할 것

② 화장품책임판매업자 – 화장품의 품질관리기준, 책임판매 후 안전관리기준, 품질 검사 방법 및 실시 의무, 안전성 · 유효성 관련 정보사항 등의 보고 및 안전대책 마련 의무 등에 관하여 사항을 준수하 여야 한다.

③ 맞춤형화장품판매업자 – 맞춤형화장품 판매장 시설 · 기구를 정기적으로 점검하여 보건위생상 위해가 없도록 관리할 것

④ 화장품책임판매업자 – 화장품 판매내역서(전자문서로 된 판매내역서를 포함한다)를 작성 · 보관할 것

⑤ 맞춤형화장품판매업자 – 맞춤형화장품 사용과 관련된 부작용 발생사례에 대해서는 지체 없이 식품의약 품안전처장에게 보고할 것

해설

맞춤형화장품판매업자 : 화장품 판매내역서(전자문서로 된 판매내역서 포함)를 작성 · 보관할 것

5 **천연화장품 및 유기농화장품에 대한 인증에 대한 내용으로 옳지 않은 것은?**

① 식품의약품안전처장은 천연화장품 및 유기농화장품의 품질제고를 유도하고 소비자에게 보다 정확 한 제품정보가 제공될 수 있도록 식품의약품안전처장이 정하는 기준에 적합한 천연화장품 및 유기 농화장품에 대하여 인증할 수 있다.

② 인증을 받은 화장품에 대해서는 식품의약품안전처장으로 정하는 인증표시를 할 수 있다.

③ 식품의약품안전처장은 인증을 받은 화장품이 거짓이나 그 밖의 부정한 방법으로 인증을 받은 경우 에는 그 인증을 취소하여야 한다.

④ 인증의 유효기간은 인증을 받은 날부터 3년으로 하며, 인증의 유효기간을 연장 받으려는 자는 유효 기간 만료 90일 전에 총리령으로 정하는 바에 따라 연장신청을 하여야 한다.

⑤ 누구든지 인증을 받지 아니한 화장품에 대하여 인증표시나 이와 유사한 표시를 하여서는 아니된다.

해설

인증을 받은 화장품에 대해서는 총리령으로 정하는 인증표시를 할 수 있다.

정답 4 ④ 5 ②

6 **다음 행정처분에 관한 내용으로 옳지 않은 것은?** (기출문제) ★★

① 부당한 표시, 광고 행위 등의 금지-1년 이하의 징역 또는 1천만 원 이하의 벌금
② 맞춤형화장품판매업자가 갖추어야 할 여러 가지 기준 등의 준수사항을 위반한자 - 200만 원 이하의 벌금
③ 화장품의 가격표시를 위반한 자 - 200만 원 이하의 벌금
④ 화장품의 생산실적 또는 화장품 원료의 목록 등을 보고하지 아니한 자 - 100만 원 이하의 과태료
⑤ 동물실험을 실시한 화장품 또는 동물실험을 실시한 화장품 원료를 사용하여 제조 또는 수입한 화장품을 유통, 판매한 자 - 1년 이하의 징역 또는 1천만 원 이하의 벌금

해설

동물실험을 실시한 화장품 또는 동물실험을 실시한 화장품 원료를 사용하여 제조 또는 수입한 화장품을 유통, 판매한 자 = 100만 원 이하의 과태료

7 **개인정보 보호 원칙으로 옳지 않은 것은?** (기출문제) ★★

① 개인정보의 처리 목적을 명확하게 하여야 하고 그 목적에 필요한 범위에서 최대한의 개인정보를 적법하고 정당하게 수집하여야 한다.
② 개인정보의 처리 목적에 필요한 범위에서 적합하게 개인정보를 처리하여야 하며, 그 목적 외의 용 도로 활용하여서는 아니 된다.
③ 개인정보의 처리 목적에 필요한 범위에서 개인정보의 정확성, 완전성 및 최신성이 보장되도록 하여 야 한다.
④ 개인정보의 처리 방법 및 종류 등에 따라 정보주체의 권리가 침해받을 가능성과 그 위험 정도를 고려하여 개인정보를 안전하게 관리하여야 한다.
⑤ 개인정보 처리방침 등 개인정보의 처리에 관한 사항을 공개하여야 하며, 열람청구권 등 정보주체의 권리를 보장하여야 한다.

해설

개인정보처리자는 개인정보의 처리 목적을 명확하게 하여야 하고 그 목적에 필요한 범위에서 최소한의 개인정보만을 적법하고 정당하게 수집하여야 한다.

8 **다음 〈보기〉는 화장품법 시행규칙 제18조 1항에 따른 안전용기 · 포장을 사용하여야 할 품목에 대한 설명이다. 괄호에 들어갈 알맞은 성분의 종류를 작성하시오.** (기출문제) ★★★

〈보기〉

㉠ 아세톤을 함유하는 네일 에나멜 리무버 및 네일 폴리시 리무버
㉡ 개별 포장당 메틸 살리실레이트를 5% 이상 함유하는 액체상태의 제품
㉢ 어린이용 오일 등 개별포장 당 (　　)류를 10% 이상 함유하고 운동점도가 21 센티스톡스(섭씨 40도 기준) 이하인 비에멀젼 타입의 액체상태의 제품

9 **식품의약품안전처장은 제14조의2제3항에 따른 인증의 취소, 제14조의5제2항에 따른 인증기관 지정의 취소 또는 업무의 전부에 대한 정지를 명하거나 제24조에 따른 등록의 취소, 영업소 폐쇄, 품목의 제조 · 수입 및 판매(수입대행형 거래를 목적으로 하는 알선 · 수여를 포함한다)의 금지 또는 업무의 전부에 대한 정지를 명하고자 하는 경우에는 (　　)을 하여야 한다.**

해설

화장품법 제27조 (청문)

정답 **6 ⑤ 7 ① 8 탄화수소 9 청문**

10 **개별포장당 메틸 살리실레이트를 5퍼센트 이상 함유하는 액체상태의 제품) 안전용기 · 포장은 성인이 개봉하기는 어렵지 아니하나 (　　)의 어린이가 개봉하기는 어렵게 된 것이어야 한다. 이 경우 개봉하기 어려운 정도의 구체적인 기준 및 시험방법은 (　　)이 정하여 고시하는 바에 따른다.**

해설

화장품법 시행규칙 제18조 2항(안전용기 · 포장 대상 품목 및 기준)

2 화장품제조 및 품질관리

11 **화장품에 대한 설명으로 옳은 것은?**

① 사람 또는 동물의 질병 치료 및 경감에 영향을 미친다.
② 대한약전에 수록된 인체에 사용되는 물품으로 의약외품이 아닌 것이다.
③ 인체에 대한 작용이 경미하거나 인체에 직접 작용하지 아니한 것이다.
④ 인체의 청결 미화를 더하고 용모를 밝게 하는 것이다.
⑤ 사람 또는 동물의 구조기능에 약리적 영향을 주는 것이다.

해설

화장품법 제1조 : 화장품의 정의
1. 인체를 청결 · 미화, 매력을 더하고 용모를 밝게 변화, 피부 · 모발의 건강을 유지 또는 증진
2. 인체에 사용되는 물품
3. 인체에 대한 작용이 경미한 것

12 **기능성화장품 심사에서 안전성에 대한 자료가 아닌 것은?**

① 1차 피부 자극시험 자료
② 인체 적용시험 자료
③ 안(眼)점막 자극 또는 그 밖의 점막 자극시험 자료
④ 광독성(光毒性) 및 광감작성 시험 자료
⑤ 인체 첩포 시험(貼布試驗) 자료

해설

유효성 또는 기능에 관한 자료
가. 효력시험 자료
나. 인체 적용시험 자료

13 **〈보기〉에서 유해성의 설명으로 옳은 것을 모두 고르시오.**

〈보기〉
㉠ 생식 · 발생 독성 : 자손 생성을 위한 기관의 능력 감소 및 개체의 발달과정에 부정적인 영향을 미침
㉡ 면역 독성 : 면역 장기에 손상을 주어 생체 방어기전 저해
㉢ 항원성 : 항원으로 작용하여 알러지 및 과민 반응 유발
㉣ 유전 독성 : 장기간 투여 시 암(종양)의 발생
㉤ 발암성 : 유전자 및 염색체에 상해를 입힘

① ㉠, ㉣, ㉤　　② ㉠, ㉡, ㉢
③ ㉠, ㉢, ㉣　　④ ㉡, ㉢, ㉣
⑤ ㉢, ㉤, ㉣

해설

㉣ 유전 독성은 유전자 및 염색체에 상해를 입히는 것을 말한다.
㉤ 발암성은 장기간 투여 시 암(종양)이 발생하는 것을 말한다.

정답 10 ㉠ 만 5세 미만 ㉡ 산업통상자원부장관 11 ④ 12 ② 13 ②

14 화장품 사용 시 주의사항으로 틀린 것은?

① 화장품을 바르고 붉은 반점 혹은 부어오름이 생기면 전문의 등과 상담할 것
② 상처가 있는 부위 등에는 사용을 자제할 것
③ 어린이의 손이 닿지 않는 곳에 보관할 것
④ 샴푸 사용 시 눈에 들어갔을 경우 즉시 물로 씻어낼 것
⑤ 체취 방지용 제품은 털을 제거한 직후에 사용할 것

해설

체취 방지용 제품 : 털을 제거한 직후에는 사용하지 말 것

15 착향제는 향료로 표시할 수 있으나 구성성분 중 식약청이 고시한 알레르기 유발 성분이 있는 경우는 "향료"로만 표시할 수 없다. ± 또는 +/−의 표시 다음에 사용된 모든 착색제 성분을 함께 기재해야 하는 화장품이 아닌 것은?

① 색조화장용
② 눈 화장용품
③ 두발 염색용
④ 향수
⑤ 손톱, 발톱용

16 화장품법에서 화장품 원료의 사용제한이 주는 올바른 영향은?

① 화장품 소비자는 화장품의 사용 가능성 원료로부터 보호받게 되었다.
② 맞춤형화장품 조제관리사는 다양한 원료를 개발할 수 있게 되었다.
③ 화장품책임판매업자는 보존제, 색소, 자외선차단제를 자유롭게 사용할 수 있게 되었다.
④ 화장품 소비자는 인체의 위해 가능성 원료로부터 보호받게 되었다.
⑤ 화장품제조업자는 화장품의 개발이 더욱더 원활해 졌다.

해설

화장품 소비자는 인체의 위해 가능성 원료로부터 보호받게 되었다.

17 화장품의 13가지 유형별 분류 중에 속하지 않는 것은?

① 목욕용 제품
② 인체 세정용 제품
③ 눈 화장용 제품
④ 기초화장품류
⑤ 손세정용 물휴지 제품

해설

13가지 화장품유형 영 · 유아용(만 3세 이하), 목욕용, 인체세정용, 눈 화장용, 방향용, 두발 염색용, 색조 화장용, 두발용, 손발톱용, 면도용, 기초화장용, 체취 방지용, 체모 제거용

18 화장품의 안전용기와 포장에 대한 설명으로 옳은 것은?

① 만 3세 이하의 영유아가 열 수 없도록 고안된 것을 말한다.
② 안전용기와 포장의 규정은 식품의약안전처장이 정한다.
③ 만 5세미만의 어린이가 개봉하기 어렵게 설계 · 고안된 것을 말한다.
④ 화장품 제조 시 내용물과 직접 접촉하는 포장용기를 2차포장이라 한다.
⑤ 안전용기대상품목으로 1회용제품과 분무용기 제품이 포함된다.

해설

화장품의 안전용기와 포장은 만 5세미만의 어린이가 개봉하기 어렵게 설계 · 고안된 것을 말한다.

정답 14 ⑤ 15 ④ 16 ④ 17 ⑤ 18 ③

19 화장품의 취급 및 보관상에 주의할 것으로 옳은 것은?

① 완제품을 밀폐된 용기에 보존하지 말 것
② 혼합한 제품의 잔액은 밀폐된 용기에 보존할 것
③ 용기를 버릴 때에는 반드시 뚜껑을 닫아서 버릴 것
④ 직사광선을 피하고 공기와의 접촉을 피하여 서늘한 곳에 보관할 것
⑤ 화장품을 진열할 때는 햇빛이 잘 드는 곳이 비치한다.

해설

① 혼합한 제품을 밀폐된 용기에 보존하지 말 것
② 혼합한 제품의 잔액은 효과가 없으니 버릴 것
③ 용기를 버릴 때에는 반드시 뚜껑을 열어서 버릴 것

20 다음 중 보존제의 사용한도로 옳은 것은?

① 벤조익애시드 1.0%
② 클로페네신 0.2%
③ 디엠디엠하이단토인 0.5%
④ 벤질에탄올 1.0%
⑤ 징크피리치온 0.1%

해설

① 벤조익애시드 0.5%
② 클로페네신 0.05%
③ 벤질에탄올 1.0%(단 두발염색용제로 사용 시 10%)
④ 디엠디엠하이단토인 0.6%
⑤ 징크피리치온 1.0%(비듬, 가려움증 치료용 샴푸, 린스에 한하여1.0% 적용, 보통 씻어내는 제품에만 사용제한 0.5%, 기타 사용 금지)

21 기능성 화장품의 심사의뢰서에 첨부할 안전성에 관한 자료들을 설명한 것이다. 옳은 것은?

① 효력시험자료
② 자외선 차단지수 및 자외선 차단등급 설정 근거 자료
③ 안 점막 자극 또는 그 밖의 점막자극시험 자료
④ 인체적용시험자료
⑤ 검체기준 및 시험방법에 관한 자료

해설

①,④ 유효성 또는 기능에 관한 자료
② 자외선 차단 기능 및 보호기능 제품적용자료
※ 안전성에 관한 자료
가. 단회 투여 독성시험 자료
나. 1차피부자극시험 자료
다. 안 점막자극 또는 그 밖의 점막자극시험자료
라. 피부감작성시험 자료
마. 광독성 및 광감작성 시험 자료
바. 인체 첩포시험 자료

22 화장품책임판매업자는 다음에 해당하는 성분을 0.5퍼센트 이상 함유하는 제품의 경우에는 해당 품목의 안정성시험 자료를 최종 제조된 제품의 사용기한이 만료되는 날부터 1년간 보존해야 한다. 이중에 포함되지 않는 것은?

① 아스코빅애시드(비타민C) 및 그 유도체
② 토코페롤(비타민E)
③ 과산화화합물
④ 효모
⑤ 레티놀(비타민A) 및 그 유도체

해설

레티놀(비타민A) 및 그 유도체, 아스코빅애시드(비타민C) 및 그 유도체, 토코페롤(비타민E), 과산화화합물, 효소 가 해당성분임

23 화장품의 유형으로 틀린 것은?

① 영 · 유아용 오일 ② 바디 클렌저
③ 아이라이너 ④ 향수
⑤ 어린이용 로션

해설

화장품법 시행규칙 [별표 3] 화장품 유형과 사용 시의 주의사항(제19조제3항 관련) 참조

정답 19 ④ 20 ④ 21 ③ 22 ④ 23 ⑤

24 중대한 유해사례에 대한 내용 설명으로 틀린 것은?

① 사망을 초래하거나 생명을 위협하는 경우
② 입원 또는 입원기간의 연장이 필요한 경우
③ 지속적으로 사용 중 바람직하지 않은 징후 또는 증상을 초래하는 경우
④ 선천적 기형 또는 이상을 초래하는 경우
⑤ 기타 의학적으로 중요한 상황발생의 경우

해설

유해사례 : 화장품의 사용 중 발생한 바람직하지 않고 의도되지 아니한 징후, 증상 또는 질병을 말한다.

25 알레르기 유발 물질이 아닌 것은?

① 리모넨
② 제라니올
③ 벤질알코올
④ 참나무이끼 추출물
⑤ 감초추출물

해설

③ 벤질알코올: 보존제, 착향제 ⑤ 감초추출물 : 미백성분

26 화장품의 원료로 사용하는 기초물질로 탄소화합물에 대한 설명으로 틀린 것은?

① 유지(fat)는 고급지방산과 글리세린의 에스테르 물질이다.
② 불포화지방산은 탄화수소기의 부분이 2중,3중 결합을 포함하고 있다.
③ 포화지방산에는 리놀산, 리놀렌산 등이 있다.
④ 유기산 중 탄소가 많아 탄소사슬이 긴 것을 지방산이라 한다.
⑤ 카복실산은 산성을 지닌 유기화합물을 말한다.

해설

③ 포화지방산 : 단일결합만 포함/ 종류 - 라우린산, 미리스틴산, 팔미틴산, 스테아린산 등이 있다.
※ 불포화지방산의 종류 : 리놀산, 리놀렌산, 아라키돈산

27 자외선 차단제에 관한 설명이 틀린 것은?

① 자외선 차단제는 SPF(Sun Protect Factor)의 지수가 매겨져 있다.
② SPF(Sun Protect Factor)는 자외선B 차단지수를 나타낸다.
③ 자외선 차단제의 효과는 자신의 멜라닌 색소의 양과 자외선에 대한 민감도에 따라 달라질 수 있다.
④ SPF(Sun Protect Factor)는 차단지수가 낮을수록 차단이 잘 된다.
⑤ PA는 UV-A를 차단하는 지수이다.

해설

SPF(Sun Protect Factor)는 차단지수가 높을수록 차단이 잘 된다.

28 다음 원료 중 미백화장품에 주로 쓰이는 원료와 거리가 먼 것은?

① 에틸아스코빌에텔
② 닥나무추출물
③ 알부틴
④ 토코페롤
⑤ 알파-비사보롤

해설

토코페롤 : 천연 산화방지제. "비타민 E"라고도 함

정답 24 ③ 25 ⑤ 26 ③ 27 ④ 28 ④

29 다음 〈보기〉 중 맞춤형화장품조제관리사가 올바르게 업무를 처리한 경우를 모두 고르시오.

〈보기〉
㉠ 고객으로부터 선택된 맞춤형화장품을 조제관리사가 매장 조제실에서 직접 조제하여 전달하였다.
㉡ 조제관리사는 주름개선 제품을 조제하기 위하여 아데노신을 1%로 배합, 조제하여 판매하였다.
㉢ 조제제품의 보존기간 향상을 위해서 보존제를 1% 추가하여 제조하였다.
㉣ 제조된 화장품을 용기에 소분하여 판매하였다.

① ㉠, ㉡　② ㉠, ㉢
③ ㉠, ㉣　④ ㉡, ㉢
⑤ ㉡, ㉣

해설
㉡ 아데노신은 식약청장이 고시한 주름개선 소재로 맞춤형화장품 조제에 쓸 수 없다.
㉢ 보존제는 사용상의 제한이 있는 원료이므로 혼합할 수 없다.

30 안전성의 우려로 3세 이하 영 · 유아 및 어린이 화장품에 사용금지인 보존제인 것은?

① 벤질알코올
② 살리실릭애씨드 및 그 염류
③ BHT
④ 페녹시에탄올
⑤ 카보머

해설
3세 이하 영 · 유아용 화장품 및 13세 이하 어린이가 사용하는 제품에 사용금지인 보존제 : 살리실릭애씨드 및 그 염류, 아이오도프로피닐부틸카바메이트(아이피비씨, IPBC)

31 다음 (　　)에 들어갈 용어를 쓰시오.

(㉠)는(은) 화장품의 사용 중에 발생한 것으로 바람직하지 않고, 의도되지 않은 징후 또는 증상, 질병을 말하며 화장품과 반드시 인과관계를 갖고 있어야 하는 것은 아니다.

해설
기능성 화장품의 심사 시 유효성 또는 기능에 관한 자료 중 인체적용시험 자료를 제출하는 경우에는 (　　) 제출을 면제할 수 있다. 이 경우에는 자료제출을 면제받은 성분에 대해서는 효능 효과를 기재할 수 없다. (1회 기출문제)

33 다음에서 설명하고 있는 것은 무엇을 함유한 제품인지 그 성분을 쓰시오. (1회 기출문제)

〈보기〉
가) 햇빛에 대한 피부의 감수성을 증가시킬 수 있으므로 자외선 차단제를 함께 사용할 것 (씻어내는 제품 및 두발용 제품은 제외한다)
나) 일부에 시험 사용하여 피부이상을 확인할 것
다) 고농도의 성분이 들어 있어 부작용이 발생할 우려가 있으므로 전문의 등에게 상담할 것(이 성분이 10퍼센트를 초과하여 함유되어 있거나 산도가 3.5 미만인 제품만 표시한다.)

34 다음 내용에서 (　　) 맞는 내용을 쓰세요.

화장품 안정성 정보규정
[목적] 화장품법 제5조 및 동법 시행규칙 제 11조에 따라 화장품 책임 판매업자는 화장품의 취급, 사용 시 인지되는 안전성 관련 정보를 체계적이고 효율적으로 (㉠, ㉡, ㉢) 하여 적절한 안전 대책을 강구함으로서 국민보건상의 위해를 방지한다.

정답 29 ③　30 ②　31 유해사례　32 효력시험자료　33 알파-하이드록시애시드(α-hydroxyacid, AHA)　34 ㉠ 수집 ㉡ 검토 ㉢ 평가

35 유해사례와 화장품간의 인과관계 가능성이 있다고 보고된 정보로서 그 인과관계가 알려지지 아니 하거나 입증자료가 불충분한 것을 (   )라 한다. (1회 기출문제)

3 유통 화장품 안전관리

36 일정한 제조단위분량에 대하여 제조관리 및 출하에 관한 모든 사항을 확인할 수 있도록 표시된 것으로서 숫자 · 문자 · 기호 또는 이들의 특징적인 조합을 무엇이라고 하는가?

① 회수 ② 벌크 제품
③ 뱃치번호 ④ 유지관리
⑤ 제조단위

해설

우수화장품 제조 및 품질관리기준 제2조 (용어의 정의), "제조번호"라고도 함

37 위생상태 판정법 중에서 린스정량에 대한 설명으로 틀린 것은?

① 린스액을 이용한 화학분석이다.
② 화학적분석이 상대적으로 복잡한 방법이다.
③ 광범위한 항균 스펙트럼을 갖고 있다.
④ 수치로 결과 확인이 가능하다.
⑤ 호스나 틈새기의 세척판정에 적합하다.

해설

③ 소독제의 조건

38 원자재 입고에 대한 설명으로 바른 것은?

① 원자재 용기에 제조번호가 없는 경우는 입고시 일자만 적어 보관한다.
② 입고된 원자재는 용기에 표시된 양을 거래명세표와 대조하고 칭량무게를 확인할 필요가 없다.
③ 원료 담당자는 원료 입고시 입고된 원료의 구매요구서(발주서)가 일치하는지만 확인한다.
④ 원자재 용기에 제조번호가 없는 경우는 관리번호를 부여하여 보관한다.
⑤ 원자재, 시험 중인 제품 및 부적합품은 각각 구획된 장소에서 보관하여야 한다.

해설

원자재 용기에 제조번호가 없는 경우는 관리번호를 부여하여 보관한다.
⑤ 보관관리에 대한 내용
② 용기에 표시된 양을 거래명세표와 대조하고 칭량무게를 확인 한다.
③ 원자재의 입고 시 구매 요구서, 원자재 공급업체 성적서 및 현품이 서로 일치하여야 한다. 필요한 경우 운송 관련 자료를 추가적으로 확인할 수 있다.

39 작업장 내 직원의 위생 기준과 거리가 먼 것은?

① 청정도에 맞는 적절한 작업복, 모자 및 신발을 착용하고 필요할 경우는 마스크, 장갑을 착용한다.
② 피부에 외상이 있거나 질병에 걸린 직원은 화장품의 품질에 영향을 주지 않는다는 의사의 소견이 있기 전까지는 화장품과 직접적으로 접촉되지 않도록 격리되어야 한다.
③ 작업 전에 복장점검을 하고 적절하지 않을 경우는 시정조치 한다.
④ 방문객과 훈련받지 않은 직원은 필요한 보호 설비를 갖춘다면 안내자 없이도 접근 가능하다.
⑤ 음식물을 반입해서는 안 된다.

해설

방문객과 훈련받지 않은 직원은 안내자 없이는 접근이 허용되지 않는다.

정답 35 실마리정보 36 ③ 37 ③ 38 ④ 39 ④

40 **오염물질 제거 및 소독방법에 필요한 조건으로 틀린 것은?**

① 우수한 세정력과 안정성이 있어야 한다.
② 사용기간 동안 활성 유지해야 한다.
③ 제품이나 설비와의 반응이 없어야 한다.
④ 세척 후에는 반드시 세정결과를 '판정' 한다.
⑤ 불쾌한 냄새가 남지 않아야 한다.

해설

④ 설비세척의 원칙 설명

41 **화장품법에서 총리령으로 정하는 화장품의 기재사항으로 화장품의 포장에 기재 · 표시하여야 하는 사항이 아닌 것은?**

① 기능성화장품의 경우 심사받거나 보고한 효능 · 효과, 용법 · 용량
② 식품의약품안전처장이 정하는 바코드
③ 인체 세포 · 조직 배양액이 들어있는 경우 그 함량
④ 사용기준이 지정 · 고시된 원료 외의 보존제, 색소, 자외선차단제
⑤ 화장품에 천연 또는 유기농으로 표시 · 광고하려는 경우에는 원료의 함량

해설

화장품법 제8조제2항에 의해 사용기준이 지정 · 고시된 원료 외의 보존제, 색소, 자외선차단제 등은 사용할 수 없다.

42 **다음 중 총리령으로 정하는 화장품의 기재사항으로 맞춤형화장품의 포장에 기재 · 표시하여야 하는 사항이 아닌 것은?**

① 기능성화장품의 경우 심사받거나 보고한 효능 · 효과, 용법 · 용량
② 수입화장품인 경우에는 제조국의 명칭, 제조회사명 및 그 소재지
③ 성분명을 제품 명칭의 일부로 사용한 경우 그 성분명과 함량(방향용 제품은 제외한다)
④ 인체 세포 · 조직 배양액이 들어있는 경우 그 함량
⑤ 화장품에 천연 또는 유기농으로 표시 · 광고하려는 경우에는 원료의 함량

해설

(화장품법 시행규칙 제19조 4항) 참조 – 맞춤형화장품의 경우 1호, 6호 제외 사항
1. 식품의약품안전처장이 정하는 바코드
6. 수입화장품인 경우에는 제조국의 명칭(「대외무역법」에 따른 원산지를 표시한 경우에는 제조국의 명칭을 생략할 수 있다), 제조회사명 및 그 소재지

43 **완제품 포장 생산 중 이상이 발견되거나 작업 중 파손 또는 부적합 판정이 난 포장재의 회수 결정 후 폐기절차를 순서대로 나열하세요.**

〈보기〉
부적합 판정 시
㉠ 기준일탈조치서 작성
㉡ 회수 입고된 포장재에 부적합라벨 부착
㉢ 해당부서에 통보

① ㉢, ㉡, ㉠
② ㉠, ㉡, ㉢
③ ㉡, ㉠, ㉢
④ ㉢, ㉠, ㉡
⑤ ㉡, ㉢, ㉠

해설

부적합 판정 시 →회수 입고된 포장재에 부적합라벨 부착 → 기준일탈조치서 작성 → 해당부서에 통보

정답 40 ④ 41 ④ 42 ② 43 ③

44 **다음 〈보기〉 중 설비에 대한 세척조건과 구성 재질에 대한 내용으로 바른 것을 모두 고르면?**

〈보기〉

㉠ 펌프 : 많이 움직이는 젖은 부품들로 구성 특히 하우징(Housing)과 날개치(Impeller)는 마모되는 특성 때문에 다른 재질로 만든다.
㉡ 탱크 : 제조물과 반응하여 부식이 일어날 것을 고려하여 정기교체가 용이한 것을 사용한다.
㉢ 제품 충전기 : 제품에 의해서나 어떠한 청소 또는 위생처리작업에 의해 부식되거나 분해되거나 스며들게 해서는 안 된다.
㉣ 교반장치 : 제품과의 접촉을 고려하여 제품의 품질에 영향을 미치지 않는 패킹과 윤활제를 사용한다.
㉤ 칭량장치 : 계량적 눈금의 노출된 부분들은 칭량 작업에 간섭하지 않는다면 보호적인 피복제 사용한다.

① ㉠, ㉡, ㉢　② ㉠, ㉡, ㉣
③ ㉠, ㉢, ㉤　④ ㉡, ㉢, ㉤
⑤ ㉢, ㉤, ㉣

해설

- 탱크는 제조물과 반응하여 부식이 일어나지 않는 소재를 사용한다.
- 교반장치는 봉인(seal)과 개스킷에 의해서 제품과의 접촉으로부터 분리되어 있는 내부 패킹과 윤활제를 사용한다.

45 **다음은 화장품 제조 시 유통화장품 안전관리기준에서 불가피한 물질에 대한 허용기준을 표시한 것이다. 틀린 것은?**

① 안티몬 : 10㎍/g 이하
② 니켈: 눈 화장용 제품은 35㎍/g 이하, 색조 화장용 제품은 30㎍/g 이하
③ 비소 : 10㎍/g 이하
④ 디옥산 : 100㎍/g 이하
⑤ 납 : 점토를 원료로 사용한 분말제품은 30㎍/g 이하, 그 밖의 제품은 20㎍/g 이하

해설

납 : 점토를 원료로 사용한 분말제품은 50㎍/g 이하, 그 밖의 제품은 20㎍/g 이하

46 **유통화장품 안전관리 기준에서 납, 비소, 니켈, 카드뮴의 공통적인 시험 방법은?**

① 액체 크로마토그래피법
② 원자흡광도법
③ 기체(가스)크로마토그래피법
④ 수은 분해장치
⑤ 디티존법

해설

유통화장품 안전관리 시험방법 정리

① 디티존법 : 납
② 원자흡광도법 (AAS) : 납, 니켈, 비소, 안티몬, 카드뮴 정량
③ 기체(가스)크로마토그래피법 : 디옥산, 메탄올, 프탈레이트류(디부틸프탈레이트, 부틸벤질프탈레이트 및 디에칠헥실프탈레이트)
④ 유도결합 플라즈마 분광기법 (ICP) : 납, 니켈, 비소, 안티몬
⑤ 유도결합플라즈마-질량분석기 (ICP-MS) : 납, 비소
⑥ 수은 분해장치, 수은분석기이용법 : 수은
⑦ 총 호기성 생균수 시험법, 한천평판도말법, 한천평판희석법, 특정세균시험법 등 : 미생물 한도 측정
⑧ 액체 크로마토그래피법 : 포름알데하이드

47 **유통화장품 안전관리에서 검출되지 말아야하지만 비의도적인 물질로 점토를 원료로 사용한 분말제품은 50㎍/g 이하, 그 밖의 제품은 20㎍/g 이하이어야 하는 물질은?**

① 포름알데하이드　② 니켈
③ 납　④ 카드뮴
⑤ 디옥산

해설

납 : 점토를 원료로 사용한 분말제품은 50㎍/g 이하, 그 밖의 제품은 20㎍/g 이하

정답 44 ③　45 ⑤　46 ②　47 ③

48 **유통화장품 안전관리 기준에서 비의도적인 물질인 포름알데하이드 검출 시험방법으로 바른 것은?**

① 유도결합 플라즈마 분광기법
② 디티존법
③ 기체(가스)크로마토그래피법
④ 액체 크로마토그래피법
⑤ 원자흡광도법

해설

액체 크로마토그래피법 : 포름알데하이드

49 **제조공정단계에 있는 것으로 필요한 제조공정을 더 거쳐야 1차 포장 전단계의 제품이 되는 것은 무엇일까요?**

① 완제품
② 반제품
③ 벌크제품
④ 소모품
⑤ 원료

해설

① 완제품 : 출하를 위해 제품의 포장 및 첨부 문서에 표시공정 등을 포함한 모든 제조공정이 완료된 화장품을 말한다.
② 반제품 : 제조공정 단계에 있는 것으로서 필요한 제조공정을 더 거쳐야 벌크 제품이 되는 것을 말한다.
③ 벌크제품 : 충전(1차포장) 이전의 제조 단계까지 끝낸 제품을 말한다.
④ 소모품 : 청소, 위생 처리 또는 유지 작업 동안에 사용되는 물품(세척제, 윤활제 등)을 말한다.
⑤ 원료 : 벌크 제품의 제조에 투입하거나 포함되는 물질을 말한다.

50 **CGMP(Cosmetic Good Manufacturing Practice)에 대한 설명으로 틀린 것은?**

① 미생물 오염 및 교차오염으로 인한 품질저하를 방지하기 위한 것이다.
② 우수화장품을 공급하기 위한 제조 및 품질관리 기준이다
③ 직원, 시설, 장비 및 원자재, 반제품, 완제품 등의 취급 및 실시방법을 정한 것이다.
④ 일방적인 관리체계로 생산성 향상이 목적이다.
⑤ 고도의 품질관리체계가 필요하다.

해설

CGMP의 3대요소
① 인위적인 과오의 최소화
② 미생물 오염 및 교차오염으로 인한 품질저하 방지
③ 고도의 품질관리체계

51 **제품이 적합 판정 기준에 충족될 것이라는 신뢰를 제공하는데 필수적인 모든 계획되고 체계적인 활동을 말하는 것은?**

① 일탈 ② 제조
③ 품질보증 ④ 회수
⑤ 교정

해설

품질보증의 정의 : 제품이 적합 판정 기준에 충족될 것이라는 신뢰를 제공하는데 필수적인 모든 계획되고 체계적인 활동을 말한다.

52 **교육훈련 규정에 포함되는 내용을 나열하였다. 이에 해당하지 않는 것은?**

① 교육계획
② 교육대상 인원
③ 교육의 종류 및 내용
④ 교육실시방법
⑤ 교육평가

해설

교육 훈련 규정 내용: 교육계획, 교육대상, 교육의 종류 및 내용, 교육실시방법, 교육평가, 기록 및 보관 등

정답 48 ④ 49 ② 50 ④ 51 ③ 52 ②

53 **품질보증 책임자는 화장품의 품질보증을 담당하는 부서의 책임자로서 다음과 같은 사항을 이행해야 한다. 내용 중에서 틀린 것은?**

① 품질에 관련된 모든 문서와 절차의 검토 및 승인
② 품질 검사가 규정된 절차에 따라 진행되는지의 확인
③ 적합 판정한 원자재 및 제품의 출고 여부 결정
④ 부적합품이 규정된 절차대로 처리되고 있는지 확인
⑤ 교육훈련이 제공될 수 있도록 연간계획을 수립하고 정기적으로 교육을 실시

해설

우수화장품 제조 및 품질관리기준 따른 인적자원 및 교육 제 2 장 4조 직원의 책임
제5조 교육훈련- 교육훈련이 제공될 수 있도록 연간계획을 수립하고 정기적으로 교육을 실시

54 **작업장의 유지 관리에 대한 설명으로 틀린 것은?**

① 건물, 시설 및 주요 설비는 정기적으로 점검하여 화장품의 제조 및 품질관리에 지장이 없도록 유지 · 관리 · 기록하여야 한다.
② 결함 발생 및 정비 중인 설비는 적절한 방법으로 표시하고, 고장 등 사용이 불가할 경우 표시 하여야 한다.
③ 세척한 설비는 다음 사용 시까지 오염되지 아니하도록 관리하여야 한다.
④ 모든 제조 관련 설비는 직원이면 누구나 접근 · 사용이 가능하다.
⑤ 유지관리 작업이 제품의 품질에 영향을 주어서는 안 된다.

해설

우수화장품 제조 및 품질관리기준 시행규칙 제10조(유지관리)
④ 모든 제조 관련 설비는 승인된 자만이 접근 · 사용하여야 한다.

55 **다음 내용에 맞는 용어를 쓰시오.**

( )이란 제조공정단계에 있는 것으로서 필요한 제조공정을 더 거쳐야 벌크제품이 되는 것 을 말한다.
재작업은 적합판정을 벗어난 완제품, 벌크제품 또는 ( )을 재처리하여 품질이 적합한 범위에 들어오도록 하는 작업을 말한다.

56 **다음은 유통화장품 안전관리 기준 허용한도에 대한 설명이다. ( ) 맞게 쓰시오.**

미생물한도는 다음 각 호와 같다.
1. 총호기성생균수는 (㉠)및 눈 화장용 제품류의 경우 500개/g(㎖) 이하
2. 물휴지의 경우 세균 및 진균수는 각각 100개/g(㎖) 이하
3. 기타 화장품 의 경우 (㉡)/g(㎖) 이하
4. 대장균(Escherichia Coli), 녹농균(Pseudomonas aeruginosa), 황색포도상구균(Staphylococcus aureus)은 불검출

57 **다음은 충전 · 포장 시 발생된 불량자재의 처리에 대한 내용이다. ( )적합한 단어는?**

품질 부서에서 적합으로 판정된 포장재라도 생산 중 이상이 발견되거나 작업 중 파손 또는 부적합 판정이 난 포장재는 다음과 같이 처리한다.
① 생산팀에서 생산 공정 중 발생한 불량 포장재는 정상품과 구분하여 물류팀에 반납한다.
② 물류팀 담당자는 부적합 포장재를 부적합 자재 보관소에 따로 보관
③ 물류팀 담당자는 부적합 포장재를 (㉠) 또는 (㉡) 후 해당업체에 시정조치 요구

해설

포장재의 폐기기준 참조
물류팀 담당자는 부적합 포장재를 추후 반품 또는 폐기조치 후 해당업체에 시정조치 요구

정답 53 ⑤ 54 ④ 55 반제품 56 ㉠ 영 · 유아용 제품류, ㉡ 1,000개 57 추후 반품, 폐기조치

58 다음 중 화장품 검체를 하는 과정에서 일반사항 중 부자재의 예와 부자재 제거 방법을 적어보세요.

> '검체'는 화장품과 혼합되어있는 부자재의 예로 침적마스크 중 (㉠ 등)을(를) 제외한 화장품의 내용물로 하며, 부자재가 내용물과 섞여 있는 경우 적당한 방법(예 ㉡ 등)을(를) 사용하여 이를 제거한 후 검체로 하여 시험한다.

해설

1. 유통화장품 안전관리 시험법 일반사항
   '검체'는 부자재(예 : 침적마스크 중 부직포 등)를 제외한 화장품의 내용물로 하며, 부자재가 내용물과 섞여 있는 경우 적당한 방법(예 : 압착, 원심분리 등)을 사용하여 이를 제거한 후 검체로 하여 시험한다.

59 다음 내용을 읽고 (　　)에 적당한 용어를 쓰세요.

> (　　)는 (은) 우수한 화장품을 제조 공급하기 위한 제조 및 품질관리에 관한 기준으로 직원, 시설, 장비 및 원자재, 반제품, 완제품 등의 취급 및 실시방법을 정한 것이다.
> 1) (　　) 의 3대 요소
> ① 인위적인 과오의 최소화
> ② 미생물 오염 및 교차오염으로 인한 품질저하 방지
> ③ 고도의 품질관리체계

해설

CGMP : 우수화장품 제조 및 품질관리 기준(Cosmetic Good Manufacturing Practice의 약어)

60 설비 및 기구의 위생상태 판정시 세척확인 방법에 대한 내용이다. (　　)에 적절한 용어를 쓰시오.

> - 천으로 문질러 보고 부착물 확인
> - 흰 천이나 검은 천으로 설비 내부의 표면을 닦아내 본다.
> - 천 표면의 잔류물 유무로 세척 결과 판정

해설

흰 천이나 검은 천으로 닦아내기 판정시 흰 천과 검은 천의 선택은 제조물의 종류에 따라 정함

4 맞춤형 화장품 이해

61 맞춤형화장품판매업을 하려는 자는 총리령으로 정하는 바에 따라 식품의약품안전처장에게 신고해야 하는 기간은?

① 30일 이내　　② 25일 이내
③ 20일 이내　　④ 15일 이내
⑤ 10일 이내

해설

맞춤형화장품판매업을 하려는 자는 총리령으로 정하는 바에 따라 식품의약품안전처장에게 신고하여야 한다. 신고한 사항 중 총리령으로 정하는 사항을 변경할 때에도 또한 같다. ⇒ 관할 지방식품의약처안전청에 15일 이내 신고.(※ 변경사항은 30일 이내 신고)

62 맞춤형화장품조제관리사 교육에 관한 내용이다. 옳은 것은?

① 매년 8시간 이상 (사) 대한화장품협회
② 매년 7시간 이상 (사) 한국의약품수출입협회
③ 매년 4시간 이상 (사) 대한화장품산업연구원
④ 매년 3시간 이하 식품의약품안전처
⑤ 매년 2시간 이하 식품의약품안전처

정답 58 ㉠ 부직포, ㉡ 압착, 원심분리 등　59 CGMP　60 닦아내기　61 ④　62 ③

해설

맞춤형화장품판매장의 조제관리사로 지방식품의약품안전청에 신고한 맞춤형화장품조제관리사는 매년 4시간 이상, 8시간 이하의 집합교육 또는 온라인 교육을 식약처에서 정한 교육실시기관에서 이수할 것

식품의약품안전처에서 지정한 교육실시기관

- (사)대한화장품협회, (사)한국의약품수출입협회, (재)대한화장품산업연구원

63 피부의 구조 설명이다, 옳지 않은 것은?

① 각질층 – 외부자극으로부터 피부 보호
② 투명층 – 반고체상의 엘라이딘 함유
③ 과립층 – 케라토히알린이 존재
④ 유극층 – 면역기능 담당
⑤ 기저층 – 혈액순환과 세포사이의 물질교환에 관여

해설

기저층 – 피부표면의 상태를 결정짓는 중요한 층

64 피지선에 대한 설명으로 옳지 않은 것은?

① 성선과 관련
② 수분의 증발을 막고 체온 유지
③ 피부와 모발에 윤기 부여
④ 분비물과 같이 세포자체가 탈락되면서 분비
⑤ 피부 pH 유지

해설

① 성선과 관련–아포크린선(대한선)

65 여드름에 관한 설명으로 옳지 않는 것은?

① 피지선에서 과잉 분비된 피지가 피부 표면으로 원활히 배출되지 못하고 모공내에 축적되어 염증 반응 발생
② 멜라닌은 사람의 피부에 자연적으로 발생하는 활성산소나 유리기 등을 소거하거나 자외선의 투과를 막기 위해 생성
③ 스트레스, 월경주기, 피임약, 연고 등 내적인 요인
④ 자외선, 계절, 물리적 자극, 화학물질 등 외적인 요인
⑤ 남성호르몬분비 촉진으로 피지분비 증가→모공입구 막히고 폐쇄면포형성→모낭벽에 여드름균 번식으로 모낭벽 파괴 및 염증발생

해설

색소침착피부의 멜라닌은 사람의 피부에 자연적으로 발생하는 활성산소나 유리기 등을 소거하거나 자외선의 투과를 막기 위해 생성

66 화장품의 함유 성분별 사용 시의 주의사항으로 옳지 않은 것은?

① 과산화수소 및 과산화수소 생성물질 함유 제품 – 눈에 접촉을 피하고 눈에 들어갔을 때는 즉시 씻어낼 것
② 살리실릭애씨드 및 그 염류 함유 제품 (샴푸 등 사용 후 바로 씻어내는 제품 제외) – 만 3세 이하 어린이에게는 사용하지 말 것
③ 알부틴 2% 이상 함유 제품 – 인체적용시험자료」에서 구진과 경미한 가려움이 보고된 예가 있음
④ 카민 함유 제품 – 과민하거나 알레르기가 있는 사람은 신중히 사용할 것
⑤ 벤잘코늄클로라이드 함유 제품 – 만 3세 이하 어린이에게는 사용하지 말 것

해설

〈화장품의 함유 성분별 사용 시의 주의사항 표시 문구(제2조 관련)〉

벤잘코늄클로라이드, 벤잘코늄브로마이드 및 벤잘코늄사카리네이트 함유 제품은 눈에 접촉을 피하고 눈에 들어갔을 때는 즉시 씻어낼 것

정답 63 ⑤ 64 ① 65 ② 66 ⑤

67 **화장품 제조 시 사용제한이 필요한 원료 중 사용한도로 옳은 것은?**

① 페녹시에탄올 10% ②살리실릭애씨드 5%
③ 징크옥사이드 25% ④드로메트리졸 10%
⑤ 비타민E(토코페롤) 25%

해설

살균, 보존제 : 페녹시에탄올 1%, 비타민E(토코페롤) : 20%
자외선차단성분 : 드로메트리졸 1%, 보존제로 사용 할 경우 살리실릭애씨드 0.5%
기능성화장품의 유효성분으로 사용하는 경우(여드름, 보존제)
- 사용 후 씻어내는 제품류에 살리실릭애씨드 2%
- 사용 후 씻어내는 두발용 제품류에 살리실릭애씨드 3%

68 **10㎖ 미만 소용량 및 견본품에 표시, 기재사항으로 아닌 것은?**

① 책임판매업자 상호
② 화장품 명칭
③ 제조번호
④ 가격
⑤ 화장품 전성분

해설

화장품 전성분은 일반화장품 표시, 기재사항 이다.

69 **영 · 유아용 제품류 또는 만 13세 이하 어린이 제품에 사용금지 보존제로 옳은 것은?**

① 아이오도프로피닐부틸카바메이트
② 니트로메탄
③ 아트라놀
④ 천수국꽃추출물
⑤ 메칠렌글라이콜

해설

3세 이하 사용금지 보존제 2종을 어린이까지 사용금지 확대
- 살리실릭애씨드 및 염류
- 아이오도프로피닐부틸카바메이트
※ 영유아용 제품류 또는 만 13세 이하 어린이가 사용할 수 있음을 특정하여 표시하는 제품에는 사용금지

70 **건강한 피부의 pH수치에 해당하는 것은?**

① pH 1~5 ② pH 3.5~4.5
③ pH 5.5~6.5 ④ pH 7.5~10
⑤ pH 11~14

71 **맞춤형화장품 혼합 · 소분 장소의 위생관리로 옳지 않은 것은?**

① 맞춤형화장품 혼합 · 소분 장소와 판매 장소는 구분없이 시설
② 적절한 환기시설 구비
③ 작업대, 바닥, 벽, 천장 및 창문 청결 유지
④ 혼합 전 · 후 작업자의 손 세척 및 장비 세척을 위한 세척시설 구비
⑤ 방충 · 방서 대책 마련 및 정기적 점검 · 확인

해설

맞춤형화장품 혼합 · 소분 장소와 판매 장소는 구분 · 구획하여 관리

72 **일상의 취급 또는 보통 보존상태에서 외부로부터 고형의 이물이 들어가는 것을 방지하고 고형의 내용물이 손실되지 않도록 보호할 수 있는 용기는?**

① 기밀용기 ② 밀봉용기
③ 밀폐용기 ④ 차광용기
⑤ 유리용기

정답 67 ③ 68 ⑤ 69 ① 70 ③ 71 ① 72 ③

해설

밀폐용기 : 일상의 취급 또는 보통 보존상태에서 외부로부터 고형의 이물이 들어가는 것을 방지하고 고형의 내용물이 손실되지 않도록 보호할 수 있는 용기 (밀폐용기로 규정되어 있는 기밀용기도 사용 가능)

73 화장품 제조에 사용된 성분 기재, 표시사항에 대한 설명으로 옳지 않은 것은?

① 글자의 크기는 5포인트 이상으로 한다.
② 화장품 제조에 사용된 함량이 많은 것부터 기재 · 표시한다. 다만, 1퍼센트 이하로 사용된 성분, 착향제 또는 착색제는 순서에 상관없이 기재 · 표시할 수 있다.
③ 혼합원료는 혼합된 개별 성분의 명칭을 기재 · 표시한다.
④ 색조 화장용 제품류, 눈 화장용 제품류, 두발염색용 제품류 또는 손발톱용 제품류에서 호수별로 착색제가 다르게 사용된 경우 모든 착색제 성분을 함께 기재 · 표시할 수 있다.
⑤ 착향제는 "향료"로 표시할 수 있다. 다만, 착향제의 구성 성분 중 식품의약품안전처장이 정하여 고시한 알레르기 유발성분이 있는 경우에는 향료로 표시할 수 없고, 해당 성분의 명칭을 기재 · 표시해야 한다.

해설

색조 화장용 제품류, 눈 화장용 제품류, 두발염색용 제품류 또는 손발톱용 제품류에서 호수별로 착색제가 다르게 사용된 경우 '± 또는 +/-'의 표시 다음에 사용된 모든 착색제 성분을 함께 기재 · 표시할 수 있다.

74 다음 중 맞춤형화장품조제관리사가 판매 가능한 경우를 모두 고르시오. (기출문제)

㉠ 화장품책임판매업자로부터 받은 자외선차단크림에 징크옥사이드를 추가해서 판매하였다.
㉡ 300㎖ 향수를 50㎖로 소분해서 판매하였다.
㉢ 화장품책임판매업자로부터 기능성화장품 심사받은 내용물에 기능성원료를 추가해서 판매하였다.
㉣ 일반화장품을 판매하였다.
㉤ 화장품책임판매업자로부터 받은 크림에 알부틴을 추가해서 판매하였다.

① ㉠ ㉡　② ㉠ ㉢
③ ㉡ ㉢　④ ㉡ ㉣
⑤ ㉢ ㉤

해설

배합한도 제한 및 금지원료 사용불가 : 보존제, 자외선차단제, 기능성 원료

75 맞춤형화장품에 혼합 가능한 화장품 원료로 옳은 것은?

① 티타늄디옥사이드
② 벤조페논
③ 시녹세이트 ④ 징크옥사이드
⑤ 호호바오일

해설

사용상의 제한이 필요한 원료 자외선 차단성분 : 티타늄디옥사이드, 벤조페논, 시녹세이트, 징크옥사이드

정답 73 ④　74 ④　75 ⑤

76 **맞춤형화장품판매업에 대한 설명으로 옳은 것을 다 고르시오.**

> ㉠ 제조 또는 수입된 화장품내용물에 다른 화장품의 내용물이나 식품의약품안전처장이 정하 여 고시하는 원료를 추가하여 혼합한 화장품을 판매하는 영업
> ㉡ 제조 또는 수입된 화장품의 내용물을 소분한 화장품을 판매하는 영업
> ㉢ 원료와 원료를 혼합한 화장품을 판매하는 영업
> ㉣ 기능성화장품의 효능 · 효과를 나타내는 원료를 기능성원료로 심사받은 내용물과 원료의 최종 혼합한 화장품을 판매하는 영업

① ㉠, ㉡, ㉢ ② ㉠, ㉢
③ ㉠, ㉢, ㉣ ④ ㉡, ㉢, ㉣
⑤ ㉠, ㉡, ㉣

해설

원료와 원료를 혼합한 화장품을 판매하는 영업은 화장품제조업에 해당

77 **실증자료가 있을 경우 화장품 표시, 광고를 할 수 있는 표현으로 옳은 것은?**

① 부종을 제거할 수 있다.
② 셀룰라이트를 일시적으로 감소시켜 줍니다.
③ 주름이 펴지고 탄력이 생깁니다.
④ 혈액순환이 잘되어 피부가 혈색이 좋아집니다.
⑤ 여드름을 치료해줍니다.

해설

부종완화, 피부노화 완화, 피부 혈행 개선, 여드름 피부 사용에 적합

78 **맞춤형화장품 원료에 대한 설명으로 옳은 것을 모두 고르시오.**

> ㉠ 식품의약품안전처장은 화장품의 제조 등에 사용할 수 없는 원료를 지정하여 고시하여야 한다.
> ㉡ 식품의약품안전처장은 보존제, 색소, 자외선차단제 등과 같이 특별히 사용상의 제한이 필요한 원료에 대하여는 그 사용기준을 지정하여 고시하여야 하며, 사용기준이 지정 · 고시된 원료 외의 보존제, 색소, 자외선차단제 등은 사용할 수 없다.
> ㉢ 식품의약품안전처장은 위해평가가 완료된 경우에는 해당 화장품 원료 등을 화장품의 제조에 사용할 수 없는 원료로 지정하거나 그 사용기준을 지정하여야 한다.
> ㉣ 식품의약품안전처장은 지정 · 고시된 원료의 사용기준의 안전성을 정기적으로 검토하여야 하고, 그 결과에 따라 지정 · 고시된 원료의 사용기준은 변경할 수 없다.

① ㉠㉡㉢ ② ㉠㉣
③ ㉠㉢㉣ ④ ㉡㉢㉣
⑤ ㉠㉡㉣

해설

식품의약품안전처장은 제2항에 따라 지정 · 고시된 원료의 사용기준의 안전성을 정기적으로 검토하여야 하고, 그 결과에 따라 지정 · 고시된 원료의 사용기준을 변경할 수 있다. 이 경우 안전성 검토의 주기 및 절차 등에 관한 사항은 총리령으로 정한다.

79 **맞춤형화장품 사용 시 주의사항에 대한 설명으로 옳지 않은 것은?**(기출문제)

① 직사광선을 피해서 보관할 것
② 어린이의 손이 닿지 않는 곳에 보관할 것
③ 사용 후 이상 증상이나 부작용이 있는 경우 전문의 등과 상담
④ 여름에는 냉장고에 보관할 것
⑤ 눈에 들어갔을 때 즉시 씻어낼 것

정답 76 ⑤ 77 ② 78 ① 79 ④

80 **맞춤형화장품 혼합, 소분 장비 및 도구의 위생 관리로 옳지 않은 것은?**

① 작업 장비 및 도구 세척 시에 사용되는 세제 · 세척제는 잔류하거나 표면 이상을 초래하지 않는 것을 사용
② 세척한 작업 장비 및 도구는 잘 건조하여 다음 사용 시까지 오염 방지
③ 맞춤형화장품 혼합 · 소분 장소가 위생적으로 유지될 수 있도록 주기를 정하여 판매장 등의 특성에 맞도록 위생관리 할 것
④ 맞춤형화장품판매업소에서는 작업자 위생, 작업환경위생, 장비 · 도구 관리 등 맞춤형화장 품판매업소에 대한 위생 환경 모니터링 후 그 결과를 기록하고 식품의약품안전처에 보고 할 것
⑤ 혼합, 소분 장비 및 도구 사용 전 · 후 세척 등을 통해 오염 방지

해설

맞춤형화장품판매업소에서는 작업자 위생, 작업환경위생, 장비 · 도구 관리 등 맞춤형화장품판매업소에 대한 위생 환경 모니터링 후 그 결과를 기록하고 판매업소의 위생 환경 상태를 관리 할 것

81 **여드름용 화장품성분으로 옳지 않은 것은?**

① 벤조일 퍼옥사이드
② 설파
③ 아데노신
④ 살리실릭애씨드
⑤ 글리콜릭애씨드

해설

주름개선 성분-아데노신

82 **미백화장품의 성분과 함량으로 옳지 않은 것은?**

① 아스코르빌글루코사이드 2%
② 닥나무추출물 2%
③ 마그네슘아스코르빌포스페이트 3%
④ 나이아신아마이드 6%
⑤ 아스코빌테이트라이소팔미테이트 2%

해설

나이아신아마이드 2~5%

83 **다음은 어느 피부에 속하는가?**

- 두피톤은 투명감이 없고 번들거린다.
- 지루성 두피로 발전하기 쉽다. (남성형 탈모와 연계 가능성)
- 모공 주위의 과다한 피지 분비로 인해 모공 주위가 지저분하다.
- 피지 분비에 의해 모발이 매끄럽지 못하고 모발의 탄력도 저하되어 있다.
- 염증이나 가려움증, 심한 악취가 날 수 있다.

① 건성두피 ② 정상두피
③ 민감성 두피 ④ 복합성 두피
⑤ 지성두피

84 **자외선으로 일어날 수 있는 반응으로 옳지 않은 것은?**

① 백반증
② 일광화상
③ 홍반반응
④ 색소침착
⑤ 피부암

해설

백반증-후천적인 탈색소 질환

정답 80 ④ 81 ③ 82 ④ 83 ⑤ 84 ①

85 여드름에 관한 설명으로 옳지 않은 것은?

① 피지선에서 피지분비의 증가
② 모낭벽 악화로 여드름 세균 번식
③ 피부장벽 악화로 건조화 현상
④ 표피의 과각질화로 모공 폐쇄
⑤ 모낭벽 파괴 및 염증 발생

해설

피부장벽 악화로 건조화 현상은 아토피 피부염 관련

86 피부유형을 결정하는 요인으로 옳지 않은 것은?

① 피부 모공상태
② 질병의 유무
③ 스트레스 유무
④ 피부미용기기 사용 유무
⑤ 수분섭취

해설

피부 유형을 결정하는 요인

① 피지와 수분의 함량 ② 피부의 색 ③ 피부 조직의 상태 ④ 피부 탄력성 ⑤ 색소 침착의 유무와 정도 ⑥ 피부 민감성의 정도 ⑦ 개인적인 요인: 나이, 성별, 인종 ⑧ 환경적인 요인: 기후, 계절 ⑨ 정신적인 요인 : 스트레스의 유무와 정도, 음식에 대한 기호성, 직업적 특성 ⑩ 수면, 화장품 사용, 일상생활의 습관 ⑪ 각질화 과정과 피지선의 기능에 의한 영향 ⑫ 피부결, 모공 상태 ⑬ 기타 요인 : 질병의 유무와 종류 등

87 모발의 85~90%로 대부분을 차지하고 있으며 모발의 질을 결정하는 중요한 부분은 어디인가?

① 모표피　　② 모피질
③ 모수질　　④ 모유두
⑤ 입모근

해설

모피질을 보호하고 모발의 건조를 막아준다.
모수질 – 모발 중심부에 속이 비어 있다.
모유두 – 모발에 영양과 산소 공급
입모근 – 모공을 닫고 체온손실을 막아주는 역할

88 피지선의 역할로 옳지 않은 것은?

① 유해물질로부터 보호, 살균
② 분비물과 같이 세포자체가 탈락되면서 분비
③ 수분의 증발을 막고 체온을 유지
④ 피부 pH 유지
⑤ 피부표면에서 세균에 의해 분해

해설

아포크린한선– 피부표면에서 세균에 의해 분해

89 다음 〈보기〉는 맞춤형화장품에 관한 설명이다. 〈보기〉에서 ㉠, ㉡에 해당하는 적합한 단어를 각각 작성하시오. [맞춤형화장품조제관리사 자격시험 예시문항]★★

〈보기〉

㉠ 맞춤형화장품 제조 또는 수입된 화장품의 (㉠)에 다른 화장품의 (㉠)(이)나 식품의약품안전처장이 정하는 (㉡)(을)를 추가하여 혼합한 화장품
㉡ 제조 또는 수입된 화장품의 (㉠)(을)를 소분(小分)한 화장품

90 고객이 맞춤형화장품조제관리사에게 피부에 노화로 탄력이 저하되고 주름이 많이 생겨 주름개선 기능을 가진 화장품을 맞춤형으로 구매하기를 상담하였다. 주름개선 기능성 원료를 〈보기〉에서 고르시오.

〈보기〉

티타늄디옥사이드, 에칠헥실메톡시신나메이트, 알파-비사보롤, 레티닐팔미테이트, 유용성감초추출물

해설

- 자외선차단성분 – 티타늄디옥사이드, 에칠헥실메톡시신나메이트
- 미백성분 – 알파-비사보롤, 유용성감초추출물

정답 85 ③ 86 ④ 87 ② 88 ⑤ 89 ㉠ 내용물 ㉡ 원료 90 레티닐팔미테이트

91 다음은 괄호 안에 적당한 단어를 기재하시오.

> 화장품은 모든 사람들을 대상으로 장기간 지속적으로 사용해야 하는 물품이므로 피부 자극이나 알러지 반응, 경구독성, 이물질 혼입 파손 등 독성이 없어야 한다. 이는 화장품의(　　)에 대한 설명이다.

92 다음은 괄호 안에 적당한 단어를 기재하시오.

> (　　)란 인간의 오감을 측정 수단으로 하여 내용물의 품질 특성을 묘사, 식별, 비교 등을 수행하는 평가법이다.

93 다음은 괄호 안에 적당한 단어를 기재하시오.

> (　　)은 위해평가가 완료된 경우에는 해당 화장품 원료 등을 화장품의 제조에 사용할 수 없는 원료로 지정하거나 그 사용기준을 지정하여야 한다.

94 다음은 화장품제형에 대한 설명이다. 괄호 안에 적당한 단어는?

> (　　) 는 유화제 등을 넣어 유성성분과 수성성분을 균질화하여 점액상으로 만든 것이다.

95 다음 글은 무엇에 대한 설명인지 쓰시오.

> 한 종류의 액체(분산상)에 불용성의 액체(분산매)를 미립자 상태로 분산시키는 것이다.
> 대표적인 화장품으로는 로션, 크림 등이 있다.

96 다음 괄호 안에 알맞은 단어를 쓰시오.

> 맞춤형화장품판매업자는 다음 항목이 포함된 맞춤형화장품 판매내역서를 작성 · 보관할 것
> (전자문서로 된 판매내역을 포함)
> ① (　　) : 맞춤형화장품의 경우 식별번호
> ② 사용기한 또는 개봉 후 사용기간
> ③ 판매일자 및 판매량

해설

맞춤형화장품판매내역서를 작성 · 보관할 것(전자문서로 된 판매내역을 포함)

① 제조번호(맞춤형화장품의 경우 식별번호를 제조번호로 함)
② 사용기한 또는 개봉 후 사용기간
③ 판매일자 및 판매량

97 다음 괄호 안에 알맞은 단어를 쓰시오.

> (　　)는(은)일상의 취급 또는 보통 보존상태에서 액상 또는 고형의 이물 또는 수분이 침입하지 않고 내용물을 손실, 풍화, 조해 또는 증발로부터 보호할 수 있는 용기

98 다음 괄호 안에 알맞은 단어를 쓰시오.

> 원료 및 내용물은 적절한 보관 · 유지관리를 통해 사용기간 내의 적합한 것만을 (　　)방식으로 출고해야 하고 이를 확인할 수 있는 체계가 확립되어 있어야 한다.

99 다음 괄호 안에 알맞은 단어를 쓰시오.

> 안전용기 · 포장은 성인이 개봉하기는 어렵지 아니하나 만 5세 미만의 어린이가 개봉하기는 어렵게 된 것이어야 한다. 이 경우 개봉하기 어려운 정도의 구체적인 기준 및 시험방법은 (　　)이 정하여 고시하는 바에 따른다.

100 균질하게 분말상 또는 미립상으로 만든 화장품 제형은 무엇이라 하는가?

정답 91 안전성　92 관능평가　93 식품의약품안전처장　94 로션제　95 유화　96 제조번호
97 기밀용기　98 선입선출　99 산업통상자원부장관　100 분말제

제5회 실전 모의고사

1 화장품법의 이해

1 기능성화장품으로 인정받아 판매하려면 심사를 받아야 한다. 식품의약품안전처장이 제품의 효능, 효과를 나타내는 성분, 함량을 고시한 품목의 경우 제출 자료로 옳지 않은 것은?

① 기원 및 개발 경위에 관한 자료
② 안전성에 관한 자료
③ 제조방법에 대한 설명자료
④ 유효성 또는 기능에 관한 자료
⑤ 자외선 차단지수 및 자외선A 차단등급 설정의 근거자료

해설

- 기원 및 개발 경위에 관한 자료
- 안전성에 관한 자료
- 유효성 또는 기능에 관한 자료
- 자외선 차단지수 및 자외선A 차단등급 설정의 근거자료(자외선을 차단 또는 산란시켜 자외선으로 부터 피부를 보호하는 기능을 가진 화장품의 경우만 해당한다)
- 기준 및 시험방법을 고시한 품목의 경우에는 자료제출을 각각 생략 : 기준 및 시험방법에 관한 자료[검체(檢體)를 포함한다]

2 영 · 유아 또는 어린이가 사용할 수 있는 화장품을 표시 · 광고하려는 경우에 제품별로 안전과 품질을 입증할 수 있는 자료로 옳지 않은 것은? ★★★

① 제품에 대한 설명 자료
② 화장품의 안전성 평가 자료
③ 제품의 효능, 효과에 대한 증명 자료
④ 화장품의 사용성 평가 자료
⑤ 제조방법에 대한 설명 자료

해설

화장품책임판매업자는 영 · 유아 또는 어린이가 사용할 수 있는 화장품을 표시. 광고하려는 경우에는 제품별로 안전과 품질을 입증할 수 있는 다음 자료(제품별 안전성 자료)를 작성 및 보관하여야 한다.
가. 제품 및 제조방법에 대한 설명 자료
나. 화장품의 안전성 평가 자료
다. 제품의 효능, 효과에 대한 증명 자료

3 화장품 제조업에 관한 내용으로 옳은 것은?

① 화장품 제조를 위탁받아 제조하는 영업
② 화장품제조업자가 화장품을 직접 제조하여 유통, 판매하는 영업
③ 제조 또는 수입된 화장품의 내용물을 소분(小分)한 화장품을 판매하는 영업
④ 수입된 화장품을 유통, 판매하는 영업
⑤ 화장품제조업자에게 위탁하여 제조된 화장품을 유통, 판매하는 영업

해설

화장품제조업 영업의 세부 종류
① 화장품을 직접 제조하는 영업
② 화장품 제조를 위탁받아 제조하는 영업
③ 화장품의 포장(1차 포장만 해당한다)을 하는 영업

4 화장품 성분 중 성분을 0.5퍼센트 이상 함유하는 제품의 경우에 해당 품목의 안정성시험 자료로 옳지 않은 것은?

① 레티놀(비타민A) 및 그 유도체
② 아스코빅애시드(비타민C) 및 그 유도체
③ 토코페롤(비타민E)
④ 과산화화합물
⑤ 효모

해설

효소

정답 1 ③ 2 ④ 3 ① 4 ⑤

5 **화장품을 판매를 하거나 판매할 목적으로 제조 · 수입 · 보관 또는 진열하여서는 안되는 것으로 옳지 않은 것은?**

① 심사를 받지 아니하거나 보고서를 제출하지 아니한 기능성화장품
② 맞춤형화장품에 사용 가능한 원료로 혼합한 화장품
③ 병원미생물에 오염된 화장품
④ 이물이 혼입되었거나 부착된 것
⑤ 전부 또는 일부가 변패(變敗)된 화장품

해설

- 영업 금지
누구든지 다음 각 호의 어느 하나에 해당하는 화장품을 판매(수입대행형 거래를 목적으로 하는 알선 · 수여를 포함)하거나 판매할 목적으로 제조 · 수입 · 보관 또는 진열하여서는 아니 된다.
① 심사를 받지 아니하거나 보고서를 제출하지 아니한 기능성화장품
② 전부 또는 일부가 변패(變敗)된 화장품
③ 병원미생물에 오염된 화장품
④ 이물이 혼입되었거나 부착된 것
⑤ 화장품에 사용할 수 없는 원료를 사용하였거나 같은 조 제8항에 따른 유통화장품 안전관리 기준에 적합하지 아니한 화장품
⑥ 코뿔소 뿔 또는 호랑이 뼈와 그 추출물을 사용한 화장품
⑦ 보건위생상 위해가 발생할 우려가 있는 비위생적인 조건에서 제조되었거나 시설기준에 적합하지 아니한 시설에서 제조된 것
⑧ 용기나 포장이 불량하여 해당 화장품이 보건위생상 위해를 발생할 우려가 있는 것
⑨ 사용기한 또는 개봉 후 사용기간(병행 표기된 제조년월일을 포함)을 위조 · 변조한 화장품

6 **화장품 판매 금지사항으로 옳지 않은 것은?**

① 신고를 하지 아니한 자가 판매한 맞춤형화장품
② 맞춤형화장품조제관리사를 두지 아니하고 판매한 맞춤형화장품
③ 판매의 목적이 아닌 제품의 홍보 · 판매촉진 등을 위하여 미리 소비자가 시험 · 사용하도록 제조 또는 수입된 화장품
④ 맞춤형화장품 판매를 위하여 화장품의 포장 및 기재 · 표시 사항을 훼손한 맞춤형화장품
⑤ 누구든지 화장품의 용기에 담은 내용물을 나누어 판매하여서는 아니 된다.

해설

화장품의 포장 및 기재 · 표시 사항을 훼손(맞춤형화장품 판매를 위하여 필요한 경우는 제외) 또는 위조 · 변조한 것

7 **3년 이하의 징역 또는 3천만 원 이하의 벌금형으로 옳지 않은 것은?**

① 판매의 목적이 아닌 제품의 홍보 · 판매촉진 등을 위하여 미리 소비자가 시험 · 사용하도록 제조 또는 수입된 화장품
② 맞춤형화장품판매업을 하려는자가 신고안한 경우
③ 맞춤형화장품조제관리사를 두지 않은 경우
④ 기능성화장품 심사를 받지 아니하거나 보고서를 제출하지 아니한 기능성화장품
⑤ 천연화장품, 유기농화장품을 거짓이나 부정한 방법으로 인증받은 자
⑥ 용기나 포장이 불량하여 해당 화장품이 보건위생상 위해를 발생할 우려가 있는 것

해설

판매의 목적이 아닌 제품의 홍보 · 판매촉진 등을 위하여 미리 소비자가 시험 · 사용하도록 제조 또는 수입된 화장품 – 1년 이하의 징역 또는 1천만 원 이하의 벌금

정답 5 ② 6 ④ 7 ①

8 **화장품의 제조된 날부터 적절한 보관 상태에서 제품이 고유의 특성을 간직한 채 소비자가 안정적으로 사용할 수 있는 최소한의 기한을 무엇이라고 하는가?** (기출문제)

해설

화장품법 제2조제5항 (정의)

9 **다음 괄호 안에 알맞은 단어를 기재하시오.**

> 맞춤형화장품판매업의 신고를 하려는 자는 맞춤형화장품판매업 신고서(전자문서로 된 신고서를 포함한다.) 에 (㉠)사본을 첨부하여 맞춤형화장품판매업소의 소재지를 관할하는 (㉡)에게 제출해야 한다.

해설

화장품법 시행규칙 일부개정령 제8조의2 1항 (맞춤형화장품판매업의 신고)

10 **다음 괄호 안에 알맞은 단어를 기재하시오.**

> 실증자료의 제출을 요청받은 영업자 또는 판매자는 요청받은 날부터 ( )에 그 실증자료를 식품의약품안전처장에게 제출하여야 한다. 다만, 식품의약품안전처장은 정당한 사유가 있다고 인정하는 경우에는 그 제출기간을 연장할 수 있다.

해설

화장품법 제 14조 제2항 (표시, 광고 내용의 실증 등)

2 화장품제조 및 품질관리

11 **계면활성제의 친수성-친유성 밸런스척도에 대한 설명으로 틀린 것은?**

① HLB값이라 부른다.
② HLB값이 10 이하인 경우 지용성임을 나타낸다.
③ HLB값이 8~16인 경우 수중유형(O/W) 유화제이다.
④ HLB값이 3~6인 경우 유중수형(W/O)유화제이다.
⑤ HLB값이 1~3인 경우는 향수성 물질이다.

해설

⑤ 소포제

12 **자외선의 종류와 특성에 관한 설명으로 올바른 것은?**

① UV-A는 200~280nm로 단파장이다
② UV-B는 주름형성, 피부노화를 촉진한다.
③ 자외선의 파장은 200~400nm이다.
④ UV-C는 하루 중 가장 많은 조사량을 분포하고 있다.
⑤ UV-A는 피부표피층 까지 도달한다.

해설

① UV A(320~400nm) : 자외선 중 가장 긴 파장 – 피부 진피층까지 침투
② UV B (290~320nm) : 하루 중 가장 많은 양이 조사 – 피부 표피층에 작용
④ UV C (200~290nm) : 파장이 가장 짧음 – 피부암의 주요원인

정답 8 사용기한 9 ㉠ 맞춤형화장품조제관리사의 자격증 ㉡ 지방식품의약품안전청장
10 15일 이내 11 ⑤ 12 ③

13 **알파 하이드록시액시드(alpha-hydroxy acid)에 관한 내용으로 바르지 못 한 것은?**

(기출문제)

① 약어로 AHA라고 하며 수용성이다.
② 각질세포 간의 결합력을 강화시켜 준다.
③ 글리콜산, 젖산, 구연산, 능금산, 주석산 등이 있다
④ 과다 사용 시 피부자극이 있다
⑤ 햇빛에 대한 피부의 감수성을 증가시킬 수 있으므로 자외선 차단제를 함께 사용할 것

해설

각질세포를 산의 부식성을 이용하여 녹여 분리시키는 역할

14 **기능성 화장품의 유효성에 관한 심사 내용으로 적합하지 않은 것은?**

① 피부의 미백에 도움을 주는지 여부
② 피부의 주름개선에 도움을 주는지 여부
③ 피부를 자외선으로부터 보호하는 데에 도움을 주는지 여부
④ 피부에 여드름 유발을 진정시키는지의 여부
⑤ 모발의 색상 변화 · 제거 또는 영양공급에 도움을 주는지 여부

해설

「화장품법」제2조 제2호 및 「화장품법 시행규칙」제2조).참조
단, 화장품 유효성의 기준에서 여드름 완화에 도움을 주는 것은 인체 세정기능에만 허용 함

15 **화장품을 판매하거나 판매할 목적으로 진열하여서는 안 되는 것으로 틀린 것은?**

① 기능성화장품 심사를 받지 아니하거나 보고서를 제출하지 아니한 기능성 화장품
② 전부의 전부 혹은 일부가 변패된 화장품
③ 상어 뼈 또는 고래 뼈와 그 추출물을 사용한 화장품
④ 용기나 포장이 불량하여 화장품의 보건위생상 위해를 발생할 우려가 있는 것
⑤ 사용기한 또는 개봉 후 사용기간을 위조 · 변조한 화장품

해설

코뿔소 뼈 또는 호랑이뼈와 그 추출물을 사용한 화장품의 경우 진열 판매금지

16 **화장품 보관방법에 대한 설명으로 틀린 것은?**

① 제품별, 제조번호별, 입고순서대로 지정된 장소에 제품 보관
② 창고바닥 및 벽면으로부터 20㎝ 이상 간격을 유지하여 보관
③ 적재 시 상부의 적재중량으로 인한 변형이 되지 않도록 유의하여 보관
④ 방서 · 방충 시설을 갖추어 해충이나 쥐 등에 의해 피해를 입지 않도록 한다.
⑤ 반품 및 품질검사 결과 부적합판정이 된 제품은 따로 보관

해설

창고바닥 및 벽면으로부터 10㎝ 이상 간격을 유지하여 보관

17 **보습제에 대한 설명으로 틀린 것은?**

① 에몰리엔트 효과를 갖고 있어 수분증발을 차단한다.
② 피부에 사용 시 외부의 수분을 끌어당기는 원료로 글리세린과 솔비톨이 있다.
③ 천연보습인자는 피부각질층에 존재한다.
④ 피부친화성이 좋은 물질이다.
⑤ 안전성이 높고, 가능한 고휘발성이어야 한다.

해설

⑤ 안전성이 높고, 가능한 저휘발성이어야 한다.

정답 13 ② 14 ④ 15 ③ 16 ② 17 ⑤

18 **치오글라이콜릭애씨드 또는 그 염류를 주성분으로 하는 냉 2욕식 퍼머넌트웨이브용 제품에 대한 내용으로 옳은 것은?** (기출문제)

① pH 4.5~9.6
② 알칼리 : 0.1N염산의 소비량은 검체 7㎖에 대하여 1㎖ 이하
③ 비소 : 20㎍/g 이하
④ 철 : 5㎍/g 이하
⑤ 중금속 : 30㎍/g 이하

해설

화장품 안전기준에 대한 규정
② 알칼리 : 0.1N염산의 소비량은 검체 1㎖에 대하여 7㎖ 이하
③ 비소 : 5㎍/g 이하 ④ 철 :25㎍/g 이하
⑤ 중금속 : 20㎍/g 이하

19 **화장품 성분 중 알레르기를 유발하는 성분은?**

① 알부틴 ② 아데노신
③ 레티놀 ④ 시트랄
⑤ 글리세린

해설

알레르기를 유발하는 물질 : 착향제(향수) 〈예〉 시트랄, 쿠마린, 제라니올, 벤질알코올, 참나무이끼 추출물 등 (씻어내는 제품은 0.01% 초과, 사용 후 씻어내지 않는 제품 0.001% 초과)

20 **기능성화장품 심사의뢰에 필요한 서류가 아닌 것은?**

① 안전성에 관한 자료
② 기원(起源) 및 개발 경위에 관한 자료
③ 자외선 차단지수 및 자외선A 차단등급 설정의 근거자료
④ 검체 보관 증빙자료
⑤ 유효성 또는 기능에 관한 자료

해설

제9조(기능성화장품의 심사) 5. 기준 및 시험방법에 관한 자료[검체(檢體)를 포함한다]

21 **다음 음이온성 계면활성제에 대한 설명으로 옳은 것은?**

① 계면활성제의 종류 중에서 피부자극이 강하여 두피에 닿지 않게 사용하여야 한다.
② 모발에 흡착하여 유연효과와 대전방지효과가 있다.
③ 계면활성제 중에서 기포형성이 우수하며, 피부에 대한 자극성이 가장 강하다.
④ 헤어린스, 헤어트리트먼트 등에 주로 사용한다.
⑤ 계면활성제 중에서 기초화장품에 많이 사용된다.

해설

①, ②, ④ 양이온성 계면활성제 ⑤ 비이온성 계면활성제

22 **향료 알레르기가 있는 고객이 맞춤형화장품 매장에 방문하여 제품에 대해 문의를 해왔다. 조제관리사가 제품에 부착된 〈보기〉의 설명서를 참조하여 고객에게 안내해야 할 말로 가장 적절한 것은?**

- 제품명: 유기농 모이스춰 크림
- 제품의 유형: 반고형의 에멀전류
- 내용량: 50g
- 전성분: 정제수, 1,3부틸렌글리콜, 글리세린, 스쿠알란, 호호바유, 모노스테아린산글리세린, 1,2헥산디올, 녹차추출물, 황금추출물, 나무이끼추출물, 잔탄검, 구연산나트륨, 수산화칼륨, 페녹시알코올, 이소유제놀, 시트랄

① 이 제품은 유기농 화장품으로 알레르기 체질에 도움이 됩니다.
② 이 제품은 알레르기를 유발할 수 있는 성분이 포함되어 있어 사용 시 주의를 요합니다.
③ 이 제품은 조제관리사가 직접 조제한 제품이어서 알레르기 반응을 일으키지 않습니다.

정답 18 ① 19 ④ 20 ④ 21 ③ 22 ②

④ 이 제품은 알레르기 완화 물질이 포함되어 알레르기 체질 개선에 효과가 있습니다.
⑤ 이 제품은 알레르기 피부에 면역성을 높여주어 반복해서 사용하면 완화될 수 있습니다.

해설

알레르기 유발 물질 : 나무이끼추출물, 이소유제놀, 시트랄

23 **다음 중 맞춤형 화장품에 혼합 가능한 원료로 올바른 것은?**

① 이산화티타늄 ② 페녹시에탄올
③ 유칼립투스 오일 ④ 아데노신
⑤ 메칠이소치아졸리논

해설

① 이산화티타늄, ② 페녹시에탄올 – 사용상 제한이 있음
④ 아데노신 – 주름기능성 개선 소재로 식약청 고시 원료로 사용불가
⑤ 메칠이소치아졸리논 – 사용제한 보존제

24 **판매 가능한 맞춤형 화장품에 대한 설명으로 틀린 것은?**

① 제조 또는 수입된 화장품의 내용물에 식품의약품안전처장이 정하는 원료를 추가한 화장품
② 책임판매업자가 기능성화장품으로 심사 또는 보고를 완료한 제품을 소분한 화장품
③ 식품의약품안전처장이 고시한 기능성화장품의 효능 · 효과를 나타내는 원료배합
④ 제조 또는 수입된 화장품의 내용물에 다른 화장품의 내용물을 추가한 화장품
⑤ 제조 또는 수입된 화장품의 내용물을 소분(小分)한 화장품

해설

식품의약품안전처장이 고시한 기능성화장품의 효능 · 효과를 나타내는 원료는 사용할 수 없다.

25 **화장품 책임판매업자가 영 · 유아 또는 어린이 사용 화장품임을 표시광고 시 필요한 증빙내용에 포함되지 않는 것은?**

① 제품 및 제조방법에 대한 설명 자료
② 화장품의 안전성 평가 자료
③ 안전과 품질을 입증할 수 있는 자료
④ 원료 업체의 원료에 대한 공인검사기관 성적서
⑤ 제품의 효능 효과에 대한 증명 자료

해설

참조 『화장품법 제4조의 2』 영 · 유아 또는 어린이 사용 화장품의 관리 (시행 2020.1.16)

26 **자외선 차단제의 성분과 제한 농도가 맞게 쓴 것은?**

① 벤조페논-4 0.5%
② 에칠헥실트리아존 10%
③ 징크옥사이드 25%
④ 티타늄디옥사이드 20%
⑤ 옥시벤존 8%

해설

벤조페논-4 : 5%, 에칠헥실트리아존 : 5%, 티타늄디옥사이드 25%, 옥시벤존 5%

27 **천연화장품, 유기농화장품의 인증 유효기간은 (㉠) 유효기간 연장은(㉡) 이내 신청한다. 올바르게 표시한 것은?**

	㉠	㉡
①	1년	90일
②	3년	60일
③	2년	90일
④	3년	90일
⑤	2년	60일

정답 23 ③ 24 ③ 25 ④ 26 ③ 27 ④

28 **고분자 화합물 (polymer compound)에 대한 설명으로 바르지 않은 것은?**

① 겔(gel)형성, 점도증가의 목적으로 사용된다.
② 기포 형성, 유화안정의 목적으로 사용된다.
③ 천연유래로 점성을 갖는 성분이 포함된다.
④ 천연고분자 화합물에는 덱스트린, 폴리머가 있다.
⑤ 합성고분자 화합물에는 디메치콘, 카보머가 있다.

해설

합성고분자 화합물 : 폴리머, 카보머, 디메치콘, 나이트로셀룰로오스
- 천연고분자 화합물 : 구아검, 덱스트린, 베타-글루칸, 셀룰로오스검

29 **탄화수소류에 대한 설명으로 틀린 것은?**

① 어린이용 오일 등 개별포장 당 탄화수소류를 10% 이상 함유시 안전용기 사용
② 화장품 원료로 C6 이상의 포화탄화수소를 말한다.
③ 석유 등 광물질에서 주로 채취하여 피부에 유연효과가 있다.
④ 변질, 산패의 우려가 없고 가격이 저렴하나 유분감 강하다.
⑤ 석유에서 얻어지는 반죽상의 탄화수소류 혼합물로 바세린이 있다.

해설

② 화장품 원료로 C15 이상의 포화탄화수소를 말한다.

30 **다음 중 13가지 화장품에 분류되지 않는 것은?**

① 기초화장품 ② 영유아 화장품
③ 면도용 화장품 ④ 구강용 화장품
⑤ 손발톱용 화장품

해설

구강용 화장품은 의약외품으로 변경되었음

31 **다음은 수성원료의 특성을 설명하고 있다. 괄호 안에 적합한 용어를 작성하세요.**

- 무색투명의 액체, 물과 유기 용매와도 잘 섞인다.
- 70% 이상에서 소독작용을 한다.
- 휘발성이 높아 피부는 기화열을 뺏겨 시원하고, 가벼운 수렴 효과 있다.
- 분자 중에 포함된 탄소(C)수에 의해 다음과 같이 분류한다.

※ 탄소(C)의수가 적으면 저급 (㉠) - C 1~5개
탄소(C)의수가 많으면 고급 (㉠) - C 6개 이상

32 **다음에 적당한 용어를 작성하세요.**

(㉠)(는)란 위해사례와 화장품간의 (㉡) 가능성이 있다고 보고된 정보로서 그 (㉡)가 알려지지 않았거나 입증자료가 불충분한 것을 말한다.

33 **기능성 화장품의 심사에 필요한 제출서류는 다음 과 같다. 괄호 안에 알맞은 말을 쓰시오.**

가. 기원 및 개발경위에 관한 자료
나. (㉠)에 관한 자료
다. (㉡) 또는 기능에 관한 자료
다. 자외선차단지수, 내수성자외선차단지수 및 자외선A차단등급 설정의 근거자료

정답 28 ④ 29 ② 30 ④ 31 알코올 32 ㉠ 실마리 정보(Signal) ㉡ 인과관계 33 ㉠ 안전성 ㉡ 유효성

34 **화장품 원료 등의 위해평가는 다음 각 호의 확인 · 결정 · 평가 등의 과정을 거쳐 실시한다. 다음 괄호 안에 알맞은 말을 쓰시오.**

- 위해요소의 인체 내 독성을 확인하는 위험성 확인과정
- 위해요소의 인체노출 허용량을 산출하는 (㉠)과정
- 위해요소가 인체에 노출된 양을 산출하는 노출평가과정
- 제1호부터 제3호까지의 결과를 종합하여 인체에 미치는 위해 영향을 판단하는 (㉡) 과정

해설

화장품법 시행규칙 제17조(화장품 원료등의 위해평가) 1항 참조

35 **다음 설명에 알맞은 말을 쓰시오.**

① 색소 중 콜타르, 그 중간 생성물에서 유래 또는 유기 합성하여 얻은 색소 및 레이크, 염, 희석제와의 혼합물
② 석유에서 인위적으로 합성할 수 있으므로 대량생산 가능
③ 인체에 유해한 것이 많아 법령에 의해 사용 가능한 법정 색소만을 사용
④ 립스틱, 네일에나멜, 파우더, 화장수 등 기초화장품에 사용

3 유통 화장품 안전관리

36 **다음에서 설명하는 내용이 바르게 된 것은 ?**

① 반제품 : 충전(1차포장) 이전의 제조 단계까지 끝낸 제품을 말한다.
② 벌크제품 : 출하를 위해 제품의 포장 및 첨부문서에 표시공정 등을 포함한 모든 제조공정이 완료된 화장품을 말한다.
③ 원자재 : 제조공정 단계에 있는 것으로서 필요한 제조공정을 더 거쳐야 벌크 제품이 되는 것을 말 한다.
④ 완제품 : 원료 물질의 칭량부터 혼합, 충전(1차포장), 2차포장 및 표시 등의 일련의 작업을 말한다.
⑤ 소모품 : 청소, 위생 처리 또는 유지 작업 동안에 사용되는 물품(세척제, 윤활제 등)을 말한다.

37 **청소 및 세척과정에서 필요한 진행 절차를 순서대로 나열한 것은?**

㉠ 판정기준 제시
㉡ 청소기록을 남긴다.
㉢ 절차서 작성
㉣ "청소 결과" 표시
㉤ 세제 사용 시 사용기록을 남긴다.

① ㉡-㉢-㉣-㉤-㉠
② ㉢-㉠-㉤-㉡-㉣
③ ㉢-㉠-㉡-㉤-㉣
④ ㉤-㉢-㉠-㉣-㉡
⑤ ㉠-㉢-㉡-㉤-㉣

해설

① 절차서 작성
② 판정기준 제시
③ 세제 사용 시 사용기록을 남긴다.
④ 청소기록을 남긴다.
⑤ "청소 결과" 표시

정답 34 ㉠ 위험성 결정 ㉡ 위해도 결정 35 타르색소 36 ⑤ 37 ②

38 설비 세척의 원칙으로 올바르지 않은 것은?

① 위험성이 없는 용제로 물 세척을 한다.
② 가능하면 세제를 사용하지 않는다.
③ 가능하면 증기 세척이 좋은 방법이다
④ 브러시 등으로 문질러 지우는 방법을 고려한다.
⑤ 설비는 적극적으로 분해해서 세척하지 않는다.

해설
분해할 수 있는 설비는 분해해서 세척한다.

39 화장품 포장의 기재 · 표시사항으로 생략 가능한 성분은?

① 제조 과정 중에 제거되어 최종제품에는 남아있지 않은 성분
② 안정화제, 보존제 등 원료 자체에 들어 있는 부수 성분으로서 그 효과가 나타나게 하는 양이 들어 있는 성분
③ 내용량이 10㎖ 초과 50㎖ 이하 또는 중량이 10그램 초과 50그램 이하 화장품의 포장인 경우 샴푸와 린스에 들어 있는 인산염의 종류
④ 기능성화장품의 경우 그 효능 · 효과가 나타나게 하는 원료
⑤ 식품의약품안전처장이 사용 한도를 고시한 화장품의 원료

해설
화장품법 시행규칙 제 19조 2항 (화장품 포장의 기재 표시 등) 참조
① 제조 과정 중에 제거되어 최종제품에는 남아있지 않은 성분은 기재 생략 가능
②, ③, ④, ⑤는 기재 필수사항

40 다음 〈보기〉에서 작업장의 위생유지를 위한 세제 및 소독제의 규정으로 올바른 것은?

> ㉠ 항상 세제를 사용하여 세척하여야 한다.
> ㉡ 증기세척은 표면의 이상을 초래할 수 있어서 사용하지 않는다.
> ㉢ 분해할 수 있는 설비는 분해해서 세척한다.
> ㉣ 잔류하거나 적용하는 표면에 이상을 초래하지 아니하여야 한다.
> ㉤ 청소 세제와 소독제는 품질확인된 것이어야 하고 효과적이어야 한다.

① ㉠, ㉡, ㉢
② ㉠, ㉡, ㉣
③ ㉠, ㉢, ㉤
④ ㉡, ㉢, ㉤
⑤ ㉢, ㉣, ㉤

해설
증기세척은 권장되는 형식의 세척 방법이다.
- 가능한 한 세제를 사용하지 않는다.

41 작업소의 시설에 관한 규정 중으로 거리가 먼 것은?

① 작업소의 시설은 소독제 등의 부식성에 저항력이 있어야 한다.
② 바닥, 벽, 천장은 가능한 청소하기 쉽게 매끄러운 표면을 유지해야 한다.
③ 외부와 연결된 창문은 통풍이 되도록 잘 열리게 한다.
④ 화장실은 생산구역과 분리되어 있도록 한다.
⑤ 실내 적절한 온도 및 습도를 유지할 수 있는 공기조화시설 등 적절한 환기시설을 갖춘다.

해설
외부와 연결된 창문은 열리지 않도록 한다.

정답 38 ⑤ 39 ① 40 ⑤ 41 ③

42 다음은 유통화장품 안전관리기준에서 완전제거가 어려운 물질에 대한 허용기준을 표시한 것이다. 바른 것은?

① 안티몬 : 20㎍/g이하
② 수은 : 1㎍/g이하
③ 비소 : 5㎍/g이하
④ 디옥산 : 200㎍/g이하
⑤ 카드뮴 : 50㎍/g이하

해설

안티몬 : 10㎍/g이하, 비소 : 10㎍/g이하, 디옥산 : 100㎍/g이하, 카드뮴 : 5㎍/g이하

43 화장품 표시 · 기재사항에 대한 설명으로 맞지 않는 것은? (1회 기출문제)

① 영유아는 만3세 이하를 말하고 어린이는 만4세 이상에서 만 13세 이하를 말한다.
② 10㎖ 초과 50㎖ 이하인 소용량인 화장품은 1차 포장에 전 성분 생략이 가능하다.
③ 인체에 무해한 소량 함유 성분 등 총리령으로 정하는 성분은 제외한다.
④ 화장품에 천연 또는 유기농으로 표시, 광고하려는 경우에도 전성분만 기재, 표시할 것
⑤ 한글로 읽기 쉽도록 기재, 표시할 것. 다만 한자 또는 외국어를 함께 적을 수 있고 수출용 제품 등의 경우에는 그 수출 대상국의 언어로 적을 수 있다.

해설

맞춤형화장품 표시 사항
- 화장품 제조에 사용된 모든 성분 참조

44 유통화장품 안전관리 기준에서 제품잔류물의 검사 중 비소의 시험 방법은?

① 액체 크로마토그래피법
② 원자흡광도법
③ 기체(가스)크로마토그래피법
④ 수은 분해장치
⑤ 디티존법

해설

유통화장품 안전관리 시험방법 정리
① 디티존법 : 납
② 원자흡광도법 : 납, 니켈, 비소, 안티몬, 카드뮴 정량
③ 기체(가스)크로마토그래피법 : 디옥산, 메탄올, 프탈레이트류(디부틸프탈레이트, 부틸벤질프탈레이트 및 디에칠헥실프탈레이트)
④ 유도결합 플라즈마 분광기법 : 납, 니켈, 비소, 안티몬
⑤ 유도결합플라즈마-질량분석기 : 납, 비소
⑥ 수은 분해장치, 수은분석기이용법 : 수은
⑦ 액체 크로마토그래피법 : 포름알데하이드

45 유통화장품 안전관리에서 검출되지 말아야하지만 비의도적인 물질로 눈 화장용 제품은 35㎍/g 이하, 색조 화장용 제품은 30㎍/g 이하, 그 밖의 제품은 10㎍/g 이하이어야 하는 물질은?

① 납 (Pb)　② 니켈
③ 비소　④ 수은
⑤ 카드뮴

해설

니켈: 눈 화장용 제품은 35㎍/g 이하, 색조 화장용 제품은 30㎍/g이하, 그 밖의 제품은 10㎍/g 이하

46 모든 제조, 관리 및 보관된 제품이 규정된 적합판정기준에 일치하도록 보장하기 위하여 우수화장품 제조 및 품질관리기준이 적용되는 모든 활동을 내부 조직의 책임 하에 계획하여 변경하는 것을 말한다. 이에 해당하는 용어는?

① 내부감사　② 공정관리
③ 제조단위　④ 변경관리
⑤ 위생관리

해설

변경관리의 정의 : 모든 제조, 관리 및 보관된 제품이 규정된 적합판정기준에 일치하도록 보장하기 위하여 모든 활동을 내부 조직의 책임하에 계획하여 변경하는 것을 말한다.

정답　42 ②　43 ④　44 ②　45 ②　46 ④

47 우수화장품 제조 및 품질관리의 적합성을 보장하는 기본 요건들을 충족하고 있음을 증명하기 위해 작성 보관이 필요한 기준서류들을 나열한 것 중이다. 다음 중 종류가 다른 것은?

① 제품표준서
② 제조관리기준서
③ 품질관리기준서
④ 제조위생관리기준서
⑤ 시험지시서

해설

품질관리기준서- 시험지시서, 시험검체, 시험시설 및 시험기구의 점검 등 필요

48 방문객과 훈련받지 않은 직원이 제조, 관리, 보관구역으로 들어갈 경우, 안내자와 반드시 동행해야 한다. 이때 방문 기록서에 써야 할 내용이 아닌 것은?

① 방문자의 직업 ② 방문 목적
③ 입장 시간 ④ 회사 동행자 이름
⑤ 소속

해설

기록서 작성 내용 : 소속, 성명, 방문목적, 입퇴장 시간 및 자사 동행자의 이름

49 유통화장품 안전관리 기준에서 비의도적인 미생물한도를 검출하는 시험방법으로 바른 것은?

① 수은분석기이용법
② 유도결합플라즈마-질량분석기
③ 한천평판희석법
④ 액체 크로마토그래피법
⑤ 기체 크로마토그래피법

해설

-미생물한도 측정을 위해 실시하는 시험방법
: 총 호기성 생균수 시험법, 한천평판도말법, 한천평판희석법, 특정세균시험법 등

50 공정과정 중 반제품은 품질이 변하지 않도록 적당한 용기에 넣어 지정된 장소에서 보관해야 한다. 이 때 용기에 표시하지 않아도 되는 사항은?

① 명칭
② 확인코드
③ 사용기한
④ 완료된 공정명
⑤ 필요한 경우에는 보관조건

해설

우수화장품 제조 및 품질관리기준 제17조(공정관리)
- 명칭 또는 확인코드, 제조번호, 완료된 공정명, 필요한 경우에는 보관조건
- 반제품의 최대 보관기한은 설정하여야 하며, 최대 보관기한이 가까워진 반제품은 완제품 제조하기 전에 품질이상, 변질여부 등 확인

51 화장품 안전 관리 기준에 적합한 내용으로 다음 내용의 제품에서 제1제의 1에 대한 설명으로 틀린 것은?

> 치오글라이콜릭애씨드 또는 그 염류를 주성분으로 하는 제1제 사용 시 조제하는 발열2욕식 퍼머넌트웨이브용제품 : 이 제품은 치오글라이콜릭애씨드 또는 그 염류를 주성분으로 하는 제1제의 1과 제1제의 1중의 치오글라이콜릭애씨드 또는 그 염류의 대응량 이하의 과산화수소를 함유한 제1제의 2, 과산화수소를 산화제로 함유하는 제2제로 구성되며, 사용 시 제1제의 1 및 제1제의 2를 혼합하면 약 40℃로 발열되어 사용하는 것이다.

① 알칼리 : 0.1N 염산의 소비량은 검체 1㎖에 대하여 7㎖이하
② pH : 4.5 ~ 9.5
③ 환원후의 환원성물질(디치오디글라이콜릭애씨드) : 0.5%이하
④ 중금속 : 20㎍/g이하
⑤ 비소 : 5㎍/g이하

정답 47 ⑤ 48 ① 49 ③ 50 ③ 51 ①

해설

- 치오글라이콜릭애씨드 또는 그 염류를 주성분으로 하는 제1제 사용 시 조제하는 발열2욕식 퍼머넌트 웨이 브용 제품에서 1제의 1에 대한 적합기준
  ① 알칼리 : 0.1N 염산의 소비량은 검체 1㎖에 대하여 10㎖이하
  ② pH : 4.5 ~ 9.5
  ③ 환원후의 환원성물질(디치오디글라이콜릭애씨드) : 0.5%이하
  ④ 중금속 : 20㎍/g이하
  ⑤ 비소 : 5㎍/g이하

52 유통화장품 안전관리 기준에서 화장품의 시험방법 중 납(Pb) 성분 검출 방법이 아닌 것은?

① 디티존법
② 원자흡광도법
③ 유도결합플라즈마 분광기법
④ 유도결합플라즈마 흡수분석기법
⑤ 유도결합플라즈마 질량분석기법

해설

납성분 검출 시험방법 – 디티존법, 원자흡광도법, 유도결합플라즈마분광기법, 유도결합플라즈마 질량분석기법

53 기준일탈 조사시에 필요한 물품을 나열해 보았다. 해당사항이 아닌 것은?

① 검체
② 시약
③ 시험용으로 조제한 시약액
④ 실험설비
⑤ 시액

해설

기준일탈 조사시에 필요한 물품 : 기준일탈 조사시 검체, 시약, 시액

시액 : 시험용으로 조제한 시약액

시약 : 시험용으로 구입한 시약

54 완제품 보관용 검체는 제조단위별 제품의 사용기한 경과 후 몇 년간 보관해야 하는 것은?

① 1년　　② 2년
③ 3년　　④ 4년
⑤ 5년

해설

제조단위별 제품의 사용기한 경과 후 1년간 보관해야하며, 개봉후 사용기간을 기재하는 경우는 제조일로부터 3년간 보관해야 함

55 다음 중 시험관리에 관한 내용으로 틀린 것은?

① 품질관리를 위한 시험업무에 대해 문서화된 절차를 수립하고 유지하여야 한다.
② 원자재, 반제품 및 완제품에 대한 적합 기준을 마련하고 제조단위별로 시험 기록을 작성*유지하여야 한다.
③ 정해진 보관 기간이 경과된 원자재 및 반제품은 재평가하여 품질기준에 적합한 경우 제조에 사용할 수 있다.
④ 시험결과가 적합 또는 부적합인지 분명히 기록하여야 한다.
⑤ 모든 시험이 적절하게 이루어졌는지 시험기록을 검토한 후 적합, 부적합, 보류를 판정하여야 한다

해설

우수화장품 제조 및 품질관리기준 제20조 (시험관리)
- 원자재, 반제품 및 완제품에 대한 적합 기준을 마련하고 제조번호별로 시험 기록을 작성 · 유지하여야 한다.

정답 52 ④ 53 ④ 54 ① 55 ②

56 **포장재 출고에 대한 내용이다. 괄호 안에 맞는 단어를 쓰시오.**

> ① 포장재 공급담당자는 생산계획에 따라 자재를 공급한다.
> ② 적합라벨이 부착되었는지 확인한다.
> ③ (　　) 원칙에 따라 공급 (단 타당한 사유가 있는 경우 예외)한다.
> ④ 공급되는 부자재는 WMS시스템을 통해 공급기록 관리 한다.

57 **다음은 무엇에 대한 설명인지 괄호 안에 맞는 단어를 쓰시오.**

> (　　)는 하나의 공정이나 일련의 공정으로 제조되어 균질성을 갖는 화장품의 일정한 분량을 말한다.

해설

화장품법 시행규칙: 우수화장품 제조 및 품질관리기준(용어정의)

58 **다음은 유통화장품 안전관리기준 중 pH에 대한 적용사항이다. 보기를 잘 읽어보고 이들 기준의 예외가 되는 2가지 제품에 대하여 쓰시오.**

> 〈보기〉
> pH 기준이 3.0~9.0 이어야 하는 제품은 다음과 같다.
> - 영·유아용 제품류(영·유아용 샴푸, 영·유아용 린스, 영·유아 인체 세정용 제품, 영·유아 목욕용 제품 제외),
> - 눈 화장용 제품류,
> - 색조 화장용 제품류,
> - 두발용 제품류(샴푸, 린스 제외),
> - 면도용 제품류(셰이빙 크림, 셰이빙 폼 제외)
> - 기초화장용 제품류(클렌징 워터, 클렌징 오일, 클렌징 로션, 클렌징 크림 등 메이크업 리무버 제품 제외) 중 액, 로션, 크림 및 이와 유사한 제형의 액상제품

59 **문서와 절차의 검토 및 승인, 절차진행 확인, 일탈 조사 및 기록, 원자재 및 제품의 출고 여부를 결정하는 등의 업무를 수행하는 사람은 누구 인가요 ?**

60 **총 호기성 생균 검체의 전처리에 대한 과정을 설명하고 있다. 괄호 안에 적당한 것을 쓰시오.**

> 〈보기〉
> ⊙ 검체조작은 무균조건하에서 실시하여야 하며, 검체는 충분하게 무작위로 선별
> - 모든 검체 내용물은 (　　)배 희석액으로 만들어 사용
> - 크림제·오일제 : 균질화 되지 않은 경우 분산제를 추가하여 균질화시켜 사용
> - 파우더 및 고형제 : 검체 1g에 적당한 분산제를 1㎖를 넣고 충분히 균질화 시킨 후 변형레틴액체배지 또는 검증된 배지 및 희석액 8㎖를 넣어 (　　)배 희석액을 만들어 사용

해설

유통화장품 안전관리 시험방법(제6조관련)에서 미생물한도 검출 시험방법 참조
- 모든 검체 내용물은 10배 희석액으로 만들어 사용

4 맞춤형 화장품 이해

61 **맞춤형화장품판매업의 신고에 필요한 사항으로 옳지 않은 것은?**

① 맞춤형화장품판매업 신고서
② 맞춤형화장품조제관리사 변경
③ 맞춤형화장품조제관리사 자격증
④ 임대차계약서
⑤ 건축물관리대장

정답 56 선입선출　57 제조단위 (혹은 뱃치)　58 물을 포함하지 않는 제품, 사용한 후 곧바로 물로 씻어 내는 제품　59 품질보증책임자　60 10　61 ②

해설

① 맞춤형화장품판매업 신고서
② 맞춤형화장품조제관리사 자격증 사본(2인 이상 신고 가능)
③ 사업자등록증 및 법인등기부등본(법인에 포함)
④ 건축물관리대장
⑤ 임대차계약서(임대의 경우에 한함)
⑥ 혼합 · 소분의 장소 · 시설 등을 확인할 수 있는 세부 평면도 및 상세 사진

62 맞춤형화장품조제관리사 자격시험에 대한 설명으로 옳은 것은?

① 맞춤형화장품조제관리사가 되려는 사람은 화장품과 원료 등에 대하여 시장이 실시하는 자격시험에 합격하여야 한다.
② 지방단체장은 맞춤형화장품조제관리사가 거짓이나 그 밖의 부정한 방법으로 시험에 합격한 경우에는 자격을 취소하여야 한다.
③ 보건복지부장관은 자격시험 업무를 효과적으로 수행하기 위하여 필요한 전문인력과 시설을 갖춘 기관 또는 단체를 시험운영기관으로 지정하여 시험업무를 위탁할 수 있다.
④ 자격시험의 시기, 절차, 방법, 시험과목, 자격증의 발급, 시험운영기관의 지정 등 자격시험에 필요한 사항은 대통령령으로 정한다.
⑤ 자격이 취소된 사람은 취소된 날부터 3년간 자격시험에 응시할 수 없다.

해설

맞춤형화장품조제관리사 자격시험

(1) 맞춤형화장품조제관리사가 되려는 사람은 화장품과 원료 등에 대하여 식품의약품안전처장이 실시 하는 자격시험에 합격하여야 한다.
(2) 식품의약품안전처장은 맞춤형화장품조제관리사가 거짓이나 그 밖의 부정한 방법으로 시험에 합격 한 경우에는 자격을 취소하여야 하며, 자격이 취소된 사람은 취소된 날부터 3년간 자격시험에 응 시할 수 없다.
(3) 식품의약품안전처장은 자격시험 업무를 효과적으로 수행하기 위하여 필요한 전문인력과 시설을 갖 춘 기관 또는 단체를 시험운영기관으로 지정하여 시험 업무를 위탁할 수 있다.
(4) 자격시험의 시기, 절차, 방법, 시험과목, 자격증의 발급, 시험운영기관의 지정 등 자격시험에 필요 한 사항은 총리령으로 정한다.

63 피하지방의 기능에 대해 설명한 것으로 옳지 않은 것은?

① 남성호르몬과 관계가 있음
② 체온의 손실을 막는 체온보호(유지)기능
③ 충격흡수 및 단열제로서 열 손실을 방지
④ 영양이나 에너지를 저장하는 저장기능
⑤ 곡선미 유지

해설

여성호르몬과 관계가 있음(곡선미 유지)

64 자외선과 색소침착에 대한 설명으로 옳지 않은 것은?

① 홍반반응 : 자외선에 의해 피부가 붉어지는 일시적인 반응
② 색소침착 : 표피의 기저층에서 멜라닌 세포활성
③ 일광화상 : 햇빛에 의한 일시적인 반응
④ 광노화 : 과다한 자외선의 강도에 노출되었을 경우에 생길 수 있는 피부반응
⑤ 피부암 : 과다한 자외선 노출의 경우 피부암이 유발될 확률이 높음

해설

멜라닌색소의 생성량이 더 적은 피부에서 쉽게 생길 수 있는 햇빛에 의한 피부화상

정답 62 ⑤ 63 ① 64 ③

65 맞춤형화장품 혼합, 소분 장소의 위생관리로 옳지 않은 것은?

① 혼합 전 · 후 작업자의 손 세척 및 장비 세척을 위한 세척시설 구비
② 적절한 환기시설 구비
③ 작업대, 바닥, 벽, 천장 및 창문 청결 유지
④ 맞춤형화장품 혼합 · 소분 장소와 판매 장소는 구분없이 관리
⑤ 방충 · 방서 대책 마련 및 정기적 점검 · 확인

해설

맞춤형화장품 혼합 · 소분 장소와 판매 장소는 구분, 구획하여 관리

66 맞춤형화장품의 효과에 대한 설명으로 아닌 것은?

① 다양한 형태의 맞춤형화장품 판매로 소비자 욕구 충족
② 고객의 피부유형에 맞춰서 자신에게 적합한 화장품과 원료의 선택 가능
③ 심리적 만족감
④ 피부 측정과 문진 등을 통한 정확한 피부상태 진단과 전문가 조언을 통해 자신의 피부상태에 알맞게 조제된 화장품 구입 가능
⑤ 고객의 피부유형과 상관없이 다양한 제품을 조제하여 선택 가능

해설

정확한 피부진단을 통해 전문가의 조언으로 피부유형에 맞게 조제한 화장품 선택 가능

67 사용상 제한이 필요한 원료 중 보존제 성분으로 옳은 것은?

① 메칠이소치아졸리논 0.015%
② 벤질알코올 1.5%
③ 클로로펜 0.5%
④ 클로로페네신 0.3%
⑤ 페녹시에탄올 2.0%

해설

메칠이소치아졸리논 0.0015%, 벤질알코올 1.0%, 클로로펜 0.05%, 페녹시에탄올 1.0%

68 맞춤형화장품 1차포장 기재, 표시사항으로 아닌 것은?

① 화장품 명칭
② 사용 시 주의사항
③ 맞춤형화장품판매업자의 상호
④ 제조번호
⑤ 사용기한

해설

맞춤화장품의 1차 포장 기재 • 표시사항 ★★
1. 화장품의 명칭
2. 맞춤형화장품판매업자의 상호
3. 가격
4. 제조번호
5. 사용기한 또는 개봉 후 사용기간(개봉 후 사용기간의 경우 제조연월일 병기)

69 다음과 같은 일반 화장품 표시기재 사항 중 1차 포장에 해당하지 않는 것은?

① 화장품 명칭
② 영업자의 주소
③ 제조번호
④ 가격
⑤ 개봉 후 사용기간

해설

일반 화장품 표시기재 1차 포장사항
화장품 명칭, 영업자의 상호 및 주소, 제조번호, 사용기한 또는 개봉 후 사용기간
가격은 맞춤형화장품 표시기재 1차 포장사항

정답 65 ④ 66 ⑤ 67 ④ 68 ② 69 ④

70 기초화장용 제품류 중 액, 로션, 크림 및 이와 유사한 제형의 액상제품 pH 수치는?

① pH 1.0~3.0
② pH 3.0~9.0
③ pH 9.0~10
④ pH 11~12
⑤ pH 13~14

해설

① 영 유아용 제품류(영 유아용 샴푸, 영 유아용 린스, 영 유아 인체세정용 제품, 영 유아 목욕용 제품 제외)
② 눈 화장용 제품류, 색조화장용 제품류
③ 두발용 제품류(샴푸, 린스 제외)
④ 면도용 제품류(셰이빙크림, 셰이빙 폼 제외)
⑤ 기초화장용 제품류(클렌징 워터, 클렌징 오일,클렌징 로션, 클렌징 크림 등 메이크업 리무버 제품 제외) 중 액, 로션,크림 및 이와 유사한 제형의 액상제품은 pH 기준이 3.0~9.0 이어야 한다.

다만, 물을 포함하지 않는 제품과 사용한 후 곧바로 물로 씻어 내는 제품은 제외 한다.

71 혼합, 소분을 위한 맞춤형화장품판매업소 시설기준에 맞지 않는 것은?

① 맞춤형화장품의 품질 · 안전확보를 위해서는 매월 정기적으로 점검, 관리 할 것
② 맞춤형화장품의 혼합 · 소분 공간은 다른 공간과 구분 또는 구획할 것
③ 맞춤형화장품 간 혼입이나 미생물오염 등을 방지할 수 있는 시설 또는 설비 등을 확보할 것
④ 맞춤형화장품의 품질유지 등을 위하여 시설 또는 설비 등에 대해 주기적으로 점검 · 관리 할 것
⑤ 맞춤형화장품조제관리사가 아닌 기계를 사용하여 맞춤형화장품을 혼합하거나 소분하는 경우에는 구분 · 구획된 것으로 본다.

72 안전용기 · 포장 대상 품목 및 기준으로 옳지 않은 것은?

① 일회용 제품, 용기 입구 부분이 펌프 또는 방아쇠로 작동되는 분무용기 제품, 압축 분무용기 제품(에어로졸 제품 등)은 제외
② 아세톤을 함유하는 네일 에나멜 리무버 및 네일 폴리시 리무버
③ 어린이용 오일 등 개별포장 당 탄화수소류를 5퍼센트 이상 함유하는 비에멀젼 타입의 액체상태의 제품
④ 개별포장당 메틸 살리실레이트를 5퍼센트 이상 함유하는 액체상태의 제품
⑤ 어린이용 오일 등 개별포장 당 탄화수소류를 10퍼센트 이상 함유하고 운동점도가 21센티 스톡스 이하인 비에멀젼 타입의 액체상태의 제품

73 아래의 괄호 안에 들어갈 알맞은 것을 찾으시오.

> 안전용기 · 포장은 성인이 개봉하기는 어렵지 아니하나 만 (㉠) 미만의 어린이가 개봉하기는 어렵게 된 것이어야 한다. 이 경우 개봉하기 어려운 정도의 구체적인 기준 및 시험방법은 (㉡)이 정하여 고시하는 바에 따른다.

① 3세, 식품의약품안전처장
② 3세, 산업통상자원부장관
③ 5세, 식품의약품안전처장
④ 5세, 산업통상자원부장관
⑤ 13세 산업통상자원부장관

해설

안전용기 · 포장은 성인이 개봉하기는 어렵지 아니하나 만 5세 미만의 어린이가 개봉하기는 어렵게 된 것이어야 한다. 이 경우 개봉하기 어려운 정도의 구체적인 기준 및 시험방법은 산업통상자원부장관이 정하여 고시하는 바에 따른다.

정답 70 ② 71 ① 72 ③ 73 ④

74 맞춤형화장품 조제관리사는 매장을 방문한 고객과 다음과 같은 〈대화〉를 나누었다. 조제관리사가 고객에게 혼합하여 추천할 제품으로 다음 〈보기〉 중 옳은 것을 모두 고르면?

〈대화〉

고객: 요즘 환절기라서 그런지 피부가 당기고 가려워요.
조제관리사: 아, 그러신가요? 그럼 고객님 피부 상태를 측정해 보도록 할까요?
고객: 그럴까요? 지난번 방문 시와 비교해 주시면 좋겠네요.
조제관리사: 네. 이쪽에 앉으시면 저희 측정기로 측정을 해드리겠습니다.
피부측정 후,
조제관리사: 고객님은 1달 전 보다 피부의 수분 함유량이 10%이하로 감소하여, 피부 보습도가 많이 낮아져 있어 당기고 가려운 겁니다. 보습에 좋은 제품을 추천해 드리겠습니다.
고객: 음. 걱정이네요. 그럼 어떤 제품을 쓰는 것이 좋을지 추천 부탁드려요.

〈보기〉

㉠ 세라마이드 함유 제품
㉡ 나이아신아마이드(Niacinamide) 함유 제품
㉢ 카페인(Caffeine) 함유 제품
㉣ 소듐하이알루로네이트(Sodium Hyaluronate)함유제품

① ㉠, ㉢ ② ㉠, ㉣
③ ㉡, ㉣ ④ ㉡, ㉢
⑤ ㉢, ㉣

75 다음 중 맞춤형화장품에 대한 설명으로 옳은 것을 모두 고르시오.

㉠ 제조 또는 수입된 화장품 내용물에 다른 화장품의 내용물이나 식품의약품안전처장이 정하여 고시하는 원료를 추가하여 혼합한 화장품을 판매하는 영업이다.
㉡ 맞춤형화장품조제관리사는 맞춤형화장품판매장에서 혼합 · 소분 업무에 종사하는 자로서 맞춤형화장품조제관리사 국가자격시험에 합격한 자여야 한다.
㉢ 맞춤형화장품판매업을 하려는 자는 총리령으로 정하는 바에 따라 식품의약품안전처장에게 신고하여야 한다.
㉣ 맞춤형화장품판매장의 조제관리사로 시청에 신고한 맞춤형화장품조제관리사는 매년 1시간 이상, 4시간 이하의 집합교육 또는 온라인 교육을 식약처에서 정한 교육실시기관에서 이수 하여야 한다.

① ㉠, ㉣ ② ㉡, ㉣
③ ㉡, ㉢, ㉣ ④ ㉠, ㉡, ㉣
⑤ ㉠, ㉡, ㉢

해설

맞춤형화장품판매장의 조제관리사로 지방식품의약품안전청에 신고한 맞춤형화장품조제관리사는 매년 4시간 이상, 8시간 이하의 집합교육 또는 온라인 교육을 식약처에서 정한 교육실시기관에서 이수하여야 한다.

76 맞춤형화장품 혼합 시 사용할 수 있는 원료로 옳은 것은?

① 아쥴렌 ② 알파-비사보롤
③ 치오글리콜산 ④ 만수국꽃추출물
⑤ 레티놀

해설

사용상 제한이 필요한 원료
미백성분 : 알파-비사보롤, 주름개선 : 레티놀, 제모제 : 치오글리콜산, 만수국꽃추출물

정답 74 ② 75 ⑤ 76 ①

77 영·유아용 제품류 또는 13세 이하 어린이가 사용할 수 있음을 특정하여 표시하는 제품에 사용금지 원료로 예외인 것은?

① 보존제로 사용할 경우 살리실릭애씨드 1.0%
② 사용 후 씻어내는 제품류에 살리실릭애씨드 3%
③ 사용 후 씻어내는 두발용 제품류에 살리실릭애씨드 3%
④ 사용 후 씻어내는 제품류에 살리실릭애씨드 5%
⑤ 사용 후 씻어내는 두발용 제품류에 살리실릭애씨드 5%

해설

- 살리실릭애씨드 : 영유아용 및 어린이용 제품에는 사용금지(단, 샴푸는 제외)
- 사용 후 씻어내는 두발용 제품류에 살리실릭애씨드 3%

78 맞춤형화장품 혼합, 소분 장비 및 도구의 위생 관리로 옳지 않은 것은?

① 맞춤형화장품판매업소에서는 작업자 위생, 작업환경위생, 장비·도구 관리 등 맞춤형화장품판매업소에 대한 위생 환경 모니터링 후 그 결과를 기록하고 판매업소의 위생 환경 상태를 관리 할 것
② 작업 장비 및 도구 세척 시에 사용되는 세제·세척제는 잔류하거나 표면 이상을 초래하지 않는 것을 사용
③ 세척한 작업 장비 및 도구는 잘 건조하여 다음 사용 시까지 오염 방지상태로 보관
④ 자외선 살균기 이용 시 충분한 자외선 노출을 위해 적당한 간격을 두고 장비 및 도구가 서로 겹치게 쌓아서 한 층으로 보관
⑤ 맞춤형화장품 혼합·소분 장소가 위생적으로 유지될 수 있도록 맞춤형화장품판매업자는 주기를 정하여 판매장 등의 특성에 맞도록 위생관리 할 것

해설

자외선 살균기 이용 시 충분한 자외선 노출을 위해 적당한 간격을 두고 장비 및 도구가 서로 겹치지 않게 한 층으로 보관, 살균기 내 자외선램프의 청결 상태를 확인 후 사용

79 맞춤형화장품 혼합, 소분에 필요한 유화제 만들 때 사용되는 기구로 옳은 것은?(기출문제)

① 분쇄기 ② 호모믹서
③ 분산기 ④ 유화기
⑤ 충진기

80 맞춤형화장품판매업자의 준수사항으로 옳은 것을 모두 고르시오.

㉠ 맞춤형화장품 조제에 사용하는 내용물 및 원료의 혼합·소분 범위에 대해 사전에 품질 및 안전성 을 확보할 것
㉡ 맞춤형화장품 판매장 시설·기구를 정기적으로 점검하여 보건위생상 위해가 없도록 관리할 것
㉢ 혼합·소분에 사용되는 내용물 및 원료는 「화장품법」 제8조의 화장품 안전기준 등에 적합한 것을 확인하여 사용할 것
㉣ 맞춤형화장품판매내역서를 작성·보관할 것 (전자문서로 된 판매내역은 포함하지 않음)

① ㉠ ㉣ ② ㉡ ㉣
③ ㉡ ㉢ ㉣ ④ ㉠ ㉡ ㉢
⑤ ㉠ ㉡ ㉣

해설

맞춤형화장품판매내역서를 작성·보관할 것(전자문서로 된 판매내역을 포함)

정답 77 ③ 78 ④ 79 ② 80 ④

81 피부의 표피를 구성하고 있는 층으로 옳은 것은? [맞춤형화장품조제관리사 자격시험 예시문항]

① 기저층, 유극층, 과립층, 각질층
② 기저층, 유두층, 망상층, 각질층
③ 유두층, 망상층, 과립층, 각질층
④ 기저층, 유극층, 망상층, 각질층
⑤ 과립층, 유두층, 유극층, 각질층

82 피부의 생리기능으로 옳은 것은?

① 감각작용, 흡수작용
② 보습작용, 체온조절작용
③ 화학작용, 면역작용
④ 혈액순환작용, 재생작용
⑤ 보호작용, 미백작용

해설

피부의 생리기능으로는 보호작용, 감각작용, 흡수작용, 비타민D형성작용, 저장작용, 체온조절작용, 분비작용, 재생작용, 면역작용이 있다.

83 표피의 구성세포의 설명으로 옳은 것은?

① 섬유아세포 – 교원섬유, 탄력섬유, 기질
② 랑게르한스세포 – 기저층에 위치. 면역을 담당하는 세포
③ 머켈세포 – 기저층에 위치, 피부색을 결정짓는 세포
④ 대식세포 – 신체를 보호하는 역할
⑤ 멜라닌 세포 – 기저층에 위치, 피부색을 결정짓는 세포

해설

표피의 구성세포
① 랑게르한스세포
② 머켈세포
진피구성세포
① 섬유아세포
② 대식세포

84 모발의 구조에서 모근부의 설명이 옳지 않은 것은?

① 모낭 – 모근을 싸고 있는 부위
② 모구 : 세포분열이 시작되는 곳
③ 모유두 : 모발에 영양과 산소 운반
④ 모모세포 : 모발의 색을 결정
⑤ 입모근 : 모공을 닫고 체온손실을 막아주는 역할

해설

모구 : 모발이 만들어지는 곳

85 모발의 성장주기로 옳은 것은?

① 성장기→휴지기→퇴화기→발생기
② 휴지기→퇴화기→발생기→성장기
③ 퇴화기→성장기→발생기→휴지기
④ 성장기→퇴화기→휴지기→발생기
⑤ 발생기→휴지기→퇴화기→성장기

86 탈모증상 완화에 도움을 주는 성분으로 옳은 것은?

① 치오글리콜산 ② 살리실릭애씨드
③ 징크피리치온 ④ 레티닐팔미테이트
⑤ 에칠아스코빌에텔

해설

제모제 – 치오글리콜산
살리실릭애씨드 – 여드름 완화,
주름개선성분 – 레티닐팔미테이트
미백성분 – 에칠아스코빌에텔

87 맞춤형화장품조제관리사가 준수해야 할 의무로 옳지 않은 것은?

① 화장품의 안정성 확보 및 품질관리에 관한 교육을 매년 받았다.
② 혼합 · 소분에 사용되는 내용물 또는 원료의 특성, 사용 시의 주의사항을 알리지 않고 판매했다.

정답 81 ① 82 ① 83 ⑤ 84 ② 85 ④ 86 ③ 87 ②

③ 맞춤형화장품의 혼합 · 소분에 사용할 목적으로 화장품책임판매업자로부터 제공받은 원료를 혼합하여 판매했다.
④ 맞춤형화장품 판매시 판매내역서를 작성했다.
⑤ 맞춤형화장품 판매 후 문제가 발생하여 사용을 중단하게 하고, 식품의약품안전처장에게 보고했다.

해설

화장품법 5조 (영업자의 의무 등) : 책임판매관리자 및 맞춤형화장품조제관리사는 화장 품의 안전성 확보 및 품질관리에 관한 교육을 매년 받아야 한다

- 맞춤형화장품조제관리사는 고객에게 혼합, 소분에 사용된 내용물이나 원료의 특성, 주의사항을 알려야 한다. 판매한 후에 판매내역서를 작성 보관할 것. 판매 후 문제가 발생하면 식품의약품안전처장에게 보고해야 한다.

88 맞춤형화장품 조제관리사는 매장을 방문한 고객과 다음과 같은 〈대화〉를 나누었다. 고객에게 혼합하여 추천할 제품으로 다음 〈보기〉 중 옳은 것을 모두 고르면?

〈대화〉

고객: 최근 야외활동이 잦아지는 일이 많아져서 얼굴이 많이 타고 색소침착도 많이 되었으며 피부가 거칠어졌어요.
조제관리사: 아, 그러신가요? 그럼 고객님 피부상태를 측정해 보도록 할까요?
고객: 그럴까요? 지난번 방문 시와 비교해 주시면 좋겠네요.
조제관리사: 네. 이쪽에 앉으시면 저희 측정기로 측정을 해드리겠습니다.
피부측정 후,
조제관리사: 고객님은 1달 전 보다 얼굴에 색소침착이 많이 보이고, 오랜 자외선 노출로 피부의 수분이 많이 손실되어 피부가 거칠어져 있네요. 미백과 보습에 좋은 제품을 추천해 드리겠습니다.

〈보기〉

㉠ 세라마이드 함유 제품
㉡ 나이아신아마이드 함유 제품
㉢ 살리실릭애씨드 함유 제품
㉣ 아데노신 함유제품

① ㉠, ㉡ ② ㉠, ㉢
③ ㉡, ㉢ ④ ㉡, ㉣
⑤ ㉢, ㉣

89 피부의 신진대사에 의해 기저층에서 세포가 만들어져 과립층으로 분화하여 과립세포가 핵이 없어지면서 각질세포로 변할 때 죽은 세포가 되어 딱딱하게 변하면서 각질층까지 올라왔다가 피부를 보호하고 난 뒤 떨어져 나가는 과정을 (   )이라고 말한다.

90 다음 〈보기〉는 맞춤형화장품에 관한 설명이다. 〈보기〉에서 ㉠, ㉡에 해당하는 적합한 단어를 각각 작성하시오. [맞춤형화장품조제관리사 자격시험 예시문항] ★★

〈보기〉

㉠ 맞춤형화장품 제조 또는 수입된 화장품의 (㉠)에 다른 화장품의 (㉠)(이)나 식품의약품안전처장이 정하는 (㉡)(을)를 추가하여 혼합한 화장품
㉡ 제조 또는 수입된 화장품의 (㉠)(을)를 소분(小分)한 화장품

정답 88 ① 89 각화과정(각질화과정, 각화현상) 90 ㉠ 내용물, ㉡ 원료

91 다음의 〈보기〉는 맞춤형화장품의 전성분 항목이다. 소비자에게 사용된 성분에 대해 설명하기 위하여 다음 화장품 전성분 표기 중 사용상의 제한이 필요한 보존제에 해당하는 성분을 다음 〈보기〉에서 하나를 골라 작성하시오.

〈보기〉
정제수, 글리세린, 다이프로필렌글라이콜, 토코페릴아세테이트, 다이메티콘/비닐다이메티콘크로스폴리머, 티타늄디옥사이드 , 벤질알코올, 향료

해설

보습제 : 글리세린 / 다이프로필렌글라이콜,
합성고분자화합물 : 다이메티콘 / 비닐다이메티콘크로스폴리머,
자외선 차단성분 : 티타늄디옥사이드, 징크옥사이드

92 다음 〈보기〉는 맞춤형화장품의 조제시 사용할 수 없는 원료들을 설명하고 있다. (　　)안에 들어갈 단어를 완성하세요.

〈보기〉
1. 화장품에 사용할 수 없는 원료
2. 화장품에 사용상 제한이 필요한 원료
3. 식품의약품 안전처장이 고시한 (㉠)의 효능, 효과를 나타내는 원료 : 닥나무추출물 레티놀, 징크옥사이드 등
4. (㉡) : 페녹시에탄올, 벤질알코올, 우레아 등

93 다음의 알맞은 단어를 기재하시오.

액제, 로션제, 갤제 등을 부직포 등의 지지체에 침적하여 만든 것을 (　　)이라한다.

94 다음 괄호안의 알맞은 단어를 기재하시오.

화장품 원료 및 내용물은 적절한 보관 · 유지관리를 통해 사용기간 내의 적합한 것만을 (　　) 방식으로 출고 해야하고 이를 확인할 수 있는 체계가 확립되어 있어야 한다.

95 다음 괄호안의 알맞은 단어를 기재하시오.

(　　)은 일상의 취급 또는 보통 보존상태에서 외부로부터 고형의 이물이 들어가는 것을 방지하고 고형의 내용물이 손실되지 않도록 보호할 수 있는 용기

96 다음 괄호안의 알맞은 단어를 기재하시오.

혼합 · 소분 전 사용되는 내용물 또는 원료의 품질관리가 선행되어야 한다. 다만, 책임판매업자에게서 내용물과 원료를 모두 제공받는 경우 책임판매업자의 (　　)로 대체 가능하다.

97 다음 중 맞춤형화장품의 원료로 사용할 수 없는 원료를 모두 고르시오.

클로로아세타마이드, 피토스테롤, 메톡시에탄올, 잔탄검, 베타인

해설

사용금지 원료 : 클로로아세타마이드, 메톡시에탄올
기타 허용원료 : 피토스테롤, 잔탄검, 베타인

98 맞춤형화장품을 혼합 소분에 필요한 기구로 물과 기름을 유화시켜 안정한 상태로 유지하기 위해 분산상의 크기를 미세하게 해주는 기구는?

99 1차 포장을 수용하는 1개 또는 그 이상의 포장과 보호재 및 표시의 목적으로 첨부문서 등을 포함하는 것을 무엇이라 하는가?

100 일상의 취급 또는 보통 보존상태에서 액상 또는 고형의 이물 또는 수분이 침입하지 않고 내용물을 손실, 풍화, 조해 또는 증발로부터 보호할 수 있는 용기는?

정답 **91** 벤질알코올 **92** ㉠ 기능성화장품, ㉡ 보존제 **93** 침적마스크 **94** 선입선출 **95** 밀폐용기 **96** 품질검사 성적서 **97** 클로아세타마이드, 메톡시에탄올 **98** 호모믹서 **99** 2차 포장 **100** 기밀용기

Part 6

맞춤형화장품조제관리사 국가자격 시험 기출 복원문제

제1회(2020년 2월 22일 시행) 기출 복원문제

특별시험(2020년 8월 1일 시행) 기출 복원문제

제2회(2020년 10월 17일 시행) 기출 복원문제

제2회 예시문항 및 기출복원 추가문제

맞춤형화장품조제관리사 국가시험 기출문제

제1회(2020년 2월 22일 시행)

기출 복원문제

1 화장품법의 이해

1 화장품법에 따른 화장품의 정의가 올바르지 않은 것은?

① 인체를 청결 미화하여 매력을 더하고 용모를 밝게 변화시킨다.
② 피부모발의 건강을 유지 또는 증진하기 위해 인체에 바르고 문지르거나 뿌리는 물품
③ 인체에 대한 알러지 반응 등 부작용이 있으면 안 된다.
④ 약사법에 의한 의약품에 해당하는 물품은 제외한다.
⑤ 인체에 대한 작용이 경미한 것을 말한다.

해설

화장품이란?
① 인체를 청결 미화하여 매력을 더하고 용모를 밝게 변화
② 피부모발의 건강을 유지 또는 증진하기 위하여 인체에 바르고 문지르거나 뿌리는 등 이와 유사한 방법으로 사용되는 물품
③ 인체에 대한 작용이 경미한 것
④ 약사법 제2조 제4호의 의약품에 해당하는 물품은 제외

2 다음 과태료 부과기준이 다른 것은?

① 화장품에 의약품으로 잘 못 인식 할 우려가 있게 표시한 경우
② 책임판매관리자 및 맞춤형화장품 조제관리사는 화장품의 안전성 확보 및 품질관리에 대한 교육을 매년 받아야하는데 그 명령을 위반한 경우
③ 화장품의 생산실적, 수입실적, 화장품 원료의 목록 등을 보고하지 아니한 경우
④ 폐업 또는 휴업 등의 신고를 하지 아니한 경우
⑤ 화장품의 판매 가격을 표시하지 아니한 경우

해설

화장품법 제40조 (과태료), 화장품법 시행령 제 16조 별표2 (과태료의 부과기준)
〈1년이하의 징역 또는 1천만 원 이하의 벌금〉
화장품에 의약품으로 잘 못 인식 할 우려가 있게 표시한 경우
〈과태료 50만 원〉 ②~⑤
- 책임판매관리자 및 맞춤형화장품 조제관리사는 화장품의 안전성 확보 및 품질관리에 대한 교육을 매년 받아야하는데 그 명령을 위반한 경우
- 화장품의 생산실적, 수입실적, 화장품 원료의 목록 등을 보고하지 아니한 경우
- 폐업 또는 휴업 등의 신고를 하지 아니한 경우
- 화장품의 판매 가격을 표시하지 아니한 경우

3 맞춤형화장품판매업자의 결격사유에 해당하지 않는 것을 모두 고르시오.

㉠ 정신질환자
㉡ 피성년후견인 또는 파산선고를 받고 복권되지 아니한 자
㉢ 마약류의 중독자
㉣ 화장품법을 위반하여 금고 이상의 형을 선고받고 그 집행이 끝나지 아니한 자
㉤ 등록이 취소되거나 영업소가 폐쇄된 날로부터 1년이 지나지 아니한 자

① ㉡, ㉤ ② ㉡, ㉢
③ ㉠, ㉢ ④ ㉡, ㉣
⑤ ㉤, ㉣

해설

화장품법 제3조3항(결격사유)
〈화장품제조업만 해당〉 정신질환자, 마약류의 중독자

정답 1 ③ 2 ① 3 ③

4 **다음 중 화장품의 유형과 제품이 올바르게 연결된 것은?**

① 염모제 – 두발용
② 바디클렌저 – 세안용
③ 마스카라 – 색조화장용
④ 손발의 피부연화제품 – 기초화장용
⑤ 클렌징워터 – 인체세정용

해설

화장품법 시행규칙(별표3) 화장품 유형과 사용 시의 주의사항

5 **맞춤형화장품판매업의 준수사항이 아닌 것은?**

① 식약처에 원료목록보고를 매년 2월 말까지 하였다.
② 맞춤형화장품 조제관리사는 안전 품질관리 교육을 매년 꼬박꼬박 받았다.
③ 국가시험을 응시해 맞춤형화장품 조제관리사 자격증을 취득한 사람이 맞춤형화장품 소분 업무를 담당하였다.
④ 식약처에 보고서를 제출한 기능성화장품의 내용물을 소분해서 판매하였다.
⑤ 맞춤형화장품 조제관리사는 혼합한 내용물 및 원료에 대한 내용을 고객에게 상세히 설명하였다.

해설

원료목록보고는 화장품책임판매업자의 준수사항

6 **맞춤형화장품판매업자 등록의 취소 사항이 아닌 것은?**

① 맞춤형화장품판매업의 변경신고를 하지 아니한 경우
② 화장품의 포장 및 기재, 표시 사항을 훼손한 경우
③ 회수계획을 보고하지 아니하거나 거짓으로 보고한 경우
④ 의약품으로 잘못 인식할 우려가 있는 표시 또는 광고
⑤ 심사를 받지 아니하거나 보고서를 제출하지 아니한 기능성화장품을 판매한 경우

해설

화장품법 제 4장 제24조(등록의 취소 등)

7 **다음 중 화장품의 품질요소를 모두 고르시오.**

㉠ 판매성 ㉡ 안전성
㉢ 안정성 ㉣ 생산성
㉤ 사용성

① ㉠, ㉡, ㉢ ② ㉡, ㉢, ㉤
③ ㉡, ㉢, ㉣ ④ ㉡, ㉣, ㉤
⑤ ㉢, ㉣, ㉤

해설

화장품 품질요소
- 안전성 : 피부에 대한 자극이나 알러지 반응, 경구독성, 이물질 혼입 파손 등 독성이 없을 것
- 안정성 : 보관에 다른 변질, 변색, 변취, 미생물오염 등이 없을 것
- 유효성 : 피부의 적절한 보습, 자외선차단, 세정, 미백, 주름방지, 색채 등의 효과를 부여할 것
- 사용성 : 사용감, 사용의 편리성, 기호성이 있어야 할 것

8 **다음 중 화장품책임판매업자가 화장품으로 판매가 가능한 것은?**

① 맞춤형화장품조제관리사를 두지 아니하고 판매한 맞춤형화장품
② 의약품으로 잘못 인식할 우려가 있게 기재, 표시된 화장품
③ 판매의 목적이 아닌 제품의 홍보, 판매촉진 등을 위하여 미리 소비자가 시험, 사용하도록 제조 또는 수입된 화장품
④ 화장품 매장 직원이 화장품 내용물을 나누어 용기에 담은 화장품
⑤ 화장품 내용물의 표시사항을 훼손하여 새로 라벨을 붙인 맞춤형화장품

정답 4 ④ 5 ① 6 ② 7 ② 8 ⑤

해설

화장품법 제 3절 제16조 (판매 등의 금지)

9 **레티놀, 아스코빅에시드, 토코페롤, 과산화합물, 효소들이 0.5% 이상 함유하는 제품의 안정성 시험자료를 최종 제조된 제품의 사용기한이 만료되는 날부터 (　　)년간 보존해야 한다. 괄호 안에 맞는 것은?**

① 1년　　② 2년
③ 3년　　④ 4년
⑤ 5년

10 **화장품 원료 특성이 바르게 설명된 것은?**

① 알코올은 R-OH 화학식의 물질로 탄소수가 1~3개인 알코올에는 스테아릴 알코올이 있다.
② 고급지방산은 R-COOH화학식의 물질로 글라이콜릭애씨드가 해당된다.
③ 왁스는 고급지방산과 고급알코올의 에스테르 결합으로 구성되어 있고 팔미틱산이 해당된다.
④ 점증제는 에멀션의 안전성을 높이고 점도를 증가시키기 위해 사용되고 카보머가 해당된다.
⑤ 실리콘오일은 철, 질소로 구성되어 있고 퍼발림성이 우수하다. 디메치콘이 여기에 해당된다.

해설

① 알코올은 R-OH화학식의 물질로 탄소수가 1~3개인 알코올에는 메탄올, 에탄올, 프로판올이 있으며, 스테아릴 알코올은 탄소(C)수가 18개의 고급알코올이다.
② 고급지방산은 탄소(C)수가 10~18개, R-COOH 화학식의 물질로 스테아린산, 팔미틴산, 리놀산, 리놀렌산, 미리스틴산, 아라키돈산 등 있다. 글라이콜릭애씨드(Glycolic acid, AHA)는 물에 잘 녹는 수용성 필링제로 하이드록시 아세트산 계열 중 가장 분자량이 작고 탄소(C)수가 1개인 간단한 구조로 저급지방산
③ 왁스는 고급지방산과 고급알코올의 에스테르결합으로 구성되어있고 탄소(C)수가 20~30개이며 경납, 밀납, 라놀린, 카나우버왁스 등이 해당된다.
⑤ 실리콘오일은 메틸 또는 페닐기로 되어 있고 퍼발림성이 우수하다. 디메치콘(=다이메티콘), 사이클로펜타실록세인, 사이클로헥사실록세인 등이 여기에 해당된다.

11 **개인정보의 수집이 가능한 경우에 대한 설명으로 바르지 않는 것은?**

① 정보주체의 동의를 받을 경우
② 공공기관이 법령 등에서 정하는 소관업무의 수행을 위하여 불가피한 경우
③ 정보주체 또는 그 법정대리인이 의사표시를 할 수 없는 상태에 있거나 주소불명 등으로 사전 동의를 받을 수 없는 경우로서 명백히 정보주체 또는 제3자의 급박한 생명, 신체, 재산의 이익을 위하여 필요하다고 인정되는 경우
④ 법률에 특별한 규정이 있거나 법령상 의무를 준수하기 위하여 불가피한 경우
⑤ 정보주체의 정당한 이익을 달성하기 위하여 필요한 경우

해설

개인정보보호법에 근거한 고객정보의 수집 이용

정답 9 ① 10 ④ 11 ⑤

12 **다음 중 비타민의 연결이 바른 것을 모두 고르시오.**

> ㉠ 비타민 A – 판테놀
> ㉡ 비타민 C – 아스코르빅애씨드
> ㉢ 비타민 E – 토코페롤
> ㉣ 비타민 P – 비오틴
> ㉤ 비타민 B – 피리독신

① ㉠, ㉡, ㉢　　② ㉡, ㉢, ㉤
③ ㉠, ㉢, ㉣　　④ ㉡, ㉣, ㉤
⑤ ㉢, ㉣, ㉤

해설

비타민 A – 카로틴, 비타민 B1–티아민, B2 리보플라빈, B6 피리독신, B12 코발아민
비타민 H– 비오틴, 비타민 P–플라보노이드

13 **기능성화장품 심사의뢰 시 안전성에 관한 자료로 옳은 것은?**

① 다회 투여 독성시험 자료
② 2차 피부 자극시험 자료
③ 안 점막 자극 또는 그 밖의 점막 자극시험 자료
④ 인체적용시험자료
⑤ 자외선 차단지수 근거자료

해설

화장품시행규칙 제9조 (기능성화장품의 심사) 제1항 2호 : 안전성에 관한 자료
- 단회 투여 독성시험 / – 1차 피부 자극시험
- 안 점막 자극 또는 그 밖의 점막 자극시험 자료 / – 피부 감작성시험 자료
- 광독성 및 광감작성 시험 자료 / – 인체 첩보시험 자료

14 **유기농화장품의 설명으로 옳은 것은?**

① 유기농화장품은 석유화학 성분을 사용할 수 없다.
② 사용할 수 있는 허용 합성 원료는 3%이다.
③ 천연화장품 및 유기농화장품의 용기와 포장에 폴리스티렌폼을 사용할 수 있다.
④ 유기농 원료는 다른 원료와 함께 안전하게 보관하여야 한다.
⑤ 물, 미네랄 또는 미네랄 유래원료는 유기농화장품의 함량 비율 계산에 포함하지 않는다.

해설

천연화장품 및 유기농화장품의 기준에 관한 규정 제8조 3항

※ 유기농 함량 계산법 : 물, 미네랄 또는 미네랄유래 원료는 유기농 함량 비율 계산에 포함하지 않는다. 물은 제품에 직접 함유되거나 혼합 원료의 구성요소일 수 있다.

15 **천연화장품은 천연함량이 전체 제품에서 ( ) 이상으로 구성되어야 한다. 유기농화장품은 중량 기준으로 유기농 함량이 전체 제품에서 ( ) 이상이어야 하며, 유기농 함량을 포함한 천연함량이 전체 제품에서 ( ) 이상으로 구성되어야 한다.**

① 95%, 7%, 95%
② 97%, 7%, 97%
③ 95%, 10%, 95%
④ 97%, 10%, 95%
⑤ 95%, 10%, 97%

해설

천연화장품 및 유기농화장품의 기준에 관한 규정

정답 12 ② 13 ③ 14 ⑤ 15 ③

16 천연화장품에서 사용가능한 보존제로 옳은 것은?

① 디아졸리디닐우레아
② 소르빅애씨드 및 그 염류
③ 페녹시 에탄올
④ 디엠디엠하이단 토인
⑤ 소듐아이오데이트

해설

천연화장품 및 유기농화장품의 기준에 관한 규정
① 디아졸리디닐우레아 : 살균보존제, 포름알데하이드 방출, 접촉성 피부염의 주요원인
② 소르빅애씨드 및 그 염류 : 살균보존제 사용한도 0.6%, 장미과식물(로완나무) 추출물
③ 페녹시에탄올 : 보존제, 사용한도 1.0%, 파라벤과 함께 방부제로 사용, 피부자극유발
④ 디엠디엠하이단토인 : 살균보존제, 파라벤 다음으로 많이사용, 포름알데히드 방출성분
⑤ 소듐아이오데이트 : 산화제, 방부제, 사용후 씻어내는 제품에만 0.1%, 기타사용금지

〈참조〉
천연화장품 및 유기농화장품에서 허용합성원료 – 보존제
- 벤조익애씨드와 그 염류 (Benzoic acid and its salts)
- 벤질알코올(Benzyl alcohol)
- 살리실릭애씨드 및 그 염류 (Salicylic acid and its salts)
- 소르빅애씨드 및 그 염류 (Sorbic acid and its salts)
- 디하이드로아세틱애씨드 및 그 염류 (Dehydreacetic acid and its salts)
- 이소프로필알코올 (Isopropylalcohol)
- 테트라소듐글루타메이트디아세테이트 (Tetrasodium glutamate diacetate)

17 치오글라이콜릭애씨드 또는 그 염류를 주성분으로 하는 냉2욕식 퍼머넌트웨이브용 제품에 대한 내용으로 옳은 것은?

① 알칼리 : 0.1N염산의 소비량은 검체 7㎖에 대하여 1㎖이하
② pH : 4.5~9.6
③ 중금속 : 30㎍/g 이하
④ 비소 : 20㎍/g 이하
⑤ 철 : 5㎍/g 이하

해설

화장품 안전기준 등에 관한 규정 제6조 3호 8항

18 개인정보보호 원칙에 맞지 않는 것은?

① 개인정보의 처리 목적을 명확하게 하여야 하고 그 목적에 필요한 범위에서 최소한의 개인정보를 적법하고 정당하게 수집하여야 한다.
② 개인정보의 처리 목적에 필요한 범위에서 적합하게 개인정보를 처리하여야 하며, 그 목적 외의 용도로 활용되어서는 아니된다.
③ 개인정보의 처리 목적에 필요한 범위에서 개인정보의 정확성, 완전성 및 최신성이 보장되도록 하여야 한다.
④ 정보주체의 사생활 침해를 최소화하는 방법으로 개인정보를 처리하여야 한다.
⑤ 개인정보의 익명처리가 가능한 경우에도 실명에 의하여 처리될 수 있도록 하여야 한다.

해설

개인정보보호법에 근거한 고객정보보호 원칙

19 화장품에 사용되는 사용제한 원료 및 사용한도가 맞는 것은?

① 납: 점토를 사용한 분말제품 30㎍/g이하, 그 밖에 제품 20㎍/g이하
② 수은: 1㎍/g 이하
③ 코발트: 5㎍/g 이하
④ 구리 10㎍/g 이하
⑤ 디옥산 50㎍/g이하

해설

납: 50 ㎍/g이하 20㎍/g이하, 코발트, 구리는 포함되지 않음, 디옥산 100㎍/g이하

정답 16 ② 17 ② 18 ⑤ 19 ②

20 자외선차단제 성분의 한도가 옳은 것은?

① 호모살레이트 12%
② 징크옥사이드 20%
③ 에칠헥실살리실레이트 7.5%
④ 옥토크릴렌 10%
⑤ 시녹세이트 7%

해설

화장품에 사용되는 사용제한 원료 – 자외선차단제
①호모살레이트 10%, ② 징크옥사이드 25%, ③ 에칠헥실살리실레이트 5%, ④ 옥토크릴렌 10%, ⑤ 시녹세이트 5%

21 탈모 기능성 원료를 모두 고르시오.

〈보기〉
㉠ 비오틴
㉡ 클림바졸
㉢ 엘–멘톨
㉣ 징크피리치온
㉤ 드로메트리졸

① ㉠, ㉡, ㉢　② ㉠, ㉡, ㉣
③ ㉠, ㉢, ㉣　④ ㉡, ㉣, ㉤
⑤ ㉢, ㉣, ㉤

해설

탈모 기능성 원료 – 덱스판테놀, 비오틴, 엘–멘톨, 징크피리치온, 징크피리치온 액(50%)

22 화장품 사용 시 주의사항에 관한 내용으로 공통사항이 아닌 것은?

① 화장품 사용 후 직사광선에 의하여 사용부위가 붉은 반점, 부어오름 또는 가려움증 등의 이상 증상이나 부작용이 있는 경우 전문의 등과 상담할 것
② 상처가 있는 부위 등에는 사용을 자제할 것 직사광선을 피해서 보관할 것
③ 어린이의 손이 닿지 않는 곳에 보관할 것
④ 직사광선을 피해서 보관할 것
⑤ 눈에 들어갔을 때에는 즉시 씻어낼 것

해설

화장품 사용 시의 주의사항 – 공통사항
1) 화장품 사용 시 또는 사용 후 직사광선에 의하여 사용부위가 붉은 반점, 부어오름 또는 가려움증 등의 이상 증상이나 부작용이 있는 경우 전문의 등과 상담할 것
2) 상처가 있는 부위 등에는 사용을 자제할 것
3) 보관 및 취급 시의 주의사항 가) 어린이의 손이 닿지 않는 곳에 보관할 것
나) 직사광선을 피해서 보관할 것

23 화장품에 사용되는 원료 중 사용상의 제한이 필요한 원료에 대하여 사용기준이 지정, 고시된 원료는?

① 색소, 보존제, 유화제
② 보존제, 유화제, 자외선차단제
③ 보존제, 색소, 자외선차단제
④ 색소, 유화제, 자외선차단제
⑤ 색소, 자외선차단제, 산화제

해설

사용상의 제한이 필요한 원료

24 화장품 사용하기 전에 피부 알레르기의 우려로 간단하게 적용해 볼 수 있는 시험은?

① 인체 적용시험
② 1차 피부 자극시험
③ 단회 투여 독성시험
④ 인체 첩포시험
⑤ 피부 감작성시험

해설

안전성에 관한 자료
– 단회 투여 독성시험, – 1차 피부 자극시험, – 안 점막 자극 또는 그 밖의 점막 자극시험 자료
– 피부 감작성시험 자료, – 광독성 및 광감작성 시험 자료, – 인체 첩포시험 자료

정답 20 ④ 21 ③ 22 ⑤ 23 ③ 24 ④

25 다음 ( ) 안에 알맞은 단어를 순서대로 연결한 것은?

> 유해사례란 화장품의 사용 중 발생한 바람직하지 않고 의도되지 아니한 징후, 증상 또는 질병을 말한다. 중대한 유해사례란 사망을 초래하거나 생명을 위협하는 경우 또는 입원 또는 입원기간의 연장이 필요한 경우를 말한다, ( )는 이러한 화장품의 안정성 정보를 알게 되었을 때 그 정보를 알게 된 날로부터 ( ) 식품의약품안전처장에게 신속히 보고해야 한다.

① 화장품제조업자 – 즉시
② 화장품제조업자 – 15일 이내
③ 화장품책임판매업자 – 즉시
④ 화장품책임판매업자 – 15일 이내
⑤ 맞춤형화장품판매업자 – 즉시

해설

화장품 안전성 정보관리 규정

26 다음에서 설명하는 내용중 ( )에 바른 것은?

> 사용 후 씻어내는 제품에 알레르기 유발향료를 ( )초과 함유하는 경우에는 해당 성분의 명칭을 반드시 기재, 표시하여야 한다.

① 1%
② 0.1%
③ 0.01%
④ 0.001%
⑤ 0.0001%

해설

화장품 사용 시의 주의사항 및 알레르기 유발성분 표시에 관한 규정
사용 후 씻어내는 제품에는 0.01% 초과, 사용 후 씻어내지 않는 제품에는 0.001% 초과 함유하는 경우에 한한다.

27 다음 중 보존제의 사용한도로 옳은 것은?

① 클로페네신 0.2%
② 살리실릭애씨드 1.0%
③ 페녹시에탄올 1.0%
④ 디엠디엠하이단토인 0.2%
⑤ 징크피리치온 1.0%

해설

화장품에 사용되는 사용제한 원료 – 보존제 함량
- 클로페네신 0.3%
- 살리실릭애씨드 0.5% (여드름 완화)
- 페녹시에탄올 1.0%
- 디엠디엠하이단토인 0.6%
- 징크피리치온 0.5% (징크피리치온 1.0%(비듬, 가려움증치료 샴푸, 린스에 한하여 1.0%적용, 보통 씻어내는 제품에만 사용제한 0.5%, 기타사용금지)

28 화장품의 문제발생 시 회수 대상 화장품의 기준으로 틀린 것은?

① 안전용기 포장기준에 위반되는 화장품
② 전부 혹은 일부가 변폐된 화장품 또는 병원미생물에 오염된 화장품
③ 이물질 혼입되었거나 부착된 화장품 중 보건 위생상 위해를 발생할 우려가 있는 화장품
④ 화장품에 사용할 수 없는 원료를 사용한 화장품
⑤ 화장품제조업자로 등록 한 자가 제조한 화장품 또는 제조, 수입하여 유통 판매한 화장품

해설

화장품법 시행규칙 제14조의2(회수 대상 화장품의 기준)
화장품제조업자로 등록을 하지 아니한 자가 제조한 화장품 또는 제조, 수입하여 유통 판매한 화장품

정답 25 ④ 26 ③ 27 ③ 28 ⑤

29 다음 중 청정도 작업실과 관리기준이 바른 것은?

① 제조실 - 낙하균 10개/hr 또는 부유균 20개/㎥
② 칭량실 - 낙하균 10개/hr 또는 부유균 20개/㎥
③ 충전실 - 낙하균 30개/hr 또는 부유균 200개/㎥
④ 포장실 - 낙하균 30개/hr 또는 부유균 200개/㎥
⑤ 원료보관실 - 낙하균 30개/hr 또는 부유균 200개/㎥

해설

작업장의 위생기준
- 청정도 1등급 : Clean bench - 낙하균 10개/hr 또는 부유균 20개/㎥
- 청정도 2등급 ; 제조실, 성형실, 충전실, 내용물보관소, 원료칭량실, 미생물시험실

- 낙하균 30개/hr 또는 부유균 200개/㎥

30 퍼머넌트 웨이브 제품 및 헤어스트레이트너 제품의 사용상 주의사항으로 옳은 것은?

① 두피, 얼굴, 눈, 목, 손 등에 약액이 묻지 않도록 유의하고 얼굴 등에 약액이 묻었을 때에는 즉시 비누로 씻어낼 것
② 섭씨 10도 이하의 어두운 장소에 보존하고 색이 변하거나 침전된 경우에는 사용하지 말 것
③ 개봉한 제품은 하루 안에 사용할 것
④ 머리카락의 손상 등을 피하기 위하여 용법 용량을 지켜야 하며 가능하면 일부에 시험적으로 사용하여 볼 것
⑤ 제2단계 퍼머액 중 그 주성분이 과산화수소인 제품은 검은 머리카락이 흰색으로 변할 수 있으므로 유의하여 사용할 것

해설

유통화장품의 안전관리 기준
퍼머넌트 웨이브 제품 및 헤어스트레이트너 제품 사용상 주의사항

가) 두피 · 얼굴 · 눈 · 목 · 손 등에 약액이 묻지 않도록 유의하고, 얼굴 등에 약액이 묻었을 때에는 즉시 물로 씻어낼 것
나) 특이체질, 생리 또는 출산 전후이거나 질환이 있는 사람 등은 사용을 피할 것
다) 머리카락의 손상 등을 피하기 위하여 용법 · 용량을 지켜야 하며, 가능하면 일부에 시험적으로 사용하여 볼 것
라) 섭씨 15도 이하의 어두운 장소에 보존하고, 색이 변하거나 침전된 경우에는 사용하지 말 것
마) 개봉한 제품은 7일 이내에 사용할 것(에어로졸 제품이나 사용 중 공기유입이 차단되는 용기는 표시하지 아니한다)
바) 제2단계 퍼머액 중 그 주성분이 과산화수소인 제품은 검은 머리카락이 갈색으로 변할 수 있으므로 유의하여 사용할 것

31 유통화장품의 안전관리 기준에 따라 화장품과 미생물 한도가 바르게 연결된 것은?

① 수분크림 - 총호기성생균수 500개/g(㎖) 이하
② 마스카라 - 총호기성생균수 1, 000개/g(㎖) 이하
③ 베이비로션 - 총호기성생균수 500개/g(㎖) 이하
④ 물휴지 - 진균수 50개/g(㎖) 이하
⑤ 스킨 - 총 호기성생균수 500개/g(㎖) 이하

해설

화장품 안전기준 등에 관한 규정 -제4장 제6조 (유통화장품의 안전관리 기준) 4항

미생물 한도 : 1. 총호기성생균수는 영 · 유아용 제품류 및 눈화장용 제품류의 경우 500개/g(㎖) 이하

2. 물휴지의 경우 세균 및 진균수는 각각 100개/g(㎖) 이하
3. 기타 화장품의 경우 1, 000/g(㎖) 이하

정답 29 ③ 30 ④ 31 ③

32 **유통화장품의 안전관리 기준에 해당하지 않는 것은?**

① 수은 검출치 1㎍/g 이하여야 한다.
② 최소 3개의 샘플로 내용량을 시험한다.
③ 영. 유아용 제품의 경우 총호기성생균수는 500개/g(㎖) 이하여야 한다.
④ 물휴지의 경우 세균 및 진균수는 각각 100개/g(㎖) 이하여야 한다.
⑤ 영 · 유아용 샴푸의 pH 기준은 3.0 ~ 9.0이다.

해설

화장품 안전기준 등에 관한 규정
-제4장 제6조 (유통화장품의 안전관리 기준) 4항, 5항, 6항

33 **비중이 0.8 일 때 300㎖ 채운다면 (100% 채움)중량은 얼마인가?**

① 240　　② 260
③ 300　　④ 360
⑤ 375

해설

비중이란? 물질의 중량과 이와 동등한 체적의 표준물질과 중량의 비를 말한다.(단위는없음)
비중은 물이 기준이 되어 적용되는 것이다. 따라서 비중 0.8은 물보다 0.8배 무겁다는 것으로 본다.
〈기본식〉
• 밀도=질량/부피,
• 비중= 물체의 밀도/물의 밀도
• 밀도= 질량/300 대입

$$0.8=\frac{\text{물체의 밀도}}{\text{물의 밀도}}=\frac{(\text{질량}/300)}{100\%}$$

$$0.8=\frac{\text{질량}/300}{1}$$

0.8=질량/300, 질량=0.8×300=240

34 **화장비누 내용량 기준에 맞지 않는 것은?**

① 제품 3개를 가지고 시험할 때 그 평균 내용량이 표기량에 대하여 97% 이상이여야 한다.
② 화장비누의 경우 건조중량을 내용량으로 한다.
③ 화장비누의 경우 내용량을 표기할 때 수분중량과 건조중량을 함께 기재 표시해야 한다.
④ 제품 3개를 가지고 시험할 때 평균 내용량이 미치지 못할 시 6개를 더 취하여 시험한다.
⑤ 제품 3개를 가지고 시험할 때 그 평균 내용량이 표기량에 대하여 95% 이상이어야 한다.

해설

화장품 안전기준 등에 관한 규정 -제4장 제6조 (유통화장품의 안전관리 기준) 5항
- 제품3개를 가지고 시험할 때 그 평균 내용량이 표기량에 대하여 97% 이상이어야 한다.

35 **유통화장품의 안전관리에서 pH기준이 3.0~9.0 이하이어야 하는 화장품을 모두 고르시오.**

〈보기〉

㉠ 영 · 유아 샴푸	㉡ 클렌징오일
㉢ 바디로션	㉣ 쉐이빙폼
㉤ 헤어젤	㉥ 염모제

① ㉠, ㉡　　② ㉡, ㉣
③ ㉠, ㉢　　④ ㉣, ㉤
⑤ ㉢, ㉤

해설

유통화장품의 안전관리 기준 (물로 씻어내는 제품 제외)

정답 32 ⑤　33 ①　34 ⑤　35 ⑤

36 화장품 표시, 광고 시 준수사항으로 맞지 않는 것은?

① 배타성을 띤 "최상" 등의 절대적 표현의 표시, 광고를 하지 말 것
② 의사가 이를 지정, 공인, 추천, 지도, 연구, 개발 또는 사용하고 있다는 내용이나 이를 암시하는 등의 표시, 광고를 하지 말 것
③ 유기농화장품이 아님에도 불구하고 유기농화장품으로 잘못 인식할 우려가 있는 표시, 광고를 하지 말 것
④ 경쟁상품과 비교하는 표시, 광고는 하지 말 것
⑤ 국제적 멸종위기종의 가공품이 함유된 화장품임을 표현하거나 암시하는 표시, 광고를 하지 말 것

해설

화장장품법 제13조 별표5 (화장품 표시, 광고의 범위 및 준수사항)
④ 경쟁상품과 비교하는 표시, 광고를 할 경우 비교대상 및 기준을 분명히 밝히고 객관적인 사항 만 표시 광고

37 화장품이 제조된 날로부터 적절한 보관상태에서 제품이 고유의 특성을 간직한 채 소비자가 안정적으로 사용할 수 있는 최소한의 기한을 무엇이라 하는가?

① 유통기한 ② 사용기한
③ 제조기한 ④ 보관기한
⑤ 판매기한

38 화장품에 사용되는 사용제한 원료 및 사용한도가 맞는 것은?

① 납: 점토를 사용한 분말제품 30㎍/g이하, 그 밖에 제품 20㎍/g이하
② 수은: 1㎍/g 이하
③ 코발트: 5㎍/g 이하
④ 구리 10㎍/g 이하
⑤ 디옥산 50㎍/g이하

해설

납: 50 ㎍/g이하 20㎍/g이하, 코발트, 구리는 포함되지 않음, 디옥산 100㎍/g이하

39 다음 중 기능성 화장품 원료에 속하지 않는 것은?

① 옥토크릴렌
② 이산화티타늄
③ p-니트로-o-페닐렌다아민
④ 나이아신아마이드
⑤ 레티놀

해설

③ p-니트로-o-페닐렌다아민 ; 염모제, 일시적으로 모발의 색상을 변화시키는 제품은 기능성 화장품에서 제외 ① 옥토크릴렌 ② 이산화티타늄 : 자외선자단성분 ④ 나이아신아마이드 : 미백성분 ⑤ 레티놀 : 주름개선성분

40 우수화장품 제조 및 품질관리를 위해 직원 위생관리로 옳은 것은?

① 신규 직원에 대하여 위생교육을 실시하며, 기존 직원은 정기적으로 교육을 실시하지 않아도 된다.
② 제품 품질과 안전성에 악영향을 미칠지도 모르는 건강 조건을 가진 직원은 포장업무는 가능하다.
③ 방문객은 화장품 제조, 관리, 보관을 실시하고 있는 구역으로 출입이 가능하나 직원이 반드시 동행해야 하며 직원 동행 시 방문 기록은 남기지 않아도 된다.
④ 명백한 질병 또는 노출된 피부에 상처가 있는 직원은 증상이 회복되거나 의사가 제품 품질에 영향을 끼치지 않을 것이라고 진단할 때까지 출근해서는 안 된다.
⑤ 방문객과 훈련 받지 않은 직원은 제조, 관리 및 보관구역에 안내자 없이는 접근이 허용되지 않는다.

정답 36 ④ 37 ② 38 ② 39 ③ 40 ⑤

해설

우수화장품 제조 및 품질관리기준 제5조, 6조 직원의 위생 기준

④ 출근해서는 안 된다.(×) → 화장품과 직접적으로 접촉되지 않도록 격리되어야 한다.

41 재검토작업을 위해 검체보관으로 적절하지 않는 것은?

① 보관용 검체를 보관하는 목적은 제품의 사용 중에 발생할지도 모르는 재검토작업에 대비하기 위해서이다.
② 제품이 가장 안정한 조건에서 보관한다.
③ 각 뱃치를 대표하는 검체를 보관한다.
④ 각 뱃치별로 제품 시험을 3번 실시할 수 있는 양을 보관한다.
⑤ 사용기한 경과 후 1년간 또는 개봉 후 사용기간을 기재하는 경우에는 제조일로부터 3년간 보관한다.

해설

보관중인 원료 및 내용물 출고 기준

- 완제품 보관 검체의 주요 사항 : 각 뱃치별로 제품 시험을 2번 실시할 수 있는 양을 보관한다.

42 〈보기〉는 제품의 입고, 보관, 출하단계이다, 괄호에 적합한 것을 순서대로 나열한 것은?

〈보기〉

1) 포장공정
2) ( )
3) 임시보관
4) 제품시험 합격
5) 합격라벨 부착
6) ( )
7) 출하

① 적합 라벨 부착, 보관
② 시험중 라벨 부착, 격리보관
③ 입고 라벨 부착, 보관
④ 적합 라벨 부착, 격리보관
⑤ 시험중 라벨 부착, 보관

해설

보관 중인 원료 및 내용물 출고기준 – 제품의 입고, 보관, 출하단계

43 포장재의 보관방법에 대하여 올바르게 설명한 것은?

① 제품을 정확히 식별하고 혼동의 위험을 없애기 위해 제품 정보를 확인할 수 있는 표시를 부착하였는지 확인한다.
② 입고된 포장재에는 제조 번호가 반드시 부착되어야 한다.
③ 원료는 원자재, 시험 중인 제품 및 부적합품을 각각 구획된 장소에서 보관하여야 하나 포장재는 그러하지 아니할 수 있다.
④ 출고는 선입 선출 방식으로 하되 관리자의 지도에 따라 그러하지 아니할 수 있다.
⑤ 포장재가 재포장될 때 새로운 용기에는 새로운 라벨링이 부착되어야 한다.

해설

입고된 포장재 관리기준

- 포장재에는 제조번호가 없을 시 관리번호를 붙인다.
- 입고된 포장재는 적합, 부적합, 검사 중 등의 상태 표시를 하여 불량품이 제품의 포장 에 사용되는 것을 막는다.

44 원자재 용기에 필수적인 기재사항이 아닌 것은?

① 공급자가 부여한 제조번호 또는 관리번호
② 원자재 공급자명
③ 원자재 공급자가 정한 제품명
④ 수령일자
⑤ 원자재 제조일자

해설

내용물 및 원료의 입고 기준 : 원자재 용기 및 시험기록서의 필수적인 기재사항

정답 41 ④ 42 ⑤ 43 ① 44 ⑤

45 다음 〈보기〉는 우수화장품 제조 및 품질관리 기준에서 기준일탈 제품의 처리 순서를 나열한 것이다. 괄호 안에 들어갈 단어를 순서대로 나열한 것은?

〈보기〉
1) 시험, 검사, 측정에서 기준 일탈 결과 나옴
2) (　　)
3) 시험, 검사, 측정이 틀림없음 확인
4) (　　)
5) 기준일탈 제품에 불합격라벨 첨부
6) (　　)
7) 폐기처분 또는 재작업 또는 반품

① 기준일탈 처리, 기준일탈 조사, 격리 보관
② 기준일탈 조사, 기준일탈 처리, 격리 보관
③ 기준일탈 조사, 격리 보관, 기준일탈 처리
④ 격리 보관, 기준일탈 조사, 기준일탈 처리
⑤ 시험규격설정, 격리 보관, 기준일탈 처리

해설

우수화장품 제조 및 품질관리 기준
기준일탈 제품의 처리 순서

46 안전용기를 사용해야하는 품목으로 바르지 않은 것은?

① 안전용기 · 포장은 성인이 개봉하기는 어렵지 아니하나 만 5세 미만의 어린이가 개봉하기는 어렵게 된 것이어야 한다.
② 어린이용 오일 등 개별포장 당 탄화수소류를 10퍼센트 이상 함유하고 운동점도가 21센티스톡스(섭씨 40도 기준) 이하인 비에멀젼 타입이 액체상태의 제품은 안전용기 · 포장 대상이다.
③ 맞춤형화장품판매업자는 화장품을 판매할 때에는 어린이가 화장품을 잘못 사용하여 인체에 위해를 끼치는 사고가 발생하지 아니하도록 안전용기 · 포장을 사용하여야 한다.
④ 개별포장 당 메틸 살리실레이트를 5퍼센트 이상 함유하는 액체상태의 제품은 안전용기, 포장 대상이다.
⑤ 아세톤을 0.1% 함유하는 네일 에나멜 리무버 및 네일 폴리시 리무버는 안전용기, 포장 대상이 아니다.

해설

제품에 맞는 충진 방법
– 안전용기, 포장 대상 품목 및 기준

47 화장품 표시사항에 대한 설명으로 맞지 않는 것은?

① 영유아는 만3세 이하를 말하고 어린이는 만4세 이상에서 만 13세 이하를 말한다.
② 10㎖ 초과 50㎖ 이하인 소용량인 화장품은 1차 포장에 전성분 생략이 가능하다.
③ 인체에 무해한 소량 함유 성분 등 총리령으로 정하는 성분은 제외한다.
④ 화장품에 천연 또는 유기농으로 표시, 광고하려는 경우에도 전성분만 기재, 표시할 것
⑤ 한글로 읽기 쉽도록 기재, 표시할 것. 다만 한자 또는 외국어를 함께 적을 수 있고 수출용 제품 등의 경우에는 그 수출 대상국의 언어로 적을 수 있다.

해설

맞춤형화장품 표시 사항
– 화장품 제조에 사용된 모든 성분기재

48 다음 중 각질층에 존재하는 것은?

① 지방산, 피지선, 케라틴
② 모근, 피지선, 땀샘
③ 케라틴, 머켈세포, 지방산
④ 섬유아세포, 천연보습인자, 케라틴
⑤ 케라틴, 콜레스테롤, 지방산

해설

4장 피부의 생리구조

정답 45 ② 46 ⑤ 47 ④ 48 ⑤

49 위해성 등급이 다른 경우를 고르시오.

① 포름알데하이드 2,000ppm 이상인 화장품
② 미생물에 오염된 화장품
③ 맞춤형화장품판매업 미신고자가 맞춤형화장품을 판매한 경우
④ 이물질이 들어있는 화장품
⑤ 의약품으로 오인할 수 있는 화장품

해설

② ③ ④ ⑤ – 위해성 등급 '다'등급
포름알데하이드 2, 000ppm 이상인 화장품 – 위해성 등급 '나'등급

50 맞춤형화장품조제관리사의 자격으로 옳은 것은?

① 4년제 이공계학과, 향장학, 화장품과학, 한의학, 한약학과 전공자
② 맞춤형화장품의 혼합 또는 소분을 담당하는 자로서 식품의약품안전처장이 실시하는 자격시험에 합격한 자
③ 의사 또는 약사
④ 전문대학 화장품 관련학과를 전공하고 화장품 제조 또는 품질관리 업무에 1년 경력자
⑤ 전문 교육과정을 이수한 사람

해설

화장품법 시행규칙 제8조
– 책임판매관리자의 자격기준 ①③④⑤

51 맞춤형화장품조제관리사가 사용할 수 있는 원료는?

① 징크피리치온
② 세틸에틸헥사노에이트
③ 시녹세이트
④ 트리클로산
⑤ 호모살레이트

해설

세틸에틸헥사노에이트(에스터 물질, 유연제) 사용가능
※ 배합한도 및 금지원료
징크피리치온(보존제 0.5%제한, 기타사용금지)
시녹세이트(자외선차단성분 5%제한),
트리클로산(살균보존제, 사용후 씻어내는 제품 0.3%, 기타사용금지),
호모살레이트(자외선 차단제 10%제한)

52 소라는 맞춤형화장품조제관리사이다. 고객과 소라는 다음과 같은 대화를 나누었다. 고객에게 필요한 성분이 함유된 두 가지 정도의 제품을 추천한다면 어떤 것을 선택할까요?

〈대화〉

고객 : 겨울에 건조해서 그런지 얼굴에 잔주름이 생기고 수분이 없고 탄력이 떨어지는군요.
소라 : 아, 그래요? 피부 측정기로 측정을 해 드릴께요. 이쪽으로 앉으시죠.
소라 : 지금 보니 피부 탄력도가 나이에 비해 15% 가량 낮고 주름은 20% 가량 깊어 수분 보충제와 주름 개선 화장품을 추천해 드릴께요.
고객 : 그럼 어떤 성분들이 들어간 제품을 추천해 주시겠어요?

〈보기〉

㉠ 에칠아스코빌에텔 함유제품
㉡ 레티놀 함유제품
㉢ 히알루론산
㉣ 아데노신 함유제품
㉤ 나이아신아마이드 함유제품

① ㉠, ㉡　② ㉠, ㉢
③ ㉡, ㉣　④ ㉢, ㉣
⑤ ㉢, ㉤

정답 49 ① 50 ② 51 ② 52 ④

해설

배합한도 및 금지원료 중에서 기능성 화장품 원료
- 주름개선 기능성 원료 : 레티놀, 아데노신,
- 미백 기능성 원료 : 에칠아스코빌에텔, 나이아신아마이드

53 맞춤형화장품조제관리사가 피부 주름으로 고민하는 고객에게 설명하는 내용으로 옳은 것은?

① 아데노신을 두 배로 넣어서 효능이 더 좋습니다.
② 사용하시다가 주름개선에 효과가 없다면 레티놀을 더 추가해 드리겠습니다.
③ 닥나무추출물을 함유 제품에 알로에베라겔을 추가한 제품이라 도움이 되실 겁니다.
④ 아데노신 함유 제품에 알로에베라겔을 추가한 제품이라 도움이 되실 겁니다.
⑤ 나이아신아마이드 함유 제품에 히알루론산을 추가한 제품이라 도움이 되실 겁니다.

해설

배합한도 및 금지원료 중에서
- 주름개선 : 레티놀, 레티닐팔미테이트, 아데노신, 메디민A(폴리에톡실레이티틴아마이드)

54 맞춤형화장품에 혼합 가능한 기기로 옳은 것은?

① 분쇄기
② 호모게나이저
③ 성형기
④ 충진기
⑤ 냉각기

해설

혼합, 소분에 필요한 기구 사용
- 혼합 : 교반기(아지믹서, 호모믹서)

55 맞춤형화장품조제관리사가 판매 가능한 경우를 모두 고르시오.

〈보기〉

㉠ 200㎖ 향수를 30㎖로 소분해서 판매하였다.
㉡ 화장품책임판매업자로부터 받은 썬크림에 티타늄디옥사이드를 추가해서 판매하였다.
㉢ 일반화장품을 판매하였다.
㉣ 화장품책임판매업자로부터 받은 로션에 레티놀을 추가해서 판매하였다.
㉤ 화장품책임판매업자로부터 기능성화장품 심사받은 내용물에 기능성원료를 추가해서 판매하였다.

① ㉠, ㉡　　② ㉠, ㉢
③ ㉡, ㉢　　④ ㉡, ㉣
⑤ ㉢, ㉣

해설

배합한도 제한 및 금지원료 사용불가 : 보존제, 자외선 차단제, 기능성 원료

56 여드름성 피부를 완화하기 위한 성분으로 옳은 것은?

① 벤조페논- 5%
② 살리실릭에시드 0.5%
③ 니아신아마이드 2%
④ 아데노신 0.04%
⑤ 프로피오닉애시드 2%

해설

① 벤조페논- 5% (자외선차단성분)
③ 니아신아마이드 2~5% (미백성분)
④ 아데노신 0.04% (주름개선 성분)
⑤ 프로피오닉애시드 0.9% (보존제 성분)

정답 53 ④ 54 ② 55 ② 56 ②

57 반제품에 대한 설명으로 올바른 것은?

① 제품공정이 다 된 것으로 1차 포장으로 마무리할 수 있다.

② 보관기간은 최대 3개월이다.

③ 보관 1개월이 지났어도 재사용은 무관하다.

④ 벌크상태로 제조공정단계에 있는 것을 말한다.

⑤ 적합판정기준을 벗어난 완제품을 말한다.

해설

반제품이란? 제조공정단계에 있는 것으로 필요한 제조공정을 더 거쳐야하는 벌크제품을 말한다. 벌크보관실에 보관하고, 보관기간은 최대 6개월이며 보관기간 1개월 이상 경과 시 사용 전 검사의뢰하여 적합 판정된 반제품만 사용한다.

58 자외선 차단제의 성분 중 올바른 것은?

① 벤질알코올 1.0%, 벤조페논-9 3%

② 클로로펜 0.05%, 옥토크릴렌 10%

③ 징크옥사이드 15%, 티타늄옥사이드 25%

④ 이산화아연 25%, 이산화티타늄 25%

⑤ 에칠헥실메톡시신나메이트 6%, 벤조페논 5%

해설

자외선차단제 – 이산화아연 25%, 이산화티타늄 25%

59 완제품의 보관용 검체를 보관하는 것에 대해 올바로 설명한 것은?

① 완제품 보관용 검체는 구분되지 않도록 채취하고 보관한다.

② 제조단위별로 사용기한 경과 후 1년간 보관한다.

③ 벌크의 보관은 3개월 간 한다.

④ 개봉 후 사용기간을 기재하는 경우에는 제조일로부터 1년간 보관한다.

⑤ 채취한 검체는 원상태로 포장하여 완제품 보관소에 함께 보관한다.

해설

완제품의 보관용 검체는 적절한 보관조건 하에 지정된 구역 내에서 제조단위별로 사용기한 경과 후 1년간 보관하여야 한다. 다만, 개봉 후 사용기간을 기재하는 경우에는 제조일로부터 3년간 보관하여야 한다.

60 화장품의 물리적 변화로 볼 수 있는 것은?

① 내용물의 색상이 변했을 때

② 내용물에서 불쾌한 냄새가 날 때

③ 내용물의 층이 분리되었을 때

④ 내용물에 결정이 발생하였을 때

⑤ 내용물에 곰팡이가 피었을 때

해설

물리적 변화 – 분리, 침전, 응집, 발한, 겔화, 증발, 고화, 연화
화학적 변화 – 변색, 퇴색, 변취, 오염, 결정

61 영업 등록의 취소사항이 아닌 것은?

① 맞춤형화장품판매업의 변경신고를 하지 아니한 경우

② 화장품의 포장 및 기재 표시 사항을 훼손한 경우

③ 회수계획을 보고하지 아니하거나 거짓으로 보고한 경우

④ 심사를 받지 아니하거나 보고서를 제출하지 아니한 기능성화장품을 판매한 경우

⑤ 의약품으로 잘 못 인식할 우려가 있는 표시 또는 광고

해설

화장품의 안정용기 포장에 관한 기준을 위반한 경우

정답 57 ④ 58 ④ 59 ② 60 ③ 61 ②

62 기능성과 그 원료가 바르게 연결된 것은?

① 탈모 : 비오틴, 클림바졸
② 미백 : 메칠아스코빌에텔, 아데노신
③ 제모제 : 살리실릭애씨드
④ 자외선차단 : 시녹세이트, 에칠헥실트리아존
⑤ 주름 : 나이아신아마이드, 레티놀

해설

- 탈모 – 덱스판테놀, 비오틴, 엘–멘톨(L–mentol), 징크피리치온 1%
- 미백 – 닥나무 추출물(2%), 나이아신아마이드, 알부틴(2~5%), 에칠아스코빌에텔(1~2%), 아스코빌글루코사이드(2%), 유용성감초추출물 (0.05%), 알파 비사보롤 (0.5%)
- 제모제 – 치오글리콜산 80% (치오글리콜산으로서 3.0~4.5%)
- 자외선차단제 – 4–메칠벤질리덴캠퍼, 벤조페논–3, 벤조페논–4, 벤조페논–8, 드로매트리졸, 시녹세이트, 에칠헥실트리아존, 호모살레이트, 에칠헥실살리실레 이트, 옥토크릴렌, 징크옥사이드, 티타늄디옥사이드
- 주름 – 레티놀, 아데노신, 0.04%, 레티닐팔미테이트, 폴리에톡실레이티드레틴아마이드

63 기능성화장품의 심사의뢰 시 제출서류로 적합하지 않는 것은?

① 유효성 또는 기능에 관한 자료
② 안전성에 관한 자료
③ 기준 및 시험방법에 관한 자료
④ 기원 및 개발 경위에 관한 자료
⑤ 2차 피부자극시험 자료

해설

1. 기원 및 개발경위에 관한 자료
2. 안전성에 관한 자료
   - 단회 투여 독성시험자료,
   - 1차 피부자극시험 자료
   - 안점막 자극 또는 그 밖의 점막자극 시험자료
   - 피부감작성시험 자료
   - 광독성 및 광감작성 시험 자료
   - 인체 첩보 시험 자료
3. 유효성 또는 기능에 관한 자료 – 효력시험자료, 인체적용시험자료
4. 자외선 차단지수 및 자외선A차단등급 설정의근거자료 (자외선화장품의 경우만 해당)
5. 기준 및 시험방법에 관한 자료

64 화장품에 사용할 수 없는 원료는?

① 벤질코늄클로라이드
② 메칠이소치아졸리논
③ 페닐파라벤
④ 우레아
⑤ 톨루엔

해설

사용금지 원료– 페닐파라벤
사용제한 원료 – 벤질코늄클로라이드, 메칠이소치아졸리논, 우레아, 톨루엔

65 화장품에 사용상의 제한이 있는 원료는?

① HICC
② 클로로아트라놀
③ 메틸렌글라이콜
④ 비타민 E
⑤ 천수국꽃추출물

해설

사용제한 원료 : 비티민 E (토코페롤) 20%
사용금지 원료 : HICC, 클로로아트라놀, 메틸렌글라이콜, 천수국꽃추출물

정답 62 ④ 63 ⑤ 64 ③ 65 ④

66 다음 중 ( )안에 들어갈 용어로 알맞은 것은?

> 식품의약품안전처장은 ( ), ( ), ( ) 등과 같이 특별히 사용상의 제한이 필요한 원료에 대하여는 그 사용기준을 지정하여 고시하여야하며, 사용기준이 지정 고시된 원료 외에는 사용할 수 없다. 식품의약품안전처장은 국내외에서 유해물질이 포함되어 있는 것으로 알려지는 등 국민보건 상 위해우려가 제기되는 화장품 원료 등의 경우에는 총리령으로 정하는 바에 따라 위해요소를 신속하게 평가하여 그 위해 여부를 결정해야 한다.

① 보존제, 색소, 자외선자단제
② 기능성 원료, 천연원료, 유기농원료
③ 보존제, 산화제, 유화제
④ 보존제, 유화제, 자외선차단제
⑤ 색소, 기능성 원료, 유화제

해설

사용제한 원료 – 보존제, 색소, 자외선자단제

67 기능성 화장품이 아닌 것은?

① 모발의 색상을 일시적으로 변화시키는 제품
② 피부에 침착된 멜라닌 색소의 색을 엷게 하여 피부의 미백에 도움을 주는 기능을 가진 화장품
③ 피부에 탄력을 주어 피부의 주름을 완화 또는 개선하는 기능을 가진 화장품
④ 강한 햇볕을 방지하여 피부를 곱게 태워주는 기능을 가진 화장품
⑤ 자외선을 차단 또는 산란시켜 자외선으로부터 피부를 보호하는 기능을 가진 화장품

해설

모발의 색상을 변화(탈염, 탈색 포함)시키는 기능을 가진 화장품은 기능성에 포함
단, 일시적으로 모발의 색상을 변화시키는 제품(헤어틴트, 컬러스프레이)은 제외

68 기능성 화장품 심사에서 유효성 심사에 필요한 자료로 옳은 것은?

① 단회 투여 독성시험자료
② 1차 피부 자극시험자료
③ 안점막 자극 또는 그 밖의 점막 자극시험자료
④ 인체적용시험자료
⑤ 인체 첩포시험자료

해설

기능성 화장품 심사시 유효성 또는 기능에 관한 자료
– 효력시험자료, 인체적용시험자료

69 회수대상 화장품의 설명으로 옳은 것은?

① 맞춤형화장품 조제관리사는 해당 화장품에 대하여 즉시 판매중지 등의 필요한 조치를 해야한다.
② 폐기를 한 회수의무자는 폐기확인서를 작성하여 2년간 보관하여야 한다.
③ 회수계획을 통보하여야 하며, 통보 사실을 입증할 수 있는 자료를 회수 종료일로부터 3년간 보관하여야 한다.
④ 화장품책임판매업자는 회수대상화장품이라는 사실을 안 날부터 15일이내에 회수계획서에 서류를 첨부하여 지방식품의약안전청장에게 제출한다.
⑤ 회수계획을 통보 받은 자는 회수대상 화장품을 회수의무자에게 반품하고, 회수확인서를 작성하여 식품의약품안전처장에게 송부하여야 한다.

해설

위해사례보고 참조
회수계획서 작성 – 회수계획 통보 – 회수확인서 작성 – 폐기신청서 제출 –회수종료신 고서 제출 – 회수 종료 통보
① 화장품제조업자 또는 화장품책임판매업자는 해당 화장품에 대하여 즉시 판매중지 등 의 필요한 조치를 해야 한다.

정답 66 ① 67 ① 68 ④ 69 ②

③ 회수계획을 통보하여야 하며, 통보 사실을 입증할 수 있는 자료를 회수 종료일로부터 2년간 보관하여야 한다.
④ 화장품책임판매업자는 회수대상화장품이라는 사실을 안 날부터 5일 이내에 회수계획서 에 서류를 첨부하여 지방식품의약안전청장에게 제출한다.
⑤ 회수계획을 통보 받은 자는 회수대상 화장품을 회수의무자에게 반품하고, 회수확인서 를 작성하여 회수의무자에게 송부하여야 한다.

70 유통화장품 안전관리 기준에서 납, 비소, 안티몬, 카드뮴의 공통적인 시험 방법을 고르시오.

① 디티존법
② 원자흡광도법
③ 유도플라즈마결합
④ 액체크로마토그래프법
⑤ 유도결합플라즈마질량분석기

해설

유통화장품 안전관리 시험방법 정리
① 디티존법 : 납
② 원자흡광도법 : 납, 니켈, 비소, 안티몬, 카드뮴 정량
③ 기체(가스)크로마토그래피법 : 디옥산, 메탄올, 프탈레이트류(디부틸프탈레이트, 부틸벤질프탈레이트 및 디에칠헥실프탈레이트)
④ 유도결합 플라즈마 분광기법 : 납, 니켈, 비소, 안티몬,
⑤ 유도결합플라즈마–질량분석기 : 납, 비소,
⑥ 수은 분해장치, 수은분석기이용법 : 수은
⑦ 총 호기성 생균수 시험법, 한천평판도말법, 한천평판희석법, 특정세균시험법 등
: 미생물 한도 측정
⑧ 액체 크로마토그래피법 : 포름알데하이드

71 유통화장품의 안전관리기준에서 검사물질이 아닌 것은?

① 디옥산 ② 메탄올
③ 코발트 ④ 안티몬
⑤ 카드뮴

해설

코발트는 유통화장품의 안전관리기준에서 검사물질이 아님

72 유통화장품 안전관리 기준에서 점토를 원료로 사용한 분말제품은 50㎍/g 이하, 그 밖의 제품은 20㎍/g 이하여야하는 제한적인 물질은?

① 수은 ② 납
③ 카드뮴 ④ 비소
⑤ 니켈

해설

납 : 점토를 원료로 사용한 분말제품은 50㎍/g 이하, 그 밖의 제품은 20㎍/g 이하로 검출 제한물질
수은 : 1㎍/g 이하, 카드뮴 – 5㎍/g 이하,
비소 : 10㎍/g 이하, 디옥산 100㎍/g 이하,
니켈 : 눈화장용 제품 35㎍/g 이하
색조 화장품 30㎍/g 이하/그 외는 10㎍/g 이하

73 다음은 맞춤형화장품조제관리사가 책임판매업자로부터 받은 화장품의 품질성적서 내용이다. 조제관리사는 유해한 물질검출 확인시 반품요청을 해야 한다. 보기에서 유통화장품 안전관리 기준에 적합한 것을 고른 것은?

〈보기〉
㉠.디옥산 50㎍/g 검출
㉡.안티몬 20㎍/g 검출
㉢.비소 5㎍/g 검출
㉣.황색포도상구균 10개/g(㎖) 검출
㉤.대장균 불검출

① ㉠–㉡–㉢
② ㉠–㉢–㉣
③ ㉠–㉢–㉤
④ ㉡–㉢–㉣
⑤ ㉡–㉢–㉤

정답 70 ② 71 ③ 72 ② 73 ③

해설

유통화장품 안전관리 기준 불검출허용한도

1. 납 : 점토를 원료로 사용한 분말제품은 50㎍/g이하, 그 밖의 제품은 20㎍/g이하
2. 니켈: 눈 화장용 제품은 35㎍/g 이하, 색조 화장용 제품은 30㎍/g이하, 그 밖의 제품은 10㎍/g 이하
3. 비소 : 10㎍/g이하
4. 수은 : 1㎍/g이하
5. 안티몬 : 10㎍/g이하
6. 카드뮴 : 5㎍/g이하
7. 디옥산 : 100㎍/g이하
8. 메탄올 : 0.2(v/v)%이하, 물휴지는 0.002%(v/v)이하
9. 포름알데하이드 : 2000㎍/g이하, 물 휴지는 20㎍/g이하
10. 프탈레이트류(디부틸프탈레이트, 부틸벤질프탈레이트 및 디에칠헥실프탈레이트에 한함) : 총 합으로서 100㎍/g이하

미생물한도는 다음 각 호와 같다. ★★

1. 총호기성생균수는 영 · 유아용 제품류 및 눈화장용 제품류의 경우 500개/g(㎖)이하
2. 물휴지의 경우 세균 및 진균수는 각각 100개/g(㎖)이하
3. 기타 화장품의 경우 1, 000개/g(㎖)이하
4. 대장균(Escherichia Coli), 녹농균(Pseudomonas aeruginosa), 황색포도상구균(Staphylococcus aureus)은 불검출

74 기능성과 원료 및 그 원료에 대한 적정한 제한 함량이 바르게 연결된 것은?

① 미백 – 닥나무 추출물 2%
② 주름 – 레틴산 2, 500IU
③ 여드름 완화 – 살리실릭애씨드 0.05%
④ 주름 – 아데노신 0.4%
⑤ 탈모 – 징크피리치온 0.5%

해설

- 탈모 – 징크피리치온 1%
- 미백 – 닥나무 추출물(2%), 나이아신아마이드, 알부틴(2~5%),
- 주름 – 레티놀2, 500 IU, 아데노신, 0.04%
- 여드름 완화 – 살리실릭애씨드 0.5%

75 우수화장품 제조 및 품질관리를 위해 제조시설 위생관리로 옳은 것은?

① 작업의 능률을 높이기 위해 제조하는 화장품의 종류 제형에 관계없이 동일한 장소에서 교차오염 우려가 없을 것
② 환기가 잘되고 청결해야하며 외부와 연결된 창문은 열릴 수 있도록 할 것
③ 수세실과 화장실은 생산구역과 분리되어 있으며 교차오염이 없도록 최대한 먼 곳에 설치하도록 할 것
④ 작업소 전체에 적절한 조명을 설치하고 조명이 파손될 경우를 대비한 제품을 보호할 수 있는 처리절차를 마련할 것
⑤ 인동선과 물동선의 흐름경로가 교차오염의 우려가 없도록 적당히 설정하고 인동선을 우선으로 할 것

해설

- 제조하는 화장품의 종류 제형에 따라 구획, 구분하여 교차오염 방지할 것
- 외부와 연결된 창문은 가급적 열리지 않도록 함.
- 수세실과 화장실은 생산구역과 분리되어야 하나 접근성이 좋아야 함
- 인동선과 물동선의 흐름경로가 교차오염의 우려가 없도록 적당히 설정하고 물동선을 우선으로 할 것

76 빈칸에 알맞은 단어를 고르시오.

화장품의 물리적 변화로는 분리, 합일, (　　) 이(가) 있다.

① 가용화　　② 분산
③ 응집　　④ 유화
⑤ 다상유화

해설

- 응집 – 입자간의 부착으로 집합체가 형성
- 합일 – 두 개의 입자가 하나로 뭉침

정답 74 ① 75 ④ 76 ③

77 **진피층까지 투과하여 광노화를 일으키는 자외선의 파장으로 옳은 것은?**

① 300~400nm
② 400~500nm
③ 500~600nm
④ 600~700nm
⑤ 700~800nm

해설

UV A (320~400nm) 장시간 노출시 피부노화, 피부암, 백내장 유발

78 **다음은 자외선 차단 수치 계산법이다. 옳은 것은?**

자외선 차단 수치

$$(SPF) = \frac{\text{자외선차단제를 도포한 피부의 최소홍반 MED}}{\text{자외선차단제를 도포하지 않은 피부의 최소 홍반MED}}$$

① MED는 자외선 A에 영향을 받는다
② SPF는 UV A를 차단해 주는 정도를 말한다.
③ 최소 홍반량에 영향을 주는 것은 UV A이다
④ 최소 홍반량에 영향을 주는 것은 UV B이다.
⑤ 자외선 차단 수치는 1부터 50까지 있다.

해설

SPF는 UV B에 대한 홍반량을 계산하여 적용한 것임

79 **화장품 전성분 표시제로 옳은 것은?**

① 산성도 (pH)조절 목적으로 사용되는 성분은 그 성분을 표시하는 대신 중화반응에 따른 생성물로 기재 표시할 수 있고, 비누화반응을 거치는 성분은 비누화반응에 따른 생성물로 기재 · 표시할 수 있다.
② 화장품에 사용된 모든 재료를 기재 표시하지 않아도 된다.
③ 색조 화장용 제품류에서 호수별로 착색제가 다르게 사용된 경우 ± 또는 +/−의 표시 다음에 사용된 모든 착색제 성분을 각각 기재 표시할 수 있다.
④ 혼합원료는 혼합된 개별 성분을 기재 표시하지 않아도 된다.
⑤ 착향제는 모두 각 성분명으로 기재 표시하여야 한다.

해설

3. 화장품 제조에 사용된 성분
가. 글자의 크기는 5포인트 이상으로 한다.
나. 화장품 제조에 사용된 함량이 많은 것부터 기재 · 표시한다. 다만, 1퍼센트 이하로 사용된 성분, 착향제 또는 착색제는 순서에 상관없이 기재 · 표시할 수 있다.
다. 혼합원료는 혼합된 개별 성분의 명칭을 기재 · 표시한다.
라. 색조 화장용 제품류, 눈 화장용 제품류, 두발염색용 제품류 또는 손발톱용 제품류에서 호수별로 착색제가 다르게 사용된 경우 '± 또는 +/−'의 표시 다음에 사용된 모든 착색제 성분을 함께 기재 · 표시할 수 있다.
마. 착향제는 "향료"로 표시할 수 있다. 다만, 착향제의 구성 성분 중 식품의약품안전처장이 정하여 고시한 알레르기 유발성분이 있는 경우에는 향료로 표시할 수 없고, 해당 성분의 명칭을 기재 · 표시해야 한다.

80 **맞춤형화장품 조제관리사가 피부주름으로 고민하는 고객에게 설명하는 내용으로 옳은 것은?**

① 사용하다가 주름개선이 효과가 없다면 레티놀을 더 추가해 드릴께요
② 닥나무추출물 함유제품에 알로에베라겔을 추가한 제품이니 도움이 되실 겁니다.
③ 아데노신을 두 배로 넣어서 효과가 더 좋을 겁니다.
④ 아데노신 함유제품에 알로에베라겔을 추가한 제품이니 도움이 되실 겁니다.
⑤ 나이아신아마이드 함유제품에 히아루론산을 추가한 제품이라 도움이 되실 겁니다.

정답 77 ① 78 ④ 79 ① 80 ④

해설

배합제한 및 금지 원료 사용 불가능
- 주름 원료 : 아데노신, 레티놀 함유제품
- 미백 원료 : 닥나무추출물, 나이아신아마이드

81 **다음 괄호안에 들어갈 단어를 기재히시오.**

( )의 예 ; 소듐, 포타슘, 칼슘, 마그네슘, 암모늄, 에탄올아민, 클로라이드, 브로마이드, 설페이트, 아세테이트, 베타인 등
에스텔류 : 메칠, 에칠, 프로필, 이소프로필, 부틸, 이소부틸, 페닐

해설

[별표2] 화장품에 사용되는 사용제한 원료 내용참조

82 **화장품 판매업자는 영 · 유아 또는 어린이가 사용할 수 있는 화장품임을 표시 광고하려는 경우에 제품별로 안전과 품질을 입증할 수 있는 다음 각 호의 자료(이하 제품별 '안전성 자료'라 한다.)를 작성 보관해야 한다.**

1. 제품 및 제조방법에 대한 설명 자료
2. 화장품의 ( ) 평가 자료
3. 제품의 효능 효과에 대한 증명자료

해설

『화장품법 제4조의 2』 영유아 또는 어린이 사용 화장품의 관리 (시행 2020.1.16.)
- 2장 위해사례 보고 '참조'

83 **다음은 화장품 원료의 위해평가순서이다. 괄호 안에 들어갈 단어를 기재하시오.**

1) 위해요소의 인체 내 독성을 확인하는 위험성 확인과정
2) 위해요소의 인체노출 허용량을 산출하는 위험성 결정과정
3) 위해요소가 인체에 노출된 양을 산출하는 (㉠)과정

위의 3가지 결과를 종합하여 인체에 미치는 위해영향을 판단하는 (㉡)과정

해설

2장 화장품 원료의 위해평가 - 화장품 원료 위해평가 순서 '참조'

84 **(㉠)이란 (㉡)을 수용하는 1개 또는 그 이상의 포장과 보호재 및 표시의 목적으로 포장한 것을 말한다. 다음 괄호 안에 들어갈 단어를 기재하시오**

해설

3장 작업장의 위생기준 - 포장재 '참조'

85 **괄호 안에 들어갈 공통단어를 기재하시오.**

( )제품이란 충전이전의 제조단계까지 끝낸 제품을 말한다.
반제품이란 제조공정 단계에 있는 것으로서 필요한 제조공정 단계에 있는 것으로서 필요한 제조공정을 더 거쳐야 ( )제품이 되는 것을 말한다.
완제품이란 출하를 위해 제품의 포장 및 첨부문서에 표시공정 등을 포함한 모든 제조공정이 완료된 화장품을 말한다.
재작업이란 적합판정기준을 벗어난 완제품, ( )제품 또는 반제품을 재처리하여 품질이 적합한 제품 또는 반제품을 재처리하여 품질이 적합한 범위에 들어오도록 하는 작업을 말한다.

해설

3장 작업장의 위생기준 '참조'

86 **다음은 화장품 사용상 주의사항에 대한 내용이다. 아래에서 설명하는 성분명을 적으시오**

이 성분은 햇빛에 대한 피부의 감수성을 증가시킬 수 있으므로 자외선 차단제를 함께 사용할 것. 일부에 시험 사용하여 피부이상을 확인할 것.
이 성분이 10%를 초과하여 함유되어 있거나 산도가 3.5미만일 경우 부작용이 발생할 우려가 있으므로 전문의 등에게 상담할 것

정답 **81 염류 82 안전성 83 ㉠ 노출평가 ㉡ 위해도 결정 84 ㉠ 2차 포장 ㉡ 1차 포장 85 벌크 86 AHA (알파하이드록시애씨드, α-hydroxy acid)**

해설

2장 화장품의 사용상 주의사항

87 다음 괄호 안에 들어갈 단어를 기재하시오

(　　)라 함은 색소 중 콜타르, 그 중간생성물에서 유래되었거나 유기합성하여 얻은 색소 및 그 레이크, 염, 희석제와의 혼합물을 말한다.

해설

2장 화장품에 사용되는 사용제한 원료
사용제한 원료 – 색소

88 기능성 화장품 심사를 위해 제출하여야 하는 자료 중 유효성 또는 기능에 관한 자료 중 인체적용시험자료를 제출하는 경우 (　　) 제출을 면제할 수 있다. 이 경우에는 자료제출을 면제받은 성분에 대해서 효능 효과를 기재, 표시할 수 없다.

해설

기능성 화장품 심사에 관한 규정
유효성 또는 기능에 관한 자료 – 효력시험자료, 인체적용시험자료, 염모효력시험자료
이중에서 인체적용시험자료를 제출하는 경우 효력시험자료 제출 면제

89 다음 괄호 안에 들어갈 단어를 기재하시오

유통화장품안전관리기준에서 화장비누의 유리알칼리는 (　　)이하 여야 한다.

해설

3장 유통화장품의 안전관리 기준

90 다음 괄호안에 들어갈 단어를 기재하시오.

착향제는 "향료"로 표시할 수 있다. 다만 착향제의 구성성분 중 (　　)유발물질로 알려진 성분이 있는 경우에는 해당성분의 명칭을 반드시 기재 표시하여야 한다.

해설

2장 원료 및 제품의 성분 정보 – 착향제

91 다음 괄호 안에 들어갈 단어를 기재하시오

화장품제조에 사용된 함량이 많은 것부터 기재 표시한다. 다만 (　　)로 사용된 성분, 착향제 또는 착색제는 순서에 상관없이 기재 표시할 수 있다.

해설

원료 및 제품의 성분 정보 – 전성분 표시 지침

92 다음은 화장품 1차 포장에 반드시 기재 표시해야 하는 사항이다. 다음 괄호 안에 들어갈 단어를 기재하시오.

- 화장품의 명칭
- 영업자의 상호
- (　　)
- 사용기한 또는 개봉 후 사용기간(제조연월일 병행 표기)

해설

4장 맞춤형화장품 표시사항
–화장품의 포장에 기재표시해야하는 사항

정답 87 타르색소　88 효력시험자료　89 0.1%　90 알레르기　91 1% 이하　92 제조번호

93 다음 괄호 안에 들어갈 단어를 기재하시오

(　　)은 인체로부터 분리한 모발 및 피부, 인공피부 등 인위적인 환경에서 시험물질과 대조물질 처리후 결과를 측정하는 것을 말한다.

해설

4장 맞춤형화장장품 표시사항 -인체 적용시험, 인체 외 시험

94 다음 괄호 안에 들어갈 단어를 기재하시오.

(　　)는 피부세포 가운데 표피 각질층의 지질막 성분의 하나로 피부표면에서 손실되는 수분을 방어하고 외부로부터 유해 물질의 침투를 막는 역할을 한다.

해설

4장 피부의 생리구조

95 고객이 맞춤형화장품조제관리사에게 피부에 침착된 멜라니색소의 색을 엷게하여 미백에 도움이 되는 기능을 가진 화장품을 맞춤형으로 구매하기를 상담하였다. 미백 기능성 원료를 〈보기〉에서 고르시오.

〈보기〉
아데노신, 에칠헥실메톡시신나메이트, 알파-비사보롤, 레티닐팔미테이트, 베타-카로틴

해설

주름개선 - 아데노신, 레티닐팔미테이트 / 자외선차단성분 - 에칠헥실메톡시신나메이트
착색제, 컨디셔닝제 - 베타-카로틴

96 (　　)용기란 광선의 투과를 방지하는 용기 또는 투과를 방지하는 포장을 한 용기를 말한다.

해설

3장 포장재의 입고 기준 참조

97 다음 괄호 안에 들어갈 단어를 기재하시오.

유해사례란 화장품의 사용 중 발생한 바람직하지 않고 의도되지 아니한 징후, 증상 또는 질병을 말하며, 당해 화장품과 반드시 인과관계를 가져야 하는 것은 아니다.
(　　)란 유해사례와 화장품 간의 인과관계 가능성이 있다고 보고된 정보로서 그 인과관계가 알려지지 아니하거나 입증자료가 불충분한 것을 말한다.

해설 2장 위해사례보고 참조

98 다음 괄호 안에 들어갈 단어를 기재하시오.

모발은 수없이 이어지는 층으로 구성되어 있다. 이것은 모표피, (　　), 모수질층으로 구성되어 있는데 형태와 강도, 색깔 그리고 자연상태의 모양을 형성하는 중요한 역할을 한다.

해설 4장 모발의 생리구조 참조

99 〈보기〉는 화장품의 성분이다. 이 화장품에 사용된 보존제의 이름과 사용한도를 적으시오.

〈보기〉
정제수, 사이클로펜타실록산, 마치현 추출물, 부틸렌글라이콜, 알란토인, 마카다미아씨오일, 벤질알코올, 알지닌, 라벤더오일, 로즈마리잎오일, 리모넨

해설 2장 기능성화장품

- 사이클로펜타실록산 (유연제), 부틸렌글라이콜(용제, 향료, 점도감소제)

정답 93 인체 외 시험　94 세라마이드　95 알파-비사보롤　96 차광　97 실마리 정보　98 모피질
99 벤질알코올 (살균보존제) 1.0%

100 괄호 안에 들어갈 단어를 기재하시오.

> 멜라닌을 형성시키는 세포인 (㉠)는 표피의 기저층에서 생성되어 (㉡)의 형태로 합성된다. 표피의 5~25%를 차지하며, 세포내에 확산하면 색이 검게 보인다.

해설

4장 피부의 생리구조 – 기저층에 존재하는 세포 : 멜라닌형성세포

정답 100 ㉠ 멜라노사이트 ㉡멜라노좀

맞춤형화장품조제관리사 국가시험 기출문제

특별시험(2020년 8월 1일 시행)

기출 복원문제

1 **화장품법에서 정하고 있는 맞춤형화장품 판매업에 관한 사항으로 옳지 않은 것은?**

① 맞춤형화장품판매업을 하려는 자는 총리령으로 정하는 바에 따라 식품의약품안전처장에게 등록하여야 한다.

② 맞춤형화장품판매업자는 맞춤형화장품판매장 시설, 기구의 관리방법, 혼합 · 소분 안전관리 기준의 준수의무, 혼합 · 소분되는 내용물 및 원료에 대한 설명의무 등에 관해 총리령으로 정하는 사항을 준수해야 한다.

③ 맞춤형화장품 판매업자는 변경사유가 발생한 날부터 30일 이내에 지방식품의약품안전청장에게 신고하여야 한다.

④ 맞춤형화장품 판매업자가 둘 이상의 장소에서 맞춤형화장품 판매업을 하는 경우에는 종업원 중에서 총리령으로 정하는 자를 책임자로 지정하여 교육을 받게 할 수 있다.

⑤ 식품의약품안전처장은 국민 건강상 위해를 방지하기 위하여 필요하다고 인정하면 맞춤형화장품 판매업자에게 화장품 관련 법령 및 제도에 관한 교육을 받을 것을 명할 수 있다.

해설

〈맞춤형화장품판매업 가이드라인(민원인안내서)2020.5.14.〉 참조
(교재 Chapter4. 맞춤형화장품의 이해 / 2 맞춤형화장품의 주요규정) 참조

2 **화장품법 시행규칙에서 규정하고 있는 회수대상 화장품과 위해성 등급이 옳게 짝지어진 것은?**

① 가등급 – 전부 또는 일부가 변패된 화장품

② 가등급 – 안전용기, 포장에 위배되는 화장품

③ 나등급 – 화장품에 사용할 수 없는 원료를 사용한 화장품

④ 나등급 – 영업자 스스로 국민보건에 위해를 끼칠 우려가 있어 회수가 필요하다고 판단한 화장품

⑤ 다등급 – 기능성화장품의 기능성을 나타나게 하는 주원료 함량이 기준치에 부적합한 화장품

해설

〈회수 대상화장품의 위해성 등급〉

① 가등급 : 식품의약품안전처장이 지정 고시한 화장품에 사용할 수 없는 원료 또는 사용상의 제한을 필요로 하는 특별한 원료(보존제, 색소, 자외선 차단제 등)를 사용한 화장품

② 나등급 : 어린이가 화장품을 잘못 사용하여 인체에 위해를 끼치는 사고가 발생하지 아니하도록 안전용기 · 포장을 사용해야 함을 위반한 화장품

③ 다등급
- 전부 또는 일부가 변패(變敗)된 화장품 또는 병원 미생물에 오염된 화장품
- 이물이 혼입되었거나 부착된 것 중에 보건위생상 위해를 발생할 우려가 있는 화장품
- 식품의약품안전처장이 고시한 유통화장품 안전관리 기준에 적합하지 아니한 화장품
  (기능성화장품의 기능성을 나타나게 하는 주원료 함량이 기준치에 부적합한 경우만 해당한다.)
- 사용기한 또는 개봉 후 사용기간(병행 표기된 제조연월일을 포함한다)을 위조 · 변조한 화장품
- 그 밖에 영업자 스스로 국민보건에 위해를 끼칠 우려가 있어 회수가 필요하다고 판단한 화장품

정답 1 ① 2 ⑤

- 화장품제조업 혹은 화장품책임판매업 등록을 하지 아니한 자가 제조한 화장품 또는 제조 · 수입하여 유통 · 판매한 화장품
- 맞춤형화장품 판매업 신고를 하지 아니한 자가 판매한 맞춤형화장품
- 맞춤형화장품 판매업자가 맞춤형화장품조제관리사를 두지 아니하고 판매한 맞춤형화장품
- 의약품으로 잘못 인식할 우려가 있게 기재 · 표시된 화장품
- 판매의 목적이 아닌 제품의 홍보 · 판매촉진 등을 위하여 미리 소비자가 시험 · 사용하도록 제조 또는 수입된 화장품
- 화장품의 포장 및 기재 · 표시 사항을 훼손(맞춤형화장품 판매를 위하여 필요한 경우는 제외한다.) 또는 위조 · 변조한 화장품

3 **화장품법에서 규정하고 있는 맞춤형화장품 판매업에서 변경사항이 발생하면 변경신고를 해야 하는데 변경신고를 하지 않은 경우 다음 중 그 처벌로 알맞은 것은?**

① 맞춤형화장품 판매업자의 변경신고를 하지 않은 경우 – 판매업무정지 15일(1차)
② 맞춤형화장품 판매업소 상호의 변경신고를 하지 않은 경우 – 판매업무정지 2개월(1차)
③ 맞춤형화장품 조제관리사의 변경신고를 하지 않은 경우 – 판매업무정지 1개월(1차)
④ 맞춤형화장품 판매업 소재지 변경신고를 하지 않은 경우 – 판매업무정지 1개월(1차)
⑤ 맞춤형화장품 판매업자의 상호 변경신고를 하지 않은 경우 – 시정명령(1차)

해설

〈화장품법 시행규칙 별표7 행정처분의 기준〉
- 시정명령(1차) : 맞춤형화장품판매업자의 변경신고를 하지 않은 경우
- 맞춤형화장품핀매업소 상호의 변경신고를 하지 않은 경우
- 맞춤형화장품조제관리사의 변경신고를 하지 않은 경우
- 판매업무정지 1개월(1차) : 맞춤형화장품판매업소 소재지의 변경신고를 하지 않은 경우

4 **기능성화장품이 아닌 일반화장품에서 실증자료인 인체적용시험자료가 있을 경우 표시, 광고할 수 있는 표현에 대한 설명으로 옳은 것은?**

① 여드름성 피부 사용에 적합
② 항균
③ 셀룰라이트 감소
④ 콜라겐 증가
⑤ 효소 증가

해설

※ 실증자료가 있을 경우 표시 · 광고 할 수 있는 표현
〈화장품 표시 · 광고 실증에 관한 시행규정 별표5 식약처 고시〉

표시 · 광고 표현	실증 자료
여드름 피부 사용에 적합	인체 적용시험 자료 제출
항균(인체세정용 제품에 한함)	인체 적용시험 자료 제출
피부노화 완화	인체 적용시험 자료 또는 인체 외 시험 자료 제출
일시적 셀룰라이트 감소	인체 적용시험 자료 제출
붓기, 다크서클 완화	인체 적용시험 자료 제출
피부 혈행 개선	인체 적용시험 자료 제출
콜라겐 증가, 감소 또는 활성화	기능성화장품에서 해당 기능을 실증한 자료 제출
효소 증가, 감소 또는 활성화	기능성화장품에서 해당 기능을 실증한 자료 제출

정답 3 ④ 4 ①

5 **화장품 영업자의 영업에 대한 설명으로 옳지 않은 것은?**

① 화장품제조업자는 화장품을 제조하여 화장품 책임판매업자에게 공급한다.
② 화장품 책임판매업자가 화장품제조업 등록이 되어 있으면 직접 제조하여 유통할 수 있다.
③ 화장품 책임판매업자는 화장품을 수입한 후 마트, 백화점 등에 공급하여 판매한다.
④ 맞춤형화장품 판매업자는 수입한 화장품 내용물만을 소분하여 판매한다.
⑤ 맞춤형화장품 판매업자는 화장품 내용물과 내용물을 혼합하여 판매한다.

해설

〈화장품 영업의 종류 및 범위〉

1. 화장품제조업
   ① 화장품을 직접 제조하는 영업
   ② 화장품 제조를 위탁받아 제조하는 영업
   ③ 화장품의 포장(1차 포장만 해당한다)을 하는 영업
2. 화장품책임판매업
   ① 화장품제조업자가 화장품을 직접 제조하여 유통, 판매하는 영업
   ② 화장품제조업자에게 위탁하여 제조된 화장품을 유통, 판매하는 영업
   ③ 수입된 화장품을 유통, 판매하는 영업
   ④ 수입대행형 거래(전자상거래 등에서의 소비자보호에 관한 법률 제2조제1호에 따른 전자상거래만 해당한다)를 목적으로 화장품을 알선. 수여하는 영업
3. 맞춤형화장품판매업
   ① 제조 또는 수입된 화장품의 내용물에 다른 화장품의 내용물이나 식품의약품안전처장이 정하여 고시하는 원료를 추가하여 혼합한 화장품을 판매하는 영업
   ② 제조 또는 수입된 화장품의 내용물을 소분(小分)한 화장품을 판매하는 영업

6 **다음 중 안전용기포장 대상 품목으로 옳지 않은 것은?**

① 아세톤을 함유하는 네일 에나멜 리무버
② 아세톤을 함유하는 네일 폴리시 리무버
③ 탄화수소류 15퍼센트 함유한 어린이용 오일
④ 메틸살리실레이트 5퍼센트 함유한 삼푸
⑤ 메틸살리실레이트 0.5퍼센트 함유한 헤어 오일

해설

〈화장품법 시행규칙 제18조〉 안전용기·포장 대상 품목 및 기준

- 일회용 제품, 용기 입구 부분이 펌프 또는 방아쇠로 작동되는 분무용기 제품, 압축 분무용기 제품(에어로졸 제품 등)은 제외
  1. 아세톤을 함유하는 네일 에나멜 리무버 및 네일 폴리시 리무버
  2. 어린이용 오일 등 개별포장 당 탄화수소류를 10퍼센트 이상 함유하고 운동점도가 21센티스톡스(섭씨 40도 기준) 이하인 비에멀젼 타입의 액체상태의 제품
  3. 개별 포장당 메틸 살리실레이트를 5퍼센트 이상 함유하는 액체상태의 제품
- 안전용기·포장은 성인이 개봉하기는 어렵지 아니하나 만 5세 미만의 어린이가 개봉하기는 어렵게 된 것

7 **화장품 원료 등의 위해평가는 유통 중인 화장품 중에서 위해요소에 노출되었을 때 발생할 수 있는 위해영향과 발생확률을 과학적으로 예측하는 일련의 과정으로 위험성 확인, 위험성 결정, 노출 평가, (　　) 등 일련의 단계를 말한다. 괄호 안에 알맞은 것은?**

① 유해성 결정　　② 유해도 평가
③ 유해도 결정　　④ 위해도 평가
⑤ 위해도 결정

해설

〈화장품법 시행규칙 제17조〉 화장품 원료 등의 위해평가

1. 위험성 확인 : 위해요소 노출로 발생되는 독성의 정도와 영향의 종류 등 파악
2. 위험성 결정 : 동물실험과 동물대체 실험결과 등의 불확실성 등을 보정하여 인체노출허용량 결정
3. 노출평가 : 화장품 사용을 통해 노출되는 위해요소의 양 또는 수준을 정량적 또는 정성적으로 산출

정답 5 ④ 6 ⑤ 7 ⑤

4. 위해도 결정 : 위해요소 및 이를 함유한 화장품의 사용에 따른 건강상 영향 및 인체노출허용량 또는 화장품 이외의 환경 등에 의하여 노출되는 위해요소의 양을 고려하여 사람에게 미칠 수 있는 위해의 정도와 발생빈도 등을 정량적 또는 정성적으로 예측

8 **영 · 유아용과 어린이용 화장품은 제품별 안전성 자료를 보관해야 한다. 개봉 후 사용기간을 표시하는 경우에 안전성 자료는 영 · 유아 또는 어린이가 사용할 수 있는 화장품임을 표시 · 광고한 날부터 마지막으로 제조한 제품의 (㉠) 혹은 마지막으로 수입한 제품의 (㉡) 이후 3년간 보관한다. 괄호에 적합한 단어는?**

	㉠	㉡
①	제조일자	통관일자
②	칭량일자	통관일자
③	제조일자	수입일자
④	생산일자	통관일자
⑤	포장일자	합격일자

해설

화장품법 시행규칙 제10조의3(제품별 안전성 자료의 작성 · 보관)

1. 화장품의 1차 포장에 사용기한을 표시하는 경우 : 영유아 또는 어린이가 사용할 수 있는 화장품임을 표시 · 광고한 날부터 마지막으로 제조 · 수입된 제품의 사용기한 만료일 이후 1년까지의 기간. 이 경우 제조는 화장품의 제조번호에 따른 제조일자를 기준으로 하며, 수입은 통관일자를 기준으로 한다.
2. 화장품의 1차 포장에 개봉 후 사용기간을 표시하는 경우 : 영유아 또는 어린이가 사용할 수 있는 화장품임을 표시 · 광고한 날부터 마지막으로 제조 · 수입된 제품의 제조연월일 이후 3년까지의 기간. 이 경우 제조는 화장품의 제조번호에 따른 제조일자를 기준으로 하며, 수입은 통관일자를 기준으로 한다.

9 **개인정보 수집 목적 범위 내에서 제3자에게 개인정보의 제공이 가능하며 이를 위해 정보주체의 동의를 받아야 한다. 이때 고지 의무사항으로 옳지 않은 것은?**

① 개인정보를 제공받는 자의 개인정보 파기기한
② 동의거부 권리 및 동의 거부 시 불이익 내용
③ 제공하는 개인정보의 항목
④ 제공받는 자의 개인정보 이용 목적
⑤ 개인정보를 제공받는 자

해설

〈고객정보처리자의 정보주체에게 알릴사항〉
① 개인정보의 수집 · 이용 목적
② 수집하려는 개인정보의 항목
③ 개인정보의 보유 및 이용 기간
④ 동의를 거부할 권리가 있다는 사실 및 동의 거부에 따른 불이익이 있는 경우에는 그 불이익의 내용

10 **화장품의 전성분이 다음과 같을 때 이 화장품의 사용 시 주의사항으로 옳은 것은?**

- '화장품 명칭 : 화이트닝 마스크팩(미백기능성 화장품)
- '전성분 : 정제수, 글리세린, 다이프로필렌글라이콜, 나이아신아마이드, 1, 2-헥산디올, 트라이에탄올아민, 카보머, 잔탄검, 아르간커넬오일, 토코페릴아세테이트, 판테놀, 사과추출물, 레몬추출물, 향료, 리날롤, 신남알, 리모넨

① 눈에 들어갔을 때에는 즉시 씻어낼 것
② 만 3세 이하 어린이에게는 사용하지 말 것
③ 눈 주위를 피하여 사용할 것
④ 눈, 코 또는 입 등에 닿지 않도록 주의하여 사용할 것
⑤ 밀폐된 실내에서 사용한 후에는 반드시 환기를 할 것

해설

〈화장품 시행규칙 별표3 제2호〉 화장품 사용 시 주의사항
교재 (Chapter2 화장품제조 및 품질관리 / 4 화장품의 사용상 주의사항) 참조

정답 8 ① 9 ① 10 ③

11 **다음의 화장품 원료 중에서 화장품에서 사용할 수 없는 원료는?**

① 스테아릭애씨드
② 라벤더오일
③ 스테아릴알코올
④ 천수국꽃 추출물
⑤ 프로필렌글리콜

해설

〈별표1〉 사용할 수 없는 원료

12 **화장품 안전기준 등에 관한 규정 별표2에서 정하고 있는 자외선차단성분과 그 사용한도가 옳지 않은 것은?**

① 디갈로일트리오리에이트, 7%
② 에칠헥실트리아존, 5%
③ 벤조페논-3(옥시벤존), 5%
④ 벤조페논-4, 5%
⑤ 에칠디하이드록시프로필파바, 5%

해설

〈자외선 차단성분과 사용한도〉
디갈로일트리오리에이트, 벤조페논-3(옥시벤존), 벤조페논-4, 에칠디하이드록시프로필파바, 에칠헥실트리아존 : 사용한도가 5%인 자외선 차단 성분

13 **기능성화장품 심사에 관한 규정에서 정하고 있는 지용성 미백성분과 수용성 주름개선성분을 짝지은 것으로 옳은 것은?**

① 나이아신아마이드 - 레티놀
② 나이아신아마이드 - 레티닐팔미테이트
③ 알부틴 - 아데노신
④ 알파-비사보롤 - 아데노신
⑤ 아스코빌테트라이소팔미테이트 - 아데노신

해설

〈별표2 화장품법 제2조 제2호 관련〉 미백에 도움을 주는 기능성화장품 성분
- 나이아신아마이드, 닥나무추출물, 아스코빌글루코사이드, 아스코빌테트라이소팔미테이트, 알부틴, 에칠아스코빌에텔,
- 유용성감초추출물, 알파-비사보롤

〈별표 3 화장품법 제2조 제3호 관련〉 주름개선에 도움을 주는 기능성화장품 성분
- 레티놀, 아데노신, 폴리에톡실레이티드레틴아마이드
- 레티닐팔미테이트

14 **UVB를 사람의 피부에 조사한 후 16~24시간에서 조사영역의 대부분에 홍반을 나타낼 수 있는 최소한의 자외선 조사량을 (㉠)이/라고 한다. ㉠에 적합한 단어는?**

① 최소 홍반량
② 최소 지속형 즉시 흑화량
③ 자외선차단지수
④ 자외선A 차단지수
⑤ 내수성 자외선차단지수

해설

최소홍반량(Minimal Erythema Dose): 자외선이 피부에 홍반을 일으키는데 필요한 자외선 에너지의 최소량을 나타낸다.
- 자외선차단지수(SPF) : UVB 차단을 나타내는 지수
- 자외선 차단지수는 2~50까지 있으며, 50이상의 제품은 50+로 표시
- 자외선 차단 화장품 도포 시 최소홍반량/자외선 차단 화장품 무도포 시 최소홍반량

15 **영 · 유아 또는 어린이가 사용할 수 있는 화장품임을 표시 · 광고하는 제품의 안전성 자료로 옳지 않은 것은?**

① 제품에 대한 설명 자료
② 제품의 효과에 대한 증명 자료
③ 수입관리기록서 사본(수입품에 한함)

정답 11 ④ 12 ① 13 ④ 14 ① 15 ⑤

④ 제품 안전성 평가 결과
⑤ 안전관리기준서 사본

해설

〈영유아, 어린이용 화장품 안전성 자료〉
(1) 영. 유아용(만 3세 이하의 어린이용) 화장품의 관리 [화장품법 제4조의 2]
① 화장품책임판매업자는 영 · 유아 또는 어린이가 사용할 수 있는 화장품을 표시 · 광고하려는 경우에는 제품별로 안전과 품질을 입증할 수 있는 다음 자료(제품별 안전성 자료)를 작성 및 보관하여야 한다.
가. 제품 및 제조방법에 대한 설명 자료
나. 화장품의 안전성 평가 자료
다. 제품의 효능, 효과에 대한 증명 자료
② 식품의약품안전처장은 화장품에 대하여 제품별 안전성 자료, 소비자 사용실태, 사용 후 이상사례 등에 대하여 주기적으로 실태조사를 실시하고 위해요소의 저감화를 위한 계획을 수립하여야 한다.
③ 식품의약품안전처장은 소비자가 화장품을 안전하게 사용할 수 있도록 교육 및 홍보를 할 수 있다.
④ 영유아 또는 어린이의 연령 및 표시. 광고의 범위, 제품별 안전성 자료의 작성 범위 및 보관기간 등과 실태조사 및 계획 수립의 범위, 시기, 절차 등에 필요한 사항은 총리령으로 정한다.
- 화장품책임판매업자가 영유아, 어린이용 화장품에 대해 사용기한 만료일로부터 1년, 제조일(통관일)로부터 3년간(개봉 후 사용기간 표시) 안전성 자료를 작성, 보관해야 한다.
- 화장품의 안전성 평가 자료 : 제품 안전성 평가 보고서, 사용 후 이상사례 정보의 수집, 검토, 평가 및 조치 관련 자료

16 화장품은 제품의 특성에 따라 색소를 사용하고 있으며, 화장품법에서 화장품 색소의 종류와 기준 및 시험방법을 정하고 있다. 특히 영 · 유아용 화장품을 제조할 때 사용할 수 없는 색소는?

① 적색 102호
② 적색 205호
③ 적색 206호
④ 적색 207호
⑤ 적색 208호

해설

- 적색 102호 : 영유아용 또는 13세 이하 어린이용 제품 사용할 수 없음
- 적색 205호, 206호. 207호, 208호 : 눈 주위 및 입술에 사용할 수 없음

17 화장품법에서 화장품 제조 시 사용할 수 없는 성분으로 규정하고 있는 것은?

① 과탄산나트륨
② 강암모니아수
③ 락틱애씨드
④ 붕사(소듐보레이트)
⑤ 붕산

해설

붕산 (boric acid) : 유해물질로 화장품에 배합금지, 무색의 결정체 혹은 백색분말형태이다. 섭취하거나 국소부위 사용 시 유독하며, 건조상태의 제품은 피부, 코 점막, 기도와 눈에 자극을 준다.
(자료참조 : 식품의약품안전평가원 독성정보제공시스템 (사) 한국식품안전연구원 편집)

18 다음 자외선 차단 화장품 성분 중 자외선을 산란시키는 무기계 자외선차단제는 무엇인가?

① 부틸메톡시디벤조일메탄
② 징크옥사이드
③ 벤조페논-3
④ 벤조페논-8
⑤ 에칠헥실메톡시신나메이트

해설

무기계 자외선차단제(물리적차단제) - 징크옥사이드. 티타늄디옥사이드

정답 16 ① 17 ⑤ 18 ②

19 **다음 화장품의 성분별 사용 시의 주의사항으로 옳은 것은?**

① 살리실릭애씨드를 함유하고 있으므로 사용 시 흡입되지 않도록 주의할 것
② 동일 성분(알부틴 4% 이상)을 함유하는 제품의 '인체적용시험자료'에서 구진과 경미한 가려움이 보고된 예가 있음
③ 아이오도프로피닐부틸카바메이트(IPBC)를 함유하고 있으므로 이 성분에 과민하거나 알레르기가 있는 사람은 신중히 사용할 것
④ 동일 성분(폴리에톡실레이티드레틴아마이드 0.1% 이상)을 함유하는 제품의 '인체적용시험 자료'에서 소양감, 자통, 홍반이 보고된 예가 있음
⑤ 포름알데하이드(포름알데하이드 0.05% 이상 검출된 경우)를 함유하고 있으므로 이 성분에 과민한 사람은 신중히 사용할 것

해설

〈화장품시행규칙 제2조 별표3 제2호〉 화장품 사용 시 주의사항

1. 살리실릭애씨드 및 그 염류 제품은 만 3세 이하 어린이에게는 사용하지 말 것
   동일 성분(알부틴 2% 이상)을 함유하는 제품의 '인체적용시험자료'에서 구진과 경미한 가려움이 보고된 예가 있음
2. 아이오도프로피닐부틸카바메이트(IPBC)를 함유하고 있으므로 만 3세 이하 어린이에게는 사용하지 말 것
3. 동일 성분(폴리에톡실레이티드레틴아마이드 0.2% 이상)을 함유하는 제품의 '인체적용시험자료'에서 경미한 발적, 피부건조, 화끈거림, 가려움, 구진이 보고된 예가 있음

20 **기능성화장품의 주성분과 그 기능이 옳게 짝지어진 것은?**

① 디소듐페닐디벤즈이미다졸테트라설포네이트 – 피부 주름 개선에 도움
② 치오글리콜산 80% – 여드름성 피부를 완화하는데 도움
③ 마그네슘아스코빌포스페이트 – 피부의 미백에 도움
④ 살리실릭애씨드 – 모발의 색상을 변화(탈염, 탈색 포함)시키는 기능
⑤ 폴리에톡실레이티드레틴아마이드 – 체모를 제거하는 기능

해설

1. 디소듐페닐디벤즈이미다졸테트라설포네이트 – 자외선 차단성분
2. 치오글리콜산 80% – 제모제(체모를 제거하는 기능을 가진 제품)
3. 살리실릭애씨드 – 여드름성 피부를 완화하는데 도움
4. 폴리에톡실레이티드레틴아마이드 – 피부 주름 개선에 도움

21. **다음 보기에서 설명하는 내용을 읽고 ㉠, ㉡에 적합한 것을 고르시오.**

〈보기〉
(㉠)은/는 물이나 기름, 알코올 등에 용해되어 기초용 및 방향용 화장품의 제형에 색상을 나타내고자 할 때 사용한다.
(㉡)은/는 백색의 분말로 활석이라고 하며, 매끄러운 사용감과 흡수력이 우수한 안료이다.

	㉠	㉡
①	염료	탈크
②	염료	카올린
③	안료	탈크
④	안료	카올린
⑤	안료	마이카

해설

〈화장품 색소 : 염료와 안료〉

1. 염료 – 물이나 다른 용매에 녹는 색소 (기초화장품 및 방향용화장품 제형 등)
2. 안료 – 물이나 용매제 어느 것에도 녹지 않는 것(백색 안료)
- 메이크업 제품에 사용(비비크림, 파운데이션, 마스카라, 아이라이너 등)

정답 19 ⑤ 20 ③ 21 ①

22 **기능성화장품 기준 및 시험방법에서 피부의 미백에 도움을 주는 기능성화장품 원료로 정하고 있는 나이아신아마이드의 확인시험으로 옳지 않은 것은?**

① 이 원료 5mg에 2, 4-디니트로클로로벤젠 10mg을 섞어 5~6초간 가만히 가열하여 융해시키고 식힌 다음 수산화칼륨, 에탄올시액 4㎖를 넣을 때 액은 적색을 나타낸다.

② 이 원료 1mg에 pH7.0의 인산염완충액 100㎖를 넣어 녹이고 이 액 2㎖에 브롬화시안시액 1㎖를 넣어 80℃에서 7분간 가열하고 자외선 하에서 관찰할 때 청색의 형광을 나다낸디.

③ 이 원료를 건조하여 적외부 흡수스펙트럼 측정법의 브롬화칼륨정제법에 따라 측정할 때 3.300㎝-1, 1, 700㎝-1, 1, 110㎝-1, 1, 060㎝-1부근에서 특성흡수를 나타낸다.

④ 이 원료 20mg에 수산화나트륨시액 5㎖를 넣어 조심하여 끓일 때 나는 가스는 적색리트머스시험지를 청색으로 변화시킨다.

⑤ 이 원료 20mg에 물을 넣어 녹이고 1L로 한다, 이 액은 파장 262+-2nm에서 흡수극대를 나타내며 파장 245+-2nm에서 흡수극소를 나타낸다. 여기서 얻은 극대파장에서의 흡광도를 A1, 극소파장에서의 흡광도를 A2로 할 때 A2/A1 은 0.63~0.67이다.

해설

〈별표2 화장품법 제2조 제2호 관련〉 미백에 도움을 주는 기능성화장품 확인시험

이 원료를 건조한 것은 정량할 때 나이아신아마이드($C_6H_6N_2O$) 98.0% 이상을 함유한다.

성상 : 이 원료는 백색의 결정 또는 결정성 가루로 냄새는 없다.

※ 확인시험법

1. 이 원료 5㎎에 2, 4-디니트로클로로벤젠 10㎎을 섞어 5~6초간 가만히 가열하여 융해시키고 식힌 다음 수산화칼륨 · 에탄올시액 4㎖를 넣을 때 액은 적색을 나타낸다.
2. 이 원료 1㎎에 pH 7.0의 인산염완충액 100㎖를 넣어 녹이고 이 액 2㎖에 브롬화시안시액 1㎖를 넣어 80℃ 에서 7분간 가열하고 빨리 식힌 다음 수산화나트륨시액 5㎖를 넣어 30분간 방치하고 자외선하에서 관찰할 때 청색의 형광을 나타낸다.
3. 이 원료 20㎎에 수산화나트륨시액 5㎖를 넣어 조심하여 끓일 때 나는 가스는 적색리트머스시험지를 청색으로 변화시킨다.
4. 이 원료 20㎎에 물을 넣어 녹이고 1L로 한다. 이 액은 파장 262± 2㎚에서 흡수극대를 나타내며 파장 245± 2㎚에서 흡수극소를 나타낸다. 여기서 얻은 극대파장에서의 흡광도를 A1, 극소파장에서의 흡광도를 A2로 할 때 A2/A1은 0.63~0.67이다.

23 **기능성화장품 기준 및 시험방법에서 규정하고 있는 기능성화장품 성분들의 성상에 대한 설명으로 옳은 것은?**

① 닥나무추출물 : 엷은 황색~황갈색의 점성이 있는 액 또는 황갈색~암갈색의 결정성 가루로 약간의 특이한 냄새가 있다.

② 나이아신아마이드 : 적색~미황색의 가루 또는 결정성 가루이다.

③ 아스코빌테드라이소팔미테이트 : 무색~엷은 황색의 가루로 약간의 특이한 냄새가 있다.

④ 레티닐팔미테이트 : 미황색 결정 또는 결정성 가루로 냄새는 없다.

⑤ 에칠아스코빌에텔: 미적색의 오일 상으로 냄새는 없거나 특이한 냄새가 있다.

정답 22 ③ 23 ①

해설

〈별표2 화장품법 제2조 제2호 관련〉 미백에 도움을 주는 기능성화장품 성분

- 나이아신아마이드 : 백색 결정 또는 결정성 가루로 냄새는 없다.
- 닥나무추출물 : 엷은 황색~황갈색의 점성이 있는 액 또는 황갈색~암갈색의 결정성 가루로 약간의 특이한 냄새가 있다.
- 아스코빌글루코사이드 : 백색~미황색의 가루 또는 결정성 가루이다.
- 아스코빌테트라이소팔미테이트 : 무색~엷은 황색의 액으로 약간의 특이한 냄새가 있다.
- 알부틴 : 백색~미황색의 가루로 약간의 특이한 냄새가 있다.
- 알파-비사보롤 : 무색의 오일 상으로 냄새는 없거나 특이한 냄새가 있다.
- 에칠아스코빌에텔 : 백색~엷은 황색의 결정 또는 결정성 가루로 약간의 특이한 냄새가 있고 맛은 쓰다.
- 유용성감초추출물 : 황갈색~적갈색의 가루로 감초 특유의 냄새가 있다.

〈별표 3 화장품법 제2조 제3호 관련〉 주름개선에 도움을 주는 기능성화장품 성분

- 레티놀 : 엷은 황색~엷은 주황색의 가루 또는 점성이 있는 액 또는 겔상의 물질로 냄새는 없거나 특이한 냄새가 있다.
- 레티닐팔미테이트 : 엷은 황색~황적색의 고체 또는 유상의 물질로 약간의 특이한 냄새가 있으며 냉소에 보관할 때 일부는 결정화된다.
- 아데노신 : 무색 결정 또는 결정성 가루로 냄새는 없다.
- 폴리에톡실레이티드레틴아마이드 : 황색~황갈색의 맑거나 약간 혼탁한 유액으로 약간의 특이한 냄새가 있다.

24 화장품에 사용할 수 있는 보존제인 소듐벤조에이트를 사용 후 씻어내지 않는 제품에 사용할 때 사용한도와 동일한 사용한도의 보존제는 무엇인가?

① 페녹시에탄올
② 클로로부탄올
③ 벤제토늄클로라이드
④ 벤질알코올
⑤ 포타슘소르베이트

해설

〈보존제 사용한도〉
소듐벤조에이트 : 0.5%(씻어내지 않는 제품) / 2.5%(씻어내는 제품)
① 페녹시에탄올 : 1.0%
② 클로로부탄올 : 0.5%
③ 벤제토늄클로라이드 : 0.1%
④ 벤질알코올 : 1.0%
⑤ 포타슘소르베이트 : 0.6%

25 영 · 유아용 제품류 또는 만 13세 이하 어린이가 사용할 수 있음을 특정하여 표시하는 제품에 사용할 수 없는 보존제와 착향제 구성성분 중 알레르기 유발성분을 바르게 짝지은 것은?

① 클로로펜 – 시트로넬롤
② 벤잘코늄클로라이드 – 쿠마린
③ 메칠이소치아졸리논 – 제나리올
④ 살리실릭애씨드 – 나무이끼 추출물
⑤ 벤조익애씨드 – 벤질신나메이트

해설

영 · 유아용 제품류 또는 만 13세 이하 어린이가 사용할 수 있음을 특정하여 표시하는 제품에 사용할 수 없는 보존제 – 살리실릭애씨드 및 그 염류(샴푸는 제외)
– 아이오도프로피닐부틸카바메이트(IPBC)(목욕용 제품, 샤워젤류 및 샴푸류는 제외)

※ 착향제(향료) 성분 중 알레르기 유발물질

향료 성분	향료 성분	향료 성분	향료 성분
벤질살리실레이트	리모넨	시트로넬롤	메칠 2-옥티노에이트
벤질알코올	리날롤	시트랄	유제놀
벤질벤조에이트	나무이끼추출물	신남알, 아밀신남알	이소 유제놀
벤질신나메이트	신나밀알코올	아밀신나밀알코올	알파이소메칠이오논
제라니올	부틸페닐메칠프로피오날	하이드록시시트로넬알	파네솔
참나무이끼추출물	쿠마린	아니스에탄아올	헥실신남알

정답 24 ② 25 ④

26 화장품 사용 시의 주의사항 및 알레르기 유발 성분 표시 등에 관한 규정에서 착향제 성분 중 모노테르펜 계열의 알레르기 유발물질이 아닌 것은?

① 리날롤
② 피넨
③ 시트로넬올
④ 시트랄
⑤ 제라니올

해설

〈테르펜〉
성분 구조 : 이소프렌 단위 / 분류 : 모노테르펜, 세스퀴테르펜, 디테르펜
※ 모노페르펜 : 제라니올, 리날롤, 시트랄, 시트로넬롤 및 시트로넬랄 등

27 알파-하이드록시 애씨드에 대한 설명으로 옳지 않은 것은?

① 시트릭애씨드는 카르복시기(-COOH)가 3개 붙어있는 AHA이다.
② AHA는 알파 위치에 하이드록시기가 결합되어 있다.
③ 시트릭애씨드는 감귤류에서 발견되는 AHA이다.
④ 락틱애씨드는 산패한 우유에서 생성되는 AHA이다.
⑤ 말릭애씨드는 적포도주에서 발견되는 AHA이다.

해설

유기산의 작용기인 카르복실기(-COOH)로부터 첫 번째 탄소에 하이드록시기(-OH)가 결합되어 있으면 알파 하이드록시 애씨드(AHA), 두 번째 탄소에 결합되어 있으면 베타 하이드록시 애씨드(BHA), 세 번째 탄소에 결합되어 있으면 감마 하이드록시 애씨드이다.
※ 알파-하이드록시애씨드(α-hydroxy acid, AHA)는 천연의 과일에 존재한다 하여 '과일산'이라고도 함.

- 시트릭애씨드(citric acid, 구연산 혹은 레몬산) : 감귤류 (귤, 레몬)에 존재
- 글라이콜릭애씨드(glycolic acid) : 덜 익은 열매나 잎, 사탕수수에 존재
- 말릭애씨드(malic acid, 사과산) : 덜 익은 사과, 복숭아 같은 과실에 존재
- 타타릭애씨드(tartaric acid, 주석산) : 포도주 양조 때 산물
- 락틱애씨드(lactic acid, 젖산, 유산) : 산패한 우유에서 발견

28 자외선 A영역의 파장으로 적당한 것은?

① 200~290nm ② 290~320nm
③ 320~400nm ④ 400~520nm
⑤ 520~700nm

해설

- 자외선 A(UVA) : 320~400nm (장파장)
- 자외선 B(UVB) : 290~320nm (중파장)
- 자외선 C(UVC) : 200~290nm (단파장)

정답 26 ② 27 ⑤ 28 ③

29 다음 안료 중 체질안료만으로 이루어진 것은?

> ㉠ 탈크
> ㉡ 카올린
> ㉢ 칼슘카보네이트
> ㉣ 흑색산화철
> ㉤ 울트라마린블루

① ㉠, ㉡, ㉢　　② ㉠, ㉡, ㉣
③ ㉠, ㉡, ㉤　　④ ㉠, ㉢, ㉣
⑤ ㉠, ㉢, ㉤

해설

〈체질안료와 착색안료〉
- 체질안료 : 사용감과 관련 있는 안료
  - 탈크 : 활석, 백색분말, 매끄러운 사용감, 피부의 투명성
  - 카올린 : 차이나 클레이, 친수성으로 땀이나 피지 흡착력 우수함
  - 칼슘카보네이트 : 진주광택, 화사함
  - 실리카 : 부드러운 사용감
- 착색안료 : 색상과 관련 있는 안료

30 (㉠) 증상은 대부분의 사람은 특별한 문제가 되지 않는 물질에 대하여 특정인들은 면역계의 과민반응에 의해서 나타나는 여러 가지 증상 중의 하나이며, 아토피성 피부염, 천식, 그 이외의 과민증상, 안구 충혈, 가려움을 동반한 피부발진, 콧물, 호흡곤란, 부종 등의 증세를 나타낸다. 또한 화장품 착향제 성분에 의해 이 증상이 발생 된다. ㉠에 적합한 단어는?

① 홍조　　② 발적
③ 광감성　　④ 증후군
⑤ 알레르기

해설

교재 (착향제 성분 중 알레르기 유발물질) 참고
- 알레르기 : 면역계의 과민반응에 의해서 나타나는 여러 가지 증상 중의 하나
- 피부 면역세포(랑게르한스 세포, 비만세포, CD4+ 림프구, 호산구, 부착단백질 등)의 활성이 높아진다.

31 다음에서 설명하는 ㉠, ㉡에 적합한 것은?

> - 모발에 흡착하여 유연효과나 대전방지 효과, 모발의 정전기 방지 효과를 주는 (㉠) 계면활성제이다.
> - 물속에서 친수부가 대전되지 않으며 자극이 적어서 기초화장품류 제품에서 유화제, 가용화제 등으로 사용되는 (㉡) 계면활성제이다.

	㉠	㉡
①	양이온성	음이온성
②	음이온성	양쪽성
③	음이온성	양이온성
④	양이온성	비이온성
⑤	양쪽성	양이온성

해설

- 비이온 계면활성제(Nonionic surfactant)
  ① 분자 중에 이온으로 해리되는 작용기를 가지고 있지 않다.
  ② 친수기, 친유기 발란스(HLB, Hydrophile-Lipophile Balance)의 차이에 따라 습윤, 침투, 유화, 가용화력 등의 성질이 달라진다.
  ③ 친수기인 POE 사슬 또는 수산기(-OH)를 갖는 화합물이다.
  ④ 피부자극이 적기 때문에 기초화장품 분야에 많이 사용한다.
  ⑤ 일반적으로 고급알코올이나 고급지방산에 에틸렌옥사이드를 부가반응하여 제조한다.
  ⑥ 용도 : 유화제, 분산제, 가용화제, 독성이 적어서 식품 의약품의 유화제로 쓰인다. (샴푸, 바디샴푸)
- 양이온 계면활성제(cation surfactant))
  ① 물에 용해될 때 친수기 부분이 양이온으로 해리된다.
  ② 음이온 계면활성제(지방산비누)와 반대의 이온성 구조를 갖고 있어서 역성 비누라고도 한다.
  ③ 모발에 흡착하여 유연효과나 대전방지효과를 나타내기 때문에 헤어린스에 이용된다.
  ④ 피부자극이 강하므로 두피에 닿지 않게 사용해야 한다.
  ⑤ 용도 : 세정, 유화, 가용화 등 계면활성 효과, 살균소독작용 (헤어린스, 헤어트리트먼트)

정답 29 ① 30 ⑤ 31 ④

32 다음의 화장품 원료 중에서 여드름을 유발하는 성분은?

① 페트롤라툼(바세린)
② 파라핀
③ 글리세린
④ 소듐락테이트
⑤ 이소프로필미리스테이트

해설

〈여드름 유발 화장품 원료〉
- 페트롤라툼, 라놀린, 스테아릭애씨드, 미리스틱애씨드, 팔미틱애씨드 등
- 피지의 정상적인 분비를 방해하여 모공을 막는다.

33 영유아용 크림과 영양크림의 시험결과가 다음과 같을 때 그 설명으로 옳은 것은?

제품명	영유아용 크림	영양 크림
성상	유백색의 크림상	유백색의 크림상
점도(cP)	35,080	21,700
pH	6.02	7.11
총호기성생균수 (개/g(㎖)	505	558
납(㎍/g)	10	6
비소(㎍/g)	8	13
수은(㎍/g)	2	3

① 영유아용 크림과 영양 크림의 납 시험 결과는 모두 적합하다.
② 영유아용 크림과 영양 크림의 총호기성 생균수 시험결과는 모두 적합하다.
③ 영유아용 크림과 영양 크림의 비소 시험결과는 모두 적합하다.
④ 영유아용 크림과 영양 크림의 수은 시험결과는 모두 적합하다.
⑤ 크림용기 입구가 좁으면 영유아용 크림보다 영양크림을 충진하는 것이 더 어렵다.

해설

〈화장품 안전기준 등에 관한 규정 제1장 제 6조 참조〉

① 화장품을 제조하면서 다음 각 호의 물질을 인위적으로 첨가하지 않았으나, 제조 또는 보관 과정 중 포장재로부터 이행되는 등 비의도적으로 유래된 사실이 객관적인 자료로 확인되고 기술적으로 완전한 제거가 불가능한 경우 해당 물질의 검출 허용 한도
- 납 : 점토를 원료로 사용한 분말제품은 50㎍/g 이하, 그 밖의 제품은 20㎍/g 이하
- 비소 : 10㎍/g 이하
- 수은 : 1㎍/g 이하

② 미생물한도
총호기성생균수는 영 · 유아용 제품류 및 눈화장용 제품류의 경우 500개/g(㎖) 이하

③ pH 기준이 3.0~9.0이어야 하는 제품
- 영 · 유아용 제품류
(영 · 유아용 샴푸, 영 · 유아용 린스, 영 · 유아 인체 세정용 제품, 영 · 유아 목욕용 제품 제외),
- 기초화장용 제품류(클렌징 워터, 클렌징 오일, 클렌징 로션, 클렌징 크림 등 메이크업 리무버 제품 제외) 중 액, 로션, 크림 및 이와 유사한 제형의 액상제품 (다만, 물을 포함하지 않는 제품과 사용한 후 곧바로 물로 씻어 내는 제품은 제외한다.)

34 물속에 계면활성제를 투입하면 계면활성제의 소수성에 의해 계면활성제가 친유기를 공기 쪽으로 향하여 기체(공기)와 액체 표면에 분포하고 표면이 포화되어 더 이상 계면활성제가 표면에 있을 수 없으면 물속에서 자체적으로 친유기(꼬리)가 물과 접촉하지 않도록 계면활성제가 화합하는데 이화합체를 (㉠)이라고 한다. ㉠에 적합한 단어는?

① 나노좀
② 리포좀
③ 에멀젼
④ 현탁액
⑤ 미셀

정답 32 ① 33 ① 34 ⑤

35 별표3 화장품 안전기준 등에 관한 규정에서 인체 세포, 조직 배양액 안전기준의 설명으로 옳지 않은 것은?

① 누구든지 세포나 조직을 주고받으면서 금전 또는 재산상의 이익을 취할 수 없다.
② 누구든지 공여자에 관한 정보를 제공하거나 광고 등을 통해 특정인의 세포 또는 조직을 사용하였다는 내용의 광고를 할 수 없다.
③ 인체 세포, 조직 배양액을 제조하는데 필요한 세포조직은 채취 혹은 보존에 필요한 위생상의 관리가 가능한 의료기관에서 채취한 것만을 사용한다.
④ 세포조직을 채취하는 의료기관 및 인체 세포, 조직 배양액을 제조하는 자는 업무수행에 필요한 문서화된 절차를 수립하고 유지하여야 하며 그에 따른 기록을 보존하여야 한다.
⑤ 화장품제조업자는 세포조직의 채취, 검사, 배양액 제조 등을 실시한 기관에 대하여 안전하고 품질이 균일한 인체 세포, 조직 배양액이 제조될 수 있도록 관리 감독을 철저히 하여야 한다.

해설

〈별표3〉 인체 세포, 조직 배양액 안전기준
① 누구든지 세포나 조직을 주고받으면서 금전 또는 재산상의 이익을 취할 수 없다.
② 누구든지 공여자에 관한 정보를 제공하거나 광고 등을 통해 특정인의 세포 또는 조직을 사용하였다는 내용의 광고를 할 수 없다.
③ 인체 세포 · 조직 배양액을 제조하는데 필요한 세포 · 조직은 채취 혹은 보존에 필요한 위생상의 관리가 가능한 의료기관에서 채취된 것만을 사용한다.
④ 세포 · 조직을 채취하는 의료기관 및 인체 세포 · 조직 배양액을 제조하는 자는 업무수행에 필요한 문서화된 절차를 수립하고 유지하여야 하며 그에 따른 기록을 보존하여야 한다.
⑤ 화장품 제조판매업자는 세포 · 조직의 채취, 검사, 배양액 제조 등을 실시한 기관에 대하여 안전하고 품질이 균일한 인체 세포 · 조직 배양액이 제조될 수 있도록 관리 · 감독을 철저히 하여야 한다.

36 다음 우수화장품 제조 및 품질관리기준에서 기준일탈 제품의 폐기처리 순서이다. 바르게 나열한 것은?

㉠ 폐기 처분 또는 재작업 또는 반품
㉡ 기준일탈의 처리
㉢ 기준일탈 조사
㉣ 시험, 검사, 측정이 틀림없음을 확인
㉤ 격리 보관
㉥ 시험, 검사, 측정에서 기준일탈 결과 나옴
㉦ 기준일탈 제품에 불합격라벨 첨부

① ㉢ → ㉡ → ㉥ → ㉦ → ㉣ → ㉠ → ㉤
② ㉣ → ㉡ → ㉥ → ㉢ → ㉦ → ㉠ → ㉤
③ ㉥ → ㉢ → ㉣ → ㉡ → ㉦ → ㉤ → ㉠
④ ㉥ → ㉡ → ㉦ → ㉢ → ㉤ → ㉣ → ㉠
⑤ ㉥ → ㉡ → ㉣ → ㉢ → ㉤ → ㉦ → ㉠

해설

〈기준일탈 제품이 발생 시 처리 절차〉
① 시험, 검사, 측정에서 기준 일탈 결과 나옴
② 기준일탈 조사
③ 시험, 검사, 측정이 틀림없음 확인
④ 기준일탈처리
⑤ 기준일탈 제품에 불합격 라벨 첨부
⑥ 격리 보관
⑦ 폐기처분 또는 재작업 또는 반품

37 다음 유통화장품 안전관리 시험방법 중 안티몬과 니켈을 동시에 분석할 수 있는 시험방법만을 짝지어 놓은 것은?

① ICP, AAS, 비색법
② ICP, ICP-MS, AAS
③ ICP, AAS, 푹신아황산법
④ ICP-MS, AAS, 디티존법
⑤ ICP, ICP-MS, 액체크로마토그래프법

정답 35 ⑤ 36 ③ 37 ②

해설

〈별표4〉 유통화장품 안전관리 시험방법
- 니켈, 안티몬, 카드뮴 : ICP(유도결합플라즈마분광기를 이용하는 방법)
- ICP-MS(유도결합플라즈마-질량분석기를 이용한 방법)
- AAS(원자흡광광도법)

38 다음 중 우수화장품 제조 및 품질관리기준(CGMP)에서 화장품의 폐기처리에 대한 설명으로 옳지 않은 것은?

① 재작업의 여부는 제조부서 책임자에 의해 승인되어야 한다.
② 변질, 변패 또는 병원미생물에 오염되지 않고 제조일로부터 1년이 경과하지 않은 화장품은 재작업을 할 수 있다.
③ 변질, 변패 또는 병원미생물에 오염되지 않고 제조일로부터 10개월이 경과하지 않은 화장품은 재작업을 할 수 있다.
④ 변질, 변패 또는 병원미생물에 오염되지 않고 사용기한이 18개월 남아있는 화장품은 재작업을 할 수 있다.
⑤ 변질, 변패 또는 병원미생물에 오염되지 않고 사용기한이 1년 남아있는 화장품은 재작업을 할 수 있다.

해설

제22조(폐기처리 등) 〈우수화장품 제조 및 품질관리기준〉
① 품질에 문제가 있거나 회수 · 반품된 제품의 폐기 또는 재작업 여부는 품질보증 책임자에 의해 승인되어야 한다.
② 재작업은 그 대상이 다음 각 호를 모두 만족한 경우에 할 수 있다.
- 변질 · 변패 또는 병원미생물에 오염되지 아니한 경우
- 제조일로부터 1년이 경과하지 않았거나 사용기한이 1년 이상 남아있는 경우

39 건물, 시설 및 주요설비는 정기적으로 점검하여 화장품의 제조 및 품질관리에 지장이 없도록 유지 · (㉠) · 기록해야 한다고 우수화장품 제조 및 품질관리기준(CGMP)제10조 유지관리에서 규정하고 있다. 다음 중 ㉠에 들어갈 적합한 것은?

① 점검 ② 변경
③ 수리 ④ 관리
⑤ 교체

해설

제10조(유지관리) 〈우수화장품 제조 및 품질관리기준 시행규칙〉
건물, 시설 및 주요 설비는 정기적으로 점검하여 화장품의 제조 및 품질관리에 지장이 없도록 유지 · 관리 · 기록하여야 한다.

40 다음 중 우수화장품 제조 및 품질관리기준(CGMP) 해설서에서 설명하고 있는 화장품 제조설비의 세척 원칙으로 옳지 않은 것은?

① 증기 세척을 이용한다.
② 세척 후는 반드시 세정결과를 판정한다.
③ 세제(계면활성제)를 반드시 사용한다.
④ 최적의 용제는 물세척이다.
⑤ 설비는 건조, 밀폐하여 보존한다.

해설

〈설비 세척의 원칙〉
① 가능하면 세제를 사용하지 않는다(세제 사용 시 적합한 세제로 세척한다).
② 가능하면 증기 세척이 더 좋은 방법이다
③ 위험성이 없는 용제로 물세척이 최적이다.
④ 브러시 등으로 문질러 지우는 방법을 고려한다.
⑤ 분해할 수 있는 설비는 분해해서 세밀하게 세척한다.
⑥ 세척 후에는 미리 정한 규칙에 따라 반드시 세정결과를 판정한다.
⑦ 세척판정 후의 설비는 건조, 밀폐하여 보존한다.
⑧ 세척의 유효기간을 정하고 유효기간 만료 시 규칙적으로 재세척 한다. (필요 시 소독)

정답 38 ① 39 ④ 40 ③

41 **다음 중 우수화장품 제조 및 품질관리기준(CGMP) 해설서에서 원자재 입출고에 대한 설명으로 옳은 것은?**

① 제조업자는 원자재 공급자에 대한 관리, 감독을 화장품책임판매업자에게 위탁한다.
② 원자재 입고 시 구매요구서, 원자재 공급업체 성적서 및 현품이 서로 일치하는지 확인한다. 필요한 경우 운송관련 자료를 추가적으로 확인할 수 있다.
③ 원자재 용기에 제조번호가 없으면 원자재 공급업자에게 반송해야 한다.
④ 원자재 입고 시 물품에 결함이 있을 경우 우선 입고하고 원자재 공급업자에게 연락을 취한다.
⑤ 입고된 원자재는 '적합', '부적합', '검사 중' 등으로 반드시 상태를 표시하여야 하며 동일 수준의 보증이 가능한 다른 시스템으로 대체할 수 없다.

해설

〈우수화장품 제조 및 품질관리기준〉
1. 입고관리
① 제조업자는 원자재 공급자에 대한 관리감독을 적절히 수행하여 입고관리가 철저히 이루어지도록 하여야 한다.
② 원자재의 입고 시 구매 요구서, 원자재 공급업체 성적서 및 현품이 서로 일치하여야 한다. 필요한 경우 운송 관련 자료를 추가적으로 확인할 수 있다.
③ 원자재 용기에 제조번호가 없는 경우에는 관리번호를 부여하여 보관하여야 한다.
④ 원자재 입고절차 중 육안확인 시 물품에 결함이 있을 경우 입고를 보류하고 격리보관 및 폐기하거나 원자재 공급업자에게 반송하여야 한다.
⑤ 입고된 원자재는 '적합', '부적합', '검사 중' 등으로 상태를 표시하여야 한다. 다만, 동일 수준의 보증이 가능한 다른 시스템이 있다면 대체할 수 있다.
⑥ 원자재 용기 및 시험기록서의 필수적인 기재 사항은 다음 각 호와 같다.
- 원자재 공급자가 정한 제품명
- 원자재 공급자명
- 수령일자
- 공급자가 부여한 제조번호 또는 관리번호

42 **제조부서 책임자는 화장품 제조소 내의 모든 직원이 위생관리 기준 및 절차를 준수할 수 있도록 교육 훈련해야 한다. 다음 중에서 위생관리 기준 및 절차의 내용으로 적절하지 않은 것은?**

① 직원의 작업 시 복장
② 직원 건강상태 확인
③ 직원에 의한 제품의 오염방지에 관한 사항
④ 직원의 손 씻는 방법
⑤ 직원의 근무태도

해설

〈직원의 위생관리 기준 및 절차〉
- 직원의 작업 시 복장
- 직원의 건강상태
- 직원에 의한 제품의 오염방지에 관한 사항
- 직원의 손 씻는 방법
- 직원의 작업 중 주의 사항
- 방문객 및 교육훈련을 받지 않은 직원의 위생관리 포함

43 **다음 중 작업장에서 소독에 사용되는 소독제 선택 시 바람직한 조건으로 옳은 것은?**

① 향기로운 냄새가 나야 한다.
② 사용 방법이 복잡해야 한다.
③ 특정한 균에 대하여 항균력이 우수해야 한다.
④ 살균하고자 하는 대상물에 대한 영향이 없어야 한다.
⑤ 내성균의 출현빈도가 높아야 한다.

해설

〈바람직한 소독제의 조건〉
① 소독 후 일정기간 동안 활성 유지
② 사용이 쉬울 것
③ 사용 시 인체에 무독성
④ 제품이나 설비와의 반응성이 없을 것
⑤ 소독 후 불쾌한 냄새가 남지 않을 것
⑥ 광범위한 항균력을 갖고 있을 것
⑦ 5분정도의 짧은 처리에도 효과가 있을 것
⑧ 소독 전에 존재하던 미생물이 최소한 99.9% 이상 사멸시킬 것
⑨ 경제성 고려된 저렴한 가격

정답 41 ② 42 ⑤ 43 ④

44 액성을 산성, 알칼리성 또는 중성으로 나타낸 것은 따로 규정이 없는 한 리트머스지를 써서 검사하며 액성을 구체적으로 표시할 때에는 pH값을 사용한다. 다음 중 미산성의 pH로 적당한 것은?

① 약 3 이하
② 약 3~5
③ 약 5~6.5
④ 약 7.5~9
⑤ 약 9~11

해설

〈pH의 범위〉

분류명	pH의 범위	분류명	pH의 범위
미산성	약 5~약 6.5	미알칼리성	약 7.5~약 9
약산성	약 3~약 5	약알칼리성	약 9~약 11
강산성	약 3 이하	강알칼리성	약 11 이상

45 다음 기능성화장품 기준 및 시험방법 일반시험법에서 실온과 상온에 대한 온도로 옳은 것은?

① 0~30℃, 15~25℃
② 1~30℃, 15~25℃
③ 0~30℃, 1~25℃
④ 1~30℃, 1~25℃
⑤ 1~30℃, 10~30℃

해설

〈실온, 상온, 표준온도〉

시험 또는 저장할 때의 온도는 원칙적으로 구체적인 수치를 기재

- 표준온도 : 20℃, 상온 : 15~25℃, 실온 : 1~30℃, 미온 : 30~40℃
- 냉소 : 1~15℃ 이하, 냉수 : 10℃ 이하
- 미온탕 : 30~40℃, 온탕 : 60~70℃, 열탕 : 100℃

46 다음 중 유통화장품 안전관리 시험방법에서 납에 대한 원자흡광도법(AAS)에 대한 설명으로 옳지 않은 것은?

① 검체 약 0.5g을 정밀하게 달아 석영 또는 테트라플루오로메탄제의 극초단파분해용 용기의 기벽에 닿지 않도록 조심하여 넣는다.
② 검체를 분해하기 위하여 질산 7㎖, 염산 2㎖ 및 황산 1㎖을 넣고 뚜껑을 닫은 다음 용기를 극초단파분해 장치에 장착 한 다음 조작조건에 따라 무색~엷은 황색이 될 때까지 분해한다.
③ 표준액 0.5㎖, 1.0㎖ 및 2.0㎖를 각각 취하여 구연산암모늄(1.4) 10㎖ 및 브롬치몰블루시액 2방울을 넣고 이하 검액과 같이 조작하여 검량선용 표준액으로 한다.
④ 조작조건으로 가연성가스는 공기를 사용하고 지연성 가스는 아세칠렌 또는 수소를 사용한다.
⑤ 납중공음극램프를 사용하여 283.3nm에서 흡광도를 측정한다.

해설

납에 대한 원자흡광광도법

① 검액의 조제 : 검체 약 0.5g을 정밀하게 달아 석영 또는 테트라플루오로메탄제의 극초단파 분해용 용기의 기벽에 닿지 않도록 조심하여 넣는다. 검체를 분해하기 위하여 질산 7㎖, 염산 2㎖ 및 황산 1㎖을 넣고 뚜껑을 닫은 다음 용기를 극초단파분해 장치에 장착하고 다음 조작조건에 따라 무색~엷은 황색이 될 때까지 분해한다. 상온으로 식힌 다음 조심하여 뚜껑을 열고 분해물을 25㎖ 용량플라스크에 옮기고 물 적당량으로 용기 및 뚜껑을 씻어 넣고 물을 넣어 전체량을 25㎖로 하여 검액으로 한다. 침전물이 있을 경우 여과하여 사용한다. 따로 질산 7㎖, 염산 2㎖ 및 황산 1㎖를 가지고 검액과 동일하게 조작하여 공시험액으로 한다. 다만, 필요에 따라 검체를 분해하기 위하여 사용되는 산의 종류 및 양과 극초단파분해 조건을 바꿀 수 있다.

정답 44 ③ 45 ② 46 ④

② 표준액의 조제 : 따로 납표준액(10μg/㎖) 0.5㎖, 1.0㎖ 및 2.0㎖를 각각 취하여 구연산암모늄용액(1→4) 10㎖ 및 브롬치몰블루시액 2방울을 넣고 이하 위의 검액과 같이 조작하여 검량선용 표준액으로 한다.

③ 조작 조건 : 사용가스 – 가연성가스 아세칠렌 또는 수소/ 지연성가스 공기 램프 : 납중공음극램프, 파장 : 283.3nm

47 화장품법 규정에 의해 2차 포장에 전성분을 표시를 하고자 한다. 표시 · 기재하여야 할 사항으로 옳은 것은?

① 혼합원료는 혼합된 개별 성분을 기재 표시하지 않아도 된다.

② 화장품에 사용된 모든 원료의 표시는 글자크기를 5포인트 이상으로 하고, 함량이 적은 것부터 기재 표시한다.

③ 색조 화장용 제품류에서 호수별로 착색제가 다르게 사용된 경우 ± 또는 +/−의 표시 다음에 사용된 모든 착색제 성분을 각각 기재 표시 한다.

④ 산성도(pH)조절 목적으로 사용되는 성분은 그 성분을 표시하는 대신 중화반응에 따른 생성물로 기재 표시할 수 있다.

⑤ 착향제는 식품의약품안전처장이 정하여 고시한 알레르기 유발성분이 있는 경우를 포함하여 모두 '향료'로 기재 표시하여야 한다.

해설

〈화장품 제조에 사용된 성분〉

1. 글자의 크기는 5포인트 이상으로 한다.
2. 화장품 제조에 사용된 함량이 많은 것부터 기재 · 표시한다. 다만, 1퍼센트 이하로 사용된 성분, 착향제 또는 착색제는 순서에 상관없이 기재 · 표시할 수 있다.
3. 혼합원료는 혼합된 개별 성분의 명칭을 기재 · 표시한다.
4. 색조 화장용 제품류, 눈 화장용 제품류, 두발염색용 제품류 또는 손발톱용 제품류에서 호수별로 착색제가 다르게 사용된 경우 '± 또는 +/−'의 표시 다음에 사용된 모든 착색제 성분을 함께 기재 · 표시할 수 있다.
5. 착향제는 '향료'로 표시할 수 있다. 다만, 착향제의 구성 성분 중 식품의약품안전처장이 정하여 고시한 알레르기 유발성분이 있는 경우에는 향료로 표시할 수 없고, 해당 성분의 명칭을 기재 · 표시해야 한다.

48 다음 중 우수화장품 제조 및 품질관리기준에 의한 물의 품질에 대한 설명으로 옳지 않은 것은?

① 물의 품질 적합기준을 사용목적에 맞게 규정하여야 한다.

② 물의 품질은 정기적으로 검사하고 필요 시 미생물학적 검사를 실시하여야 한다.

③ 물 공급 설비는 물의 정체와 오염을 피할 수 있도록 설치되어야 한다.

④ 물 공급 설비는 물의 품질에 영향을 주어야 한다.

⑤ 물 공급 설비는 살균처리가 가능해야 한다.

해설

〈제14조〉 물의 품질(우수화장품 제조 및 품질관리기준 시행규칙)

1. 물의 품질 적합기준을 사용목적에 맞게 규정하여야 한다.
2. 물의 품질은 정기적으로 검사해야 하고 필요 시 미생물학적 검사를 실시하여야 한다.
3. 물 공급 설비는 다음 각 호의 기준을 충족해야 한다.

- 물의 정체와 오염을 피할 수 있도록 설치될 것
- 물의 품질에 영향이 없을 것
- 살균처리가 가능할 것

정답 47 ④ 48 ④

49 다음에서 설명하는 화장품 제조설비는 무엇인가?

> 유상성분과 수상성분을 균질화하여 미세한 유화 입자로 만드는 설비로 크림이나 로션타입의 제조에 주로 사용되며 안쪽에 터번형의 회전날개를 원통으로 둘러싼 구조이다. 이 제조설비는 고정자와 고속회전이 가능한 운동자 상이의 간격으로 내용물이 대류 현상으로 통과되며 강한 전단력을 받아 균일하고 미세한 유화 입자를 만들어낸다.

① 아지믹서
② 균질기(호모게나이저)
③ 디스퍼
④ 헨셀믹서
⑤ 측면형 교반기

50 다음 중 우수화장품 제조 및 품질관리기준에서 요구하는 공기 조절의 4대요소가 아닌 것은?

① 차압
② 청정도
③ 실내온도
④ 습도
⑤ 기류

해설

	1	2	3	4
4대요소	청정도	실내온도	습도	기류
대응설비	공기정화기	열교환기	가습기	송풍기

51 다음 중 우수화장품 제조 및 품질관리기준(CGMP)에서 제품의 폐기처리 규정에 따라 신속하게 폐기해야 하는 순서로 적당한 것은?

> ㉠ 시험, 검사, 측정에서 기준일탈 결과 나옴
> ㉡ 기준 일탈 조사
> ㉢ 시험, 검사, 측정이 틀림없을 확인기준일탈 처리
> ㉣ 기준일탈 처리, 기준일탈 제품에 불합격 라벨 첨부
> ㉤ 격리보관
> ㉥ 폐기처분 (또는 재작업 또는 반품)

① ㉠, ㉡, ㉢, ㉣, ㉤, ㉥
② ㉠, ㉢, ㉡, ㉣, ㉤, ㉥
③ ㉠, ㉡, ㉣, ㉤, ㉥, ㉢
④ ㉠, ㉥, ㉣, ㉢, ㉡, ㉤
⑤ ㉡, ㉠, ㉢, ㉣, ㉤, ㉥

해설

※ 제품의 폐기처리규정
재입고 할 수 없는 경우
- 제품의 폐기처리규정을 작성
- 폐기대상은 따로 보관하고, 규정에 따라 신속하게 폐기

① 시험, 검사, 측정에서 기준 일탈 결과 나옴
② 기준일탈 조사
③ 시험, 검사, 측정이 틀림없음 확인
④ 기준일탈처리
⑤ 기준일탈 제품에 불합격 라벨 첨부
⑥ 격리 보관
⑦ 폐기처분 (또는 재작업 또는 반품)

정답 49 ② 50 ① 51 ①

52 다음 중 우수화장품 제조 및 품질관리기준(CGMP)에서 원자재의 입고관리에 대한 설명으로 옳은 것은?

① 화장품 책임판매업자는 원자재 공급자에 대한 관리감독을 적절히 수행하여 입고관리가 철저히 이루어지도록 하여야 한다.
② 원자재의 입고 시 구매요구서, 원자재 공급업체 성적서 및 현품이 서로 일치하여야 하며 반드시 운송 관련 자료를 추가적으로 확인해야 한다.
③ 원자재 용기에 제조번호가 없는 경우에는 원자재 공급업체로 반송한다.
④ 원자재 입고절차 중 육안확인 시 물품에 결함이 있을 경우, 입고를 보류하고 격리보관 및 폐기하거나 원자재 공급업자에게 반송하여야 한다.
⑤ 입고된 원자재는 '입고', '입고 보류', '반송' 등으로 상태를 표시하여야 한다.

해설

원자재의 관리 〈우수화장품 제조 및 품질관리기준〉
(입고관리)
① 제조업자는 원자재 공급자에 대한 관리감독을 적절히 수행하여 입고관리가 철저히 이루어지도록 하여야 한다.
② 원자재의 입고 시 구매 요구서, 원자재 공급업체 성적서 및 현품이 서로 일치하여야 한다. 필요한 경우 운송 관련 자료를 추가적으로 확인할 수 있다.
③ 원자재 용기에 제조번호가 없는 경우에는 관리번호를 부여하여 보관하여야 한다.
④ 원자재 입고절차 중 육안확인 시 물품에 결함이 있을 경우 입고를 보류하고 격리보관 및 폐기하거나 원자재 공급업자에게 반송하여야 한다.
⑤ 입고된 원자재는 '적합', '부적합', '검사 중' 등으로 상태를 표시하여야 한다. 다만, 동일 수준의 보증이 가능한 다른 시스템이 있다면 대체할 수 있다.
⑥ 원자재 용기 및 시험기록서의 필수적인 기재 사항은 다음 각 호와 같다.
- 원자재 공급자가 정한 제품명
- 원자재 공급자명
- 수령일자
- 공급자가 부여한 제조번호 또는 관리번호

53 다음 중 우수화장품 제조 및 품질관리기준에서 작업소에 대한 설명으로 옳은 것은?

① 바닥, 벽, 천장은 가능한 청소하기 쉽게 매끄러운 평면을 지니고 소독제 등의 부식성에 저항력이 있어야 한다.
② 일부분만 환기가 되고 청결해야 한다.
③ 외부와 연결된 창문은 통풍이 잘되도록 열려야 한다.
④ 작업소 내의 외관 표면은 가능한 매끄럽게 설계하고 청소, 소독제의 부식성에 저항력이 없어야 한다.
⑤ 수세실과 화장실은 멀리 설치하고 생산구역과 분리되어 있어야 한다.

해설

〈우수화장품 제조 및 품질관리 기준〉 적합한 작업소
- 제조하는 화장품의 종류, 제형에 따라 적적히 구획, 구분되어 있어 교차오염 우려가 없을 것
- 바닥, 벽, 천장은 가능한 청소하기 쉽게 매끄러운 표면을 지니고 소독제 등의 부식성에 저항력이 있을 것
- 환기가 잘 되고 청결할 것
- 외부와 연결된 창문은 가능한 열리지 않도록 할 것
- 작업소 내의 외관 표면은 가능한 매끄럽게 설계하고 청소, 소독제의 부식성에 저항력이 있을 것
- 수세실과 화장실은 접근이 쉬워야 하나 생산구역과 분리되어 있을 것
- 작업소 전체에 적절한 조명을 설치하고 조명이 파손될 경우를 대비한 제품을 보호할 수 있는 처리절차를 마련할 것
- 제품의 오염을 방지하고 적절한 온도 및 습도를 유지할 수 있는 공기조화시설 등 적절한 환기시설을 갖출 것
- 각 제조구역별 청소 및 위생관리 절차에 따라 효능이 입증된 세척제 및 소독제를 사용할 것
- 제품의 품질에 영향을 주지 않는 소모품을 사용할 것

정답 52 ④ 53 ①

54 **다음 중 우수화장품 제조 및 품질관리기준에서 직원의 위생에 대한 설명이 옳은 것은?**

① 적절한 위생관리 기준 및 절차를 마련하고 제조소 내의 제조부서 직원만 이를 준수해야 한다.

② 작업소 내의 모든 직원은 화장품의 오염을 방지하기 위해 규정된 작업복을 착용해야 한다. 단, 보관소 내의 직원은 예외이다.

③ 피부에 외상이 있는 직원은 화장품의 품질에 영향을 주지 않는다는 의사의 소견이 있기 전까지는 화장품과 직접적으로 접촉되지 않도록 격리되어야 한다.

④ 제조 구역별 접근권한이 없는 작업원은 제조, 관리 및 보관구역 내에 절대 들어가지 않아야 한다.

⑤ 방문객은 사전에 교육을 받지 않아도 복장 규정에 따라 복장만 갖추면 제조구역에 출입할 수 있다.

해설

〈화장품법 시행규칙 제12조 2항 우수화장품제조 및 품질관리기준 제6조〉

(직원의 위생)

① 적절한 위생관리 기준 및 절차를 마련하고 제조소 내의 모든 직원은 이를 준수해야 한다.

② 작업소 및 보관소 내의 모든 직원은 화장품의 오염을 방지하기 위해 규정된 작업복을 착용해야 하고 음식물 등을 반입해서는 아니 된다.

③ 피부에 외상이 있거나 질병에 걸린 직원은 건강이 양호해지거나 화장품의 품질에 영향을 주지 않는다는 의사의 소견이 있기 전까지는 화장품과 직접적으로 접촉되지 않도록 격리되어야 한다.

④ 제조구역별 접근 권한이 있는 작업원 및 방문객은 가급적 제조, 관리 및 보관구역 내에 들어가지 않도록 하고 불가피한 경우 사전에 직원 위생에 대한 교육 및 복장 규정에 따르도록 하고 감독하여야 한다.

55 **다음은 우수화장품 제조 및 품질관리기준 해설서에서 설비 세척 후에 실시하는 세척 확인 방법에 대하여 설명하고 있다. 그 설명으로 옳은 것은?**

① 설비 내부 표면에 이물이 있는지 육안으로 확인한다.

② 손으로 설비 내부의 표면을 문질러 닦아내 본다.

③ 깨끗한 흰 색의 수건으로 설비 내부의 표면을 닦아내 본다,

④ 호스 내부는 검은 천으로 닦아내어 묻어나는 것이 있는지 확인한다.

⑤ 탱크 세척 후의 세척 판정은 린스액에 대한 화학분석을 반드시 실시한다.

해설

〈설비, 기구의 위생 상태 판정〉

1. 육안 확인 : 육안판정 장소는 미리 정해 놓고 판정결과를 기록서에 기재
2. 닦아내기
   - 천으로 문질러 보고 부착물 확인 (무진포가 바람직)
   - 흰 천이나 검은 천으로 설비 내부의 표면을 닦아내 본다.
   - 천 표면의 잔류물 유무로 세척 결과 판정
3. 린스 정량 실시 : 린스액의 화학분석
   - 화학적분석이 상대적으로 복잡한 방법이나 수치로 결과 확인 가능
   - 호스나 틈새기의 세척판정에 적합

56 **다음 품질관리에 사용되는 표준품과 주요 시약의 용기에 기재 되어야 하는 사항으로 옳지 않은 것은?**

① 명칭　　② 제조일

③ 보관조건　　④ 사용기한

⑤ 역가, 제조자의 성명 또는 서명(직접 제조한 경우에 한함)

정답 54 ③ 55 ① 56 ②

해설

〈표준품과 주요 시약의 용기에 기재해야 하는 사항〉
1. 명칭
2. 개봉일
3. 보관조건
4. 사용기한
5. 역가, 제조자의 성명 또는 서명(직접 제조한 경우에 한함)

57 다음 화장품에 대한 총호기성 생균수 시험결과를 바르게 나열한 것은?

① 어린이용 로션 :총호기성 생균수 800개/g(㎖)
② 마스카라 : 총호기성 생균수 700개/g(㎖)
③ 물휴지 : 세균 100개/g, 진균 110개/g(㎖)
④ 화장수 : 총호기성 생균수 1, 500개/g(㎖)
⑤ 영양크림 : 총호기성 생균수 1, 000개/g(㎖)

해설

〈미생물 한도 기준〉
- 총호기성 생균수는 영유아용 제품류 및 눈화장용 제품류의 경우 500개/g(㎖) 이하
- 물휴지의 경우 세균 및 진균수 각각 100개/g(㎖) 이하
- 그 밖의 화장품류의 경우 총호기성 생균수 1, 000개/g(㎖) 이하
- 대장균, 녹농균, 황색포도상구균은 불검출

58 다음 화장품 안정성시험 가이드라인에서 규정하고 있는 안정성시험으로 생산된 3로트 이상의 제품을 계절별로 각각의 연평균 온도, 습도 등의 조건을 설정하여 6개월 이상 시험하는 것을 원칙으로 하는 시험은 무엇인가?

① 장기보존 시험
② 가속 시험
③ 개봉 후 안정성시험
④ 가혹 시험
⑤ 보관조건 시험

해설

〈개봉 후 안정성시험〉
1. 로트의 선정 : 장기 보존시험 조건에 따른다.
2. 보존조건 : 제품의 사용 조건을 고려하여, 적절한 온도, 시험기간 및 측정시기를 설정하여 시험 한다. 예를 들어 계절별로 각각의 연평균 온도, 습도 등의 조건을 설정할 수 있다.
3. 시험기간 : 6개월 이상 시험하는 것을 원칙으로 하나, 특성에 따라 조정할 있다.
4. 측정시기 : 시험개시 때와 첫 1년간은 3개월 마다, 그 후 2년까지는 6개월마다, 2년 이후부터 1년에 1회 시험한다.

59 다음 유통화장품의 안전관리기준에서는 화장품을 제조하면서 완전히 제거가 불가능한 경우 특정 미생물의 허용한도를 규정하고 있다. 이 특정 미생물에는 (㉠), 녹농균, 황색포도상구균이 해당된다. ㉠에 적합한 단어는?

① 비피더스균 ② 살모넬라균
③ 아크네균 ④ 대장균
⑤ 칸디다균

해설

대장균, 녹농균, 황색포도상구균 : 불검출

60 다음 중 천연화장품 및 유기농화장품의 용기와 포장에 사용할 수 없는 재질은 무엇인가?

① 폴리염화비닐(PVC)
② 폴리프로필렌(PP)
③ 고밀도폴리에틸렌(HDPE)
④ 저밀도폴리에틸렌(LDPE)
⑤ 폴리에틸렌테레프탈레이트(PET)

해설

천연화장품 및 유기농화장품의 용기와 포장에는 폴리염화비닐(Polyvinyl chloride (PVC)), 폴리스티렌폼(Polystyrene foam)을 사용할 수 없다.

정답 57 ⑤ 58 ③ 59 ④ 60 ①

61 다음 중 우수화장품제조 및 품질관리기준 시행규칙 작업소의 청소 및 소독방법에서 세척의 원칙 대한 설명으로 적절하지 않은 것은?

① 증기세척이 좋은 방법이다.
② 반드시 세제를 사용해서 세척한다.
③ 분해할 수 있는 설비는 분해해서 세척한다.
④ 세척한 설비는 반드시 판정 후 건조, 밀폐하여 보존한다.
⑤ 세척의 유효기간을 설정한다.

해설

〈작업소 청소 및 소독 방법〉
(세척의 원칙)
- 위험성이 없는 용제로 세척 (물이 가장 안정)
- 가능한 한 세제를 사용하지 않음
- 증기세척이 좋은 방법
- 브러시 등으로 문질러 지우는 것을 고려
- 분해할 수 있는 설비는 분해해서 세척
- 세척 후 반드시 "판정"
- 판정 후 설비는 건조 · 밀폐하여 보존
- 세척의 유효기간 설정

62 다음은 유통화장품 안전관리 기준에 따른 내용량 기준에 대한 설명이다. ㉠, ㉡에 적합한 단어는?

- 제품 (㉠)개를 가지고 시험할 때 그 평균 내용량이 표기량에 대하여 97% 이상이어야 한다.
- 기준치를 벗어날 경우 6개를 더 취하여 시험할 때 9개의 평균 내용량이 (㉡)% 이상이어야 한다.

	㉠	㉡
①	3	95
②	3	97
③	3	98
④	6	95
⑤	6	97

해설

〈유통화장품 안전관리기준〉 내용량의 기준
1. 제품 3개를 가지고 시험할 때 그 평균 내용량이 표기량에 대하여 97% 이상
(다만, 화장 비누의 경우 : 건조중량을 내용량으로 한다.)
2. 기준치를 벗어날 경우 : 6개를 더 취하여 시험할 때 9개의 평균 내용량이 97% 이상

63 다음 화장품 안전기준 등에 관한 규정 별표4에서 유통화장품 시험방법 중 원자흡광광도법에 따라 납 시험을 할 때 검액의 조제 순서로 옳은 것은?

㉠ 검체 약 0.5g을 정밀하게 달아 석영 또는 테트라플루오로메탄제의 극초단파분해용 용기의 기벽에 닿지 않도록 조심하여 넣는다.
㉡ 검체에 질산 7mℓ, 염산 2mℓ 및 황산 1mℓ을 넣고 뚜껑을 닫은 다음 용기를 극초단파분해장치에 장착한다.
㉢ 상온으로 식힌 다음 조심하여 뚜껑을 열고 분해물을 25mℓ용량 플라스크에 옮기고 물을 넣어 전체량을 25mℓ로 하여 검액으로 한다.
㉣ 검액과 공시험액 각 25mℓ를 취하여 각각에 구연산암모늄용액(1->4)10mℓ 및 브롬치몰블 루시액 2방울을 넣어 액의 색이 황색에서 녹색이 될 때까지 암모니아시액을 넣는다.
㉤ 황산암모늄용액(2->5) 10mℓ 및 물을 넣어 100mℓ로 하고 디에칠디치오카르바민산나트륨 용액(1→20) 10mℓ를 넣어 섞고 몇 분간 방치한 다음 메칠이소부틸케톤 20.0mℓ를 세게 흔들어 섞어 조용히 둔다. 메칠이소부틸케톤층을 여취하고 필요하면 여과하여 검액으로 한다.

① ㉠ → ㉡ → ㉢ → ㉣ → ㉤
② ㉠ → ㉡ → ㉢ → ㉤ → ㉣
③ ㉠ → ㉡ → ㉣ → ㉢ → ㉤
④ ㉠ → ㉢ → ㉡ → ㉣ → ㉤
⑤ ㉠ → ㉤ → ㉢ → ㉣ → ㉡

정답 61 ② 62 ② 63 ①

해설

〈납시험 검액의 조제 순서〉

1. 검체 약 0.5g을 정밀하게 달아 석영 또는 테트라플루오로메탄제의 극초단파분해용 용기의 기벽에 닿지 않도록 조심하여 넣는다.
2. 검체를 분해하기 위하여 질산 7㎖, 염산 2㎖ 및 황산 1㎖을 넣고 뚜껑을 닫은 다음 용기를 극초단파분해 장치에 장착하고 다음 조작조건에 따라 무색~엷은 황색이 될 때까지 분해한다.
3. 상온으로 식힌 다음 조심하여 뚜껑을 열고 분해물을 25㎖ 용량플라스크에 옮기고 물 적당량으로 용기 및 뚜껑을 씻어 넣고 물을 넣어 전체량을 25㎖로 하여 검액으로 한다. 침전물이 있을 경우 여과하여 사용한다.
4. 따로 질산 7㎖, 염산 2㎖ 및 황산 1㎖를 가지고 검액과 동일하게 조작하여 공시험액으로 한다. 다만, 필요에 따라 검체를 분해하기 위하여 사용되는 산의 종류 및 양과 극초단파 분해 조건을 바꿀 수 있다.
5. 위 검액 및 공시험액 또는 디티존법의 검액의 조제와 같은 방법으로 만든 검액 및 공시험액 각 25㎖를 취하여 각각에 구연산암모늄용액(1→4) 10㎖ 및 브롬치몰블루시액 2방울을 넣어 액의 색이 황색에서 녹색이 될 때까지 암모니아시액을 넣는다.
6. 여기에 황산암모늄용액(2→5) 10㎖ 및 물을 넣어 100㎖로 하고 디에칠디치오카르바민산 나트륨용액(1→20) 10㎖를 넣어 섞고 몇 분간 방치한 다음 메칠이소부틸케톤 20.0㎖를 넣어 세게 흔들어 섞어 조용히 둔다. 메칠이소부틸케톤층을 여취하고 필요하면 여과하여 검 액으로 한다.

64 다음 기능성화장품 심사에 관한 규정에 따라 자외선차단지수(SPF)는 측정결과에 근거하여 평균값이 68일 경우, SPF는 SPF(㉠)+라고 표시한다. ㉠에 적합한 것은?

① 30 ② 40 ③ 50 ④ 60 ⑤ 68

해설

〈기능성화장품 중 자외선차단제의 효능, 효과 표시〉

자외선으로부터 피부를 보호하는데 도움을 주는 제품에 자외선차단지수(SPF) 기준에 따라 표시한다. 자외선차단지수(SPF)는 측정결과에 근거하여 평균값(소수점이하 절사)으로부터 -20% 이하 범위 내 정수(SPF 평균값이 23일 경우 19~23 범위 정수)로 표시하되, SPF 50 이상은 'SPF50+'로 표시한다.

65 다음 맞춤형화장품 표시, 기재사항에서 소용량 맞춤형화장품 또는 비매품 맞춤형화장품의 1차 포장 또는 2차 포장에 표시, 기재해야 하는 사항으로 옳지 않은 것은?

① 화장품의 명칭
② 화장품 책임판매업자의 상호
③ 맞춤형화장품 판매업자의 상호
④ 제조번호와 사용기한 또는 개봉 후 사용기간
⑤ 가격

해설

〈맞춤형화장품 표시, 기재사항 (소용량 또는 비매품)〉

- 화장품의 명칭
- 맞춤형화장품판매업자의 상호
- 제조번호(식별번호)
- 사용기한 또는 개봉 후 사용기간(개봉 후 사용기간의 경우 제조연월일 병행표기)
- 가격

66 맞춤형화장품의 혼합, 소분에 사용되는 내용물 및 원료에 대한 품질검사결과를 확인 할 수 있는 서류로 옳은 것은?

① 제조공정도 ② 칭량지시서
③ 품질성적서 ④ 포장지시서
⑤ 품질규격서

해설

혼합, 소분 전에 혼합, 소분에 사용되는 내용물 또는 원료에 대한 품질성적서를 확인할 것

67 맞춤형 화장품으로 립스틱을 만들려고 한다. 다음 중 립스틱 내용물에 혼합해 사용할 수 있는 색소로 옳은 것은?

① 적색 201호 ② 적색 208호
③ 적색 219호 ④ 등색 206호
⑤ 등색 207호

해설

〈별표1 화장품 색소 : 타르색소〉

- 적색 102호 : 영유아용 또는 13세 이하 어린이용 제

정답 64 ③ 65 ② 66 ③ 67 ①

품 사용할 수 없음
- 적색 205호, 206호, 207호, 208호, 219호 : 눈 주위 및 입술에 사용할 수 없음
- 등색 206호, 207호 : 눈 주위 및 입술에 사용할 수 없음

68 **미백기능성 화장품의 전성분이 다음과 같을 때 닥나무추출물의 함량으로 가장 적절한 것은?(단, 페녹시에탄올은 사용한도까지 사용하였음)**

> 정제수, 글리세린, 호호바오일, 에탄올, 헥산다이올, 닥나무추출물, 녹차추출물, 페녹시에탄올, 피이지-60하이드로제네이티드캐스터오일, 향료, 토코페릴아세테이트, 디소듐이디티에이

① 0.5 ~ 1.0%　② 1.0 ~ 2.0%
③ 2.0 ~ 3.0%　④ 3.0 ~ 4.0%
⑤ 4.0 ~ 5, 0%

해설

〈사용 제한 원료의 함량〉
- 닥나무추출물 ; 미백기능성 화장품 성분 2.0%
- 페녹시에탄올 : 보존제 1.0%

69 **다음 중 맞춤형화장품의 변경신고에 대한 사항을 설명한 것으로 옳은 것은?**

① 맞춤형화장품 판매업자는 변경사유가 발생한 날부터 15일 이내에 맞춤형화장품 판매업 변경신고를 해야 한다.
② 변경시고 시에는 맞춤형화장품 판매업 신고필증과 해당 서류(전자문서는 제외)를 첨부하여 지방보건소장에게 제출하여야 한다.
③ 상속에 의해 판매업자가 변경된 경우에는 주민등록초본을 신고서와 함께 제출한다.
④ 양도양수에 의한 변경의 경우에는 이를 증빙할 수 있는 서류를 제출해야 한다.
⑤ 맞춤형화장품 조제관리사가 변경된 경우에는 자격증 원본을 제출한다.

해설

〈맞춤형화장품판매업의 변경신고〉
- 맞춤형화장품판매업을 하려는 자는 총리령으로 정하는 바에 따라 식품의약품안전처장에게 신고하여야 한다. 신고한 사항 중 총리령으로 정하는 사항을 변경할 때에도 또한 같다. ⇒ 관할 지방식품의약처안전청에 15일 이내 신고. 변경사항은 30일 이내

① 맞춤형화장품판매업자가 변경신고를 해야 하는 경우
㉠ 맞춤형화장품판매업자를 변경하는 경우
㉡ 맞춤형화장품판매업소의 상호 또는 소재지를 변경하는 경우
㉢ 맞춤형화장품조제관리사를 변경하는 경우
② 맞춤형화장품판매업자가 변경신고를 하려면 맞춤형화장품판매업 변경신고서(전자문서로 된 신고서를 포함한다)에 맞춤형화장품판매업 신고필증과 그 변경을 증명하는 서류(전자문서를 포함한다)를 첨부하여 맞춤형화장품판매업소의 소재지를 관할하는 지방식품의약품안전청장에게 제출해야 한다. 이 경우 소재지를 변경하는 때에는 새로운 소재지를 관할하는 지방식품의약품안전청장에게 제출해야 한다.

구분	제출 서류
공통	① 맞춤형화장품판매업 변경신고서 ② 맞춤형화장품판매업 신고필증(기 신고한 신고필증)
판매업자 변경	① 사업자등록증 및 법인등기부등본(법인에 한함) ② 양도 · 양수 또는 합병의 경우에는 이를 증빙할 수 있는 서류 ③ 상속의 경우에는「가족관계의 등록 등에 관한 법률」제15조 제1항 제1호의 가족관계증명서
판매업소 상호 변경	① 사업자등록증 및 법인등기부등본(법인에 한함)
판매업소 소재지 변경	① 사업자등록증 및 법인등기부등본(법인에 한함) ② 건축물관리대장 ③ 임대차계약서(임대의 경우에 한함) ④ 혼합 · 소분 장소 · 시설 등을 확인할 수 있는 세부 평면도 및 상세 사진
조제관리사 변경	① 맞춤형화장품조제관리사 자격증 사본

정답 68 ② 69 ④

70 **맞춤형화장품 판매업자가 작성해서 보관해야 하는 판매내역서에 기재해야 하는 것은?**

① 고객 성명
② 조제관리사 성명
③ 책임판매업자 성명
④ 판매일자
⑤ 판매가격

해설

맞춤형화장품판매내역서를 작성 · 보관할 것(전자문서로 된 판매내역을 포함)

1. 제조번호(맞춤형화장품의 경우 식별번호를 제조번호로 함)
   식별번호는 맞춤형화장품의 혼합 · 소분에 사용되는 내용물 또는 원료의 제조번호와 혼합 · 소분기록을 추적할 수 있도록 맞춤형화장품판매업자가 숫자 · 문자 · 기호 또는 이들의 특징적인 조합으로 부여한 번호임
2. 사용기한 또는 개봉 후 사용기간
3. 판매일자 및 판매량

71 **다음은 화장품 함유 성분별 사용 시의 주의사항으로 ㉠에 적절한 단어는 무엇인가?**

- 카민 함유 제품이므로 이 성분에 과민하거나 (㉠)이/가 있는 사람은 신중히 사용할 것
- 프로필렌글리콜 함유 제품이므로 이 성분에 과민하거나 (㉠) 병력이 있는 사람은 신중히 사용할 것(프로필렌글리콜 함유 제품만 표시한다.)

① 알레르기
② 감광성
③ 감작성
④ 소양감
⑤ 피부질환

해설

〈화장품의 함유 성분별 사용 시 주의사항〉
카민 함유 제품 : 카민 성분에 과민하거나 알레르기가 있는 사람은 신중히 사용할 것

72 **다음 중 인체의 피부에 대한 설명으로 적절하지 않은 것은?**

① 피부는 제일 바깥으로부터 표피, 피하지방, 진피로 구성되어 있다.
② 피부의 pH는 4~6이며 피부 속으로 들어갈수록 pH는 7.0까지 증가한다.
③ 피부에는 보호기능, 각화기능, 분비 기능, 체온조절기능, 호흡 기능 등이 있다.
④ 피부의 재생주기는 28일(20세 기준)이며, 나이가 들어감에 따라 재생주기가 증가한다.
⑤ 표피 각질층에 존재하는 세포간 지질은 세라마이드, 콜레스테롤, 유리지방산, 콜레스테롤 설페이트 등으로 구성되어 있다.

해설

피부의 구조는 바깥으로부터 표피, 진피, 피하지방(조직)으로 구성

73 **맞춤형화장품 판매장에 방문한 고객의 요청이 다음과 같다. 피부상태 측정 후에 고객의 요청에 따라 맞춤형화장품 조제관리사는 ㉠과 ㉡을 혼합하여 맞춤형화장품을 조제할 때 그 혼합이 적절한 것은?**

〈대화〉

고객 : 골프를 많이 하다보니 피부가 많이 검어졌고 거칠어진 것 같아요. 기미도 많이 올라온 것 같구요. 피부가 하얗게 되고 촉촉해질 수 있는 제품으로 조제 부탁드려요. 그리고 사용감이 끈적거리지 않았으면 좋겠어요.

맞춤형화장품조제관리사 : 화장품 내용물은 (㉠)에 보습성분(㉡)을 혼합해서 맞춤형화장품을 조제해 드리겠습니다.

① ㉠ 주름개선 기능성화장품 크림
㉡ 아르간커넬 오일
② ㉠ 주름개선 기능성화장품 크림
㉡ 베타-글루칸

정답 70 ④ 71 ① 72 ① 73 ④

③ ㉠ 미백 기능성화장품 크림
　㉡ 프로필렌글리콜
④ ㉠ 미백 기능성화장품 크림
　㉡ 소듐하이알루로네이트
⑤ ㉠ 자외선 차단 크림
　㉡ 세라마이드

해설

• 소듐하이알루로네이트 : 가장 많이 사용되는 보습제이다. 보습력이 뛰어나며 끈적임이 없다.
• 다가알코올 : 부틸렌글라이콜, 글리세린, 솔비톨, 프로필렌글리콜 등은 보습력이 떨어지고 끈적임이 있다.

74 **화장품(스킨로션 200㎖, 기능성화장품)에 대한 시험기록이 다음 표와 같을 때 그 설명이 적절하지 않은 것은?**

시험항목	시험결과
이물	이물 없음
내용량(%)	100.0
납(㎍/g)	21.0
비소(㎍/g)	11.0
에탄올(v/v%)	0.2
pH	6.2
총호기성생균수	505
포장상태	외부에서 이물이 침투할 수 없도록 포장 됨

① 내용량 시험결과는 적합하다.
② 납 시험결과는 부적합하다.
③ 비소 시험결과는 부적합하다.
④ pH 시험결과는 적합하다.
⑤ 총호기성 생균수 시험결과는 적합하다.

해설

미생물한도 – 총호기성생균수는 영 · 유아용 제품류 및 눈화장용 제품류의 경우 500개/g(㎖) 이하

75 **맞춤형화장품 판매업자는 영업자로부터 맞춤형화장품 내용물에 대한 전성분과 내용물 시험결과를 다음과 같이 접수하였다. 접수된 전성분과 내용물 시험결과에 대한 해석으로 적절한 것은?**

• 제품명 : 카밍 크림, 내용량 50g
• 전성분 : 정제수, 디프로필렌글라이콜, 호호바오일, 아르간커넬오일, 카프릴릭/카프릭 트라이글리세라이드, 아스코빌글루코사이드, 1, 2헥산디올, 스테아릭애씨드, 카보머, 카르릴릭글라이콜, 향료, 다이소듐이디티에이, 토코페릴아세테이트, 트로메타민, 녹차추출물, 잔탄검, 아데노신, 세라마이드엔피

내용물 시험결과
– 납 : 20㎍/g 이하
– 비소 : 8㎍/g 이하
– 수은 : 1㎍/g 이하
– 총호기성 생균수 : 510개/g

① 이 제품은 미백기능성 화장품으로 미백 주성분 함량 시험결과를 확인해야 한다.
② 이 제품의 납 시험결과는 화장품 안전기준의 납 검출허용한도를 초과하였다.
③ 이 제품의 비소 시험결과는 화장품 안전기준의 비소 검출 허용한도를 초과하지 않았다.
④ 이 제품의 수은 시험결과는 화장품 안전기준의 수은 검출 허용한도를 초과했다.
⑤ 이 제품의 총호기성 생균수 시험결과는 화장품 안전기준의 총호기성 생균수 한도를 초과했다.

해설

① 물질의 검출 허용 한도
• 납 : 점토를 원료로 사용한 분말제품은 50㎍/g 이하, 그 밖의 제품은 20㎍/g 이하
• 비소 : 10㎍/g 이하
• 수은 : 1㎍/g 이하
② 미생물한도
• 총호기성생균수는 영 · 유아용 제품류 및 눈화장용 제품류의 경우 500개/g(㎖) 이하

정답 74 ⑤ 75 ③

76 맞춤형화장품조제관리사와 매장을 방문한 고객은 대화를 나누었다. 대화 내용 중 ㉠, ㉡에 적합한 것은?

고객 : 등산을 자주해서 그런지 얼굴이 많이 탄 것 같아요. 피부가 건조하기도 하구요.
조제관리사 : 등산할 때 매번 선크림을 바르셨나요?
고객 : 거의 안 바른 것 같아요. 그래서 피부가 검어진 것 같아요.
조제관리사 : 육안으로 볼 때 많이 검어진 것 같아요. 피부측정기로 피부색과 피부수분량을 측정하겠습니다.
(잠시 후)
조제관리사 : 고객님은 한 달 전 측정 시보다 얼굴에 색소침착도가 58%가량 증가 했고 피부수분량도 많이 감소하였습니다. 그래서 (㉠)이/가 포함된 미백기능성 화장품에 보습력을 높이는 (㉡)을/를 추가하여 크림을 조제하여 드리겠습니다.
고객 : 네, 알겠습니다.

	㉠	㉡
①	아스코빌글루코사이드	레조시놀
②	레티닐팔미테이트	트레할로스
③	레티놀	트레할로스
④	아데노신	트레할로스
⑤	알부틴	베타인

해설

- 미백에 도움을 주는 성분 – 알부틴, 아스코빌글루코사이드
- 주름개선에 도움을 주는 성분 – 아데노신, 레티놀, 레티닐팔미테이트
- 보습제 – 베타인, 트레할로스
- 염모제 – 레조시놀

77 맞춤형화장품판매장에서 이루어지는 맞춤형화장품조제관리사와 고객과의 대화 내용 중 옳은 것은?

① 고객 : 피부 진단은 맞춤형화장품 판매장에 와서 받아야 하나요?
조제관리사 : 바쁘시니 판매장을 방문하지 마시고 전화로 피부진단을 받으시면 맞춤형화장품을 조제하여 택배로 보내드리겠습니다.
② 고객 : 세안 후에 로션을 발라도 피부가 많이 당기는데 어떻게 하지요?
조제관리사 : 피부의 수분량을 측정하고 수분량이 부족하시면 건성피부용 로션 내용물에 히알루론산을 추가하여 로션을 조제하여 드릴테니 사용하세요.
③ 고객 : 요즘 야외 활동이 많아서 피부가 검어진 것 같아요 어떤 화장품을 사용하면 될까요?
조제관리사 : 아데노신이 주성분인 기능성화장품을 추천드립니다.
④ 고객 : 피부가 민감해서 무기계 자외선 차단제로만 제조된 선크림을 추천해 줄 수 있으세요?
조제관리사 : 에칠헥실메톡시신나메이트가 포함된 선크림을 추천해 드리겠습니다.
⑤ 고객 : 요즘 잔주름이 많아진 것 같은데 어떤 화장품을 사용해야 하나요?
조제관리사 : 아스코빌글루코사이드가 주성분인 기능성화장품을 추천해 드립니다.

해설

① 피부진단은 직접 매장에 방문해서 받아야 한다.
② 주름개선에 도움을 주는 성분 : 레티놀, 레티닐팔미테이트, 아데노신, 폴리에톡실레 이티드레틴아마이드(메디민A)
③ 미백에 도움을 주는 성분 : 닥나무추출물, 알부틴, 에칠아스코빌에텔, 유용성감초추 출물, 아스코빌글루코사이드, 마그네슘아스코빌포스페이트, 나이아신아마이드, 알파– 비사보롤, 아스코빌테트아리소팔미테이트

정답 76 ⑤ 77 ②

④ 무기계 자외선차단제(물리적차단제) – 징크옥사이드, 티타늄디옥사이드

78 맞춤형화장품 조제관리사는 매장을 방문한 고객과 다음과 같은 대화를 나누었다. 고객에게 혼합하여 추천할 제품으로 다음 중 적절한 것은?

고객 : 최근에 야외활동을 많이 해서 그런지 얼굴 피부가 검어지고 칙칙해졌어요. 건조하 기도 하구요.
조제관리사 : 아, 그러신가요? 그럼 고객님 피부 상태를 측정해 보도록 할까요?
고객 : 그럴까요? 지난번 방문 시와 비교해 주시면 좋겠네요.
조제관리사 : 네, 이쪽에 앉으시면 저희 측정기로 측정을 해드리겠습니다.
–피부측정 후–
조제관리사 : 고객님은 한 달 전 측정 시보다 얼굴에 색소침착도가 35% 가량 증가했고 피부 보습도도 약 40% 감소하셨습니다.
고객 : 음. 걱정이네요. 그럼 어떤 제품을 쓰는 것이 좋을지 추천 부탁드려요.

〈보기〉
㉠ 티타늄디옥사이드 함유 제품
㉡ 나이아신아마이드 함유 제품
㉢ 카페인 함유 제품
㉣ 소듐하이알루로네이트 함유 제품
㉤ 아데노신 함유 제품

① ㉠, ㉡ ② ㉡, ㉣
③ ㉢, ㉤ ④ ㉢, ㉣
⑤ ㉠, ㉤

해설

1. 주름개선에 도움을 주는 성분 : 레티놀, 레티닐팔미테이트, 아데노신, 폴리에톡실레 이티드레틴아마이드(메디민A)
2. 미백에 도움을 주는 성분 : 닥나무추출물, 알부틴, 에칠아스코빌에텔, 유용성감초추 출물, 아스코빌글루코사이드, 마그네슘아스코빌포스페이트, 나이아신아마이드, 알파 – 비사보롤, 아스코빌테트아리소팔미테이트
3. 무기계 자외선차단제(물리적차단제) : 징크옥사이드, 티타늄디옥사이드

79 다음 화장품 원료 중에서 동물성 원료가 아닌 것은?

① 캐스터 오일 ② 비즈 왁스
③ 밍크 오일 ④ 난황 오일
⑤ 에뮤 오일

해설

- 동물성 원료 : 밍크오일, 비즈왁스(벌집에서 채취), 에뮤오일, 난황오일(계란노른자 추출)
- 식물성 원료 : 캐스터(castor)오일(아주까리의 열매로 '피마자 오일'이라고도 함)

80 모발의 주성분인 케라틴에는 (㉠) 결합을 가지고 있는 시스틴이 있는데 이 결합을 환원, 산화시켜서 모발의 웨이브를 형성한다. 시스틴은 2분자의 (㉡)이/가 (㉠)결합으로 연결되어 있다. ㉠, ㉡에 적합한 것은?

	㉠	㉡
①	이황화	시스테인
②	이산화	시스테인
③	펩티드	시스테인
④	펩티드	케라틴
⑤	펩티드	엘라스틴

해설

시스틴(Cystine) : 모발에 가장 풍부한 단백질로 시스테인 아미노산 2개가 이황화결합에 의해서 연결된 구조로서 모발을 구성하는 단백질의 약 15%를 차지하고 있다. 시스틴의 이황화 결합은 모발에 유연성을 부여하고 기계적인 강도를 유지시켜주는데 중요한 역할을 한다.
시스틴결합 : 두 개의 황 원자 사이에서 형성되는 일종의 공유결합으로 모발의 물리적, 화학적 성질에 대한 안정성을 높여주며 황을 함유한 단백질 특유의 측쇄결합으로 모발 케라틴을 결정짓는데 퍼머넌트 웨이브는 이 화학적 성질을 이용하여 시스틴결합을 환원제로 절단하고 산화제로 본래대로 돌리는 것이다.

정답 78 ② 79 ① 80 ①

81. **화장품 안전기준 등에 관한 규정에서 불검출되어야 하는 특정 세균은 대장균, 녹농균, (　　)이다. 괄호 안에 적합한 단어를 쓰시오.**

해설

대장균(Escherichia Coli), 녹농균(Pseudomonas aeruginosa), 황색포도상구균(Staphylococcus aureus)은 불검출

82. **다음은 화장품의 유형 및 종류에서 만 3세 이하의 영·유아용 제품류이다. 괄호 안에 알맞은 단어를 기재하시오.**

- 영·유아용 샴푸, 린스
- 영·유아용 로션, 크림
- 영·유아용 오일
- 영·유아용 (　　) 제품
- 영·유아용 목욕용 제품

해설

〈화장품의 유형 및 종류〉

83. **내용량이 10㎖ 초과 50㎖ 이하 또는 10g 초과 50g 이하인 화장품은 다음 보기의 성분을 제외한 전성분 기재, 표시를 생략할 수 있다. 괄호 안에 들어갈 알맞은 단어를 기재하시오.**

〈보기〉

- 타르색소
- (　　)
- 샴푸와 린스에 들어있는 인산염의 종류
- 과일산(AHA)
- 기능성화장품의 경우 그 효능, 효과가 나타나게 하는 원료
- 식품의약품안전처장이 사용한도를 고시한 화장품의 원료

해설

〈기재·표시를 생략할 수 있는 성분〉

① 제조과정 중에 제거되어 최종 제품에는 남아 있지 않은 성분

② 안정화제, 보존제 등 원료 자체에 들어 있는 부수 성분으로서 그 효과가 나타나게 하는 양보다 적은 양이 들어 있는 성분

③ 내용량이 10㎖ 초과 50㎖ 이하 또는 중량이 10g 초과 50g 이하 화장품의 포장인 경우에는 다음 각 목의 성분을 제외한 성분

가. 타르색소

나. 금박

다. 샴푸와 린스에 들어 있는 인산염의 종류

라. 과일산(AHA)

마. 기능성화장품의 경우 그 효능·효과가 나타나게 하는 원료

바. 식품의약품안전처장이 배합 한도를 고시한 화장품의 원료

84. **영업자는 아래의 성분을 0.5%이상 함유하는 제품의 경우, 반드시 안정성 시험 자료를 보존해야 한다. ㉠, ㉡에 해당하는 단어를 기재하시오.**

- 레티놀 및 그 유도체
- 아스코빅애씨드 및 그 유도체
- (㉠)
- 과산화화합물
- (㉡)

해설

〈안정성 자료의 보존〉

- 화장품책임판매업자는 안정성 시험 자료를 0.5% 이상 함유하는 제품
- 레티놀 및 그 유도체
- 아스코빅애씨드(비타민C) 및 그 유도체
- 토코페롤(비타민E)
- 과산화화합물
- 효소
- 최종 제조된 제품의 사용기한이 만료되는 날부터 1년간 보존할 것

정답 **81 황색포도상구균　82 인체 세정용　83 금박　84 ㉠ 토코페롤(비타민 E) ㉡ 효소**

85. **맞춤형화장품은 판매장에서 소비자의 안전을 확보하기 위해 맞춤형화장품 조제에 사용하는 내용물 및 원료의 (㉠)을/를 담당하는 (㉡)은/는 화장품원료 및 화장품에 대한 전문지식이 필요하다. 따라서 자격시험을 통해 전문지식이 있는 자를 선별하여 소비자의 안전을 확보할 필요성이 있다. ㉠, ㉡에 해당하는 단어를 기재하시오.**

해설

최종 혼합 · 소분된 맞춤형화장품은 「화장품법」 제8조 및 「화장품 안전기준 등에 관한 규정(식약처 고시)」 제6조에 따른 유통화장품의 안전관리 기준을 준수할 것

① 맞춤형화장품 조제에 사용하는 내용물 및 원료의 혼합 · 소분 범위에 대해 사전에 품질 및 안전성을 확보할 것

② 맞춤형화장품판매업을 신고한 자는 총리령으로 정하는 바에 따라 맞춤형화장품의 혼합, 소분 업무에 종사하는 자(이하 "맞춤형화장품조제관리사"라 한다)를 두어야 한다.

③ 맞춤형화장품조제관리사가 되려는 사람은 화장품과 원료 등에 대하여 식품의약품안전처 장이 실시하는 자격시험에 합격하여야 한다.

86. **우수화장품 제조 및 품질관리 기준에서 (㉠)은/는 주문 준비와 관련된 일련의 작업과 운송 수단에 적재하는 활동으로 제조소 외로 제품을 운반하는 것이다. (㉡)은/는 화장품책임판매업자가 그 제조 등(타인에게 위탁 제조 또는 검사하는 경우를 포함하고 타인으로부터 수탁 제조 또는 검사하는 경우는 포함하지 않는다.)을 하거나 수입한 화장품의 판매를 위해 출하하는 것을 말한다. ㉠, ㉡에 알맞은 단어를 기재하시오.**

해설

- 출하 : 주문 준비와 관련된 일련의 작업과 운송 수단에 적재하는 활동으로 제조소 외로 제품을 운반하는 것을 말한다.
- 시장출하 : 화장품책임판매업자가 그 제조 등(타인에게 위탁 제조 또는 검사하는 경우를 포함하고 타인으로부터 수탁 제조 또는 검사하는 경우는 포함하지 않는다.)을 하거나 수입한 화장품의 판매를 위해 출하하는 것을 말한다. (화장품법 시행규칙 별표1 품질관리)

87 **비중이 0.9일 때 크림 50㎖ 제작 시 질량은 얼마인가? (100% 충전한다고 가정한다.)**

해설

비중은 물이 기준이 되어 적용한다. 비중 0.9는 물보다 0.9배 무거운 것으로 본다.

〈주요식 암기〉

A. 비중=물체의 밀도/물의 밀도

B. 밀도= 질량/부피

〈계산식〉

① 0.9=물체의 밀도/물의 밀도

② 물체의 밀도= 질량/50㎖, 물의 밀도=100%

③ ①번식에 ②번식 대입

0.9=질량/50

질량=0.9x50=45

88. **다음 괄호 안에 알맞은 단어를 쓰시오.**

> 화장품법에 의하면 화장품책임판매업을 등록하려는 자는 화장품의 품질관리 및 책임판매 후 안전관리 기준을 갖추어야 하며, 이를 관리할 수 있는 (   )를 두어야 한다.

해설

〈책임판매관리자의 직무〉

① 품질관리기준에 따른 품질관리 업무

② 책임판매 후 안전관리기준에 따른 안전확보 업무

③ 원료 및 자재의 입고(入庫)부터 완제품의 출고에 이르기까지 필요한 시험, 검사 또는 검정에 대하여 제조업자를 관리, 감독하는 업무

- 상시근로자수가 10명 이하인 화장품책임판매업을 경영하는 화장품책임판매업자가 책임판매관리자의 직무를 수행할 수 있다. 이 경우 책임판매관리자를 둔 것으로 본다.

정답 85 ㉠ 혼합, 소분 ㉡ 맞춤형화장품조제관리사 86 ㉠ 출하 ㉡ 시장출하 87 45g 88 책임판매관리자

89 다음 괄호 안에 알맞은 단어를 쓰시오.

액체가 일정방향으로 운동할 때 그 흐름에 평행한 평면의 양측에 내부마찰력이 일어난다. 이 성질을 (   )이라고 한다. 이것은 면의 넓이 및 그 면에 대하여 수직방향의 속도구배에 비례하며 일정온도에 대하여 그 액체의 고유한 정수이다. 그 단위로서는 포아스 또는 센티포아스를 쓴다.

해설

〈별표 10, 제2조 제10호 관련 일반 시험법〉
(점도측정법)
액체가 일정방향으로 운동할 때 그 흐름에 평행한 평면의 양측에 내부마찰력이 일어난다. 이 성질을 점성이라고 한다. 점성은 면의 넓이 및 그 면에 대하여 수직방향의 속도구배에 비례한다. 그 비례정수를 절대점도라 하고 일정온도에 대하여 그 액체의 고유한 정수이다. 그 단위로서는 포아스 또는 센티포아스를 쓴다.
절대점도를 같은 온도의 그 액체의 밀도로 나눈 값을 운동점도라고 말하고 그 단위로는 스톡스 또는 센티스톡스를 쓴다.

90 화장품제조업자는 화장품의 제조와 관련된 기록, 시설, 기구 등의 관리 방법 등에 대하여 작업에 지장이 없도록 관리, 유지하도록 총리령으로 정하는 사항을 준수하여야 한다. ㉠, ㉡에 들어갈 알맞은 단어를 쓰시오.

- 품질관리기준에 따른 화장품책임판매업자의 지도, 감독 및 요청에 따를 것
- (㉠), 제조관리기준서, (㉡) 및 품질관리기록서를 작성, 보관할 것

해설

〈화장품제조업자의 준수사항〉
① 품질관리기준에 따른 화장품책임판매업자의 지도, 감독 및 요청에 따를 것
② 제조관리기준서, 제품표준서, 제조관리기록서 및 품질관리기록서(전자문서 형식을 포함한다)를 작성, 보관할 것
③ 보건위생상 위해(危害)가 없도록 제조소, 시설 및 기구를 위생적으로 관리하고 오염되지 아니하도록 할 것
④ 화장품의 제조에 필요한 시설 및 기구에 대하여 정기적으로 점검하여 작업에 지장이 없도록 관리, 유지할 것

91 다음의 화장품 사용 시 주의사항을 표시, 기재해야 하는 화장품은 무엇인가?

- 눈에 들어갔을 때에는 즉시 씻어낼 것
- 사용 후 물로 씻어내지 않으면 탈모 또는 탈색의 원인이 될 수 있으므로 주의할 것

해설

〈별표3 화장품 유형과 사용 시 주의사항〉
모발용 샴푸 : 눈에 들어갔을 때에는 즉시 씻어낼 것, 사용 후 물로 씻어내지 않으면 탈모 또는 탈색의 원인이 될 수 있으므로 주의할 것

92 다음 ㉠, ㉡에 알맞은 단어를 쓰시오.

화장품 포장의 표시기준 및 표시 방법에서 화장품제조업자 또는 화장품책임판매업자의 주소는 등록필증에 적힌 소재지 또는 (㉠), (㉡) 업무를 대표하는 소재지를 기재, 표시해야 한다.

해설

〈화장품법 시행규칙 제19조 제6항 관련 별표 4 화장품 포장의 표시기준 및 표시방법〉
영업자의 상호 및 주소 : 영업자의 주소는 등록필증 또는 신고필증에 적힌 소재지 또는 반품 · 교환 업무를 대표하는 소재지를 기재 · 표시해야 한다.

93 다음 괄호 안에 알맞은 단어를 쓰시오.

(   )는 연한 갈색 또는 암갈색의 다양한 크기와 불규칙한 형태로 나타나는 후천적인 과색소침착증으로 나타난다. 발생요인은 복합적인 요인이 작용하는데 자외선 과다 노출이나 임신, 경구피임약 복용, 난소질환, 에스트로겐 과다, 영양실조, 내분비 기능 장애 등에 의해서도 악화 될 수 있다.

정답 89 점성(점도) 90 ㉠ 제품표준서 ㉡ 제조관리기록서 91 모발용 샴푸 92 ㉠ 교환 ㉡ 반품 93 기미

해설

〈문제성 피부〉 기미 : 색소침착의 원인

94 기능성화장품 심사를 위해 제출해야 하는 자료 중 안전성확보를 위한 시험에 관한 자료는 다음과 같다. 괄호 안에 알맞은 단어를 쓰시오.

- 단회투여독성시험 자료
- 1차 피부자극시험 자료
- 안점막자극시험 자료 또는 그 밖의 점막자극시험 자료
- (   )
- 광독성 및 광감작성 시험 자료
- 인체첩포시험 자료
- 인체누적첩포시험 자료

해설

〈안전성확보를 위한 시험〉

95 진피에 있는 망상층에서는 교원섬유(콜라겐)가 형성되는데 기질금속단백질분해효소(MMP, Matrix metalloprotease)는 금속이온인 (㉠)와/과 결합하여 교원섬유를 파괴한다. ㉠에 적합한 용어는 무엇인가?

해설

① 기질 금속단백분해효소(matrix metalloproteinase, MMP)의 특성
- 세포외 기질의 적절한 분해와 새로운 기질의 침착에 밀접하게 관여한다.
- 아연의존성 내부단백질분해효소로 세포외기질의 단백질을 가수분해하는 특성이 있다.

② 망상층의 특성
- 진피의 80%를 차지
- 굵고 치밀한 아교섬유다발
- 감각기관(냉각, 온각, 압각)이 존재
- 교원섬유(콜라겐) 사이에 탄력섬유(엘라스틴)가 연결(신축성과 탄력 유지)
- 혈관, 림프관, 신경총, 땀샘 등이 존재

96 다음 ㉠과 ㉡에 알맞은 단어를 쓰시오.

- 안면홍조와 같은 피부의 붉은 색은 (㉠)에 의한 것으로 이 성분은 혈액 중 적혈구 안에 존재하여 산소를 운반한다.
- 피부의 노란색은(㉡) 이라는 성분에 의한 것으로 식물에 많이 존재하며 화장품 색소로 사용되기도 한다.

해설

피부색을 결정짓는 요인은 멜라닌, 헤모글로빈, 카로틴이다.

97 다음 글에서 ㉠과 ㉡에 적합한 단어를 쓰시오.

모발은 모근과 모간으로 분리되어 있으며, 모근에 있는 (㉠)은/는 모유두에 접하고 있는 세포로 세포분열과 증식에 관여하여 새로운 모발세포를 만들어낸다. 모발은 80~90%가 (㉡)(이)라는 경단백질이 주성분이며 18가지 아미노산 중 시스틴이 14~18%로 다량 함유되어 있고, 수분 10~14%, 미네랄과 미량원소, 멜라닌색소로 구성되어 있다.

해설

〈모발의 구조〉
- 모근부 : 피부의 안쪽에 존재
  - 모모세포 : 모유두에 접하고 있는 세포, 세포분열 일어나며, 모발의 색을 결정
- 모간부 : 가장 바깥층으로 투명한 비늘모양 세포로 구성
  - 모표피(hair cuticle) : 단단한 케라틴 단백질로 구성
  - 모피질(hair cortex) : 모발의 85~90%로 대부분을 차지하며 모발의 색과 윤기를 결정하는 과립상의 멜라닌 색소 함유
  - 모수질(hair medulla) : 모발 중심부에 동공(속이 비어있는 상태)부위 : 케라토하이알린, 지방, 공기 등이 채워져 있다.

정답 94 피부감작성시험 자료 95 아연이온 96 ㉠ 헤모글로빈 ㉡ 카로틴 97 ㉠ 모모세포 ㉡ 케라틴

98. 다음은 화장품 pH시험법의 설명이다. ㉠과 ㉡에 알맞은 단어를 쓰시오.

> 검체 약 (㉠)g 또는 (㉠)㎖를 취하여 100㎖ 비이커에 넣고 물 (㉡)㎖를 넣어 수욕상에서 가온하여 지방분을 녹이고 흔들어 섞은 다음 냉장고에서 지방분을 응결하여 여과한다. 이때 지방층과 물층이 분리되지 않을 때는 그대로 사용한다. 여액을 가지고 VI-1. 원료 47. pH측정법에 따라 시험한다. 다만, 성상에 따라 투명한 액상인 경우에는 그대로 측정한다.

해설

〈별표10 일반시험법 제조 제10호 관련〉
따로 규정이 없는 한 검체 약 2g 또는 2㎖를 취하여 100㎖ 비이커에 넣고 물 30㎖를 넣어 수욕상에서 가온하여 지방분을 녹이고 흔들어 섞은 다음 냉장고에서 지방분을 응결시켜 여과한다. 이때 지방층과 물층이 분리되지 않을 때는 그대로 사용한다. 여액을 가지고 VI-1. 원료 47. pH측정법에 따라 시험한다. 다만, 성상에 따라 맑은 액상인 경우에는 그대로 측정한다.

99. 다음은 탈모 증상 완화에 도움을 주는 기능성 원료에 대한 설명이다. 이 원료를 한글로 적으시오.

> - 분자식 $C_{10}H_{20}O$, 분자량 156.27mol
> - 성상 : 이 원료는 무색의 결정으로 특이하고 상쾌한 냄새가 있고 맛은 처음에는 쏘는 듯하고 나중에는 시원하다. 이 원료는 에탄올 또는 에테르에 썩 잘 녹고 물에는 녹기 어렵다. 탈모증상 완화에 도움을 주는 기능성 원료이다.

해설

〈탈모증상 완화에 도움을 주는 기능성 원료〉
덱스판테놀, 비오틴, 엘-멘톨, 징크피리치온, 징크피리치온액(50%)

100 다음 괄호 안에 알맞은 단어를 쓰시오.

> 모발은 약 3~6년 동안 자라다가 성장을 멈추고 서서히 탈락 후 그 모공에서 다시 새로운 모발이 생성되는 성장주기를 갖는다. 성장기가 끝나고 서서히 퇴화기를 거쳐 모발은 4개월 정도 성장이 멈추는 기간을 갖는데 이러한 (　　)의 모발은 전체 모발의 약 10%를 차지하는데 이 시기의 모발이 20% 이상이면 병적 탈모로 간주한다.

해설

〈모발의 성장주기〉

① 성장기
- 모발이 모세혈관에서 보내진 영양분에 의해 성장하는 시기
- 전체 모발의 85~90% 해당/ 성장기는 3~6년

② 퇴화기
- 대사과정이 느려져 세포분열이 정지 모발 성장이 정지되는 시기
- 전체 모발의 1% 해당/ 2~4주

③ 휴지기
- 모구의 활동이 완전히 멈추는 시기
- 전체 모발의 4~14% 해당/ 4~5개월

④ 발생기
- 휴지기에 들어간 모발은 모유두만 남기고 2~3개월 안에 자연히 떨어져 나간다. (1일 50~100개의 모발이 빠짐)
- 새로운 모발이 발생하는 시기

정답 98 ㉠ 2 ㉡ 30　99 엘-멘톨　100 휴지기

맞춤형화장품조제관리사 국가시험 기출문제

제2회(2020년 10월 17일 시행)

기출 복원문제

1 다음 중 화장품법의 목적이 아닌 것은?

① 국민보건향상에 기여한다.
② 화장품의 제조, 수입, 판매에 관한 사항을 규정한다.
③ 화장품의 수출 등에 관한 사항을 규정한다.
④ 인체를 청결 미화하여 용모 변화를 증진시킨다.
⑤ 화장품 산업의 발전에 기여한다.

해설

화장품법의 목적(화장품법 제1조)
이 법은 화장품의 제조, 수입, 판매 및 수출 등에 관한 사항을 규정함으로써 국민보건향상과 화장품 산업의 발전에 기여함을 목적으로 한다. ④번은 화장품의 정의이다.

2 화장품법에서 정의한 용어에 대한 내용으로 바르지 않은 것은?

① 표시– 화장품의 용기 · 포장에 기재하는 문자 · 숫자 · 도형 또는 그림 등을 말함
② 맞춤형화장품판매업– 맞춤형화장품을 판매하는 영업
③ 화장품제조업– 화장품의 전부를 제조(2차 포장 또는 표시만의 공정을 포함한다.)하는 영업
④ 화장품책임판매업– 취급하는 화장품의 품질 및 안전 등을 관리하면서 이를 유통 · 판매하거나 수입대행형 거래를 목적으로 알선 · 수여하는 영업
⑤ 광고– 라디오 · 텔레비전 · 신문 · 잡지 · 음성 · 음향 · 영상 · 인터넷 · 인쇄물 · 간판, 그 밖의 방법에 의하여 화장품에 대한 정보를 나타내거나 알리는 행위

해설

(화장품법 제2조 제10호)
화장품제조업 – 화장품의 전부 또는 일부를 제조(2차 포장 또는 표시만의 공정은 제외한다)하는 영업을 말한다.
※ 화장품을 직접 제조하는 영업 / 화장품제조를 위탁받아 제조하는 영업 /화장품의 포장(1차 포장만 해당)을 하는 영업

3 화장품법의 벌칙에 있어서 개별기준의 과태료 부과금액이 다른 하나를 고르시오.

① 화장품제조업자, 화장품책임판매업자로 등록하지 아니하고 기능성화장품을 판매하는 자
② 화장품에 사용할 수 없는 원료를 사용하였거나 유통화장품 안전관리 기준에 적합하지 않은 화장품을 판매한 경우
③ 코뿔소 뿔 또는 호랑이 뼈와 그 추출물을 사용한 화장품을 제조 판매한 경우
④ 동물실험을 실시한 화장품 또는 동물실험을 실시한 화장품 원료를 사용하여 제조 또는 수입한 화장품을 유통 판매한 자
⑤ 화장품의 포장 및 기재, 표시 사항을 훼손 또는 위조, 변조한 경우

해설

①, ②, ③, ⑤ : 3년 이하의 징역 또는 3천만 원이하의 벌금
④ : 100만 원 이하 과태료

정답 1 ④ 2 ③ 3 ④

4 개인정보보호법에서 정보주체로부터 개인정보 동의를 얻고자 할 때, 개인정보처리자가 개인정보의 처리에 대해 정보주체의 동의를 받는 방법 중 잘못된 것은?

① 동의 내용이 적힌 서면을 정보주체에게 직접 발급하거나 우편 또는 팩스 등의 방법으로 전달하고, 정보주체가 서명하거나 날인한 동의서를 받는다.

② 관보나 인터넷 홈페이지에 개인정보 사용에 대해 고지하고, 별도의 동의를 받지 않아도 된다.

③ 인터넷 홈페이지 등에 동의 내용을 게재하고 정보주체가 동의 여부를 표시하도록 한다.

④ 정보주체에게 전화를 통하여 동의 내용을 알리고 동의의 의사표시를 확인한다.

⑤ 동의 내용이 적힌 전자우편을 발송하여 정보주체로부터 동의의 의사표시가 적힌 전자우편을 받는다.

해설

② 개인정보 사용은 반드시 정보주체의 직접적인 동의를 받아야 한다.

(개인정보보호법 시행령 제17조 제1항) 개인정보 처리에 대한 동의를 받는 법

개인정보처리자는 법 제22조에 따라 개인정보의 처리에 대하여 다음의 어느 하나에 해당하는 방법으로 정보주체의 동의를 받아야 한다.

1. 동의 내용이 적힌 서면을 정보주체에게 직접 발급하거나 우편 또는 팩스 등의 방법으로 전달하고, 정보추제가 서명하거나 날인한 동의서를 받는 방법
2. 전화를 통하여 동의 내용을 정보주체에게 알리고 동의의 의사표시를 확인하는 방법
3. 전화를 통하여 동의 내용을 정보주체에게 알리고 정보주체에게 인터넷주소 등을 통하여 동의 사항을 확인하도록 한 후 다시 전화를 통하여 그 동의 사항에 대한 동의의 의사표시를 확인하는 방법
4. 인터넷 홈페이지 등에 동의 내용을 게재하고 정보주체가 동의 여부를 표시하도록 하는 방법
5. 동이 내용이 적힌 전자우편을 발송하여 정보주체로부터 동의의 의사표시가 적힌 전자우편을 받는 방법
6. 그 밖에 1~5까지의 규정에 따른 방법에 준하는 방법으로 동의 내용을 알리고 동의의 의사표시를 확인하는 방법

5 다음 중 용어의 설명으로 옳지 않은 것은?

① 맞춤형화장품 – 화장품 중에서 고객 맞춤형으로 피부의 미백과 주름에 도움을 주는 제품으로 총리령으로 정하는 화장품

② 기능성 화장품– 피부나 모발의 기능 약화로 인한 건조함, 갈라짐, 빠짐 각질화 등을 방지하거나 개선하는 데에 도움을 주는 제품으로 총리령으로 정하는 화장품

③ 안전용기, 포장– 만 5세 미만의 어린이가 개봉하기 어렵게 설계, 고안된 용기나 포장

④ 유기농화장품– 유기농 원료, 동식물 및 그 유래 원료 등을 함유한 화장품으로서 식품의약품안전처장이 정하는 기준에 맞는 화장품

⑤ 천연화장품– 동식물 및 그 유래 원료 등을 함유한 화장품으로서 식품의약품안전처장이 정하는 기준에 맞는 화장품

해설

(화장품법 제2조) 맞춤형화장품

- 제조 또는 수입된 화장품의 내용물에 다른 화장품의 내용물이나 식품의약품안전처장이 정하는 원료를 추가하여 혼합한 화장품
- 제조 또는 수입된 화장품의 내용물을 소분한 화장품

정답 4 ② 5 ①

6 **화장품제조업의 등록이나 맞춤형화장품판매업의 신고를 할 수 있는 자는?**

① 미성년후견인
② 등록이 취소된 날부터 2년이 지나지 않은 자
③ 화장품법을 위반하여 금고 이상의 형을 선고받고 그 집행이 끝나지 않은 자
④ 마약류의 중독자
⑤ 영업소가 폐쇄된 날로부터 1년이 지나지 않은 자

해설

화장품제조업의 등록이나 맞춤형화장품판매업의 신고를 할 수 없는 자
등록이 취소되거나 영업소가 폐쇄된 날부터 1년이 지나지 아니한 자(화장품법 제3조의3 제5호)

7 **다음 괄호 안에 적절한 내용으로 알맞은 것은?**

> (㉠)으로 인정받아 판매 등을 하려는 화장품제조업자, 화장품책임판매업자 또는 총리령으로 정하는 대학, 연구소 등은 품목별로 안전성 및 유효성에 관하여 (㉡)의 심사를 받거나(㉡)에게 보고서를 제출하여야 한다. 제출한 보고서나 심사받은 사항을 변경할 때에도 또한 같다.

① ㉠ 유기농화장품
　㉡ 보건복지부장관
② ㉠ 천연화장품
　㉡ 식품의약품안전평가원장
③ ㉠ 기능성화장품
　㉡ 보건복지부장관
④ ㉠ 맞춤형화장품
　㉡ 식품의약품안전처장
⑤ ㉠ 기능성화장품
　㉡ 식품의약품안전처장

해설

(화장품법 제4조 제1항)
기능성화장품으로 인정받아 판매 등을 하려는 화장품제조업자, 화장품책임판매업자(제3조 제1항에 따라 화장품책임판매업을 등록한 자를 말한다. 이하 같다) 또는 총리령으로 정하는 대학·연구소 등은 품목별로 안전성 및 유효성에 관하여 식품의약품안전처장의 심사를 받거나 식품의약품안전처장에게 보고서를 제출하여야 한다. 제출한 보고서나 심사받은 사항을 변경할 때에도 또한 같다.

8 **화장품의 목적이라고 할 수 없는 것은?**

① 노폐물을 제거하여 신체를 청결히 한다.
② 화장 등에 의해 자신을 아름답고 매력있게 가꾸고 마음을 풍요롭게 한다.
③ 피부의 수분증발을 방지하여 피부감염을 예방한다.
④ 자외선이나 건조 등으로부터 피부나 모발을 보호하고 노화를 방지한다.
⑤ 피부에 색조 및 입체감을 부여하여 준다.

해설 화장품의 목적

①, ②, ④, ⑤ 외에 피부를 보호하고 건강을 유지하며, 쾌적한 생활을 즐기는 것이다.

9 **화장품법 제14조에서 천연화장품 및 유기농화장품에 대한 인증내용으로 적절하지 않은 것은?**

① 식품의약품안전처장은 인증을 받은 화장품이 부정한 방법으로 인증을 받았거나 인증기준에 적합하지 아니하게 된 경우에는 그 인증을 취소할 수 있다.
② 식품의약품안전처장은 인증업무를 효과적으로 수행하기 위하여 필요한 전문 인력과 시설을 갖춘 기관을 인증기관으로 지정하여 인증업무를 위탁할 수 있다.
③ 천연화장품 및 유기농화장품에 대한 인증의 유효기간은 3년이고, 유효기간을 연장받으려면 만료 90일 전에 총리령으로 정한다.

정답 6 ② 7 ⑤ 8 ③ 9 ④

④ 인증을 받으려는 화장품책임판매업자, 맞춤형화장품판매업자 등은 식품의약품안전처장에게 인증을 신청하여야 한다.
⑤ 식품의약품안전처장은 천연화장품 및 유기농화장품의 품질제고를 유도하고 소비자에게 보다 정확한 제품정보가 제공될 수 있도록 식품의약품안전처장이 정하는 기준에 적합한 천연화장품 및 유기농화장품에 대하여 인증할 수 있다.

해설

(화장품법 제14조의2 제3항)
식품의약품안전처장은 인증을 받은 화장품이 다음의 어느 하나에 해당하는 경우에는 그 인증을 취소하여야 한다.

- 거짓이나 그 밖의 부정한 방법으로 인증을 받은 경우
- 인증기준에 적합하지 아니하게 된 경우
- 인증을 받으려는 화장품제조업자, 화장품책임판매업자 또는 총리령으로 정하는 대학·연구소 등은 식품의약품안전처장에게 인증을 신청한다.

10 개인정보처리자는 정보주체가 자신의 개인정보에 대한 열람을 요구하는 때를 대비하여 열람요구방법과 절차를 마련해야 한다. 이 경우에 주의해야 할 사항이 아닌 것은?

① 서면, 전화, 전자우편, 인터넷 등 정보주체가 쉽게 활용할 수 있는 방법으로 제공한다.
② 개인정보를 수집한 창구의 지속적 운영이 곤란한 경우 등 정당한 사유가 있는 경우를 제외하고는 최소한 개인정보를 수집한 창구 또는 방법과 동일하게 개인정보의 열람을 요구 할 수 있도록 한다.
③ 인터넷 홈페이지를 운영하는 개인정보처리자는 홈페이지에 열람요구 방법과 절차를 공개한다.
④ 열람 요구 방법과 절차는 개인정보처리자가 처리하기 쉬운 방법으로 제공한다.
⑤ 개인정보에 대한 열람이 해당 개인정보의 수집 방법과 절차에 비하여 어렵지 아니하게 제공해야 한다.

해설

(개인정보보호법 시행령 제41조 제2항) 개인정보의 열람 절차 등
개인정보처리자는 정보주체 자신의 개인정보에 대한 열람 요구 방법과 절차를 마련하는 경우 해당 개인정보의 수집방법과 절차에 대하여 어렵지 아니하도록 다음의 사항을 준수하여야 한다.

- 서면, 전화, 전자우편, 인터넷 등 정보주체가 쉽게 활용할 수 있는 방법으로 제공할 것
- 개인정보를 수집한 창구의 지속적 운영이 곤란한 경우 등 정당한 사유가 있는 경우를 제외하고는 최소한 개인정보를 수집한 창구 또는 방법과 동일하게 개인정보의 열람을 요구할 수 있도록 할 것
- 인터넷 홈페이지를 운영하는 개인정보처리자는 홈페이지에 열람 요구 방법과 절차를 공개할 것

11 화장품책임판매업자의 변경등록 사항에 대한 벌칙으로 틀린 것은?

① 화장품책임판매업자가 소재지 변경을 안 한 경우 1차 위반 시 판매업무정지 1개월
② 화장품책임판매업자가 폐업 등의 신고를 하지 않은 경우 50만 원 과태료
③ 화장품책임판매업자의 변경 또는 상호의 변경을 등록하지 않은 경우 1차 위반시 판매업무 정지 1개월
④ 화장품책임판매업자가 소재지 변경을 안 한 경우 4차 위반 시 등록취소
⑤ 화장품책임판매업자가 책임판매관리자의 변경을 하지 않은 경우 1차 위반시 시정명령

해설

화장품책임판매업자의 변경 또는 상호의 변경을 등록하지 않은 경우
1차 위반– 시정명령 2차 위반 – 판매업무정지 1개월

정답 10 ④ 11 ③

12 **화장품법에서 책임판매관리자와 맞춤형화장품 조제관리사가 안전성 확보 및 품질관리에 관한 교육을 매년 정기적으로 받지 않았을 때 벌칙으로 옳은 것은?**

① 3년 이하의 징역 또는 3천만 원이하의 벌금
② 1년 이하의 징역 또는 1천만 원이하의 벌금
③ 200만 원 이하의 벌금
④ 100만 원 이하의 과태료
⑤ 50만 원 이하의 과태료

해설

50만 원 과태료
① 화장품의 생산실적 또는 화장품 원료의 목록 등을 보고하지 아니한 자
② 책임판매관리자 및 맞춤형화장품조제관리사가 화장품의 안전성 확보 및 품질관리에 관한 교육을 매년 받지 않은 경우
③ 폐업 등의 신고를 하지 아니한 자
④ 화장품의 판매 가격을 표시하지 않은 경우(소비자에게 화장품을 직접 판매하는 자가 판매하려는 가격을 표시하여야 한다).

〈벌금 요약정리〉
3년 3,000만 원(관련: 자격, 화장품관련 안전기준), 1년 1,000만 원(관련: 표시광고), 200만 원(관련: 회수), 100만 원(관련; 보고) 각각의 경우

13 **화장품책임판매업장에 근무하는 A군과 맞춤형화장품판매업장에 근무하는 B군의 대화이다. 다음 중에서 행정처분의 기준에 해당하는 사항을 바르게 열거한 것은?**

A군 : 우리 회사가 서울에서 대전으로 이사 온 지 3년이 지났는데 담당자가 퇴직하며 일처리를 하지 않아서 소재지 변경처리가 안 되어 있다고 하니 걱정이야
B군 : 그럼 벌금을 내야 하나 ?
우리 회사도 이전한 지 한 달이 넘었는데 아직 변경처리를 안 한 것 같은데 ....
담당자에게 빨리 소재지 변경처리 하도록 알려야겠네.

① A군의 회사는 소재지 변경사항 등록을 하지 않아 과태료 3천만 원이하의 벌금
② B군의 회사는 소재지 변경사항 등록을 하지 않아 과태료 3천만 원이하의 벌금
③ A군의 회사는 소재지 변경사항 신고를 하지 않아 시정명령
④ A군의 회사는 소재지 변경사항 등록을 하지 않아 등록취소
⑤ B군의 회사는 소재지 변경사항 신고를 하지 않아 판매업무 정지 4개월

해설

① 화장품책임판매업자는 변경 사유가 발생한 날부터 30일(행정구역 개편에 따른 소재지 변경의 경우에는 90일) 이내에 화장품책임판매업 변경등록 신청서(전자문서로 된 신청서를 포함한다)에 화장품책임판매업 등록필증과 해당 서류(전자문서를 포함한다)를 첨부하여 지방식품의약품안전청장에게 제출
- 화장품책임판매업소 소재지의 변경신고를 하지 않은 경우: 등록취소 (4차)

② 맞춤형화장품판매업을 하려는 자는 총리령으로 정하는 바에 따라 식품의약품안전처장에게 신고하여야 한다. 신고한 사항 중 총리령으로 정하는 사항을 변경할 때에도 또한 같다. ⇒ 관할 지방식품의약처안전청에 15일 이내 신고, 변경사항은 30일 이내 신고
- 맞춤형화장품판매업소 소재지의 변경신고를 하지 않은 경우: 판매업무정지 1개월(1차)

정답 12 ⑤ 13 ④

14 **화장품법 제15의2에서 동물실험을 실시한 화장품원료 등의 유통판매 금지에 해당하는 경우에 대한 설명으로 바르지 않은 것은?**

① 동물대체시험법이 존재하지 않아 동물실험이 불필요한 경우
② 보존제, 색소, 자외선차단제 등 특별히 사용상의 제한이 필요한 원료에 대하여 그 사용기준을 지정하거나 국민보건상 위해 우려가 제기되는 화장품 원료 등에 대한 위해평가를 하기 위하여 필요한 경우
③ 수입하려는 상대국의 법령에 따라 제품 개발에 동물실험이 필요한 경우
④ 다른 법령에 따라 동물실험을 실시하여 개발된 원료를 화장품의 제조 등에 사용하는 경우
⑤ 그 밖에 동물실험을 대체할 수 있는 실험을 실시하기 곤란한 경우로서 식품의약품안전처장이 정하는 경우

해설

(화장품법 제15조의2 제1항)
① 동물대체시험법(동물을 사용하지 아니하는 실험방법 및 부득이하게 동물을 사용하더라도 그 사용되는 동물의 개체수를 감소하거나 고통을 경감시킬 수 있는 실험방법으로서 식품의약품안전처장이 인정하는 것을 말한다)이 존재하지 아니하여 동물실험이 필요한 경우

15 **다음 중 유통화장품 안전기준 등에 관한 규정에 따른 유해물질로서 디아졸리디닐우레아, 디엠디엠하이단토인 등과 같은 일부 살균 • 보존제에서 검출되는 것은?**

① 메탄올
② 디옥산
③ 포름알데하이드
④ 카드뮴
⑤ 수은

해설

유통화장품의 유해물질로서 포름알데하이드 :
포름알데하이드 및 p-포름알데하이드는 화장품에 사용할 수 없는 원료이나 화장품에 사용되는 일부 살균 · 보존제(디아졸리디닐우레아, 디엠디엠하이단토인, 2-브로모-2-나이트로프로판-1, 3-디올, 벤질헤미포름알, 소듐하이드록시메칠아미노아세테이트, 이미다졸리디닐우레아, 쿼터늄-15 등)가 수용성 상태에서 분해되어 일부 생성될 수 있다.

16 **다음 중 유통화장품 안전기준 등에 관한 규정에 따른 유해물질로서 검출한도가 제한되어있는 디옥산 검출시험을 위해 알아보았다. 화장품 제조시 디옥산 생성에 관여하는 물질인 것은?**

① 디글리세롤
② 사이클론헥칠
③ 프로필렌글리콜
④ 폴리에틸렌글리콜
⑤ 5-브로모-5-나이트로-1, 3-디옥산

해설

유통화장품의 제한 유해물질로 디옥산 검체에 20% 황산나트륨용액, 폴리에틸렌글리콜을 검액 또는 표준액으로 사용

17 **영 · 유아용화장품의 샴푸제조공정에서 사용되는 계면활성제로 비교적 피부에 자극적이지 않으며 세정의 효과를 갖는 것으로 옳게 짝지은 것은?**

① 양쪽성이온계면활성제 – 징크스테아레이트 (Zinc stearate)
② 양이온계면활성제 – 염화벤잘코코늄
③ 양쪽성이온계면활성제 – 소듐에칠라우로일타우레이트(Sodium Methyl Lauroyl Taurate)
④ 음이온계면활성제 – 폴리옥시에틸렌알킬에테르염
⑤ 비이온계면활성제 – 소르비탄 스테아레이트(Sorbitan Stearate)

정답 14 ① 15 ③ 16 ④ 17 ③

해설

계면활성제는 계면에 흡착하여 계면의 성질을 현저히 변화시키는 물질로, 음이온계면활성제(세정작용과 기포형성 작용)와 양이온계면활성제(살균작용과 소독작용)로 구분한다. 양쪽성이온계면활성제는 음이온계면활성제보다 세정력은 떨어지나 피부자극이 낮아 베이비샴푸 등 제품에 이용된다.

※ 양쪽성이온계면활성제 종류: 아미노산형, 베타인형, 아미다졸린유효체의 합성원료가 있다.
〈 종류 〉 레시틴(Lecithin), 소듐에칠라우로일타우레이트(Sodium Methyl Lauroyl Taurate), 하이드로제네이티드레시틴 (Hydrogenated Lecithin)

18 분자 속에 수산기(-OH)가 3개 이상 있고, 화장수에 5~20% 정도 들어 있으며, 보습효과와 유연제의 작용을 하지만 알레르기를 일으킬 수 있으므로 주의해야 하는 것은?

① 이소프로필알코올
② 글리세린
③ 붕산
④ 과산화수소
⑤ 살리실산

해설

글리세린
- 1분자 속에 수산기 3개를 갖고 있는 3가 알코올이다.
- 피부를 부드럽게 하고 윤기와 광택을 준다.
- 무색의 단맛을 가진 끈끈한 액체로 수분흡수작용을 한다.
- 보습효과와 유연작용을 하며 화장수에 5~20% 들어 있다.
- 액이 너무 진하면 피부조직으로부터 수분을 흡수해서 피부가 거칠어지고 색을 검게 하며, 알레르기를 일으킬 수 있으므로 주의한다

19 자외선으로부터 피부를 보호하는 자외선 차단제 중 흡수작용의 원료로 바르게 짝지어진 것은?

① 드로메트리졸, 징크피리치온
② 징크옥사이드, 티타늄디옥사이드
③ 에칠헥실메톡시신나메이트, 벤조페논 -4
④ 클로로펜, 호모살레이트
⑤ p-클로로-m-크레졸, 징크피리치온

해설

보존제 - 클로로펜, 징크피리치온, p-클로로-m-크레졸
자외선차단제 - 징크옥사이드, 티타늄디옥사이드(산란제)

20 화장품의 원료에서 사용상 제한이 필요한 보존제 성분을 사용한 것으로 옳지 않은 것은?

① 에칠라우로일알지네이트 하이드로클로라이드 - 0.1%
② 에칠헥실메톡시신나메이트 6.5%
③ 알킬디아미노에칠글라이신하이드로클로라이드용액(30%) - 0.3%
④ 운데실레닉애씨드 및 그 염류 및 모노에탄올아마이드 - 사용 후 씻어내는 제품에 산으로서 0.2%
⑤ p-클로로-m-크레졸 0.04%

해설

자외선 차단제 - 에칠헥실메톡시신나메이트 7.5%
① 에칠라우로일알지네이트 하이드로클로라이드 - 0.4% 이내

정답 18 ② 19 ③ 20 ②

21 화장품안전기준 등에 관한 규정 제6조에 의해 퍼머넌트웨이브용 및 헤어스트레이트너 제품에 적합한 기준을 다음과 같이 설명하고 있다. 이 제품에서 반응하는 산화제로 옳은 것은?

시스테인, 시스테인염류 또는 아세틸시스테인을 주성분으로 하는 냉2욕식 퍼머넌트웨이브용 제품 : 이 제품은 실온에서 사용하는 것으로서 시스테인, 시스테인염류 또는 아세틸시스테인을 주성분으로 하는 제1제 및 산화제를 함유하는 제2제로 구성된다.

가. 제1제 : 이 제품은 시스테인, 시스테인염류 또는 아세틸시스테인을 주성분으로 하고 불휘발성 무기알칼리를 함유하지 않은 액제이다. 이 제품에는 품질을 유지하거나 유용성을 높이기 위하여 적당한 알칼리제, 침투제, 습윤제, 착색제, 유화제, 향료 등을 첨가할 수 있다.

1) pH : 8.0 ~ 9.5
2) 알칼리 : 0.1N 염산의 소비량은 검체 1㎖에 대하여 12㎖이하
3) 시스테인 : 3.0 ~ 7.5%
4) 환원후의 환원성물질(시스틴) : 0.65% 이하
5) 중금속 : 20㎍/g이하
6) 비소 : 5㎍/g이하
7) 철 : 2㎍/g이하

① 치오황산나트륨액
② 과산화수소수 함유제제
③ 디치오글라이콜릭애씨드
④ 브롬산나트륨 함유제제
⑤ 치오글라이콜릭애씨드 또는 그 염류

해설

나. 제2제 기준 :

1. 치오글라이콜릭애씨드 또는 그 염류를 주성분으로 하는 냉2욕식 퍼머넌트웨이브용 제품 나. 제2제의 기준에 따른다.

22 맞춤형화장품판매업장에서 조제관리사가 오래 전에 방문한 고객의 상담자료를 보고 대화를 나누고 있다. 그들의 대화 속에서 필요한 성분들을 바르게 표시하고 있는 것을 고르시오.

조제관리사 : 안녕하세요. 님 오랜만에 오셨네요.
고객 : 네 ~ 안녕하세요. 제가 요즘 들어 얼굴이 많이 건조하여 당김 현상이 심하고, 얼굴에 색소가 부쩍 많이 생긴 것 같아 찾아왔습니다.
조제관리사 : 네... 그러시군요. 먼저 피부측정을 해 보고 상담해 드리겠습니다. 예전에 방문한 자료를 보니 현재 상태가 수분도가 많이 떨어지시고, 부분 색소 발현이 많이 있으시네요.
고객 : 그럼 어떤 제품을 쓰면 좋을지 추천해 주세요.
조제관리사 : 네 ~ 알겠습니다. 님의 피부상태에 맞추어 수분을 보충하는 보습성분과 미백에 도움이 되는 제품을 만들어 드리겠습니다. 잠시만 기다려 주세요.

① 아데노신 - 닥나무추출물
② 1, 3 부틸렌글리콜 - 레티놀
③ 살리실릭애씨드 - 징크피리치온
④ 소듐하이알루로네이트-에칠아스코빌에텔
⑤ 수용성 콜라겐 - 레티닐팔미테이트

해설

보습과 미백 원료 필요

- 보습제 : 글리세린, 히아루론산, 소듐하이알루로네이트, 콜라겐, 소듐콘드로이틴설페이트, 글리세린, 프로필렌글리콜, 1, 3 부틸렌글리콜, 히아루론산나트륨
- 미백제 : 닥나무추출물, 에칠아스코빌에텔, 알파-비사보롤, 아스코빌테트라이소팔미테이트

정답 21 ⑤ 22 ④

- 주름개선제 : 아데노신, 레티놀, 레티닐팔미테이트, 폴리에톡실레이티드레틴아마이드
- 여드름 완화제 : 살리실릭애씨드
- 보존제 : 징크피리치온

23 **「화장품 안전기준 등에 관한 규정(식약처 고시)」 [별표 2]의 '화장품에 사용상의 제한이 필요한 원료'에서 제시된 것으로 기초화장품의 혼합원료에 사용가능한 것으로 옳은 것은?**

① 비타민 E 25%
② 살리실릭애씨드 및 그 염류 사용 후 씻어내는 두발용 제품 3%
③ 살리실릭애씨드 및 그 염류 인체 세정용 제품류 2%
④ 레조시놀 2%
⑤ 자몽씨추출물 2%

해설

기초화장용 제품 : 수렴, 유연, 영양화장수, 마사지크림, 에센스오일, 파우더, 바디제품, 팩, 마스크, 눈주위 제품, 로션 크림 등
- 자몽씨추출물 2% : 천연산화방지제
- 레조시놀 2% : 산화염모제
- 비타민 E 20% : 산화방지제
- 살리실릭애씨드 및 그 염류 : 기능성화장품의 유효성분으로 사용하는 경우에만 사용가능

24 **화장품 사용 시의 주의사항 및 알레르기 유발성분 표시 등에 관한 규정에서는 착향제 성분 중 알레르기 유발물질을 정하고 있다. 화장품의 품질향상을 위해 사용하는 착향제의 구성분으로 알레르기유발 성분에서 알려진 신남알과 연관성이 있는 것은?**

① 브로모신남알
② 나무이끼추출물
③ 벤질신나메이트
④ 클로로신남알
⑤ 에틸2, 2-다이메틸하이드로신남알

해설

알레르기 유발물질 신남알 (Cinnamal) : 변성제, 감미제, 착향제 로 사용
신남알계 종류는 이와 유사한 구조식을 갖고 있다.

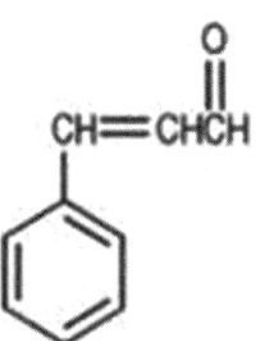

1. 신남알계열
   - 클로로신남알 (Chlorocinnamal) - 피부컨디셔닝제에 사용
   - 브로모신남알 (Bromocinnamal) - 감미제로 사용
   - 헥실신남알 (Hexyl Cinnamal) - 착향제로 사용
   - 에틸2, 2-다이메틸하이드로신남알 (Ethyl 2, 2-Dimethylhydrocinnamal) - 착향제로 사용
   - 아밀신남알 (Amyl Cinnamal) - 착향제로 사용
   - 신나밀알코올 (Cinnamyl Alcohol) - 감미제, 착향제로 사용
   - 아밀신나밀알코올 (Amylcinnamyl Alcohol) - 착향제로 사용
2. 벤질알코올과 신나믹애씨드의 에스터 물질
   - 벤질신나메이트 (Benzyl Cinnamate) - 착향제로 사용

25 **자연에서 얻은 아로마오일 추출 방법 중 꽃에서 추출하는 증류 압착법으로 아로마 오일을 추출하는 과정에서 생성되는 물질이며, 꽃향기가 나고, 독특한 독성을 갖고 있어 알레르기 유발 물질로 분류되는 것은?**

① 클로로펜
② 시트랄
③ 프로폴리스
④ 플라보노이드
⑤ 폴리페놀

해설

모노페르펜 계열 물질 : 알레르기 유발
종류 : 리날롤, 리모넨, 시트랄, 시트로넬올, 제라니올 등

정답 23 ⑤ 24 ⑤ 25 ②

26 **화장품법 14조의 2에서 식품의약품안전처장은 천연화장품 및 유기농화장품의 품질제고를 유도하고 소비자에게 보다 정확한 제품정보가 제공될 수 있도록 식품의약품안전처장이 정하는 기준에 적합한 천연화장품 및 유기농화장품에 대하여 인증할 수 있다. 인증을 받으려는 화장품제조업자, 화장품책임판매업자 또는 총리령으로 정하는 대학·연구소 등은 식품의약품안전처장에게 인증을 신청하여야 한다. 이와 연관하여 법에서 규정한 내용 중에 바르지 않은 것은?**

① 천연화장품 및 유기농화장품에 대한 인증의 유효기간은 인증을 받은 날부터 3년으로 한다.
② 천연화장품 및 유기농화장품에 사용할 수 있는 원료는 천연원료, 천연유래원료, 물을 포함한다.
③ 천연화장품 및 유기농화장품의 인증 유효기간은 2년으로 하며 식품의약품안전처장이 정하는 표시를 사용할 수 있다.
④ 천연화장품 및 유기농화장품으로 인증을 받은 화장품에 대해서는 총리령으로 정하는 인증표시를 할 수 있다.
⑤ 식품의약품안전처장은 거짓이나 그 밖의 부정한 방법으로 인증을 받은 경우 인증을 취소해야 한다.

해설

천연화장품 및 유기농화장품의 인증 유효기간은 3년
- 총리령으로 정하는 인증표시

27 **친유성과 친수성 밸런스 척도(HLB값)가 10 이상으로 높은 것은 (㉠) 유화제로 쓰이는 계면활성제이며, 친유기와 친수기를 갖고 있어서 물에 녹으면 물의 표면에서 볼 때 친수기는 물의 내부를 향하고 친유기는 공기 중으로 향한다. 물속에서는 (㉡)을 형성하여 물의 표면장력을 약화시킨다. 다음에서 옳은 것은?**

	㉠	㉡
①	친유성	파장
②	친수성	라멜라
③	친유성	미셀
④	친수성	미셀
⑤	친수성	이온

해설

HLB값 10 이하 지용성, HLB값 10 이상 수용성(지질불용성)

28 **화장품에 사용가능 원료 중에서 하이드록시기(-OH)의 수가 3개 이상인 것을 다가알코올 이라한다. 이들 종류에 대한 설명으로 옳은 것은?**

① 에틸렌글리콜은 독성이 낮으며 글리세린 대용으로 쓰인다.
② 프로필렌글리콜은 에몰리엔트 효과가 있어 보습제로 쓰인다.
③ 쎄틸알코올은 유화안정제로 쓰인다.
④ 스테아릴알코올은 계면활성제 혹은 점증제로 쓰인다.
⑤ 글리세롤 또는 글리세린은 다량 사용 시 피부에 자극을 준다.

해설

에틸렌글리콜, 프로필렌글리콜 : 2가 알코올, 하이드록시기(수산기, -OH)의 수가 2개
쎄틸알코올 : C수 16개, 수산기 1개의 고급알코올
스테아릴알코올 : C수 18개, 수산기 1개의 고급알코올
글리세린 : 수산기 3개의 다가알코올, 10%이내 사용 시 보습효과

정답 26 ③ 27 ④ 28 ⑤

29 인체 세포 · 조직 배양액의 안전성 평가에서 안전성 확보를 위한 자료를 작성 보관하여야 한다. 인체 세포 · 조직 배양액의 안전성 평가에 대한 자료가 아닌 것은?

① 반복투여독성시험자료
② 안점막자극 또는 기타점막자극시험자료
③ 유전독성시험자료
④ 2차 피부자극시험자료
⑤ 인체첩포시험자료

해설

인체 세포 · 조직 배양액의 안전성 평가
가. 인체세포 · 조직배양액의 안전성 확보를 위하여 다음의 안전성시험 자료를 작성 · 보존하여야 한다.
(1) 단회투여독성시험자료
(2) 반복투여독성시험자료
(3) 1차피부자극시험자료
(4) 안점막자극 또는 기타점막자극시험자료
(5) 피부감작성시험자료
(6) 광독성 및 광감작성 시험자료(자외선에서 흡수가 없음을 입증하는 흡광도 시험자료를 제출하는 경우에는 제외함)
(7) 인체 세포 · 조직 배양액의 구성성분에 관한 자료
(8) 유전독성시험자료
(9) 인체첩포시험자료

30 화장품법 시행규칙 제2조에서 총리령으로 정하는 기능성 화장품의 범위를 설명하고 있는 화장품으로 바르게 표현하고 있는 것은?

① 여드름성 피부를 개선하는데 도움을 주는 화장품
② 일시적으로 모발의 색상을 변화시키는 제품
③ 피부에 탄력을 주어 피부의 주름을 없애주는 화장품
④ 피부장벽의 기능을 회복하여 가려움 등의 개선에 도움을 주는 화장품
⑤ 탈모 증상의 완화에 도움을 주는 화장품으로 흑채가 있다.

해설

화장품법 시행규칙 제2조 기능성 화장품의 범위
1. 피부에 멜라닌색소가 침착하는 것을 방지하여 기미 · 주근깨 등의 생성을 억제함으로써 피부의 미백에 도움을 주는 기능을 가진 화장품
2. 피부에 침착된 멜라닌색소의 색을 엷게 하여 피부의 미백에 도움을 주는 기능을 가진 화장품
3. 피부에 탄력을 주어 피부의 주름을 완화 또는 개선하는 기능을 가진 화장품
4. 강한 햇볕을 방지하여 피부를 곱게 태워주는 기능을 가진 화장품
5. 자외선을 차단 또는 산란시켜 자외선으로부터 피부를 보호하는 기능을 가진 화장품
6. 모발의 색상을 변화[탈염(脫染) · 탈색(脫色)을 포함한다]시키는 기능을 가진 화장품. 다만, 일시적으로 모발의 색상을 변화시키는 제품은 제외한다.
7. 체모를 제거하는 기능을 가진 화장품. 다만, 물리적으로 체모를 제거하는 제품은 제외한다.
8. 탈모 증상의 완화에 도움을 주는 화장품. 다만, 코팅 등 물리적으로 모발을 굵게 보이게 하는 제품은 제외한다.
9. 여드름성 피부를 완화하는 데 도움을 주는 화장품. 다만, 인체세정용 제품류로 한정한다.
10. 피부장벽(피부의 가장 바깥 쪽에 존재하는 각질층의 표피를 말한다)의 기능을 회복하여 가려움 등의 개선에 도움을 주는 화장품
11. 튼살로 인한 붉은 선을 엷게 하는 데 도움을 주는 화장품

정답 29 ④ 30 ④

31 **화장품 표시광고에서 화장품책임판매업자가 실증자료의 제출을 요청받은 경우 조치해야 할 내용으로 옳은 것은?**

① 실증자료를 요청받은 날로부터 30일 이내에 식품의약품안전처장에게 제출하여야 한다.
② 실증자료를 요청받은 날로부터 15일 이내에 식품의약품안전처장에게 제출하여야 한다.
③ 실증자료를 요청받은 날로부터 15일 이내에 소비자보호감시원에 제출하여야 한다.
④ 실증자료를 요청받은 날로부터 20일 이내에 지방식품의약품안전청장에게 제출하여야 한다.
⑤ 실증자료를 요청받은 날로부터 30일 이내에 지방식품의약품안전청장에게 제출하여야 한다.

해설

실증자료의 제출을 요청받은 영업자 또는 판매자는 요청받은 날부터 15일 이내에 그 실증자료를 식품의약품안전처장에게 제출하여야 한다.(화장품법 제14조 제3항)

32 **염모제 사용 시 주의사항으로 틀린 것은?**

① 두피, 얼굴, 목덜미에 상처가 있는 사람은 사용하지 말 것
② 프로필렌글리콜에 의한 알레르기 반응을 갖고 있는 사람은 사용하지 말 것
③ 혼합한 염모액을 밀폐된 용기에 보존하지 말 것
④ 용기를 버릴 때는 반드시 뚜껑을 열어서 버릴 것
⑤ 패치테스트는 체질변화에 따라 알레르기 부작용이 있을 수 있으므로 매회 실시하며, 패치테스트 상태는 첩포 시 폐쇄상태로 유지

해설

염색 전 패치테스트는 48시간 전에 하고, 깨끗이 세척한 부위에 동전 크기로 바르고 자연건조시킨 후 그대로 방치한다.

33 **기능성화장품 기준 및 시험방법 별표1에서 화장품 성분이 인체에 미치는 영향이 안전하도록 기능성화장품의 독성을 파악하기 위해 독성시험법을 실시하였다. 다음 중에서 인체사용시험에 대한 내용으로 바르지 않은 것은?**

① 인체첩포시험은 피부과 전문의 또는 연구소 및 병원, 기타 관련기관에서 5년 이상 해당시험 경력을 가진 자의 지도하에 수행되어야 한다.
② 인체사용시험의 대상은 20명 이상으로 한다.
③ 투여 농도 및 용량은 원료에 따라서 사용시 농도를 고려해서 여러 단계의 농도와 용량을 설정하여 실시한다.
④ 인체사용시험을 평가하기에 상등부 또는 전완부 등 적정한 부위를 폐쇄첩포 한다.
⑤ 투여농도 및 용량은 완제품의 경우 제품자체를 사용하여도 된다.

해설

별표1 인체사용시험

(1) 인체 첩포 시험 : 피부과 전문의 또는 연구소 및 병원, 기타 관련기관에서 5년 이상 해당시험 경력을 가진 자의 지도하에 수행되어야 한다.
(가) 대상 : 30명 이상
(나) 투여 농도 및 용량 : 원료에 따라서 사용 시 농도를 고려해서 여러 단계의 농도와 용량을 설정하여 실시하는데, 완제품의 경우는 제품자체를 사용하여도 된다.
(다) 첩부 부위 : 사람의 상등부(정중선의 부분은 제외)또는 전완부 등 인체사용시험을 평가하기에 적정한 부위를 폐쇄첩포 한다.

정답 31 ② 32 ⑤ 33 ②

34 **기능성화장품의 원료 중에서 염모제가 아닌 것을 고르시오.**

① 피크라민산
② 레조시놀
③ 염산 2, 4 – 디아미노페놀
④ p–클로로–m–크레졸
⑤ 몰식자산

해설

p–클로로–m–크레졸 : 보존제

35 **기능성화장품의 유효성평가를 위한 가이드라인에서 기능성화장품 인증을 위해 제출하는 시험자료 중 인체적용시험자료의 미백효과 평가를 위한 시험에 대한 내용으로 옳은 것은?**

① 피험자수는 통계적 비교가 가능하기 위해 20명 이상을 확보하도록 한다.
② 최소홍반량 측정을 위한 조사부위는 시험부위와 반드시 동일한 부위로 할 필요가 없다.
③ 시료 도포 전후 비교횟수는 아침 1회를 원칙으로 한다. 실험시료의 효능 및 이상반응을 고려하여 도포 횟수 및 도포 총량을 결정할 수 있다.
④ 자외선을 조사하는 동안에 피험자가 움직이지 않도록 한다. 조사가 끝난 후 24~48시간 사이에 피험자의 홍반상태를 판정한다.
⑤ 자외선 조사부위 시험부위는 등 상부 내측에서만 선택 한다.

해설

① 피험자수는 통계적 비교가 가능하기 위해 20명 이상을 확보하도록 한다.
② 최소홍반량측정을 위한 조사부위는 시험부위와 동일한 부위로 한다.
③ 시료 도포 전후 비교횟수는 아침, 저녁 2회를 원칙으로 한다. 실험시료의 효능 및 이상반응을 고려하여 도포 횟수 및 도포 총량을 결정할 수 있다.
④ 자외선을 조사하는 동안에 피험자가 움직이지 않도록 한다. 조사가 끝난 후 16~24시간 사이에 피험자의 홍반상태를 판정한다.
⑤ 자외선 조사부위 시험부위는 등 상부, 하부 또는 복부, 허벅지, 상완, 하완 내측에서 선택한다.

36 **기능성화장품의 유효성평가를 위한 인체적용시험자료의 미백효과 평가를 위한 시험에서 피험자로 선정할 수 없는 기준으로 틀린 것은?**

① 피부 질환을 포함하는 급성 혹은 만성 신체 질환이 없는 자
② 동일한 실험에 참가한 뒤 6개월이 경과되지 않은 자
③ 임신 또는 수유중인 여성과 임신 가능성이 있는 여성
④ 광알레르기 또는 광감작의 병력이 있는 자
⑤ 피부 질환의 치료를 위해 스테로이드가 함유된 피부 외형제를 1개월 이상 사용하는 자

해설

지원자와의 면담에 의하여 다음 사항에 해당되는 사람은 피험자에서 제외시킨다.

가) 임신 또는 수유중인 여성과 임신 가능성이 있는 여성
나) 광알레르기 또는 광감작의 병력이 있는 자
다) 피부 질환의 치료를 위해 스테로이드가 함유된 피부 외형제를 1개월 이상 사용하는 자
라) 동일한 실험에 참가한 뒤 6개월이 경과되지 않은 자
마) 민감성, 과민성 피부를 가진 자

정답 34 ④ 35 ① 36 ①

37 **자외선으로부터 피부를 보호하는 제품으로 자외선차단제가 있다. 이들 제품에 사용되는 원료 중에 피부에서 자외선을 흡수하여 차단하는 원료와 제한 농도가 옳은 것은?**

① 산화아연 20%, 이산화티타늄 20%
② 에칠헥실메톡시신나메이트 7.5%, 에칠헥실살리실레이트 5%
③ 드로메트리졸 10%, 옥토크릴렌 10%
④ 징크옥사이드 25%, 티타늄디옥사이드 25%
⑤ 벤조페논-8 5%, 옥시벤존 3%

해설

자외선 흡수제(피부에서 자외선을 흡수시켜 차단)
- 부틸메톡시디벤조일메탄(Butyl Methoxydibenzoylmethane)
- 벤조페논-1(~12) (Benzophenone-1(~12), 벤조페논-9,
- 에칠헥실메톡시신나메이트, 에칠헥실살리실레이트

38 **화장품 사용 시 주의 사항으로 틀린 것은?**

① 퍼머넌트 웨이브 제품 및 헤어스트레이트너 제품은 섭씨 15도 이하의 어두운 장소에 보존

하고, 색이 변하거나 침전된 경우에는 사용하지 말 것
② 외음부 세정제는 만 13세 이하의 어린이에게는 사용하지 말 것
③ 모발용 샴푸는 사용 후 물로 씻어내지 않으면 탈모 또는 탈색의 원인이 될 수 있으므로 주의할 것
④ 손·발의 피부연화 제품은 눈, 코 또는 입 등에 닿지 않도록 주의하여 사용할 것
⑤ 염모 시 주의사항은 눈에 들어갔을 때 물 또는 미지근한 물로 15분 이상 잘 씻어준다.

해설

외음부 세정제 사용 시 주의사항
가) 정해진 용법과 용량을 잘 지켜 사용할 것
나) 만 3세 이하의 영유아에게는 사용하지 말 것
다) 임신 중에는 사용하지 않는 것이 바람직하며, 분만 직전의 외음부 주위에는 사용하지 말 것
라) 프로필렌 글리콜(Propylene glycol)을 함유하고 있으므로 이 성분에 과민하거나 알레르기 병력이 있는 사람은 신중히 사용할 것(프로필렌 글리콜 함유제품만 표시한다)

39 **국민보건에 위해(危害)를 끼치거나 끼칠 우려가 있는 화장품이 유통 중인 사실을 알게 된 경우에는 지체 없이 해당화장품을 회수하거나 회수하는 데에 필요한 조치를 하여야 한다. 다음은 회수대상화장품에 대한 설명이다. 기준이 다른 것은?**

① 사용기한 또는 개봉 후 사용기간(병행표기된 제조연월일을 포함한다)을 위조·변조한 화장품
② 전부 또는 일부가 변패(變敗)된 화장품 또는 병원미생물에 오염된 화장품
③ 식품의약품안전처장이 지정 고시한 화장품에 사용할 수 없는 원료 또는 사용상의 제한을 필요로 하는 특별한 원료를 사용한 화장품
④ 화장품의 포장 및 기재·표시 사항을 훼손 또는 위조·변조한 화장품
⑤ 맞춤형화장품 판매업자가 맞춤형화장품조제관리사를 두지 아니하고 판매한 맞춤형화장품

해설

화장품 안전기준 등에 관한 규정 제4장 유통화장품 안전관리 기준 제6조
③ 가등급 : 식품의약품안전처장이 지정 고시한 화장품에 사용할 수 없는 원료 또는 사용상의 제한을 필요로 하는 특별한 원료(보존제, 색소, 자외선 차단제 등)를 사용한 화장품
①, ②, ④, ⑤ 나등급 : 기능성화장품 심사의뢰서(전자문서로

정답 37 ② 38 ② 39 ③

40 **우수화장품 제조 및 품질관리기준에 따른 용어의 정의에서 틀린 것은?**

① 일탈은 제조 또는 품질관리 활동 등 미리 정해진 기준을 벗어나 이루어진 행위를 말한다.
② 제조단위는 하나의 공정이나 일련의 공정으로 제조되어 균질성을 갖는 화장품의 일정한 분량을 말한다.
③ 재작업은 적절한 작업환경에서 건물과 설비가 유지되도록 정기적 혹은 비정기적인 지원 및 검출 작업을 말한다.
④ 공정관리은 제조공정 중 적합판정기준의 충족을 보증하기 위하여 공정을 모니터링하거나 조정하는 모든 작업을 말한다.
⑤ 출하는 주문 준비와 관련된 일련의 작업과 운송 수단에 적재하는 활동으로 제조소 외로 제품을 운반하는 것을 말한다.

해설

우수화장품 제조 및 품질관리 기준에 따른 용어 정의
③ 재작업은 적합 판정기준을 벗어난 완제품, 벌크제품 또는 반제품을 재처리하여 품질이 적합한 범위에 들어오도록 하는 작업을 말한다.

41 **알칸계 화합물에서 에스테르물질 (R-COO-R')에 해당하는 탄화수소화합물의 원료로 바르지 않은 것은?**

① 실리콘 오일
② 쎄틸에칠헥사노이에이트
③ 라놀린
④ 이소스테아린산
⑤ 카나우바 왁스

해설

이소스테아린산 ; 유기산의 일종으로 불포화지방산
※ 에스테르 물질에는 대표적인 유성원료로 유지류, 왁스류가 있다.
1. 합성오일 – 실리콘 오일, 쎄틸에칠헥사노이에이트
2. 동물성 왁스 – 라놀린
3. 식물성 왁스 – 카나우바 왁스

42 **보존제의 사용한도가 올바르지 않은 것은?**

① 클로페네신 0.3%
② 브로모클로로펜 0.6%
③ 클로로자이레놀 0.5%
④ 이미다졸리디닐우레아 0.6%
⑤ 소듐하이드록시메칠아미노아세테이트 0.5%

해설

브로모클로로펜 0.1%

43 **화장품법 4조 및 시행규칙 제9조에서 기능성화장품의 심사에 대한 내용이다. 보기에서 괄호 안에 용어로 옳은 것은?**

① 법 제4조제1항에 따라 기능성화장품으로 인정받아 판매 등을 하려는 화장품제조업자, 화장품책임판매업자 또는 대학 · 연구기관 · 연구소(이하 "연구기관 등"이라 한다)는 기능성화장품 심사의뢰서(전자문서로 된 심사의뢰서를 포함한다)에 다음 각 호의 서류(전자문서를 포함한다)를 첨부하여 (㉠)의 심사를 받아야 한다.
1. 안전성, 유효성 또는 기능을 입증하는 자료
가. 기원 및 개발경위에 관한 자료
나. 안전성에 관한 자료
다. 유효성 또는 기능에 관한 자료
라. 자외선차단지수(SPF), 내수성자외선차단지수(SPF, 내수성 또는 지속내수성) 및 자외선A차단등급(PA) 설정의 근거자료
2. 기준 및 시험방법에 관한 자료(검체 포함)
법 제1항에 따라 심사를 받은 사항을 변경하려는 자는 기능성화장품 변경심사 의뢰서(전자문서로 된 의뢰서를 포함한다)에 다음 각 호의 서류(전자문서를 포함한다)를 첨부하여 (㉠)에게 제출하여야 한다.

① 지방식품의약품안전청장
② 식품의약품안전평가원장
③ 소비자화장품안전관리감시원
④ 식품의약품안전처장
⑤ 보건복지부장관

정답 40 ③ 41 ④ 42 ② 43 ②

해설

기능성화장품으로 인정받아 판매 등을 하려는 화장품제조업자, 화장품책임판매업자 또는 「기초연구진흥 및 기술개발지원에 관한 법률」 제6조제1항 및 제14조의2에 따른 대학 · 연구기관 · 연구소(이하 "연구기관 등"이라 한다)는 기능성화장품 심사의뢰서(전자문서로 된 심사의뢰서를 포함한다)에 규정된 제출서류(전자문서를 포함한다)를 첨부하여 식품의약품안전평가원장의 심사를 받아야 한다.

44 작업장의 공기청정도 기준이 틀린 것은?

① 원료칭량실 – 낙하균 30개/hr 또는 부유균 200개/m²
② clean bench – 낙하균 10개/hr 또는 부유균 20개/m²
③ 내용물보관실 – 낙하균 30개/hr 또는 부유균 200개/m²
④ 성형실 – 낙하균 30개/hr 또는 부유균 200개/m²
⑤ 완제품보관소 – 낙하균 30개/hr 또는 부유균 200개/m²

해설

완제품보관소 : 일반작업실로 관리기준 없음. 환기장치만 설치

45 제조위생관리기준서에 포함되어야 하는 사항으로 옳은 것은?

① 제품명, 제조번호 또는 관리번호, 제조연월일
② 세척방법과 세척에 사용되는 약품 및 기구
③ 시설 및 주요설비의 정기적인 점검방법
④ 시험검체 채취방법 및 채취 시의 주의사항과 채취 시의 오염방지대책
⑤ 사용하려는 원자재의 적합판정 여부를 확인하는 방법

해설

① · ④는 품질관리기준서, ③ · ⑤는 제조관리기준서에 포함되어야 하는 사항이다.

46 화장품을 제조하면서 검출된 의도되지 않은 물질로 프탈레이트류 종류로 옳은 것은?

① 메틸벤질프탈레이트
② 프로필벤질프탈레이트
③ 에칠헥실프탈레이트
④ 부틸벤질프탈레이트
⑤ 디에칠벤질프탈레이트

해설

디부틸프탈레이트, 부틸벤질프탈레이트 및 디에칠헥실프탈레이트

47 화장품을 제조하면서 검출된 물질을 인위적으로 첨가하지 않았으나, 제조 또는 보관 과정 중 포장재로부터 이행되는 등 비의도적으로 유래된 사실이 객관적인 자료로 확인되고 기술적으로 완전한 제거가 불가능한 경우가 있다. 그 중에서 미생물의 검출허용 한도는 다음과 같이 실험한다. 다음 보기에서 괄호 안에 알맞은 것은?

(1) 세균수 시험 :
㉮ 한천평판도말법 직경 9~10㎝ 페트리접시 내에 미리 굳힌 세균 시험용 배지 표면에 전처리 검액 0.1㎖ 이상도 말한다.
㉯ 한천평판희석법 검액 1㎖를 같은 크기의 페트리접시에 넣고 그 위에 멸균 후 45℃로 식힌 15㎖의 세균시험용 배지를 넣어 잘 혼합한다.
검체당 최소 2개의 평판을 준비하고 ㉠(　　)에서 적어도(　　) 배양하는데 이 최대 균집락수를 갖는 평판을 사용하되 평판당 300개 이하의 균집락을 최대치로 하여 총 세균수를 측정한다.
(2) 진균수 시험 : (1) 세균수 시험'에 따라 시험을 실시하되 배지는 진균수시험용 배지를 사용하여 배양온도 ㉡(　　)에서 적어도(　　) 배양한 후 100개 이하의 균집락이 나타나는 평판을 세어 총 진균수를 측정한다.

정답 44 ⑤ 45 ② 46 ④ 47 ③

① ㉠ 10~15 ℃, 24시간
㉡ 20~25 ℃, 3일간
② ㉠ 30~35 ℃, 24시간
㉡ 20~25 ℃, 3일간
③ ㉠ 30~35 ℃, 48시간
㉡ 20~25 ℃, 5일간
④ ㉠ 20~25 ℃, 48시간
㉡ 20~25 ℃, 5일간
⑤ ㉠ 10~15 ℃, 48시간
㉡ 20~25 ℃, 5일간

해설

미생물 검출시험법
세균수 시험 : 30~35 ℃에서 적어도 48시간 배양
진균수 시험 : 20~25 ℃에서 적어도 5일간 배양
제6조(유통화장품의 안전관리 기준)

① 유통화장품은 제2항부터 제5항까지의 안전관리 기준에 적합하여야 하며, 유통화장품 유형별로 제6항부터 제9항까지의 안전관리 기준에 추가적으로 적합하여야 한다. 또한 시험방법은 별표 4에 따라 시험하되, 기타 과학적 · 합리적으로 타당성이 인정되는 경우 자사 기준으로 시험할 수 있다.

48 **화장품법 제6조의 유통화장품안전기준에서 화장품을 제조하면서 인위적으로 첨가하지 않았으나, 제조 또는 보관 과정 중 비의도적으로 유래된 사실이 확인되었고 기술적으로 완전한 제거가 불가능한 경우 검출 해당 물질의 허용한도를 제시하고 있다. 다음 중 제조된 화장품의 검출시험으로 나타난 결과로써 적합판정으로 옳은 것은?**

① 납 30㎍/g 이하
② 수은 10 ㎍/g 이하
③ 비소 5㎍/g 이하
④ 디옥산 200㎍/g 이하
⑤ 메탄올 : 물휴지 0.02% 이하

해설

비소는 검출 제한량이 10㎍/g 이하이므로 사용가능
제6조(유통화장품의 안전관리 기준) 2항 참조

49 **화장품제조업자가 제품 품질에 대한 문제가 있거나 회수 반품된 제품의 폐기 또는 재작업을 하는 경우에 있어서 재작업에 대한 조건으로 옳은 것은?**

① 변질 · 변패 또는 병원미생물에 오염된 경우
② 품질에 문제가 있거나 회수 · 반품된 제품의 폐기 또는 재작업 여부는 품질보증 책임자의 승인 없이도 가능하다.
③ 제조일로부터 1년이 경과하지 않았거나 사용기한이 1년 이상 남아있는 경우
④ 적합판정기준을 벗어난 벌크제품만 재작업이 가능하다.
⑤ 제조일로부터 6개월이 경과하고 사용기한이 1년 이상 남아있는 경우

해설

제22조(폐기처리 등) [※ 우수화장품 제조 및 품질관리 기준]

① 품질에 문제가 있거나 회수 · 반품된 제품의 폐기 또는 재작업 여부는 품질보증 책임자에 의해 승인되어야 한다.
② 재작업은 그 대상이 다음 각 호를 모두 만족한 경우에 할 수 있다.
  1. 변질 · 변패 또는 병원미생물에 오염되지 아니한 경우
  2. 제조일로부터 1년이 경과하지 않았거나 사용기한이 1년 이상 남아있는 경우

정답 48 ③ 49 ③

50 **다음은 기능성 화장품 심사에서 안전성에 대한 시험자료이다.**

> ① 단회투여독성시험
> ② 1차피부자극시험
> ③ 안점막자극 또는 기타점막자극시험
> ④ 피부감작성시험
> ⑤ (　　) 시험 및 광감작성시험
> ⑥ 인체사용시험

위의 자료들은 화장품 성분이 생체에 미치는 영향으로 안전함을 뒷받침하는 객관적인 근거가 필요하므로 독성이나 피부자극, 알레르기와 같은 작용에 대응한 다양한 예측 평가법이 있다.
괄호안에 해당하는 평가방법으로 옳은 것은?

① 안점막 자극시험 – Draize방법
② 광독성 시험 – Morikawa법
③ 광감작성 시험 – Adjuvant and Strip 법
④ 인체사용시험 – Harber 법
⑤ 광감작성 시험 – Jordan 법

해설

인체사용시험
- Shelanski and Shelanski 법, Kilgman의 Maximization 법, Draize방법
- 광감작성 시험 : Adjuvant and Strip 법, Harber 법, Horio 법, Jordan 법
- 1차피부자극시험, 안점막자극 또는 기타점막자극시험, 인체 누적첩포시험 : Draize방법

51 **유통화장품 안전기준 등에 관한 규정에서 설명하고 있는 용어로 옳지 않은 것은?**

① 반제품은 제조공정 단계에 있는 것으로서 필요한 제조공정을 더 거쳐야 벌크 제품이 되는 것을 말 한다.
② 완제품은 출하를 위해 제품의 포장 및 첨부 문서에 표시공정 등을 포함한 모든 제조공정이 완료된 화장품을 말한다.
③ 재작업은 적합 판정기준을 벗어난 완제품, 벌크제품 또는 반제품을 재처리하여 품질이 적합한 범위 에 들어오도록 하는 작업을 말한다.
④ 벌크제품은 충전(1차포장) 이전의 제조 단계까지 끝낸 제품을 말한다.
⑤ 감사는 제조공정 중 적합판정기준의 충족을 보증하기 위하여 공정을 모니터링하거나 조정하는 모든 작업을 말한다.

해설

⑤ 감사 : 제조 및 품질과 관련한 결과가 계획된 사항과 일치하는지의 여부와 제조 및 품질관리가 효과적으로 실행되고 목적 달성에 적합한지 여부를 결정하기 위한 체계적이고, 독립적인 조사를 말한다.
※ 공정관리 : 제조공정 중 적합판정기준의 충족을 보증하기 위하여 공정을 모니터링하거나 조정하는 모든 작업을 말한다.

52 **화장품 적합판정을 위해 시험용 검체는 오염되거나 변질되지 아니하도록 채취하고, 채취한 후에는 원상태에 준하는 포장을 해야 하며, 검체가 채취되었음을 표시하여야 한다. 제조된 화장품의 검체를 실시하고자 한다. 검체 시에 필요한 사항으로 옳지 않은 것은?**

① 농도별로 검체를 채취하여 실시한다.
② 반제품 검체는 담당자 입회하에 실시한다.
③ 완제품은 검체를 농도 희석 하지 않고 검사하여도 된다.
④ 모든 시험용 검체의 채취는 제조단위를 대표할 수 있도록 랜덤으로 실시한다.
⑤ 완제품은 검체를 반드시 희석하여 검사하여야 한다.

해설

완제품은 검체를 검사시 반드시 희석할 필요는 없다.

정답 50 ② 51 ⑤ 52 ⑤

53 **화장품제조업자가 화장품 제조과정에서 준수해야할 위생에 대한 규정이다. 화장품의 제조공정이 끝나고 설비 및 기구를 세척 후 확인하는 방법으로 바르지 않은 것은?**

① HPLC법 ② 닦아내기
③ 린스정량법 ④ 디티존법
⑤ TLC법

해설

디티존법 – 화장품에서 불가피하게 검출되는 물질에 대한 함량 확인 시험법

54 **화장품제조업자는 원자재 공급자에 대한 관리감독을 적절히 수행하여 입고관리가 철저히 이루어지도록 하여야 한다. 다음 중 바르지 않은 것은?**

① 원자재 용기에 제조번호가 없는 경우에는 관리번호를 부여하여 보관하여야 한다.
② 원자재 입고절차 중 육안확인 시 물품에 결함이 있을 경우 입고를 보류하고 격리보관 및 폐기하거나 원자재 공급업자에게 반송하여야 한다.
③ 원자재 용기 및 시험기록서의 필수 기재사항은 원자재 공급자명이다.
④ 원자재는 시험결과 적합판정된 것만을 선입선출방식으로 출고해야 하고 이를 확인할 수 있는 체계가 확립되어 있어야 한다.
⑤ 원료 담당자는 원료 입고시 입고된 원료의 구매요구서(발주서) 및 거래명세표에 원료명, 규격, 수량 등이 일치하는지 확인한다.

해설

④는 출고 관리에 대한 내용
[입고관리]
① 화장품제조업자는 원자재 공급자에 대한 관리감독을 적절히 수행하여 입고관리가 철저히 이루어지도록 하여야 한다.
② 원자재 용기에 제조번호가 없는 경우에는 관리번호를 부여하여 보관하여야 한다.
③ 원자재 입고절차 중 육안확인 시 물품에 결함이 있을 경우 입고를 보류하고 격리보관 및 폐기하거나 원자재 공급업자에게 반송하여야 한다.
④ 원자재 용기 및 시험기록서의 필수 기재사항은 원자재 공급자가 정한 제품명, 원자재 공급자명, 수령일자, 공급자가 부여한 제조번호(혹은 관리번호)이다
⑤ 입고된 원자재는 “적합”, “부적합”, “검사 중” 등으로 상태를 표시하여야 한다.
⑥ 원료 담당자는 원료 입고 시 입고된 원료의 구매요구서(발주서) 및 거래명세표에 원료명, 규격, 수량, 납품처 등이 일치하는지 확인한다.

55 **우수화장품 제조 및 품질관리기준에 따라 원료 및 제조공정에서 작업소에 대한 내용으로 틀린 것은?**

① 원자재, 반제품 및 벌크 제품은 품질에 나쁜 영향을 미치지 아니하는 조건에서 보관하여야 하며 보관기한을 설정하여야 한다.
② 원자재, 반제품 및 벌크 제품은 바닥과 벽에 닿지 아니하도록 보관하고, 선입선출에 의하여 출고할 수 있도록 보관하여야 한다.
③ 원자재, 시험 중인 제품 및 부적합품은 각각 구획된 장소에서 보관하여야 한다. 다만, 서로 혼동을 일으킬 우려가 없는 시스템에 의하여 보관되는 경우에는 그러하지 아니한다.
④ 설정된 보관기한이 지나면 사용의 적절성을 결정하기 위해 재평가시스템을 확립하고, 동 시스템을 통해 확인 후 사용하도록 규정하여야 한다.
⑤ 원자재, 반제품 및 완제품은 적합판정이 된 것만을 사용하거나 출고하여야 한다.

해설

④ 설정된 보관기한이 지나면 사용의 적절성을 결정하기 위해 재평가시스템을 확립하여야 하며, 동 시스템을 통해 보관기한이 경과한 경우 사용하지 않도록 규정하여야 한다.

정답 53 ④ 54 ④ 55 ④

56 **우수화장품 제조 및 품질관리기준에서 품질관리를 위한 시험관리에 대한 내용으로 적절하지 않은 것은?**

① 원자재, 반제품 및 완제품에 대한 적합 기준을 마련하고 제조번호별로 시험 기록을 작성 · 유지하여야 한다.
② 완제품의 보관용 검체는 적절한 보관 조건에서 지정된 구역내 에서 제조단위별로 사용기한 경과 후 1년간 보관해야 한다.
③ 시험결과 적합 또는 부적합인지 분명히 기록하여야 한다.
④ 원자재, 반제품 및 완제품은 적합판정이 된 것만을 사용하거나 출고하여야 한다.
⑤ 모든 시험이 적절하게 이루어졌는지 시험 기록은 검토한 후 적합, 부적합, 보류를 판정하여야 한다.

해설

②는 검체의 채취 및 보관 내용
제4장 품질관리 [우수화장품 제조 및 품질관리기준]
제20조(시험관리)
① 품질관리를 위한 시험업무에 대해 문서화된 절차를 수립하고 유지하여야 한다.
② 원자재, 반제품 및 완제품에 대한 적합 기준을 마련하고 제조번호별로 시험 기록을 작성 · 유지하여야 한다.
③ 시험결과 적합 또는 부적합인지 분명히 기록하여야 한다.
④ 원자재, 반제품 및 완제품은 적합판정이 된 것만을 사용하거나 출고하여야 한다.
⑤ 정해진 보관 기간이 경과된 원자재 및 반제품은 재평가하여 품질기준에 적합한 경우 제조에 사용할 수 있다.
⑥ 모든 시험이 적절하게 이루어졌는지 시험기록은 검토한 후 적합, 부적합, 보류를 판정하여야 한다.
⑦ 기준일탈이 된 경우는 규정에 따라 책임자에게 보고한 후 조사하여야 한다. 조사결과는 책임자에 의해 일탈, 부적합, 보류를 명확히 판정하여야 한다.
⑧ 표준품과 주요시약의 용기에는 다음 사항을 기재하여야 한다.
〈명칭, 개봉일, 보관조건, 사용기한, 역가, 제조자의 성명 또는 서명(직접 제조한 경우) 〉

57 **우수화장품 제조 및 품질관리 기준에 관한 내용 중에 원료의 보관방법으로 옳지 않은 것은?**

① 원료보관창고를 관련법규에 따라 시설 갖추고, 관련규정에 적합한 보관조건에서 보관한다.
② 여름에는 고온 다습하지 않도록 유지관리 한다.
③ 바닥 및 내벽과 10㎝ 이상, 외벽과는 20㎝ 이상 간격을 두고 적재한다.
④ 방서, 방충 시설 갖추어야 한다.
⑤ 혼동될 염려 없도록 지정된 보관소에 원료를 보관 한다.

해설

원료 보관방법
- 원료보관창고를 관련법규에 따라 시설 갖추고, 관련규정에 적합한 보관조건에서 보관
- 여름에는 고온 다습하지 않도록 유지관리
- 바닥 및 내벽과 10㎝ 이상, 외벽과는 30㎝ 이상 간격을 두고 적재
- 방서, 방충 시설 갖추어야 함
- 지정된 보관소에 원료보관 (누구나 명확히 구분할 수 있게, 혼동될 염려 없도록 보관)
- 보관장소는 항상 정리 · 정돈

58 **특정 미생물 한도 검출 시험법을 바르게 짝지어 놓은 것은?**

① 대장균(Escherichia Coli) : 원자흡광도법
② 녹농균(Pseudomonas aeruginosa) : 유도결합플라즈마분광기법
③ 황색포도상구균(Staphylococcus aureus) : 디티존법
④ 세균수 – 한천평판도말법
⑤ 진균수 – 액체 크로마토그래프

정답 56 ② 57 ③ 58 ④

해설

미생물한도 검출을 위한 시험법은 다음과 같이 요약
[별표4] 유통화장품 안전관리 시험방법 (제6조 관련)
① 대장균(Escherichia Coli) :
검액조제 배지 → 유당액체배지
증균배양후 → 에오신메칠렌블루한천배지(EMB한천배지), 맥콘키한천배지
② 녹농균(Pseudomonas aeruginosa) :
검액조제 배지 → 카제인대두소화액배지
증균배양후 → 세트리미드한천배지(Cetrimide agar) 또는 엔에이씨한천배지(NAC agar),
③ 황색포도상구균, (Staphylococcus aureus) :
검액조제 배지 → 카제인대두소화액배지
증균배양후 → 보겔존슨한천배지(Vogel-Johnson agar), 베어드파카한천배지(Baird-Parker agar)

59 우수화장품 제조 및 품질관리기준에서 검체 채취 및 보관에 대한 내용으로 옳지 않은 것은?

① 원료 검체 채취는 품질보증팀의 시험담당자가 원료관리 담당자 입회하에 실시한다.
② 시험용 검체는 오염되거나 변질되지 아니하도록 채취하고, 채취한 후에는 원상태에 준하는
포장을 해야 하며, 검체가 채취되었음을 표시하여야 한다.
③ 장기보관 된 반제품은 최대보관기간이 1년이 넘지 않은 경우 충전 전에 반제품 보관담당자로부터 시험의뢰 접수 후 검체 채취한다.
④ 완제품의 보관용 검체는 적절한 보관조건 하에 지정된 구역 내에서 제조단위별로 사용기한 경과 후 1년간 보관하여야 한다.
⑤ 모든 시험용 검체의 채취는 제조단위를 대표할 수 있도록 랜덤 샘플링하여 실시한다.

해설

제21조(검체의 채취 및 보관) [우수화장품 제조 및 품질관리기준]
① 시험용 검체는 오염되거나 변질되지 아니하도록 채취하고, 채취한 후에는 원상태에 준하는 포장을 해야 하며, 검체가 채취되었음을 표시하여야 한다.
② 시험용 검체의 용기에는 다음 사항을 기재하여야 한다.
1. 명칭 또는 확인코드 2. 제조번호 3. 검체채취일자
③ 완제품의 보관용 검체는 적절한 보관조건 하에 지정된 구역 내에서 제조단위별로 사용기한 경과 후 1년간 보관하여야 한다. 다만, 개봉 후 사용기간을 기재하는 경우에는 제조일로부터 3년간 보관하여야 한다.
※ 장기보관 된 반제품은 최대보관기간이 6개월

60 화장품원료에 대한 위해요소의 위해평가는 화장품법 시행규칙 제17조와 같다.

평가과정	평가내용
1. 위험성 확인	인체내 독성 확인
2. 위험성 결정	인체 노출 허용량 산출
3. 노출 평가	인체에 노출된 양 산출
위해도 결정	1,2,3의 결과를 종합하여 인체에 미치는 위해영향을 판단하는 과정

위의 절차에 따라 결정된 위해화장품의 공표 및 회수에 대한 내용으로 옳은 것은?

① 2개 이상의 일반일간신문 및 해당 영업자의 인터넷 홈페이지에 게재한다.
② 지방식품의약품안전청의 인터넷 홈페이지에 게재를 요청한다.
③ 공표 결과를 지체 없이 식품의약품안전처장에게 통보하여야 한다.
④ 화장품을 회수하거나 회수하는 데에 필요한 조치로 화장품제조업자 또는 화장품책임판매업자는 해당 화장품에 대하여 즉시 판매 중지 등의 필요한 조치를 해야 한다.
⑤ 회수의무자는 회수대상화장품이라는 사실을 안 날부터 15일 이내에 회수계획서 서류를 첨부하여 지방식품의약품안전청장에게 제출하여야 한다.

정답 59 ③ 60 ④

해설

화장품 시행규칙 제28조(위해화장품의 공표)

가. 1개 이상의 일반일간신문[당일 인쇄 · 보급되는 해당 신문의 전체 판(版)을 말한다] 및 해당 영업자의 인터넷 홈페이지에 게재하고, 식품의약품안전처의 인터넷 홈페이지에 게재를 요청

나. 공표 결과를 지체 없이 지방식품의약품안전청장에게 통보하여야 한다.

다. 회수

- 화장품을 회수하거나 회수하는 데에 필요한 조치 화장품제조업자 또는 화장품책임판매업자 (이하 "회수의무자"라 한다)는 해당 화장품에 대하여 즉시 판매중지 등의 필요한 조치를 해야 한다.
- 회수의무자는 회수대상화장품이라는 사실을 안 날부터 5일 이내에 회수계획서에 다음 각호의 서류를 첨부하여 지방식품의약품안전청장에게 제출하여야 한다.
  1. 해당 품목의 제조 · 수입기록서 사본
  2. 판매처별 판매량 · 판매일 등의 기록
  3. 회수 사유를 적은 서류

61 화장품 제조업의 경우 포장용기의 청결성을 확보하기 위해 다음과 같이 처치해야 한다. 다음 설명에서 옳은 것은?

① 자사에서 세척할 경우 세척방법의 확립을 필수절차로 확립하지 않아도 된다.

② 세척건조방법 및 세척확인방법은 대상으로 하는 용기에 따라 동일하게 실시한다.

③ 실제로 용기세척을 개시한 후에도 세척방법의 유효성은 간헐적으로 확인해야 한다

④ 용기공급업자(실제로 제조하고 있는 업자)에게 의존할 경우 용기 공급업자를 믿고 용기 제조방법을 신뢰하며 계약을 체결한다.

⑤ 용기는 매번 배치 입고 시에 무작위 추출하여 육안 검사를 실시하여 그 기록을 남긴다.

해설

포장 용기(병, 캔 등)의 청결성 확보

포장재는 모든 공정과정 중 실수방지가 필수이며 일차적으로 포장재의 청결성 확보가 중요하며, 용기(병, 캔 등)의 청결성 확보에는 자사에서 세척할 경우와 용기 공급업자에 의존할 경우가 있다.

① 자사에서 세척할 경우

가. 세척방법의 확립이 필수이며 일반적으로는 절차로 확립한다.

나. 세척건조방법 및 세척확인방법은 대상으로 하는 용기에 따라 다르다.

다. 실제로 용기세척을 개시한 후에도 세척방법의 유효성을 정기적으로 확인해야 한다.

② 용기공급업자(실제로 제조하고 있는 업자)에게 의존할 경우

가. 용기 공급업자를 감사하고 용기 제조방법이 신뢰할 수 있다는 것을 확인 후 신뢰할 수 있으면 계약을 체결한다.

나. 용기는 매번 배치 입고 시에 무작위 추출하여 육안 검사를 실시하여 그 기록을 남긴다.

62 맞춤형화장품판매업과 관련된 내용으로 옳은 것은?

① 맞춤형화장품판매업을 하려는 자는 보건복지부장관의 허가를 요한다.

② 변경사항 발생시에도 보건복지부장관에게 신고하여야 한다.

③ 맞춤형화장품판매업자는 맞춤형화장품의 혼합 · 소분 업무를 해도 된다.

④ 맞춤형화장품의 혼합 · 소분에 종사하는 자인 맞춤형화장품조제관리사를 두지 않아도 된다.

⑤ 맞춤형화장품판매업을 하려는 자는 식품의약품안전처장에게 신고하여야 한다.

해설

맞춤형화장품판매업을 하려는 자는 총리령으로 정하는 바에 따라 식품의약품안전처장에게 신고하여야 한다. 신고한 사항 중 총리령으로 정하는 사항을 변경할 때에도 또한 같다.(화장품법 제3조의2 제1항)

- 맞춤형화장품의 혼합 · 소분에 종사하는 자인 맞춤형화장품조제관리사를 두어야 한다.

정답 61 ⑤ 62 ⑤

63. 맞춤형화장품판매업자는 화장품책임판매업자로부터 받은 제품 원료의 사용기한 날짜가 2021년 7월 20일이었다. 이 원료를 사용하여 고객의 피부상태에 맞추어 맞춤형화장품을 혼합하여 판매할 경우 혼합 · 판매시 기재 표시하여야 하는 사용기한 표시로 옳은 것은?

① 2022년 7월 20일
② 2022년 7월 19일
③ 2021년 7월 20일
④ 2023년 7월 19일
⑤ 2024년 7월 19일

해설

맞춤형화장품판매업자의 준수사항 개정안 참조

- 혼합 · 소분에 사용하는 내용물 또는 원료의 사용기한 또는 개봉 후 사용기간을 초과하여 맞춤형화장품의 사용기한 또는 개봉 후 사용기간을 정하지 말 것

  [맞춤형화장품판매업자의 준수사항에 관한 규정]
  제2조(혼합 · 소분 안전관리기준) 「화장품법 시행규칙」제12조의2제2호마목에 따른 "혼합 · 소분의 안전을 위해 식품의약품안전처장이 정하여 고시하는 사항"이란 다음 각 호와 같다.

  1. 맞춤형화장품판매업자는 맞춤형화장품 조제에 사용하는 내용물 또는 원료의 혼합 · 소분의 범위에 대해 사전에 검토하여 최종 제품의 품질 및 안전성을 확보할 것. 다만, 화장품책임판매업자가 혼합 또는 소분의 범위를 미리 정하고 있는 경우에는 그 범위 내에서 혼합 또는 소분할 것
  2. 혼합 · 소분에 사용되는 내용물 또는 원료가 「화장품법」제8조의 화장품 안전기준 등에 적합한 것인지 여부를 확인하고 사용할 것
  3. 혼합 · 소분 전에 내용물 또는 원료의 사용기한 또는 개봉 후 사용기간을 확인하고, 사용기한 또는 개봉 후 사용기간이 지난 것은 사용하지 말 것
  4. 혼합 · 소분에 사용되는 내용물 또는 원료의 사용기한 또는 개봉 후 사용기간을 초과하여 맞춤형화장품의 사용기한 또는 개봉 후 사용기간을 정하지 말 것. 다만 과학적 근거를 통하여 맞춤형화장품의 안정성이 확보되는 사용기한 또는 개봉 후 사용기간을 설정한 경우에는 예외로 한다.
  5. 맞춤형화장품 조제에 사용하고 남은 내용물 또는 원료는 밀폐가 되는 용기에 담는 등 비의도적인 오염을 방지 할 것
  6. 소비자의 피부 유형이나 선호도 등을 확인하지 아니하고 맞춤형화장품을 미리 혼합 · 소분하여 보관하지 말 것

64 맞춤형화장품 가이드라인[민원안내서]에서 제시하고 있는 맞춤형화장품의 혼합 · 소분 시 주요 내용물에 대한 설명이다. 맞춤형화장품의 혼합 · 소분에 사용할 목적으로 화장품책임판매업자로부터 제공받은 것으로 다음 중에서 사용가능한 화장품으로 옳은 것은?

① 화장품책임판매업자가 소비자에게 그대로 유통 · 판매할 목적으로 제조한 화장품
② 화장품책임판매업자가 소비자에게 그대로 유통 · 판매할 목적으로 수입한 화장품
③ 판매의 목적이 아닌 제품의 홍보 · 판매촉진 등을 위하여 미리 소비자가 시험 · 사용하도록 제조 또는 수입한 화장품
④ 판매할 목적으로 화장품책임판매업자가 만든 대용량의 제품
⑤ 기능성화장품 원료의 경우 화장품책임판매업자가 식품의약품안전처에 심사 또는 보고한 경우의 화장품

해설

맞춤형화장품 혼합 · 소분에 사용되는 내용물의 범위
맞춤형화장품의 혼합 · 소분에 사용할 목적으로 화장품책임판매업자로부터 제공받은 것으로 다음 항목에 해당하지 않는 것이어야 함

가. ① 화장품책임판매업자가 소비자에게 그대로 유통 · 판매할 목적으로 제조 또는 수입한 화장품
나. ② 판매의 목적이 아닌 제품의 홍보 · 판매촉진 등을 위하여 미리 소비자가 시험 · 사용하도록 제조 또는 수입한 화장품

정답 63 ② 64 ④

65 다음 유통화장품 안전관리기준의 제품 중 액제, 로션, 크림제 및 이와 유사한 제형의 제품은 pH기준이 3.0~9.0이어야 한다. 다음 지문의 대화내용에서 pH 3.0~9.0 기준에 맞는 제품으로 소분이 가능한 제품에 해당하는 것은?

> 맞춤형화장품업장에 고객이 방문하여 상담을 진행하였다.
> 조제관리사 : 안녕하세요.
> 고객 : 안녕하세요. 혹시 제품 상담이 가능한가요?
> 조제관리사 : 네~
> 고객 : 제가 필요한 제품을 만들어 소분해 주실 수 있는지요?
> 조제관리사 : 필요한 제품이 무엇인지 말씀해 주세요.
> 고객 : 그럼 ( )제품을 100㎖씩 3개로 소분해서 구매할 수 있을까요?
> 조제관리사 : 네~ 그럼 잠시 기다려주세요.

① 제모왁스
② 클린징 폼
③ 흑채
④ 로션
⑤ 염모제

해설

pH기준 3.0~9.0이어야 하는 경우 :
물을 포함하지 않는 제품 및 사용 후 씻어내는 제품은 제외

66 영업자는 화장품을 판매할 때에는 어린이가 화장품을 잘못 사용하여 인체에 위해를 끼치는 사고가 발생하지 아니하도록 안전용기·포장을 사용하여야 한다. 다음에서 맞게 연결된 것은?

> 안전용기 포장을 사용하여야 할 품목 및 용기포장의 기준 등에 관하여는 총리령으로 정한다.
> ① 안전용기, 포장 대상 품목 및 기준(일회용 제품, 용기 입구 부분이 펌프 또는 방아쇠로 작동되는 분무용기 제품, 압축 분무용기 제품(에어로졸 제품 등)
> 가. 아세톤을 함유하는 네일 에나멜 리무버 및 네일 폴리시 리무버
> 나. 어린이용 오일 등 개별포장 당 (㉠)를 10 퍼센트 이상 함유하고 운동점도가 21센티스톡스(섭씨 40도 기준) 이하인 비에멀젼 타입의 액체상태의 제품
> 다. 개별포장당 메틸 살리실레이트를 (㉡)퍼센트 이상 함유하는 액체상태의 제품) 안전용기·포장은 성인이 개봉하기는 어렵지 아니하나 만 5세 미만의 어린이가 개봉하기는 어렵게 된 것이어야 한다. 이 경우 개봉하기 어려운 정도의 구체적인 기준 및 시험방법은 산업통상자원부장관이 정하여 고시하는 바에 따른다.

	㉠	㉡
①	에탄올	5%
②	메틸 살리실레이트	10%
③	탄화수소류	10%
④	탄화수소류	5%
⑤	살리실레이트	10%

정답 65 ④ 66 ④

67 다음의 내용에서 바르게 연결한 것은?

① 맞춤형화장품판매업을 하려는 자는 총리령으로 정하는 바에 따라 식품의약품안전처장에게 (㉠)에 신고하여야 한다. 신고한 사항 중 총리령으로 정하는 사항을 변경할 때에는 (㉡)에 신고하여야 하며 다음과 같다.
맞춤형화장품판매업을 신고한 자(이하 "맞춤형화장품판매업자"라 한다.)는 총리령으로 정하는 바에 따라 맞춤형화장품의 혼합, 소분 업무에 종사하는 자(이하 "맞춤형화장품조제관리사"라 한다)를 두어야 한다.
맞춤형화장품판매업자가 변경신고를 해야 하는 경우
가. 맞춤형화장품판매업자를 변경하는 경우
나. 맞춤형화장품판매업소의 상호 또는 소재지를 변경하는 경우
다. 맞춤형화장품조제관리사를 변경하는 경우
② 맞춤형화장품판매업자가 변경신고를 하려면 맞춤형화장품판매업 변경신고서(전자문서로 된 신고서를 포함한다)에 맞춤형화장품판매업 신고필증과 그 변경을 증명하는 서류(전자문서를 포함한다)를 첨부하여 맞춤형화장품판매업소의 소재지를 관할하는 (㉢)에게 제출해야 한다. 이 경우 소재지를 변경하는 때에는 새로운 소재지를 관할하는 (㉢)에게 제출해야 한다.

① ㉠ 30일 이내 ㉡ 60일 이내
㉢ 식품의약품안전청장
② ㉠ 30일 이내 ㉡ 90일 이내
㉢ 지방식품의약품안전청장
③ ㉠ 15일 이내 ㉡ 30일 이내
㉢ 지방식품의약품안전청장
④ ㉠ 10일 이내 ㉡ 30일 이내
㉢ 지방식품의약품안전청장
⑤ ㉠ 15일 이내 ㉡ 30일 이내
㉢ 식품의약품안전처장

해설

맞춤형화장품판매업의 신고 15일이내 / 변경신고 30일이내
맞춤형화장품판매업 신고 서류는 지방식품의약품안전청장

68 맞춤형화장품의 혼합 · 소분에 사용되는 내용물 또는 원료의 제조번호와 혼합 · 소분기록을 추적할 수 있도록 맞춤형화장품판매업자가 숫자 · 문자 · 기호 또는 이들의 특징적인 조합으로 부여한 것을 무엇이라 하는가 ?

① 제조단위 ② 관리번호
③ 제조번호 ④ 바코드
⑤ 사용기한

해설

맞춤형화장품의 경우 식별번호를 제조번호로 함

69 맞춤형화장품조제관리사는 다음 그림과 같이 1차 용기에 내용물 30g을 소분하여 2차 포장 없이 그대로 판매하려고 한다. 맞춤형화장품판매업자는 그림에 표시되어 있는 용기의 내용을 파악하고 빠져있는 사항을 추가하여야 한다. 그 내용은?

① 제조업자의 연락처
② 영업자의 소재지
③ 내용물의 중량
④ 가격
⑤ 사용기한 또는 개봉 후 사용기간

해설

화장품의 1차 포장 또는 2차 포장에는 총리령으로 정하는 바에 따라 다음 각 호의 사항을 기재 · 표시하여야 한다. 다만, 내용량이 소량인 화장품의 포장 등 총리령으로 정하는 포장에는 화장품의 명칭, 화장품책임판매업자 또는 맞춤형화장품판매업자의 상호, 가격, 제조번호와 사용기한 또는 개봉 후 사용기간(개봉후 사용기간을 기재할 경우에는 제조연월일을 병행 표기하여야 한다. 이하 이 조에서 같다)만을 기재 · 표시할 수 있다. 맞춤형화장품의 경우 바코드는 사용하지 않아도 된다.

정답 67 ③ 68 ③ 69 ④

① 화장품의 명칭
② 영업자의 상호 및 주소
③ 해당 화장품 제조에 사용된 모든 성분(인체에 무해한 소량 함유 성분 등 총리령으로 정하는 성분은 제외한다)
④ 내용물의 용량 또는 중량
⑤ 제조번호
⑥ 사용기한 또는 개봉 후 사용 기간
⑦ 가격
⑧ 기능성화장품의 경우 "기능성화장품"이라는 글자 또는 기능성화장품을 나타내는 도안으로서 식품의약품안전처장이 정하는 도안
⑨ 사용할 때의 주의사항
⑩ 그 밖에 총리령으로 정하는 사항
화장품법 제11조 화장품의 가격표시 : 가격은 소비자에게 화장품을 직접 판매하는 자가 판매하려는 가격을 표시하여야 한다.

70 맞춤형화장품 판매업장에서 일하는 A직원은 3월에 맞춤형화장품조제관리사 자격증을 취득하였고, B직원은 맞춤형화장품조제관리사 자격시험을 준비하고 있는 중이다. 다음보기는 5월에 맞춤형화장품을 구입하였던 고객이 재방문하여 제품에 대한 상담을 한 대화이다. 보기를 읽어보고 옳은 것을 고르세요.

직원 A : 고객님, 안녕하세요.
고객 : 안녕하세요. 지난 여름에 여행을 많이 다니다 보니 색소침착이 많이 생기고 탄력이 떨어진 것 같아 저의 피부상태에 맞는 제품을 구매하려 해요.
직원 A : 그러시면 여기로 앉으세요.
먼저 피부진단측정을 하여 도움을 드리도록 하겠습니다.
지난번 제품구매 시 피부상태와 비교해 보니 피부가 많이 건조하고, 색소가 증가하셨습니다.
고객 : 그럼 어떻게 해야 할까요. 추천해 주세요.
직원 A : 네~~, 우선 미백라인과 보습을 강화하여 탄력을 높여주는 제품으로 조제해 드리겠습니다.

① 직원A는 직원B에게 미백과 보습강화 성분을 조제해 드리라고 지시하였다.
② 직원B는 직원A의 지시에 따라 알맞은 성분을 배합하여 맞춤형화장품을 조제하여 고객에게 판매하였다.
③ 직원A는 내용물에 나아신아마이드, 알파비사보롤 원료를 배합하여 첨가하여 고객에게 주의사항을 설명하고 판매하였다.
④ 직원B는 직원A의 지시에 따라 고보습의 히아루론산과 알파비사보롤 원료를 포함한 제품을 조제하였다.
⑤ 고객은 맞춤형화장품을 구매하며 상품명과 사용기한을 확인하였다.

해설

직원B는 맞춤형화장품조제관리사 자격증이 없으므로 조제작업을 해서는 안된다.
맞춤형화장품조제관리사는 기능성화장품 원료, 색소, 보존제를 임의 배합할 수 없다.

71 화장품법 18조에서 화장품에 사용가능한 안전용기 · 포장에 대한 규정으로 성인이 개봉하기는 어렵지 아니하나 만 5세미만의 어린이가 개봉하기 어렵게 된 것이어야 한다. 안전 용기를 사용해야하는 품목으로 바르게 설명한 것은?

① 에탄올을 함유하는 네일 에나멜 리무버 및 네일 폴리시 리무버 제품
② 어린이용 오일 등 개별포장 당 탄화수소류를 10퍼센트 이상 함유하고 운동점도가 21센티스톡스(섭씨40도 기준) 이하인 비에멀젼 타입의 액체상태의 제품
③ 안전용기, 포장 대상 품목 및 기준으로 일회용 제품, 용기 입구 부분이 펌프 또는 방아쇠로 작동되는 분무용기 제품
④ 안전용기 포장을 사용하여야 할 품목 및 용기포장의 기준에서 개봉하기 어려운 정도의 구체적인 기준 및 시험방법은 보건복지부령으로 정한다.

정답 70 ⑤ 71 ②

⑤ 안전용기, 포장 대상 품목 및 기준으로 압축 분무용기 제품

해설

① 아세톤을 함유하는 네일 에나멜 리무버 및 네일 폴리시 리무버 제품

③, ⑤ 제외 항목

④ 안전용기 포장을 사용하여야 할 품목 및 용기포장의 기준에서 개봉하기 어려운 정도의 구체적인 기준 및 시험방법은 산업통상자원부장관이 정하여 고시한다.

72 **화장품법 제14조 2항에 의하여 식품의약품안전처장은 천연화장품 및 유기농화장품의 품질 제고를 유도하고 소비자에게 보다 정확한 제품 정보가 제공될 수 있도록 기준에 적합한 천연화장품 및 유기농화장품에 대하여 인증할 수 있다. 다음에서 올바르게 설명하고 있는 것은?**

① 천연화장품 및 유기농화장품 인증을 받은 화장품에 대해서는 식품의약품안전처장이 정하는 인증표시를 할 수 있다.

② 천연화장품 및 유기농화장품 인증을 받으려는 화장품제조업자, 화장품책임판매업자 또는 총리령으로 정하는 대학 · 연구소 등은 식품의약품안전처에 인증을 신청하여야 한다.

③ 식품의약품안전처장은 인증을 받은 화장품이 부정한 방법으로 인증을 받은 경우 시정명령을 내린다.

④ 인증의 유효기간은 인증을 받은 날부터 2년으로 하고 유효기간 만료 90일전에 연장신청을 한다.

⑤ 천연화장품 및 유기농화장품의 인증연장은 유효기간 만료 90일 전에 대통령령으로 정하는 바에 따라 신청하여야 한다.

해설

식품의약품안전처장은 인증을 받은 화장품이 다음 어느 하나에 해당하는 경우는 그 인증을 취소한다.

가. 거짓이나 그 밖의 부정한 방법으로 인증을 받은 경우

나. 인증기준에 적합하지 아니하게 된 경우

(1) 인증의 유효기간

① 인증의 유효기간은 인증을 받은 날부터 3년으로 한다.

② 인증의 유효기간을 연장 받으려는 자는 유효기간 만료 90일 전에 총리령으로 정하는 바에 따라 연장신청을 하여야 한다.

(2) 인증의 표시

① 인증을 받은 화장품에 대해서는 총리령으로 정하는 인증표시를 할 수 있다.

73 **맞춤형화장품 사용과 관련된 부작용 발생사례에 대해서는 지체 없이 보고해야한다. 다음 내용으로 옳게 설명한 것은?**

맞춤형화장품의 부작용 사례 보고(「화장품 안전성 정보관리 규정」에 따른 절차 준용)
- 맞춤형화장품 사용과 관련된 부작용 발생사례에 대해서는 지체 없이 (㉠)에게 보고해야 한다.
- 맞춤형화장품 사용과 관련된 중대한 유해사례 등 부작용 발생 시 그 정보를 알게 된 날로 부터 (㉡)이내 식품의약품안전처 홈페이지를 통해 보고하거나 우편 · 팩스 · 정보 통신망 등의 방법으로 보고해야 한다.

① ㉠ 보건복지부장관 ㉡ 15일

② ㉠ 식품의약품안전처장 ㉡ 5일

③ ㉠ 지방식품의약품안전청장 ㉡ 15일

④ ㉠ 식품의약품안전처장 ㉡ 15일

⑤ ㉠ 화장품책임판매업자 ㉡ 5일

해설

유해사례 발생 시 맞춤형화장품판매업자는 식품의약품안전처장에게 보고

정보를 알게된 날로부터 15일 이내 보고

정답 72 ② 73 ④

74 **맞춤형화장품판매업자가 판매할 수 있는 화장품에 대한 설명으로 옳은 것은?**

① 맞춤형화장품 판매업자가 맞춤형화장품조제관리사를 두지 아니하고 판매한 맞춤형 화장품
② 판매의 목적이 아닌 제품의 홍보 · 판매촉진 등을 위하여 미리 소비자가 시험 · 사용하도록 제조 또는 수입된 화장품
③ 화장품의 포장 및 기재 · 표시 사항을 훼손 또는 위조 · 변조한 화장품
④ 국민보건에 위해를 끼칠 우려가 있어 회수가 필요하다고 판단한 화장품
⑤ 식품의약품안전처장이 고시한 유통화장품 안전관리 기준에 적합하지 아니한 화장품

해설

판매 금지 등(법 제 16조 제1항)에 위반되는 화장품
- 의약품으로 잘못 인식할 우려가 있게 기재 · 표시된 화장품
- 화장품제조업 혹은 화장품책임판매업 등록을 하지 아니한 자가 제조한 화장품 또는 제조 · 수입하여 유통 · 판매한 화장품
- 맞춤형화장품 판매업 신고를 하지 아니한 자가 판매한 맞춤형화장품
- 맞춤형화장품 판매업자가 맞춤형화장품조제관리사를 두지 아니하고 판매한 맞춤형화장품
- 판매의 목적이 아닌 제품의 홍보 · 판매촉진 등을 위하여 미리 소비자가 시험 · 사용하도록 제조 또는 수입된 화장품
- 화장품의 포장 및 기재 · 표시 사항을 훼손(맞춤형화장품 판매를 위하여 필요한 경우는 제외 한다) 또는 위조 · 변조한 화장품

75 **화장품책임판매업자는 책임판매관리자가 품질관리 업무를 적정하고 원활하게 수행하기 위하여 업무를 수행하는 장소에는 품질관리 업무절차서 원본을 보관하고 그 외의 장소에는 원본과 대조를 마친 사본을 보관해야 한다. 다음 보기에서 화장품책임 판매업자가 품질관리 업무절차서에 따라 업무를 수행할 때 옳은 것은?**

㉠ 제조업자가 화장품을 적정하고 원활하게 제조한 것임을 확인하고 기록할 것
㉡ 제품의 품질 등에 관한 정보를 얻었을 때에는 해당정보가 인체에 영향을 미치는 경우 그 원인을 밝히고, 개선이 필요한 경우 적정한 조치를 하고 기록할 것
㉢ 제조판매한 제품의 품질이 불량하거나 품질이 불량할 우려가 있는 경우 회수 등 신속한 조치를 하고 기록할 것
㉣ 시장출하에 관하여 기록할 것
㉤ 제조번호별 품질검사를 철저히 한 후 그 결과를 기록할 것

① ㉠, ㉡, ㉢
② ㉡, ㉢, ㉤
③ ㉢, ㉣, ㉤
④ ㉠, ㉢, ㉣, ㉤
⑤ ㉠, ㉡, ㉢, ㉣, ㉤

해설

책임판매업자는 품질관리 업무절차서에 따라 다음의 업무를 수행해야 한다.
① 제조업자가 화장품을 적정하고 원활하게 제조한 것임을 확인하고 기록할 것
② 제품의 품질 등에 관한 정보를 얻었을 때에는 해당정보가 인체에 영향을 미치는 경우 그 원인을 밝히고, 개선이 필요한 경우 적정한 조치를 하고 기록할 것
③ 제조판매한 제품의 품질이 불량하거나 품질이 불량할 우려가 있는 경우 회수 등 신속한 조치를 하고 기록할 것
④ 시장출하에 관하여 기록할 것
⑤ 제조번호별 품질검사를 철저히 한후 그 결과를 기록할 것 다만 제조업자와 제조판매업자가 같은 경우 제조업자 또는 『식품 의약품분야 시험 검사등에 관한 법률』제6조에 따른 식품의약품안전처장이 지정한 화장품 시험 검사기관에 품질검사를 위탁하여 제조번호별 품질검사 결과가 있는 경우에는 품질검사를 하지 않을 수 있다.
⑥ 그 밖에 품질관리에 관한 업무

정답 74 ③ 75 ⑤

76 **모발의 탈모과정은 남성호르몬의 영향을 받는다. 다음 보기의 설명 중 탈모기전에 관여하는 효소의 이름은?**

> ① 남성의 정소에서 만들어지는 테스토스테론은 모낭에서 탈모에 관여하는 효소(　　)와 결합하여 강력한 남성호르몬(DHT, dihydrotestone)으로 전환된다.
> ② DHT는 남성형 탈모유발유전자를 갖고 있는 모근조직에 작용하여 진피유두에 있는 안드로겐 수용체와 결합 후 결합정보가 세포 DNA에 전사하여 세포사멸인자를 생산하고, 주변의 단백질을 파괴하며, 모주기를 퇴화기 단계로 전환한다.
> ③ DHT의 역할인 모근조직에서의 단백질 파괴는 모낭세포의 단백질 합성(세포분열억제) 지연으로 모낭의 성장기가 단축되어 휴지기 모낭의 비율증가가 반복되면서 남성형 탈 모증이 진행된다.

① 카탈라아제 (catalase)
② 티로시나아제 (tyrosinase)
③ 5-알파-리덕타아제 (5 α-reductase)
④ 폴리머라아제(polymerase)
⑤ 징크피리치온

해설

5 α-reductase : 탈모발생에 주로 관여하는 효소

77 **피부의 구조에서 각 층에 분포하는 주요세포들 중에서 분화과정이 가장 적게 일어나는 것은?**

① 리보조옴
② 멜라닌세포
③ 소포체
④ 머켈세포
⑤ 각질세포

해설

분화(Differentiaion) : 생명체의 세포가 분열, 증식을 통해 발생하는 과정으로 조직이나 기관이 각각 형태와 기능이 변화하여 역할에 맞는 특이성을 확립해 가는 과정을 말함.

- 각질세포는 각질층에 분포하며 세포의 핵이 없어진 죽은 세포이고, 각질형성세포의 분화과정에 마지막 단계라고 볼 수 있다.

78 **다음은 그림을 보고 설명한 내용이다. A, B, C 각 층에 대한 설명으로 바르지 않은 것은?**

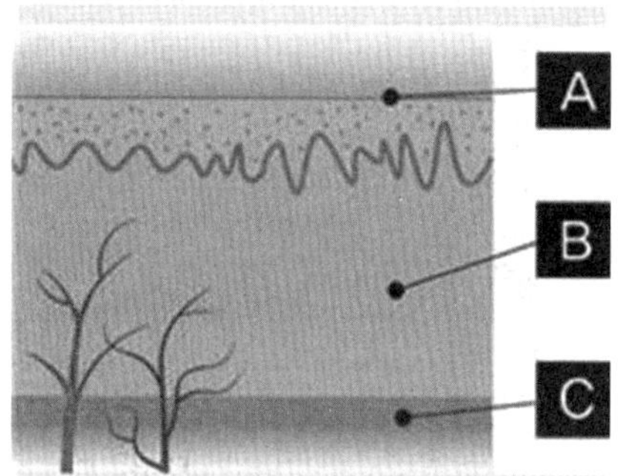

① A구조 중 유극층은 표피의 맨 아래에 존재하며, 각질형성세포와 멜라닌형성세포가 있다.
② A는 각질형성세포가 있어 세포분열과 분화과정을 통해 재생기능이 이루어진다.
③ B는 피지선과 한선이 분포되어 피부의 표면에 산성지방막을 형성하는데 도움이 된다.
④ B는 콜라겐과 엘라스틴이 분포되어 피부의 노화정도를 살펴볼 수 있다.
⑤ C는 지방조직이 분포되어 체온손실을 막아주며, 영양상태에 따라 두께가 달라진다.

해설

A: 표피 / B: 진피 / C:피하지방

- 기저층은 표피의 맨 아래에 존재하며, 각질형성세포와 멜라닌형성세포가 있다.

정답 76 ③ 77 ⑤ 78 ①

79 **맞춤형화장품판매업자는 맞춤형화장품 조제관리사를 고용하여 고객에게 맞춤형화장품을 판매하였다. 맞춤형화장품 조제시에 필요한 혼합 · 소분 안전관리 조치에 대한 사항으로 틀리게 설명하고 있는 것은?**

① 혼합 · 소분 전 사용되는 내용물 또는 원료의 품질관리가 선행되어야 하며 품질성적서로 대체가능하다.

② 혼합 · 소분에 사용되는 장비 또는 기구 등은 사용 전에 그 위생 상태를 점검하고, 사용 후에는 오염이 없도록 세척할 것

③ 혼합 · 소분 전에 내용물 및 원료의 사용기한 또는 개봉 후 사용기간을 확인하고, 사용기한 또는 개봉 후 사용기간이 지난 것은 사용하지 아니할 것

④ 혼합 · 소분에 사용되는 내용물의 사용기한 또는 개봉 후 사용기간을 초과하여 맞춤형화장품의 사용기한 또는 개봉 후 사용기간을 정할 것

⑤ 소비자의 피부상태나 선호도 등을 확인하지 아니하고 맞춤형화장품을 미리 혼합 · 소분하여 보관하거나 판매하지 말 것

해설

(2) 혼합 · 소분 안전관리기준

① 맞춤형화장품 조제에 사용하는 내용물 및 원료의 혼합 · 소분 범위에 대해 사전에 품질 및 안전성을 확보할 것 – 내용물 및 원료를 공급하는 화장품책임판매업자가 혼합 또는 소분의 범위를 검토하여 정 하고 있는 경우 그 범위 내에서 혼합 또는 소분할 것

② 혼합 · 소분에 사용되는 내용물 및 원료는 「화장품법」 제8조의 화장품 안전기준 등에 적합한 것을 확 인하여 사용할 것 → 혼합 · 소분 전 사용되는 내용물 또는 원료의 품질관리가 선행되어야 함(다만, 책임판매업자에게서 내용물과 원료를 모두 제공받는 경우 책임판매업자의 품질검사 성적서로 대체 가능)

③ 혼합 · 소분 전에 손을 소독하거나 세정할 것. 다만, 혼합 · 소분 시 일회용 장갑을 착용하는 경우 예외

④ 혼합 · 소분 전에 혼합 · 소분된 제품을 담을 포장용기의 오염 여부를 확인할 것

⑤ 혼합 · 소분에 사용되는 장비 또는 기구 등은 사용 전에 그 위생 상태를 점검하고, 사용 후에는 오염 이 없도록 세척할 것

⑥ 혼합 · 소분 전에 내용물 및 원료의 사용기한 또는 개봉 후 사용기간을 확인하고, 사용기한 또는 개봉 후 사용기간이 지난 것은 사용하지 아니할 것

⑦ 혼합 · 소분에 사용되는 내용물의 사용기한 또는 개봉 후 사용기간을 초과하여 맞춤형화장품의 사용기 한 또는 개봉 후 사용기간을 정하지 말 것

⑧ 맞춤형화장품 조제에 사용하고 남은 내용물 및 원료는 밀폐를 위한 마개를 사용하는 등 비의도적인 오염을 방지 할 것

⑨ 소비자의 피부상태나 선호도 등을 확인하지 아니하고 맞춤형화장품을 미리 혼합 · 소분하여 보관하거 나 판매하지 말 것

80 **자외선에 의한 피부노화 중 진피층까지 침투하여 피부의 탄력을 저하시키는 원인을 유발하는 자외선을 바르게 설명하고 있는 것은?**

① 단파장의 UV C로 피부암의 주요원인이 된다.

② 장파장(300~400nm)의 UV B로 가장 많이 조사되는 자외선이다.

③ UV A는 생활자외선으로 하루 중 가장 많은 양이 조사 된다.

④ 가장 긴파장(320~400nm)의 UV A로 콜라겐과 엘라스틴의 파괴를 일으킨다.

⑤ 단파장(200~290nm)의 UV C로 살균효과가 있으며, 기미의 원인이 된다.

해설

UV A (320~400nm) : 피부 진피층까지 투과, 콜라겐과 엘라스틴의 파괴로 피부노화의 원인

UV B (290~320nm) : 생활자외선으로 하루 중 가장 많은 양이 조사

UV C (200~290nm) : 단파장으로 피부암발생 원인

정답 79 ④ 80 ④

81 사람이 많이 오고가는 공개된 지역의 안전을 위하여 설치 운영되고 있는 CCTV(영상 정보 처리기)는 그 밑에 안내판을 의무적으로 설치해야 한다. 그림에서 보여주고 있는 CCTV의 안내판 내용 중에 보충해야 할 사항은?

해설

영상정보처리기기운영자는 정보주체가 쉽게 인식할 수 있도록 다음의 사항이 포함된 안내판을 설치하는 등 필요한 조치를 하여야 한다(개인정보보호법 제25조 제4항)

- 설치목적 및 장소
- 촬영범위 및 시간
- 관리책임자의 성명 및 연락처
- 그 밖에 대통령령으로 정하는 사항

82 다음 중 괄호 안에 알맞게 쓰시오.

> 광고 · 표시의 경우 : 화장품의 1차 포장 또는 2차 포장에 영유아 또는 어린이가 사용할 수 있는 화장품임을 특정하여 표시하는 경우(화장품의 명칭에 영유아 또는 어린이에 관한 표현이 표시되는 경우를 포함한다) 다음과 같은 연령 기준을 정한다.
> 화장품법 시행규칙 제10조의2(영유아 또는 어린이 사용 화장품의 표시 · 광고) ① 법 제4조의2제1항에 따른 영유아 또는 어린이의 연령 기준은 다음 각 호의 구분에 따른다.
> 1. 영유아: 만 (㉠)세 이하
> 2. 어린이: 만 (㉡)세 이상부터 만 (㉢)세 이하까지

83 화장품법 제4조 제1항 및 화장품법 시행규칙 제9조1항에 따라 기능성 화장품을 만드는 기준에서 화장품의 제형을 정의하고 있다. 다음 보기에서 괄호의 내용을 알맞게 쓰시오.

> ① 로션제 : (㉠) 등을 넣어 유성성분과 수성성분을 균질화하여 점액상으로 만든 것
> ② 액제 : 화장품에 사용되는 성분을 (㉡) 등에 녹여서 액상으로 만든 것
> ③ 크림제 : (㉠) 등을 넣어 유성성분과 수성성분을 균질화하여 반고형상으로 만든 것
> ④ 침적마스크제 : 액제, 로션제, 겔제 등을 부직포 등의 지지체에 침적하여 만든 것
> ⑤ 겔제 : 액체를 침투시킨 분자량이 큰 유기분자로 이루어진 반고형상
> ⑥ 에어로졸제 : 원액을 같은 용기 또는 다른 용기에 충전한 분사제(액화기체, 압축기체 등)의 압력을 이용하여 안개모양, 포말상 등으로 분출하도록 만든 것
> ⑦ 분말제 : 균질하게 분말상 또는 미립상으로 만든 것

84 화장품의 정의에 다음 괄호 안에 알맞은 내용을 쓰시오.

> 제2조(정의)
> "화장품"이란 인체를 청결 · 미화하여 매력을 더하고 용모를 밝게 변화시키거나 피부 · (　　)의 건강을 유지 또는 증진하기 위하여 인체에 바르고 문지르거나 뿌리는 등 이와 유사한 방법으로 사용되는 물품으로서 인체에 대한 작용이 경미한 것을 말한다.

정답 81 촬영범위와 시간 82 ㉠ 3 ㉡ 4 ㉢ 13 83 ㉠ 유화제 ㉡ 용제 84 모발

85 맞춤형화장품판매업 가이드라인[민원안내서]에서 맞춤형화장품판매업은 혼합 · 소분(小分)한 맞춤형화장품을 판매하는 영업으로써 판매 시 소비자에게 제품에 대한 내용을 설명할 의무가 있다. 괄호에 알맞은 단어는?

> 화장품법 시행규칙 제12조의 2
> 4항. 맞춤형화장품 판매 시 다음 각 목의 사항을 소비자에게 설명할 것
> 가. 혼합 · 소분에 사용된 (㉠)의 내용 및 특성
> 나. 맞춤형화장품 사용 시의 주의사항
> 5항. 맞춤형화장품 사용과 관련된 부작용 발생사례에 대해서는 지체 없이 식품의약품안전처장에게 보고할 것

86 혼합 · 소분된 맞춤형화장품은 「화장품법」 제8조 및 「화장품 안전기준 등에 관한 규정(식약처 고시)」 제6조에 따른 유통화장품의 안전관리 기준을 준수해야 한다.

> – 특히, 판매장에서 제공되는 맞춤형화장품에 대한 (㉠) 오염관리를 철저히 할 것
> (예 : 주기적 (㉠) 샘플링 검사)

87 화장품법 시행규칙 제18조 영유아 또는 어린이 사용 화장품의 안전용기 포장에 대한 내용이다. 다음 중 괄호 안에 알맞게 쓰시오.

> 안전용기 포장을 사용하여야 할 품목 및 용기포장의 기준 등에 관하여는 총리령으로 정한다.
> ① 안전용기, 포장 대상 품목 및 기준(일회용 제품, 용기 입구 부분이 펌프 또는 방아쇠로 작동되는 분무용기 제품, 압축 분무용기 제품(에어로졸 제품 등)은 제외)
> 가. 아세톤을 함유하는 네일 에나멜 리무버 및 네일 폴리시 리무버
> 나. 어린이용 오일 등 개별포장 당 탄화수소류를 (㉠) 퍼센트 이상 함유하고 운동점도가 21센티스톡스(섭씨 40도 기준) 이하인 비에멀젼 타입의 액체상태의 제품
> 다. 개별포장당 메틸 살리실레이트를 (㉡) 퍼센트 이상 함유하는 액체상태의 제품)
> 안전용기 · 포장은 성인이 개봉하기는 어렵지 아니하나 만 5세 미만의 어린이가 개봉하기는 어렵게 된 것이어야 한다. 이 경우 개봉하기 어려운 정도의 구체적인 기준 및 시험방법은 산업통상자원부장관이 정하여 고시하는 바에 따른다.

해설

탄화수소류 10%, 메틸 살리실레이트 5%

88 기능성화장품 심사에 관한 규정 제13조 기능성화장품의 효능 · 효과 자료제출 중 자외선 차단성분은 자외선의 파장에 따른 흡수 또는 산란효과를 평가한 자료 및 자외선A 또는 자외선B에 대한 표시기준을 정하고 있다. 다음 보기에서 알맞은 내용을 쓰시오

> 자외선으로부터 피부를 보호하는데 도움을 주는 제품에 자외선차단지수(SPF) 또는 자외선A차단등급(PA)을 표시하는 때에는 다음 각 호의 기준에 따라 표시한다.
> 1. 자외선차단지수(SPF)는 측정결과에 근거하여 평균값(소수점이하 절사)으로부터 (㉠) 이하 범위 내 정수(예 : SPF평균값이 '23'일 경우 19~23 범위정수)로 표시하되, SPF 50 이상은 "SPF50+"로 표시한다.
> 2. 자외선A차단등급(PA)은 측정결과에 근거하여 [별표 3] 자외선 차단효과 측정방법 및 기준에 따라 표시한다.

해설

제13조(효능 · 효과) 기능성화장품 중 자외선차단제의 효능 · 효과 표시

정답 **85** ㉠ 내용물 · 원료 **86** ㉠ 미생물 **87** ㉠ 10 ㉡ 5 **88** –20%(마이너스 20%)

89 다음 괄호에 알맞은 내용은?

기능성화장품 심사에 관한 규정 제4조에 따라 기능성화장품의 심사에 제출하여야 하는 자료의 종류는 다음 각 호와 같다.

가 . ㉠(　　)에 관한 자료(다만, 화장품법 시행규칙 제2조제6호의 화장품은 (3)의 자료만 제출한다)

(1) 효력시험자료

(2) 인체적용시험자료

(3) 염모효력시험자료(화장품법 시행규칙 제2조제6호의 화장품에 한함)

해설

- 유효성 또는 기능에 관한 자료(다만, 화장품법 시행규칙 제2조제6호의 화장품은 (3)의 자료만 제출한다)

(1) 효력시험자료

(2) 인체적용시험자료

(3) 염모효력시험자료(화장품법 시행규칙 제2조제6호의 화장품에 한함)

(㉠)라 함은 일상의 취급 또는 보통 보존 상태에서 외부로부터 고형의 이물이 들어가는 것을 방지하고, 고형의 내용물이 손실되지 않도록 보호할 수 있는 용기를 말한다. (㉠)로 규정되어 있는 경우에는 (㉡)도 쓸 수 있다.

(㉡)라 함은 일상의 취급 또는 보통 보존 상태에서 액상 또는 고형의 이물 또는 수분이 침입하지 않고 내용물을 손실, 풍화, 조해 또는 증발로부터 보호할 수 있는 용기를 말한다. (㉡)로 규정되어 있는 경우에는 (㉢)도 쓸 수 있다.

90 다음의 내용에서 괄호 안에 적절한 단어를 쓰시오.

(㉠)라함은 일상의 취급 또는 보통 보존 상태에서 외부로부터 고형의 이물이 들어가는 것을 방지하고, 고형의 내용물이 손실되지 않도록 보호할 수 있는 용기를 말한다. (㉠)로 규정되어 있는 경우에는 (㉡)로도 쓸 수 있다.

해설

기능성화장품 기준 및 시험방법의 통칙

91 화장품법 시행규칙 제10조의3(제품별 안전성 자료의 작성 · 보관)에서 화장품의 표시 · 광고를 하려는 화장품책임판매업자는 법 제4조의2 제1항제1호부터 제3호까지의 규정에 따른 제품별 안전성 자료 모두를 미리 작성해야 한다. 다음 내용에서 괄호 안에 맞는 내용을 쓰시오.

제품별 안전성 자료의 보관기간은 다음 각 호의 구분에 따른다.

1. 화장품의 1차 포장에 사용기한을 표시하는 경우: 영유아 또는 어린이가 사용할 수 있는 화장품임을 표시 · 광고한 날부터 마지막으로 제조 · 수입된 제품의 사용기한 만료일 이후 (㉠)년 까지의 기간. 이 경우 제조는 화장품의 제조번호에 따른 제조일자를 기준으로 하며, 수입은 통관일자를 기준으로 한다.
2. 화장품의 1차 포장에 개봉 후 사용기간을 표시하는 경우: 영유아 또는 어린이가 사용할 수 있는 화장품임을 표시 · 광고한 날부터 마지막으로 제조 · 수입된 제품의 제조연월일 이후(㉡)년까지의 기간. 이 경우 제조는 화장품의 제조번호에 따른 제조일자를 기준으로 하며, 수입은 통관일자를 기준으로 한다.
제1항 및 제2항에서 규정한 사항 외에 제품별 안전성 자료의 작성 · 보관의 방법 및 절차 등에 필요한 세부 사항은 식품의약품안전처장이 정하여 고시한다.

해설

화장품법 시행규칙 제10조의3(제품별 안전성 자료의 작성 · 보관) 법문 내용 참조

정답 89 ㉠ 유효성 또는 기능　90 ㉠ 밀폐용기 ㉡ 기밀용기　91 ㉠ 1 ㉡ 3

92 퍼머넌트웨이브용 및 헤어스트레이트너 제품에 주로 사용되는 치오글라이콜릭애씨드 또는 그 염류 및 에스텔류 성분은 어떤 기능성 화장품에 도움을 주는지 쓰시오.

해설

치오글라이콜릭애씨드(Thioglycolic Acid)

• 배합목적 : 산화방지제, 제모제, 축모교정제, 환원제

① 퍼머넌트웨이브용 및 헤어스트레이트너 제품에 치오글라이콜릭애씨드로서 11% (다만, 가온2욕식 헤어스트레이트너 제품의 경우에는 치오글라이콜릭애씨드로서 5%, 치오글라이콜릭애씨드 및 그 염류를 주성분으로 하고 제1제 사용 시 조제하는 발열 2욕식 퍼머넌트웨이브용 제품의 경우 치오글라이콜릭애씨드로서 19%에 해당하는 양)

② 제모용 제품에 치오글라이콜릭애씨드로서 5%

③ 염모제에 치오글라이콜릭애씨드로서 1%

④ 사용 후 씻어내는 두발용 제품류에 2%

⑤ 기타 제품에는 사용금지

93 멜라닌 색소가 형성되는 경로는 피부의 기저층에서 티로신으로부터 티로시나아제(Tyrosinase)에 의해 도파(DOPA), 도파퀴논(DOPA-quinone)을 거쳐 생성되는 화학적인 반응이다. 멜라노사이트(melanocyte)에서 케라티노사이트(keratinocyte)로 이동하여 피부의 각질층으로 올라가서 피부색을 변화시키는 것으로 알려져 있다.
멜라닌 색소형성과정에서 티로시나아제(Tyrosinase)의 활성 작용에 필수적인 영향을 미칠 것으로 추정하는 물질은?

해설

티로시나아제 (Tyrosinase) 활성부위에 구리이온 존재. 티로시나아제는 색소형성의 첫 단계에 작용하는 효소로서 구리이온이 필수적인 것으로 알려져 있고, 두 개의 구리이온 결합부위를 가지고 있다.

94 화장품법 시행규칙 제12조의2에서 맞춤형화장품판매업자의 준수사항은 다음과 같다. 다음 내용에서 ㉠, ㉡에 알맞은 단어를 쓰시오.

> 맞춤형화장품판매업자가 준수해야 할 사항은 다음 각 호와 같다.
> 1. 맞춤형화장품 판매장 시설 · 기구를 정기적으로 점검하여 보건위생상 위해가 없도록 관리할 것
> 2. 다음 각 목의 혼합 · 소분 안전관리기준을 준수할 것
>   가. 혼합 · 소분 전에 혼합 · 소분에 사용되는 내용물 또는 원료에 대한 품질성적서를 확인 할 것
>   나. 혼합 · 소분 전에 손을 소독하거나 세정할 것. 다만, 혼합 · 소분 시 일회용 장갑을 착 용하는 경우에는 그렇지 않다.
>   다. 혼합 · 소분 전에 혼합 · 소분된 제품을 담을 포장용기의 (㉠) 여부를 확인할 것
>   라. 혼합 · 소분에 사용되는 장비 또는 기구 등은 사용 전에 그 위생 상태를 점검하고, 사용 후에는 오염이 없도록 세척할 것
>   마. 그 밖에 가목부터 라목까지의 사항과 유사한 것으로서 혼합 · 소분의 안전을 위해 식품 의약품안전처장이 정하여 고시하는 사항을 준수할 것
> 3. 고객에게 판매한 맞춤형화장품의 제조번호, 사용기한 또는 개봉 후 사용기간, 판매일자 및 판매량이 포함되어 있는 맞춤형화장품 (㉡) (전자문서로 된 (㉡)를 포함한다)를 작성 · 보관할 것

해설

맞춤형화장품 판매내역서 기재사항

가. 제조번호

나. 사용기한 또는 개봉 후 사용기간

다. 판매일자 및 판매량

정답 **92** 염모제, 제모제 **93** 구리이온 **94** ㉠ 오염, ㉡ 판매내역서

95 **괄호 안에 알맞은 단어를 쓰시오.**

> 기능성 화장품에서 자외선으로부터 피부를 보호하기 위해 사용하는 자외선 차단성분을 확인하기 위해 (㉠)측정법을 사용하며, 이는 물질이 일정한 범위의 좁은 파장의 빛을 흡수하는 정도를 측정하는 방법으로서 (㉠)측정법에 따라 흡수스펙트럼을 측정할 때 특정 파장에서 흡수극대를 나타내는 것으로 특정자외선차단성분을 확인한다.
> 자외선 차단 성분의 사용원료 중 최대함량을 표시하면 에칠헥실트리아존 5%, 에칠헥실메톡시신나메이트, 7.5%, 디에칠헥실부타미노트리아존, 옥토크릴렌, 디메치코디에칠벤잘말로네이트, 호모실레이트는 (   )%의 사용제한을 정하고 있다.

해설

흡광도측정법은 물질이 일정한 좁은 파장범위의 빛을 흡수하는 정도를 측정하는 방법이다. 물질용액의 흡수스펙트라는 그 물질의 화학구조에 따라 정해진다. 따라서 여러가지 파장에 있어서 흡수를 측정하여 물질의 확인시험, 순도시험 또는 정량시험을 한다.

96 **다음 괄호 안에 알맞은 단어를 쓰시오.**

> 피부의 pH라 함은 피부 (   )의 pH를 말한다. 피부의 pH는 측정시 외부환경이나 영양상태 및 건강, 스트레스강도에 따라 영향을 받을 수 있다.

해설

pH 단위 : 수소이온농도지수를 말함
정상피부의 피부의 pH = 4.5~5.5
산성지방막은 피부의 pH를 산성으로 유지시켜줌

97 **화장품은 제품의 특성에 따라 색소를 사용하고 있으며, 화장품법에서 화장품 색소의 종류와 기준 및 시험방법을 정하고 있다. 특히 영 · 유아용 화장품을 제조할 때 사용할 수 없는 색소는?**

해설

적색 2호, 적색 102호 : 영유아용 제품류 또는 만13세이하 어린이가 사용하는 제품에 사용할 수 없음

98. **착향제의 구성성분 중 기재 표시 권장사항으로 알레르기 유발 성분에 대한 규제에서 (화장품의 사용금지 또는 제한원료에서)**

> 가. 사용 후 씻어내는 제품에는 (㉠)% 초과,
> 나. 사용 후 씻어내지 않는 제품에는 (㉡)% 초과 함유로 규정하고 있다.

해설

「착향제 구성 성분 중 기재 · 표시 권장 성분」
※ 착향제는 "향료"로 표시하되, 화장품 착향제 구성 성분 중 알레르기 유발 물질(식약처 고시)의 경우 해당 성분의 명칭을 표시하여야 함
※ 사용 후 씻어내는 제품에는 0.01% 초과, 사용 후 씻어내지 않는 제품에는 0.001% 초과 함유하는 경우에 한함

99 **피부의 주요생리기능 중에는 햇빛을 받으면 뼈를 단단하게 하는 기능이 있다. 이때 작용하는 자외선의 조사는 피부의 표피층에서 비타민 (㉠)를 형성하게 되는데 인체 피부의 기저층 내에서 비타민 전구체의 형태인 (㉡)으로 존재하고 있다가 자외선에 의해 비타민 (㉠)를 형성한다.**

해설

프로비타민 D : 비타민 D 전구체

- 에르고칼시페롤(비타민 D_2): 에르고스테롤이 프로비타민 D_2로 작용
- 콜레칼시페롤(비타민 D_3) : 피부층에서 7-디하이드로 콜레스테롤이 프로비타민 D_3로 작용

정답 **95** ㉠ 흡광도 ㉡ 10 **96** 표피 또는 각질층 **97** 적색 2호, 적색 102호 **98** ㉠ 0.01 ㉡ 0.001
99 ㉠ D, ㉡ 프로비타민 D 또는 7-디하이드로 콜레스테롤

100 **유통화장품에서 불검출한도를 제한하고 있는 미생물 한도를 알아보기 위한 시험법을 다음과 같이 설명하고 있다.**

> (1) 세균수 시험
> ㉮ 한천평판도말법 직경 9~10㎝ 페트리접시 내에 미리 굳힌 세균시험용 배지 표면에 전처리 검액 0.1㎖ 이상도 말한다.
> ㉯ 한천평판희석법 검액 1㎖를 같은 크기의 페트리접시에 넣고 그 위에 멸균 후 45℃로 식힌 15㎖의 세균시험용 배지를 넣어 잘 혼합한다.
> 검체당 최소 2개의 평판을 준비하고 30~35 ℃에서 적어도 48시간 배양하는데 이때 최대 균집락수를 갖는 평판을 사용하되 평판당 300개 이하의 균집락을 최대치로 하여 총 세균수를 측정한다.
> (2) 진균수 시험 : '(1) 세균수 시험'에 따라 시험을 실시하되 배지는 진균수시험용 배지를 사용하여 배양온도 20~25 ℃에서 적어도 5일간 배양한 후 100개 이하의 균집락이 나타나는 평판을 세어 총 진균수를 측정한다.

다음은 유통화장품 안전관리기준에서 미생물 시험법을 이용하여 허용한도를 알아본 실험 결과이다.
영 · 유아 화장품의 미생물허용한도를 체크한 결과 다음과 같이 확인되었다.
실험결과를 보고 괄호 안에 알맞은 내용을 쓰시오.

	A	B	C
세균수	68	48	70
진균수	54	43	62

위의 결과 세균수는 (㉠)개/㎖ 이하이므로, (㉡)하다.

해설

(1) 미생물한도는 다음 각 호와 같다. ★★
1. 총호기성생균수는 영 · 유아용 제품류 및 눈화장용 제품류의 경우 500개/g(㎖) 이하
2. 물휴지의 경우 세균 및 진균수는 각각 100개/g(㎖) 이하
3. 기타 화장품의 경우 1, 000개/g(㎖) 이하
4. 대장균(Escherichia Coli), 녹농균(Pseudomonas aeruginosa), 황색포도상구균, (Staphylococcus aureus)은 불검출

정답 **100 ㉠ 500 ㉡ 적합**

기출 복원문제

1 화장품 표시 · 광고 시 준수해야 할 사항으로 옳지 않은 것은? [맞춤형화장품조제관리사 자격시험 예시문항]

① "최고"또는 "최상"등 배타성을 띄는 표현의 표시 광고를 하지 말 것
② 의사, 치과의사, 한의사, 약사 등이 광고대상을 지정, 공인, 추천하지 말 것
③ 국제적 멸종위기종의 가공품이 함유된 화장품임을 표시 광고하지 말 것
④ 비교대상 및 기준을 밝히고 객관적인 사실을 경쟁상품과 비교하는 표시 광고를 하지 말 것
⑤ 사실 유무와 상관없이 다른 제품을 비방하거나, 비방으로 의심되는 광고를 하지 말 것

해설

표시 · 광고의 공정화에 관한 법률 제3조(부당한 표시 · 광고 행위의 금지)

① 사업자등은 소비자를 속이거나 소비자로 하여금 잘못 알게 할 우려가 있는 표시 · 광고 행위로서 공정한 거래질서를 해칠 우려가 있는 다음 각 호의 행위를 하거나 다른 사업자등으로 하여금 하게 하여서는 아니 된다.
1. 거짓 · 과장의 표시 · 광고
2. 기만적인 표시 · 광고
3. 부당하게 비교하는 표시 · 광고
4. 비방적인 표시 · 광고

2 「개인정보보호법」 제17조제2항에 따라 고객의 개인정보를 제3자에게 제공 시 고객에게 알리고 동의를 구하여야 한다. 〈보기〉에서 개인정보보호법에 따라 고객에게 반드시 알려야 하는 사항 을 모두 고른 것은? [맞춤형화장품조제관리사 자격시험 예시문항]

〈보기〉
㉠ 개인정보를 제공받는 자
㉡ 개인정보 제공 동의 일자
㉢ 제공하는 개인정보의 항목
㉣ 제공 받은 개인정보 보관 방법
㉤ 개인정보의 이용 목적

① ㉠, ㉡, ㉣ ② ㉠, ㉢, ㉤
③ ㉠, ㉣, ㉤ ④ ㉡, ㉢, ㉣
⑤ ㉡, ㉢, ㉤

해설

「개인정보보호법」 제17조제2항
제17조(개인정보의 제공) ② 개인정보처리자는 제1항 제1호에 따른 동의를 받을 때에는 다음 각 호의 사항을 정보주체에게 알려야 한다. 다음 각 호의 어느 하나의 사항을 변경하는 경우에도 이를 알리고 동의를 받아야 한다.
1. 개인정보를 제공받는 자
2. 개인정보를 제공받는 자의 개인정보 이용 목적
3. 제공하는 개인정보의 항목
4. 개인정보를 제공받는 자의 개인정보 보유 및 이용 기간
5. 동의를 거부할 권리가 있다는 사실 및 동의 거부에 따른 불이익이 있는 경우에는 그 불이익의 내용

정답 1 ④ 2 ②

3 **「화장품법 시행규칙」제19조에 따른 화장품 포장의 표시 기준 · 방법으로 옳은 것은?** [맞춤형 화장품조제관리사 자격시험 예시문항]

① 전성분을 표시하는 글자의 크기는 10포인트 이상으로 한다.

② 제조 과정 중 제거되어 최종 제품에 남아 있지 않은 성분도 표시한다.

③ 내용량이 60 g또는 60 ㎖ 이하인 제품은 전성분 표시 대상에서 제외할 수 있다.

④ 혼합원료는 개개의 성분으로 표시하고, 2% 이하로 사용된 성분, 착향제 및 착색제에 대해서는 순서에 상관없이 기재할 수 있다.

⑤ pH 조절 목적으로 사용되는 성분은 그 성분을 표시하는 대신 중화반응의 생성물로 표시할 수 있다.

해설

① 전성분을 표시하는 글자의 크기는 5포인트 이상으로 한다.

③ 내용량이 10g 또는 10㎖ 이하인 제품은 전성분 표시 대상에서 제외할 수 있다.

[법문 참조] 「화장품법 시행규칙」 제19조(화장품 포장의 기재 · 표시 등)

① 법 제10조제1항 단서에 따라 다음 각 호에 해당하는 1차 포장 또는 2차 포장에는 화장품의 명칭, 화장품책임판매업자 또는 맞춤형화장품판매업자의 상호, 가격, 제조번호와 사용기한 또는 개봉 후 사용기간(개봉 후 사용기간을 기재할 경우에는 제조연월일을 병행 표기하여야 한다)만을 기재 · 표시할 수 있다. 다만, 제2호의 포장의 경우 가격이란 견본품이나 비매품 등의 표시를 말한다.

1. 내용량이 10㎖ 이하 또는 10그램 이하인 화장품의 포장
2. 판매의 목적이 아닌 제품의 선택 등을 위하여 미리 소비자가 시험 · 사용하도록 제조 또는 수입된 화장품의 포장

② 법 제10조제1항제3호에 따라 기재 · 표시를 생략할 수 있는 성분이란 다음 각 호의 성분을 말한다.

1. 제조과정 중에 제거되어 최종 제품에는 남아 있지 않은 성분
2. 안정화제, 보존제 등 원료 자체에 들어 있는 부수성분으로서 그 효과가 나타나게 하는 양보다 적은 양이 들어 있는 성분
3. 내용량이 10㎖ 초과 50㎖ 이하 또는 중량이 10그램 초과 50그램 이하 화장품의 포장인 경우에는 다음 각 목의 성분을 제외한 성분

가. 타르색소

나. 금박

다. 샴푸와 린스에 들어 있는 인산염의 종류

라. 과일산(AHA)

마. 기능성화장품의 경우 그 효능 · 효과가 나타나게 하는 원료

바. 식품의약품안전처장이 사용 한도를 고시한 화장품의 원료

④ 법 제10조제1항제10호에 따라 화장품의 포장에 기재 · 표시하여야 하는 사항은 다음 각 호와 같다. 다만, 맞춤형화장품의 경우에는 제1호 및 제6호를 제외한다.

1. 식품의약품안전처장이 정하는 바코드
2. 기능성화장품의 경우 심사받거나 보고한 효능 · 효과, 용법 · 용량
3. 성분명을 제품 명칭의 일부로 사용한 경우 그 성분명과 함량(방향용 제품은 제외한다)
4. 인체 세포 · 조직 배양액이 들어있는 경우 그 함량
5. 화장품에 천연 또는 유기농으로 표시 · 광고하려는 경우에는 원료의 함량
6. 수입화장품인 경우에는 제조국의 명칭(「대외무역법」에 따른 원산지를 표시한 경우에는 제조국의 명칭을 생략할 수 있다), 제조회사명 및 그 소재지
7. 제2조제8호부터 제11호까지에 해당하는 기능성화장품의 경우에는 "질병의 예방 및 치료를 위한 의약품이 아님"이라는 문구

화장품법 시행규칙 [별표4] 화장품 포장의 표시기준 및 표시방법(제19조제6항 관련)

3 화장품 제조에 사용된 성분

가. 글자의 크기는 5포인트 이상으로 한다.

나. 화장품 제조에 사용된 함량이 많은 것부터 기재 · 표시한다. 다만, 1퍼센트 이하로 사용된 성분, 착향제 또는 착색제는 순서에 상관없이 기재 · 표시할 수 있다.

다. 혼합원료는 혼합된 개별 성분의 명칭을 기재 · 표시한다.

라. 색조 화장용 제품류, 눈 화장용 제품류, 두발염

정답 3 ⑤

색용 제품류 또는 손발톱용 제품류에서 호수별로 착색제가 다르게 사용된 경우 '± 또는 +/−'의 표시 다음에 사용된 모든 착색제 성분을 함께 기재 · 표시할 수 있다.

마. 착향제는 "향료"로 표시할 수 있다. 다만, 착향제의 구성 성분 중 식품의약품안전처장이 정하여 고시한 알레르기 유발성분이 있는 경우에는 향료로 표시할 수 없고, 해당 성분의 명칭을 기재 · 표시해야 한다.

바. 산성도(pH) 조절 목적으로 사용되는 성분은 그 성분을 표시하는 대신 중화반응에 따른 생성물로 기재 · 표시할 수 있고, 비누화반응을 거치는 성분은 비누화반응에 따른 생성물로 기재 · 표시할 수 있다.

사. 법 제10조제1항제3호에 따른 성분을 기재 · 표시할 경우 영업자의 정당한 이익을 현저히 침해할 우려가 있을 때에는 영업자는 식품의약품안전처장에게 그 근거자료를 제출해야 하고, 식품의약품안전처장이 정당한 이익을 침해할 우려가 있다고 인정하는 경우에는 "기타 성분"으로 기재 · 표시할 수 있다.

4 〈보기〉는 어떤 미백 기능성화장품의 전성분표시를 「화장품법」제10조에 따른 기준에 맞게 표시한 것이다. 해당 제품은 식품의약품안전처에 자료 제출이 생략되는 기능성화장품 미백 고시 성분과 사용상의 제한이 필요한 원료를 최대 사용 한도로 제조하였다. 이때, 유추 가능한 녹차 추출물 함유 범위(%)는?

[맞춤형화장품조제관리사 자격시험 예시문항]

〈보기〉

정제수, 사이클로펜타실록세인, 글리세린, 닥나무추출물, 소듐하이알루로네이트, 녹차추출물, 다이메티콘, 다이메티콘/비닐다이메티콘크로스폴리머, 세틸피이지/피피지-10/1다이메티콘, 올리브오일, 호호바오일, 토코페릴아세테이트, 페녹시에탄올, 스쿠알란, 솔비탄세스퀴올리에이트, 알란토인

① 7 ~ 10　② 5~7
③ 3~5　④ 1~2
⑤ 0.5~ 1

해설

[해설] 전성분표시는 함량이 많은 것을 순서로 기재하므로 녹차추출물은 다음 내용을 참조하여 분석해 보면 1~2%이다.(닥나무추출물은 2% 이하 사용제한, 페녹시에탄올은 1% 사용제한)

5 피부결이 매끄럽지 못해 고민하는 고객에게 글라이콜릭애씨드(Glycolic Acid)를 5.0 % 첨가한 필링에센스를 맞춤형화장품으로 추천하였다. 〈보기 1〉은 맞춤형화장품의 전성분이며, 이를 참고 하여 고객에게 설명해야 할 주의사항을 〈보기 2〉에서 모두 고른 것은? [맞춤형화장품조제관리사 자격시험 예시문항]

〈보기 1〉

정제수, 에탄올, 글라이콜릭애씨드, 피이지-60하이드로제네이티드캐스터오일, 버지니아풍 년화수, 세테아레스-30, 1, 2-헥산다이올, 부틸렌글라이콜, 파파야열매추출물, 로즈마리잎 추출물, 살리실릭애씨드, 카보머, 트리에탄올아민, 알란토인, 판테놀, 향료

〈보기 2〉

㉠ 화장품을 사용 시 또는 사용 후 직사광선에 의하여 사용부위가 붉은 반점, 부어오름 또는 가려움증 등의 이상 증상이나 부작용이 있는 경우 전문의 등과 상담할 것
㉡ 알갱이가 눈에 들어갔을 때에는 물로 씻어내고 이상이 있는 경우에는 전문의와 상담할 것
㉢ 햇빛에 대한 피부의 감수성을 증가시킬 수 있으므로 자외선차단제를 함께 사용할 것
㉣ 만 3세 이하 어린이에게는 사용하지 말 것
㉤ 사용 시 흡입하지 않도록 주의할 것
㉥ 신장 질환이 있는 사람은 사용 전에 의사, 약사, 한의사와 상의할 것

① ㉠, ㉡, ㉥　② ㉠, ㉢, ㉣
③ ㉡, ㉢, ㉥　④ ㉢, ㉣, ㉤
⑤ ㉣, ㉤, ㉥

정답 4 ④ 5 ②

해설

① 스크러브세안제 : 알갱이가 눈에 들어갔을 때에는 물로 씻어내고 이상이 있는 경우에는 전문의와 상담할 것
② 고압가스를 사용하는 에어로졸 제품 : 사용 시 흡입하지 않도록 주의할 것
③ 염모제(산화염모제와 비산화염모제) : 신장 질환이 있는 사람은 사용 전에 의사, 약사, 한의사와 상의할 것
④ 글라이콜릭애씨드(Glycolic Acid) : AHA의 대표적인 성분으로 사용상 주의사항 참조

※ 알파-하이드록시애시드(α-hydroxyacid, AHA)(이하 "AHA"라 한다) 함유제품(0.5퍼센트 이하의 AHA가 함유된 제품은 제외한다)
  가) 햇빛에 대한 피부의 감수성을 증가시킬 수 있으므로 자외선 차단제를 함께 사용할 것(씻어내는 제품 및 두발용 제품은 제외한다)
  나) 일부에 시험 사용하여 피부이상을 확인할 것
  다) 고농도의 AHA 성분이 들어 있어 부작용이 발생할 우려가 있으므로 전문의 등에게 상담할 것(AHA 성분이 10퍼센트를 초과하여 함유되어 있거나 산도가 3.5 미만인 제품만 표시한다)

6 다음 〈품질성적서〉는 화장품책임판매업자로부터 수령한 맞춤형화장품의 시험 결과이고, 〈보기〉는 2중 기능성 화장품 제품의 전성분 표시이다. 이를 바탕으로 맞춤형화장품조제관리사 A가 고객 B에게 할 수 있는 상담으로 옳은 것은? [맞춤형화장품조제관리사 자격시험 예시문항]

〈품질성적서〉

시험 항목	시험결과
아데노신(Adenosine)	104%
에칠아스코빌에텔(Ethyl Ascorbyl Ether)	95%
납(Lead)	8㎍/g
비소(Arsenic)	불검출
수은(Mercury)	불검출
포름알데하이드(Formaldehyde)	불검출

〈보기〉

정제수, 글리세린, 다이메치콘, 스테아릭애씨드, 스테아릴알코올, 폴리솔베이트60, 솔비 탄올리에이트, 하이알루로닉애씨드, 에칠아스코빌에텔, 페녹시에탄올, 아데노신, 아스코빌 글루코사이드, 카보머, 트리에탄올아민, 스쿠알란

① B : 이 제품은 자외선 차단 효과가 있습니까?
  A : 네. 2중 기능성 화장품으로 자외선 차단 효과가 있습니다.
② B : 이 제품 성적서에 납이 검출된 것으로 보이는데 판매 가능한 제품인가요?
  A : 죄송합니다. 당장 판매 금지 후 책임판매자를 통하여 회수 조치하도록 하겠습니다.
③ B : 이 제품은 성적서를 보니까 보존제 무첨가 제품으로 보이네요?
  A : 네. 저희 제품은 모두 보존제를 사용하지 않습니다. 안심하고 사용하셔도 됩니다.
④ B : 요즘 주름 때문에 고민이 많네요
  이 제품은 주름 개선에 도움이 될까요?
  A : 네. 이 제품은 주름뿐만 아니라 미백에도 도움을 주는 기능성 화장품입니다.
⑤ B : 이 제품은 아데노신이 104%나 함유되어 있네요? 더 좋은 제품인가요?
  A : 네. 아데노신이 100% 넘게 함유된 제품으로 미백에 더욱 큰 효과를 주는 제품입니다.

해설

납(Lead) 검출 제한 20㎍/g이하, 아데노신(Adenosine) : 주름개선 성분,
에칠아스코빌에텔(Ethyl Ascorbyl Ether) : 미백 성분

정답 6 ④

7 **〈보기〉는 「우수화장품 제조 및 안전관리 기준(CGMP)」제21조 및 제22조의 내용이다. 검체의 채취 및 보관과 폐기처리 기준을 모두 고른 것은?** [맞춤형화장품조제관리사 자격시험 예시문항]

〈보기〉

㉠ 완제품의 보관용 검체는 적절한 보관조건하에 지정된 구역 내에서 제조단위별로 사용기한 경과 후 1년간 보관하여야 한다. 다만, 개봉 후 사용기간을 기재하는 경우에는 제조일로부터 3년간 보관하여야 한다.
㉡ 재작업은 그 대상이 다음 각 호를 모두 만족한 경우에 할 수 있다. 1. 변질·변패 또는 병원미생물에 오염되지 아니한 경우, 2. 제조일로부터 2년이 경과하지 않았거나 사용기한이 1년 이상 남아있는 경우
㉢ 원료와 포장재, 벌크제품과 완제품이 적합 판정기준을 만족시키지 못할 경우 "기준일탈제품"으로 지칭한다. 기준일탈제품이 발생했을 때는 신속히 절차를 정하고, 정한 절차 를 따라 확실한 처리를 하고 실시한 내용을 모두 문서에 남긴다.
㉣ 재작업의 절차 중 품질이 확인되고 품질보증책임자의 승인을 얻을 수 있을 때까지 재작업품은 다음 공정에 사용할 수 없고 출하할 수 없다.
㉤ 품질에 문제가 있거나 회수·반품된 제품의 폐기 또는 재작업 여부는 화장품책임판매업자에 의해 승인되어야 한다.

① ㉠, ㉢　② ㉠, ㉣　③ ㉡, ㉣
④ ㉡, ㉤　⑤ ㉢, ㉤

해설

① 재작업은 다음의 경우 가능하다.
1. 변질·변패 또는 병원미생물에 오염되지 아니한 경우
2. 제조일로부터 1년이 경과하지 않았거나 사용기한이 1년 이상 남아있는 경우

② 원료와 포장재, 벌크제품과 완제품이 적합판정기준을 만족시키지 못할 경우 "기준일탈제품"으로 지칭한다. 기준일탈제품이 발생했을 때는 신속히 절차를 정하고, 정한 절차를 따라 확실한 폐기처리를 하고 실시한 내용을 모두 문서에 남긴다.

③ 품질에 문제가 있거나 회수·반품된 제품의 폐기 또는 재작업 여부는 품질보증책임자에 의해 승인되어야 한다.

8 **〈보기〉에서 화장품을 혼합 ·소분하여 맞춤형화장품을 조제·판매하는 과정에 대한 설명으로 옳은 것을 모두 고른 것은?** [맞춤형화장품조제관리사 자격시험 예시문항]

〈보기〉

㉠ 맞춤형화장품조제관리사가 고객에게 맞춤형화장품이 아닌 일반화장품을 판매하였다.
㉡ 메틸살리실레이트(Methyl Salicylate)를 5% 이상 함유하는 액체 상태의 맞춤형화장품 을 일반 용기에 충전·포장하여 고객에게 판매하였다.
㉢ 맞춤형화장품판매업으로 신고한 매장에서 맞춤형화장품조제관리사가 200 ㎖의 향수를 소분하여 50 ㎖ 향수를 조제하였다.
㉣ 맞춤형화장품판매업으로 신고한 매장에서 맞춤형화장품조제관리사가 맞춤형화장품을 조제할 때 미생물에 의한 오염을 방지하기 위해 페녹시에탄올(Phenoxyethanol)을 추가 하였다.
㉤ 맞춤형화장품판매업자에게 원료를 공급하는 화장품책임판매업자가 화장품법 제4조에 따라 해당원료를 포함하여 기능성화장품에 대한 심사를 받거나 보고서를 제출한 경우, 식품의약품안전처장이 고시한 기능성화장품의 효능·효과를 나타내는 원료를 내용물에 추가하여 맞춤형화장품을 조제할 수 있다.

① ㉠, ㉡, ㉣　② ㉠, ㉢, ㉣
③ ㉠, ㉢, ㉤　④ ㉡, ㉢, ㉤
⑤ ㉡, ㉣, ㉤

해설

일반화장품 소분하지 않고 판매가능(※벌크제품만 소분가능)
- 보존제 : 페녹시에탄올(Phenoxyethanol) 혼합 소분 사용불가
- 착향제 : 메틸살리실레이트(Methyl Salicylate) 사용제한 원료

정답 7 ② 8 ③

9 **〈보기〉는 「화장품법 시행규칙」 제10조의2에 따른 화장품의 연령별 기준이다. ( ) 안에 들어 갈 해당 규정에 기재된 숫자를 순서대로 기입하시오.** [맞춤형화장품조제관리사 자격시험 예시문항]

〈보기〉
1. 영유아 : 만 (㉠)세 이하
2. 어린이 : 만 (㉡)세 이상부터 만 (㉢)세 이하까지

10 **다음은 고객 상담 결과에 따른 맞춤형화장품 에센스의 최종 성분 비율이다.**

정제수 ---------------- 74.4%
알로에추출물 ------------ 10.0%
베타-글루칸 -------------- 5.0%
부틸렌글라이콜 ------------ 5.0%
글리세린 ----------------- 3.0%
하이드록시에틸셀룰로오스 ------ 1.0%
카보머 ------------------ 0.5%
벤조페논-4 --------------- 0.1%
벤질알코올 --------------- 0.5%
다이소듐이디티에이 ---------- 0.2%
향료 -------------------- 0.3%

아래의 〈대화〉에서 ( ) 안에 들어갈 말을 순서대로 기입하시오. (㉠는 한글 성분명, ㉡은 숫자) [맞춤형화장품조제관리사 자격시험 예시문항]

〈대화〉
A: 제품에 사용된 보존제는 어떤 성분이고 문제가 없나요?
B: 제품에 사용된 보존제는 (㉠)입니다. 해당 성분은 화장품법에 따라 보존제로 사용 될 경우 (㉡)% 이하로 사용하도록 하고 있습니다.
해당성분은 한도 내로 사용 되었으며, 쓰는데 문제는 없습니다.

해설

보존제 : 벤질알코올 사용 제한 1%이하

11 **피부의 부속기관으로 모발의 성장주기 중에서 성장기에 대한 설명으로 옳은 것은?**

① 전체 모발의 14%정도로 모유두만 남기고 2~3개월 안에 자연 탈락된다.
② 새로운 모발이 발생하는 시기이다.
③ 모발이 모세혈관에서 보내주는 영양분에 의해 성장하는 시기이다.
④ 모구의 활동이 멈추는 시기이다.
⑤ 대사과정이 느려지면서 세포분열이 정지한다.

해설

모발의 성장주기 : 성장기-퇴화기-휴지기-발생기
성장기 : 전체 모발의 85~90% 해당, 3~6년

12 **안전성 정보의 보고는 의사, 약사, 간호사, 판매자, 소비자 또는 관련단체 등의 장이 화장품의 사용 중 발생하였거나 알게 된 유해사례 등 안정성 정보에 대하여 식품의약품안전처장 또는 화장품책임판매업자에게 보고 할 수 있다. 다음 괄호 안에 맞는 것은?**

안전성 정보의 신속보고 시
화장품책임판매업자는 중대한 유해사례의 화장품 안전성 정보를 알게 된 때에는 그 날로부터 (㉠) 이내에 (㉡)에게 신속히 보고해야 한다.

① ㉠ 5일 ㉡ 지방식품의약품안전청장
② ㉠ 15일 ㉡ 식품의약품안전처장
③ ㉠ 5일 ㉡ 보건복지부장관
④ ㉠ 10일 ㉡ 지방식품의약품안전청장
⑤ ㉠ 5일 ㉡ 식품의약품안전처장

해설

1) 안전성 정보의 신속보고 : 화장품책임판매업자는 중대한 유해사례의 화장품 안전성 정보 를 알게 된 때에는 그 날로부터 15일 이내에 식품의약품안전처장에게 신속히 보고해야 한다.
2) 안전성 정보의 정기보고 : 화장품책임판매업자는 신속보고 되지 아니한 화장품의 안전성 정보를 매 반기 종료 후 1개월이내(1월, 7월)에 식품의약품안전처장에게 보고해야 한다.

정답 9 ㉠ 3 ㉡ 4 ㉢ 13 10 ㉠ 벤질알코올 ㉡1.0 또는 1 11 ③ 12 ②

13 **화장품 유형별 사용상의 주의사항으로 외음부 세정제의 주의사항으로 바르지 않은 것은?**

① 정해진 용법과 용량을 잘 지켜서 사용할 것
② 만 13세 이하의 어린이에게는 사용하지 말 것
③ 임신 중에는 사용하지 않는 것이 바람직하며, 분만 직전 외음부 주위에 사용하지 말 것
④ 어린이 손에 닿지 않고, 직사광선을 피해서 보관할 것
⑤ 프로필렌글리콜(Propylene glycol)을 함유하고 있는 경우 이 성분에 과민하거나 알레르기 병력이 있는 사람은 신중히 사용할 것

해설

만 3세이하의 어린이에게는 사용하지 말 것

14 **맞춤형화장품조제사가 혼합 · 소분 시 오염방지를 위하여 준수하여야 하는 사항으로 틀린 것은?**

① 혼합 · 소분 전에는 손을 소독 또는 세정할 것
② 혼합 · 소분에 사용되는 장비 또는 기기 등은 사용 전 · 후로 세척할 것
③ 혼합 · 소분 중 혼합 · 소분일을 용기의 겉면에 표기할 것
④ 혼합 · 소분된 제품을 담을 용기의 오염여부를 사전에 확인할 것
⑤ 혼합 · 소분 전에는 일회용 장갑을 착용할 것

해설

화장품법 시행규칙 제 12조의2에는 ①, ②, ④, ⑤만 규정되어 있다.

15 **다음 맞춤형화장품 판매업소에서의 대화 속에 나온 기능성 화장품에 대한 원료가 바르게 짝 지어진 것은?**

맞춤형화장품판매 사업장에 고객이 방문하여 다음과 같이 상담을 진행하였다.
조제관리사 : 안녕하세요
고 객 : 안녕하세요. 혹시 제품 상담이 가능한 가요?
조제관리사 : 네 ~
고 객 : 제가 여름에 여행을 많이 다니다 보니 현저하게 탄력이 떨어진 것을 느끼고,
색소 침착이 눈에 띄게 생겼어요.
조제관리사 : 일단은 고객님의 현재 피부상태를 피부측정기로 체크하여 보고 상담해 드리겠습니다. 이곳으로 앉으세요.
고 객 : 네 ~
조제관리사 : 피부 측정 결과가 색소침착이 평균지수보다 높게 나왔고, 주름형성이 많은 편으로 나왔네요.
고 객 : 어떤 제품을 구매할 수 있을까요?
조제관리사 : 네~ 그럼 잠시 기다려주세요. 미백과 주름개선 화장품을 배합하여 만들어 드리겠습니다. 사용 시 알레르기 반응이 있는 경우에는 사용을 중지하시고 상담해 주세요.
조제시 사용한 화장품의 전성분은 다음과 같다.
전성분 : 정제수, 글리세린, 다이프로필렌글라이콜, 에칠아스코빌에텔, 1, 2-헥산디올, 트라이에탄올아민, 카보머, 잔탄검, 아르간커넬오일, 토코페릴아세테이트, 판테놀, 사과추출물, 레몬추출물, 향료, 리날롤, 신남알, 폴리에톡실레이티드레틴아마이드, 살리실릭애씨드 및 그 염류

① 판테놀, 카보머
② 다이프로필렌글라이콜, 살리실릭애씨드 및 그 염류

정답 13 ② 14 ③ 15 ④

③ 토코페릴아세테이트, 트라이에탄올아민
④ 에칠아스코빌에텔, 폴리에톡실레이티드레티닐아마이드
⑤ 레몬추출물, 에칠아스코빌에텔

해설

- 피부의 미백에 도움 : 나이아신아마이드, 닥나무추출물, 아스코빌글루코사이드, 아스코빌테트라이소팔미테이트, 마그네슘아스코빌포스페이트, 알파-비사보롤, 알부틴, 에칠아스코빌에텔, 유용성감초추출물
- 피부 주름개선에 도움 : 레티놀, 레티닐팔미테이트, 아데노신, 폴리에톡실레이티드레틴아마이드

16 **다음 중 맞춤형화장품판매업자가 총리령으로 정하는 화장품의 포장에 기재 · 표시 사항으로 생략할 수 있는 것은?**

① 인체 세포 · 조직 배양액이 들어있는 경우 그 함량
② 화장품에 천연 또는 유기농으로 표시 · 광고하려는 경우에는 원료의 함량
③ 기능성화장품의 경우 심사받거나 보고한 효능 · 효과, 용법 · 용량
④ 수입화장품인 경우에는 제조국의 명칭
⑤ 성분명을 제품 명칭의 일부로 사용한 경우 그 성분명과 함량

해설

법 제10조제1항제10호에 따라 화장품의 포장에 기재 · 표시하여야 하는 사항은 다음 각 호와 같다. 다만, 맞춤형화장품의 경우에는 제1호 및 제6호를 제외한다.

1. 식품의약품안전처장이 정하는 바코드
2. 기능성화장품의 경우 심사받거나 보고한 효능 · 효과, 용법 · 용량
3. 성분명을 제품 명칭의 일부로 사용한 경우 그 성분명과 함량 (방향용 제품은 제외한다)
4. 인체 세포 · 조직 배양액이 들어있는 경우 그 함량
5. 화장품에 천연 또는 유기농으로 표시 · 광고하려는 경우에는 원료의 함량
6. 수입화장품인 경우에는 제조국의 명칭(「대외무역법」에 따른 원산지를 표시한 경우에는 제조국의 명칭을 생략할 수 있다), 제조회사명 및 그 소재지
7. 제2조제8호부터 제11호까지에 해당하는 기능성화장품의 경우에는 "질병의 예방 및 치료를 위한 의약품이 아님"이라는 문구

17 **식품의약품안전처장은 제11조에 따라 선정한 인체적용제품에 대하여 다음 각 호의 순서에 따른 위해성평가 방법을 거쳐 위해성평가를 수행하여야 한다. (다만, 위원회의 자문을 거쳐 위해성평가 관련 기술 수준이나 위해요소의 특성 등을 고려하여 위해성평가의 방법을 다르게 정하여 수행할 수 있다.)**

제17조(화장품 원료 등의 위해평가) ① 법 제8조제3항에 따른 위해평가는 다음 각 호의 확인 · 결정 · 평가 등의 과정을 거쳐 실시한다.
1. 위해요소의 인체 내 독성을 확인하는 위험성 확인과정
2. 위해요소의 인체노출 허용량을 산출하는 위험성 결정과정
3. 위해요소가 인체에 노출된 양을 산출하는 노출평가과정
4. 제1호부터 제3호까지의 결과를 종합하여 인체에 미치는 위해 영향을 판단하는 위해도 결정과정

위와 같은 위해평가를 기준으로 현재의 과학기술 수준 또는 자료 등의 제한이 있거나 신속한 위해성평가가 요구될 경우 인체적용제품의 위해성평가를 실시하는 방법으로 적절하지 않은 것은?

① 위해요소의 인체 내 독성 등 확인과 인체노출 안전기준 설정을 위하여 국제기구 및 신뢰성 있는 국내 · 외 위해성평가기관 등에서 평가한 결과를 준용하거나 인용할 수 있다.

정답 16 ④ 17 ⑤

② 인체노출 안전기준의 설정이 어려울 경우 위해요소의 인체 내 독성 등 확인과 인체의 위해요소 노출 정도만으로 위해성을 예측할 수 있다.

③ 인체적용제품의 섭취, 사용 등에 따라 사망 등의 위해가 발생하였을 경우 위해요소의 인체 내 독성 등의 확인만으로 위해성을 예측할 수 있다.

④ 인체의 위해요소 노출 정도를 산출하기 위한 자료가 불충분하거나 없는 경우 활용 가능한 과학적 모델을 토대로 노출 정도를 산출할 수 있다.

⑤ 특정집단에 노출 가능성이 클 경우 어린이 및 임산부 등 민감집단 및 고위험집단을 대상을 제외하고 위해성평가를 실시할 수 있다.

해설

1. "인체적용제품"이란 사람이 섭취 · 투여 · 접촉 · 흡입 등을 함으로써 인체에 영향을 줄 수 있는 것으로서 다음 각 목의 어느 하나에 해당하는 제품을 말한다.
2. "독성"이란 인체적용제품에 존재하는 위해요소가 인체에 유해한 영향을 미치는 고유의 성질을 말한다.
3. "위해요소"란 인체의 건강을 해치거나 해칠 우려가 있는 화학적 · 생물학적 · 물리적 요인을 말한다.
4. "위해성"(「식품위생법」제15조, 「축산물 위생관리법」제33조의2, 「화장품법」제8조의 "위해" 및 「농수산물 품질관리법」제68조의 "위험"은 이하 "위해성"이라 한다)이란 인체적용제품에 존재하는 위해요소에 노출되는 경우 인체의 건강을 해칠 수 있는 정도를 말한다.
5. "위해성평가"란 인체적용제품에 존재하는 위해요소가 인체의 건강을 해치거나 해칠 우려가 있는지 여부와 그 정도를 과학적으로 평가하는 것을 말한다.
6. "통합위해성평가"란 인체적용제품에 존재하는 위해요소가 다양한 매체와 경로를 통하여 인체에 미치는 영향을 종합적으로 평가하는 것을 말한다.

현재의 과학기술 수준 또는 자료 등의 제한이 있거나 신속한 위해성평가가 요구될 경우 인체적용제품의 위해성평가는 다음 각 호와 같이 실시할 수 있다.

1. 위해요소의 인체 내 독성 등 확인과 인체노출 안전기준 설정을 위하여 국제기구 및 신뢰성 있는 내 · 외 위해성평가기관 등에서 평가한 결과를 준용하거나 인용할 수 있다.
2. 인체노출 안전기준의 설정이 어려울 경우 위해요소의 인체 내 독성 등 확인과 인체의 위해요소 노출 정도만으로 위해성을 예측할 수 있다.
3. 인체적용제품의 섭취, 사용 등에 따라 사망 등의 위해가 발생하였을 경우 위해요소의 인체 내 독성 등의 확인만으로 위해성을 예측할 수 있다.
4. 인체의 위해요소 노출 정도를 산출하기 위한 자료가 불충분하거나 없는 경우 활용 가능한 과학적 모델을 토대로 노출 정도를 산출할 수 있다.
5. 특정집단에 노출 가능성이 클 경우 어린이 및 임산부 등 민감집단 및 고위험집단을 대상으로 위해성평가를 실시할 수 있다.

18 화장품법 시행규칙 19조에서 화장품책임판매업자 또는 맞춤형화장품판매업자가 1차 포장 또는 2차 포장에서 기재 • 표시해야하는 내용으로 설명한 것이 틀린 것은?

① 내용량이 10㎖ 이하 또는 10그램 이하인 화장품의 포장에는 개봉 후 사용기간을 기재할 경우에는 제조연월일을 반드시 표기하여야 한다.

② 판매의 목적이 아닌 제품의 선택 등을 위하여 미리 소비자가 시험 · 사용하도록 제조 또는 수입된 화장품의 포장은 비매품이라 표기한다.

③ 제조과정 중에 제거되어 최종 제품에는 남아 있지 않은 성분은 생략할 수 있다.

④ 내용량이 10㎖ 초과 50㎖ 이하 또는 중량이 10g 초과 50g 이하 화장품의 포장인 경우에는 금박성분을 생략할 수 없다.

⑤ 맞춤형화장품판매업자는 식품의약품안전처장이 정하는 바코드를 생략할 수 있다.

정답 18 ①

해설

제19조(화장품 포장의 기재 · 표시 등)

① 법 제10조제1항 단서에 따라 다음 각 호에 해당하는 1차 포장 또는 2차 포장에는 화장품의 명칭, 화장품책임판매업자 또는 맞춤형화장품판매업자의 상호, 가격, 제조번호와 사용기한 또는 개봉 후 사용기간(개봉 후 사용기간을 기재할 경우에는 제조연월일을 병행 표기하여야 한다)만을 기재 · 표시할 수 있다. 다만, 제2호의 포장의 경우 가격이란 견본품이나 비매품 등의 표시를 말한다. 〈개정 2016. 9. 9., 2019. 3. 14., 2020. 3. 13.〉

1. 내용량이 10㎖ 이하 또는 10g 이하인 화장품의 포장
2. 판매의 목적이 아닌 제품의 선택 등을 위하여 미리 소비자가 시험 · 사용하도록 제조 또는 수입된 화장품의 포장

④ 법 제10조제1항 제10호에 따라 화장품의 포장에 기재 · 표시하여야 하는 사항은 다음 각 호와 같다. 다만, 맞춤형화장품의 경우에는 제1호 및 제6호를 제외한다.

1. 식품의약품안전처장이 정하는 바코드
2. 기능성화장품의 경우 심사받거나 보고한 효능 · 효과, 용법 · 용량
3. 성분명을 제품 명칭의 일부로 사용한 경우 그 성분명과 함량 (방향용 제품은 제외한다)
4. 인체 세포 · 조직 배양액이 들어있는 경우 그 함량
5. 화장품에 천연 또는 유기농으로 표시 · 광고하려는 경우에는 원료의 함량
6. 수입화장품인 경우에는 제조국의 명칭(「대외무역법」에 따른 원산지를 표시한 경우에는 제조국의 명칭을 생략할 수 있다), 제조회사명 및 그 소재지
7. 제2조제8호부터 제11호까지에 해당하는 기능성화장품의 경우에는 "질병의 예방 및 치료를 위한 의약품이 아님"이라는 문구

19 **기능성화장품 심사에 관한 규정 제4조에서 기능성화장품의 심사를 위하여 제출하여야 하는 자료의 종류는 다음 각 호와 같다. 괄호 안에 알맞은 단어를 쓰시오.**

1. 안전성, 유효성 또는 기능을 입증하는 자료
   가. 기원 및 개발경위에 관한 자료
   나. 안전성에 관한 자료(다만, 과학적인 타당성이 인정되는 경우에는 구체적인 근거자료를 첨부하여 일부 자료를 생략할 수 있다.)
   (1) 단회투여독성시험자료
   (2) 1차피부자극시험자료
   (3) 안점막자극 또는 기타점막자극시험자료
   (4) 피부감작성시험자료
   (5) 광독성 및 광감작성 시험자료(자외선에서 흡수가 없음을 입증하는 (㉠)시험자료를 제출하는 경우에는 면제함)
   (6) 인체첩포시험자료
   (7) 인체누적첩포시험자료(인체적용시험자료에서 피부이상반응 발생 등 안전성 문제가 우려 된다고 판단되는 경우에 한함)
2. 자외선차단지수(SPF) (㉡)이하 제품의 경우에는 기능성화장품의 심사를 위하여 제출하여야 하는 자료 중 자외선차단지수(SPF), 내수성자외선차단지수(SPF, 내수성 또는 지속내수성) 및 자외선A차단등급(PA) 설정의 근거자료의 제출을 면제할 수 있다.

해설

자외선 흡수에 대한 측정 시험 : 흡광도 측정시험법
자외선차단지수(SPF) 10 이하 제품의 경우에는 제4조 제1호라목의 자료 제출을 면제한다.

※ 제4조제1호라목 → 안전성, 유효성 또는 기능을 입증하는 기능성화장품의 심사를 위하여 제출하여야 하는 자료 중 자외선차단지수(SPF), 내수성자외선차단지수(SPF, 내수성 또는 지속내수성) 및 자외선A차단등급(PA) 설정의 근거자료

20 **유통화장품 안전관리기준에서 미생물허용한도를 알아본 실험 결과이다. 물티슈의 미생물허용한도를 체크한 결과 다음과 같이 확인되었다. 괄호 안에 알맞은 내용을 쓰시오.**

	A	B	C
세균수	68	48	70
진균수	54	43	62

정답 19 ㉠ 흡광도 ㉡ 10 20 ㉠ 100, ㉡ 적합 21 ②

위의 결과 세균수는 (㉠)개/㎖ 이하 이므로, (㉡)하다.

해설

(1) 미생물한도는 다음 각 호와 같다. ★★

1. 총호기성생균수는 영 · 유아용 제품류 및 눈화장용 제품류의 경우 500개/g(㎖) 이하
2. 물휴지의 경우 세균 및 진균수는 각각 100개/g(㎖) 이하
3. 기타 화장품의 경우 1,000개/g(㎖) 이하
4. 대장균(Escherichia Coli), 녹농균(Pseudo monas aeruginosa), 황색포도상구균, (Staphylococcus aureus)은 불검출

21 멜라닌이 형성되는 경로는 피부의 기저층에서 티로신으로부터 티로시나아제(Tyrosinase)에 의해 도파(DOPA), 도파퀴논(DOPA-quinone)을 거쳐 생성되는 화학적인 반응으로 멜라노사이트(Melanocyte)에서 케라티노사이트(Keratinocyte)로 이동하여 피부의 각질층으로 올라오며 피부색을 변화시키는 것으로 알려져 있다. 멜라닌 색소형성과정에서 티로시나아제(Tyrosinase)의 활성 작용에 필수적인 영향을 미칠 것으로 추정하는 물질은?

① 사이토카인
② 구리이온
③ 리보조옴
④ 멜라노좀
⑤ 리놀레익 애씨드

해설

티로시나아제는 색소형성의 첫 단계에 작용하는 효소로서 구리이온이 필수적인 것으로 알려 져 있고, 두 개의 구리이온 결합부위를 가지고 있다.
(구리는 생물체내에서 일부 단백질의 활성부위에 존재하며, 다양한 생물학적 반응에 관여하는 것으로 밝혀짐. 대표적인 효소로 티로시나아제 (Tyrosinase)가 있음)

22 우수화장품 제조 및 품질관리기준에서 미생물의 오염 및 교차오염으로 인한 품질저하를 방지하기 위하여 내용물 및 원료의 변질 상태를 확인하는 검체를 실시한다. 검체의 채취 및 보관에 대한 내용으로 바르지 않은 것은?

① 검체 채취는 제조단위 전체를 대표할 수 있도록 랜덤하게 실시한다.
② 장기보관 벌크제품의 경우는 최대 보관기간을 1년으로 하며, 충전 전 반제품 보관담당자로부터 시험의뢰 접수 후 검체 채취한다.
③ 완제품의 보관용 검체는 개봉 후 사용기간을 기재하는 경우에는 제조일로부터 3년간 보관하여야 한다.
④ 검체 채취는 품질보증팀의 각 시험담당자가 한다.
⑤ 완제품의 보관용 검체는 적절한 보관조건에서 지정된 구역 내에서 실시하며 사용기한 경과 후 1년간 보관한다.

해설

장기보관 벌크제품의 경우 : 최대 보관기간 6개월

23 화장품의 기재 · 표시에 대한 사항에서 생략 가능한 것으로 옳은 것은?

① 제조과정 중에 제거되어 최종 제품에는 남아 있지 않은 성분
② 안정화제, 보존제 등 원료 자체에 들어 있는 부수 성분으로서 그 효과가 나타나게 하 는 양보다 많은 양이 들어 있는 성분
③ 기능성화장품의 경우 그 효능 · 효과가 나타나게 하는 원료
④ 인체 세포 · 조직 배양액이 들어있는 경우 그 함량
⑤ 화장품에 천연 또는 유기농으로 표시 · 광고하려는 경우에는 원료의 함량

해설

②~⑤은 기재해야함

정답 22 ② 23 ①

24 **천연화장품에서 사용가능한 보존제로 옳은 것은?**

① 디아졸리디닐우레아
② 소르빅애씨드 및 그 염류
③ 페녹시 에탄올
④ 디엠디엠하이단토인
⑤ 소듐아이오데이트

해설

①, ③, ④, ⑤ : 사용상 제한 혹은 사용금지 보존제

25 **유기농화장품의 설명으로 옳은 것은?**

① 유기농화장품은 석유화학 성분을 사용할 수 없다.
② 사용할 수 있는 허용 합성 원료는 3%이다.
③ 천연화장품 및 유기농화장품의 용기와 포장에 폴리스티렌폼을 사용할 수 있다.
④ 유기농 원료는 다른 원료와 함께 안전하게 보관하여야 한다.
⑤ 물, 미네랄 또는 미네랄 유래원료는 유기농화장품의 함량 비율 계산에 포함하지 않는다.

해설

석유화학 성분을 2% 이상 초과할 수 없다. 대체 불가하여 사용할 수 있는 허용 합성 원료는 5% 이내 사용 가능하다.

정답 24 ② 25 ⑤

참고문헌

1. 기초피부과학 / 이정숙 외 3인 / 도서출판 예림 / 2014
2. "일반화학(3판)" Martin S. Silberberg / 화학교재연구회 역 / 사이플러스 / 2013
3. "일반화학(13판)" Theodore L. Brown 등 / 일반화학교재연구회 역 / 자유아카데미 / 2015
4. 21세기 영양학(제4판) / 최혜미 외 / ㈜교문사 / 2012
5. NCS 얼굴관리 / 조수경 외 11인 / 메디시언 / 2019
6. 두피모발과학 / 임은진 외4인/ 메디시언 / 2013
7. 두피생리학 / 조성일 저 / 현문사 / 2015
8. 손에 잡히는 모발과학 / 김옥연 / 메디시언 / 2019
9. 아로마테라피 / 이치헌 외 / 훈민사 / 2009
10. 에센스 화장품학 / 김경영 외 7인 / 메디시언 / 2019
11. 유통화장품의 안전관리 / 맞춤형화장품조제관리사 연구소 / 큰꿈터 / 2019
12. 최신 모발학 / 장병수 외 1인 / 광문각 / 2011
13. 피부과학&화장품학 / 이영순 외 4인 / 훈민사 / 2010
14. 피부과학 / 권혜영 외 8인 / 메디시언 / 2016
15. 피부미용학 / 김유정 외 4인 / 구민사 / 2019
16. 피부 생리학(Physiology of the Skin II) 이론편 / Peter T.P. 지음, 박경희 외 역 / 훈민사 / 2013
17. 화장과 화장품 / 김덕록 지음 / 도서출판 답게 / 1997
18. 화장품 과학 가이드 제2판 / 김주덕 외 2인 / 광문사 / 2011
19. 화장품 성분학 / 박성호, 김영길, 최성출 지음 / 훈민사 / 2005
20. 화장품 제조 및 품질관리 / 맞춤형화장품조제관리사 연구소 / 큰꿈터 / 2019
21. 화장품학 / 황정원 편저 / 현문사 / 1995
22. 화장품 정책 설명회 / 식품의약품안전처 화장품정책과 / 2019
23. 맞춤형화장품판매업 가이드라인(민원인안내서) / 2020.5.14
24. 대한화장품협회 http://kcia.or.kr/cid/main / 화장품 성분사전 원료명 확인
25. 법제처 국가법령정보센터 http://www.law.go.kr
26. 식품의약품안전처 https://www.mfds.go.kr/index.do
27. 행정안전부, 개인정보보호법
28. 화장품법

    [별표 1] 사용할 수 없는 원료

    [별표 2] 사용상의 제한이 필요한 원료

29. 화장품법 시행령

30. 화장품법 시행규칙 개정(시행 2020,3.14)총리령 제1603호, 2020.3.13 일부개정

[별표 1] 품질관리기준(제7조 관련)〈개정 2019. 3. 14.〉

[별표 3] 화장품 유형과 사용 시의 주의사항(제19조제3항 관련)〈개정 2020. 1. 22.〉

[별표 4] 화장품 포장의 표시기준 및 표시방법(제19조제6항 관련)〈개정 2020. 3. 13.〉

[별표 5] 화장품 표시 · 광고의 범위 및 준수사항(제22조 관련) 〈개정 2019. 12. 12.〉

[별표 5의2] 천연화장품 및 유기농화장품의 인증표시(제23조의2제5항 관련)〈신설2019.3.14.〉

[별표 6] 위해화장품의 공표문(제28조제2항 관련)_시행규칙

[별표 7] 행정처분의 기준(제29조제1항 관련)_시행규칙

31. 화장품 안전기준 등에 관한 규정[시행 2020. 4. 18.]

[식품의약품안전처고시 제2019-93호, 2019. 10. 17. 일부개정.]

[별표3] 인체 세포 · 조직배양액 안전기준

[별표4] 유통화장품 안전관리 시험방법(제6조 관련)

32. 천연화장품 및 유기농화장품의 기준에 관한 규정

[별표 2] 오염물질

[별표 3] 허용 기타원료

[별표 4] 허용 합성원료

[별표 7] 천연 및 유기농 함량 계산 방법

33. 우수화장품 제조 및 품질관리기준

「화장품법」 제5조제2항 및 같은법 시행규칙 제12조제2항에 따른 세부규정

34. 기능성화장품 기준 및 시험방법

「화장품법」 제4조제1항 및 같은 법 시행규칙 제9조제1항, 제10조제1항에 따른 세부규정

35. [별표 4] 자료제출이 생략되는 기능성화장품의 종류(제6조제3항 관련)

36. 기능성화장품 심사에 관한 규정

「화장품법」 제4조 및 같은 법 시행규칙 제9조에 따른 세부규정

37. 화장품 위해평가 가이드라인(민원인 안내서) 2017.3

38. 화장품의 색소종류와 기준 및 시험방법 [별표1] 화장품색소 (제3조관련)

39. 화장품법 시행규칙 제14조의 2 (회수 대상 화장품의 기준 및 위해성 등급 등)

화장품법_제5조의 2_하위법령(대상화장품 및 위해성 등급) [시행 2020. 3. 14.]

[총리령 제1603호, 2020. 3. 13., 일부개정]

40. https://ko.wikipedia.org/wiki/%ED%94%84%EB%A1%9C%EB%B9%84%ED%83%80%EB%AF%BC

41. 강응수, 김선영, 최유성, Type-3 Copper 효소로서 티로시나아제의 구조 및 기능적 특성에 관한 고찰, Society for Biotechnology and Bioengineering Journal 33(2): 63-69 (2018) http://dx.doi.org/10.7841/ksbbj.2018.33.2.63

42. 우영균 · 송석환 · 권순용 · 이화성 · 김영훈, 슬관절 전방십자인대 신연 손상에 따른 기질금속단백분해효소(MMP)-2 의 발현, 대한정형외과학회지 : 제41권 제4호 2006. J Korean Orthop Assoc 2006; 41: 643-649

별첨 부록

[별표 1]

독성시험법

1. 단회투여독성시험
   가. 실험 동물 : 랫드 또는 마우스
   나. 동물 수 : 1군당 5마리 이상
   다. 투여경로 : 경구 또는 비경구 투여
   라. 용량 단계 : 독성을 파악하기에 적절한 용량단계를 설정한다. 만약, 2,000㎎/㎏ 이상의 용량에서 시험물질과 관련된 사망이 나타나지 않는다면 용량단계를 설정할 필요는 없다.
   마. 투여 회수 : 1회
   바. 관찰
      • 독성증상의 종류, 정도, 발현, 추이 및 가역성을 관찰하고 기록한다.
      • 관찰기간은 일반적으로 14일로 한다.
      • 관찰기간 중 사망례 및 관찰기간 종료 시 생존례는 전부 부검하고, 기관과 조직에 대하여도 필요에 따라 병리조직학적 검사를 행한다.

2. 1차피부자극시험
   가. Draize방법을 원칙으로 한다.
   나. 시험 동물 : 백색 토끼 또는 기니피그
   다. 동물 수 : 3마리 이상
   라. 피부 : 털을 제거한 건강한 피부
   마. 투여면적 및 용량 : 피부 1차 자극성을 적절하게 평가 시 얻어질 수 있는 면적 및 용량
   바. 투여농도 및 용량 : 피부 1차 자극성을 평가하기에 적정한 농도와 용량을 설정한다. 단일농도 투여 시에는 0.5㎖(액체) 또는 0.5g(고체) 를 투여량으로 한다.
   사. 투여 방법 : 24시간 개방 또는 폐쇄첩포
   아. 투여 후 처치 : 무처치하지만 필요에 따라서 세정 등의 조작을 행해도 좋다.
   자. 관찰 : 투여 후 24, 48, 72시간의 투여부위의 육안관찰을 행한다.
   차. 시험결과의 평가 : 피부 1차 자극성을 적절하게 평가 시 얻어지는 채점법으로 결정한다.

3. 안점막자극 또는 기타점막자극시험
   가. Draize방법을 원칙으로 한다.
   나. 시험동물 : 백색 토끼
   다. 동물수 : 세척군 및 비세척군당 3마리 이상
   라. 투여 농도 및 용량 : 안점막자극성을 평가하기에 적정한 농도를 설정하며, 투여 용량은 0.1㎖(액체) 또는 0.1g(고체)한다.
   마. 투여 방법 : 한쪽눈의 하안검을 안구로부터 당겨서 결막낭내에 투여하고 상하안검을 약 1초간 서로 맞춘다. 다른쪽 눈을 미처치 그대로 두어 무처치 대조안으로 한다.
   바. 관찰 : 약물 투여 후 1, 24, 48, 72시간 후에 눈을 관찰
   사. 기타 대표적인 시험방법은 다음과 같은 방법이 있다.
      (1) LVET(Low Volume Eye Irritation Test) 법

(2) Oral Mucosal Irritation test 법
(3) Rabbit/Rat Vaginal Mucosal Irritation test 법
(4) Rabbit Penile mucosal Irritation test 법

4. 피부감작성시험
가. 일반적으로 Maximization Test을 사용하지만 적절하다고 판단되는 다른 시험법을 사용할 수 있다.
나. 시험동물 : 기니픽
다. 동 물 수 :원칙적으로 1군당 5마리 이상
라. 시험군 : 시험물질감작군, 양성대조감작군, 대조군을 둔다.
마. 시험실시요령
Adjuvant는 사용하는 시험법 및 adjuvant 사용하지 않는 시험법이 있으나 제1단계로서 Adjuvant를 사용하는 사용법 가운데 1가지를 선택해서 행하고, 만약 양성소견이 얻어진 경우에는 제2단계로서 Adjuvant를 사용하지 않는 시험방법을 추가해서 실시하는 것이 바람직하다.
바. 시험결과의 평가
동물의 피부반응을 시험법에 의거한 판정기준에 따라 평가한다.
사. 대표적인 시험방법은 다음과 같은 방법이 있다.
(1) Adjuvant를 사용하는 시험법
(가) Adjuvant and Patch Test
(나) Freund's Complete Adjuvant Test
(다) Maximization Test
(라) Optimization Test
(마) Split Adjuvant Test
(2) Adjuvant를 사용하지 않는 시험법
(바) Buehler Test
(사) Draize Test
(아) Open Epicutaneous Test

5. 광독성시험
가. 일반적으로 기니픽을 사용하는 시험법을 사용한다.
다. 시험동물: 각 시험법에 정한 바에 따른다.
라. 동물수 : 원칙적으로 1군당 5마리 이상
마. 시험군 : 원칙적으로 시험물질투여군 및 적절한 대조군을 둔다.
바. 광 원 : UV-A 영역의 램프 단독, 혹은 UV-A와 UV-B 영역의 각 램프를 겸용해서 사용한다.
사. 시험실시요령 : 자항의 시험방법 중에서 적절하다고 판단되는 방법을 사용한다.
아. 시험결과의 평가 : 동물의 피부반응을 각각의 시험법에 의거한 판정기준에 따라 평가한다.
자. 대표적인 방법으로 다음과 같은 방법이 있다.
(1) Ison법
(2) Ljunggren법
(3) Morikawa법
(4) Sams법
(5) Stott법

6. 광감작성시험

가. 일반적으로 기니픽을 사용하는 시험법을 사용한다.

다. 시험동물 : 각 시험법에 정한 바에 따른다.

라. 동 물 수 : 원칙적으로 1군당 5마리 이상

마. 시험군 : 원칙적으로 시험물질투여군 및 적절한 대조군을 둔다.

바. 광원 : UV-A 영역의 램프 단독, 혹은 UV-A와 UV-B 영역의 각 램프를 겸용해서 사용한다.

사. 시험실시요령 : 자항의 시험방법 중에서 적절하다고 판단되는 방법을 사용한다. 시험물질의 감작유도를 증가시키기 위해 adjuvant를 사용할 수 있다.

아. 시험결과의 평가 : 동물의 피부반응을 각각의 시험법에 의거한 판정기준에 따라 평가한다.

자. 대표적인 방법으로 다음과 같은 방법이 있다.

(1) Adjuvant and Strip 법 (2) Harber 법
(3) Horio 법 (4) Jordan 법
(5) Kochever 법 (6) Maurer 법
(7) Morikawa 법 (8) Vinson법

7. 인체사용시험 (★★기출)

(1) 인체 첩포 시험 : 피부과 전문의 또는 연구소 및 병원, 기타 관련기관에서 5년 이상 해당시험 경력을 가진 자의 지도하에 수행되어야 한다.

(가) 대상 : 30명 이상

(나) 투여 농도 및 용량

원료에 따라서 사용 시 농도를 고려해서 여러단계의 농도와 용량을 설정하여 실시하는데, 완제품의 경우는 제품자체를 사용하여도 된다.

(다) 첩부 부위

사람의 상등부(정중선의 부분은 제외)또는 전완부등 인체사용시험을 평가하기에 적정한 부위를 폐쇄첩포한다.

(라) 관찰

원칙적으로 첩포 24시간후에 patch를 제거하고 제거에 의한 일과성의 홍반의 소실을 기다려 관찰 · 판정한다.

(마) 시험결과 및 평가

홍반, 부종 등의 정도를 피부과 전문의 또는 이와 동등한 자가 판정하고 평가한다.

(2) 인체 누적첩포시험

대표적인 방법으로 다음과 같은 방법이 있다.

(가) Shelanski and Shelanski 법

(나) Draize 법 (Jordan modification)

(다) Kilgman의 Maximization 법

8. 유전독성시험

가. 박테리아를 이용한 복귀돌연변이시험

(1) 시험균주 : 아래 2 균주를 사용한다.

Salmonella typhimurium TA98(또는 TA1537), TA100(또는 TA1535)

(상기 균주 외의 균주를 사용할 경우 : 사유를 명기한다)

(2) 용량단계 : 5단계 이상을 설정하며 매 용량마다 2매 이상의 플레이트를 사용한다.

(3) 최고용량

1) 비독성 시험물질은 원칙적으로 5mg/plate 또는 5㎕/plate 농도.

2) 세포독성 시험물질은 복귀돌연변이체의 수 감소, 기본 성장균층의 무형성 또는 감소를 나타내는 세포독성 농도.

(4) S9 mix를 첨가한 대사활성화법을 병행하여 수행한다.

(5) 대조군

대사활성계의 유, 무에 관계없이 동시에 실시한 균주-특이적 양성 및 음성 대조물질을 포함한다.

(6) 결과의 판정

대사활성계 존재 유, 무에 관계없이 최소 1개 균주에서 평판 당 복귀된 집락수에 있어서 1개 이상의 농도에서 재현성 있는 증가를 나타낼 때 양성으로 판정한다.

나. 포유류 배양세포를 이용한 체외 염색체이상시험

(1) 시험세포주 : 사람 또는 포유동물의 초대 또는 계대배양세포를 사용한다.

(2) 용량단계 : 3단계 이상을 설정한다.

(3) 최고용량 :

1) 비독성 시험물질은 5㎕/㎖, 5mg/㎖ 또는 10mM 상당의 농도.

2) 세포독성 시험물질은 집약적 세포 단층의 정도, 세포 수 또는 유사분열 지표에서의 50% 이상의 감소를 나타내는 농도

(4) S9 mix를 첨가한 대사활성화법을 병행하여 수행한다.

(5) 염색체 표본은 시험물질 처리 후 적절한 시기에 제작한다.

(6) 염색체이상의 검색은 농도당 100개의 분열중기상에 대하여 염색체의 구조이상 및 숫적이상을 가진 세포의 출현빈도를 구한다.

(7) 대조군

대사활성계의 유, 무에 관계없이 적합한 양성과 음성대조군들을 포함한다. 양성대조군은 알려진 염색체이상 유발 물질을 사용해야 한다.

(8) 결과의 판정

염색체이상을 가진 분열중기상의 수가 통계학적으로 유의성 있게 용량 의존적으로 증가하거나, 하나 이상의 용량단계에서 재현성 있게 양성반응을 나타낼 경우를 양성으로 한다.

다. 설치류 조혈세포를 이용한 체내 소핵 시험

(1) 시험동물 : 마우스나 랫드를 사용한다.

일반적으로 1군당 성숙한 수컷 5마리를 사용하며 물질의 특성에 따라 암컷을 사용할 수 있다.

(2) 용량단계 : 3단계 이상으로 한다.

(3) 최고용량 :

1) 더 높은 처리용량이 치사를 예상하게 하는 독성의 징후를 나타내는 용량

2) 골수 혹은 말초혈액에서 전체 적혈구 가운데 미성숙 적혈구의 비율 감소를 나타내는 용량 시험물질의 특성에 따라 선정한다.

(4) 투여경로 : 복강투여 또는 기타 적용경로로 한다.

(5) 투여회수 : 1회 투여를 원칙으로 하며 필요에 따라 24시간 간격으로 2회 이상 연속 투여한다.

(6) 대조군은 병행실시한 양성과 음성 대조군을 포함한다.

(7) 시험물질 투여 후 적절한 시기에 골수도말표본을 만든다.

개체당 1,000개의 다염성적혈구에서 소핵의 출현빈도를 계수한다. 동시에 전적혈구에 대한 다염성적혈구의 출현빈도를 구한다.

(8) 결과의 판정

소핵을 가진 다염성적혈구의 수가 통계학적으로 유의성 있게 용량 의존적으로 증가하거나, 하나 이상의 용량단계에서 재현성 있게 양성반응을 나타낼 경우를 양성으로 한다.

기능성화장품 기준 및 시험방법

[시행 2018. 12. 26.] [식품의약품안전처고시 제2018-111호, 2018. 12. 26., 일부개정.]

식품의약품안전처(화장품정책과), 043-719-3405

제1조(목적) 이 고시는 「화장품법」 제4조제1항 및 같은 법 시행규칙 제9조제1항, 제10조제1항에 따른 기능성화장품 품질기준에 관한 세부사항(이하 "세부사항"이라 한다)을 정함을 목적으로 한다.

제2조(세부사항의 구분) 세부사항은 다음 각 호와 같이 정한다.

1. 통칙은 별표 1과 같다.
2. 피부의 미백에 도움을 주는 기능성화장품 각조는 별표 2와 같다.
3. 피부의 주름개선에 도움을 주는 기능성화장품 각조는 별표 3과 같다.
4. 자외선으로부터 피부를 보호하는데 도움을 주는 기능성화장품 각조는 별표4와 같다.
5. 피부의 미백 및 주름개선에 도움을 주는 기능성화장품 각조는 별표 5와 같다.
6. 모발의 색상을 변화(탈염(脫染) · 탈색(脫色)을 포함한다)시키는 데 도움을 주는 기능성화장품 각조는 별표 6과 같다.
7. 체모를 제거하는 데 도움을 주는 기능성화장품 각조는 별표 7과 같다.
8. 여드름성 피부를 완화하는 데 도움을 주는 기능성화장품 각조는 별표 8과 같다.
9. 탈모 증상의 완화에 도움을 주는 기능성화장품 각조는 별표 9와 같다.
10. 일반시험법은 별표 10과 같다.

제3조(재검토기한) 「훈령 · 예규 등의 발령 및 관리에 관한 규정」에 따라 2019년 1월 1일을 기준으로 매 3년이 되는 시점(매 3년째의 12월 31일까지를 말한다)마다 그 타당성을 검토하여 개선 등의 조치를 하여야 한다.

부칙 〈제2018-111호, 2018. 12. 26.〉

제1조(시행일)이 고시는 고시한 날부터 시행한다.

제2조(제조 · 수입에 관한 적용례)이 고시는 고시 시행 이후 화장품 제조업자 및 제조판매업자가 제조 또는 수입(통관일을 기준으로 한다)하는 화장품부터 적용한다.

제3조(기능성화장품 심사 등에 관한 적용례)이 고시는 고시 시행 이후 최초로 식품의약품안전평가원장에게 제출되는 기능성화장품 심사의뢰서(변경을 포함한다) 또는 보고서부터 적용한다.

제4조(시험법 변경에 따른 경과조치)별표 2 및 별표 3 각조 중 시험법이 변경된 품목에 대해서는 종전 규정의 시험법을 선택하여 사용할 수 있다.

[별표 1] 기능성 화장품 기준 및 시험방법 (제2조제1호 관련)

I. 통 칙

1. 이 고시는「화장품법」제4조제1항 및「화장품법 시행규칙」제9조제1항에 따라 기능성화장품 심사를 받기 위하여 자료를 제출하고자 하는 경우, 기준 및 시험방법에 관한 자료 제출을 면제할 수 있는 범위를 정함을 목적으로 한다.

2. 이 고시의 영문명칭은「Korean Functional Cosmetics Codex」라 하고, 줄여서「KFCC」라 할 수 있다.

3. 이 고시에 수재되어 있는 기능성화장품의 적부는 각조의 규정, 통칙 및 일반시험법의 규정에 따라 판정한다.

4. 제제를 만들 경우에는 따로 규정이 없는 한 그 보존 중 성상 및 품질의 기준을 확보하고 그 유용성을 높이기 위하여 부형제, 안정제, 보존제, 완충제 등 적당한 첨가제를 넣을 수 있다. 다만, 첨가제는 해당 제제의 안전성에 영향을 주지 않아야 하며, 또한 기능을 변하게 하거나 시험에 영향을 주어서는 아니된다.

5. 이 고시에서 규정하는 시험방법 외에 정확도와 정밀도가 높고 그 결과를 신뢰할 수 있는 다른 시험방법이 있는 경우에는 그 시험방법을 쓸 수 있다. 다만 그 결과에 대하여 의심이 있을 때에는 규정하는 방법으로 최종의 판정을 실시한다.

6. 화장품 제형의 정의는 다음과 같다. **(★★기출)**
   가. 로션제란 유화제 등을 넣어 유성성분과 수성성분을 균질화하여 점액상으로 만든 것을 말한다.
   나. 액제란 화장품에 사용되는 성분을 용제 등에 녹여서 액상으로 만든 것을 말한다.
   다. 크림제란 유화제 등을 넣어 유성성분과 수성성분을 균질화하여 반고형상으로 만든 것을 말한다.
   라. 침적마스크제란 액제, 로션제, 크림제, 겔제 등을 부직포 등의 지지체에 침적하여 만든 것을 말한다.
   마. 겔제란 액체를 침투시킨 분자량이 큰 유기분자로 이루어진 반고형상을 말한다.
   바. 에어로졸제란 원액을 같은 용기 또는 다른 용기에 충전한 분사제(액화기체, 압축기체 등)의 압력을 이용하여 안개모양, 포말상 등으로 분출하도록 만든 것을 말한다.
   사. 분말제란 균질하게 분말상 또는 미립상으로 만든 것을 말하며, 부형제 등을 사용할 수 있다.

7. 「밀폐용기」라 함은 일상의 취급 또는 보통 보존상태에서 외부로부터 고형의 이물이 들어가는 것을 방지하고 고형의 내용물이 손실되지 않도록 보호할 수 있는 용기를 말한다. 밀폐용기로 규정되어 있는 경우에는 기밀용기도 쓸 수 있다. **(★★기출)**

8. 「기밀용기」라 함은 일상의 취급 또는 보통 보존상태에서 액상 또는 고형의 이물 또는 수분이 침입하지 않고 내용물을 손실, 풍화, 조해 또는 증발로부터 보호할 수 있는 용기를 말한다. 기밀용기로 규정되어 있는 경우에는 밀봉용기도 쓸 수 있다.

9. 「밀봉용기」라 함은 일상의 취급 또는 보통의 보존상태에서 기체 또는 미생물이 침입할 염려가 없는 용기를 말한다.

10. 「차광용기」라 함은 광선의 투과를 방지하는 용기 또는 투과를 방지하는 포장을 한 용기를 말한다.

11. 물질명 다음에 ( ) 또는 [ ]중에 분자식을 기재한 것은 화학적 순수물질을 뜻한다. 분자량은 국제원자량표에 따라 계산하여 소수점이하 셋째 자리에서 반올림하여 둘째 자리까지 표시한다.

12. 이 기준의 주된 계량의 단위에 대하여는 다음의 기호를 쓴다.

미터	m	데시미터	dm	노르말(규정)	N
센터미터	cm	밀리미터	mm	질량백분율	%
마이크로미터	μm	나노미터	nm	용량백분율	vol%
킬로그람	kg	그람	g	질량백만분율	ppm
밀리그람	mg	마이크로그람	μg	섭씨 도	℃
나노그람	ng	리터	L	몰	M 또는 mol.
mℓ	mℓ	마이크로리터	μL	질량대용량백분율	w/v%
평방센티미터	㎠	수은주밀리미터	mmHg	용량대질량백분율	v/w%
센티스톡스	cs	센티포아스	cps	피에이치	pH

13. 시험 또는 저장할 때의 온도는 원칙적으로 구체적인 수치를 기재한다. 다만, 표준온도는 20℃, 상온은 15~25℃, 실온은 1~30℃, 미온은 30~40℃로 한다. 냉소는 따로 규정이 없는 한 1~15℃ 이하의 곳을 말하며. 냉수는 10℃ 이하, 미온탕은 30~40℃, 온탕은 60~70℃, 열탕은 약 100℃의 물을 뜻한다.**(★★기출)**

가열한 용매 또는 열용매라 함은 그 용매의 비점 부근의 온도로 가열한 것을 뜻하며 가온한 용매 또는 온용매라 함은 보통 60~70℃로 가온한 것을 뜻한다. 수욕상 또는 수욕중에서 가열한다라 함은 따로 규정이 없는 한 끓인 수욕 또는 100℃의 증기욕을 써서 가열하는 것이다. 보통 냉침은 15~25℃, 온침은 35~45℃에서 실시한다.

14. 통칙 및 일반시험법에 쓰이는 시약, 시액, 표준액, 용량분석용표준액, 계량기 및 용기는 따로 규정이 없는 한 일반시험법에서 규정하는 것을 쓴다. 또한 시험에 쓰는 물은 따로 규정이 없는 한 정제수로 한다.

15. 용질명 다음에 용액이라 기재하고, 그 용제를 밝히지 않은 것은 수용액을 말한다.

16. 용액의 농도를 (1→5), (1→10), (1→100) 등으로 기재한 것은 고체물질 1g 또는 액상물질 1mℓ를 용제에 녹여 전체량을 각각 5mℓ, 10mℓ, 100mℓ등으로 하는 비율을 나타낸 것이다. 또 혼합액을 (1:10) 또는 (5:3:1) 등으로 나타낸 것은 액상물질의 1용량과 10용량과의 혼합액, 5용량과 3용량과 1용량과의 혼합액을 나타낸다.

17. 시험은 따로 규정이 없는 한 상온에서 실시하고 조작 직후 그 결과를 관찰하는 것으로 한다. 다만 온도의 영향이 있는 것의 판정은 표준온도에 있어서의 상태를 기준으로 한다.

18. 따로 규정이 없는 한 일반시험법에 규정되어 있는 시약을 쓰고 시험에 쓰는 물은「정제수」이다.

19. 액성을 산성, 알칼리성 또는 중성으로 나타낸 것은 따로 규정이 없는 한 리트머스지를 써서 검사한다. 액성을 구체적으로 표시할 때에는 pH값을 쓴다. 또한, 미산성, 약산성, 강산성, 미알칼리성, 약알칼리성, 강알칼리성등으로 기재한 것은 산성 또는 알칼리성의 정도의 개략(槪略)을 뜻하는 것으로 pH의 범위는 다음과 같다. **(★★기출)**

미산성	약 5~약 6.5	미알칼리성	약 7.5~약 9
약산성	약 3~약 5	약알칼리성	약 9~약 11
강산성	약 3이하	강알칼리성	약 11 이상

20. 질량을「정밀하게 단다.」라 함은 달아야 할 최소 자리수를 고려하여 0.1mg, 0.01mg 또는 0.001mg까지 단다는 것을 말한다. 또 질량을「정확하게 단다」라 함은 지시된 수치의 질량을 그 자리수까지 단다는 것을 말한다.

21. 시험할 때 n자리의 수치를 얻으려면 보통 (n+1)자리까지 수치를 구하고 (n+1)자리의 수치를 반올림한다.

22. 시험조작을 할때「직후」또는「곧」이란 보통 앞의 조작이 종료된 다음 30초 이내에 다음 조작을 시작하는 것을 말한다.

23. 시험에서 용질이「용매에 녹는다 또는 섞인다」라 함은 투명하게 녹거나 임의의 비율로 투명하게 섞이는 것을 말하며 섬유 등을 볼 수 없거나 있더라 매우 적다.

24. 검체의 채취량에 있어서「약」이라고 붙인 것은 기재된 양의 ±10%의 범위를 뜻한다.

기능성 화장품의 유효성 평가를 위한 가이드 라인

[민원인 안내서] 식품의약품안전처

1. 개요 (I. II. III. 내용들에 모두 동일)

가. 화장품법 제4조 제1항에 따라 기능성화장품을 제조 · 수입하고자 하는 자는 품목별로 안전성 · 유효성에 관하여 식품의약품안전청장의 심사를 받아야 한다.

나. 제출자료의 범위 및 요건

(1) 효력시험에 관한 자료

심사대상 효능을 포함한 효력을 뒷받침하는 비임상 시험자료로서 효과발현의 작용기전이 포함되어야 하며, 다음 중 1에 해당할 것

(가) 국내외 대학 또는 전문 연구기관에서 시험한 것으로서 기관의 장이 발급한 자료
(시험시설 개요, 주요설비, 연구인력의 구성, 시험자의 연구경력에 관한 사항이 포함될 것)

(나) 당해 기능성화장품이 개발국 정부에 제출되어 평가된 모든 효력시험자료로서 개발국 정부(허가 또는 등록기관)가 제출받았거나 승인하였음을 확인한 것 또는 이를 증명한 자료

(다) 과학논문인용색인(Science Citation Index)에 등재된 전문학회지에 게재된 자료

(2) 인체적용시험자료

사람에게 적용시 효능 · 효과 등 기능을 입증할 수 있는 자료로서, 관련분야 전문의사, 연구소 또는 병원 기타 관련기관에서 5년 이상 해당 시험경력을 가진 자의 지도 및 감독하에 수행 · 평가되고, 효력시험에 관한 자료의 (가) 및 (나)항에 해당할 것

I. 피부의 미백에 도움을 주는 제품의 유효성 또는 기능을 입증하는 자료

1. 개요 : 생략

2. 시험방법

가. 효력시험

피부의 색을 결정짓는 멜라닌은 과도한 생성 또는 축적으로 인해 기미 · 주근깨 등의 원인이 되는 것으로 알려져 있다. 본 시험은 멜라닌의 생성 기전에 있어 주요한 역할을 하는 타이로시나제의 활성 저해 및 DOPA산화 활성저해, 또는 세포의 멜라닌 생성 저해정도를 시험함으로써 미백성분의 효과발현에 대한 작용기전을 설명할 수 있는 방법이다.

(1) In vitro tyrosinase 활성 저해시험(In vitro tyrosinase inhibition asay)

타이로시나제는 인체 내 멜라닌 생합성 경로에서 가장 중요한 초기 속도결정단계에 관여하는 효소로서, 이 효소의 활성 저해는 멜라닌 생성을 저해하는 결과를 나타낸다. 이 시험은 시험관내에서 시험시료, 정제된 타이로시나제 및 기질인 타이로신을 반응시켜 타이로시나제 활성 저해에 대한 시험시료의 효과를 평가하는 방법이다.

(가) 시험방법

시료는 에탄올이나 적당한 용매에 녹이고, 타이로시나제 활성 저해를 확인할 수 있는 농도범위를 설정하여 희석하되 최소 5개의 농도가 되도록 처리하고 시험시료의 농도는 구체적으로 명시한다. 시험관에 0.1 M인산염 완충액(pH 6.5) 20 μL, 시료액 20 μL, 머쉬룸 타이로시나제액(150U/㎖~200 U/㎖)(혹은 휴먼 타이로시

나제) 20 μL를 순서대로 넣는다. 이 액에 1.5 mM 타이로신액 40 μL를 넣고 37 ℃에서 10~15분 동안 반응시킨 다음 490 nm에서 흡광도를 측정한다. 활성저해율이 50%일 때의 시료 농도(IC50)를 적절한 프로그램을 이용하여 산출한다. 시료액 대신 시료를 녹인 용매를 사용하여 공시료액으로 하여 보정한다.

양성대조군으로는 알부틴 또는 에칠아스코빌에텔 등을 사용하여 그 결과를 비교한다. 실험조건에 따라 시험방법의 변경은 가능하다.

(2) In vitro DOPA 산화반응 저해시험(In vitro DOPA oxidation inhibition asay)

이 시험은 멜라닌 합성과정의 속도결정단계에 관여하는 타이로시나제의 DOPA 산화반응에 대한 활성 저해를 측정하여 미백성분의 효과를 평가하는 방법이다. 기질로서 L-DOPA (L-3,4-dihydroxyphenylalanine)를 사용한다.

(가) 시험방법

시료는 에탄올이나 적당한 용매에 녹이고, DOPA 산화반응에 대한 티이로시나제 활성 저해를 확인할 수 있는 농도범위를 설정하여 희석하되 최소 5개의 농도가 되도록 처리하고 시험시료의 농도는 구체적으로 명시한다. 시험관에 0.1 M 인산염완충액(pH 7.0) 850 μL, 시료액 50 μL, 머쉬룸 타이로시나제액(150 U/㎖~200 U/㎖)(혹은 휴먼 타이로시나제) 50 μL를 순서대로 넣는다. 이 액에 0.06 mM L-DOPA액 50 μL를 넣고 37 ℃에서 반응시킨 다음 475 nm에서 흡광도를 측정한다.

활성저해율이 50%일 때의 시료의 농도(IC50)를 적절한 프로그램을 이용하여 산출한다. 시료액 대신 시료를 녹인 용매를 사용하여 공시료액으로 하여 보정한다. 양성대조군으로는 알부틴 또는 에칠아스코빌에텔 등을 사용하여 그 결과를 비교한다. 실험조건에 따라 시험방법의 변경은 가능하다.

(3) 멜라닌 생성 저해시험

이 시험은 미백성분에 대한 세포의 멜라닌 생성 저해 효과를 평가하는 방법이다. 세포를 배양하여 세포 내 멜라닌의 양 또는 세포 내외의 총 멜라닌 양을 정량화하여 공시료액과 비교한다.

(가) 시험방법

1) 세포주 선택 및 세포배양

murine melanoma (B-16 F1), Human epidermal melanocyte (HEM) 또는 이와 유사한 세포를 배양접시의 바닥에 접종하고 페니실린(10IU/㎖) 및 스트렙토마이신(10 μg/㎖), 10% FBS (fetal bovine serum)를 함유하는 DMEM (Dulbeco's Modified Eagle's Medium) 배지 혹은 사용하는 세포에 적합한 배지를 선택하여 넣고 5% 이산화탄소를 포함하는 배양기내에서 37 ℃를 유지하여 배양한다.

2) 검액의 조제

본 시험의 검액 농도범위는 MTT asay 또는 crystal violet asay 등의 예비실험을 수행하여 세포독성이 나타나지 않는 농도로 설정하고, 효력을 확인하기 위한 3개 이상의 농도 범위를 결정한다. 시험시료를 녹이거나 희석시킬 때에는 혈청이 함유되지 않은 DMEM 배지 또는 세포 독성이 나타나지 않는 에탄올 등의 적당한 용매를 사용한다.

나. 인체적용시험자료

(1) 인공색소침착후 미백효과평가시험(Eficacy evaluation on induced pigmentation)

피험자수는 통계적 비교가 가능하기 위해 20명 이상의 유효데이터를 확보하도록 하며, 대조군을 사용 시 이중맹검법을 원칙으로 한다.

(가) 광원

1) 일반적으로 자연색소침착에 관여하는 자외선 B를 방출하는 기기 및 자외선 A와 자외선 B를 포함하 여 방출하는 기기를 사용할 수 있다.

2) 광원으로는 태양광과 유사한 연속적인 방사스펙트럼을 갖고 특정피크를 나타내지 않은 Xenon arc lamp를 장착한 Solar simulator 또는 이와 유사한 광원을 사용한다. 이 때 290 nm 이하의 파장은 적절한 필터를 사용하여 제거한다. 광원은 시험 기간 동안 일정한 광량을 유지해야 한다.

(나)최소홍반량 측정

최소홍반량측정을 위한 조사부위는 시험부위와 동일한 부위로 한다.

조사부위에 과도한 털, 색조가 특별히 차이가 있는 부분을 피하고 깨끗하고 마른 상태를 조사부위로 한다. 피험자의 피부유형은 설문을 통하여 조사하고 이를 바탕으로 예상되는 최소홍반량을 결정한다. 시험부위를 구획하고, 피험자가 편안한 자세를 취하도록 한 다음 자외선을 조사한다. 자외선을 조사하는 동안에 피험자가 움직이지 않도록 한다. 조사가 끝난 후 16~24시간 사이에 피험자의 홍반상태를 판정한다. 홍반은 충분히 밝은 광원하에서 복수의 숙련된 사람이 판정한다. 전면에 홍반이 나타난 부위에 조사한 자외선 B의 광량 중 최소량을 최소홍반량으로 한다.

(다)자외선 조사부위

시험부위는 등 상부, 하부 또는 복부, 허벅지, 상완, 하완 내측에서 선택한다.

(라)색소 침착 야기 (자외선 조사)

1) 일률적으로 2~3 MED를 조사하는 방법

2) 개개인의 흑화 정도를 고려하여 광량을 분산시키는 방법

예) 1일째 자외선 조사량은 피험자의 1 MED에 상당하는 자외선량을 조사한다. 이때, 자외선이 균일 하게 조사되었는지를 확인하고 위치의 평화가 잘 안된 경우 2일째는 1.25 MED를 개인의 상태를 고 려하여 조사한다. 3일째 다시 자외선이 균일하게 조사되었는지를 확인하고 1.5 MED에 상당하는 자 외선량을 조사할 수 있다. (단, 3일째의 자외선 조사전에 시험자가 시험부위를 관찰하여, 홍반의 정도 가 심하다(다음날 부종(浮腫)을 일으킬 것 같다)고 판단한 경우는, 3일째의 자외선조사량을 1.5 MED 이하로 변경하여 조사할 수 있다).

(마)시료 도포

1) 시료군 및 대조군 도포

2) 시료 도포 전후 비교

횟수는 아침 저녁 2회를 원칙으로 하되, 실험시료의 효능 및 이상반응을 고려하여 도포 횟수 및 도 포 총량을 결정할 수 있다.

(바)시험부위의 평가

1) 시험장소

측정하는 방은 공기의 이동이 없고 직사광선이 없으며 항온항습 조건이며, 밀폐된 방에서 최소 15분 간 이상 피부 안정을 취한 다음 시험한다.

2) 측정

㉮ 육안평가

ⓑ 사진촬영

㉯ 기기평가

㉰ 설문평가

(사)피험자 선정방법

20세 ~ 60세의 성인 남녀 중에서 다음 1)항의 기준에 만족하며 2)항에 해당되는 사항이 없는 사람을 피험자로 선정한다.

주시험자는 "(자) 주시험자가 피험자에게 알려주어야 할 사항"을 피험자에게 설명하고, 피험자는 자의에 따라 '시험 참가 동의서'를 작성하고 실험에 참가한다.

1) 선정기준

가) "(자) 주시험자가 피험자에게 알려주어야 할 사항"에 대하여 충분히 설명을 듣고 자발적으로 시험 참가 동의서를 작성하고 서명한 자

나) 피부 질환을 포함하는 급, 만성 신체 질환이 없는 건강한 자

다) Fitzpartick 피부유형 분류기준표에 따라 유형 I, II, IV에 해당하는 자

〈Fitzpatrick의 피부유형 분류 기준표〉

유형	설명
I	항상 쉽게(매우 심하게) 붉어지고, 거의 검게 되지 않는다.
II	쉽게(심하게) 붉어지고, 약간 검게 된다.
III	보통으로 붉어지고, 중간 정도로 검게 된다.
IV	그다지 붉어지지 않고, 쉽게 검게 된다.
V	거의 붉게 되지 않고, 매우 검게 된다.
VI	전혀 붉게 되지 않고 매우 검게 된다.

2) 선정제외 기준 (★★기출)

지원자와의 면담에 의하여 다음 사항에 해당되는 사람은 피험자에서 제외시킨다.

가) 임신 또는 수유중인 여성과 임신 가능성이 있는 여성

나) 광알레르기 또는 광감작의 병력이 있는 자

다) 피부 질환의 치료를 위해 스테로이드가 함유된 피부 외형제를 1개월 이상 사용하는 자

라) 동일한 실험에 참가한 뒤 6개월이 경과되지 않은 자

마) 민감성, 과민성 피부를 가진 자

바) 광선 조사부위에 점, 여드름, 홍반, 모세혈관확장 등의 피부이상 소견이 있는 자

사) 연구 시작 전 3개월 내에 연구 부위에 동일 또는 유사한 화장품 또는 의약품을 사용한 자

아) 피부 미백효과를 표방하는 의약품 또는 식품을 섭취하는 자

자) 그 외 주시험자의 판단으로 실험에 부적합하다고 생각되는 자

(2) 과색소침착증에서 미백효과평가시험(Efficacy evaluation on hyper melanosis)

피험자 수는 통계적 비교가 가능하게 하기 위해 20명 이상의 유효데이터를 확보하도록 하며, 대조군 을 사용하는 경우 이중맹검법을 원칙으로 한다.

(가)시험부위의 위치 설정

얼굴 좌우측을 절반으로 나누어 시료와 대조군을 도포한다. 또한 선정한 시험부위를 다음 평가시 정확히 인식하기 위하여 비닐종이 등을 얼굴에 대고 눈, 코, 입등의 위치를 표시한 다음 시험부위를 표시하여 다음 평가 때 동일한 부위를 가지고 평가하도록 한다.

(나) 시료 도포

1) 시료군 및 대조군 도포

2) 시료 도포 전후 비교

횟수는 아침 저녁 2회를 원칙으로 하되, 실험시료의 효능 및 이상반응을 고려하여 도포 횟수 및 도포 총량을 결정할 수 있다.

(다)시험부위의 평가, 인체 실험 진행 규정, 주시험자가 피험자에게 알려 주어야 할 사항, 이상반응 평가, 통계분석 방법 인공색소침착 후 미백효과평가시험에 따른다.

4. 용어해설

- '이중맹검(double blind) : 시험하는 사람이나 시험에 참여한 사람 모두 어떤 것이 시료군이고 어떤 것이 대조군인지 모르는 상태
- '과색소침착증상 : 얼굴에 생기는 불규칙한 모양의 반점으로 기미, 주근깨등이 이에 속한다. 주로 여성에서 발생되며 임신, 에스트로겐 복용, 자외선 노출, 가족력, 갑상선기능이상, 화장품, 광독성약물, 항간질성약제 등과 연관이 있다.
- 최소홍반량 : 자외선조사 후 조사영역의 거의 대부분(2/3 이상)에 홍반이 생기는 최소 자외선 조사량

II. 피부의 주름개선에 도움을 주는 제품의 유효성 또는 기능을 입증하는 자료

1. 개요 : 생략

2. 시험방법

가. 효력시험자료

피부주름의 발생원인 중 하나로 피부교원질(콜라겐)의 결핍을 들고 있다. 콜라겐은 피부 진피를 구성하는 주요 단백질로서 피부구조와 탄력을 유지하는 역할을 하고 있다. 콜라겐은 나이가 들면서 생성의 감소를 보이며 분해도 증가되어 피부 진피층의 함몰을 유도하여 피부의 주름을 생성하는 것으로 알려져 있다. 따라서 콜라겐의 생성, 분해정도를 실험하여 피부 주름개선 물질의 효력을 뒷받침 할 수 있다.

(1) 세포내 콜라겐 생성시험(Collagen synthesis assay)

이 시험방법은 섬유아세포(fibroblast) 배양시 시료의 세포내 콜라겐 생성 증가 정도를 공시험액과 비교하는 것이다.

(가) 시험방법

1) 세포주 선택 및 세포배양

사람섬유아세포(primary cell line) 또는 이와 유사한 섬유아세포(CCD-986sk, HS68, Detroit 5116 등)를 배양접시의 바닥에 접종한 후 페니실린(100 IU/㎖), 스트렙토마이신(100 μg/㎖), 10%FBS(fetal bovine serum)를 함유하는 DMEM(Dulbecco's Modified Eagle's Medium) 배지 혹은 동등 이상의 성장력을 갖는 배지를 넣고 37℃를 유지하여 5% 이산화탄소를 포함하는 배양기내에서 배양한다.

2) 검액의 조제

본 시험의 검액농도는 MTT assay 또는 crystal violet assay등 을 이용한 예비실험을 통하여 세포독성이 나타나지 않고 효력을 나타내는 농도를 포함하여 3개 이상의 농도 범위를 결정한다. 시험물질을 녹이거나 희석시킬 때는 혈청이 함유되지 않은 DMEM 배지를 사용한다. 다만 시험물질이 DMEM 배지에 녹지

않는 경우에는 에탄올 등 적당한 용매를 사용하여 녹인다. 실험결과의 신뢰도 향상을 위하여 TGF-β등을 양성대조 물질로 사용한다.

※ 검액농도 설정 예비시험

(1) MTT assay : 일정농도의 시료를 넣어 세포를 배양한 다음 well에서 배지의 10 %를 제거한 다음, 제거한 양만큼의 MTT용액(0.5 % 3-(4,5-dimethyl thiazol-2-yl)-2,5 diphenyl-2H- tetrazolium bromide)을 넣고, 4시간 동안 배양한다. 배양액을 제거한 다음 dimethylsulfoxide 용액 300㎕ 씩을 첨가하고 10분간 흔들어 준 다음 ELISA reader로 570 nm에서 흡광도를 측정한다.

(2) Crystal violet assay : 일정농도의 시료를 넣어 세포를 배양한 다음 well에서 배지를 조심스럽게 제거하고 PBS로 세척한 다음 crystal violet 용액(0.2 % crystal violet/2㎖ 에탄올, 98 ㎖ 정제수 첨가) 50 ㎕를 96 well에 넣는다. 실온에서 10 분간 배양하고 세포가 떨어지지 않게 주의하면서 정제수로 세척한다. 1 % SDS (sodium dodecyl sulfate) 100 ㎕를 넣어 염색된 색소를 녹이고 570 nm에서 흡광도를 측정한다.

3) 조작

섬유아세포를 48-well plate에 well당 5×104 개로 분주한 다음세포배양조건에서 24시간 배양한다. 배지를 버리고 10 % PBS(phosphate buffered saline)로 세척한 다음 검액 및 새로운 배지를 넣고 24시간 배양한다. 배양액을 취하여 콜라겐 양을 측정

한다. 측정된 콜라겐 양은 로우리법(Lowry assay)로 구한 총콜라겐 양으로 보정한다. 정확도와 정밀도 향상을 위하여 세부조작조건의 변경은 가능하다.

※ 로우리법(Lowry assay) 소혈청알부민(Bovine serum albumin) 0, 20, 30, 40, 50, 60, 70, 80, 90, 100 ㎍ 씩을 각각의 시험관에 넣고, D시액 2 ㎖씩을 추가한다. 상온에서 10분간 방치한 다음 폴린페놀(folin-phenol) 시액 0.2 ㎖씩을 각각 넣고 혼합한 다음 상온에서 30분간 방치하여 각각의 표준액으로 한다. 배양액을 가지고 표준액과 동일하게 조작하여 검액으로 한다. 검액 및 표준액을 가지고 600 nm에서 흡광도를 측정하여 표준액으로부터 얻은 검량선으로부터 검액의 단백질량을 측정한다.

- A시액 : 2 % Disodium carbonate · 0.1 N 수산화나트륨(sodium hydroxide용액)
- B시액 : 1 % Sodium potassium tartrate 용액
- C시액 : 0.5 % Cupper sulfate · 5H2O 용액
- D시액 : A시액 · B시액 · C시액혼합액(48:1:1)
- 폴린페놀시액 : 2 N 폴린페놀 · 물 혼합액(1:1)

4) 콜라겐양 측정

콜라겐양을 측정하는 방법으로는 3H-Proline incorporation assay, Collagen mRNA측정법, ELISA 방법 등이 있다.

※ ELISA법

Antibody-PoD conjugate solution 100 ㎕를 well에 넣은 다음 1/5로 희석한 배양액 및 표준액 20 μL를 넣고 37℃에서 3시간 배양한다. well에서 배양액을 제거한 다음 인산염완충액(PBS) 400 μL로 4회 씻는다. 발색시약 100 μL를 넣고 상온에서 15분간 배양하고 1 N 황산 100μL을 넣은 다음 450nm에서 ELISA reader로 측정한다.

a) 표준액조제 : 콜라겐표준품에 물을 넣어 녹여 각각 0, 10, 20, 40, 80, 160, 320, 640ng/㎖가 되도록 희석한다.

b) 시약 : Procollagen type I peptide EIA kit(Takara Biomedical Co.) 사용.

(2) 세포내 콜라게나제활성 억제시험(Colagenase inhibiton asay)

이 시험방법은 섬유아세포(fibroblast) 배양시 시료가 세포내 콜라게나제 생성억제 정도를 공시료액과 비교하는 것이다.

(가) 시험방법

1) 세포주 선택 및 세포배양 : 세포내콜라겐 생성시험에 따른다.

2) 검액의 조제 : 세포내콜라겐 생성시험에 따른다.

3) 조작 : 섬유아세포를 48-wel plate에 wel당 5×104 개로 분주한 다음 세포배양조건에서 24시간 배 양한다. 배지를 버리고 10% 인산완충식염액(phosphate bufered saline(PBS)로 세척한 다음 검액 및 새로운 배지를 넣고 48시간 배양한다. 배양액을 취하여 콜라게나제 양을 측정한다. 측정된 콜라 게나제 양은 로우리법으로 구한 총 단백질 양으로 보정한다. 정확도와 정밀도 향상을 위한 세부조 작조건의 변경은 가능하다.

4) 콜라게나제양 측정 : 콜라겐양을 측정하는 방법으로는 ELISA법, Colagenase mRNA측정법 등이 있다.

나. 인체적용시험자료

(1) 피부주름의 측정 평가

(가) 일반사항

피험자수는 통계적 비교가 가능하기 위해 20명 이상의 유효데이터를 확보하도록 하며, 대조군을 사용할 때는 이중맹검법을 원칙으로 한다.

(나) 피시험자의 선정

30세 ~ 65세의 성인 남녀 중에서 다음 1)항의 기준에 만족하며 2)항에 해당되는 사항이 없는 사람을 피시험자로 선정한다. 주시험자는 "(라) 주시험자가 피시험자에게 알려주어야 할 사항"을 피시험자에게 설명하고, 피시험자는 자의에 따라 '임상시험 참가 동의 서'를 작성하고 실험에 참가한다.

1) 선정기준

가) '주시험자가 피시험자에게 알려주어야 할 사항에 대하여 충분히 설명을 듣고 자발적으로 임상 시험 참가 동의서를 작성하고 서명한 자

나) 피부 질환을 포함하는 급, 만성 신체 질환이 없는 건강한 자

다) 주시험자의 판단에 따라 시험부위에 주름을 가지고 있는 자

라) 시험기간 동안 추적 관찰이 가능한 자

2) 선정제외 기준 **(★★기출)**

: 지원자와의 면담에 의하여 다음 사항에 해당되는 사람은 피시험자에서 제외시킨다.

가) 임신 또는 수유중인 여성과 임신 가능성이 있는 여성

나) 피부 질환의 치료를 위해 스테로이드가 함유된 피부 외형제를 1개월 이상 사용하는 사람

다) 동일한 실험에 참가한 뒤 6개월이 경과되지 않은 사람

라) 민감성, 과민성 피부를 가진 사람

마) 시험부위에 점, 여드름, 홍반, 모세혈관확장 등의 피부이상 소견이 있는 사람

바) 연구 시작 전 3개월 내에 시험부위에 동일 또는 유사한 화장품 또는 의약품을 사용하거나

사) 연구 시작 전 6개월 내에 피부박피시술, 주름제거시술 등을 받은 자

아) 그 외 주시험자의 판단으로 시험에 부적합하다고 생각되는 사람

III. 여드름성 피부를 완화하는데 도움을 주는 화장품의 인체적용시험 가이드라인
(민원인 안내서)

기능성 화장품의 범위 : 여드름성 피부를 완화하는 데 도움을 주는 화장품. 다만, 인체세정용 제품류로 한정한다.

I. 개요 : 이하 생략
2. 시험방법

II. 인체적용시험법

(1) 일반사항
① 피험자수는 통계적 비교가 가능하도록 시험군과 대조군 각 30명 이상의 유효데이터를 확보하여야 하며, 대조군 비교시험, 이중맹검, 무작위 배정을 원칙으로 한다.
② 인체적용시험에서 피험자에 대한 의학적 처치나 결정은 피부과 전문의의 책임 하에 이루어져야 한 다.
③ 인체적용시험은 피험자의 인체적용시험 참여 타당성을 검토 · 평가하는 등 시험 대상자의 권리, 안전, 복지를 보호할 수 있도록 실시되어야 한다.
④ 기타 따로 정하지 않은 사항은 '화장품 인체적용시험 및 효력시험 가이드라인'에서 정하는 바를 준 용한다.
⑤ 다만, 시험방법 및 평가기준 등이 과학적 합리적으로 타당성이 인정되는 경우에는 규정된 시험법을 적용하지 아니할 수 있다.

1. 선정기준
가. 만 19세 이상 40세 이하의 건강한 남녀로 얼굴에 IGA(Investigator's Global Asesment) 등급 2(경증)~3(중증도)의 여드름이 있는 자(IGA 등급은 유효성 평가변수 부분 참고)
나. 인체적용시험 절차를 잘 따르고 방문일정을 준수할 수 있는 지원자
다. 시험 기간 동안 추적 관찰이 가능한 지원자
라. 본 시험의 목적을 이해하고 피험자로서 동의서에 서면 동의한 자

2. 피험자의 선정 (★★기출)
1) 선정제외 기준
가. 심한 소모성 만성질환이 있는 환자
나. 화장품 등에 알레르기가 있거나 민감한 자
다. 임신, 수유 중이거나 인체적용시험기간 동안 임신 계획이 있는 여성
라. 얼굴에 여드름 이외의 피부이상 또는 피부질환이 있는 자
마. 시험시작 전 2주 이내에 여드름용 기능성화장품 등을 사용한 경험이 있는 자
바. 시험시작 전 4주 이내에 여드름에 대해 경구 항생제, 도포제, 박피술, 스케일링 등의 치료를 받은 적이 있는 자
사. 시험시작 전 3개월 이내에 경구 피임약을 복용한 적이 있는 자
아. 시험시작 전 6개월 이내에 경구용 레티노이드를 사용했거나, 피비분비에 장기간 영향을 줄 수 있는 미용시술을 받은 자

자. 다른 임상시험 또는 인체적용시험에 참여하고 있는 자
차. 기타 의사소통이 불가능하거나 지시를 따르기 힘든 자
카. 기타 위의 사항들 외에 시험책임자의 판단 하에 본 인체적용시험에 적합하지 않은 자

3. 평가방법

1) 연구 기간 및 측정 시기
- 무작위 배정, 이중맹검, 대조군 비교 인체적용시험을 원칙으로 한다.
- 피험자는 시험시작 전에 방문하여 여드름성 피부를 완화에 대한 효능 평가를 위한 측정에 참여한다.
- 2주 간격으로 병변 수를 측정하며 최소 8주 이상 시험한다.

2) 시험시료 적용방법
제품의 실제 용법 · 용량에 따라 적용(사용량, 횟수 포함)하는 것을 원칙으로 하며, 구체적인 방법은 다 음을 참고한다.
(1) 얼굴과 손을 물로 적신 후, 1회 분량의 시험물질을 손에 덜어낸다(제품의 실제 용법 · 용량에 따라 적용한다).
(2) 시험시료로 얼굴 전체를 부드럽게 문질러 꼼꼼히 세안한다. 거품을 내어 사용하는 제품은 손에서 미리 충분히 거품을 낸 후 얼굴에 사용한다.
(3) 얼굴을 미지근한 물로 완전히 헹구어 낸다.
(4) 피험자에 지급하는 보습제를 얼굴에 도포한다. 지급된 보습제 이외의 기초화장은 사용하지 않으며, 자외선 차단제를 포함한 그 외의 메이크업 제품은 기존에 사용하던 제품을 그대로 사용한다(단, 제공하는 보습제는 여드름에 영향이 없어야 함).
(5) 피험자는 세안 및 보습제 도포 푸 30분간 항온 · 항습실(20~22℃, 40~60%RH)에서 앉아 안정을 취 한 후 평가지표에 대한 측정에 참여한다.

3) 전문가에 의한 측정 및 평가
- 정해진 측정시점에 방문한 피험자에 대해 두 명 이상의 전문가가 얼굴을 면밀히 관찰하고 여드름 병변수를 측정 및 평가한다.
- 두 전문가의 평가결과에 현저한 차이가 있는 경우, 여드름 완화 정도가 낮은 결과값을 선택한다.

4. 유효성 평가방법

(1) 유효성 평가 변수
① Investigator's Global Asesment(IGA) : 여드름 중증도를 0~4의 5단계로 나눔
② 염증성 및 비염증성 병변의 기저치 대비 비율
③ Michaelson's Acne Severity Index(ASI)

(2) 유효성 평가 변수에 따른 시험방법
① Investigator's Global Asesment(IGA)
- 시험물질의 적용 전 피험자의 얼굴에서 병변의 종류 및 그 수를 측정하여 등급을 결정한다.
- 2주 간격으로 피험자의 얼굴에서 각 병변 수를 측정하여 등급을 기록한다.
- 시험물질의 적용 전과 후의 등급을 비교하여 통계분석한다.

② 염증성 및 비염증성 병변의 기저치 대비 비율
- 시험물질의 적용 전 피험자의 얼굴에서 염증성 병변과 비염증성 병변 수를 측정하여 기입한다.
- 기저치 대비 비율은 '시험물질 적용 후 측정 시점에서 병변 수/시험물질 적용 전 병변 수'를 의미한다.

- 2주 간격으로 방문 시 피험자의 얼굴에서 염증성 및 비염증성 병변 수를 측정하고, 시험물질의 적용전 병변 수에 대비한 8주 후의 병변 수의 비율을 평가하여 통계분석 한다.(예를 들어, 0주에 염증성 병변수가 10개이고 8주 후에 5개라면 염증성 병변수의 기저치 대비 비율은 0.5가 됨)

③ Michaelson's Acne Severity Index(ASI)

- 시험물질의 적용 전 피험자의 얼굴에서 병변(면포, 구진, 농포, 결절)의 수를 측정하여 ASI 수치를 계산한다.
- 2주 간격으로 방문 시 피험자의 얼굴에서 병변 수를 측정하고 8주 후의 병변 수를 측정하여 ASI 수치를 계산한다.
- 시험물질의 적용 전과 8주 후의 ASI 수치 변화를 비교하여 통계 분석한다.

완전합격
맞춤형화장품 조제관리사

발 행 일 2021년 2월 5일 개정판 1쇄 인쇄
2021년 2월 10일 개정판 1쇄 발행

저 자 이영주 · 이명심

발 행 처 크라운출판사
http://www.crownbook.com

발 행 인 이상원
신고번호 제 300-2007-143호
주 소 서울시 종로구 율곡로13길 21
공 급 처 (02) 765-4787, 1566-5937, (080) 850~5937
전 화 (02) 745-0311~3
팩 스 (02) 743-2688, 02) 741-3231
홈페이지 www.crownbook.co.kr
I S B N 978-89-406-4402-7 / 13570

특별판매정가 25,000원

이 도서의 문의를 편집부(02-6430-7009)로 연락주시면 친절하게 응답해 드립니다.